防腐蚀工程师必读丛书

工程材料及其耐蚀性

左　禹　熊金平　编著

中国石化出版社

内 容 提 要

《工程材料及其耐蚀性》为《防腐蚀工程师必读丛书》之一，由中国腐蚀与防护学会组织专家编写。全书分为金属材料和非金属材料两大部分，包括黑色金属材料、有色金属材料、高分子材料、无机材料和复合材料等内容。书中对于各种材料首先介绍材料的分类与基本特性，包括力学、物理和化学等性能，再重点介绍材料的基本性能与其腐蚀行为及在不同环境中的腐蚀倾向的关系，旨在使读者能够掌握材料耐蚀性的本质以及各种材料在不同环境中的适应性，从而能够正确地选材和用材。书中还列出了很多材料的耐腐蚀性能数据。

本书可用作防腐蚀工程师技术资格认证培训教材，主要对象是在工程一线从事防腐蚀技术工作的腐蚀工程师，同时也适用于从事腐蚀科学研究、设计、施工、生产等方面的工程技术人员和管理人员，以及高等院校材料专业的教师和学生参考。

图书在版编目（CIP）数据

工程材料及其耐蚀性/左禹，熊金平编著. —北京：中国石化出版社，2008（2018.8 重印）
（防腐蚀工程师必读丛书）
ISBN 978-7-80229-686-2

Ⅰ. 工… Ⅱ. ①左…②熊… Ⅲ. 工程材料-耐蚀性
Ⅳ. TB304

中国版本图书馆 CIP 数据核字(2008)第 112767 号

中国石化出版社出版发行
地址：北京市朝阳区吉市口路 9 号
邮编：100020 电话：(010)59964500
发行部电话：(010)59964526
http://www. sinopec-press. com
E-mail:press@ sinopec. com
北京艾普海德印刷有限公司印刷
全国各地新华书店经销

*

787×1092 毫米 16 开本 22.5 印张 554 千字
2018 年 8 月第 1 版第 3 次印刷
定价：68.00 元

《防腐蚀工程师必读丛书》
编写委员会

序

金属材料在自然条件或工况条件下，由于与其所处环境介质发生化学或电化学作用而引起的退化和破坏，这种现象称为腐蚀，其中也包括上述因素与力学因素或生物因素的共同作用。某种物理作用(例如金属材料在某些液态金属中的物理溶解现象)也可以归入金属腐蚀范畴。

腐蚀问题遍及各个部门及行业，对国民经济发展、人类生活和社会环境产生了巨大危害。据统计，各国由于腐蚀破坏造成的年度经济损失约占当年国民经济生产总值的1.5%~4.2%，随各国不同的经济发达程度和腐蚀控制水平而异。根据《中国腐蚀调查报告》的资料，我国近年来的年腐蚀损失约为5000亿元(约占国民经济生产总值的5%)，这是一个十分惊人的经济损失数字。除了腐蚀的经济性问题之外，腐蚀过程和结果实际上也是对地球上有限资源和能源的极大浪费，对自然环境的严重污染，对正常工业生产和人们生活的重大干扰，并给人们带来不可忽视的社会安全性问题。腐蚀问题还可成为阻碍高新技术发展和国民经济持续发展的重要制约因素。

腐蚀与防护是一个很重要的学科，它涉及许多对国民经济发展有着重要影响的行业。普遍地、正确地选用适当的腐蚀控制技术和方法，可以防止或减缓腐蚀破坏，最大程度地减轻可能由腐蚀造成的经济损失和社会危害。一般认为，只要充分利用现有的腐蚀控制技术，就可使腐蚀损失降低(挽回)25%~30%。采用适当的腐蚀控制措施和预防对策，其能够达到的目标是：可以保障公共安全，防止工业设备损伤破坏，保护环境，节约资源能源，以及挽回数以百亿、千亿元的腐蚀损失。

腐蚀结果表现为多种不同的类型，在不同条件下引起金属腐蚀的原因不尽相同，而且影响因素也非常复杂。因此，根据不同的金属/介质体系和不同的工况条件，迄今已发展出多种有效的防腐蚀技术(腐蚀控制措施)，内容非常丰富。每一种防腐蚀技术都有其适用范围和条件，只要掌握了它们的原理、技术和工程应用条件，就可以获得令人满意的防腐蚀效果，对国民经济建设的贡献将是巨大的。

当前，随着国民经济的迅速发展，我国腐蚀科学和防腐蚀工程技术领域迎来了又一个春天。防腐蚀市场的发展和巨大需求，给腐蚀科学和防腐蚀工程业界的广大科研人员和工程技术人员带来了极大的机遇。为和腐蚀作斗争，满足国民经济的巨大需求，就需要拥有大量高水平的科技人才和一支很大的防腐蚀从业人员队伍。在开展腐蚀科学研究、发展和推广应用防腐蚀技术、精心实施防腐蚀工程项目的同时，我们还应高度重视防腐蚀教育工作，培养一大批合格的、能满足国民经济需要的各类人才。

中国腐蚀与防护学会经国家主管部门授权，试点开展防腐蚀工程师(系列)技术资格认证工作。同时，对需要提高腐蚀与防护专业知识水平的人员，中国腐蚀与防护学会将组织专业培训和考试。为此中国腐蚀与防护学会组织编写了《防腐蚀工程师技术资格认证考试指南》(中国石化出版社出版，2005 年 1 月)。为了适应防腐蚀工程师(系列)技术资格认证工作的需求，以及满足腐蚀学科与防腐蚀行业的科研人员和工程技术人员进一步学习的需要，中国腐蚀与防护学会和中国石化出版社又共同组织编写了一套《防腐蚀工程师必读丛书》。这套丛书包括《腐蚀和腐蚀控制原理》(林玉珍、杨德钧)、《工程材料及其耐蚀性》(左禹、熊金平)、《表面工程技术和缓蚀剂》(李金桂、郑家燊)、《阴极保护和阳极保护——原理、技术及工程应用》(吴荫顺、曹备)、《防腐蚀涂料与涂装》(高瑾、米琪)、《腐蚀试验方法及监测技术》(李久青、杜翠薇)共 6 册。在编写过程中，力求理论联系实际，深入浅出，通俗易懂，便于自学，尽可能结合防腐蚀工程案例，使它们既可用作技术资格认证培训的教学参考书，也可作为广大科技工作者的科技参考书。

丛书编委会由中国腐蚀与防护学会邀请本学科、本行业的专家教授组成。由于时间短促和限于作者水平，书中缺点错误在所难免，敬请广大读者指正；当然，作者和编委会努力将缺点错误减至最少。我们期望这套丛书对感兴趣的读者有所裨益，对我国的国民经济建设能有所贡献。

《防腐蚀工程师必读丛书》
编写委员会

前　　言

金属材料、无机材料、有机高分子材料和复合材料作为当今最重要的工程材料，广泛应用于国民经济各领域和日常生活中。腐蚀是导致材料服役性能下降、寿命缩短或失效的主要形式之一。由于材料腐蚀可能导致构件、设备与装置等各种工程设施不能正常运转，降低生产效率，增大能耗和原料消耗，甚至会造成装置或结构发生突发性失效以及爆炸、火灾、污染等灾难性事故；材料腐蚀后有相当一部分不能被回收，也加快了地球上宝贵的、不可再生的资源的耗竭速度。不同材料在不同的腐蚀环境中有其各自的特点和适应性，因此深入了解各种工程材料的耐腐蚀性和在不同环境中的腐蚀规律，对于合理选择和使用材料，延长材料的服役寿命以及降低各种装置的腐蚀失效风险有极其重要的意义和实际价值。

本书分为金属材料和非金属材料两大部分，包括黑色金属材料、有色金属材料、高分子材料、无机材料和复合材料等内容，基本上涵盖了当今社会所使用的主要工程材料。本书对于各种材料首先介绍材料的分类与基本特性，包括力学、物理和化学等性能，再重点介绍材料的基本性能与其腐蚀行为及在不同环境中的腐蚀倾向的关系，旨在使读者能够掌握材料耐蚀性的本质以及各种材料在不同环境中的适应性，从而能够正确地选材和用材。书中还列出了很多材料的耐腐蚀性能数据供参考。作者经历了 20 多年的腐蚀与防护专业的教学实践与科研工作，书中反映了国内外在材料耐蚀性和新型耐蚀材料方面的一些新的研究成果，具有一定的科学性和实用性。

本书为防腐蚀工程师必读丛书之一，主要对象是在工程一线从事防腐蚀技术工作的腐蚀工程师，同时也适用于从事腐蚀科学研究、设计、施工、生产等方面的工程技术人员和管理人员，以及高等学校材料专业的教师和学生参考。

在编写本书过程中，作者参阅了许多文献资料并借用相关数据，书后列出了这些文献的出处。在此向这些参考文献的作者及其相应出版单位深表感谢。

本书由北京化工大学左禹（金属材料部分）和熊金平（非金属材料部分）共同编写。由于作者水平有限，书中错误与不足之处在所难免，敬请读者批评指正。

编著者

目　录

第1篇　金属材料的耐蚀性

第2篇 非金属材料的耐蚀性

第1篇　金属材料的耐蚀性

第1章　概　　述

1.1　金属材料耐蚀性特点和分类

金属材料在服役过程中可能遇到的腐蚀环境类型非常复杂，影响腐蚀过程的条件和因素往往各不相同，腐蚀形式也多有变化。同一种金属材料在一些环境中耐腐蚀，在另外一些环境中则不耐腐蚀。掌握各种材料在不同类型环境中的腐蚀规律、主要影响因素和耐蚀性特点，根据应用环境正确地选择材料，是提高材料可靠性和环境适应性，延长使用寿命的最基本、最重要的环节。

纯金属耐腐蚀的原因有以下三个方面：一是由于自身的热力学稳定性而耐蚀；二是由于钝化而耐蚀；三是由于形成有保护作用的腐蚀产物膜而耐蚀。工程材料绝大多数是合金，合金的耐蚀性仍然决定于上述三方面的因素。加入适当的合金化元素，可以进一步提高材料的热力学稳定性，或提高材料钝化能力及形成表面保护膜的能力，从而大大地提高材料的耐蚀性。

1.1.1　金属的热力学稳定性

金属在水溶液中的腐蚀反应是由金属氧化为金属离子和溶液中去极化剂还原这一对共轭电化学反应构成的，即：

$$M \rightleftharpoons M^{n+} + ne \tag{1-1}$$

$$O + ne \rightleftharpoons R \tag{1-2}$$

式中，O 和 R 分别代表去极化剂的氧化态和还原态。上述两反应的倾向性由有关物质的化学位决定，根据化学位可以导出反应的平衡电极电位为

$$E_e = E^\circ + RT\ln a_{M^{n+}}/nF \tag{1-3}$$

$$E'_e = E^{\circ\prime} - RT\ln a_{M^{n+}}/nF \tag{1-4}$$

式中　R——气体常数；

T——绝对温度；

n——参加电极反应的电子数；

F——法拉第常数；

$a_{M^{n+}}$——金属 M 的活度。

共轭反应式(1-1)和式(1-2)发生的热力学条件是去极化剂 O 还原反应的平衡电位 E'_e 高于金属 M 氧化反应的平衡电位 E_e，二者差值越大，腐蚀反应的热力学倾向就越大。因此，无论何种金属，在特定环境中能否发生腐蚀取决于该环境中是否存在与金属溶解反应相比其氧化还原平衡电位更正的去极化剂。金属在水溶液中发生腐蚀时，大多数情况下去极化剂是溶液中的氢离子或氧，阴极反应为

$$H^+ + e \rightleftharpoons 1/2H_2 \tag{1-5}$$

或 $$O_2 + 2H_2O + 4e \rightleftharpoons 4OH^- \tag{1-6}$$

根据式(1-4)可以得到上述二反应的平衡电位随溶液 pH 值变化的关系，如图 1-1 所示。在图中每条平衡线上方，反应沿氧化方向进行；在平衡线下方，反应沿还原方向进行。因此，在一定的溶液 pH 值条件下，如果某种金属氧化反应的平衡电位位于吸氧反应平衡线下方，这时由于氧还原反应的平衡电位高于该金属氧化反应的平衡电位，就可能发生金属氧化与氧还原的共轭反应而导致金属腐蚀。如果某种金属氧化反应的平衡电位位于图中析氢反应的平衡线下方，这时氧还原反应和氢还原反应的平衡电位都高于金属氧化反应的平衡电位，则金属氧化与氧还原以及金属氧化与氢原子还原这两对共轭反应都有可能发生。

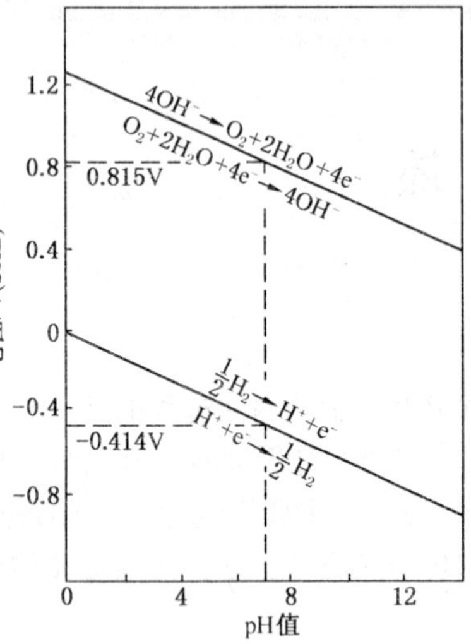

图 1-1 析氢与吸氧反应平衡电位与溶液 pH 值的关系

根据式(1-3)，金属氧化的平衡电位和溶液中金属离子活度 $a_{M^{n+}}$ 有关，当 $a_{M^{n+}}=1$ 时，$E_e=E^\circ$。E° 称标准平衡电极电位，可以表征不同金属溶解为金属离子的倾向，E° 值越高，式(1-1)反应越不容易向右方进行，金属的热力学稳定性就越高。

图 1-1 中有三个特征值：中性水(pH=7)中的标准氢电极电位是-0.414V，在酸性水(pH=0)中为 0V，中性水中吸氧反应的平衡电位是+0.815V。根据这三个特征值可以将金属分为以下四类。

(1) 不稳定类金属

标准电位低于-0.414V。这类金属在中性水中就能发生析氢或吸氧腐蚀，包括 Li、Na、K、Be、Mg、Ca、Ba、Al、Ti、Zr、V、Mn、Nb、Cr、Zn、Fe 等。

(2) 不够稳定类金属

标准电位在-0.414~0V 之间。这类金属在中性水中不会发生析氢腐蚀，当溶液含氧时会发生吸氧腐蚀，在酸性溶液中则会发生析氢腐蚀，包括 Cd、In、Tl、Co、Ni、Mo、Sn、Pb。

(3)较稳定类金属

标准电位位于 0~0.815V 之间。这类金属在不含氧的中性和酸性溶液中都不能腐蚀，只是在含氧溶液中会发生吸氧腐蚀，包括 Bi、Sb、As、Cu、Rh、Hg、Ag 等。

(4) 稳定类金属

标准电位高于+0.815V。这类金属在含氧的中性水中也不会腐蚀，仅在含氧酸性溶液中有可能腐蚀，包括 Pd、Ir、Pt、Au、Ta 等。

表 1-1 列出了各种金属在 25℃时的标准电极电位(SHE)，其中电位值越负的金属，其热力学稳定性越低；电位值越正的金属，热力学稳定性越高。

金属及合金的热力学稳定性决定了其在不同类型腐蚀介质中的腐蚀倾向性，但在工程应用中材料是否发生腐蚀、腐蚀速率多大，还受到腐蚀体系的动力学因素控制。

工程用的金属材料绝大多数是合金，固溶体合金的电极电位一般位于其组成金属的电极电位之间。因此，在电位较负的金属中加入电位较正的金属进行合金化后，合金的热力学稳定性将介于两组成金属之间。

耐腐蚀性主要取决于材料自身热力学稳定性的常用金属材料有铸铁、碳钢和普通低合金钢、铜与铜合金、镍与镍合金等。铸铁和碳钢耐蚀性较差；铜、铜合金及镍属于比较稳定的材料，在海水、盐溶液和中等腐蚀性的非氧化介质中有良好耐蚀性；镍铜合金(蒙乃尔合金)、镍钼铁合金(哈氏合金 B)等稳定性更高，有很强的耐还原性酸腐蚀的能力，但仍然不耐强氧化性介质腐蚀。贵金属钽、铂、金是稳定性最高的金属材料。

表 1-1　金属在 25℃时的标准电极电位

电极反应	E°_{e}/V	电极反应	E°_{e}/V	电极反应	E°_{e}/V
$Li \rightleftharpoons Li^{+}+e$	-3.045	$Co \rightleftharpoons Co^{2+}+2e$	-0.277	$V \rightleftharpoons V^{3+}+3e$	-0.876
$Rb \rightleftharpoons Rb^{+}+e$	-2.925	$Ni \rightleftharpoons Ni^{2+}+2e$	-0.250	$Zn \rightleftharpoons Zn^{2+}+2e$	-0.762
$K \rightleftharpoons K^{+}+e$	-2.925	$Mo \rightleftharpoons Mo^{3+}+3e$	-0.2	$Cr \rightleftharpoons Cr^{3+}+3e$	-0.74
$Cs \rightleftharpoons Cs^{+}+e$	-2.923	$Ge \rightleftharpoons Ge^{4+}+4e$	-0.15	$Ga \rightleftharpoons Ga^{3+}+3e$	-0.53
$Ra \rightleftharpoons Ra^{2+}+2e$	-2.92	$Sn \rightleftharpoons Sn^{2+}+2e$	-0.136	$Fe \rightleftharpoons Fe^{2+}+2e$	-0.440
$Ba \rightleftharpoons Ba^{2+}+2e$	-2.90	$Pb \rightleftharpoons Pb^{2+}+2e$	-0.126	$Cd \rightleftharpoons Cd^{2+}+2e$	-0.402
$Sr \rightleftharpoons Sr^{2+}+2e$	-2.89	$Fe \rightleftharpoons Fe^{3+}+3e$	-0.036	$In \rightleftharpoons In^{3+}+3e$	-0.342
$Ca \rightleftharpoons Ca^{2+}+2e$	-2.87	$D_2 \rightleftharpoons D^{+}+e$	-0.0034	$Cu \rightleftharpoons Cu^{2+}+2e$	+0.337
$Na \rightleftharpoons Na^{+}+e$	-2.714	$H_2 \rightleftharpoons 2H^{+}+2e$	0.000	$Cu \rightleftharpoons Cu^{+}+e$	+0.521
$La \rightleftharpoons La^{3+}+3e$	-2.52	$Al \rightleftharpoons Al^{3+}+3e$	-1.66	$Hg \rightleftharpoons Hg^{2+}+2e$	+0.789
$Mg \rightleftharpoons Mg^{2+}+2e$	-2.37	$Ti \rightleftharpoons Ti^{2+}+2e$	-1.63	$Ag \rightleftharpoons Ag^{+}+e$	+0.799
$Am \rightleftharpoons Am^{3+}+3e$	-2.32	$Zr \rightleftharpoons Zr^{4+}+4e$	-1.53	$Rh \rightleftharpoons Rh^{2+}+2e$	+0.80
$Pu \rightleftharpoons Pu^{3+}+3e$	-2.07	$U \rightleftharpoons U^{4+}+4e$	-1.50	$Hg \rightleftharpoons Hg^{2+}+2e$	+0.854
$Th \rightleftharpoons Th^{4+}+4e$	-1.90	$Np \rightleftharpoons Np^{4+}+4e$	-1.354	$Pd \rightleftharpoons Pd^{2+}+2e$	+0.987
$Np \rightleftharpoons Np^{3+}+3e$	-1.86	$Pu \rightleftharpoons Pu^{4+}+4e$	-1.28	$Ir \rightleftharpoons Ir^{3+}+3e$	+1.000
$Be \rightleftharpoons Be^{2+}+2e$	-1.85	$Ti \rightleftharpoons Ti^{3+}+3e$	-1.21	$Pt \rightleftharpoons Pt^{2+}+2e$	+1.19
$U \rightleftharpoons U^{3+}+3e$	-1.80	$V \rightleftharpoons V^{2+}+2e$	-1.18	$Au \rightleftharpoons Au^{3+}+3e$	+1.50
$Hf \rightleftharpoons Hf^{4+}+4e$	-1.70	$Mn \rightleftharpoons Mn^{2+}+2e$	-1.18	$Au \rightleftharpoons Au^{+}+e$	+1.68
$Tl \rightleftharpoons Tl^{+}+e$	-0.336	$Nb \rightleftharpoons Nb^{3+}+3e$	-1.1		
$Mn \rightleftharpoons Mn^{3+}+3e$	-0.283	$Cr \rightleftharpoons Cr^{3+}+3e$	-0.913		

1.1.2　金属的钝化

金属腐蚀反应的倾向是由金属自身的热力学性质决定的，在特定的材料/环境体系中，腐蚀的热力学稳定性是不可能改变的，但可以通过影响腐蚀反应动力学的方法减缓腐蚀速率。很多金属材料自身的热力学稳定性并不高，但在腐蚀介质中表面能够形成钝化膜而使腐蚀反应速度大大降低，从而耐蚀性提高。常用的可钝化金属材料有镁与镁合金、铝与铝合金、不锈钢、钛与钛合金、锆合金等，其中用量最大的是奥氏体不锈钢。根据含铬量的多少，奥氏体不锈钢可以分为三个等级：18Cr-8Ni 型不锈钢(304 型)、18Cr-12Ni-2Mo 型不锈钢(316 型)和 20Cr-25Ni-4.5Mo-Cu 型。含铬量越高，钝化能力越好，耐腐蚀性越强。后两种类型不锈钢中由于 Ni、Mo、Cu 等元素含量增多，耐非氧化性介质和氯离子腐蚀的能力也有所提高。

金属的钝化发生在氧化性或含氧介质中，在非氧化性介质中或还原性介质中由于不能生成钝化膜或钝化膜不稳定，耐蚀性就不佳。当介质中含有 F^{-}、Cl^{-}、Br^{-}等卤素离子时，由于会对钝化膜造成局部破坏，耐蚀性也会大大降低。

1.1.3　金属表面的腐蚀产物膜

有些金属材料不能够钝化，但在腐蚀介质中表面能够形成致密的腐蚀产物薄膜层，从而阻碍进一步的腐蚀。例如铅在稀硫酸溶液中、铁在磷酸溶液中、钼在盐酸溶液中、镁在氢氟酸或碱液中、锌在大气中等。通常的耐大气腐蚀低合金钢，在合金成分设计上也利用这种机制。这类材料在特定环境中通常有较好耐蚀性，但如果介质条件改变，表面不能维持保护性良好的腐蚀产物膜层，耐蚀性就会明显降低。

1.1.4　合金的腐蚀和耐蚀性

合金的腐蚀比纯金属要复杂得多。考虑最简单的例子，设合金 AB 与含 A^+、B^+离子活度为 a_{A^+}和 a_{B^+}的溶液相平衡，其平衡电位用能斯特方程可表达为

$$A(合金) \rightleftharpoons A^+(l)$$

$$B(合金) \rightleftharpoons B^+(l)$$

$$E_A = E^\circ_A + (RT/F)\ln(a_{A^+}/f_A x_A)$$

$$E_B = E^\circ_B + (RT/F)\ln(a_{B^+}/f_B x_B)$$

f_A、f_B和 x_A、x_B分别是 A、B 组元在合金相中的活度系数和原子分数。

若合金与溶液处于平衡，必须 $E_A = E_B$，从上式得

$$a_{B^+} f_A (1-x_B)/(a_{A^+} f_B x_B) = \exp[(E^\circ_A - E^\circ_B)F/RT]$$

$$a_{B^+}/a_{A^+} = (f_B x_B / f_A x_A)\exp[(E^\circ_A - E^\circ_B)F/RT]$$

上式表明，当合金组成一定时，平衡时溶液中特定离子的活度比 a_{B^+}/a_{A^+}也是一个定值，如果离子活度比不等于上述值，则必然会发生热力学性质较不稳定的金属的择优溶解和热力学性质较稳定的组分的再沉积，使合金成分和溶液组成改变以达到热力学平衡。

假定合金中 B 组元比 A 组元更稳定，随着不稳定组元 A 的择优溶解，表面的贵组元 B 的浓度升高。如果 A 组元的含量很少，则合金表面可以达到与纯 B 类似的稳定性；若 A、B 含量相近，表面可能最终仍富集 B 而较为耐蚀；若合金中 B 组元含量低，则可能由于 A 的不断溶解在表面产生腐蚀通道，而 B 组元又不足以形成连续的致密覆盖层，从而腐蚀过程可持续进行。实际的合金溶解过程往往很复杂，除了组元之间的热力学平衡关系外，不同合金组元之间还可能形成不同类型的反应产物，对腐蚀热力学和动力学产生复杂的影响，这方面的研究还较少。

1.2　腐蚀介质的类别

腐蚀介质种类繁多，腐蚀性差别很大，常见的材料服役环境有大气、土壤、水环境与海水、酸、碱、盐溶液和有机化合物等几大类。

1.2.1　大气

金属的大气腐蚀与金属表面附着的一层薄水膜有关，腐蚀的阴极反应是水膜中的溶解氧的还原。通常金属表面的潮湿程度越大，大气腐蚀速率越高。大气腐蚀的速率也与大气的组成有关，当大气中存在二氧化硫、三氧化硫、硫化氢、氯化物、氨和固体悬浮颗粒时，都会明显促进腐蚀。因此，工业性污染大气腐蚀性最强，其次是城市和沿海地区的大气，内陆农村地区的大气腐蚀性最弱。

1.2.2　海水

海水是含盐量很高的电解质溶液，金属在海水中发生氧去极化腐蚀，氧含量和海水流速等因素对腐蚀速率有影响。由于海水中的氯离子会破坏钝化膜，不锈钢不适用于海水，碳钢在海水中腐蚀速率也很高，必须采用涂层或电化学保护等措施。铜和钛在海水中相对耐蚀性较好。

1.2.3　土壤

土壤是一种多孔性的无机、有机胶质颗粒体系，土壤的孔隙由空气、水和盐类所充满，因此是一种电解质，金属在土壤中的腐蚀通常是氧去极化腐蚀，土壤的含水量、含氧量和导

电性对腐蚀速率有着直接的影响。

1.2.4 酸

酸包括无机酸和有机酸两类。

(1) 无机酸

无机酸分为非氧化性酸和氧化性酸两类。金属在非氧化性酸中腐蚀的阴极反应是氢离子还原反应，由于酸中不含氧化剂，不能使金属钝化，金属在非氧化性酸中主要依靠其热力学稳定性来抵抗腐蚀。盐酸和氢氟酸是典型的非氧化性酸。

氧化性酸中除了可以发生氢离子还原反应以外，腐蚀反应的阴极过程主要是氧化剂的还原，例如在硝酸中腐蚀的阴极反应是硝酸根离子还原为亚硝酸根离子。很多金属在氧化性酸中能够钝化，因此可选用能够钝化的金属材料用于氧化性酸介质，如铝、不锈钢、钛合金等。浓硫酸、浓磷酸、铬酸等都是氧化性酸，稀硫酸则表现为非氧化性酸的特性。

(2) 碱

金属在碱溶液中的腐蚀是氧去极化腐蚀。碳钢在常温下各种浓度的碱液中，由于表面形成氢氧化铁膜而耐蚀性优良，但在 80℃ 以上的高温碱液中不耐蚀。奥氏体不锈钢有较好的耐高温碱腐蚀性能。镍和各种镍基合金耐碱性最佳。

(3) 盐溶液

常见的无机盐溶液的腐蚀特性如表 1-2 所示。

表 1-2 无机盐溶液的腐蚀特性

种类			腐蚀阴极反应	腐蚀特性
非氧化性盐	中性盐	$NaCl$、KCl、Na_2SO_4、K_2SO_4、$LiCl$	氧去极化	腐蚀性随氧浓度增大而增大
	酸性盐	NH_4Cl、$(NH_4)_2SO_4$、$MgCl_2$、$MnCl_2$、$FeCl_2$、$NiSO_4$	氢去极化 + 氧去极化	腐蚀性接近相同 pH 值的酸溶液
	碱性盐	$NaNO_3$、Na_2SiO_3、Na_2S、Na_3PO_4、$Na_2B_2O_7$	氧去极化	相当于稀碱溶液，腐蚀性较弱，磷酸盐、硼酸盐有缓蚀作用
氧化性盐	中性盐	$NaNO_3$、$NaNO_2$、K_2CrO_4、$K_2Cr_2O_7$、$KMnO_4$	氧化性阴离子的还原	可促使钢铁钝化
	酸性盐	$FeCl_3$、$CuCl_2$、$HgCl_2$、NH_4NO_3	高价金属阳离子还原为低价离子	有强烈氧化性，腐蚀性很强
	碱性盐	$NaClO$、$Ca(ClO)_2$	氧化性阴离子的还原	腐蚀性较强

(4) 有机化合物

有机化合物在水溶液中的离子化倾向很低，一般不具有氧化性。大多数有机化合物如醇、醚、酮、各种烃类等对金属的腐蚀性很微弱，少数有机物如酸酐、醛类、酚、有机氯化物、有机硫化物等具有腐蚀性，随温度升高腐蚀性增强。

1.3 耐腐蚀材料的选用

1.3.1 腐蚀环境的调查

腐蚀环境的主要特征参数包括介质组成、温度、流速、压力、固体颗粒种类与含量、介质循环量、介质组成的变化、气液界面状况、蒸发与浓缩条件等，其中最重要的参数是介质组成和温度。

(1) 介质组成

介质组成决定其氧化性或还原性、酸碱性，除了要搞清楚介质的主要成分以外，还必须了解主要侵蚀性杂质的种类与含量。例如：微量的氯、氟离子即可破坏钝化；重金属离子会加速腐蚀；氧和氧化剂的存在能促进可钝化金属发生钝化，也可能加速非钝化金属的腐蚀。在有机介质中，水含量和介质导电性对腐蚀也有重要影响。

(2) 温度

大多数介质的腐蚀性随温度升高而显著增大，例如在有机酸或稀无机酸体系中，金属材料在沸腾温度下的腐蚀速率比在室温下要高一个数量级以上。在室温下耐蚀性良好的材料，在高温下可能完全不耐蚀。

1.3.2 一般选用原则

① 在强还原性或非氧化性环境中，由于材料不易钝化或钝化膜不稳定，因此不宜使用可钝化材料，应选择依靠自身热力学稳定性耐腐蚀的材料，如铜与铜合金、镍与镍合金等。

② 在氧化性环境中应选择可钝化材料，如不锈钢、铝与铝合金等，氧化性很强的环境可选用钛与钛合金、锆合金等。

③ 在氯离子环境中不宜使用钝化金属材料，普通 18-8 型不锈钢和铝合金在氯离子环境中容易发生孔蚀、缝隙腐蚀和应力腐蚀破裂。高镍钼型不锈钢有一定的耐孔蚀能力，但在受力状态下存在应力腐蚀倾向，在低氯离子介质中应慎重使用。钛合金有较强的耐氯离子侵蚀能力。

④ 按允许的腐蚀速率使用不同类型的材料和构件，耐蚀性相对较低的通用材料一般可允许有较高的腐蚀速率，表 1-3 可作参考。

在医药、食品工业以及由于微量铁溶出而可能导致介质污染、变色或催化剂中毒等特殊场合，选材应保证腐蚀速率低于 0.01mm/a。

⑤ 充分利用已有的使用经验。下列材料-介质组合已经为大量实践证明是经济有效的：不锈钢-硝酸、镍与镍合金-碱、蒙乃尔合金-氢氟酸、哈氏合金-热盐酸、铅-稀硫酸、铝-大气、碳钢-浓硫酸、钛-强氧化性介质。

⑥ 对受力结构或重要构件，特别要防止发生应力腐蚀破裂，选材时要避免可能导致应力腐蚀的材料-介质组合。

表 1-3　不同材料和构件允许的最大腐蚀速率

腐蚀速率/(mm/a)	耐蚀材料(不锈钢以上)	一般材料(碳钢)	塔、反应器、容器、储槽等	管道、一般结构件、配件等
< 0.05	优	优	优	优
0.05~0.1	良	良	可用	良
0.1~0.25	可考虑使用	可用	不宜使用	可用
0.25~0.5	不可用	可用	不可用	可用
0.5~1	不可用	可考虑使用	不可用	可考虑使用
> 1	不可用	不可用	不可用	不可用

第2章 铁碳合金的耐腐蚀性

铁碳合金是铸铁和碳钢的总称，碳在铁碳合金中是重要的合金元素。碳含量很低(<0.04%)时，合金几乎完全由铁构成，硬度较低，称工业纯铁，俗称熟铁；随着钢中的碳含量增加，钢的强度增大，塑性、韧性降低；碳含量超过2%以上的铁碳合金称作铸铁，其强度、硬度很高，但塑性、韧性差，材料很脆，又称生铁。控制铁碳合金中的不同碳含量以及微量杂质元素Si、Mn、P、S和其他合金元素的含量，并通过热处理改变其显微组织，可以得到一系列性能不同的碳钢和铸铁，满足不同的需求。

钢是人类文明社会中应用最多、用途最广的结构材料。一般，碳含量小于2%的铁碳合金称为碳钢，普通碳钢中除了C外，还含有少量非有意加入的元素，主要有Si、Mn、P、S、O、N等，其中Si、Mn是脱氧后残留下来的，P、S主要是由原材料中带来的，O、N则可能在冶炼过程中由空气中吸收而来。一般而言，这些杂质元素对钢的综合力学性能和耐蚀性能有不利影响，在优质碳钢中对钢中的C及其他杂质元素含量范围有较严的限制。

为了改善或提高钢的某些性能而有意加入的元素称合金元素，由此获得的钢种称为合金钢。常用的合金元素有Si、Mn、Cr、Ni、Mo、W、V、Ti、Nb、Zr、Co、Al、Cu、B、稀土等。合金钢种类很多，大体上可以分为两大类，一大类是为了耐腐蚀、耐氧化而专门开发的钢种，如不锈钢、耐腐蚀低合金钢、耐热钢等，我们将分章专门叙述；另一大类是合金结构钢，钢中加入的合金元素主要用于提高和改善其综合力学性能或工艺性能，如低合金高强钢、压力容器用钢、低温钢、弹簧钢、轴承钢、工具钢、大锻件用钢等等。合金结构钢中的合金元素总含量一般不超过5%，因此通常称作低合金钢，但不同元素与基体综合作用的结果，在保持一定的塑性、韧性的基础上，显著提高材料的强度，综合力学性能远远超过普通碳素钢。由于低合金钢中合金元素总量不高，成本提高不多，但性能显著提高，在桥梁、建筑、车辆、船舶、压力容器、管道、电站设备、大型机械等重要工程结构中有非常广泛的应用。

普通低合金结构钢中合金元素的作用主要是提高钢的力学性能，但由于低合金钢中杂质元素控制较严，Cr、Mo、Ni、Cu、Ti、V、稀土等合金元素对改善钢的耐蚀性有益，因此与相同含碳量的碳钢相比，低合金钢的耐蚀性往往有所提高。但由于合金元素含量较低，与碳钢相比耐蚀性提高的幅度并不大，总体来看，低合金结构钢的耐蚀性与碳钢仍处在同一量级，其腐蚀行为与影响因素也与以下叙述的碳钢大体上相同。

我国国标GB/T 221—2000标准规定，普通碳素结构钢和合金结构钢的牌号以其屈服强度表示，采用代表屈服强度的拼音字母“Q”和屈服强度数值(单位为MPa)组成牌号。例如：碳素钢牌号：Q235AF，Q235BZ，相当于原A3钢；低合金高强度钢牌号：Q345C，Q345D，相当于原16Mn钢。其中牌号后面的字母代表钢的质量等级和脱氧方法。

常见钢的分类如下所示。

- (1) 按化学成分分类
  - 碳素钢
    - 工业纯铁(碳含量≤0.04%)
    - 低碳钢(碳含量≤0.25%)
    - 中碳钢(碳含量>0.25%~0.60%)
    - 高碳钢(碳含量>0.60%)
  - 合金钢
    - 低合金钢(合金元素总含量≤5%)
    - 中合金钢(合金元素总含量>5%~10%)
    - 高合金钢(合金元素总含量>10%)
    - 三元合金钢-如锰钢、铬钢等
    - 四元合金钢-如硅锰钢、铬镍钢等
    - 多元合金钢-如铬镍钼钢、铬锰钼钒磷钢等
- (2) 按品质分类
  - 普通钢(磷含量≤0.045%，硫含量≤0.055%；或磷、硫含量均≤0.050%)
  - 优质钢(磷、硫含量均≤0.040%)
  - 高级优质钢(磷含量≤0.035%，硫含量≤0.030%)
- (3) 按冶炼方法分类
  - 按炉别分
    - 平炉钢
      - 酸性平炉钢
      - 碱性平炉钢
    - 转炉钢
      - 酸性转炉钢
      - 碱性转炉钢
      - 及
        - 底吹转炉钢
        - 侧吹转炉钢
        - 顶吹转炉钢
    - 电炉钢
      - 电弧炉钢
      - 电渣炉钢
      - 感应炉钢及真空感应炉钢
      - 真空自耗炉钢
      - 电子束炉钢
  - 按脱氧程度和浇注制度分
    - 沸腾钢
    - 镇静钢
    - 半镇静钢
- (4) 按金相组织分类
  - 退火状态的
    - 亚共析钢(铁素体+珠光体组织)
    - 共析钢(珠光体组织)
    - 过共析钢(碳化物 + 珠光体组织)
      - 莱氏体钢(铸态组织为碳化物 + 奥氏体的共晶体)
  - 正火状态的
    - 珠光体钢
    - 贝氏体钢
    - 马氏体钢
    - 奥氏体钢
    - (正火空冷的冷却速度随钢材尺寸大小而不同，以致同一种钢所得到的金相组织也不同)
  - 无相变或部分发生相变的
    - 铁素体钢
    - 奥氏体钢
    - 复相钢-如半铁素体或半奥氏体钢
- (5) 按用途分类
  - 建筑及工程用钢
    - 普通碳素钢-主要为低碳的甲、乙、特类钢
    - 低合金高强度钢-包括部分普通低合金钢
    - 钢筋钢
  - 结构钢
    - 机械制造用钢
      - 调质结构钢
      - 表面硬化结构钢-包括渗碳钢，渗氮钢，感应加热表面淬火用钢
      - 易切结构钢
      - 冷塑性成形用钢-包括冷冲压用钢、冷镦用钢，冷挤压用钢
    - 弹簧钢
    - 轴承钢
  - 工具钢
    - 碳素工具钢
    - 合金工具钢及
    - 高速工具钢
    - 刃具用钢
    - 量具用钢
    - 模具用钢
  - 特殊性能钢
    - 不锈耐酸钢
    - 耐热钢-包括抗氧化钢和热强钢
    - 电热合金
    - 耐磨钢
    - 低温用钢
    - 电工用钢
  - 专业用钢-如船舶用钢、桥梁用钢、压力容器用钢、锅炉用钢等等

2.1 铁碳合金的耐蚀性

铁碳合金、碳钢和铸铁是现代工业中使用最广泛的金属材料。铁碳合金价格低廉，机械性能与工艺性能良好，在耐蚀性能方面，尽管铁的电极电位较负，在自然条件下(大气、水及土壤中)化学稳定性较低，但是可采用其他金属保护层，或采用涂料、添加缓蚀剂及电化学保护等防腐蚀措施提高其耐蚀性。在某些介质中碳钢和铸铁具有良好的耐蚀性能，可作为耐蚀结构材料使用。通常只有在铁碳合金不能满足要求时，才选用耐蚀合金钢。

下面讨论铁碳合金的组织与化学成分对耐蚀性的影响。

(1) 组织

铁碳合金基本组成相是铁素体(a)、渗碳体(Fe_3C)和石墨(C)，它们具有不同的电极电位，石墨的电位最高，为+0.37V，铁素体的电位最低，为-0.44V，渗碳体电位介于二者之间。由于组织的非均一性，当铁碳合金与电解质溶液接触时，表面必然形成较大电位差的微电池作用，其中渗碳体和石墨是阴极，铁素体是阳极，从而造成铁碳合金的强烈腐蚀。

铁碳合金从高温奥氏体冷却下来后，其各种组织产物对还原性介质的腐蚀作用有着不同程度的影响。

在化学成分相同的情况下，过冷奥氏体在高温区转变的珠光体、索氏体和屈氏体三种组织，以珠光体组织抗蚀性最好，其次是索氏体，最差的是屈氏体。这是因为随着钢在连续冷却转变过程中，过冷度增大，碳化物弥散度依次递增，使得氢去极化腐蚀的有效阴极面积增加的缘故。淬火马氏体虽然内应力较大，电位较铁素体低，但它是单相固溶体。所以，它的腐蚀速率较二相组织的珠光体稍小。

钢中的硫化物、氧化物及硅酸盐等夹杂物的存在，通常都会降低钢的耐蚀性能。这些夹杂物作为阴极相，在腐蚀介质中会加速其相邻区域的金属的阳极溶解，夹杂物与金属之间的界面是小孔腐蚀的优先萌生点。特别是在管线钢中，硫化物夹杂往往沿着轧制方向伸长，在夹杂物尖端与钢基体的交界处产生应力集中，从而在含硫化氢的环境中很容易导致氢致开裂。

铸铁中石墨的大小、形状、数量及分布，影响着电化学腐蚀程度。当片状石墨大小适当、互不相连时，阻碍外部电解液的渗入，对耐蚀性较为有利。石墨呈球状或团絮状比呈片状耐蚀性更好。

(2) 冷加工对腐蚀的影响

冷加工变形会明显促进材料的腐蚀，如图2-1所示。冷加工变形过程中金属内部的位错密度大大增加，表面的活性点也大大增多，使腐蚀速率加快。如果冷加工后再对材料进行退火处理，材料的耐腐蚀性能可以基本得到恢复。图2-1是不同碳含量的碳钢经过冷轧后与退火状态腐蚀速率的对比，经过轧制变形后钢的腐蚀速率明显上升，碳含量越高，差别越大，但退火可以使腐蚀速率降低。

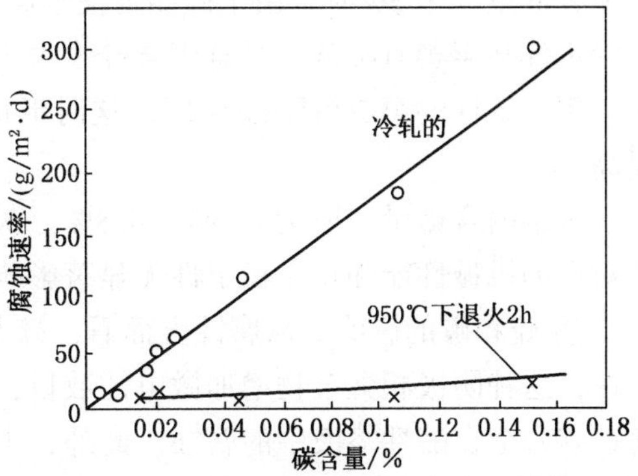

图2-1 不同碳含量的冷轧与退火钢的腐蚀速率比较

(3) 钢中的碳及杂质元素对腐蚀的影响

铁碳合金中除碳元素外，还含有少量锰、

硅、硫、磷等元素。下面分别叙述碳及这些常见杂质元素对钢铁腐蚀性能的影响。

① 碳的影响：碳对腐蚀性的影响依介质类型而定。

在还原性酸中，随着碳含量增加，碳钢和铸铁的腐蚀速率加大。铸铁腐蚀率较碳钢高。这是因为氢去极化腐蚀过程中，碳含量增加，渗碳和石墨数量增多，使阴极面积加大，氢过电位减小，腐蚀速率加快的缘故。图 2-2 所示为碳钢在硫酸中腐蚀速率随碳含量升高而升高的情况。

在氧化性酸中，当含碳量较低时，渗碳体数量也较少，故未能促进合金钝化。此时，合金处于活性状态，腐蚀速率随合金中阴极相(渗碳体)的数量增多而增大；当碳含量超过一定限量时，则会促进铁碳合金钝化，腐蚀速率下降。铸铁中有比较多的电位比渗碳体更正的石墨相，使阴极相面积增大，有利于阳极相的钝化，促进钝态的出现。这样，由于足够数量阴极相的存在，提高了阳极相的稳定性，因而在可能产生钝化状态的介质中，铸铁有较高耐蚀性。图 2-3 所示为碳钢在硝酸中的腐蚀情况，属于上述情况。

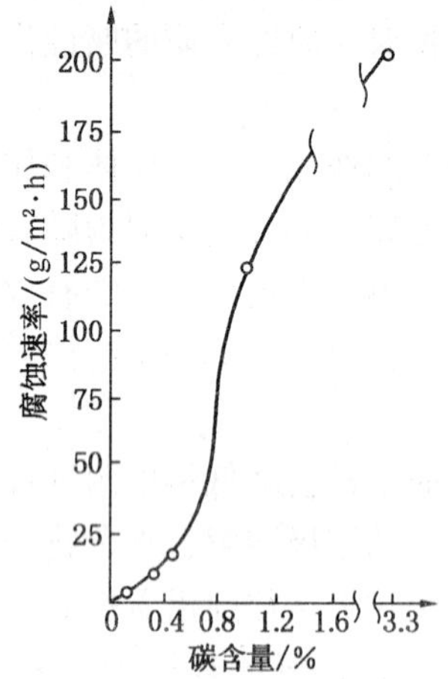

图 2-2 碳含量对铁碳合金在 20%H_2SO_4 中(25℃)腐蚀速率的影响

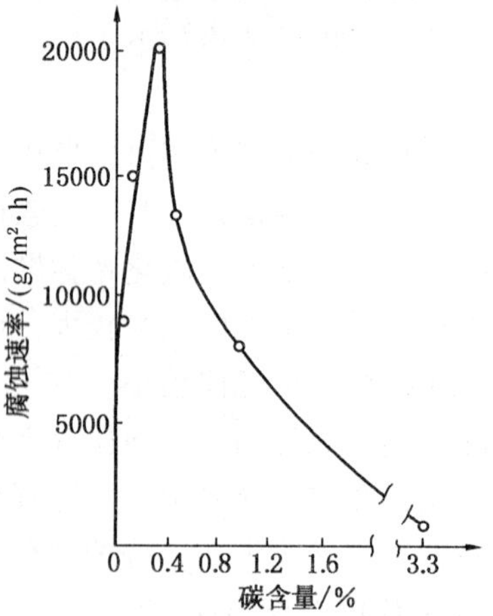

图 2-3 碳含量对铁碳合金在 20%HNO_3 中(25℃)腐蚀速率的影响

在主要由氧去极化腐蚀的介质中，如大气、中性或弱酸性溶液，碳含量对腐蚀速率影响不大。

② 硅和锰的影响：钢中含硅量通常在 0.12%~0.3%之间，铸铁的含硅量大于 1%。铸铁中含硅量大于 3%时，由于硅能促使渗碳体分解而析出石墨，使它们在非氧化介质中的化学稳定性甚至稍有降低。只有当含硅量大于 1%时，即硅铁成分之间的关系符合 $n/8$ 定律中相当于稳定性的第二台阶($n=2$)，这时形成致密的二氧化硅保护膜，合金耐蚀性才有显著提高。

碳钢内含锰量一般为 0.5%~0.8%，灰铸铁含锰量大致为 0.5%~1.4%。在此范围内，锰对钢的机械性能和化学稳定性无显著影响。

③ 硫和磷的影响：从腐蚀方面看，硫与铁或锰生成的硫化物在合金中呈单独的阴极相存在，这种阴极相夹杂物增加微电池数目，并且易生成硫化氢，产生氢去极化作用，从而加速铁碳合金在酸性溶液中的腐蚀。此外，由于这种硫化物存在于晶界上，导致钢铁在电解液中出现晶间腐蚀的可能。

硫的存在使含硫化物的金属区域上所形成的膜比其他表面上生成的膜保护性差，因而降低金属的化学稳定性。特别是当金属与大气和中性水溶液接触时，硫促使产生局部腐蚀，表现出明显的有害作用，硫化物类杂质明显促进孔蚀萌生。

硫对抗氢腐蚀及硫化氢应力腐蚀是不利的，提高含硫量促使氢诱发破裂敏感性上升，缩短氢腐蚀和氢脆破坏时间。

铁碳合金中的磷含量在正常范围内变动时，对于大气和中性溶液介质，其耐蚀性能影响不大。当磷含量进一步提高(达 1.0%以上)，特别是与铜配合使用时，有抗大气腐蚀及抗海水腐蚀的作用。

磷也是对硫化氢应力腐蚀有不良作用的元素，其有害程度次于硫。

2.2 碳钢在各种介质中的腐蚀行为

金属的腐蚀除与金属本身组织结构及化学成分有关外，还取决于腐蚀介质的性质。

碳钢在 $pH<4$ 的非氧化性酸性溶液中，发生氢去极化的强烈腐蚀。阴极过程是氢离子的去极化反应：$2H^++2e\rightarrow H_2$。pH 值在 4~9 范围内时，其腐蚀速率由氧扩散到金属表面的速度决定。氧的扩散不受 pH 值影响。因此腐蚀速率与 pH 值无关，出现水平线段。此时，金属的腐蚀速率与氧的浓度有关，随着含氧量升高，铁腐蚀速率加大。当 pH 值上升到 9 以后，由于铁在碱性溶液中会生成不溶性氢氧化铁保护膜，腐蚀速率随 pH 值上升而下降，当 pH 值达到 12 时腐蚀速率渐减低至零。当 $pH>14$ 以后，由于氢氧化铁转变为可溶性亚铁酸根离子(FeO_3^-)或高铁酸根离子($Fe_2O_4^-$)，腐蚀速率重新上升。

钢铁在大气、淡水、溶液及酸、碱中的腐蚀行为如下。

2.2.1 大气及水中的腐蚀

大气腐蚀是在金属表面上一层很薄的水膜或薄层电解液中进行的电化学腐蚀。其厚度一般在 1~300μm，有时可达 1mm 以上。大气中的杂质，例如 CO_2、SO_2、NH_3、HCl 粒子等进入水膜中，使腐蚀加速。

碳钢在大气中的腐蚀速率与所在地区的温度、湿度及大气中杂质等因素有密切关系。总的来说，含有 SO_2、CO_2、HCl 等杂质的工业大气腐蚀最严重(0.2~0.25mm/a)；近海区的海洋大气，由于含有盐粒和多雾，腐蚀速率为 0.1~0.15mm/a，次于工业大气；乡村大气腐蚀速率最弱(0.05~0.06mm/a)。

铁碳合金在淡水中的腐蚀速率与水中溶解氧的浓度有关。开始时，随着氧含量的增高，氧作为去极化剂而加速腐蚀，当氧浓度达到某一定值时，微电池电流可能超过致钝电流，使金属表面因生成氧化膜而发生钝化。

钢铁在含有矿物质的硬水中的腐蚀比在软水中慢，这是由于硬水可能会产生不溶解的碳酸钙垢附着在金属表面上，阻止金属与氧的接触，从而减少腐蚀。当水中溶有二氧化碳、二氧化硫等气体时，因放氢的阴极反应，会加速腐蚀。

碳钢在电导率较大的海水中被腐蚀，主要是受氧去极化阴极控制。海水中含有较多的氯离子、氧离子吸附于钢的表面，使得金属难于钝化，此外，氯离子具有穿透钝化膜的能力，因此碳钢在海水中的腐蚀速率比淡水里高。

钢铁在海水中的腐蚀速率，以暴露在海洋环境中条件不同而有很大的变化。海洋环境可分为海洋大气带、潮差带、全浸带及海土带等。海洋大气带是指比飞溅带高的区域，影响腐蚀的主要因素是大气中盐粒的含量，距海水面愈近腐蚀愈剧烈。碳钢在海水交替干湿及强烈冲击的飞溅带腐蚀最严重，比从低潮位到海底泥线之间海水浸着的全浸带大数倍。碳钢在水线处的潮差带，相对于下面邻近的全浸带含氧量高，成为氧浓差电池的阴极，这样会由于水下缺氧部位金属的阳极腐蚀而得到保护。因此碳钢在潮溅带的腐蚀速率介于飞溅带与全浸带之间。全浸带由于溶解氧的作用及海水流动的影响，腐蚀速率也较高。随着海深的增加，海水中溶解氧量减少，温度降低，腐蚀速率下降。泥线下的海土带，由于溶解氧量不足，腐蚀最轻微。但是，在浅海海土中，由于泥沙流动较大以及海水的污染，腐蚀也较大。

2.2.2 盐类溶液中的腐蚀

由于盐溶液具有高的导电性，使金属在盐类溶液中比在水中腐蚀更为强烈。钢铁在盐类溶液中腐蚀速率与盐的种类，即盐在溶液中水解后的阳离子、阴离子的性质、腐蚀产物的溶解度以及能否在表面形成致密的保护膜有关，同时，也与溶液的浓度、温度以及氧扩散进入金属表面的量有关。

酸性盐如 $AlCl_3$、$NiSO_4$、$MnCl_2$、$FeCl_2$等水解后生成酸，其腐蚀速率与相同 pH 值的酸相类似。

碱性盐水解后生成碱，如 Na_3PO_4、$Na_{22}B_2O_7$、Na_2SiO_3、Na_2CO_3等水解后，若 pH 值大于 10，就成为缓蚀剂。尤其像 Na_3PO_4和 Na_2SiO_3等，由于能在表面生成具有较好保护性的盐膜，即使 pH 值低于 10，其缓蚀效果仍较好。

氧化性盐可分为两类，一类如 $FeCl_3$、$HgCl_2$、NaClO 等，由于它们是很强的去极化剂，能吸收阳极金属溶解释放出的电子，从而加速阳极区金属的溶解，对钢铁腐蚀很严重；另一类盐如 Na_2CrO_4、$KMnO_4$、$K_2Cr_2O_7$等，当其含量足够时，能促使钢的表面钝化而成为缓蚀剂。

重金属盐类如 $CuSO_4$、$NiSO_4$、$AgNO_2$等的阳离子，比金属铁的电位更正，使得铁被腐蚀，而溶液中铜、镍、银等金属离子被置换并在铁上析出。

2.2.3 酸中的腐蚀

铁碳合金在不同性质的酸溶液中，腐蚀速率明显不同。

盐酸是一种强腐蚀还原性酸，钢铁在盐酸中耐蚀性能极低。腐蚀过程中，由阴极氢去极化析出氢，并生成可溶性的腐蚀产物，不能阻止金属的继续溶解。铁碳合金在盐酸中的腐蚀速率随酸浓度的升高而急剧上升。随着酸溶液温度升高，铁碳合金在酸中氢的过电位减小，加速了腐蚀过程的进行。

低浓度硫酸属于非氧化性酸，对铁碳合金产生强烈的氢去极化腐蚀。此时，腐蚀速率随硫酸的浓度增加而增大，浓度达到 47%～50%时，腐蚀速率最大；当硫酸浓度再增大，由于浓硫酸具有氧化性，它本身被还原成二氧化硫，而使铁生成具有保护性的钝化膜，腐蚀速率逐渐下降。当硫酸浓度达到 70%～100%时，腐蚀速率甚低。图 2-4 示出了碳钢在不同浓度硫酸中的腐蚀速率。因此，可以使用碳钢制作浓硫酸的储存设备，在室温下密闭储存浓硫酸(浓度>80%)。铸铁也可以制作在这种条件下的受力不大的输送硫酸的管道、泵和阀门等设备。由于浓硫酸有很强的吸水性，在敞开体系中会吸收空气中的水分而逐渐稀释，一旦硫酸浓度降

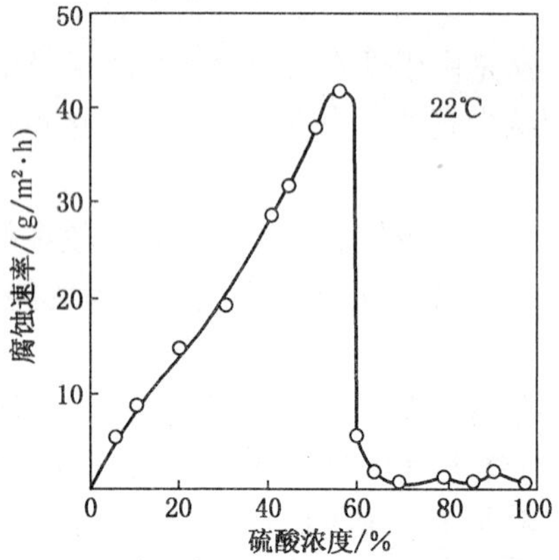

图 2-4　碳钢腐蚀速率随硫酸浓度的变化

低到60%~70%以下，腐蚀速率会迅速上升，因此在开放体系中不宜使用碳钢和铸铁作为浓硫酸储运设备。

在浓度超过100%的发烟硫酸中，由于钝化膜遭到破坏，腐蚀速率上升，20%发烟硫酸出现腐蚀速率第二个最大值。游离SO_2浓度再继续增大，可能是因为此时成了硫酸盐或硫化物保护膜的原因，腐蚀速率又重新开始下降。

铸铁在硫酸中的腐蚀行为与碳钢相类似，浓度高于25%发烟硫酸的渗透性，促使铸铁内部和石墨的氧化，会产生晶间腐蚀。

在小于65%的硫酸中，无论在任何温度下，铁碳合金不能使用。当温度高于65℃时，不论硫酸浓度多大，铁碳合金一般也不能使用。

硝酸具有氧化性。稀硝酸分解时放出氧原子，本身被还原为NO；浓硝酸分解时放出氧原子，本身被还原为NO_2。随着硝酸浓度的增大，碳钢的腐蚀速率上升，当硝酸浓度达到30%时，碳钢的腐蚀速率最大；硝酸浓度在50%~80%之间时，碳钢钝化，腐蚀速率显著下降；但当硝酸浓度大于90%以后，碳钢表面致密的具有保护性的氧化膜，会进一步氧化成可溶性高价氧化物，使腐蚀速率急剧上升。在实际生产条件下，由于温度升高，碳钢在硝酸中钝化膜易被破坏，并且在浓度较高的硝酸中，碳钢会产生晶间腐蚀破坏，所以一般在硝酸生产中不用铁碳合金。

碳钢在浓度低于70%的氢氟酸中会遭到剧烈的腐蚀。但在浓度高于75%、温度低于60℃的氢氟酸中，碳钢却是稳定的，这是由于铁表面生成的氟化物随氢氟酸浓度增加，溶解度下降的缘故。对于无水的氢氟酸，碳钢更为耐蚀。因此，可用碳钢制作储存浓度在80%以上的氢氟酸容器。铸铁在氢氟酸中可能会出现晶间腐蚀，不宜用作容器。

在非氧化性的有机酸中，对碳钢腐蚀强烈的是草酸、蚁酸、醋酸、柠檬酸和乳酸。在有机酸中，碳钢腐蚀速率随着氧的进入和温度的升高而上升。然而，它们的腐蚀作用比起同等浓度的无机酸要弱。

在无酸无水有机介质中，如甲醇、乙醇、苯、二氧乙烷、苯胺等，铁碳合金是化学稳定的。铁碳合金在纯的石油烃类中，腐蚀也不显著。但当介质中存在硫化氢和硫醇等杂质时，腐蚀速率迅速上升。

2.2.4 碱中的腐蚀

碳钢在常温的碱液中一般是耐蚀的，这时碳钢表面会生成一层具有保护性的薄层氢氧化物膜。但当NaOH浓度超过30%以后，碳钢表面氧化膜的保护性能开始降低，温度升高则腐蚀更加严重。当NaOH浓度达到30%左右及温度达到60℃以上时，碳钢及低合金钢会产生明显的应力腐蚀开裂倾向，生产中通常称作“碱脆”。由于“碱脆”，碳钢与低合金钢一般不宜在高温浓碱环境中使用。

总的来说，碳钢耐蚀并可适用的介质有：低于70℃的80%~100%的硫酸、20℃的90%~100%或小于10%的醋酸、60%~100%的沸腾氢氟酸、低于120℃而浓度不超过35%的氢氧化钠、氨水和液氨、常温稀硝酸铵、氯化钠、碳酸铵、20℃的硫酸钠、沸腾稀碳酸钠、饱和沸腾碳酸氢钠、温度低于200℃而浓度小于80%的硫化氢、汽油、焦油、丙酮和20℃的苯等。

碳钢在合成氨、碳酸氢铵、硫酸、氯碱及炼油生产中广泛用来制造各种容器、储罐、换热器及塔器设备等。

2.3 铸铁与耐蚀铸铁

2.3.1 铸铁

铸铁中的碳含量一般在2%以上，这是它与碳钢最重要的区别。铸铁一般可以分为灰铸铁、可锻铸铁、球墨铸铁、耐蚀铸铁、耐热铸铁、耐磨铸铁等类型。铸铁中用量最大的是普通灰铸铁，其碳含量一般在2.7%～4%。O含量、Si含量为1%～3%，Mn、P、S总量不超过2%。灰铸铁具有价格便宜、易于浇注成型、硬度高、缺口敏感性低、耐磨性好、减振性好等优点，在工业上广泛用作各种结构材料。铸铁的缺点是脆性大、强度低、不易加工。铸铁中碳含量较高，碳以大量的片状碳化物或石墨的形式存在，这些碳化物或石墨片在腐蚀介质中的电位要比铁基体相的电位更正，作为体系中的阴极相会使铸铁中形成许多微电池，从而显著促进铁的腐蚀。因此铸铁的耐蚀性一般比钢要差得多。特别是在氢去极化的非氧化性的酸性腐蚀介质中，铸铁的腐蚀很快。在一定浓度的氧化性酸当中，铸铁中的石墨相可以促进铁的钝化，因此铸铁的腐蚀速率可能比钢要低。例如，当硝酸浓度在35%以上、硫酸浓度在70%以上时，铸铁能发生钝化，腐蚀速率很低，但若酸的浓度低于此临界值，就会发生迅速腐蚀。因此铸铁可以制造浓硫酸冷却器、输酸管线、泵、阀及浓硫酸储罐等构件。而在稀硫酸、稀硝酸以及有机酸中，铸铁是不耐蚀的。

在碱溶液中铸铁能够钝化，与碳钢一样有良好的耐蚀性，普通灰铸铁能耐浓度70%以下的NaOH腐蚀，在浓度高于70%或温度接近沸点时腐蚀速率则会迅速上升。在大气、土壤和中性水溶液等腐蚀性较弱的介质中，铸铁一般具有良好的耐蚀性。

普通灰铸铁中的石墨呈片状，在铁基体中产生很大的应力集中，导致铸铁的力学性能降低。在铸铁成型过程中加入适当的球化剂，使石墨形成球状，可以大大减小铸铁中的应力集中效应，显著提高铸铁的冲击韧性和综合机械性能，这种铸铁称为球墨铸铁，因常用的球化剂是硅铁稀土镁合金，故又称稀土镁球铁。球铁的耐蚀性大体上与灰铸铁相当，但抗冲击性、抗开裂性和耐热性优于灰铸铁。表2-1给出了铁素体球铁、珠光体球铁与珠光体灰铸铁耐蚀性的比较，在稀的醋酸、盐酸溶液中球铁的腐蚀速率比灰铸铁明显要低，在其他介质中差别不大，铁素体球铁的耐蚀性略优于珠光体球铁。

表2-1 铁素体球铁、珠光体球铁与珠光体灰铸铁的耐蚀性

材料	腐蚀速率/(g/m²·h)								
	3%硫酸(25℃)	5%硫酸(50℃)	0.5%醋酸	1%盐酸(20℃)	10%硫酸铵(20℃)	10%NaOH(50℃)	0.037% SO_2的湿空气	工业大气	海水(20℃)	3%NaCl(15～19℃)
铁素体球铁	30.7	99.5		1.7	0.422	0.0079	0.2375	0.1512	0.292	0.0641
珠光体球铁	234.1	780.7	0.043	3.4	0.605	0.0054	0.1834	0.1173	0.288	0.0699
珠光体灰铸铁	39.7	1280	1.800	24.8	0.695	0.0137	0.2014	0.1175	0.229	0.0700

在下列介质中可选用铸铁：浓度70%～100%、70℃硫酸；浓度90%～100%或小于10%、20℃醋酸；低于80℃的NaOH溶液；氨水、液氨；室温硝铵；硫酸钠；室温的稀NaCl溶液；沸腾的稀碳酸钠溶液；饱和沸腾碳酸氢钠；200℃干氯化氢气体；无水四氯化碳、焦油、丙酮和20℃苯等。

2.3.2 耐蚀铸铁

提高铸铁的耐腐蚀性有三种方法：一是在铸铁中加入硅、铬、铝等合金元素，使表面形成连续而致密的氧化保护膜；二是加入铬、钼、铜、镍等元素，提高铸铁基体的电极电位；三是通过减少石墨数量，进行球化处理，将石墨变成球状或加入合金元素获得单相金属基体等措施改善铸铁的组织。

（1）耐蚀铸铁的成分

目前应用较多的有高硅耐蚀铸铁、高铬耐蚀铸铁、铝耐蚀铸铁和抗碱耐蚀铸铁。耐蚀铸铁用代号“ST”表示，各种耐蚀铸铁的化学成分如表 2-2 和表 2-3 所示。

表 2-2　高硅铸铁的化学成分

名称	牌号	化学成分/%							
		C	Si	Mn	P	S	Mo	Cu	其他
普通高硅铸铁	NATSi15	0. 50~0. 85	14. 0~15. 5	0. 3~0. 8	≤0. 08	≤0. 05			
	NATSi17	0. 3~0. 5	16. 0~18. 0	0. 3~0. 8	<0. 1	<0. 07			
稀土高硅耐蚀铸铁	NATSi15RE（球墨铸铁）	0. 50~0. 85	14. 0~15. 5	0. 3~0. 8	≤0. 08	≤0. 05			RE0. 01~0. 03 RE0. 01~0. 03
	NATSi11Cr Cu2RE	1. 0~1. 2	10. 0~12. 0	0. 3~0. 6	≤0. 045	≤0. 05		1. 8~2. 2	Cr0. 6~0. 8
高硅钼耐蚀铸铁	M(Ⅰ)-15（苏）	0. 5~0. 6	14. 5~16. 0	0. 3~0. 8	<0. 6	<0. 06	3. 5~4. 0		Al≤0. 20
高硅铜耐蚀铸铁	GT 合金	0. 5~0. 8	13. 5~15. 0	0. 5~0. 8	≤0. 07	≤0. 05		6. 5~8. 5	
	C15/T9（苏）	0. 5~0. 7	13. 5~15. 0	0. 35~0. 55	≤0. 07	≤0. 03		8. 0~10. 0	RE0-0. 05
高硅钼铜耐蚀铸铁		0. 8~1. 0	10. 0~11. 0	0. 35~0. 50	≤0. 045	≤0. 018	1. 0~1. 25	1. 8~2. 0	RE≈0. 35

表 2-3　高铬铸铁的化学成分

名　称	化学成分/%						
	C	Si	Mn	P	S	Cr	其他
高铬铸铁	0. 87	1. 55	0. 26	0. 048	0. 026	22. 13	Mo2. 07 Cu1. 66
高铬铸铁（Cr26~30）	0. 5~1. 0	0. 5~1. 0	0. 5~0. 8	≤0. 1	≤0. 08	26~30	
高铬铸铁（Cr32~36）	1. 5~2. 2	1. 3~1. 7	0. 5~0. 8	≤0. 1	≤0. 1	32~36	

此外还有：

① 铝铸铁 STAl5

C 2. 7%~3. 0%，Si 1. 5%~1. 8%，Mn 0. 6%~0. 8%，P≤0. 10%，S≤0. 10%，Al 4. 0%~6. 0%。

② 高铬铸铁 STCr28

C 0. 5%~1. 0%，Si 0. 5%~1. 3%，Mn 0. 5%~0. 8%，P≤0. 10%，S≤0. 08%，Cr 26%~30%。

③ 抗碱铸铁 STNiCr

C 3. 2%~3. 6%，Si 1. 2%~1. 5%，Mn 0. 5%~0. 8%，P 0. 15%~0. 30%，S≤0. 10%，Ni 0. 8%~1. 0%，Cr 0. 6%~0. 8%。

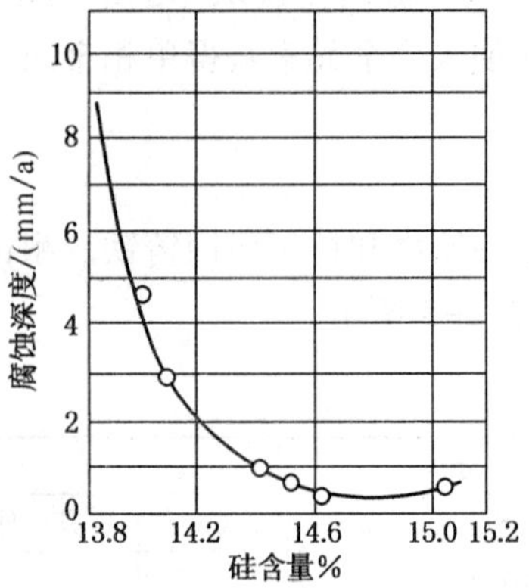

图 2-5　硅含量对铸铁耐蚀性的影响

（2）耐蚀铸铁的特点和应用

① 高硅铸铁。图 2-5 表明，随硅含量增加，铸铁的腐蚀速率降低。当铸铁中加入的硅元素达到 14%～17%时，在氧化性介质中表面能够形成一层以 SiO_2 为主的保护性氧化膜，从而具有优异的耐腐蚀性能，特别是耐氧化性酸腐蚀的性能。但材料脆性大，抗拉、抗弯强度小，容易开裂，铸件易产生气孔、裂纹等缺陷，废品率高，加工性能差，一般在铸造后只能采用磨削加工。要求产品在无振动、低温（＜ 80℃）、温差波动小、压力不大（扬程小于 45m）的工况下使用。产品在装配运输时要求避免敲击碰撞，适合在硝酸、硫酸、硫酸盐、醋酸、常温盐酸、脂肪酸等介质中长期使用，除高温盐酸与氢氟酸外的其他介质亦可使用。但高硅铸铁不耐碱腐蚀，不适用于碱性介质。常用于制造承受静载荷、又无温度急变的各种耐腐蚀泵、纳氏真空泵、潜水泵、卧式离心机等。

② 稀土高硅球墨铸铁。铸铁中析出的片状石墨在基体中产生应力集中作用，很容易引起铸铁的脆性开裂。在高硅铸铁中加入稀土镁合金构成稀土高硅球墨铸铁，使片状石墨转变为球状，可改善金属基体组织，提高强度、耐腐蚀性和铸造流动性，降低废品率，但脆性仍较高，吸振性差。加工性能有所改善，除磨削外，还可车削、钻孔、套丝等，可进行补焊，但效率较低。可广泛地代替高硅铸铁和铬镍不锈钢铸件制造耐酸泵、轴套等。稀土高硅球墨铸铁的主要适用介质范围见表 2-4。

表 2-4　稀土高硅球墨铸铁的主要适用介质范围

温　　度	适　　用　　介　　质
常　　温	微量 20%四氧化氮，80%～98%硝酸，35%～40%草酸，20%～30%硫铵溶液，5%～85%磷酸介质，98%甲醇，90%二氯甲烷
30～70℃	＜ 20%稀硫酸
40～60℃	98%浓硝酸
＜ 50℃	92%～98%硫酸
约 60℃	约 105%发烟硫酸
＜ 60℃	＜ 60%稀硝酸
＜ 70℃	42%～48%氢氧化钠
＜ 80℃	40%～76%硫酸，漂白粉溶液

③ 高硅钼铸铁。高硅铸铁中加入 4%左右的 Mo，又称抗氯铸铁，对氯化物溶液、氯离子具有高度稳定性，适用于除氢氟酸以外的各种酸类。不耐浓碱腐蚀，主要用作抗盐酸铸件。

④ 高硅铜铸铁。高硅铸铁中加入 7%～8%的 Cu，得到高硅铜铸铁，它具有高耐磨性和耐蚀性，但铸造性能差，废品率高。耐碱和酸的腐蚀，但不耐硝酸腐蚀。耐碱腐蚀性能比铝铸铁好，可用作强碱性并有磨损环境中的泵、叶轮及轴套等，如联碱泵的过流部件。

⑤ 高铬铸铁。高铬铸铁中含有 20%～35%的 Cr，对于氧化性酸有着良好的耐蚀性，特别是耐硝酸性能极好，室温下能耐浓度 95%以下的硝酸，对于浓度 70%的硝酸，在沸点温度以下其腐蚀速率不超过 0.127mm/a，如图 2-6 所示。在冷、热浓硝酸、浓硫酸、大气中

都耐腐蚀，但不耐稀硫酸腐蚀，有一定的耐热性。

⑥ 高镍铸铁。含 Ni14%～30%，并加有少量 Cr、Cu 或 Mo 的铸铁叫高镍铸铁，其组织是奥氏体加石墨，其中石墨可以呈片状或球状。由于高镍铸铁的奥氏体组织，它具有良好的韧性、优异的机械加工性能和良好的铸造性能。由于镍含量高并含有 Cu、Mo 等抗碱性好和耐还原性酸腐蚀能力较强的元素，高镍铸铁有良好的耐碱性并对中等氧化性酸如室温稀硫酸相当耐蚀，在盐酸和磷酸中耐蚀性也较好。

⑦ 其他铸铁。

铝铸铁。铸铁中加入 4.0%～6.0% 的铝称为铝铸铁。可耐碱的腐蚀，如铵盐水、氯化铵等，产品废品率较高。用于联碱、铵碱生产中的轴流泵，如纯碱氯化铵泵和碳酸氢铵泵，联碱厂、造纸厂、印染、肥皂、炼油等工业中的碱液泵等。

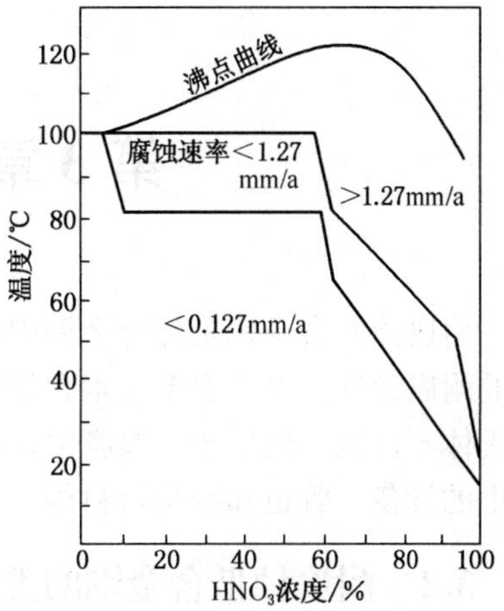

图 2-6　高铬铸铁在硝酸中的腐蚀速率

铝硅铸铁。用于含结晶的碱类溶液，也能耐热，用于制作有结晶母液的轴流泵叶轮。

第3章　耐腐蚀低合金钢

耐腐蚀低合金钢是低合金钢中的一个重要类别，合金元素添加在钢中的主要作用是改善钢的耐腐蚀性。由于合金元素含量较低，耐腐蚀性低于不锈钢而优于碳钢，强度则显著高于奥氏体不锈钢。适用于中等腐蚀性的各种环境，如作为大气、海水、石油、化工、能源等环境中的设备、管道和结构材料等。

3.1　耐腐蚀低合金钢的类别

根据耐腐蚀低合金钢的适用环境，主要分为以下几类：

① 耐大气腐蚀钢(耐候钢)；

② 耐海水腐蚀钢；

③ 耐硫酸露点腐蚀钢；

④ 耐硫化物腐蚀破裂钢；

⑤ 耐高温高压氢、氮、氨腐蚀钢(抗氢钢)。

3.2　合金元素对低合金钢耐腐蚀性的影响

低合金钢在其使用环境中通常都不能够钝化，合金元素的作用主要是提高表面锈层的致密性、稳定性和附着性。能够改善钢的耐蚀性的元素有铜、磷、铬、镍、钼、硅、铈等，其作用如下。

(1) 铜

铜能显著改善钢的抗大气和海水腐蚀性能，铜促使钢表面的锈层致密且附着性提高，从而延缓进一步腐蚀，当铜与磷共同加入钢中时作用更显著。含 Cu 0.2%~0.5%的钢与不含铜的钢相比，在海洋性和工业性大气中的耐腐蚀性提高 50%以上。

(2) 磷

磷是改善钢的耐大气腐蚀性能的有效元素之一，促使锈层更加致密，与铜联合作用时效果尤为明显。磷的加入量一般为 0.06%~0.10%，加入量过多会使钢的低温脆性增大。

(3) 铬

铬是钝化元素，但在低合金钢中含量较低，不能形成钝化膜，主要作用仍是改善锈层的结构，经常与铜同时使用，加入量一般为 0.5%~3%。

(4) 镍

镍化学稳定性比铁高，加入量大于 3.5%时有明显的抗大气腐蚀作用，Ni 含量在 1%~2%时主要作用是改善锈层结构。

(5) 钼

在钢中加入 0.2%~0.5%的钼也能提高锈层的致密性和附着性，并促进生成耐蚀性良好的非晶态锈层。

(6) 铈

少量的铈(0.10%～0.20%)与铜、磷、铬等元素配合加入钢中，可显著改善锈层的致密性和附着性。

(7) 碳

提高碳含量会使钢的强度升高，但由于 Fe_3C 数量增多，耐蚀性明显下降，因此耐腐蚀低合金钢中的碳含量一般不超过 0.10%～0.20%。

图 3-1 是几种常用合金元素对耐候钢在工业大气中的腐蚀速率的影响。

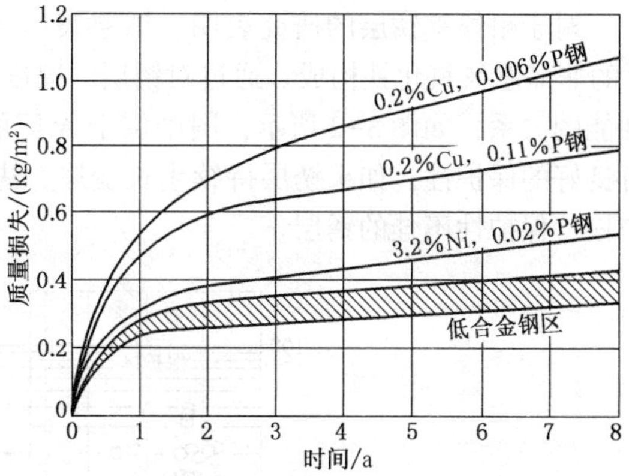

图 3-1 几种元素对钢的大气腐蚀速率的影响

3.3 耐大气腐蚀钢(耐候钢)

3.3.1 成分特点

钢在大气中的腐蚀是因为钢表面附着了一层薄层水膜而发生电化学腐蚀反应，大气湿度增大及含有 SO_2、H_2S、CO_2、HCl、NH_3、NaCl、$MgCl_2$等杂质时，腐蚀性明显增强。钢在海洋大气和工业性大气中的腐蚀速率比在污染较轻的乡村大气中一般高 1～2 倍。

美国在 20 世纪 30 年代研制的 Corten-A 钢是最早的耐大气腐蚀钢，其成分特点是：碳含量控制在 0.1%左右，加入少量 Cu、P、Cr 和 Ni 构成复合的致密腐蚀产物层以阻碍腐蚀反应，适量的 Si 对耐蚀性有益，Mn 的主要作用是提高强度，有害的 S 控制在低水平。根据美国发表的 15 年工业大气腐蚀试验结果，Corten 钢的腐蚀速率为 0.0025mm/a，而碳钢为 0.05mm/a；Corten 钢屈服强度为 343MPa，有良好缺口韧性和焊接性，广泛用作桥梁、建筑、井架等结构件。

以 Corten 钢为基础，加入碳化物形成元素 Ti、Zr、Nb、V、Mo 等，可提高钢的强度，这类钢有美国的 A441 和 Mayri-R 钢，日本的 SMA58 和 Cupten60 钢等。Corten 钢中降低 P 含量，可提高钢的焊接性，这对于厚钢板尤为重要，可以加入其他元素来弥补 P 含量降低造成的耐蚀性损失。这类钢种有美国的 Corten-B(Cu-Cr 系)，英国的 BS968 钢(加 Mn)，前苏联的 ИМ 钢(加入 Mn 和 Ti)等。大部分耐大气腐蚀钢都含有 Cu，唯法国的 APSl0C 和 APS20A 例外，这两种钢为 Cr-Al 系，不含 Cu 和 Ni。

3.3.2 我国的耐大气腐蚀低合金钢种

我国的耐大气腐蚀低合金钢，主要有仿 Corten 钢系列、铜系、磷钒系、磷稀土系和磷铌稀土系等钢种。仿 Corten A 的钢种主要有 06CuPCrNiMo、10CrCuSiV、09CuPCrNi、09CuPCrNiA、15MnMoVN 等，仿 CortenB 的主要有 09CuPTiRE、10CrMoAl、14MnMoNbB 等。铜系钢主要有 16MnCu、09MnCuPTi、15MnVCu、10PCuRE、06CuPTiRE 等，这些钢种在干燥风沙地区与 A3 碳钢的耐蚀性差别不大，但在南方潮湿大气、海洋大气和工业大气环境中，Cu 系低合金钢的腐蚀速率在 0.01mm/a 左右，耐蚀性比 A3 钢提高 50%以上。这类钢的屈服强度均为 343MPa 左右，适用于制造车辆、船舶、井架、桥梁、化工容器等。磷钒系钢有 12MnPV、08MnPV，磷稀土系有 08MnPRE、12MnPRE，磷铌稀土系有 10MnPNbRE 等，这些钢种利用我国的富产资源稀土元素，可改善钢中加磷导致的脆性，耐大气腐蚀性能一般比碳钢提高 20%～40%。

对于耐候钢锈层的研究表明，锈层表面一般为晶态 FeOOH，内层则由富集了 Cu、Cr、P 的非晶态氢氧化铁构成。通过对锈层的厚度测量和交流阻抗分析，得到锈层厚度与其保护性能的关系，如图 3-2 所示，图中位于 A 区的锈层均匀致密，厚度不大而阻抗值很大，具有良好的保护性；如果锈层持续生长变厚，进入 C 区，其阻抗值并不增大，得到的是厚而疏松、保护性不佳的锈层。

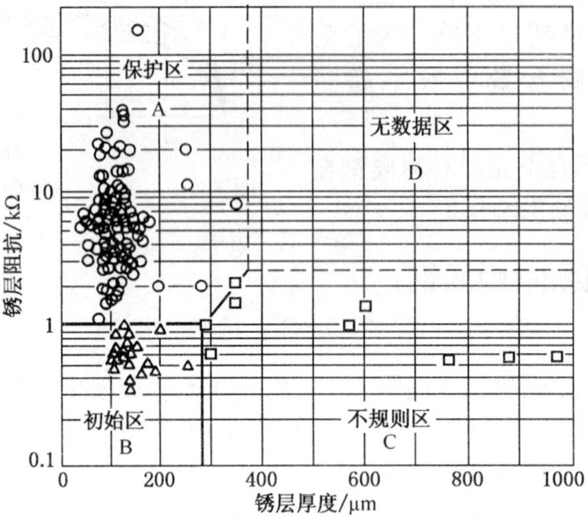

图 3-2　耐候钢锈层厚度与阻抗值的关系

表 3-1 和表 3-2 分别列出了我国和国外的主要耐大气腐蚀钢的成分和主要性能。

表 3-1　我国的耐大气腐蚀钢

钢　号	化学成分/%						σ_s/	厚度/mm
	C	Si	Mn	P	S	其他	(kg/mm²)	与备注
16MnCo	0.12~0.20	0.20~0.60	1.20~1.60	≤0.050	≤0.050	(Cu0.20~0.40)	≥33~35	YB 13~69
09MnCuPTi	≤0.12	0.20~0.50	1.0~1.5	0.05~0.12	≤0.045	Cu0.02~0.45 Ti≤0.03	35	7~16 YB 13~69
15MnVCo	0.12~0.18	0.20~0.60	1.00~1.60	≤0.05	≤0.05	V0.04~0.12 (Cu0.2~0.4)	≥34~42	YB 13~69
10PcuRE	≤0.12	0.2~0.5	1.0~1.4	0.08~0.14	≤0.04	Cu0.25~0.40 Al0.02~0.07 RE(加入)0.15	36	
12MnPV	≤0.12	0.2~0.5	0.7~1.0	≤0.12	≤0.045	V0.076		
08MnPRE	0.08~0.12	0.20~0.45	0.60~1.20	0.08~0.15	≤0.04	RE(加入) 0.10~0.20	36	5~10
10MnPNbRE	≤0.16	0.2~0.6	0.80~1.20	0.06~0.12	≤0.05	Nb0.015~0.050 RE(加入) 0.10~0.20	≥40	≤40 YB 13~69

注：1kg/mm² ≈9.8MPa。

表 3-2　国外耐大气腐蚀钢

国名	规格或 商品名	化学成分/%									σ_s/ (kg/mm²)	板厚
		C	Si	Mn	P	S	Cu	Cr	Ni	其他		
美国	ASTM A242	≥0.22	—	≤1.23	—	≤0.05	—	—	—	—	35 32 30	≤3/4in 3/4~3/2in 3/2~4in
	ASTM A440	≤0.28	0.30	1.10~ 1.60	酸性≤ 0.06 酸性≤ 0.04	≤0.05	≥0.20	—	—	—	同 A242	同 A242
	ASTM A441	≤0.22	≤0.30	≤1.25	≤0.04	≤0.05	≥0.20	—	—	V≥0.02	同 A242	同 A242
	Cor-Ten'A'	≤0.12	0.25~ 0.75	0.20~ 0.05	0.07~ 0.15	≤0.05	0.25~ 0.55	0.30~ 1.25	≤0.65	—	≥35	0.8~13mm
	Cor-Ten'B'	0.10~ 0.19	0.15~ 0.30	0.90~ 1.25	≤0.04	≤0.05	0.25~ 0.40	0.40~ 0.65	—	V0.02~ 0.10	≥35	13~75mm
	Mayari-R	≤0.12	0.20~ 0.90	0.50~ 1.00	≤0.12	≤0.05	≤0.50	0.40~ 1.00	≤1.00	Zr≥ 0.120	35	
日本	SMA41 A B C	≤0.20	≤0.35	≤1.40	≤0.040	≤0.040	0.20~ 0.60	0.20~ 0.65	—		≥25 ≥24 ≥22	≤16mm 17~40mm >40mm
	SMA50 A B C	≤0.19	≤0.75	≤1.40	≤0.040	≤0.040	0.20~ 0.70	0.30~ 1.20		Mo，Nb，Ni， Ti，V，Zr 三种以上	≥37 ≥36 ≥34	≤16mm 17~40mm >40mm
	SMA58	≤0.19	≤0.75	≤1.40	≤0.040	≤0.040	0.20~ 0.70	0.30~ 1.20		同 SMA50	≥47 ≥46 ≥44	≤16mm 17~40mm >40mm
	Cupten	≤0.12	≤0.60	≤0.60	≤0.06~ 0.12	≤0.010	0.25~ 0.55	0.40~ 0.80	—	Mo0.15~ 0.35	≥35	0.8~60mm

续表

国名	规格或 高品名	化学成分/%									σ_s/ (kg/mm^2)	板厚
		C	Si	Mn	P	S	Cu	Cr	Ni	其他		
日本	Cupten60	≤0.18	≤0.55	≤1.20	≤0.04	≤0.04	0.20~ 0.50	0.4~ 1.2	—	V≤0.1 Mo≤ 0.35	46	<32
	River-Ten	≤0.12	≤0.6	0.3~ 0.7	0.035~ 0.10	≤0.04	0.20~ 0.50	0.3~ 1.0	≤0.5	Nb< 0.05	36	6~19mm
	Zirten	≤0.12	0.35~ 0.65	0.3~ 0.8	0.06~0.12	≤0.04	0.25~ 0.55	0.4~ 0.8	—	Zr≤ 0.15	≥32	3.2~50
	HI-YAW-TEN	≤0.12	0.25~ 0.75	0.2~ 0.5	0.06~ 0.12	≤0.03	0.25~ 0.50	0.4~ 1.0	≤0.65	Ti≤ 0.15	≥40	6~20mm
	YAW-TEN60	≤0.16	0.15~ 0.55	0.6~ 1.4	≤0.035	≤0.030	0.25~ 0.50	0.04~ 0.65	—	Ti≤ 0.15	≥47	6~16mm
前苏联	ИМ	0.12~ 0.18	0.30~ 0.65	0.6~ 0.8			0.25~ 0.45	0.35~ 0.6	0.5~ 0.75	Ti 0.1~0.2	45	
	10СНЛ	0.12	0.8~ 1.1	0.5~ 0.8	≤0.035	≤0.04	0.4~ 0.65	0.6~ 0.9	0.5~ 0.8	—	40	
英国	BS968	≤0.23	0.10~ 0.35	1.30~ 1.80	≤0.05	≤0.05	≤0.60	≤0.80	≤0.50	—	≥33	
法国	APS 10C APS 20A APS 25	0.10 0.10 0.15	≤0.50	0.40 0.40 0.40	≤0.03	≤0.025	— — —	2.5 4.0 4.0	— — 0.80	A10.50 A10.90 A10.60 Mo0.15	3.5 31.5 60	

注：$1kg/mm^2 \approx 9.8MPa$。

3.4 耐海水腐蚀低合金钢

3.4.1 海洋环境的腐蚀性特征

钢在海水中腐蚀的阴极反应是氧还原，海水含氧量越高，钢的腐蚀速率越快。但海洋环境较复杂，存在海浪、潮汐、生物等因素的影响，通常将海洋环境分作五个区域，钢在不同区域的相对腐蚀速率如图 3-3 所示。

① 海洋大气区　由于含有细小海盐颗粒，腐蚀性一般比工业大气要强，一般为 0.1~0.2mm/a。

② 飞溅区　受到含氧量较高的海水的强烈冲击，经常处于干湿交替状态，难以进行阴极保护，保护涂层也容易磨损剥落，腐蚀速率最高，可以达到 0.3~0.5mm/a。

③ 潮差区　位于平均高潮位和低潮位之间，由于受到其下方与之相邻的、作为阳极部位的全浸区的阴极保护作用，腐蚀相对较轻，一般在 0.1mm/a 以下。

④ 全浸区　腐蚀速率仅次于飞溅区，为 0.1~0.3mm/a，随水深增加，海水含氧量、水温和流速都降低，生物污染程度也减轻，腐蚀趋于减轻，在较深海水中，腐蚀速率低于 0.1mm/a。

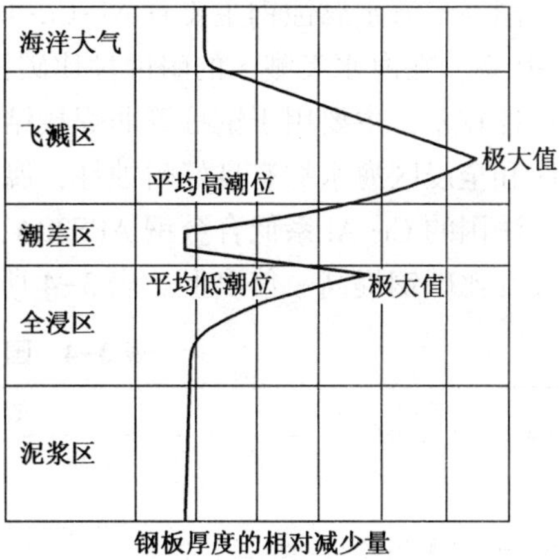

图 3-3　钢在不同深度海域的相对腐蚀速率

⑤ 泥浆区　海水中的泥浆含盐量和导电性均远高于陆地土壤，是良好的电解质，但泥浆中含氧量很低，腐蚀一般较轻微。在海泥中常常存在厌氧的硫酸盐还原菌，可能存在微生物腐蚀作用。

钢在海洋环境中的腐蚀特征为全面腐蚀和局部腐蚀(孔蚀)同时存在，其中全面腐蚀呈非均匀状，有蚀坑和溃疡状腐蚀。在潮差区，由于海水冲刷的作用，腐蚀迅速并持续很长时间。在海水全浸条件下，开始时腐蚀较快，但因腐蚀产物和海洋生物附着的影响，几个月后腐蚀逐渐减慢并维持一个较稳定的速率。表 3-3 显示了海水深度对碳钢腐蚀速率的影响，随海水深度增加，氧含量降低；在较深海水中氧含量基本维持一个低值，腐蚀速率也基本不再变化。

表 3-3　海水深度对碳钢腐蚀速率的作用

浸没深度/m	海水温度/℃	氧含量/(μg/g)	浸没时间/d	腐蚀速率/(μm/a)
海面	5~30	5~10	365	130
715	7.2	0.6	197	43
1615	2.5	1.8	1604	23
1720	2.8	1.2	123	50
	2.3	2.1	751	20
2065	2.7	1.7	403	58

3.4.2 耐海水腐蚀钢的成分特点

钢在海水飞溅区和全浸区的腐蚀过程和影响因素有所不同，合金元素的作用也有差别。Si、Cu、P、Mo、W 和 Ni 等元素都能改善钢在飞溅区和全浸区的耐蚀性，复合加入时效果更明显；Cr 和 Al 主要提高全浸区的耐蚀性，Cr、Al 与 Mo、Si 同时加入钢中耐蚀效果更佳。钢中加入 Mn 可提高强度，对耐蚀性影响不大。

3.4.3 国内外主要耐海水腐蚀钢种

国外耐海水腐蚀钢主要有 Ni-Cu-P 系、Cu-Cr 系和 Cr-Al 系。美国的 Mariner 钢为 Ni-Cu-P 系，在海水飞溅区的耐蚀性比碳钢提高一倍，但因钢中含磷量较高，低温冲击韧性和焊接性较差，主要用于钢桩等非焊接结构。日本的 MariloyG 钢为 Cu-Cr-Mo-Si 系，对于飞溅区和全浸区海水均有良好耐蚀性，腐蚀速率约为碳钢的 1/3，由于磷含量低，焊接性亦较好。法国的 Cr-Al 系低合金钢 APS20A，兼具良好的耐大气和海水腐蚀性能，在全浸海水中耐蚀性比碳钢提高一倍以上。表 3-4 所示为国外主要耐海水腐蚀钢种。

表 3-4 国外主要耐海水腐蚀低合金钢

商品名	研制单位	化学成分/%								强度级别 σ_s/MPa	主要用途
		C	Si	Mn	P	S	Cu	Cr	其他		
Mariner	美钢铁公司	≤0.22	≤0.10	0.60~0.90	0.080~0.150	≤0.040	≥0.50	—	Ni0.40~0.65	353	钢板桩
Taicor	日神户制铁	≤0.15	≤0.55	1.0~2.0	≤0.040	≤0.040	≤0.40	≤0.50	Mo≤0.20	333~363	要求飞溅区耐蚀的结构
CR4A-50	日住友金属	≤0.15	≤0.55	≤1.20	0.070~0.150	≤0.040	≥0.20	0.30~0.80	加 Ni、Nb、V	353	钢管桩
CR4B-50	日住友金属	≤0.15	≤0.55	≤1.50	≤0.040	≤0.040	≥0.20	0.80~1.50	加 Ni、Nb、V	353	钢管桩
CR4B-50	日住友金属	≤0.15	≤0.55	≤1.50	≤0.040	≤0.040	≥0.20	0.80~1.50	Nb+V <0.15	314~324	要求焊接者
2Cr-0.2Mo	日住友金属	≤0.08	0.35~0.75	0.40~1.20	≤0.030	≤0.030	≤0.40	1.90~2.40	Mo≤0.30 Al≤1.0	295	海水冷却传热器用
Mariloy P50	新日本制铁	≤0.14	≤1.00	≤1.50	≤0.030	≤0.030	0.15~0.40	0.30~0.80	—	314~324	系船桩等
Mariloy S41	新日本制铁	≤0.12	≤0.55	≤1.50	≤0.030	≤0.030	—	0.80~1.30	—	235~245	上下水管、海中结构
Mariloy S50	新日本制铁	≤0.14	≤0.55	≤1.50	≤0.030	≤0.030	—	0.80~1.30	Nb≤0.10	314~324	上下水管、海中结构
Mariloy G41	新日本制铁	≤0.14	≤0.55	≤1.50	≤0.030	≤0.030	0.15~0.40	0.80~1.30	Mo≤0.30	235~245	飞溅带、全浸带均需耐蚀

续表

商品名	研制单位	化学成分/%								强度级别 σ_s/MPa	主要用途
		C	Si	Mn	P	S	Cu	Cr	其他		
Mariloy G50	新日本制铁	≤0.14	≤1.00	≤1.50	≤0.030	≤0.030	0.15~0.40	0.80~1.30	Mo≤0.30	314~324	飞溅带、全浸带均需耐蚀
Mariloy T50	新日本制铁	≤0.14	≤1.00	≤0.50	≤0.030	≤0.030	0.15~0.40	1.70~2.20	Mo≤0.30	235	输油管
NK マリン G	美钢铁公司	≤0.20	≤0.55	≤0.90	0.070~0.150	≤0.040	0.20~0.60	0.20~0.80	必要时加 Nb，Al0.15~0.55	353	钢板桩
NK マリン 50	日神户制铁	≤0.15	≤0.55	≤1.50	0.030	≤0.030	0.20~0.50	0.20~0.80	Ni≤0.4 Nb 或 V ≤0.1	323	要求飞溅区耐蚀的结构
Nep-Ten 50	日住友金属	≤0.13	≤0.50	≤0.60	0.080~0.150	≤0.030	0.60~1.50	0.50~3.00	Al0.15~1.50	353	钢管桩
Nep-Ten 60	日住友金属	≤0.18	≤0.50	≤0.60	0.080~0.150	≤0.030	0.60~1.50	0.50~3.00	Al0.15~1.50	392	钢管桩
昭 49-25527	日住友金属	≤0.20	≤0.60	≤1.50	—	—	0.25~0.60	2.50~3.00	Sb 0.05~0.20		要求焊接者
昭 51-21934	日	≤0.20	≤0.10	0.8~3.0	≤0.035	≤0.035	0.20~0.60	2~5	Al≤1 Ti≤0.5		海水冷却传热器用
SM53C	日	≤0.20	≤0.55	≤1.50	≤0.040	≤0.040	—	—	—		系船桩等
CXЛ-4	前苏联	0.98	0.58	—	0.03	≤0.030	0.33	0.83	Ni 0.87		
APS20A	法	≤0.13	≤0.50	≤1.50	≤0.030	≤0.25	—	3.9~4.3	Al 0.7~1.1	309	海水中
APS20M	法	≤0.10	—	≤0.40	—	—	—	4.0	Al 0.9 Mo0.15	309	
APS 25	法	≤0.15	—	≤0.40	—	—	—	4.0		588	

我国耐海水腐蚀低合金钢主要有铜系、磷钒系、磷铌稀土系和铬铝系等类型，例如08PV、08PVRe、10CrPV 等。含 Cu、P 的钢种一般耐飞溅区腐蚀性能较好，而含 Cr、Al 的钢种更耐全浸区腐蚀。我国主要耐海水腐蚀钢种见表 3-5。

表 3-5　我国主要耐海水腐蚀低合金钢

序号	钢　种	研制单位	化　学　成　分/%									强度级别 σ_s/(MPa)	备注
			C	Si	Mn	P	S	Cu	Re	V	其他		
1	10MnPNbRe	包头冶金研究所	≤0.16	0.20~0.60	0.80~1.20	0.06~0.20	≤0.05	—	0.10~0.20	—	Nb0.015~0.05	≥40	GB 1591—88
2	09MnCuPTi	武汉钢铁公司	≤0.12	0.20~0.55	1.00~1.50	0.05~0.12	≤0.040	0.20~0.45	—	—	Ti≤0.03	≥35	GB 1591—88
3	10NiCuAs	钢铁研究总院韶关钢铁厂	≤0.12	0.17~0.37	≤0.60	0.045	≤0.045	0.30~0.50	—	—	As≤0.035	≥32	
4	10NiCuP	钢铁研究总院天津研究所	≤0.12	0.17~0.37	0.60~0.90	0.008~0.15	≤0.040	≤0.05	—	—	Ni0.40~0.65	≥36	
5	08PVRe	鞍山钢铁公司	≤0.12	0.17~0.37	0.50~0.80	0.08~0.12	≤0.045	—	0.20	≤0.10	—	≥35	
6	10NbPAl	包头钢铁公司	≤0.16	0.30~0.60	0.80~1.20	0.06~0.12	≤0.05	—	—	—	Al0.15~0.35	≥35	
7	09CuWSn	武汉钢铁公司	≤0.12	0.17~0.37	0.50~0.80	≤0.04	≤0.04	0.20~0.50	—	—	W0.10~0.30 Sn0.20~0.40	≥38	
8	08PV	鞍山钢铁公司	≤0.12	0.17~0.37	0.50~0.80	0.08~0.12	≤0.04	—	—	≤0.10		≥35	
9	12NiCuWSn	武汉钢铁公司	≤0.14	0.30~0.55	0.50~0.90	≤0.040	≤0.04	0.20~0.45	—	—		≥40	
10	10CrPV	马鞍山钢铁公司	≤0.12	0.17~0.37	0.60~1.00	0.08~0.12	≤0.04	—	—	≤0.10		≥35	
11	10MoPV	马鞍山钢铁公司	≤0.12	0.17~0.37	0.60~1.00	0.08~0.12	≤0.04	—	—	≤0.10		≥35	
12	10CuPV	马鞍山钢铁公司	≤0.12	0.17~0.37	0.60~1.00	0.08~0.12	≤0.04	0.20~0.35	—	≤0.10		≥35	

续表

序号	钢　　种	研制单位	化学成分/%									强度级别 σ_s/(MPa)	备注
			C	Si	Mn	P	S	Cu	Re	V	其他		
13	10Cr2MoAlRe	浙江冶金研究所杭州钢铁厂	≤0.12	0.17~0.37	0.50~0.80	≤0.040	≤0.04	—	≤0.20	Mo0.1~0.20	Cr1.8~2.4	≥40	
14	10AlCuP	钢铁研究总院天津研究所	≤0.12	0.17~0.37	0.50~0.80	0.08~0.12	0.04	0.25~0.45	—	—		≥32	
15	Q235	鞍山钢铁公司	0.14~0.22	0.12~0.30	0.40~0.65	≤0.045	≤0.045	≤0.30	—	—			对比钢
16	SM41C	日本	0.14	0.25	0.68	0.13	0.019	—	—	—			对比钢
17	15NiCuP		≤0.12	≤0.10	0.60~0.90	0.08~0.15	≤0.040	≤0.50	—	—	Ni 0.40~0.45	353	
18	10PCuRe		≤0.12	0.20~0.50	1.00~1.40	0.08~0.14	≤0.040	0.25~0.40	≤0.15	—	Al 0.02~0.07		
19	10CrMoAl		0.08~0.12	0.20~0.50	0.35~0.65	≤0.045	≤0.045	—	Al 0.4~0.80	Mo 0.4~0.80	Cr 0.80~1.20	382	
20	10Cr4Al		≤0.13	≤0.050	≤0.050	≤0.050	≤0.025	—	—	Cr 3.9~4.3	Al 0.7~1.1		
21	09Cu		≤0.12	0.17~0.37	0.35~0.65	≤0.050	≤0.050	0.20~0.50	—	—	—	235	
22	08CuVRe		0.06~0.12	0.20~0.50	0.40~0.70	0.07~0.13	≤0.04	—	≤0.20	0.04~0.12		343	
23	921		0.08~0.14	0.17~0.37	0.3~0.6	—	—	Cr 0.9~1.2	Mo 0.2~0.7	V0.04~0.10	Ni 2.6~3.0		

3.5 耐硫酸露点腐蚀低合金钢

3.5.1 硫酸露点腐蚀

在以高硫重油或劣质煤为燃料的燃烧炉中，燃料中的硫燃烧后转变为 SO_2，SO_2 与 O_2 可进一步反应生成 SO_3。SO_2 通常随燃气排出，但 SO_3 可以与燃气中的水蒸气结合生成硫酸，凝结在低温部件上，造成腐蚀，称作硫酸露点腐蚀或露点腐蚀。它多发生在锅炉系统中温度较低的部位，如节煤器、空气预热器、烟道、集尘器等处，在硫酸厂的余热锅炉及石油化工厂的重油燃烧炉等装置中也时常发生。

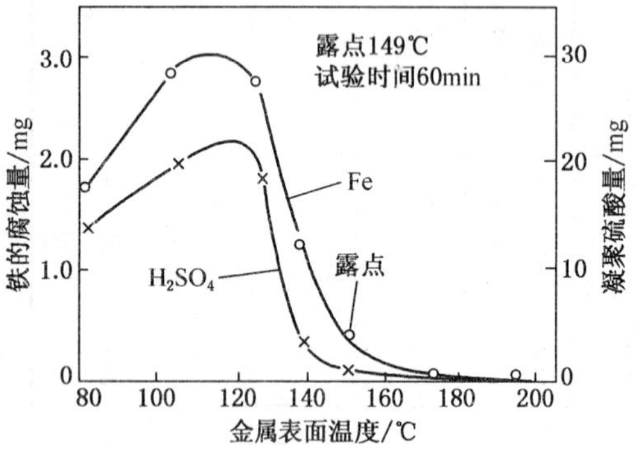

图 3-4 凝聚硫酸量、铁的腐蚀量和金属表面温度的关系

露点腐蚀与燃气中的 SO_3 浓度有关，随 SO_3 浓度升高，露点升高，当金属表面温度低于露点时，就能够发生硫酸凝聚，凝聚硫酸浓度主要与燃气中的水含量和凝聚面温度有关。在露点以下，表面温度越高，凝聚硫酸浓度越高。图 3-4 所示为凝聚硫酸量和铁的腐蚀量与金属表面温度的关系，温度处于露点以下 20~60℃范围的部件腐蚀最严重。

防止硫酸露点腐蚀主要有以下方法：

① 采用含硫量低的重油燃料，通常燃料油中硫含量低于 0.5%时不会发生硫酸露点腐蚀。

② 低过剩空气燃烧法，过剩空气量减少可以减少 SO_2 与空气中的 O_2 反应生成 SO_3 的机会。从而减少凝聚硫酸的量。

③ 重油中加入能同 SO_3 化合生成无腐蚀作用物质的缓蚀性添加剂，如加入氢氧化镁浆可以大幅降低 SO_3 浓度，减轻硫酸露点腐蚀。

④ 改变露点腐蚀严重部位的工作温度。由于露点腐蚀最严重的部位位于露点温度以下几十度的范围，如果有可能，将材料或部件的工作温度适当调整，避开这一温区，可以大大减轻腐蚀。

⑤ 使用耐硫酸露点腐蚀钢种。

3.5.2 耐硫酸露点腐蚀钢种

国内外针对硫酸露点腐蚀的特殊性已开发了一系列耐硫酸露点腐蚀钢，其中的合金元素以 Cu、Si 为主，辅以 Cr、W、Sn 等元素，这些合金元素的作用主要是在钢表面形成致密、附着性好的腐蚀产物膜层，抑制进一步的腐蚀。例如我国的 09CuWSn 钢和日本的 CRIA 钢，耐硫酸露点腐蚀性能比普通碳钢高出几十倍。表 3-6 是国内外主要耐硫酸露点腐蚀钢的化学成分。表 3-7 给出了 09Cu 和 09CuWSn 两种钢耐露点腐蚀的性能。表 3-8 则给出了 09CuWSn 与 A3 钢和 1Cr18Ni9Ti 不锈钢在硫酸中腐蚀速率的对比。

表 3-6 国内外耐硫酸露点腐蚀低合金钢的化学组成

钢种或商品名	国别与生产厂	化学成分/%									
		C	Si	Mn	P	S	Cu	Cr	Ni	其他	
09Cu	中国武钢	≤0.12	0.17~0.37	0.35~0.65	≤0.050	≤0.050	0.20~0.50	—	—	—	—

续表

钢种或商品名	国别与生产厂	化学成分/%									
		C	Si	Mn	P	S	Cu	Cr	Ni	其他	
09CuWSn	中国武钢	≤0.12	0.20~0.40	0.40~0.65	≤0.035	≤0.035	0.20~0.40	—	—	W0.10~0.25	Sn0.20~0.40
CRIA	日本住友金属	≤0.13	0.20~0.80	≤1.40	≤0.025	0.013~0.030	0.25~0.35	1.00~1.50	—	—	—
TAICOR-S	日本神户制钢	≤0.15	≤0.50	≤1.00	≤0.040	0.015~0.040	0.15~0.50	0.90~1.50	—	Al0.03~0.15	—
S-TEN-1	新日本制铁	≤0.14	≤0.55	≤0.70	≤0.025	≤0.025	≤025~0.50	—	—	Sb ≤0.15	—
NAC-1	日本钢管	≤0.15	≤0.40	≤0.50	≤0.030	0.030	0.20~0.60	0.30~0.90	0.30~0.80	Sn0.04~0.35	Sb0.02~0.35
RIVER TEN-41S	日本川崎制铁	≤0.15	≤0.4	0.20~0.50	0.020~0.060	≤0.040	0.20~0.50	0.20~0.60	≤0.50	Nb ≤0.04	—

表 3-7　09Cu 和 09CuWSn 钢耐硫酸露点腐蚀性能

钢　种	硫酸浓度/%	试验温度/℃	试验时间/h	腐蚀速率/(mm/a)		
				试验钢种	对比钢种 A3	对比钢种 1Cr18Ni9Ti
09Cu	5	室温	48	1.825	63.164	—
	40	室温	72	2.424	16.488	—
	4.18	36	—	3.625	3.633	—
	50	40	360	4.3	29.58	—
09CuWSn	5	室温	150	0.91	15.10	—
	20	室温	150	0.94	46.43	0.94
	40	室温	150	1.30	110.91	12.19
	40	50	48	6.89	485.7	104.58
	60	室温	150	3.62	128.30	36.78
	60	50	48	12.15	743.4	223.4

表 3-8　三种材料在硫酸中的腐蚀速率　　mm/a

钢　种	硫酸质量分数/%		温度/℃	试验时间/h
	40	60		
09CuWSn	6.89	12.15	50	48
A3 钢	485.7	743.4	50	48
1Cr18Ni9Ti	104.58	223.4	50	48

3.6　耐硫化氢应力腐蚀开裂低合金钢

3.6.1　碳钢和低合金钢的硫化氢应力腐蚀开裂

碳钢和低合金钢在含硫化氢的水溶液中发生的应力腐蚀开裂称硫化氢应力腐蚀开裂，简称 SSCC，其中沿钢材轧制方向伸展的台阶状裂纹或氢鼓泡，又常称作“氢致开裂”。虽然在某些条件下硫化氢应力腐蚀开裂不排除阳极溶解的作用，但大多数情况下开裂的本质是氢脆，即由于硫化氢中的氢还原进入钢中导致脆性开裂。

钢在硫化氢溶液中的主要反应如下：

$$Fe+H_2S = FeS+2H_{ad}$$

产生的氢原子吸附于钢表面，进而有两种可能的反应：

$$2H_{ad} = H_2 \uparrow$$

或

$$2H_{ad} = 2H_{ab}(Fe)$$

式中　H_{ad}——钢表面上吸附的氢原子；

　　H_{ab}——钢中吸收的氢原子。

凡是能阻碍上述氢原子复合成氢分子反应的因素，都会促使进入钢中的氢原子增多，从而氢致开裂的可能性就增大。溶液中硫化氢浓度越高，开裂倾向越大。

3.6.2　影响应力腐蚀开裂的因素

（1）显微组织

马氏体组织的开裂敏感性最大，贝氏体组织也有较高的开裂倾向。马氏体经过高温回火后，形成的铁素体中均匀分布着细小球形碳化物的组织，耐硫化氢应力腐蚀破裂性能大大提高。含有粗大的板状或块状碳化物组织的破裂敏感性介于上述二者之间。因此，为消除马氏体组织的不利影响，用于硫化氢水溶液中的低合金钢淬火后应进行高温回火处理，也可采用长时间低温回火或二次回火。

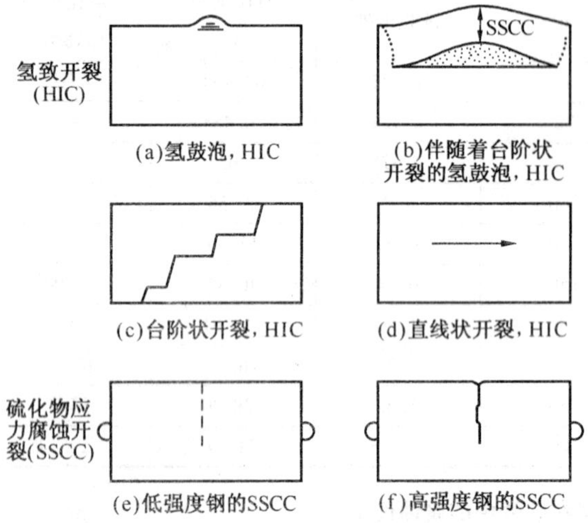

图 3-5　硫化氢应力腐蚀的破裂形态

（2）化学成分

碳含量提高使钢强度增高及淬火马氏体数量增多，增大破裂倾向。锰和硫在钢中会优先结合形成硬度低于基体的硫化锰，在钢材轧制后形成沿轧向伸长的硫化锰夹杂，往往成为氢致开裂的裂源；磷和镍具有促进渗氢的作用。这些都是有害元素。

钼、铌、钛、钒能促进细小稳定的球形碳化物形成，提高钢的抗开裂能力；稀土元素例如铈，可促使钢中的硫化物夹杂球化，改善钢的横向冲击韧性，也提高抗破裂能力；铝和硼对于抗硫化氢应力腐蚀破裂性能也有益，铬和硅的作用不明显。

图 3-5 所示为钢在 H_2S 环境中可能发生的几种不同开裂形态：A 是氢鼓泡开裂，是氢渗入钢中在靠近表面的区域聚集形成氢分子，当氢压超过表面薄层钢的屈服强度后造成的；B 是硫化氢应力腐蚀开裂（SSCC）与氢鼓泡共存的形态；C 是台阶状氢致开裂（HIC）；D 是直线状的 HIC；E 是低强度钢在外应力作用下发生的 SSCC 与 HIC 共存的形态；F 则是高强度钢在垂直于外应力的方向上发生 SSCC 的典型形态。台阶状的 HIC 是在接触含硫化氢的石油和天然气的管线钢中经常发生的一类氢致损伤，其形成过程如图 3-6 所示，在管线钢中沿轧向分布着硫化物夹杂，氢原子扩散进入钢中后，由于应力诱导的结果倾向于聚集在夹杂物尖端区域及夹杂物与基体的界面处，当聚集的分子氢压力超过界面的断裂应力时，就会产生沿着夹杂物方向的裂纹，同时在裂尖周围形成一定范围的屈服区。当两个夹杂物距离较近

时，两段裂纹的应力场可以发生相互作用，随着氢原子向内部深入逐渐形成台阶状的裂纹。

（3）温度

温度升高，原子扩散速度加快，因此有利于由硫化氢还原出来的氢原子进入钢中，但温度升高也有利于钢中的氢原子及分子氢向外迁移，综合的影响是在室温(20~30℃)附近钢的硫化氢应力腐蚀开裂速度最快，温度降低或升高都会使开裂速度明显减缓，如图3-7所示。

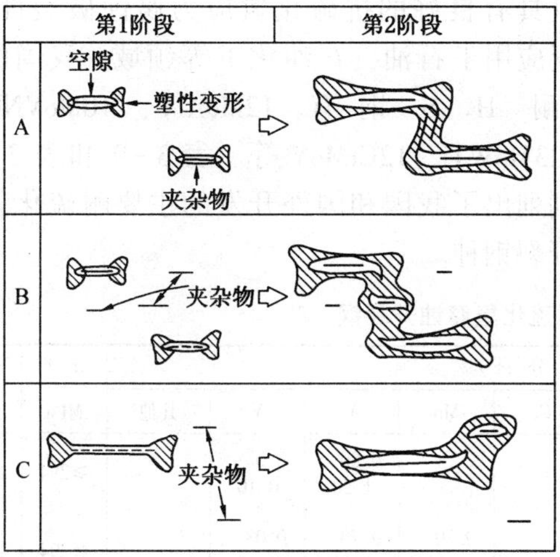

图3-6　台阶状裂纹的形成过程示意图

(A)两个大的夹杂物；(B)相离的夹杂物中间有小夹杂物；(C)靠近大夹杂物附近有小夹杂物

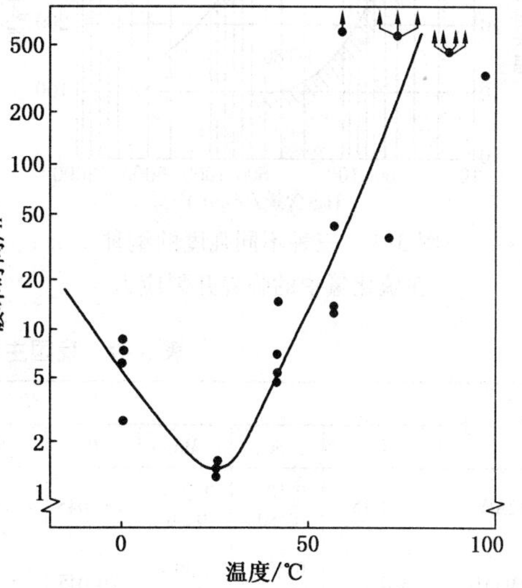

图3-7　温度对碳钢硫化氢应力腐蚀破裂的影响

（4）介质pH值的影响

在酸性溶液中硫化氢能够稳定存在并更容易进入钢中，因此随溶液pH值降低开裂倾向增大，当溶液pH值大于9时一般不会开裂。图3-8反映了pH值对N-80钢硫化氢应力腐蚀开裂速度的影响，可以看到，当介质pH值高于7以后，开裂倾向明显减弱，pH值高于10以后断裂就很难发生了。

（5）材质强度的影响

钢的硫化氢开裂与强度关系密切，强度越高，开裂倾向越大。油、气井套管和油气输送管线钢由于强度级别较高，经常发生硫化氢应力腐蚀开裂，接触硫化氢溶液的炼油、化工设备也常发生开裂。钢的硬度如果低于HRC22，一般不会开裂。图3-9显示了三种不同强度级别的管线钢在硫化氢溶液中开裂的临界应力值，在同样的硫化氢浓度下，钢的强度越高，开裂所需的临界应力就越低。

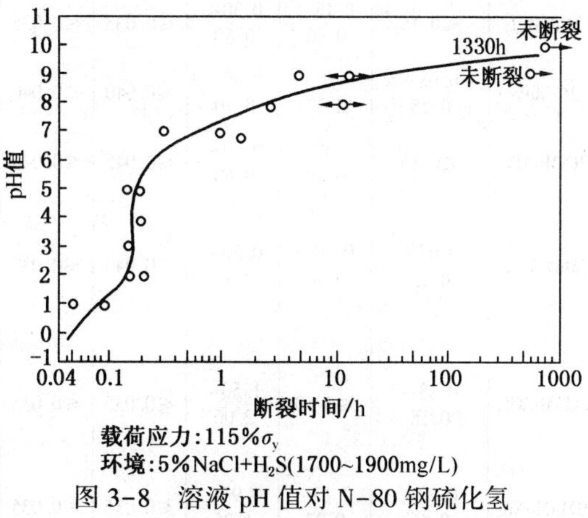

载荷应力：115%σ_y

环境：5%NaCl+H_2S(1700~1900mg/L)

图3-8　溶液pH值对N-80钢硫化氢应力腐蚀开裂的影响

3.6.3　耐硫化氢应力腐蚀破裂钢

耐硫化氢应力腐蚀破裂钢的设计特点是：严格控制有害元素P、S的含量，控制

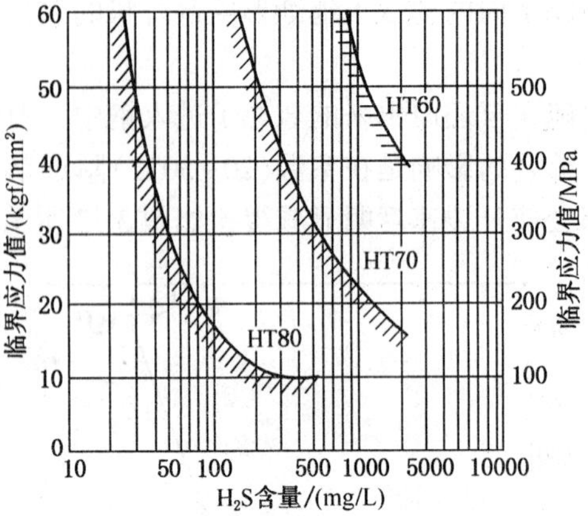

图 3-9　三种不同强度的钢种在硫化氢中的临界开裂应力

Ni 含量，淬火后进行高温回火以消除马氏体组织，加入 Mo、Ti、Nb、V、Al、B、稀土等元素促进细小均匀的球形碳化物形成，以弥散强化来补充高温回火损失的强度并提高抗裂性能。此外还设法改进冶炼工艺控制硫化物夹杂的形状、数量和分布。这类钢可以达到较高强度级别且具有良好的抗硫化氢应力腐蚀破裂性能，广泛应用于石油、石油化工等领域。我国的典型耐 H_2S 钢有 12MoAlV、10MoVNbTi、15Al3MoWTi、12CrMoV 等。表 3-9 和表 3-10 分别列出了我国和国外开发的主要耐硫化氢腐蚀开裂钢种。

表 3-9　我国主要的耐硫化氢腐蚀开裂钢

钢　号	化　学　成　分　/%									σ_s/ MPa	σ_b/ MPa
	C	Si	Mn	P	S	Cr	Mo	Al	V	其他		
12AlV	≤0.15	0.50~0.80	0.30~0.50	≤0.045	≤0.045			0.80~1.20	0.03~0.10		≥294	≥412
12MoAlV	≤0.15	0.50~0.80	0.30~0.60	≤0.045	≤0.045		0.30~0.40	0.70~1.10	0.03~0.10		≥294	≥431
15MoAlV	0.12~0.18	0.30~0.60	0.30~0.60	≤0.040	≤0.040		0.40~0.60	0.30~0.60	0.20~0.40		≥343	≥490
10MoVAlTi	0.12	0.53	0.61	0.006	0.004		0.29	0.93	0.20	Ti0.03	≥441	≥617
12SiMoVNb	0.10~0.15	0.60~0.90	0.30~0.60	≤0.04	≤0.04		0.50~0.70	0.30~0.60	0.30~0.60	Nb0.03~0.06	≥470	≥666
10MoVNbTi	0.06~0.12	0.50~0.80	0.50~0.80	≤0.030	≤0.030		0.45~0.65		0.30~0.45	Ti0.06~0.15 Nb0.06~0.12	≥343	≥490
10Cr4Al	≤0.13	≤0.05	≤0.05	≤0.050	≤0.025	3.90~4.30		0.70~1.10			≥294	≥441
10CrMoAl	0.08~0.12	0.20~0.50	0.35~0.65	≤0.045	≤0.045	0.80~1.20	0.40~0.80	0.40~0.80			≥382	≥588
12Cr2Mo1	≤0.15	0.15~0.30	0.30~0.60	≤0.035	≤0.035	2.0~2.5	0.90~1.10				≥314	≥519
12CrMoV	0.08~0.15	0.17~0.37	0.40~0.70	≤0.040	≤0.040	0.9~1.2	0.25~0.35		0.15~0.30		≥255	≥441
12CrMoAlV	≤0.15	0.50~0.80	0.30~0.60	≤0.045	≤0.045	0.40~0.70	0.30~0.40	0.8~1.2	0.03~0.10		≥294	≥412
10MoWVNb	0.07~0.13	0.50~0.80	0.50~0.80	≤0.040	≤0.030		0.60~0.90		0.30~0.50	W0.50~0.80 Nb0.06~0.12	≥294	≥470
15Al3MoWTi	0.13~0.18	≤0.50	1.50~2.00	≤0.035	≤0.035		0.40~0.60	2.20~2.80		W0.40~0.60 Ti0.20~0.40	≥314	≥490
40MnMoNb	0.39~0.46	0.17~0.37	0.90~1.25	≤0.035	≤0.035		0.55~0.65			Nb0.06~0.12	≥539	≥686

表 3-10　国外主要耐硫化氢应力腐蚀破裂低合金钢

钢种	国别	化学成分/%								力学性能				热处理方法
		C	Si	Mn	S(max)	P(max)	Cr	Mo	其他	σ_b/MPa	σ_s/MPa	δ/%	ψ/%	
H-40	美	0.17~0.22	0.30	0.60~0.70	0.060	0.040				414	276	27		
	德	0.20	0.25	0.50	0.060	0.040								
J-55	美	0.30~0.35	0.30	0.90~1.10	0.060	0.040				517	380~551			常　化
	德	0.36	0.25	0.90	0.060	0.040						20		常　化
	日	0.43~0.50	0.18~0.30	0.78~0.95	0.005~0.020				Cu0.002~0.05					
K-55	美	0.40~0.60		1.2~1.5						655	380~551			
C-75	美	≤0.40	<0.35	<1.5	0.060	0.040				655	517~621	16		淬火+回火
	日	0.18~0.24	0.25~0.31	1.20~1.46	0.014~0.027	0.015~0.025								
L-80	美	0.25~0.30		1.20~1.50			≤0.30	≤0.30		657	549~657			
N-80	美	0.40~0.46	0.15~0.25	1.50~1.70	0.060	0.040				689	551~758	16		常　化
	美	0.28~0.35	0.15~0.25	1.00~1.35	0.060	0.040								淬火+回火
	德	0.40~0.45	0.25~0.35	1.20~1.70	0.060	0.040								常化+回火
	英	0.40	0.25	0.60	0.060	0.040								常化+回火
	捷	0.38~0.45	0.32~0.38	0.80~1.05	0.035	0.030								淬火+回火
	波	0.40~0.50	0.17~0.37	1.25~1.65	0.035	0.035								常化+回火
C-90	美	0.25~0.30	0.8~1.10	0.4~0.9				0.20~0.40		726	618~726			
C-95	美	0.25~0.30		1.20~1.50			≤0.20	≤0.2		724	655~758			
P-105	美	0.23~0.29	0.15~0.25	2.40~2.75	0.060	0.040	1.05	0.15	V0.15	828	724~931	15		常化+回火
	德	0.34	0.25	0.65	0.060	0.040	1.05	0.20						常化+回火
	德	0.31~0.36	0.27~0.30	0.63~0.70	0.017~0.022	0.020~0.028	1.06~1.14	0.17~0.22						
P-110	美	0.40~0.46	0.25	0.90~1.20	0.060	0.040	0.45~0.65	0.30~0.35	V0.1~0.15	862	758~965			
	美	0.28~0.33	0.15~0.26	1.35~1.65	0.060	0.040						15		淬火+回火
	日	0.25~0.30	0.15~0.26	1.35~1.65	0.060	0.040								淬火+回火
	捷	0.34~0.39	0.32~0.38	1.40~1.55	0.035	0.030								淬火+回火
S-95	美	0.25~0.30		1.20~1.60			≤0.2	≤0.2		755	657~863			
	捷	0.32~0.37	0.30~0.40	1.20~1.25	0.035	0.030								淬火+回火

续表

钢种	国别	化学成分/%								力学性能				热处理方法
		C	Si	Mn	S(max)	P(max)	Cr	Mo	其他	σ_b/MPa	σ_s/MPa	δ/%	ψ/%	
125	美	0.20~0.27		1.20~1.70			≤0.4	≤0.3		961	863~1069			
135	美	0.20~0.27		1.20~1.70			≤0.6	≤0.4		1030	932~1138			
V-150	美 德 德	0.20~0.27 0.35 0.30	0.25 0.25	1.20~1.70 0.65 0.55	0.035 0.035	0.035 0.035	≤0.6 1.0 2.5	≤0.5 0.02 0.2	Ni1.0 V0.15	1117	1030~1245	12		淬火+回火 淬火+回火
EHS-140	美 捷	0.28~0.33 0.13~0.18	0.15~0.25 0.60~0.65	0.35~1.60 1.20~1.35	0.060 0.035	0.040 0.030	1.20~1.50	0.3 0.1~0.2	V0.15					淬火+回火 淬火+回火
X-200	美	0.43	1.50	0.85	0.060	0.040	2.0	0.5	V0.05					淬火+回火
C	德	0.33	0.25	0.60	0.060	0.040								常化
D	德 德	0.36 0.45	0.25 0.35	0.90 1.20	0.060 0.060	0.040 0.040				655	380	18	40	常化 常化+回火
E	德 日 日 捷	0.40 0.18~0.24 0.44~0.47 0.36~0.41	0.35 0.30~0.33 0.23~0.31 0.32~0.38	1.20 1.25~1.47 1.40~1.58 1.15~1.30	0.060 0.016~0.029 0.011~0.028 0.035	0.040 0.014~0.023 0.015~0.021 0.030		0.023~0.027		689	517	18	40	常化+回火 淬火+回火
SAE 4340	美 美 美	0.40 0.40 0.40	0.25 0.25 0.30	1.50 1.45 0.65			0.50 0.80	0.5 0.25	V0.06 Ni0.50 V0.06					常化+回火 常化+回火 常化+回火
A	前苏	0.18~0.25	0.15~0.23	0.30~0.60	0.045	0.045			Ni1.80	412	245	$\sigma_{5=25}$		
C	前苏	0.30~0.37	0.20~0.35	0.65~0.90	0.045	0.045				539	314	$\sigma_{5=18}$		
Д	前苏	0.43~0.53	0.15~0.30	0.70~0.90	0.045	0.045				637	373	$\sigma_{5=16}$	40	常化
К	前苏	0.32~0.43	0.40~0.47	1.50~1.60	0.045	0.045				686	490	$\sigma_{5=12}$	40	常化
Е	前苏 前苏 前苏	0.33~0.43 0.43~0.48 0.35~0.42	0.17~0.37 0.25~0.35 0.15~0.30	0.75~1.05 1.15~1.04 0.70~0.90	0.045 0.045 0.045	0.040 0.045 0.045	0.4~0.7 0.4~0.7	0.3~0.4 0.05~0.15	Ni0.4~0.7 Ni0.3~0.7	735	539	$\sigma_{5=12}$	40	常化+回火 常化+回火 常化+回火
Л	前苏 前苏	0.32~0.38 0.30~0.36	0.40~0.70 0.40~0.70	1.40~1.80 1.25~1.60	0.045 0.045	0.045 0.045			W0.25~0.40	785	637	$\sigma_{5=12}$	40	常化+回火 常化+回火

3.7 抗氢、抗氮、抗氨作用低合金钢

3.7.1 氢、氮、氨与钢的作用

(1) 氢与钢的作用

氢或氢与其他气体的混合物，不论是常压的或高压的，也不论是常温的或高温的，都能对金属造成一定形式的破坏。氢致破坏是金属由于气体作用而造成破坏的最重要的形式之一。

在一定条件下，氢分子首先分解为原子态的氢，然后扩散进入到固态钢中(也可以由钢中逸出到钢外)。进入钢中的氢可能给钢的性能造成损害，这种损害可以是暂时的，即在氢逸出钢以后，受到损害的性能可以恢复；损害也可能是永久的，即对性能的损害是不可逆的，在氢离开钢以后性能仍不能恢复。

气态分子氢在室温下不易进入钢内，甚至在氢压高达数十兆帕也如此，但是当有某些腐蚀性介质例如水或酸存在时，由于这些腐蚀性介质的电化学作用，氢分子在钢表面上分解成为新生的氢原子，这些新生的氢原子扩散进入钢中，使钢特别是高强度钢的延性和韧性下降，有时还使钢形成裂纹，这类现象就是通常所说的氢脆。

在高温高压条件下，氢会由分子态部分分解为原子态，分解的程度随温度的升高逐步增加。这种由于热分解而产生的原子氢同样也可以进入钢中引起氢脆，造成暂时性或永久性的破坏。这种作用的本质与室温时由于化学侵蚀或腐蚀作用放出新生原子氢的作用相同，但一般来说氢脆作用在室温附近的温度最为显著。

在常压和室温下铁的吸氢量极小，吸氢过程也极慢。冷加工可以显著增大铁的吸氢能力，一般认为，大量的氢是处于金属中冷加工造成的空隙和空洞里。利用加热充氢所能保有的氢量最多只是该充氢温度下的溶解度极限。低压的分子氢对钢不会造成损害。

钢在氢中加热会发生脱碳现象，在氢中如含有少量的氧或水汽可以显著加速脱碳进程。扩散到钢中的氢不但可以脱碳，也可以脱氧和脱硫，但以脱碳效应最为显著。在高温氢中加热的钢淬火后可以使钢变脆，甚至在退火炉气氛中如有少量的氢也能使钢的脆性增加。

由于碳是钢中的主要强化元素，因此脱碳对钢性能的不利影响也特别明显。图 3-10 所示为退火碳钢的抗拉强度、屈服强度和布氏硬度与碳含量的关系，图中还相应地表明了这些力学性能与显微组织中铁素体与珠光体相对比例的关系。图 3-11 所示为经淬火与回火处理的普碳钢硬度与钢中碳含量的关系。

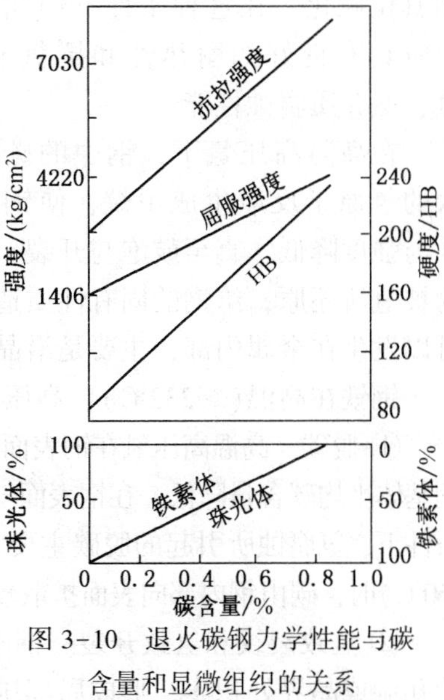

图 3-10 退火碳钢力学性能与碳含量和显微组织的关系

脱碳反应是由于氢与钢中的碳形成甲烷(CH_4)的缘故。氢、钢中的碳与反应产物甲烷三者有一定的平衡关系，图 3-12 为三种碳钢在不同温度下加热 12h 的表观脱碳深度与加热温度的关系。由图 3-12 可见，脱碳在大约 700℃以上才变得显著，且随温度的升高而增加；在 700℃以下，反应非常缓慢。氢压力的增加将使此极限温度下降。

一般认为钢脱碳的机制可能有二：

① 碳的去除是靠氢、氧、水汽等气体扩散入钢内，与表面下的碳化铁发生反应，形成铁与一氧化碳或甲烷，而后反应生成的气体扩散出金属表面。

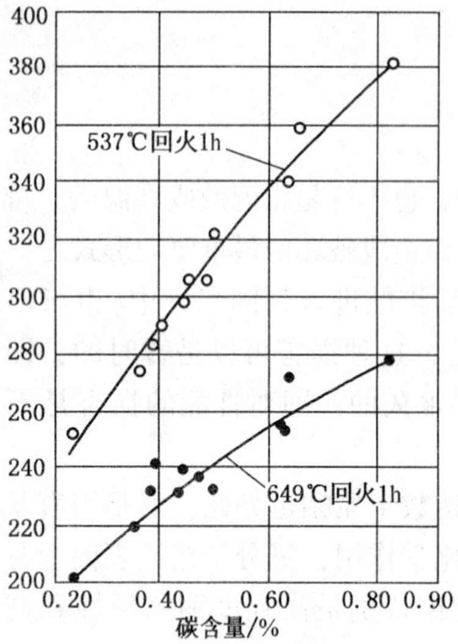

图 3-11 淬火与回火处理的碳钢硬度与碳含量的关系

② 碳化铁溶解，碳通过 α 或 γ 铁基体扩散至表面，在表面上与气体反应生成气态碳化物逸走，从而使钢中降碳。

压力高达数百大气压的氢气在常温时可以用碳钢容器存储。当氢压更高时，在常温下也会对钢造成损害。Poulter 和 Uffelman 曾制造了一双层的圆柱形容器，内层为厚度达 3.2mm 的衬里，此容器可承受 2026MPa 的油压而无损坏。在通入分子氢加压且压力达 558.4MPa 时，氢能迅速穿透钢容器，而在 405.2MPa 时尚无此效应。如果氢是由锌粉与硫酸反应生成的原子态氢，则在 405.2MPa 下只要经过 5min 就可以发现氢透过内衬，随后有少量的酸溶液透过内衬。将此圆柱形容器清理后再盛油加压至 405.2MPa，发现油能通过容器壁，使压力在 2h 内降至 50.65MPa。试验后用低倍显微镜仔细检查内衬，未能查出有任何缺陷，不过再把它充以 0.689MPa 的氢置于水中时，在 1min 内就可以发现在整个衬里的外表面上都有很小的氢气泡。

高温高压氢及氢、氮、氨对普通碳钢有强烈的侵蚀作用。碳钢在氢介质中能可靠使用的最高温度与氢分压关系很大。氢分压较低时，碳钢使用温度较高，常压下氢在 310～320℃ 才开始对碳钢发生侵蚀；但在很高的氢分压下，碳钢的最高使用温度只有 220℃；在更高温度(>600℃)的高压氢或氢、氮、氨介质中钢铁材料将发生各种形式的氢侵蚀和氮化脆化，在这种条件下使用的材料应具有良好的耐热性和抗氢或氢、氮、氨介质腐蚀性能。

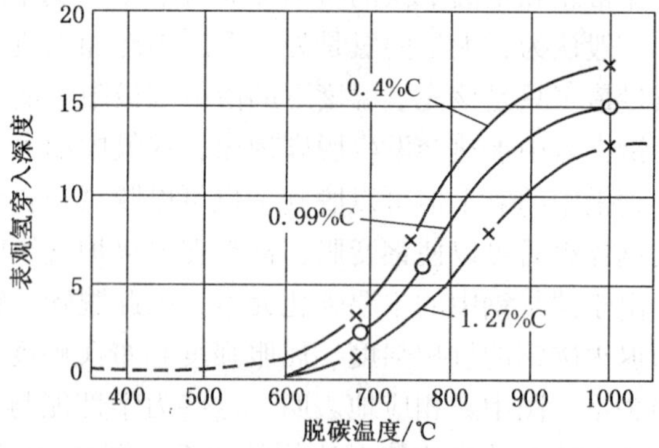

图 3-12 温度对三种碳钢表观脱碳深度的影响

（加热时间均为 12h，纵坐标用目镜标度尺标度格数表示）

在高温高压氢下，钢中的碳同渗入的氢原子反应生成甲烷，使钢的塑性与强度降低，直至鼓泡与开裂，这种损坏称为氢腐蚀。这种破坏作用主要在于钢中的碳化物被氢所还原，给钢的固有性质造成不可逆的损失。氢腐蚀过程既可以发生在金属表面，也可以发生在金属内部，主要是沿晶界。

钢铁在高温(≫232℃)、高压、富氢介质中所发生的氢腐蚀有如下三种形式：

① 脱碳。高温高压氢在钢表面离解成原子氢，原子氢渗入钢中，把碳化物还原成甲烷，使钢基体平均碳含量降低。在钢表面气体介质中氢分压>1.37MPa，温度高于 220℃(但不是太高)的条件下，氢腐蚀所引起的脱碳主要是内部脱碳；当氢分压小于 1.37MPa 或温度较高(比如超过 560℃)时，碳由钢内部向表面扩散较快，氢渗入钢中的速度相对较慢，则主要发生表面脱碳。

② 氢致裂纹和氢致开裂。钢脱碳过程中形成的甲烷不能扩散到金属外面，而在金属内的孔洞或晶界处积累，形成局部压力甚高而导致产生显微裂纹，使钢机械强度、塑性和韧性

降低，这叫氢致裂纹。小的裂纹合并成为大的宏观裂缝，叫氢致开裂。

③ 氢鼓泡。高温氢腐蚀偶尔可呈现鼓泡形式使金属破坏。这种高温氢鼓泡与低温氢鼓泡外观相似，但机理不同，高温氢鼓泡是钢暴露于富氢介质而产生的，引起低温氢鼓泡的氢不是直接来自工艺介质，而是在钢暴露表面上由于电化学反应而释放出来的。其次，前者的气体是甲烷，后者是纯氢气。

根据已积累的生产实践经验和文献资料对氢蚀进行了如下总结：

① 氢蚀在超过一定温度和氢分压下发生，出现氢蚀的温度和氢分压是时间的函数，钢在氢中停留时间愈长，发生氢蚀的最低温度和压力就愈低；温度愈高，压力下限愈低；反之，压力愈高，温度下限愈低。图 3-13 是根据实验参数得出的碳钢氢蚀与温度和压力关系的曲线，图中曲线Ⅰ是根据 Naumann100h 的试验结果绘制的，曲线Ⅱ是根据一些长时间的试验结果绘制的。两曲线的差别说明根据短时间的试验来推断长时间的行为是不太合适的。除碳钢外，对每一种合金钢也可以绘出类似的曲线。

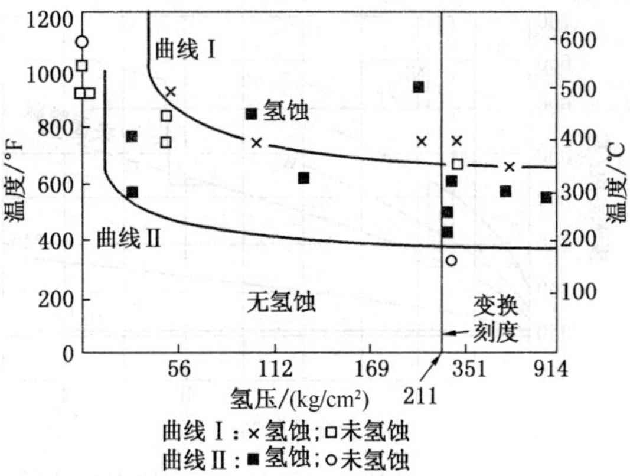

图 3-13　碳钢氢蚀的边界条件

② 氢蚀速率随温度与氢分压的增高而增加。

③ 钢的氢蚀表现为组织的脱碳与晶界裂纹，其结果是降低钢的力学性能，特别是抗拉强度、延性和冲击韧性。碳化物的还原可能导致形成鼓泡，这里鼓泡并非由氢直接引起，而是由于甲烷反应产物的高压造成的。在苛刻的条件下，氢还能还原钢中的氧化物和硫化物夹杂。

④ 氢蚀一旦开始后，它随时间增长而进一步发展。通常在能够看到化学侵蚀以前有一段孕育期。

⑤ 在钢中加入形成碳化物的合金元素如铬、钼、钨、钒、钛及铌等，能显著提高钢的抗氢蚀能力。非碳化物形成元素如镍、铜、硅则无助于钢的抗氢蚀能力。

⑥ 高碳含量的钢比低碳钢对氢蚀更为敏感。

⑦ 粗大晶粒的钢比细晶粒钢对氢蚀更为敏感。

⑧ 钢中碳化物呈弥散分布，例如以很细的珠光体或贝氏体形式存在时，钢的抗氢蚀能力优于铁素体和粗大珠光体组织的钢。

(2) 氮、氨与钢的作用

在合成氨气氛中(温度在 520℃以下，一般为 480~520℃，压力一般为 32MPa)，同时存在着氢、氮、氨。N_2 和 NH_3 分子在 400~600℃温度下，在铁的催化下会离解生成活性氮原子，氮原子渗入钢材，熔入铁素体中形成含氮 α-Fe，氮浓度超过饱和极限后，与 Fe 生成间隙相氮化物 γ'，γ'相中浓度达到饱和后就会生成 ε 相，这就在钢铁表面一定深度范围内生成一层氮化层。氮化层硬而脆，使钢的塑性和强度降低，在应力集中处易产生裂纹，这就是所谓“氮化脆化”。在 350℃ 以下氮化脆化问题可不予考虑，在 360℃ 只产生轻微氮化，在 400℃以上才会产生明显氮化。这里，既有氢腐蚀问题，又有渗氮脆化问题。在合成氨设备的选材问题上，要求同时防止氢腐蚀和氮化脆化。例如曾经使用在石油加氢设备上抗氢的铬钼钢(2%~6%Cr)用于合成氨设备，虽能抗氢腐蚀，但却产生氮化脆化，使其应用温度限制在 260~300℃以下。2%~6%Cr 钢氮化的结果，由于铬的碳化物转变为铬的氮化物，释放出碳，会促进钢的脱碳与氢腐蚀。

3.7.2　合金元素对钢的抗氢腐蚀性能的影响

钢中的合金元素对钢的性能有重大影响，强碳化物形成元素和碳的亲和力大，形成碳化物后，避免了碳再和氢、氮化合，引发钢的破坏，如 Cr、Mo、W、V、Nb、Ti 能提高钢的抗氢侵蚀性能；Ti、Nb、V 等元素除生成稳定的碳化物及氮化物外，表面生成的氮化物可延缓进一步氮化，提高钢抗氮化脆化的性能；Si、C、Ti、Nb 等元素能降低氢在钢中的扩散速度；C、Si、Mo、W、Cr 能减小氢在钢中的溶解度。非碳化物形成元素如镍、铜、硅则对钢的抗氢腐蚀能力无明显影响；硫、磷和硼等晶界偏析元素，由于它们的偏析降低了晶界界面能，减弱了晶界的开裂而提高钢的抗腐蚀能力。几种合金元素对钢的抗氢性能的影响如图3-14所示。

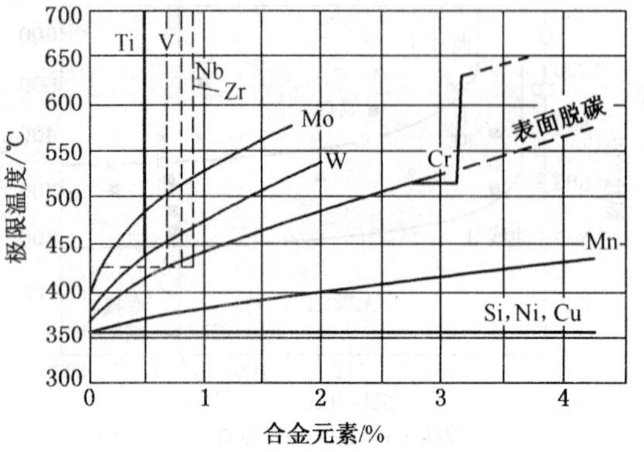

图 3-14　合金元素对 0.1%C 钢抗氢极限温度的影响
（氢压力 29.4MPa，加热时间 100h）

操作温度低于 220℃的处理高压氢的设备不产生氢侵蚀，普通碳钢便可胜任。在常温下，碳钢的氢腐蚀临界压力高达 89.8MPa。但在中温（约 600℃）下处理高压氢的设备，选材必须考虑氢侵蚀问题。微碳纯铁具有良好的抗中温高压氢侵蚀性能，它的缺点是强度低。

3.7.3　抗氢、抗氮低合金钢

普遍应用的中温抗氢钢以 Cr、Mo 为主加元素。钢中 Cr 含量提高，碳化物稳定性也提高，钢的抗氢腐蚀临界温度也随之提高。Mo 比 Cr 具有更好的抗氢性能（见图 3-15），它还能减少氢在钢中的吸留量和透过度。Mo 在晶界偏析降低了晶界能而使裂纹不易产生。Cr 和 Mo 都能降低碳在 α-Fe 中的扩散系数，但 Mo 钢在 470℃左右有石墨化倾向。

近年来研究了一些不含 Cr 的抗氢钢，这些钢以 Mo、V、Nb、Ti 等为合金元素，也具有良好的抗氢性能。

在合成氨设备中，除了要求材料具有良好的抗氢性能外，还要求具有良好的抗氮化性能。微碳纯铁不渗氮，可作为氨合成塔内件使用。在 Cr-Mo 钢中，只有含 Cr 量较高的 Cr5Mo 和 Cr9Mo 钢抗氮化脆化性能较好。近年来发展的以 Nb、V、Ti、Mo 等为合金元素的抗氢、氮低合金钢种，不仅其抗氢侵蚀性能良好，而且还具有良好的抗氮化脆化性能。各种中温高压抗氢和抗氢、氮、氨用钢的化学成分和力学性能见表 3-11。各种钢的应用范围和实例见表 3-12。

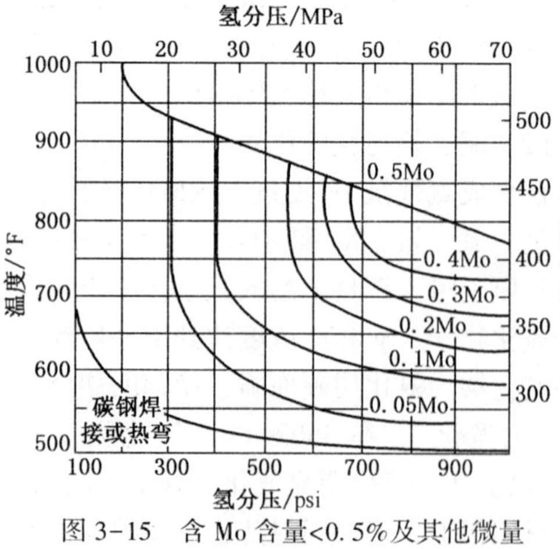

图 3-15　含 Mo 含量<0.5%及其他微量元素的钢氢腐蚀起始温度 t_0 曲线

表 3-11 抗氢、氮、氨低合金钢的化学成分和力学性能

钢种	化学成分/%										力学性能		
	C	Si	Mn	P	S	Cr	Mo	V	Nb	其他	σ_b/MPa	σ_s/MPa	σ_5/%
微碳纯铁	≤0.015	≤0.40	0.20~0.60	≤0.015	≤0.020					N≤0.06	314	196	25
0.25Mo	0.40~0.50	0.20~0.35	0.70~0.90	≤0.035	≤0.040		0.20~0.30						
0.5Mo	0.10~0.20	0.10~0.50	0.30~0.80	≤0.045	≤0.045		0.44~0.65				380	207	22
0.5Cr-0.5Mo	0.10~0.20	0.10~0.30	0.30~0.61	≤0.045	≤0.045	0.50~0.81	0.44~0.65				380	207	22
1Cr-0.5Mo	≤0.15	≤0.50	0.30~0.61	≤0.045	≤0.045	0.80~1.25	0.44~0.65				414	173	22
1.25Cr-0.5Mo	≤0.15	0.50~1.00	0.30~0.61	≤0.030	≤0.030	1.00~1.50	0.44~0.65				414	173	22
2Cr-0.5Mo	≤0.15	≤0.50	0.30~0.60	≤0.030	≤0.030	1.65~2.35	0.44~0.65				414	173	22
2.25Cr-1Mo	≤0.15	≤0.50	0.30~0.60	≤0.030	≤0.030	1.90~2.60	0.87~1.13				414	173	22
2.5Cr-0.5Mo	≤0.15	0.50~1.00	0.30~0.60	≤0.030	≤0.030	2.15~2.85	0.44~0.65				414	173	22
3Cr-1Mo	≤0.15	≤0.50	0.30~0.60	≤0.030	≤0.030	2.65~3.35	0.80~1.06				414	173	22
5Cr-0.5Mo	≤0.15	0.50	0.30~0.60	≤0.030	≤0.030	4.00~6.00	0.45~0.65				414	173	22
7Cr-0.5Mo	≤0.15	0.50~1.00	0.30~0.60	≤0.030	≤0.030	6.00~8.00	0.45~0.65				414	173	22
9Cr-1Mo	≤0.15	0.25~1.00	0.30~0.60	≤0.030	≤0.030	8.00~10.00	0.90~1.10				414	173	22
$18Cr_3MoWV$	0.15~0.21	0.20~0.40	0.30~0.60	≤0.040	≤0.040	2.50~3.00	0.50~0.70	0.05~0.12		W0.50~0.80 Ni≤0.35 Cu≤0.30			
$20Cr_3MoWV$	0.17~0.24	0.20~0.40	0.30~0.60	≤0.040	≤0.040	2.60~3.00	0.35~0.50	0.70~0.90		W0.30~0.60 Ni≤0.35 Cu≤0.30	785	539	14
10MoWVNb	0.07~0.13	0.50~0.80	0.50~0.80	≤0.040	≤0.030		0.60~0.90	0.30~0.50	0.06~0.12	W0.50~0.80	441	294	17
10MoVNbTi	0.06~0.12	0.50~0.80	0.50~0.80	≤0.030	≤0.030		0.45~0.65	0.30~0.45	0.06~0.12	Ti0.06~0.15	490	343	19
12SiMoVNb	0.08~0.14	0.50~0.80	0.60~0.90				0.90~1.10	0.30~0.50	0.04~0.08	B0.0015~0.0060	637	461	25
14MnMoVBRe	0.10~0.16	0.17~0.37	1.10~1.70	≤0.035	≤0.035		0.30~0.60	0.04~0.10		Re0.15~0.20	638	490	16
$12Cr_2MoWVB$	0.08~0.15	0.45~0.75	0.45~0.65	≤0.035	≤0.035	1.60~2.10	0.50~0.65	0.28~0.42		W0.30~0.55 Ti0.08~0.18 B0.008 Cu≤0.25			
$1Cr_6Si_2Mo$	≤0.15	1.50~2.00	≤0.70	≤0.035	≤0.030	5.00~6.50	0.45~0.65			Ni≤0.69			

表 3-12 抗氢和抗氢、氮、氨用低合金钢的应用范围

钢 种	最高使用温度/℃		应用范围举例
	耐氧化	耐介质腐蚀	
微碳纯铁			小型氨厂合成塔内件
0. 25Mo			高温高压设备的螺栓、螺母，变换气废热锅炉，甲烷化炉气体热交换器，锅炉给水预热器
0. 5Mo	500~600	≤530	低中压锅炉受热面和联箱管道，超高压锅炉水冷壁管、省煤器、加氢脱硫反应器，H_2S 吸收塔，转化气冷却换热器，变热炉，甲烷化炉，合成塔顶盖及壳体
0. 5Cr-0. 5Mo		≤540	高压、超高压锅炉受热面管，合成氨系统低压蒸汽过热器，第一工艺气预热器
1Cr-0. 5Mo	≤600	≤560	高、中压锅炉受热面和联箱管道、氨厂第一废热锅炉夹套
1. 25Cr-0. 5Mo		≤550	氨厂第二废热锅炉炉管，第一废热锅炉出口接管，原料预热管器，原料混合器加热器
2Cr-1Mo 2Cr-0. 5Mo	600~650		高压锅炉管
2. 25Cr-1Mo	600~650	≤600	高压、超高压锅炉受热面管，炼厂高温高压加热炉管、连接管、转化制氢蒸汽过热器管，工艺气体及蒸汽预热管，合成塔底及底法兰
3Cr-1Mo			超高压锅炉过热器管道等
5Cr-0. 5Mo	657~700		炼厂高压加氢设备部件、紧固件，650℃以下作加热锅炉管、连接管、热交换器管
7Cr-0. 5Mo			氨合成塔副线接管本体及内套筒，炼厂高压用加热炉管
9Cr-0. 5Mo 9Cr-1Mo	≤700 700~750		高压、超高压亚临界压力锅炉再热器与过热器管，氮厂开工加热炉加热盘管，炼厂高温、高压用加热炉管，热交换器管
10MoWVNb	在化肥系统抗 H_2、NH_3 腐蚀可用于 400℃左右，炼油厂高压抗 H_2，可用于 500℃以下		合成氨中置式锅炉，前置式锅炉
10MoVNbTi			合成氨中置式锅炉，氮合成塔内件热交换器管，400℃左右高压管
12SiMoVNb	400℃下抗 H_2、NH_3、N_2 试验，450℃下抗 H_2 试验，性能良好		合成氨厂 400℃左右高压管
14MnMoVBRe		≤500	可用于化工、石油中温高压单层容器，已用于小化肥氨合成塔，粉煤加压气化炉外壳等
$12Cr_2MoWVB$		≤620	高压、超高压锅炉过热能、再热器及联箱管道
$12Cr_3MoVSiTiB$	≤620	≤620	高压、超高压锅炉过热器、再热器及联箱管道
14MoVNb	使用条件为 450~480℃，压力约 31. 4MPa		氮合成塔前置式副产蒸汽锅炉外套管
14MoWVTi			氨合成塔和中置锅炉连接管
08SiWMoTiNb	使用条件为 480~520℃，压力约 31. 4MPa		氨合成塔内件

参考文献

1 化学工业部化工机械研究院编. 耐蚀金属材料及防蚀技术. 北京：化学工业出版社，1990

2 于福洲. 金属材料的耐蚀性. 北京：科学出版社，1982

3 王光雍，王海江等. 自然环境的腐蚀与防护——大气、海水、土壤. 北京：化学工业出版社，1997

4 Herbert H，Uhlig & R，Winston Revie 著. 翁水基译. 腐蚀与腐蚀控制——腐蚀科学和腐蚀工程导论. 北京：石油工业出版社，1994

5 Robinson W C. Materials Performance，1993，32，(4)：56

6 Romanoff M. Underground Corrosion. NBS Circular，1957：34

7 H. Л. 托马晓夫，r. H. 契尔诺娃著. 曹铁梁等译. 腐蚀与耐腐蚀合金. 北京：化学工业出版社，1982

8 朱相荣，王相润等. 金属材料的海洋腐蚀与防护. 北京：国防工业出版社，1999

9 U，R. Rvans. 金属的腐蚀与氧化. 北京：机械工业出版杜，1976. 401

10 王祖滨，东涛. 低合金高强度钢. 北京：原子能出版杜，1996

11 姜春芳，姜银林. WSPA 耐候钢产品特征工艺研究. 武钢技术，1985，(3)：19

12 新日本制铁，特殊钢(门). 1999，48，(1)：42

13 冶金工业部信息标准研究院编. 世界钢号对照手册，第二版. 北京伟地电子出版社，1998

14 邓兆义，姚振甫. 新编世界钢铁牌号手册. 北京：机械工业出版社，1995

15 陈邦义，刘力. 耐大气腐蚀 NFS345 钢. 武钢技术，1992，(3)：33

16 钢铁俱乐部钢铁制品普及委员会编. 耐候性钢(修订版). 昭和 52 年 3 月

17 钢铁俱乐部钢铁制品普及委员会编. Corten 钢. 昭和 52 年

18 左景伊，左禹. 腐蚀数据与选材手册，北京：化学工业出版社，1995

19 余宗森. 钢的高温氢腐蚀. 北京：化学工业出版社，1987

20 黄建中，左禹主编. 材料耐蚀性和腐蚀数据. 北京：化学工业出版社，2003

21 Steigerwold R F，et. al. Corrosion，1997，33(8)

22 Vaughn G A，Chaung H. Mat. Perform.，1985，21(1)：44

23 机械工程手册，第 12 篇. 钢. 北京：机械工业出版社，1978

24 中国腐蚀与防护学会. 金属腐蚀手册. 上海：上海科技出版社，1987

25 闞崎等. 铁之钢. 1971，57：71

26 Chandler KA Kileullen MB. Br. Corros. J.，1970，5：24

27 玉田，谷村. 防食技术. 1971，20：213

28 高村等. 神户制钢技报，1970，20(3)：69

29 小若，长野. 日本金属学会誌. 1970，34：3

30 长野. 防食技术. 1977，26：731

31 兰州化机研究所. 耐腐蚀金属材料. 北京：燃料化学工业出版社，1973

32 Merrick RD. Mat. Perform.，1988，27(1)：30

33 Ciaraldi，S W. Corrosion，1984，40：77

第 4 章　耐热钢与高温合金

4.1　绪论

在航空、电力、冶金、化工、石油等许多行业中，很多机械或零部件需要在高温下使用，要求钢在高温下具有抗蠕变能力、抗氧化能力、抗腐蚀性气体能力、足够的强度与韧性以及良好的加工、焊接性。耐热钢是针对这种需求的一类钢种。对于耐热钢来说，最重要的性能是高温下的抗氧化性和热强性。

4.1.1　抗氧化性

大多数金属能与氧反应形成氧化物，氧化物的形成速度随温度升高而明显增加，因此高温下金属的氧化速度很快。若形成的氧化物是挥发性氧化物，则金属就不断损失。但大多数金属氧化物不容易挥发，使金属表面覆盖一层氧化膜，这层氧化膜会阻碍金属与氧的进一步反应，使氧化反应速度逐渐降低。氧化膜对金属的保护性由下述因素决定：

（1）氧化膜的性质

氧化膜形成后，继续氧化要求氧扩散到膜/金属界面，或金属扩散到膜/气界面，反应才能继续，金属或氧在膜中的扩散一般均通过空位扩散机制进行，因此氧化物中空位缺陷越多，扩散越快，氧化速度就越快。

Al_2O_3和 Cr_2O_3中的金属/氧比例接近化学计量比，氧化物中的空位很少，因此金属离子或氧离子在膜中的扩散比较困难。一旦金属表面形成一层完整的 Al_2O_3或 Cr_2O_3膜以后，氧化反应速度就会明显放慢，因而膜的保护性好。

FeO、NiO 的实际化学式可写为 $Fe_{0.95}O$ 或 $Ni_{0.999}O$，即氧化物中存在明显的金属空位，金属离子或氧很容易借助这些空位向外或向内扩散，使得氧化反应能够保持一定的速度，因此膜的保护性差。

（2）氧化膜的致密性与膜中的应力

① 氧化膜的致密性由氧化膜体积与被氧化的金属体积之比来决定，可以用 Pilling-Bedworth 比（PBR）来表示金属氧化转变成氧化物以后产生的体积变化：

PBR＝氧化物中每个金属离子体积/金属中每个金属原子体积

PBR>1，即金属转变为氧化物后体积增大，膜中产生压应力；

PBR<1，即金属转变为氧化物后体积减小，膜中产生张应力，不能形成连续膜；

PBR 在 1～2 之间最好，这时氧化膜中产生一定程度的压应力，有利于膜的致密性。PBR 过大导致膜中应力过大，氧化膜也容易破裂。

表 4-1 列出了一些常见氧化物的 PBR。

② 热应力。氧化物与金属热膨胀系数不同，冷却后会产生热应力：

$$\sigma_O = E_O \Delta T(\alpha_O - \alpha_M)/[1 + 2(E_O/E_M)(t_O/t_M)]$$

E 为弹性模量，α 为热膨胀系数，t 为氧化膜厚度，下标 O、M 分别表示氧化物和金属。对于受热循环的工件热应力作用很重要，热应力大将使膜剥落。

表 4-2　列出了一些金属和氧化物的热膨胀系数值。

表 4-1　一些金属氧化物的 PBR

氧化物	PBR	氧化物	PBR	氧化物	PBR	氧化物	PBR
K_2O	0.45	CdO	1.21	BeO	1.59	Fe_2O_3	2.14
CsO	0.46	Al_2O_3	1.28	PbO	1.60	SiO_2	2.27
Li_2O	0.57	HgO	1.31	ZnO	1.62	Bi_2O_3	2.27
Na_2O	0.58	ThO_2	1.32	Cu_2O	1.68	Ta_2O_3	2.33
SrO	0.65	SnO_2	1.32	FeO	1.77	Sb_2O_5	2.36
CaO	0.65	PbO_2	1.40	MnO	1.79	Nb_2O_5	2.68
BaO	0.67	ZrO_2	1.51	TiO_2	1.95	V_2O_5	3.18
MgO	0.81	NiO	1.52	Co_3O_4	1.99	WO_3	3.35
Ce_2O_3	1.16	Ag_2O	1.59	Cr_2O_3	2.07	MoO_3	3.40

表 4-2　一些金属和氧化物的热膨胀系数 α 值

	Fe	Ni	Cr	Al	Si	FeO	Fe_3O_4
$\alpha/10^{-6}K^{-1}$	14.6	16.3	9.4	26.5	7.6	12.2	16.6
	Fe_2O_3	NiO	Cr_2O_3	Al_2O_3	SiO_2	$NiCr_2O_4$	$NiAl_2O_4$
$\alpha/10^{-6}K^{-1}$	12.5	17.1	8.7	8.1	3	10	10

4.1.2　热强性

材料在高温下测量的各项机械性能，如 σ_b、σ_s、硬度、疲劳强度等指标均比常温下大大下降。评定材料的高温强度，常用蠕变极限和持久强度。

(1) 蠕变极限

在一定温度下，引起一定变形速度的应力。

将一定尺寸的试样，加热到一定温度，并加一定载荷，长时间后得蠕变伸长率-时间曲线(图 4-1)，曲线分四段：

Ⅰ——瞬时伸长率(弹或塑性)；

Ⅱ——蠕变减速阶段；

Ⅲ——蠕变等速阶段；

Ⅳ——蠕变加速阶段，直至断裂。

对不同温度和不同应力试样，可得多条蠕变曲线。

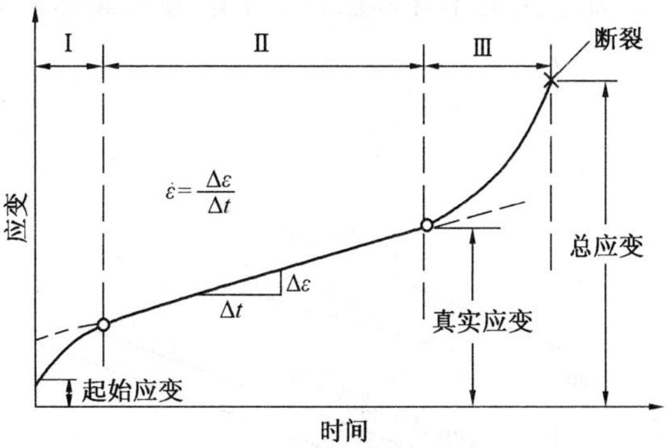

图 4-1　典型蠕变曲线

金属的蠕变不能避免，碳钢在 400℃ 以上即可发生明显蠕变。高温下长期受负载的零部件，如锅炉炉管，蠕变后使管径越来越大，管壁变薄，最终爆破。蠕变可使汽轮机叶片与汽缸之间间隙消失而破坏。因此，高温下长期在负载状态下工作的工件，必须采用热强性高、抗蠕变能力强的耐热钢。

(2) 持久强度

一定温度下，经过一定时间而引起断裂的应力值。

例如：$\sigma_{10^5}^{500}$ 为 500℃ 下经过 10^5h 发生断裂的应力值。

持久强度相当于钢的抗拉强度，如：使用温度 500℃，要求运行 10^5h，则设计的许用应力应小于持久强度 $\sigma_{10^5}^{500}$。

4.1.3 提高钢的热强性的方法

钢的强化途径通常有四种：固溶强化、弥散强化、晶界强化和形变强化。除了形变强化以外，其他三种强化途径都被广泛用于耐热钢中，通过集中方式的共同作用以最大程度地提高钢的热强性。

（1）固溶强化

在钢中加入 W、Mo、Cr、Ni、Nb、V、N 等元素，这些元素一方面固溶在钢的晶体结构中，使晶格发生畸变，提高位错运动阻力，使得晶体的滑移变形困难；另一方面也能够降低元素在固溶体中的扩散速度，提高钢的回复与再结晶温度，降低蠕变速率。

（2）晶界强化

晶界是材料内部缺陷集中的区域，低温下晶界能有效地阻碍位错的滑移，因此常温下细晶粒钢的强度比同样条件的粗晶粒钢强度要高。随着温度升高，晶粒本体和晶界的强度都逐渐降低，但晶界强度的降低较快，在高温（通常为 $T>0.6T_m$，T 为绝对温度，T_m 为金属熔点）下，晶界强度低于晶内，这时沿着晶界很容易发生晶粒之间的滑动和蠕变，晶粒越细，钢的高温持久性能越差。因此对于耐热钢和高温合金，通常都选择较粗的晶粒度，此外，可以加入有强化晶界作用的微量元素如 B、Zr、Mg 和稀土元素等。O、S、Bi、Pb 等元素在晶界存在会降低晶界的强度，需要在合金冶炼过程中严加控制。

（3）弥散强化

弥散强化是耐热钢和高温合金主要的强化手段之一，在基体材料中析出细小、弥散分布的坚硬第二相粒子，能够有效地阻碍位错的运动，产生显著的强化效果。耐热钢中主要依靠 Mo、W、Cr 等碳化物形成元素的加入在钢中析出 MC、M_6C 和 $M_{23}C_6$ 等类型的碳化物，来实现强化效果。在镍基高温合金中，主要的弥散强化相则是金属间化合物 Ni_3Al 或 Ni_3Ti（γ' 相）。稀土元素 Y 在高温合金中能够形成弥散均匀分布的超细稀土氧化物 Y_2O_3，这种强化作用称氧化物弥散强化。

4.2 金属与合金的氧化

4.2.1 金属的氧化

不同金属与氧的反应趋势可以用氧化反应自由能值来描述，图 4-2 是一些金属的氧化反应自由能 ΔG 曲线，图中各条自由能曲线都位于 ΔG 为负值的区域，表明这些金属的氧化反应在图示温度区间都能够自发进行。曲线的位置越偏下方，表明该反应的自发倾向越大。随温度升高，各条曲线的 ΔG 的负值均降低，即氧化反应的热力学倾向降低。但实际氧化过程中，影响更大的是反应动力学因素，随着温度升高，氧化反应速度急剧升高，因此温度升高总的结果仍然是使氧化反应大大加快。

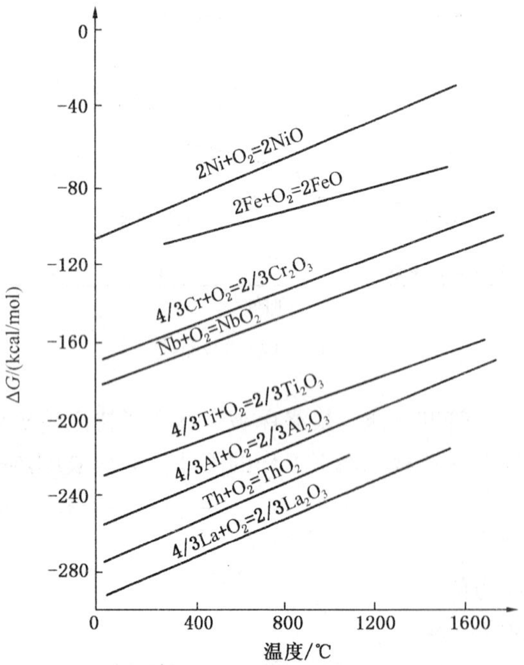

图 4-2 几种金属的氧化反应自由能值 ΔG（1kcal = 4.2kJ）

金属的氧化过程为：

① 吸附到金属表面上的气体与金属原

子反应生成薄膜氧化物，此阶段由于氧化膜很薄，不能对氧化反应起明显阻碍作用，总的氧化速率决定于氧化反应速度，氧化速率或氧化膜的增厚与时间成直线规律。

② 膜中的离子迁移：当表面形成一定厚度的氧化膜后，气相中氧分子吸附到膜面上分解并被电离成 O^{2-}，并向膜/金属的界面移动，与此同时，金属内的金属正离子向着气/膜界面移动。

③ 在金属/氧化膜界面或氧化膜/气体界面上，金属与氧反应生成氧化物，使氧化膜继续增厚。

因此在金属的氧化过程中，氧化膜的致密性和离子传导性影响氧与金属离子通过氧化膜的传输过程，从而控制着氧化速度。多孔、破裂、挥发性及易剥落的氧化膜，不能阻挡氧或金属离子扩散通过，此时氧化过程仍取决于氧化反应速度，保持原来的直线规律。例如，金属 W、Mo 的氧化物 WO_3、MoO_3 在高温下有挥发性，不能形成保护膜，氧化速度很快。膜如果比较致密，具有一定的保护性，氧化过程就会受到阻滞，随氧化膜增厚，氧化速度减慢，这时氧化增重(或失重)与时间的关系呈抛物线规律。氧化膜中的空位型缺陷影响离子迁移速度，从而影响不同金属氧化速率的抛物线规律。Al、Cr 的氧化物 Al_2O_3、Cr_2O_3 由于所含的空位缺陷很少，因此氧化速率较低，经常被用作铁、镍基高温合金的表面防护涂层。当氧化膜非常致密并牢固地粘附在金属表面上，对氧离子或金属离子在膜中的扩散迁移起到显著的阻挡作用时，氧化速率就进一步减慢，氧化过程可呈对数规律(图 4-3)，氧化随时间延长趋于停止。

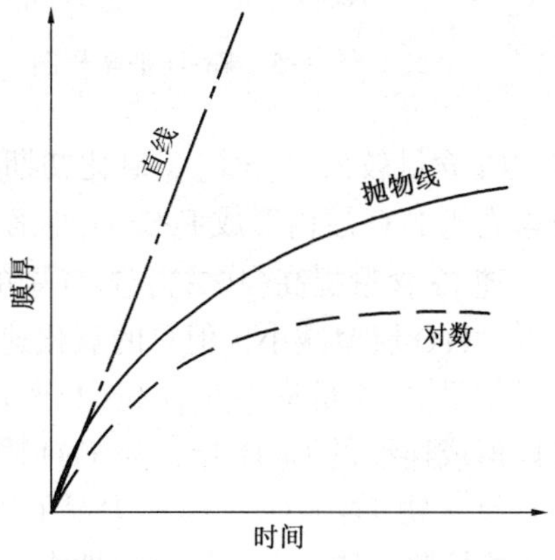

图 4-3　几种主要的氧化动力学规律

温度对氧化过程有非常重要的影响，随着温度升高，氧化反应速度显著加快，金属和氧离子通过氧化膜的扩散也会加快，氧化也随之加速。温度对碳钢氧化速度的影响如图 4-4 所示。

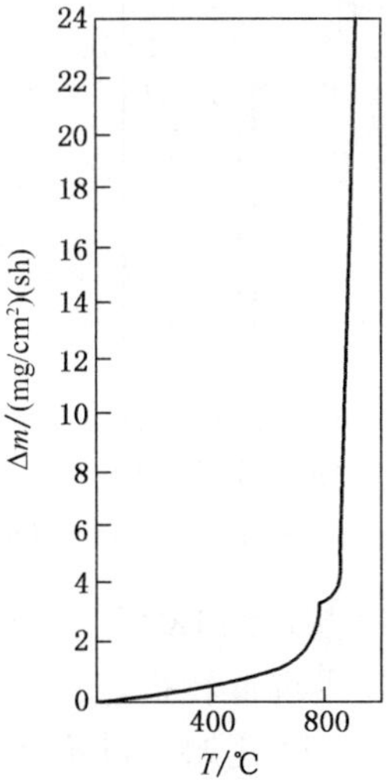

图 4-4　温度对碳钢氧化速度的影响

耐热钢的基础是铁，Fe 的氧化可以通过图 4-5 的 Fe-O 平衡相图来说明，根据相图可知，Fe 在不同温度下可形成不同类型的氧化物。Fe 在 570℃ 以下氧化后形成双层氧化膜：

$$Fe \mid Fe_3O_4 \mid Fe_2O_3 \mid O_2$$

Fe_3O_4 和 Fe_2O_3 都是较致密氧化物，内部缺陷少，生长慢，有良好保护性。

在 570℃ 以上，Fe 氧化后形成三层膜：

$$Fe \mid FeO \mid Fe_3O_4 \mid Fe_2O_3 \mid O_2$$

由于 FeO 中空位浓度很高，1000℃ 时化学式为 $Fe_{0.88}O \sim Fe_{0.95}O$ 之间，故 Fe^{2+} 能通过空位迅速向外扩散，因而 FeO 层生长很快，三层结构中主要是 FeO，1000℃ 时厚度比为：

$$FeO : Fe_3O_4 : Fe_2O_3 = 95 : 4 : 1$$

因此 Fe 在 570℃ 以上会由于表面生成生长速度很快的 FeO 层而迅速氧化破坏，普通钢不适用于 570℃ 以上。

4.2.2 合金的氧化

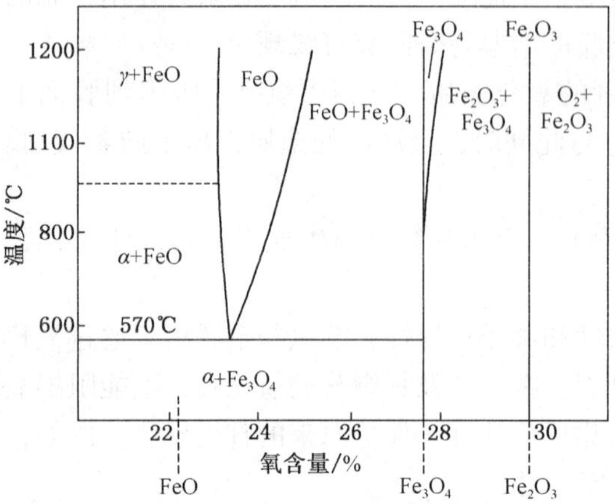

图 4-5 Fe-O 平衡相图

合金的氧化远比纯金属的氧化复杂得多，当合金的组元浓度低时，通常形成基体金属的氧化膜，在其内部则生成组元的氧化物。组元的浓度增加到超过向表面氧化过渡的临界浓度，则将在合金表面形成该组元的氧化膜，这就是所谓“选择氧化”。

Cr 是提高钢的抗氧化性最有效的元素，各种耐热钢中通常都加有不同含量的 Cr 元素。Cr 的作用可以通过 Fe-Cr 合金的氧化行为来说明。当 Fe 中加入 Cr 后，根据 Cr 含量不同，氧化膜的组成可以有不同类型(图 4-6)：

Cr 含量较低时(5%)，氧化初期 FeO 与 Cr_2O_3都能形成，但 FeO 生长快，少量 Cr_2O_3颗粒被卷入 FeO 层内形成 $FeCr_2O_4$小岛，这时不能明显改变氧化阻力。

随 Cr 含量提高(10%)，FeO 中的 $FeCr_2O_4$小岛增多，Fe^{2+}通过 FeO 扩散受阻，FeO 生长变慢，FeO 层厚减小，但总的氧化速度仍较快。

如果 Cr 含量进一步提高(15%)，超过临界值，这时可以形成连续的 Cr_2O_3层，与 FeO 固溶形成致密的铁铬尖晶石氧化物 $FeCr_2O_4$，这种尖晶石化合物能有效地阻碍 FeO 的扩散，使合金的抗氧化性大大提高。

Cr 含量更高时，外表面可生成连续的 Cr_2O_3 保护膜层，合金的抗氧化性进一步提高。但由于 Cr_2O_3与 Fe_2O_3可无限固溶，故 Fe^{2+}仍会进入外部 Cr_2O_3层，而 Fe^{2+} 比 Cr^{3+}在氧化物中的移动要快，最终外表面仍会形成 Fe_2O_3。因此铁基合金耐长期高温氧化性能不如 Ni、Co 基合金。

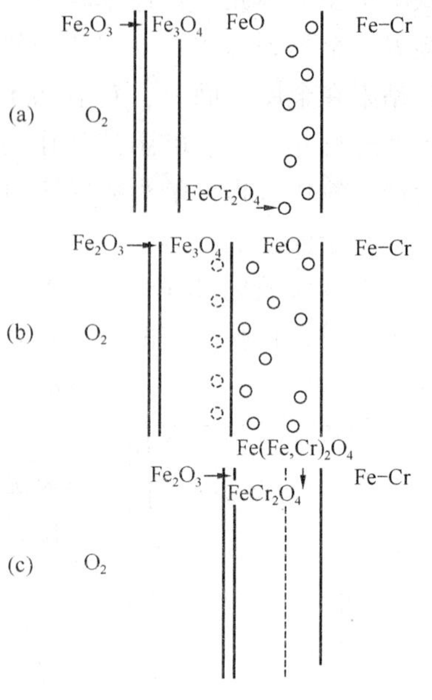

图 4-6 Fe-Cr 合金在 Cr 含量不同时的氧化膜结构

(a)Fe—5Cr；(b)Fe—10Cr；(c)Fe—15Cr

Ni-Cr 二元合金中铬含量<10%时，合金表面为 NiO 膜，Cr_2O_3在内部生成；铬含量≥30%时，合金表面才形成纯 Cr_2O_3膜。Ni-Al 二元合金中，约 6%Al 时，生成 NiO 表面膜和内部 $Al_2O_3+NiAl_2O_4$氧化物；含 6%～17%Al 时，则表面形成混合氧化物膜 $NiO+NiAl_2O_4+Al_2O_3$；只有当含 Al≥17%时，才形成连续的纯 Al_2O_3膜。但同时加入铬和铝的高温合金，由于元素的叠加作用，使铬和铝含量在远低于二元合金含量下形成致密的保护膜，例如含铝低至 5%的合金，加入 10%Cr 即可促使合金表面形成 Al_2O_3膜。图 4-7 表明，随着钢中的 Cr 含量增加，氧化速度直线降低，当 Cr 含量超过约 18%后，出现低氧化速度的转折点；Al 含量达到 2%时可以使钢在 800℃的氧化速度出现低转折点；Si 含量只要达到 1%就有同样效果。但 Al、Si 的加入会损害钢的力学性质，因此加入量不能过多，通常是几种抗氧化元素配合使用效果更佳。硅和铝共合金化对 Cr5Mo 耐热钢抗高温氧化性的显著影响如表4-3所示。

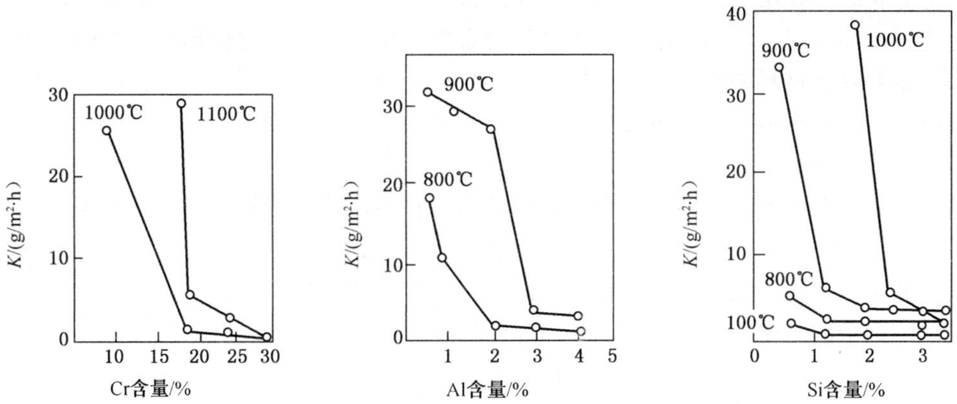

图 4-7　Cr、Al、Si 含量对钢在高温下氧化速度的影响

表 4-3　铝、硅共合金化对 Cr5Mo 钢抗氧化的作用

合金及合金元素含量/%	质量损失/(mg/cm^2)		合金及合金元素含量/%	质量损失/(mg/cm^2)	
	732℃	1024℃		732℃	1024℃
Fe+5Cr	56	164.1	Fe+2Si	0.4	68.1
Fe+2Al	23	146.1	Fe+2Al+2Si	0.2	4

耐热钢和高温合金中加入少量氧的活化元素钇、铪和稀土元素，能显著提高 Cr_2O_3 或 Al_2O_3 膜的抗氧化能力，稀土元素的作用是：①在较低的铝、铬浓度下形成连续致密的氧化膜；②降低氧化膜的生长速率；③改善氧化膜与基体金属的粘附性；④减小氧化膜中 Al_2O_3 或 Cr_2O_3 的晶粒尺寸；⑤改变氧化膜的初期生长机制，由金属氧离子向外部扩散生长变为氧阴离子向内迁移。

难熔金属元素如钨、钼、铌、钽、铪、锆等，在耐热钢和高温合金中大量使用以提高耐热钢和高温合金的高温热强性能。但这些元素对合金的抗氧化性能是有害的，它们在合金内降低铝、铬的扩散，阻碍形成连续的氧化膜，而它们本身又不能形成保护性的氧化膜。在某些耐热钢和高温合金中，常添加有少量的铪和锆，由于它们能显著改善合金氧化膜的粘附性，而对合金抗氧化有利。

4.2.3　金属的硫化、碳化和氮化

广义上讲，金属的高温氧化不仅是指金属与氧反应生成氧化物的过程，还包括与含硫、含卤素、含碳、含氮等气体反应生成相应的硫化物、卤化物、碳化物、氮化物等化合物的过程。

硫化与氧化相似，氧化的基本理论，即氧化的热力学与动力学规律以及防止氧化的措施等一般都适用于硫化。由于硫化物膜比氧化膜的缺陷浓度大，更容易开裂和剥落，不具备保护性，且硫化物的熔点低，蒸气压高，因此硫化是一种比纯氧化更严重的高温氧化腐蚀行为。

氮化形成的氮化物膜层很脆，其耐水溶液腐蚀性能很差，且由于氮向金属基体内的扩散导致塑性显著降低，因此氮化对基体无保护作用，在实际工程中，高镍铬的合金是抗高温氮化的最佳材料。

高温碳化是指高温下材料表面与环境中的碳分子发生反应并吸附在其表面上增碳的现

象。由于金属表面积聚了大量的碳原子，在高温下扩散进入金属基体内，并形成许多不稳定的碳化物或游离石墨，特别是耐热钢和高温合金中的铬，由于碳化而形成大量的碳化铬，使钢贫铬，显著降低材料的高温抗氧化性能。石化工业中的高温裂解炉炉管，需选用抗高温碳化的材料，常用的材料是 Fe-25Cr-20Ni 和 Fe-25Cr-35Ni 耐热钢。

4.2.4 氢腐蚀

除高温氧化腐蚀外，氢腐蚀是金属材料的另一种高温腐蚀形态，它是化学工业、石油炼制、石油化工和煤转化工业中一些高温临氢装置经常遇到的一种材料损伤形式。

氢腐蚀是指在高温高压下氢与钢中的碳形成甲烷的化学反应过程。这一过程首先在钢的表面发生，钢中的碳化物（Fe_3C 渗碳体）在高温高压氢环境中发生分解：

$$Fe_3C \rightarrow 3Fe+C$$

碳化物分解形成的碳原子与氢反应生成甲烷气体：

$$4H+C \rightarrow CH_4$$

上述反应导致钢的表面脱碳，而钢的内部生成甲烷，CH_4 主要聚集在晶界上，并形成具有很高压力的气泡。随着反应时间的增加，甲烷气泡的数目增加，尺寸扩大以致相互连接最终在晶界上形成裂纹，使钢的力学性能显著下降，因此氢腐蚀是一种不可逆转的损伤形态。

氢腐蚀是在超过一定温度和氢分压下发生的，一般钢的氢腐蚀起始温度都在 200℃ 以上，出现氢腐蚀的温度和氢分压与时间有关，钢在氢环境中停留时间愈短，发生氢腐蚀的温度和压力就愈高。另外氢分压愈高，发生氢腐蚀的温度愈低；反之，温度愈高，发生氢腐蚀的氢分压愈低。

氢腐蚀速率随温度与氢分压的增高而增加，此外环境氢中含有氧和水蒸气可降低氢进入钢中的速度，减缓氢腐蚀速率；环境氢中含有硫化氢，将缩短氢腐蚀孕育期。

钢中碳含量与氢腐蚀有直接关系，一般情况下随着钢中碳含量的增加，氢腐蚀敏感性增大，碳含量低于一定程度时可以不发生氢腐蚀。在钢中加入形成碳化物的合金元素如锰、铬、钼、钨、钒、钛和铌等，能显著提高钢的抗氢腐蚀能力。非碳化物形成元素如镍、铜、硅则对钢的抗氢腐蚀能力无多大影响；硫、磷和硼等晶界偏析元素，由于它们的偏析降低了晶界界面能，减弱了晶界的开裂而提高钢的抗氢腐蚀能力。

在总结生产实践经验及试验研究基础上，1949 年美国 Nelson 提出了碳钢及一些低合金钢在使用于氢条件下的操作极限，即 Nelson 曲线，钢在 Nelson 曲线以下的强度和氢分压条件下使用，不论其使用时间多长都应该是安全的。Nelson 曲线以后又根据新的累积实践经验作了几次补充和修正。图 4-8 是 1965 年公布的 Nelson 曲线。图上方小图中的曲线是微量元素钼的影响曲线。

4.2.5 热腐蚀

高温下来自燃料的 S、V 与其他杂质及来自海洋性大气中的 Cl 等元素可能形成复杂的低熔点化合物沉积在金属表面，在表面构成一层熔融液态层，这时氧化反应会大大加速，发生所谓的灾难性氧化过程，这种高温腐蚀过程称热腐蚀。锅炉、内燃机、燃烧重油的工业燃气轮机以及海洋和沿海地区的航空船用燃气轮机，都严重地存在着这种热腐蚀的危害。

高温合金的热腐蚀过程如下：

① 来自燃料的 S 和空气中的 NaCl 反应生成 Na_2SO_4 盐类：

$$2NaCl+SO_2+1/2O_2+H_2O \longrightarrow Na_2SO_4+2HCl$$

② Na_2SO_4 熔盐沉积在合金表面与氧化膜（Al_2O_3、Cr_2O_3 或 NiO 等）作用，以 Al_2O_3 氧化

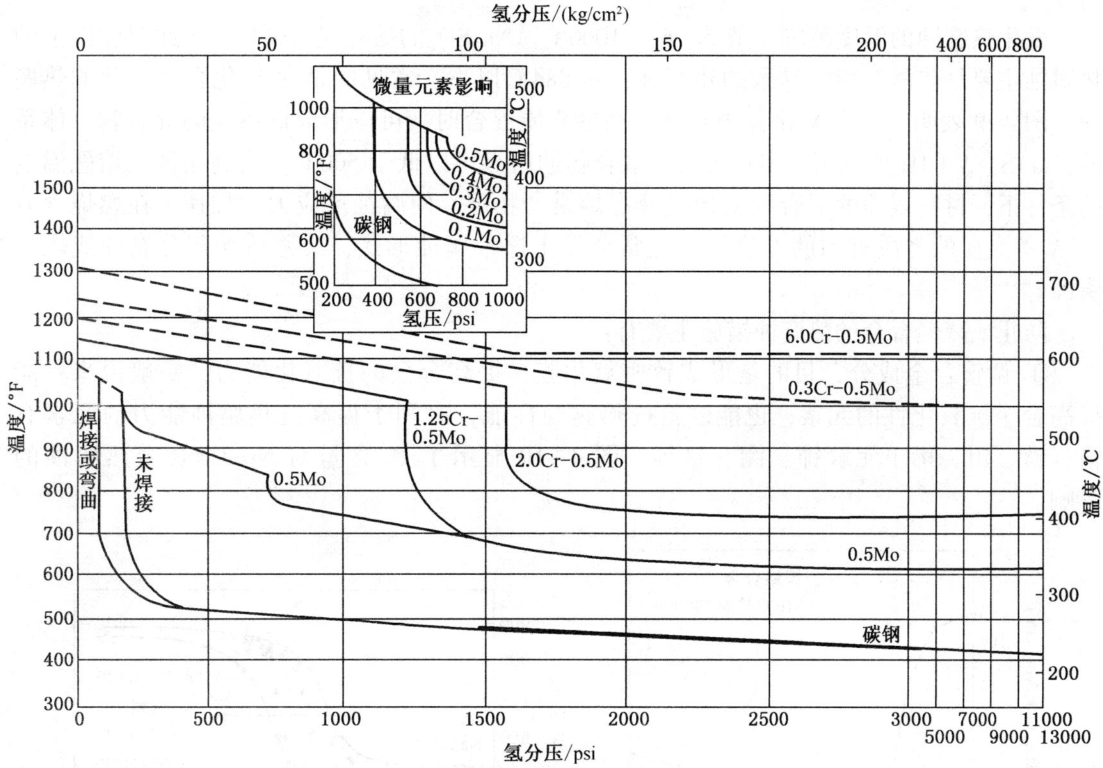

图 4-8　1965 年公布的 Nelson 曲线（$kg/cm^2 = 0.098MPa$）

膜为例：

$$Na_2SO_4 \rightleftharpoons Na_2O + SO_3$$

$$Al_2O_3 + Na_2O \rightarrow 2NaAlO_2\text{（碱性熔融反应）}$$

$$Al_2O_3 + 3SO_3 \rightarrow Al_2(SO_4)_3\text{（酸性熔融反应）}$$

由于上述反应，Al_2O_3或 Cr_2O_3的连续完整氧化膜被转化为疏松的氧化腐蚀产物层。

含铬和铝较高的高温合金一般发生碱性熔融反应，而钼、钨、钒含量较高的高温合金，往往发生酸性熔融反应，这是因为这些合金氧化生成的 WO_3、MoO_3和 V_2O_5等与 Na_2SO_4反应生成 SO_3，使 Na_2SO_4中 SO_3酸性组元增多，故腐蚀反应会自发地持续进行，导致灾难性氧化。

由于原油的产地不同，各种燃料中还含有对金属材料有加速腐蚀作用的 V、Pb 等杂质，V 在石油中以油溶性聚合体络合物状态存在，燃料燃烧时发生分解变成气态的 V_2O_5，其中一部分形成钒盐凝聚附着在金属材料表面上引起钒的腐蚀。通常认为钒对金属的热腐蚀机理为：

① 在氧化膜/燃气界面的低熔点钒化物熔融时吸氧：

$$Na_2O \cdot V_2O_4 \cdot 5V_2O_5 + 1/2O_2 \rightleftharpoons Na_2O \cdot 6V_2O_5$$

② 在氧化膜/金属基体界面上钒盐变成复式钒盐并放出氧：

$$mNa_2O \cdot nV_2O_5 \rightleftharpoons mNa_2O(n-p)V_2O_5 \cdot pV_2O_4 + 1/2pO_2$$

这种钒的吸氧放氧的可逆反应，加快了氧在金属材料内表面的传递，引起材料的加速腐蚀。

发生热腐蚀的温度范围一般为 760～1000℃。Na_2SO_4 的熔点是 884℃，在此温度以上的热腐蚀主要是硫酸钠熔盐导致的热腐蚀；在 884℃以下，常见的是含 V 化合物导致的热腐蚀。图 4-9 表明，当含 V 化合物与其他腐蚀介质混合时，可以形成低熔点的混合物，体系的(Na+S)/V 的比值低到一定程度时，混合物的熔点可以低于 500℃。在高于体系熔融温度的条件下，材料表面的混合物会形成液态熔融产物层，使腐蚀反应大大加速。在燃烧含有 S、V 等杂质的劣质重油的加热炉中经常会发生这种腐蚀形式，又称熔融灰分腐蚀或燃灰腐蚀。

防止或减轻合金的热腐蚀措施主要有：

① 调整合金成分，目的是形成致密氧化膜，提高合金的抗氧化能力，一般说来，能提高合金抗氧化性的元素，也能改善抗热腐蚀性能，有利于提高抗热腐蚀能力的元素有铬、钛、钽、稀土元素铈、镧、钇等，图 4-10 显示了 Cr 含量对 Ni-Cr 合金热腐蚀的影响。

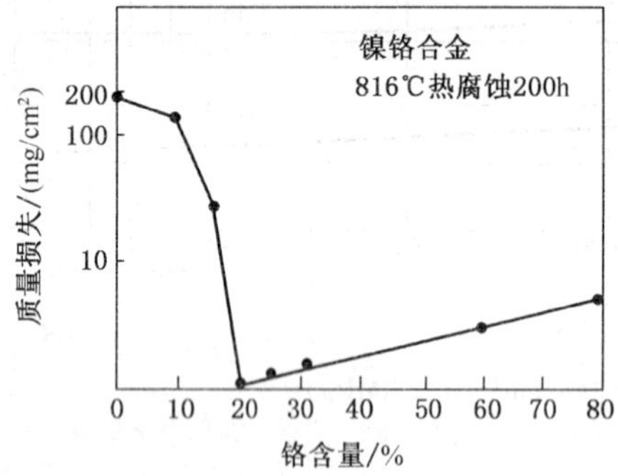

图 4-9　含 V 混合物的熔融温度与其组分的关系

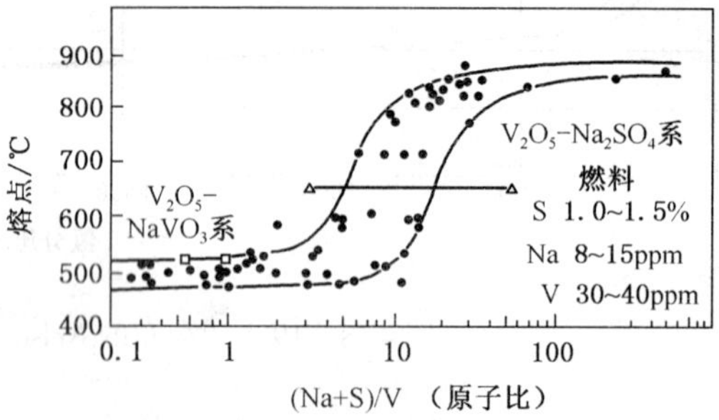

图 4-10　Ni-Cr 合金中 Cr 含量对热腐蚀性能影响

② 高温防护涂层，例如 Co-Cr-Al-Y、Fe-Cr-Al-Y 类涂层，能有效地提高高温合金抗热腐蚀性能，在燃气轮机叶片、燃烧室等部位有广泛应用。

③ 限制腐蚀环境，如滤去空气中的盐分，燃料油脱硫、脱钒，在燃气介质中加入防蚀添加剂等。

4.3　耐热钢

耐热钢是耐热金属材料中工作温度最低的一类材料，耐热温度一般不超过 800℃。各种耐热材料适用的温度范围如表 4-4。

表 4-4　各种耐热材料适用的温度范围

工作温度/℃	材　料	应用举例
<300	普通合金结构钢	一般零件
350～600	α-Fe 基耐热钢(P、M、F 体钢)	锅炉部件、柴油机气阀
600～800	α-Fe 基耐热钢(A 体钢)	发动机排气阀、尾喷管、涡轮盘、裂解炉管
650～1100	Ni、Co 基合金	飞机涡轮叶片、燃烧室
>900	Nb 基、Mo 基、陶瓷合金	火箭部件

4.3.1 耐热钢种类及其组织

耐热钢是在高温下具有较高的强度和抗氧化性的合金钢，耐热钢的分类方法很多，按用途分类，可以分为两大类，即热强钢和抗氧化钢(又称为高温不起皮钢)。根据用途不同，热强钢又可分为锅炉钢、叶片钢、转子钢、阀门钢、炼油和化工设备用耐热钢等，通常它们在350~650℃温度内使用，其性能特征是兼有较好的抗蠕变、抗疲劳和抗氧化性能；抗氧化钢一般在550~1200℃下使用，主要性能要求是抗氧化性好，而热强性能则要求不高，有时只要求能承受自身的质量即可。

耐热钢常用的是按组织分类，有珠光体型钢、铁素体型钢、马氏体型钢和奥氏体型钢。

(1) 珠光体耐热钢

珠光体耐热钢中，合金元素总量一般都不超过5%，合金元素以铬、钼、钒为主，退火后的组织是铁素体和珠光体，正火后的组织为铁素体和珠光体、贝氏体或马氏体。这类钢的抗氧化性差，热强性低，一般使用于450~620℃。

(2) 铁素体耐热钢

含有较高的铬、铝、硅等铁素体形成元素，形成单相的铁素体组织，一般用于700~800℃高温下承受应力较低的炉用部件。

(3) 奥氏体耐热钢

奥氏体钢通常含有较高含量的元素Cr，表面能够形成保护性良好的Cr_2O_3保护膜，因而具有优良的抗高温氧化性能。此外，奥氏体组织原子排列致密性高，扩散阻力大，由室温加热到高温不再发生相转变，这些因素都有利于提高合金的热强性，钢中的奥氏体形成元素Ni、Mn、N等以及Cr也都对热强性有一定贡献。因此，奥氏体钢在各类耐热钢中使用温度最高，一般可长期用于600~850℃承受应力的结构部件。

(4) 马氏体耐热钢

含铬量一般为9%~13%，此外还有钨、钼、钒等合金强化元素，一般用于550~750℃承受一定负荷的结构件。

4.3.2 合金元素的作用

按照合金元素在耐热钢中的作用，大致可分类如下：

(1) 铬、铝、硅等提高抗氧化腐蚀性能的元素

铬是铁素体形成元素，高温下能在钢的表面形成Cr_2O_3致密氧化膜，是提高钢的抗氧化性和抗高温气体腐蚀的主要元素。铬也是钢的强化元素，2%Cr的强化效果最好。铝和硅是铁素体形成元素，也是改善钢的抗氧化性能的重要元素，但铝和硅通常对钢和高温强度有害，含硅量高于3%还会引起钢的脆性。

(2) 镍、锰、碳、氮等奥氏体形成元素

镍和锰是奥氏体形成元素，对奥氏体起固溶强化作用，并有很好的稳定奥氏体的作用，碳和氮可扩大和稳定奥氏体区域从而提高钢的高温强度，为了提高钢中氮的溶解度，钢中应加入较高的铬和锰的含量。

(3) 钨、钼、铌、钒、钛等铁素体及强碳化物形成元素

钨、钼、铌等是铁素体形成元素，它们溶于钢的基体中具有较强的固溶强化作用，能显著提高基体的蠕变抗力。钨、钼、铌、钛等又是强碳化物形成元素，其碳化物有很高的稳定

性，高温下不易聚集长大，能使钢保持较高的蠕变强度。钨、钼和铌加入钢中降低钢的抗氧化性能。

（4）微量稀土元素和硼等晶界净化和强化元素

这些微量的稀土元素如铈、钇和钍等，与氧、硫、磷、氮、氢等有很强的亲和力，并与砷、锑、铅、铋、锡等形成高熔点化合物，是钢中极好的去氢、脱硫和清除有害杂质的添加剂。稀土元素可改善钢中夹杂物的形状和分布状态，并能细化晶粒，从而提高钢的质量和高温热强性能，且对钢的抗氧化性能有显著改善作用。

微量硼可以提高钢的高温强度，在奥氏体耐热钢中加入 0.025%B 可提高其蠕变性能。但硼在钢中的溶解度低，只有固溶的硼才能对钢起有益作用，硼一般在晶界偏析聚集，阻碍高温下晶界的滑移，使晶界强化。

4.3.3 钢的组织结构的作用

除合金元素之外，钢的组织结构对其耐热持久性能有决定性作用，而钢的组织结构决定于其合金化程度、加工状态及其后的热处理。

（1）钢的显微组织

这里主要是对低合金耐热钢而言，即通常所指的珠光体类型耐热钢。含 Cr 为 1.9%、Mo 为 0.5%的耐热钢，其显微组织与抗久强度的关系如图为 4-11 所示。几种低合金Cr-Mo 钢和 Cr-Mo-V 钢都具有相似的结果。

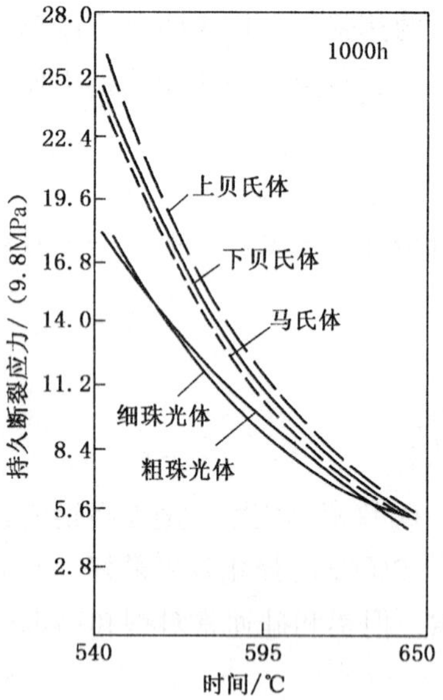

图 4-11 Cr-Mo 钢的组织与持久强度的关系

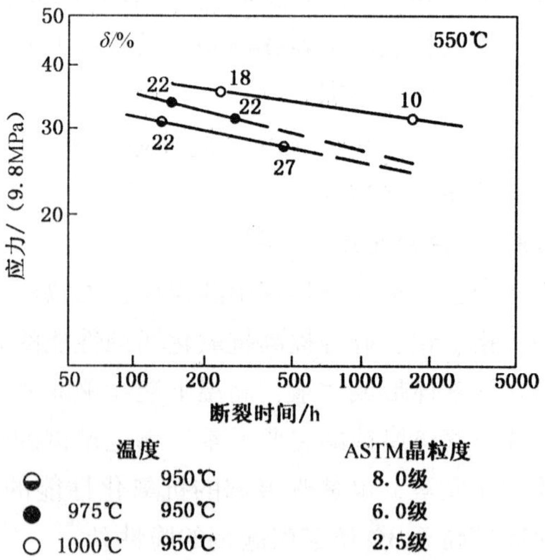

图 4-12 晶粒度与 1%Cr1MoV 钢持久强度的关系

（2）钢的晶粒度

在钢的“等强温度”以下，即室温和低温下，细晶粒钢的强度高；而在“等强温度”以上，即高温下，粗晶粒钢的高温强度高，但同时钢的持久塑性和持久缺口敏感性也随之降低。

（3）钢的塑性变形

表4-5为Cr1MoV钢的冷变形程度与持久性能的关系，随着冷变形量增加，钢的持久强度提高，冷变形量达到15%时，持久强度和持久寿命最高，其后随着冷变形量继续提高，热强性能反而下降。

表4-5　Cr1MoV钢冷变形量与持久性能关系

变形量/%	580℃，应力为108MPa时的断裂时间/h	580℃时的持久强度 σ_{10^5}/MPa	变形量/%	580℃，应力为108MPa时的断裂时间/h	580℃时的持久强度 σ_{10^5}/MPa
0	3199	69	25	11084	72
7	12954	78	40	3816	49
15	22680	90			

（4）钢的组织稳定性

各种耐热钢在高温、应力长期作用下，其组织将发生变化而导致高温热强性能的降低。耐热钢常见的组织不稳定性有：渗碳体的石墨化或球化，固溶体内合金元素的贫化，碳化物析出类型的转变及聚集长大等。

4.3.4　典型耐热钢

（1）12Cr1MoV钢

12Cr1MoV钢是珠光体耐热钢，合金元素含量较低，其中Cr含量约1%，Mo和V含量各自只有0.2%左右，此外还有0.25%的Si和0.55%的Mn。该钢种在540℃以下有良好的组织稳定性，随温度升高热强性降低不大，在580℃仍保持较高的热强性。在570℃以下抗氧化性良好，空气中的长期运行温度不宜超过570℃。12Cr1MoV钢适用于制造高压设备中工作温度不超过570~585℃的过热器、管道、构件等工件。

（2）1Cr5Mo钢

1Cr5Mo钢也是珠光体耐热钢，其Cr含量为5%，Mo含量为0.5%，还含有少量的Mn、Ni和Si，属于中合金钢。由于合金元素含量高，其高温拉伸强度、蠕变强度与持久强度都明显超过12Cr1MoV钢，抗氧化性能也提高。1Cr5Mo钢适用于制作再热蒸汽管、石油裂解炉管、蒸汽轮机汽缸衬套、活塞杆、高压加氢设备部件等高温构件，最高抗氧化温度为650℃。在石油化工工业中1Cr5Mo钢有广泛的应用。

（3）1Cr25Ni20钢

1Cr25Ni20钢是奥氏体耐热钢，对应的国外钢种是HK40，其特点是含有25%的Cr以及不超过1%的Si，使合金的抗氧化性能大幅提高。该钢种在空气中连续使用的最高温度可达1150℃，在含有CH_4、H_2、CO、SO_2等气体的介质中也有优良的耐蚀性。该钢种大量用作石油化工中的乙烯裂解炉炉管、合成氨转化炉炉管、裂解炉构件、加热炉炉管、催化重整设备等，也用于制作燃气轮机燃烧室、叶片等构件，最高使用温度可达820~1000℃。

表4-6、表4-7和表4-8分别给出了常用耐热钢的牌号、力学性能和抗氧化性能。表4-9和表4-10则分别给出了一些耐热钢在空气中的最高使用温度和在H_2S中的腐蚀速率。

表 4-6 常用耐热钢的牌号、成分和用途特性

类型	序号	牌号	化学成分/%									用途特性
			C	Si	Mn	Ni	Cr	Mo	W	V	其他	
珠光体型	1	12CrMo	0.08~0.15	0.17~0.37	0.40~0.70	—	0.40~0.70	0.40~0.55	—	—	—	<540℃使用，工艺性好
	2	15CrMo	0.12~0.18	0.17~0.37	0.40~0.70	—	0.80~1.10	0.40~0.55	—	—	—	用作壁温≤550℃的过热器、导管，工艺性好
	3	25Cr2Mo1VA	0.22~0.29	0.20~0.40	0.50~0.80	—	2.10~2.50	0.90~1.10	—	0.30~0.50	—	<550℃的紧固件及阀杆等使用
	4	12Cr1MoV	0.08~0.15	0.17~0.37	0.40~0.70	—	0.90~1.10	0.25~0.35	—	0.15~0.30	—	<580℃的过热器、导管等，工艺性好
	5	35CrMoVA	0.30~0.38	0.17~0.37	0.40~0.70	—	1.0~1.3	0.20~0.30	—	0.1~0.2	—	500~520℃转子、叶轮使用
	6	12Cr2MoWVTiB	0.08~0.15	0.45~0.75	0.45~0.65	—	1.60~2.10	0.50~0.65	0.30~0.55	0.28~0.42	0.08~0.18Ti ≤0.008B	<600℃锅炉过热器
	7	1Al3MoWTi	0.12~0.18	≤0.05	1.5~2.0	—	—	0.40~0.60	0.40~0.60	—	2.2~2.8Al 0.2~0.4Ti	<520℃炉管或<320℃石油管道、抗氧化热腐蚀性好，焊接性差
铁素体型	8	2Cr25N	≤0.20	≤1.0	≤1.50	—	23.00~27.00	—	—	—	<0.25N	<1100℃用于锅炉吊挂、吹灰器等低应力部件抗氧化热腐蚀性好
	9	0Cr13Al	≤0.08	≤1.0	≤1.0	—	11.50~14.50	—	—	—	0.10~0.30Al	用于涡轮压缩机叶片、退火箱等
	10	1Cr13Si3	≤0.12	2.30~2.80	≤1.0	<0.60	12.50~14.50	—	—	—	—	<900℃的过热器支架、喷嘴等
	11	1Cr17	≤0.12	≤0.75	≤1.0	—	16.00~18.00	—	—	—	—	<900℃的散热器、炉用部件等
	12	1Cr18Si2	≤0.12	1.9~2.4	≤1.0	<0.60	17.00~19.00	—	—	—	—	1000~1100℃下热交换器、渗碳箱等使用

续表

类型	序号	牌号	化学成分/%									用途特性
			C	Si	Mn	Ni	Cr	Mo	W	V	其他	
奥氏体型	13	1Cr8Ni9Ti	≤0.12	≤1.00	≤2.00	8.00~11.00	17.00~19.00	—	—	—	5(C%~0.02)~0.80Ti	600~800℃加热器、导管等
	14	0Cr18Ni1Nb	≤0.08	≤1.00	≤2.00	9.00~13.00	17.00~19.00	—	—	—	Nb≥10C	400~900℃使用部件
	15	1Cr20Ni14Si2	≤0.20	1.50~2.50	≤1.50	12.00~15.00	19.00~22.00	—	—	—	—	高温强度及抗氧化性好，用于承受应力的炉件
	16	1Cr16Ni35	≤0.15	≤1.50	≤2.0	33.00~37.00	14.00~17.00	—	—	—	—	<1035℃炉用部件及石油裂解装置
	17	2Cr23Ni13	≤0.20	≤1.00	≤2.0	12.00~15.00	22.00~24.00	—	—	—	—	850~1050℃低负荷支架、传送带等
	18	0Cr25Ni20	≤0.08	≤1.50	≤2.0	19.00~22.00	24.00~26.00	—	—	—	—	820~1000℃转化炉管、裂解炉构件等
	19	5Cr21Mn9Ni4N	0.48~0.58	≤0.35	8.00~10.00	3.25~4.50	20.00~22.00	—	—	—	—	≤850℃大功率内燃机排气阀等
	20	Cr25Ni35WNb	~0.40	≤2.0	≤2.0	~35	~25	—	1~2	—	1~2Nb	<1180℃炉用部件，石油裂解炉管等
马氏体型	21	1Cr5Mo	<0.15	<0.50	<0.60	<0.60	4.00~6.00	0.45~0.60	—	—	—	<550℃石油裂解管再热蒸汽管、锅炉吊架等
	22	4Cr9Si2	0.35℃0.50	2.00~3.00	<0.70	<0.60	8.00~10.00	—	—	—	—	<750℃内燃机进排气阀等
	23	4Cr10Si2Mo	0.35~0.45	1.90~2.60	<0.70	<0.60	9.00~10.50	0.70~0.90	—	—	—	<750℃内燃机进排气阀等
	24	1Cr11MoV	0.11~0.18	<0.50	<0.60	<0.60	10.0~11.50	0.50~0.70	—	0.25~0.40	—	<540℃汽轮机叶片、燃气轮机叶片等
	25	1Cr13	<0.15	<1.00	<1.00	<0.60	11.50~13.50	—	—	—	—	<800℃抗氧化部件
	26	2Cr13	0.16~0.25	<1.00	<1.00	<0.60	12.00~14.00	—	—	—	—	汽轮机叶片等使用、耐蚀性好
	27	1Cr11Ni2W2MoV	0.10~0.11	<0.60	<0.60	1.40~1.80	10.50~12.00	0.35~0.50	1.50~2.00	0.18~0.30	—	韧性抗氧化性好，高温结构部件用

表 4-7　常用耐热钢的力学性能

钢　　号	$\sigma_{0.2}$/MPa ≥	σ_b/MPa ≥	δ_5/% ≥	ψ/% ≥	硬度(NBS)
珠光体型					
12CrMo	265	410	24	60	≤179
15CrMo	295	440	22	60	≤179
20CrMo	685	885	12	50	≤179
12CrMoV	245	490	22	50	≤179
35CrMoV	930	1080	10	50	≤241
20Cr3MoWVA	638	785	14	40	≤229
1Cr5Mo	390	590	18	—	≤200
1Al3MoWTi	314	490	15	30	
铁素体型					
2Cr25N	275	510	20	40	≤201
0Cr13Al	177	410	20	60	≥183
1Cr13Si3	392	588	15	45	
1Cr17	205	450	22	50	≥183
1Cr18Si2	341	539	15.0	—	—
奥氏体型					
1Cr18Ni9Ti	205	520	40	50	≤187
0Cr18Ni11	205	520	40	50	≤187
1Cr20Ni14Si2	295	590	35	50	≤187
1Cr16Ni35	205	560	40	50	≤201
2Cr23Ni13	205	560	45	50	≤201
0Cr25Ni20	205	520	40	50	≤187
5Cr21Mn9Ni4N	560	885	8	—	≥302
马氏体型					
4Cr9Si2	590	885	19	50	≤269
4Cr10Si2Mo	685	885	10	35	≤269
1Cr11MoV	490	685	16	55	≤200
1Cr13	345	540	25	55	≤200
2Cr13	440	635	20	50	≤223
1Cr11Ni2W2MoV	735	885	15	55	≤269

表 4-8　一些耐热钢的抗氧化性能

分类	牌　　号	温度/℃	时间/h	平均氧化速率
珠光体型	12Cr1MoV	580	3000~5600	0.05mm/h
		600	1100~1500	0.13mm/h
	1Cr5Mo	650	100	0.08g/cm²(质量损失)
		760	100	0.44g/cm²(质量损失)
		815	100	0.80g/cm²(质量损失)
	12Cr3MoVTiSiB	580		0.007mm/a
		600		0.009mm/a
		620		0.009mm/a
	1Al3MoWTi	600	100	0.22g/(m²·h)
		700		0.796g/(m²·h)
铁素体型	1Cr13Si3	800 850 900	120	0.6g/(m²·h) 1.0g/(m²·h) 1.8g/(m²·h)
	1Cr18Si2	800 900 1000	120	0.45g/(m²·h) 1.0g/(m²·h) 2.0g/(m²·h)
	1Cr13SiAl	900	100	0.04g/(m²·h)

续表

分类	牌　号	温度/℃	时间/h	平均氧化速率
奥氏体型	1Cr18Ni9Ti	870 980 1100	100	0.067g/(m^2·h) 0.29g/(m^2·h) 0.39g/(m^2·h)
	1Cr20Ni14Si2	900 1000 1100	500	0.167×10^{-2}g/cm^2(质量损失) 0.3625×10^{-2}g/cm^2(质量损失) 0.926×10^{-2}g/cm^2(质量损失)
	4Cr14Ni14W2Mo	800 850 950		0.216~0.369g/(m^2·h) 1.54~0.702g/(m^2·h) 2.293~2.196g/(m^2·h)
	0Cr15Ni25Ti2MoVB	650 800 1000	100	0.017g/(m^2·h) 0.0415g/(m^2·h) 0.679g/(m^2·h)
	1Cr23Ni18	982 1093	1000	0.0155g/(m^2·h) 0.0388g/(m^2·h)
	1Cr21Ni32	870 980 1095	100	0.1~0.178mm/a 0.254~0.38mm/a 0.889~1.143mm/a
	5Cr21Mn9Ni4N	800 850 900		0.01g/(m^2·h) 0.0144g/(m^2·h) 0.02g/(m^2·h)
	ZG4Cr25Ni20Si2	871 982 1093		0.254mm/a 0.254mm/a 0.889mm/a
	ZG4Cr28Ni48W5Si2	1000 1100 1200 1250		0.20g/(m^2·h) 0.72g/(m^2·h) 1.08g/(m^2·h) 1.32g/(m^2·h)
	ZGMn18Al5Si2Ti	850 900	200	0.21g/(m^2·h) 0.54g/(m^2·h)
	ZG6Mn28Al9TiRE	1000	500	0.15g/(m^2·h)
马氏体型	3Cr13Ni7Si2	700 800 900 1000	24	0.60g/(m^2·h) 1.16g/(m^2·h) 3.16g/(m^2·h) 3.32g/(m^2·h)
	2Cr12WMoVNbB	400 500 800 900	100	0.004~0.010g/(m^2·h) 0.015~0.023g/(m^2·h) 0.030~0.034g/(m^2·h) 3.55~7.51g/(m^2·h)
	5Mn2Si2Al3WV	600	200	0.1299g/(m^2·h)

表 4-9　一些耐热钢在空气中使用的最高温度

美国钢号			主要成分/%	相应中国钢号	间断工程温度/℃	连续工作温度/℃
变形类	AISI	201	0.15C-17Cr-5Ni-6.5Mn-N		815	845
		202	0.15C-18Cr-5Ni-9Mn-N	1Cr18Mn8Ni5N	815	845
		301	0.15C-17Cr-9Ni		840	900
		302	0.15C-18Cr-9Ni	0Cr18Ni9	870	925
		304	0.08C-19Cr-9Ni		870	925
		308	0.08C-22Cr-11Ni		925	980
		309	0.20C-23Cr-13Ni		980	1095
		310	0.20C-25Cr-20Ni	2Cr25Ni20	1035	1150
		316	0.08C-17Cr-12Ni-2.5Mo	1Cr18Ni12Mo2	870	925
		317	0.08C-19Cr-13Ni-3.5Mo		870	925
		321	0.08C-18Cr-10Ni-Ti	1Cr18Ni9-Ti	870	925
		330	0.08C-18Cr-35Ni-Ta		1035	1150
		347	0.08C-18Cr-11Ni-Nb		870	925
		406	0.10C-13Cr-4Al	1Cr13	815	1035
		410	0.15C-13Cr		875	705
		416	0.15C-13Cr-0.6Mo	1Cr13	760	675
		420	0.10C-13Cr		735	620
		440				
		405	0.08C-13Cr-Al		815	705
		430	0.12C-17Cr	1Cr17	870	815
		431	0.2C-16Cr-2Ni	1Cr17Ni2	870	875
		442	0.2C-20Cr		1035	980
		446	0.2C-25Cr-N	Cr25N	1175	1095
铸造类	HA		0.15C-9Cr-1Mo			650
	HC		0.4C-28Cr-3Ni			1120
	HD		0.4C-28Cr-5.5Ni			1065
	HE		0.35C-28Cr-9Ni			1065
	HF		0.30C-21Cr-9Ni			900
	HH		0.35C-26Cr-12Ni			1065
	HI		0.35C-26Cr-12Ni			1120
	HK		0.40C-26Cr-20Ni			1095
	HL		0.40C-30Cr-20Ni			1150
	HN		0.35C-21Cr-25Ni			1095
	HT		0.55C-15Cr-15Ni			1035
	HU		0.55C-18Cr-38Ni			1095
	HW		0.55C-12Cr-60Ni			1095
	HX		0.55C-18Cr-65Ni			1150

表 4-10　一些耐热钢在 100%H_2S(0.1MPa，100h)中的腐蚀速率

美国钢号 AISI	主要成分(%)或相应中国钢号	腐蚀速率/(mm/a)	
		400℃	500℃
—	5Cr	6.1	25.4
—	9Cr	5.08	17.8
410	12Cr	3.30	10.2
430	16Cr	2.39	5.08
446	26Cr		2.54
304	18Cr-9Ni	2.03	5.08
316	18Cr-12Ni-2Mo	1.52	2.54

4.3.5　铁基高温合金

(1) 合金种类

铁基高温合金是以铁为基体的用于 600~800℃温度下的奥氏体合金，它与奥氏体耐热钢并无严格区分，通常铁基高温合金的碳含量≤0.10%。它是在 18-8CrNi 不锈钢的基础上发展来的。根据强化途径及显微组织不同，铁基合金可分为三类：即固溶强化的铁基板材合金、碳化物强化的铁基高温合金和金属间化合物强化的铁基高温合金。固溶强化型铁基高温合金成分简单，但强化效应较差，一般在低应力、700~950℃下使用，这类铁基合金多以板材使用。碳化物强化的铁基高温合金，由于高温下碳原子容易扩散，而使碳化物很快聚集长大失去强化作用，合金使用温度一般不大于 650℃。金属间化合物 γ' 相沉淀强化的铁基合金，一般在约 750℃下使用。

(2) 合金元素作用

铬可提高铁基合金高温下的抗氧化腐蚀性能，它在合金中含量≥12%，在低应力使用温度高(700~950℃)的铁基板材高温合金中 Cr 量可高达约 20%。此外 Cr 还对基体 γ 相起着固溶强化作用。W 和 Mo 为基体合金中主要固溶强化元素，有一部分 W 和 Mo 则生成碳化物，通常铁基高温合金中 W 和 Mo 的总量约为 4%~8%，但 W、Mo 和 Cr 都是铁素体稳定化元素，故含量不能太高。镍是形成和稳定奥氏体的主要元素，并形成 Ni_3(Ti、Al)沉淀强化相，有利于合金的高温抗氧化腐蚀性能的提高。铁基高温合金中一般含镍量为 25%~45%。铝、钛和铌是 γ' 相(Ni_3Al、Ti)和 γ'' 相(Ni_3Nb)强化所需的元素，由于铁基高温合金的高温稳定性较差，故合金中 Al、Ti 和 Nb 的总量不超过 7%。碳在合金中含量一般<0.1%，其作用是脱氧，并形成 MC(NbC、TiC、ZrC 和 VC)和 $M_{23}C_6$ 等碳化物。硼、锆、铈、镁等微量元素在铁基合金中被广泛用作晶界强化元素，改善合金的热加工性能，提高持久强度或塑性，以及消除持久缺口敏感性等。微量的氮可以起部分固溶强化和氮化物弥散析出强化作用，但过量后会形成大块夹杂 MN 或 M(CN)，降低合金的机械性能。硅在铁基高温合金中一般含量不高，因为 Si 易于形成脆性硅化物。

(3) 合金牌号、成分及性能

一些主要铁基高温合金的牌号、化学成分及其使用温度列于表 4-11，表 4-12 列出了一些铁基高温合金的高温抗氧化腐蚀性能。

表 4-11　一些铁基高温合金牌号及其成分

类别	合金牌号	化学成分/%(质量分数)																使用温度/℃
		C	Cr	Ni	W	Mo	Al	Ti	Nb	V	Mn	B	N	Ce	Zr	Mg	Fe	
固溶强化	GH1014	≤0.08	19.0~22.0	28~34	7.5~9.5	1.5~2.5			0.8~1.3		≤1.5	0.01	0.15~0.25	0.05			余	950
	GH1016	≤0.08	19.0~22.0	32~36	5~6	2.6~3.3			0.9~1.4	0.1~0.3	≤1.8	0.01	≤0.25	0.05			余	900
	GH1140	0.06~0.12	20.0~23.0	35~40	1.4~1.8	2.0~2.5	0.2~0.5	0.7~1.05			≤0.7						余	800
碳化物强化	GH2036	0.34~0.40	11.5~13.5	7~9		1.1~1.4		≤0.12	0.25~0.50	1.25~1.55	7.5~8.5						余	650
	GH1040	≤0.12	15.0~17.5	24~27		5.5~7.5					1.0~2.0		0.1~0.2				余	600
沉淀强化	GH2130	≤0.08	12~16	35~40	5.0~6.5		1.4~2.2	2.4~3.2			≤0.5	≤0.02		≤0.02			余	800
	GH2135	≤0.06	14~16	33~36	1.7~2.2	1.7~2.2	2.0~2.8	2.1~2.5			≤0.4	≤0.015		≤0.03			余	750
	GH4169	≤0.08	17~21	50~55		2.8~3.3	0.2~0.8	0.65~1.15	4.75~5.55			≤0.01					17~20	700
	GH2302	≤0.08	12~16	38~42	3.5~4.5	1.5~2.5	1.8~2.3	2.3~2.8			≤0.6	≤0.01		≤0.02	≤0.05		余	800
	GH2901	0.02~0.06	11~14	40~45		5.0~6.5	≤0.3	2.8~3.1			≤0.4	0.001~0.02					余	750
沉淀强化	K213	≤0.1	14~16	34~38	4~7		1.5~2.0	3~4				0.05~0.1					余	750
	K213	≤0.1	11~13	40~45	6.5~8.5		1.8~2.4	4.2~5.0			≤0.5	0.05~0.15					余	900

注：K213、K214 为铸造合金，其余为变形合金。

表 4-12　一些铁基高温合金抗氧化性能

合金牌号	氧化增重/(g/m^2·h)					
	600℃	700℃	800℃	900℃	1000℃	1100℃
GH1014				0.1614	0.2097	0.6175
GH1016				0.1038	0.1641	0.5535
GH1140		0.014	0.028	0.139	0.270	0.523
GH2036			1.25	1.97		
GH10140		0.003	0.06			
GH2130			0.094	0.1159	0.3190	1.1250
GH2135		0.019	0.042	0.095		
GH4169	0.0176	0.0277	0.0351	0.0961	0.1620	
GH2302	0.0072	0.0143	0.0541	0.1169	0.4426	1.2066
GH2901	0.0139	0.0466	0.0779	0.1404	0.2620	
K213				1.0~1.1(850℃)		
K214				0.169	0.316	

4.4　镍基高温合金

4.4.1　合金种类

镍基高温合金是以镍为基体(一般大于50%)在650~1100℃温度具有一定强度和良好抗氧化、抗热腐蚀性能的高温合金。

镍基合金是高温合金中应用最广、牌号最多的一类合金，通常按制备工艺分为变形镍基高温合金、铸造镍基高温合金和粉末冶金高温合金三大类。变形镍基高温合金又可分为固溶强化型合金和沉淀强化型合金。固溶强化型合金具有一定的高温强度，有良好的塑性、热加工性和焊接性，用于制造工作温度较高、承受应力不大(约几十兆帕)的部件，如燃气涡轮的燃烧室。沉淀强化型合金实际上综合采用固溶强化、沉淀强化和晶界强化三种强化方式，因而具有良好的高温蠕变强度和抗疲劳性能，用于制造高温下承受应力较高(每平方毫米一百多兆帕)的部件，如燃气涡轮的叶片和涡轮盘等。根据近年来的发展，铸造镍基高温合金又分为普通铸造合金、定向凝固合金、定向单晶合金。

4.4.2　合金组织

典型镍基高温合金的组织由基体 γ 相、沉淀强化相 γ 相和碳化物(MC、$M_{23}C_6$、M_6C、M_7C_3)所组成。一些铸造合金有 $\gamma+\gamma'$ 共晶相，某些合金在高温使用过程中有 α、μ 和 Laves 相析出。此外合金中还有微量硫化物和 M_3B_2 硼化物，个别合金则有 η 相(Ni_3Ti)和 G 相。

(1) γ 相、面心立方晶系

这是以镍为主的奥氏体固溶体。它可溶入大量多种合金元素而不出现有害相。合金元素按对其固溶强化效应递增的顺序为：Co、Fe、Cr、Al、V、Ti、Mo、W、Nb、Ta 等。

γ 相作为镍基合金基体非常稳定，无同素异形转变，具有极好的室温和低温塑性，化学

稳定性好，抗湿抗盐类水溶液，耐硫酸和盐酸，500℃以下基本不氧化。

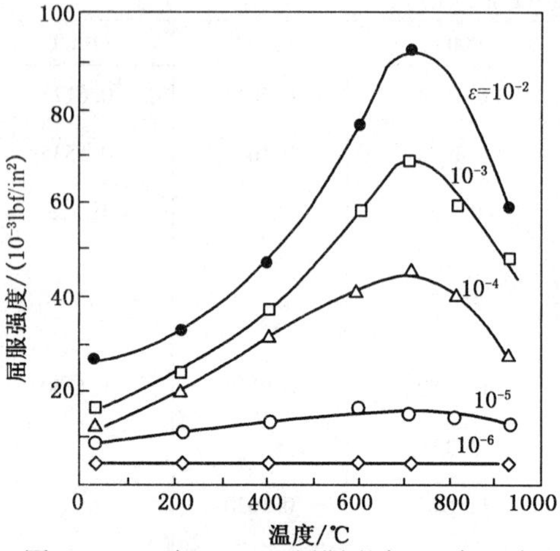

图 4-13　γ'相(Ni_3Al)屈服强度$\sigma_{0.2}$与温度关系(1lbf/in² = 6894.76Pa)

(2) γ'相

镍基合金中通常为金属间化合物 Ni_3(Al、Ti)长程有序的面心立方晶体结构，是合金中的主要强化相。γ'相晶格常数与基体γ相近，一般相差小于 1%。它与基体γ相共格(100)γ'//(100)γ，界面能低，高温稳定。γ'相强度随温度上升而提高，700～800℃间达到峰值(图 4-13)。

纯γ'相 Ni_3Al 的熔点 1385℃，Ta、Nb、Ti、W 等元素固溶于γ'相使γ'相强化。γ'相量则取决于合金中 Al、Ti 和 Nb 的含量，如图 4-14 所示，γ'相形态则与γ-γ'晶格错配度大小有关。γ'尺寸与γ'颗粒间距对合金性能有较大影响。

(3) 碳化物

镍基合金中有四类碳化物即 MC、$M_{23}C$、M_6C 和 M_7C_3。MC 型碳化物一般是 TiC，面心立方晶系，在凝固过程中形成，呈点条状或骨架状分布于晶界和枝晶间隙内。MC 在 760～1150℃内相当稳定，难以溶解于基体内，但能发生分解并转变成 $M_{23}C_6$ 和 M_6C。$M_{23}C_6$ 为复杂面心立方结构，析出温度为 650～1100℃，870～980℃下析出量最多，它们在晶界呈颗粒或链状。M_6C 是 MC 分解的另一产物，为复杂面心立方结构，析出温度范围 850～1210℃，950～1100℃下析出量最多。镍基合金中 Cr 含量高，倾向于 $M_{23}C_6$的形成，W 和 Mo 含量高，则倾向于形成 M_6C(图 4-15)。M_7C_3容易在 Al、Ti 含量低而 Cr 含量高的镍基合金中出现，属斜方晶系，不稳定，在 600～800℃使用过程中转变为 $M_{23}C_6$。

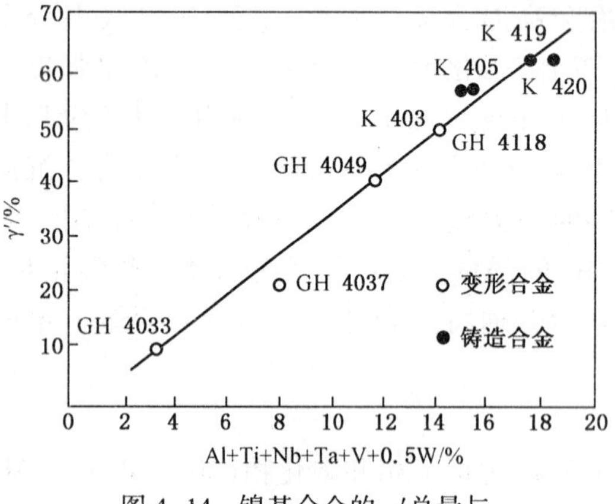

图 4-14　镍基合金的γ'总量与其形成元素的关系

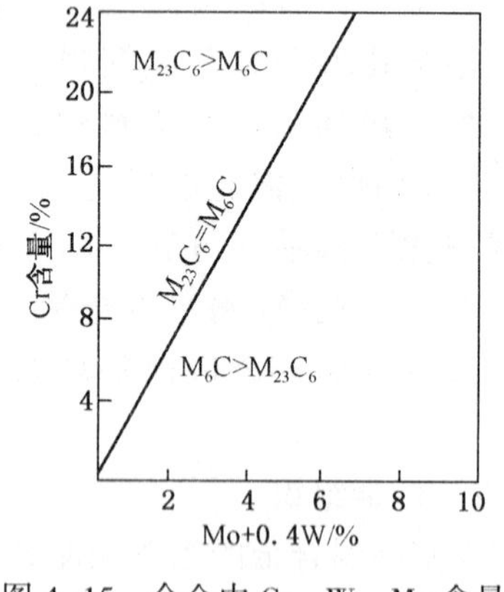

图 4-15　合金中 Cr、W、Mo 含量对碳化物种类的影响

(4) 拓扑密排相(TCP)

配位数高于 12、原子排列按正四面体密集堆积的金属间化合物谓之 TCP 相，在镍基高温合金中的 TCP 相主要是σ相μ相。σ相在合金中的形成析出温度为 730～980℃，815～870℃下析出最快。控制合金中 TCP 相析出的途径是合金成分的限制，其方法为相分计算法

(phacomp)，W、Mo 高的合金易出现 μ 相，析出温度范围为 800~1140℃左右，μ 相和 σ 相大量析出都对合金的塑韧性和持久寿命有害。

4.4.3 合金元素的作用

镍基高温合金是各种金属材料中成分最复杂的合金，含有 Cr、Co、W、Mo、Nb、Ta、A、Ti、Hf、B、Zr、V、C、Ce、Mg 等十几种元素。Cr 在镍基高温合金中必不可少，一般含量为 8%~20%，主要作用是生成表面 Cr_2O_3 保护膜，防止合金高温氧化和腐蚀。Cr 主要固溶于基体，少量则形成 $M_{23}C_6$ 型碳化物，对合金持久性能有一定影响。Co 在合金中降低 Ti、Al 的溶解度，减少晶界碳化物析出，降低基体的堆垛层错能，起固溶强化作用，镍基合金中一般含 Co10%~20%。W 和 Mo 是提高高温强度的主要元素，它们固溶于基体。Mo 的强化效果大于 W，但随着温度升高，W 的强化作用增大。W、Mo 促进 MC 型碳化物的形成，一般镍基合金中 W 和 Mo 总量约为 10%。Nb 和 Ta 与碳的亲和力大，在合金中首先形成稳定的碳化物 NbC 和 TaC，其次进入 γ' 相，促进 γ' 相析出，延缓 γ' 相集聚长大。含 Nb 合金抗氧化性能下降，Ta 却能提高抗氧化和热腐蚀能力。Al 和 Ti 是形成 γ' 相(Ni_3AlTi)的主要元素，其含量多少决定 γ' 相析出总量，因而决定了合金高温强度水平。目前高强度铸造镍基合金的 Al+Ti≈10%，γ' 相量达到 60%(体积)以上。Al/Ti=2.0 的合金，有良好的高温强度和抗热腐蚀性，Al/Ti 比值越大，γ' 相高温愈稳定，强度也高。Al/Ti 比值低，抗热腐蚀性能较好。铁含量在合金中受到严格限制，一般要求 1%以下。

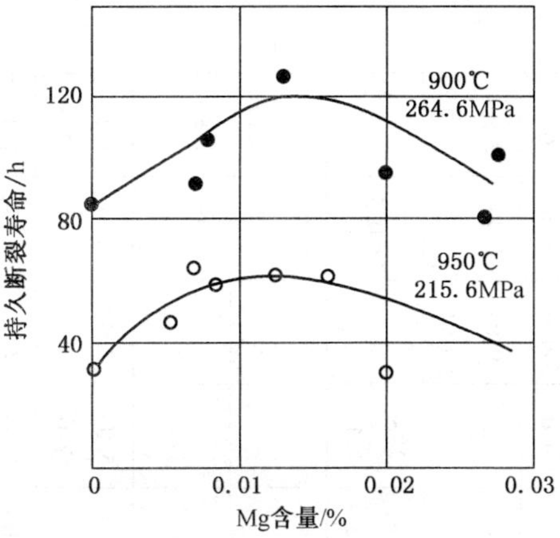

图 4-16 镁对镍基合金 GH4220 持久寿命的影响

微量元素在镍基合金中也有很多应用，加入适量的 B、Zr 和 Mg 可提高合金的塑性和加工性能，增加持久寿命，降低蠕变速率，改善持久缺口敏感性。一般镍基高温合金中 B 含量为 0.005%~0.015%，Zr 含量为 0.05%~0.10%。Mg 对镍基合金 GH4220 持久寿命的影响如图 4-16 所示，合金中的 Mg 含量以 0.005%~0.015%为宜。

4.4.4 合金的牌号与性能

主要镍基高温合金化学成分及其用途列于表 4-13 和表 4-14，它们的高温抗氧化和抗热腐蚀性能见表 4-15 和表 4-16。

表 4-13　主要变形镍基高温合金化学成分及其用途

序号	合金牌号	化学成分/%														主要用途
		C	Cr	Ni	Co	W	Mo	Al	Ti	Fe	Nb	V	B	Zr	其他	
1	GH3030	≤0.12	19.0~22.0	余				≤0.15	0.15~0.35	≤1.0						用于800℃以下的燃烧室，加力燃烧室，该合金可用GH140替代
2	GH3039	≤0.08	19.0~22.0	余			1.80~2.30	0.35~0.75	0.5~0.37	≤3.0	0.90~1.30					用于850℃以下的火焰筒及加力燃烧室等材料
3	GH3128	≤0.05	19.0~22.0	余		7.5~9.0	7.5~9.0	0.4~0.8	0.4~0.8	≤1.0			0.005	0.04	Ce 0.05	用于950℃工作的涡轮发动机的燃烧室，加力燃烧室等零件
4	GH4141	0.06~0.12	18.0~20.0	余	10.0~12.0		9.0~10.5	1.4~2.0	2.9~3.5	≤5.0			0.003~0.01			发动机对流式，或发散冷却式导向叶片和工作叶片的外壳等
5	GH4170	≤0.06	18~22	余	15~22	18~21		≤0.5					0.005	0.1~0.2	La0.1~0.3	用于航空发动机燃烧室和加力燃烧室等高温承力件
6	GH4033A	≤0.07	19~22	余				0.7~1.2	2.5~3.0	≤1.5	1.15~1.65		≤0.01			用作700~750℃工作的涡轮盘或叶片材料
7	GH4080A	0.04~0.10	18.0~21.0	余	≤2.0			1.0~1.8	1.8~2.7	≤1.5			≤0.008			用于750℃以下工作的涡轮叶片和700℃以下工作的涡轮盘等零件
8	GH4037	≤0.10	13.0~16.0	余		5.0~7.0	2.0~4.0	1.7~2.3	1.8~2.3	≤0.5		0.1~0.5	≤0.02		Ce≤0.02	用于800~850℃涡轮叶片材料
9	GH4049	≤0.07	9.5~11.0	余	14.0~16.0	5.0~6.0	4.5~5.5	3.7~4.4	1.4~1.9	≤1.5		0.2~0.5	0.015~0.025		Ce 0.02	用于900℃的燃气涡轮工作叶片及其他受力较大的高温部件
10	GH4118	≤0.20	14.0~16.0	余	13.5~15.5		3.0~5.0	4.5~5.0	3.5~4.5	≤1.0			0.01~0.025	≤0.15		用于工作温度950℃以下的涡轮叶片
11	GH4698	≤0.08	13~16	余			2.8~3.2	1.3~1.7	2.35~2.75	≤2.0	1.8~2.2		≤0.005		Ce≤0.005	用于550~800℃的涡轮盘
12	GH4220	≤0.08	9.0~12.0	余	14.0~15.0	5.0~6.5	5.0~7.0	3.9~4.8	2.2~2.9	≤3.0		0.2~0.8	≤0.02		Mg 微量	用于900~950℃的涡轮工作叶片

表 4-14　主要铸造镍基高温合金化学成分及其用途

序号	合金牌号	化学成分/%														主要用途
		C	Cr	Ni	Co	W	Mo	Al	Ti	Fe	Nb	V	B	Zr	其他	
1	K403	0. 11~0. 13	10. 0~12. 0	余	4. 5~6. 0	4. 8~5. 5	3. 8~4. 5	5. 3~5. 9	2. 3~2. 9	≤2. 0			0. 01~0. 03	0. 1	Ce0. 01~0. 03	可用作 900~1000℃工作的燃气涡轮导向叶片和 800℃以下工作的涡轮叶片
2	K405	0. 10~0. 18	9. 5~11. 0	余	9. 5~10. 5	4. 5~5. 2	3. 5~4. 2	5. 0~5. 8	2. 0~2. 9	≤1. 0			0. 015~0. 026	0. 05~0. 10	Ce0. 01	用于制作工作温度 950℃以下的燃气涡轮工作叶片
3	K417	0. 13~0. 22	8. 5~9. 5	余	14. 0~16. 0		2. 5~3. 5	4. 8~5. 7	4. 7~5. 3	≤1. 0		0. 6~0. 9	0. 010~0. 022	0. 05~0. 09		用于 950℃以下工作的空心涡轮叶片和导向叶片
4	K418	0. 08~0. 16	11. 5~13. 5	余			3. 8~4. 8	5. 5~6. 4	0. 5~0. 1	≤1. 0	1. 8~2. 5		0. 005~0. 02	0. 06~0. 15		用于 950℃以下的涡轮导向叶片和工作叶片以及整体铸造涡轮和整体导向器
5	K4002	0. 13~0. 17	8. 0~10. 0	余	9. 0~11. 0	9. 0~11. 0	≤0. 5	5. 25~5. 75	1. 25~1. 75	≤0. 5			0. 01~0. 02	0. 03~0. 08	Ta2. 25~2. 75 H+1. 3~1. 7	用于 800~1040℃工作的燃气涡轮工作叶片，也可用作整铸涡轮
6	K419	0. 09~0. 14	5. 5~6. 5	余	11. 0~13. 0	9. 5~10. 7	1. 7~2. 3	5. 2~5. 7	1. 1~1. 5		2. 5~3. 5		0. 05~0. 10	0. 03~0. 08		用于 850~1000℃工作的涡轮叶片和 1050℃工作的导向叶片
7	K423A	0. 12~0. 18	13. 0~14. 8	余	7. 5~8. 8		6. 2~7. 4	3. 8~4. 5	3. 3~3. 8	≤0. 5			0. 009~0. 016		N<0. 5	可用于制造 1000℃以下使用的燃气涡轮导向叶片
8	K438	0. 1~0. 2	15. 7~16. 3	余	8. 0~9. 0	2. 4~2. 8	1. 5~2. 0	3. 2~3. 7	3. 0~3. 5		0. 6~1. 1		0. 005~0. 015	0. 05~0. 15	Ta1. 5~2. 0	主要用作工业和海上燃气轮机涡轮叶片及导向叶片等

表 4-15　镍基高温合金的抗氧化性能

合金牌号	氧化增重/(g/m² · h)						
	800℃	850℃	900℃	950℃	1000℃	1050℃	1100℃
GH3030			0.0535		0.1560		0.3905
GH3039			0.074		0.251		0.535
GH3128			0.0548		0.2361		0.2691
GH4141			0.095		0.26		0.68
GH4170					0.0432		0.1620
GH4133	0.0205		0.1104				
GH4037			0.1000		0.3320		0.7090
GH4049				0.65	0.80		0.070
GH4118		0.0185	0.024	0.035	0.043	0.112	0.278
GH4698	0.0150		0.0821		0.2605		
GH4220				0.021	0.033		0.430
K403	0.0038		0.037		0.037	0.079	
K405				0.04	0.04		0.14
K417	0.018	0.052	0.195				
K418						0.04	
K4002				0.034	0.058	0.090	
K419			0.031		0.051	0.089	
K423A					0.086		0.149
K438		0.012	0.055		0.160		0.096

表 4-16　一些镍基高温合金 900℃下的抗热腐蚀性能

合金牌号	质量损失/(mg/cm² · h)				试验条件
	25h	50h	100h	300h	
GH3128	0.086				海洋燃气腐蚀(油气比 1 39)0# 柴油，盐雾浓度 106mg/kg
GH4118				1.73	熔盐(75%Na_2SO_4+25%NaCl)腐蚀
K403	0.45	0.54	2.09		海洋性燃气腐蚀(油气比 1 30)10# 柴油，盐雾浓度 175mg/kg
K405		0.55	0.98		高温燃气腐蚀
K418			0.13		海洋性燃气腐蚀(与 K03 同)
K4002	0.16	0.33	0.72		海洋性燃气腐蚀
K419	0.73	1.13	1.09		海洋性燃气腐蚀

4.5　耐热钢和高温合金的应用

随着科学技术的进步，许多机械及零部件的工作温度不断提高，使耐热钢和高温合金在国民经济各领域的应用日益增多，特别是高温合金，由于价格较昂贵，过去只局限于航空发动机的应用，但是现在耐热钢和高温合金已经广泛用于电力、煤炭、石油、化工、冶金、舰船、汽车、水泥、陶瓷和玻璃建材等各工业部门。

4.5.1　航空发动机上的应用

航空发动机的各种高温部件，如燃烧室、导向器、涡轮叶片和涡轮盘四大类关键零部件都由高温合金制得，此外高温合金还用于制造发动机轴、涡轮进气导管及喷管等。

燃烧室是发动机各部件中温度最高的区域，其内燃气温度可高达1500~2000℃，作为燃烧室壁的高温合金材料需承受800~900℃的高温，局部甚至高达1100℃以上。除高温外，燃烧室材料应能承受周期性的点火启动的急剧热疲劳应力和燃气的冲击力，为此选用的高温合金主要是固溶强化型合金，且具有良好的抗高温氧化和燃气腐蚀的能力。如GH3030、GH3039、GH3333、GH3128、GH3170等。

导向叶片用来调整燃烧室出来的燃气流向，是涡轮发动机上承受温度最高、热冲击最大的零部件，材料工作温度最高可达1100℃以上，应力一般低于70MPa，该零件往往由于热应力大引起扭曲，温度剧变产生热疲劳裂纹以及局部温度过高导致烧伤而报废。目前导向器大多采用精密铸造的高温合金如K406、K403、K418、K423A、DZ3和DZ22等。

涡轮叶片所承受温度低于相应导向叶片50~100℃，但在高速转动时由于气动力和离心力的作用，叶身部分的应力高达140MPa，叶根部分达280~560MPa，是涡轮发动机中工作条件最恶劣的部件，用作涡轮叶片的材料多是铸造镍基高温合金，如K403、K417DZ3、DZ22等。

涡轮盘是航空发动机上的重要转动部件，工作温度不高，一般轮缘为550~750℃，轮心为300℃左右，因此盘件径向的热应力大，特别是盘在正常高速转动时，由于盘件质量重达几十至几百千克，且带着叶片旋转，要承受极大的离心力作用，在启动与停车过程中又构成周期性的大应力低周疲劳。用作涡轮盘的高温合金为屈服强度很高、细晶粒的变形高温合金和粉末高温合金，如GH4169、GH4033A、GH4698、ln100、René95等合金。

4.5.2 航天火箭发动机上的应用

火箭发动机是航天技术的原动力，尽管使用时间短，且一次性使用，但用作火箭发动机材料的高温合金要承受1000℃以上的高温冲击及低温-100℃以下的工作环境的要求，承受急剧的温度变化导致的大幅度应力变化及对特殊环境(液态氟、硝酸、四氧化氮等)的侵蚀及燃烧产物的冲蚀。

目前用作航天材料的高温合金有：制造涡轮盘和轴的GH1040、GH2038A、GH141、GH4169等，制造燃烧室隔板涡轮进气导管的GH1131，制造喷管的GH600合金和丝网材料GH3030等。

4.5.3 工业燃气轮机上的应用

工业燃气轮机是地面发电和海上舰船的动力装置，由于使用劣质燃料和在海盐腐蚀环境下几万小时以上长期运行，对材料的要求是高温高强度、较好的抗氧化抗热腐蚀能力。

用于工业燃气轮机涡轮叶片的抗热腐蚀高温合金有：GH4710、GH500、K438、K537等(制作涡轮叶片)；K640和K644等(制作导向叶片)；GH1022、GH3163等(制作燃烧室)和GH4169、GH2132等(制作涡轮盘)。

用于工业燃气轮机的耐热钢有：Cr16Ni26M06，1Cr23Ni18，3Cr19Ni9MoWNbTi和4Cr13NJ13Co10MoWNb等，一般制作750℃以下温度使用的涡轮盘和叶片。

4.5.4 汽车工业中的应用

汽车发动机中进、排气阀及阀座是一对摩擦副，其中进气阀及阀座的工作温度一般低于300~400℃，因此其受力和腐蚀性的要求不高。排气阀和阀座的工作温度可达600~800℃，甚至最高的可达900℃以上，导管所受的应力不大，主要来自于气阀高速运动的冲击和燃气点火的压力，但气阀和阀座间由于高速运动和不停的启闭，将造成机械疲劳、热疲劳和机械磨损，以及燃气流的高速冲刷和铅盐、X205、硫化物等的热腐蚀，在高温下的破坏作用不能轻视。

进排气阀门及阀座一般用耐热钢，如马氏体耐热钢 4Cr9Si2、4Cr10Si2Mo，奥氏体耐热钢 4Cr14Ni14W2Mo、5Cr21Mn9Ni4N（简称 21－4N 钢）、2Cr21M12MnSiN（简称 21－12N 钢）等。

汽车排放气系统包括管道、催化剂净化装置和消声器等，由于使用环境温度高（约 1000～300℃）及腐蚀性气氛，要求材料具有抗氧化及抗热疲劳性，并便于加工和焊接，一般使用耐热不锈钢，其中使用温度最高的排气支管用料甚至使用镍基高温合金，每台轿车排放气系统的不锈钢平均用量约为 15kg。一般用作排气支管的耐热不锈钢牌号为 17Cr－1、2Mo－0、2Ti、19Cr－0、4Nb－0、4Cu－0、3Ni 等，催化剂净化装置常用 20Cr－5Al－0、05Ti－0.08La，消声器在排放系统尾部，尾气温度不高，一般在 100℃以上，但其凝集液中 Cl^- 及 SO_4^{2-} 等对材料有局部腐蚀作用，常用 17Cr－1、2Mo－0、2Ti 钢。

大功率高载荷的载重汽车、船用及矿用的柴油发动机排气阀及阀座，工作温度超过 750℃，为提高抗腐蚀性，使用镍基高温合金如 Inconel 751 等，制造阀座的高温合金有 G5－1N、NH 及日本的 V422、V432 等。20 世纪 80 年代以来，粉末冶金的阀座材料增多，且多为铁基粉末合金。

高温材料在汽车发动机上的另一重要应用是增压涡轮。增压涡轮是在柴油机或内燃机上利用从汽缸内排出的废气带动涡轮，增加进气的压力从而提高进气量，强化燃烧。一般柴油机采用增压技术后，可提高功率 30%～100%，油耗降低 4～13kg/（kW·h），且减少污染。该项技术已广泛用于坦克、船舶、冶金矿山、农用机械、石油钻机、载重汽车及内燃机车上，一般涡轮工作寿命为几千至几万小时，工作温度为 550～850℃，转速为（2.5～10）× 10^4r/min 左右，所采用的高温合金有 K213、K418、K640。

4.5.5 石油化工工业中的应用

石油的精炼以及石油化工制品（甲醇、苯、乙烯、氨等）的生产过程如裂解、气化、分离、合成、抽提等，一般都是在密闭容器内在高温、高压（或低压）下高速进行的，例如生产乙烯的管式裂解炉，由于炉管内通过的裂解原料需在 700～950℃、0.20～0.49MPa 的压力下进行裂解反应，因此裂解炉内温度可能高达 1000℃以上。

化工高温设备用材多为 Cr－Mo 型耐热钢，而乙烯裂解炉管使用温度较高，约 1040～1100℃甚至更高，故使用高温合金 Incoloy 800 及奥氏体型耐热钢 Cr25Ni20（HK40）、Cr25Ni35（HP40）及 Cr25Ni35WNb 等。化工高温设备用耐热钢通常也用做压力容器，其中低合金 Cr－Mo 珠光体型耐热钢主要用于低压 600℃以下工作的加热炉炉管和配件，18－8CrNi 奥氏体型耐热钢用于 800℃以下，在 800℃以上则使用 Cr25Ni20（HK40）、Cr25Ni35（HP40）耐热钢及 Incoloy 800 高温合金。

4.5.6 核能工业中的应用

在核工业中，耐热钢和高温合金被用于制作钠冷反应堆燃料元件包壳材料和结构材料及燃料棒元件定位格架等。

燃料元件包壳材料应具有良好的核性能，吸收中子量少，使更多的中子增殖；由于包壳管壁薄（约 0.4mm 厚），温度 600～800℃，压力为 120～150MPa，应有足够的高温强度和蠕变性能；包壳材料外部受钠冷却剂的侵蚀，内部受燃料的腐蚀溶解和化学反应，因此必须具有足够的抗环境腐蚀的性能；此外包壳材料还应抗辐照脆化损坏。钠冷反应堆结构材料的基本性能要求与包壳材料相同。

在上述材料中，多选用18-8型耐热不锈钢，牌号有304、316、321、347等类型，镍基合金则有Inconel 601、Incoloy 800、Nimonic 80A等。

用作燃料棒元件定位格架，处于高温高压腐蚀及高通量辐照的苛刻条件下工作，使用材料为GH4169高温合金。

4.5.7 水泥、搪瓷和玻璃工业中的应用

(1) 水泥工业

水泥工业高温材料主要使用耐热钢，主要应用部件有：①烧结窑的窑口护铁，下料溜子，预热带链条等；②冷却机。算式冷却机的箅子板、侧板，或筒式冷却机的扬料板和衬板等；③预热器的内筒等。其性能要求为约1100℃高温高强度及耐磨耗性能，抗高温氧化。所使用的耐热钠品种有：Cr25Ni20(SCH-21)、Cr25Ni12(SCH-13)、Cr24Ni7N、Cr-Ni-N-Re、Cr-Mn-N等，Cr-Ni钢、Cr-Ni-N钢、4Cr25Al、4Cr25Si2、ZG4Cr25Ni15等。

(2) 搪瓷工业

搪瓷制品涂好釉后放在吊架上进入烧成炉进行瓷釉的烧成，采用的加热炉有煤、油、天然气或电炉等，炉内温度为840~920℃，炉气为水蒸气、H_2、CO_2、CO等。吊架材质的好坏，对搪瓷制品的变形和外观瓷面质量有直接的影响，选用吊架材质的基本要求是：900~950℃下不易变形，室温~900℃、9~12min为周期的周期性冷热条件下不掉皮。

选用的材料有3Cr18Ni25S2、Cr20Ni27Si2Co4、1Cr18Ni9Ti、OCr25A15、Cr18Ni20Si2等耐热钢和GH3030高温合金。搪瓷烧成炉通过辐射管提供热量，则炉管可采用高温合金GH3030或GH3128等。

(3) 玻璃工业

玻璃及其制品在1250℃高温下生产，要求一些高温部件的使用温度达950~1250℃，除耐高温氧化、一定的高温强度外，还应能耐高温高碱度的玻璃液的冲刷和腐蚀。近20年来，采用的高温合金零部件多达十几种，如生产玻璃棉的离心头和火焰喷吹坩埚、平板玻璃生产用的转向辊、拉管机大轴、玻璃管拉管的端头和通气管、玻璃炉窑的料道、闸板、马弗套、料碗和电极棒等。国内外制作离心头的合金为含高Cr、W、Mo的镍基和钴基高温合金，国内牌号为P6和4号合金。此外如转向辊、拉管机大轴、拉管成型部位的端头和通气管等重要部件，所用的材料有Cr25Ni20、GHSK、Incoloy 800及Fe-Ni-Cr、Ni-Cr高温合金。

4.5.8 冶金工业中的应用

冶金工业用耐热钢和高温合金主要用于热处理和加热炉等高温炉的传送带、炉底辊、加热元件、辐射管、炉壁挡板等，要求材料在900~1100℃高温抗氧化性能好，且有一定的高温强度，以承载工件的质量。所用的材料有耐热钢Cr25Ni20Si2、5Cr28Ni48W5、4Cr25Ni35Mo、4Cr22Ni1.4、3Cr24Ni7SiNRe等，及高温合金Nimonic75钴基高温合金ISO-50、PGUMCo-50等。

线材连轧机用的导板承受900~1000℃高温轧件的10~20m/s高速冲击和磨耗，采用K412镍基合金精铸导板，可使其寿命超过原Cr-Al或Mn-Si合金导板8倍以上，此外高温合金还用于加热炉、热风炉和高温设备的测温装置中用作热电偶保护套管，采用的高温合金有GH3128、GH3044、GH214、GH3039等，使用温度可达1100℃以上。

4.5.9 电力工业中的应用

锅炉和汽轮机是电厂的主要设备，其主要的高温部件有锅炉管、锅炉板、汽轮机叶片、叶轮、主轴、转子以及螺栓等紧固件，由于材料的使用温度低于650℃，一般使用耐热钢即可。

锅炉管有过热器、再热器和水冷壁管等被高温加热的管件及导管、集箱、连接管等蒸汽管道，承受450~650℃高温和管内压力，通常采用低合金珠光体型耐热钢如12CrMo、15CrMo、12Cr1MoV、12Cr2MoWVB等。

锅炉钢板一般承受350℃以下温度，特别是高压锅炉，除承受较高的内压外，还受冲击、周期疲劳及水和水蒸气的腐蚀，主要性能要求是强度和韧性，使用的材料有14MnMoVG、18MnMoNbG和14CrMnMoVB等。

电厂汽轮机叶片的使用寿命要求在10^5h以上，一般汽轮机叶片工作温度在400℃以下。使用的材料有1Cr13、2Cr13、Cr11MoV、Cr12WMoV、Cr12WMoNbVB、Mn18Cr10MoVB等。

汽轮机叶轮、主轴和转子是在500~700℃的高温高压蒸汽下高速旋转的汽轮机动部件，承受着复杂的应力状态，根据工作温度高低、使用寿命长短和应力大小，可分别选用低合金耐热钢、马氏体耐热钢以及高温合金，如28CrNiMoV、20Cr3MoWV、Cr10Ni26MoTi、Cr15Ni35WTi和Cr14Ni35MoWTiAl等。

紧固件是指螺栓、螺母和铆钉等，它们是在应力松弛条件下承受拉应力，因此除有足够高的高温强度之外，还特别要求有高的松弛性能、低的缺口敏感性和抗氧化性能。使用温度低于550℃，一般采用35CrMo、25CrMoV耐热钢；高于550℃，多采用20Cr1Mo1VTiB、20Cr12MoWNbVB和1Cr15Ni36W3Ti等耐热钢。

参考文献

1 黄乾尧，李汉康等编著．高温合金．北京：冶金工业出版社，2000. 127

2 徐志超，马培立主编．微量元素在高温合金小的控制及作用(论文集)．北京：冶金工业出版社，1987. 109

3 Miner R V，Grayda J. Inter. J. Fatigue，1984，6(3)：89

4 Richards E G J. Inst. Met. 1968，96(2)：365

5 Versnyder F L. Shank. Material Science and Engineering，1970，6(1)：213

6 Decker R F，Mihalisin J R. Trans，ASM Quant.，1969，62(2)：481

7 Mifchell W I. Z，Metallkiinde. 1966，57(7)：586

8 White C H，in Meetham G W，et al. The Development of Gas Turbine Materials. Barking，UK Applied Science Publishers Ltd.，1981. 89

9 Brentnall W D，et a1. NACACR-134664. 1972

10 Lee C H. In Progress in Science and Engineering of Compasites，ICCM-IV，Tokye，1982

11 Stephens J R，Nathal M，in Duhl，et a1. Superalloys 1988，The Metallar-gical Society，1988. 183

12 Yang J M，et al. Trans. Met，1989，20A(11)：2459

13 Thompson E B，Lemkey F D. Trans. ASM Quart. 1969，62(1)：140

14 Kran T，et a1，in Tien J K，et al. Superalloys 1980，Ohio，ASM，1980. 531

15 朱日彰，卢亚轩编著．耐热钢和高温合金．北京：化学工业出版社，1996. 57

16 陈鸿梅．金属腐蚀学．北京：北京理工大学出版杜，1996. 32

17 余宗森．钢的高温氢腐蚀. 北京：化学工业出版社，1987. 134

18 C·T·西姆斯等．高温合金——宇航和工业动力用的高温材料．大连：大连理工大学出版社，1992. 225

19 Viswanathan R. Corrosion. NACE. 1968，24(11)：359

20 Seybol A V. Corrosion Science, 1971, 11(10): 751
21 冶金工业部《合金钢钢种手册》编写组. 合金钢钢种手册(第四册)——耐热钢. 北京: 冶金工业出版社, 1983
22 殷瑞钰主编. 钢的质量现代进展(特殊钢)(下册). 北京: 冶金工业出版社, 1995. 403
23 林慧国等合编. 世界钢号手册. 北京: 机械工业出版社, 1993
24 上海锅炉厂编. 热强钢高温性能数据集. 上海: 上海人民出版社, 1975
25 石油部器材供应制造局编. 石油机械用钢手册(不锈钢及耐热钢), 1965
26 化工部化工机械研究院主编. 腐蚀与防护手册. 北京: 化学工业出版社, 1990
27 黄福祥等. 中国航空材料手册(二). 北京: 中国标准出版社, 1989
28 高温合金手册编写组. 高温合金手册. 1982
29 日本材料科学会编, 金属间化合物と材料. 东京: 裳华房株式会社, 1995
30 师昌绪等主编. 中国高温合金四十年. 北京: 中国科学技术出版社, 1996
31 黄建中, 左禹主编. 材料的耐蚀性和腐蚀数据. 北京: 化学工业出版社, 2003

第5章 不 锈 钢

5.1 概述

5.1.1 不锈钢的分类

不锈钢是不锈耐酸钢的简称，通常指含铬量在12%~30%的铁基耐蚀合金。根据含铬量可分为两大类别，一类是Cr含量在12%~17%的不锈钢，在大气中可自发钝化，主要用在大气、水及其他腐蚀性不太强的介质中；在腐蚀性较强的化学介质中，合金的Cr含量需要在17%以上才能自发钝化，这类不锈钢又称“耐酸钢”。不锈钢可以按以下不同方式分类：

(1) 按显微组织分类

分为奥氏体不锈钢、铁素体不锈钢、马氏体不锈钢、铁素体-奥氏体双相不锈钢、沉淀硬化不锈钢等。

(2) 按化学成分分类

分为铬不锈钢、铬镍不锈钢、铬锰氮不锈钢、铬锰镍不锈钢等。

(3) 按用途分类

分为耐海水不锈钢、耐应力腐蚀破裂不锈钢、耐孔蚀不锈钢、高强不锈钢、易切削不锈钢、深冲用不锈钢等。

最常用的分类方法是按显微组织分类。

5.1.2 合金元素在不锈钢中的作用

不锈钢的耐蚀性由铬决定，不存在不含铬的不锈钢。在Fe-Cr合金的基础上加入其他元素，可以改变不锈钢的组织、耐蚀性和物理、力学及加工性能。

(1) 铬

铬的作用是：促使不锈钢发生钝化，加入量须达到12%以上；稳定铁素体α相；铬是碳化物形成元素，能与钢中的碳形成$Cr_{23}C_6$、Cr_7C_3和Cr_6C等类型的碳化物；Cr与Fe在一定条件下会形成硬而脆的FeCr金属间化合物，称σ相，导致钢的脆性；σ相的析出倾向随钢中Cr含量增加而增加，因此不锈钢的Cr含量一般不超过30%。

(2) 镍

镍是扩大γ相区的元素，不锈钢中加入Ni主要是为了获得奥氏体组织，Cr含量为18%时，加入8%Ni即可得到单相奥氏体。此外，镍的热力学稳定性比铁高，能提高不锈钢耐还原性介质腐蚀的性能。

(3) 钼

钼能显著提高不锈钢在还原性介质和含氯离子介质中的耐蚀性，也是强碳化物形成元素和稳定铁素体相的元素。

(4) 铜

铜与钼类似，能提高不锈钢耐硫酸、磷酸、盐酸等非氧化性介质腐蚀的能力，与钼联合作用时效果更显著。

（5）钛和铌

钛和铌是强碳化物形成元素，可优先与钢中的碳结合生成 TiC 或 NbC，防止因晶界析出碳化铬引起的晶间腐蚀。

（6）锰和氮

锰和氮都是奥氏体形成元素，主要应用于无镍或节镍的奥氏体不锈钢中，氮能提高不锈钢抗海水腐蚀的能力。

（7）硅和铝

硅和铝能改善不锈钢抗氧化性介质腐蚀的能力。

（8）碳

碳是钢中最重要的合金元素之一，是 γ 相形成元素，碳含量提高使钢强度增大，但由于碳化物数量增多，会严重损害不锈钢的耐蚀性特别是耐晶间腐蚀性能。除了少数马氏体钢以外，在大部分不锈钢中碳含量都控制在 0.12% 以下，耐蚀级别较高的不锈钢甚至要求碳含量低于 0.01%～0.03%。

（9）硫和磷

硫和磷都是降低耐蚀性的有害元素，但它们能改善钢的切削性能，作为合金元素在易切削不锈钢中被采用。

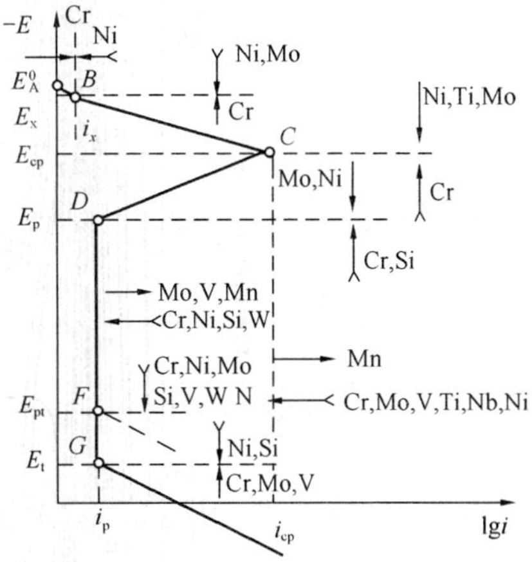

图 5-1　合金元素对纯铁在硫酸中阳极极化曲线上特性点位置的影响

≻→　表示对钝化有利的影响方向；

←　表示对钝化不利的影响方向

图 5-1 所示为各种常用合金元素对纯铁阳极极化曲线的影响。

5.1.3　不锈钢的耐蚀性特点

不锈钢的耐蚀性依赖于其表面在腐蚀介质中形成的以铬的氧化物为主的钝化膜，由图 5-2可以看到，随着不锈钢中 Cr 含量的提高，不锈钢的钝化性能提高。不锈钢的“不锈”是相对的，取决于其表面钝化膜在所服役介质中的稳定性。在氧化性介质中不锈钢能够稳定钝化，有良好耐蚀性；在还原性介质中，钝化膜不稳定，因而耐蚀性不良；在含有能破坏钝化膜的阴离子（如 F^-、Cl^-）的介质中，耐蚀性也不好。一般来说，不锈钢在氧化性酸如硝酸、浓硫酸及碱中有优良耐蚀性，在含氧或有氧化剂存在的中性和弱酸性水溶液中耐蚀性也较好；但在还原性酸如中等浓度的硫酸、高温稀硫酸、沸腾甲乙酸等介质中耐蚀性就较差，在盐酸中不耐蚀。

5.1.4　不锈钢的主要腐蚀类型

钝化膜的主要组成是铬的氧化物，厚度一般是几个纳米。不锈钢使用过程中，由于化学溶解或机械损伤等原因使钝化膜发生局部破坏，就会产生局部区域的迅速腐蚀。不锈钢常见的腐蚀类型有以下几种。

（1）晶间腐蚀

当金属晶界区域的溶解速度大于其他区域的溶解速度时，就发生晶间腐蚀。铬是一种强碳化物形成元素，碳化铬的析出温度为 450～800℃，在 650～700℃之间析出速度最快。当不锈钢加热到固溶温度（～1050℃）时，钢中的碳几乎全部溶解到基体中，随后快速冷却到室温，不会析出碳化铬。但若在 450～800℃温区保温或缓冷，以 $(Fe, Cr)_{23}C_6$ 为主的碳化物就会沿晶界析出，造成晶界附近 Cr 含量降低，如图 5-3 所示。当 Cr 含量低于钝化所需的临界

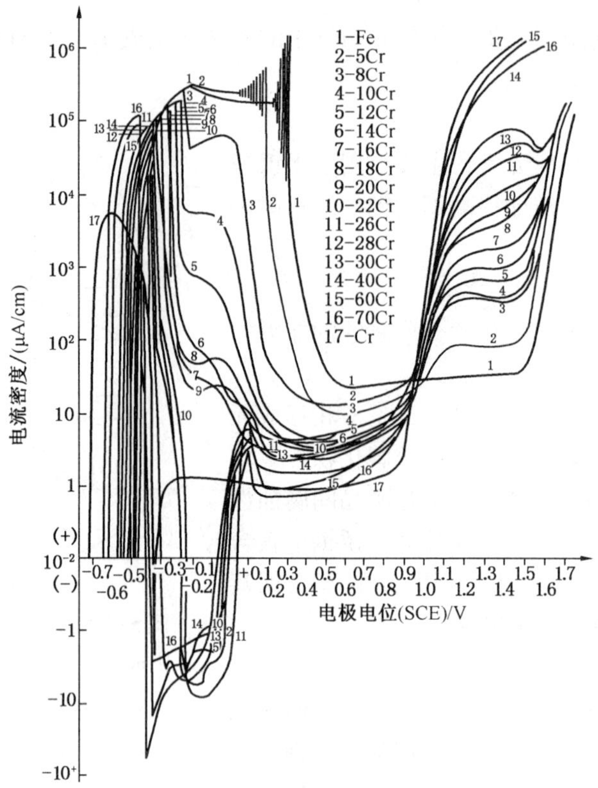

图 5-2　Cr 对 Fe-Cr 合金在硫酸中的阳极极化曲线的影响

浓度 12. 5%时，就具有了晶间腐蚀敏感性。因此将不锈钢在 450~800℃温区保温或缓冷的过程称“敏化”。不锈钢的晶间腐蚀倾向随碳含量升高而升高，因此大部分不锈钢的碳含量在 0. 12%以下，当碳含量≤0. 07%时，不锈钢在通常使用环境中不容易发生晶间腐蚀，对于耐蚀性要求很高的钢种，碳含量进一步控制在 0. 03%以下。

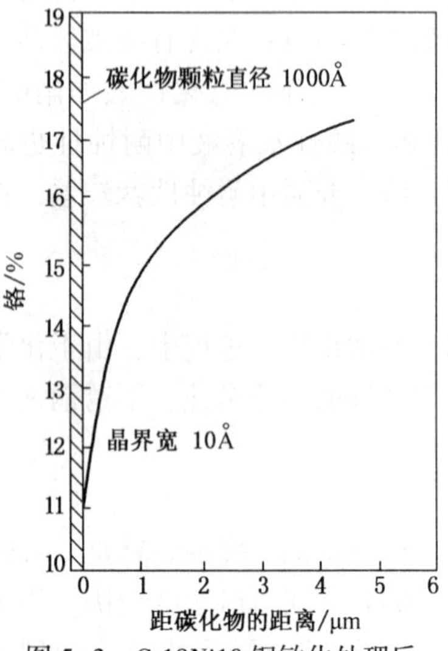

图 5-3　Cr18Ni10 钢敏化处理后晶界附近的铬浓度分布

（1Å=0. 1nm）

（2）孔蚀

由于 Cl^- 的侵蚀作用使不锈钢表面的钝化膜局部溶解，导致向纵深发展的腐蚀小孔，这种腐蚀形态称孔蚀。在钢表面可观察到许多腐蚀斑点，因此常被称作“点蚀”。蚀孔一旦形成，由于孔内金属离子水解使孔内溶液酸性增大，同时外部阴离子向孔内富集，会维持较高发展速度，严重时可以洞穿金属，且不容易发现和预测，对不锈钢具有较大危害。

（3）缝隙腐蚀

在不锈钢表面与其他物体构成缝隙的区域，缝隙内外的溶液不容易进行交换，随缝内腐蚀过程的进行，氧含量逐渐降低，缝内金属离子水解使溶液酸化，阴离子则向缝内富集，最终使得缝内区域表面不再能维持钝化，发生活性溶解。在两物体接触处或污垢、残余涂层甚至锈层下方都能构成缝隙，活性阴离子如 Cl^- 会促进缝隙腐蚀，因此一般不锈钢在海水中都具有缝隙腐蚀倾向。Cr 含量较高、钝化性能强的钢种，抗缝隙腐蚀性能相对较强。

（4）应力腐蚀破裂

应力腐蚀破裂是对 Cr-Ni 奥氏体不锈钢威胁最大的一种腐蚀类型，其基本条件是特定的材料-介质组合和达到一定临界值的拉伸应力。奥氏体不锈钢常发生应力腐蚀破裂的环境有 Cl^- 溶液、连多硫酸、高温高压水溶液、碱溶液等。铁素体不锈钢和双相不锈钢耐应力腐蚀破裂性能显著优于奥氏体不锈钢。

5.2 奥氏体不锈钢

5.2.1 奥氏体不锈钢的成分特点

为了在氧化性酸中能维持稳定钝化，不锈钢的 Cr 含量应达到 18%左右，含铬量为 18%时为了在常温下获得奥氏体组织，钢中需加入 8%～9%的镍，这样构成的钢即 18-8 型铬镍奥氏体不锈钢。这种钢具有优良的抗氧化性酸性能，优良的高温、低温力学性能及良好的焊接性和加工性能，是各种不锈钢中用量最大、用途最广的一类钢种，其产量约占奥氏体不锈钢的 70%，占所有不锈钢的 50%。

18-8 钢的基本型为 1Cr18Ni9，其碳含量为 0.1%左右，以 18-8 型钢为基础改变化学成分，可以得到以下不同性能的钢种。

① 耐晶间腐蚀　加入 Ti 或 Nb，得到 1Cr18Ni9Ti 和 1Cr18Ni11Nb；或降低碳含量，得到 0Cr18Ni9。

② 耐非氧化性酸　加入 Mo 和 Cu，为保持奥氏体组织，Ni 含量须提高到 12%，得到 0Cr18Ni12Mo2、0Cr19Ni12Mo1Cu1 等；再加入 Ti，或降低 C，得到耐晶间腐蚀的 0Cr18Ni12Mo2Ti 及 00Cr17Ni14Mo2；进一步提高 Cr、Ni、Mo、Cu 含量，得到 00Cr23Ni28Mo3Cu3Ti，可耐 80℃以下各种浓度硫酸。

③ 耐氧化性酸　提高 Cr 含量或加入 Si，如 Cr25Ni20 和 00Cr18Ni14Si4 能耐浓硝酸。

④ 耐应力腐蚀破裂　加入 Si、Cu、Mo，例如 00Cr18Ni12Si3Cu2、00Cr25N25Si2V2Ti、00Cr20Ni25Mo4.5Cu 等，后者不仅耐氯化物应力腐蚀破裂性能好，也具有优良的耐沸腾乙酸、甲酸腐蚀性能。

⑤ 耐孔蚀和海水腐蚀加入 Mo、N，提高 Cr 含量，例如 00Cr18Ni24Mo5、00Cr25Ni13Mo1N 等。

⑥ 节约镍　加入稳定奥氏体组织的元素 Mn 和 N 代替稀缺元素 Ni，可得到少镍的奥氏体不锈钢如 Cr17Ni5Mn8N 及无镍的 Cr-Mn-N 系奥氏体不锈钢如 Cr17Mn14N 等。

表 5-1 列出了主要的国产奥氏体不锈钢的化学成分。

5.2.2 物理、力学性能

（1）物理性能

奥氏体不锈钢导热性较差，热导率约相当于碳钢的 1/3；此外，奥氏体钢无铁磁性，这是它区别于其他钢种的重要特征之一。表 5-2 给出了典型的 18-8 钢的物理性能。

（2）力学性能

① 室温力学性能。奥氏体不锈钢一般在固溶处理（1050℃）后使用，由于碳含量低及 γ 相晶格容易滑移变形，奥氏体不锈钢屈服强度 σ_s 较低。奥氏体钢在室温以上不发生相变，故不能淬火强化，但其抗拉强度与屈服强度之比值 σ_b/σ_s 较高，延伸率 δ 也较高，可以通过

表 5-1　国产奥氏体不锈钢的化学成分(GB 3280—1992)　%

序号	牌　号	C	Si	Mn	P	S	Ni	Cr	Mo	其　他	对应美国牌号 AISI
1	1Cr17Mn6Ni5N	≤0. 15	≤1. 00	5. 50~7. 50	≤0. 060	≤0. 030	3. 50~5. 50	16. 00~18. 00		N≤0. 25	201
2	1Cr18Mn8Ni5N	≤0. 15	≤1. 00	7. 50~10. 00	≤0. 060	≤0. 030	4. 00~6. 00	17. 00~19. 00		N≤0. 25	202
3	2Cr13Mn9Ni4	0. 15~0. 25	≤1. 00	8. 00~10. 00	≤0. 060	≤0. 030	3. 70~5. 00	12. 00~14. 00			
4	1Cr17Ni7	0. 15~0. 25	≤1. 00	≤2. 00	≤0. 035	≤0. 030	6. 00~8. 00	16. 00~18. 00			301
5	1Cr17Ni8	0. 03~0. 12	≤1. 00	≤2. 00	≤0. 035	≤0. 030	7. 00~9. 00	16. 00~18. 00			
6	1Cr18Ni9	≤0. 15	≤1. 00	≤2. 00	≤0. 035	≤0. 030	8. 00~10. 00	17. 00~19. 00			302
7	1Cr18Ni9Si3	≤0. 15	2. 00~3. 00	≤2. 00	≤0. 035	≤0. 030	8. 00~10. 00	17. 00~19. 00			
8	0Cr18Ni9	≤0. 07	≤1. 00	≤2. 00	≤0. 035	≤0. 030	8. 00~11. 00	17. 00~19. 00			304
9	00Cr19Ni10	≤0. 030	≤1. 00	≤2. 00	≤0. 035	≤0. 030	8. 00~12. 00	18. 00~20. 00			304L
10	0Cr19Ni9N	≤0. 08	≤1. 00	≤2. 50	≤0. 035	≤0. 030	7. 00~10. 50	18. 00~20. 00		N：0. 10~0. 25	
11	0Cr19Ni10NbN	≤0. 08	≤1. 00	≤2. 50	≤0. 035	≤0. 030	7. 50~10. 50	18. 00~20. 00		N：0. 10~0. 25 Nb≤0. 15	
12	00Cr18Ni10N	≤0. 030	≤1. 00	≤2. 00	≤0. 035	≤0. 030	8. 50~11. 50	17. 00~19. 00		N：0. 12~0. 22	
13	1Cr18Ni12	≤0. 12	≤1. 00	≤2. 00	≤0. 035	≤0. 030	10. 50~13. 00	17. 00~19. 00			305
14	0Cr23Ni13	≤0. 08	≤1. 50	≤2. 00	≤0. 035	≤0. 030	12. 00~15. 00	22. 00~24. 00			309S
15	0Cr25Ni20	≤0. 08	≤1. 00	≤2. 00	≤0. 035	≤0. 030	19. 00~22. 00	24. 00~26. 00			310S
16	0Cr17Ni12Mo2	≤0. 08	≤1. 00	≤2. 00	≤0. 035	≤0. 030	10. 00~14. 00	16. 00~18. 00	2. 00~3. 00		316
17	00Cr17Ni14Mo2	≤0. 030	≤1. 00	≤2. 00	≤0. 035	≤0. 030	12. 00~15. 00	16. 00~18. 00	2. 00~3. 00		316L

续表

序号	牌　　号	C	Si	Mn	P	S	Ni	Cr	Mo	其　　他	对应美国牌号 AISI
18	0Cr17Ni12Mo2N	≤0. 08	≤1. 00	≤2. 00	≤0. 035	≤0. 030	10. 00~14. 00	16. 00~18. 00	2. 00~3. 00	N：0. 10~0. 22	316N
19	00Cr17Ni13Mo2N	≤0. 030	≤1. 00	≤2. 00	≤0. 035	≤0. 030	10. 50~14. 50	16. 50~18. 50	2. 00~3. 00	N：0. 12~0. 22	
20	0Cr18Ni12Mo2Ti	≤0. 08	≤1. 00	≤2. 00	≤0. 035	≤0. 030	11. 00~14. 00	16. 00~19. 00	1. 80~2. 50	Ti：5×C%~0. 70	
21	1Cr18Ni12Mo2Ti	≤0. 12	≤1. 00	≤2. 00	≤0. 035	≤0. 030	11. 00~14. 00	16. 00~19. 00	1. 80~2. 50	Ti：5(C%~0. 02)~0. 80	
22	0Cr18Ni12Mo2Cu2	≤0. 08	≤1. 00	≤2. 00	≤0. 035	≤0. 030	10. 00~14. 00	17. 00~19. 00	1. 20~2. 75	Cu：1. 00~2. 50	
23	00Cr18Ni14Mo2Cu2	≤0. 030	≤1. 00	≤2. 00	≤0. 035	≤0. 030	12. 00~16. 00	17. 00~19. 00			
24	0Cr18Ni12Mo3Ti	≤0. 08	≤1. 00	≤2. 00	≤0. 035	≤0. 030	11. 00~14. 00	16. 00~19. 00	2. 50~3. 50	Ti：5×C%~0. 70	
25	1Cr18Ni12Mo3Ti	≤0. 12	≤1. 00	≤2. 00	≤0. 035	≤0. 030	11. 00~14. 00	16. 00~19. 00	1. 80~2. 50	Ti：5(C%~0. 02)~0. 80	
26	0Cr19Ni13Mo3	≤0. 08	≤1. 00	≤2. 00	≤0. 035	≤0. 030	11. 00~15. 00	18. 00~20. 00	3. 00~4. 00		317
27	00Cr19Ni13Mo3	≤0. 030	≤1. 00	≤2. 50	≤0. 035	≤0. 030	11. 00~15. 00	18. 00~20. 00	3. 00~4. 00		317L
28	0Cr18Ni16Mo5	≤0. 040	≤1. 00	≤2. 00	≤0. 035	≤0. 030	15. 00~17. 00	16. 00~19. 00	4. 00~6. 00		
29	0Cr18Ni10Ti	≤0. 08	≤1. 00	≤2. 00	≤0. 035	≤0. 030	9. 00~12. 00	17. 00~19. 00		Ti≥5×C%	321
30	1Cr18Ni9Ti	≤0. 12	≤1. 00	≤2. 00	≤0. 035	≤0. 030	8. 00~11. 00	17. 00~19. 00		Ti：5(C%~0. 02)~0. 80	
31	0Cr18Ni11Nb	≤0. 08	≤1. 00	≤2. 00	≤0. 035	≤0. 030	9. 00~13. 00	17. 00~19. 00		Nb≥10×C%	347
32	0Cr18Ni13Si4	≤0. 08	3. 00~5. 00	≤2. 00	≤0. 035	≤0. 030	11. 50~15. 00	15. 00~20. 00			

冷加工变形的方法来强化。冷加工变形以后钢中内应力增大，为减小应力腐蚀破裂倾向，可以采用高温回火(850~950℃保温短时间后快冷)或450℃以下低温回火的方法消除内应力。

表 5-2　0Cr18Ni9 钢的物理性能

密度/(kg/m^3)	热导率/[W/(m·K)]	比热容/[J/(g·K)]	电阻/μΩ·cm	热膨胀系数(20~425℃)/[μm/(m·℃)]	弹性模量/10^4MPa	熔点/℃
8000	13.86	0.354	70	18.2	20.0	1398~1454

② 低温力学性能。奥氏体不锈钢在低温下仍保持良好韧性，是最好的低温结构用钢。当温度由室温降低到-196℃时，钢的韧性比室温有所下降，但温度进一步降低到-253℃后韧性不再降低。

③ 高温力学性能。奥氏体不锈钢的晶格组织及晶界原子排列致密，原子扩散慢，高温下仍能保持较高强度，同时因 Cr 含量高，在高温下表面形成致密的 Cr_2O_3 氧化膜，有良好的抗氧化性，因此奥氏体不锈钢在受力不大的条件下可在 600~800℃下长期使用。在受力较大的高温环境中，奥氏体不锈钢会产生蠕变，碳含量较高的钢种及含 Ti、Nb、N 等元素的钢种抗高温蠕变性能较强。

5.2.3　加工性能

奥氏体不锈钢有极好的塑、韧性，可进行各种锻造、压延或拉拔加工，但切削性能稍差，切屑不易断裂，容易粘刀具，需要用锋锐刀具及低切削速度，在低温下进行深度冲压变形后，会诱发马氏体转变，可能导致应力腐蚀破裂倾向，提高 Ni 含量或加入 Mn、N 可稳定奥氏体组织，Cu 能改善加工性能。典型的深冲用不锈钢有 0Cr16Ni12、0Cr18Ni8Cu3 等。

表 5-3、表 5-4、表 5-5 和表 5-6 分别给出了奥氏体不锈钢的力学性能、冲击强度、不同温度下的屈服强度等力学性能指标。

表 5-3　奥氏体不锈钢的力学性能

字号	牌　号	拉伸试验			硬度试验		
		屈服强度 $\sigma_{0.2}$/MPa	抗拉强度 σ_b/MPa	伸长率 δ_5/%	HB	HRB	HV
1	1Cr17Mn6Ni5N	≥245	≥635	≥40	≤241	≤100	≤253
2	1Cr18Mn8Ni5N	≥245	≥590	≥40	≤207	≤95	≤218
3	2Cr13Mn9Ni4	—	≥635	≥42	—	—	—
4	1Cr17Ni7	≥205	≥520	≥40	≤187	≤90	≤200
5	1Cr17Ni8	≥205	≥570	≥45	≤187	≤90	≤200
6	1Cr18Ni9	≥205	≥520	≥40	≤187	≤90	≤200
7	1Cr18Ni9Si3	≥205	≥520	≥40	≤207	≤95	≤218
8	0Cr18Ni9	≥205	≥520	≥40	≤187	≤90	≤200
9	00Cr19Ni10	≥177	≥480	≥40	≤187	≤90	≤200
10	0Cr19Ni9N	≥275	≥550	≥35	≤217	≤95	≤220
11	0Cr19Ni10NbN	≥345	≥685	≥35	≤250	≤100	≤260
12	00Cr18Ni10N	≥245	≥550	≥40	≤217	≤95	≤220
13	1Cr18Ni12	≥177	≥480	≥40	≤187	≤90	≤200
14	0Cr23Ni13	≥205	≥520	≥40	≤187	≤90	≤200
15	0Cr25Ni20	≥205	≥520	≥40	≤187	≤90	≤200

续表

字号	牌　　号	拉伸试验			硬度试验		
		屈服强度 $\sigma_{0.2}$/MPa	抗拉强度 σ_b/MPa	伸长率 δ_5/%	HB	HRB	HV
16	0Cr17Ni12Mo2	≥205	≥520	≥40	≤187	≤90	≤200
17	00Cr17Ni14Mo2	≥177	≥480	≥40	≤187	≤90	≤200
18	0Cr17Ni12Mo2N	≥275	≥550	≥35	≤217	≤95	≤200
19	00Cr17Ni13Mo2N	≥245	≥550	≥40	≤217	≤95	≤200
20	0Cr18Ni12Mo2Ti	≥205	≥530	≥35	≤187	≤90	≤200
21	1Cr18Ni12Mo2Ti	≥205	≥530	≥35	≤187	≤90	≤200
22	0Cr18Ni2Mo2Cu2	≥205	≥520	≥40	≤187	≤90	≤200
23	00Cr18Ni14Mo2Cu2	≥177	≥480	≥40	≤187	≤90	≤200
24	0Cr18Ni12Mo3Ti	≥205	≥530	≥35	≤187	≤90	≤200
25	1Cr18Ni12Mo3Ti	≥205	≥530	≥35	≤187	≤90	≤200
26	0Cr19Ni13Mo3	≥205	≥520	≥40	≤187	≤90	≤200
27	00Cr19Ni13Mo3	≥177	≥480	≥40	≤187	≤90	≤200
28	0Cr18Ni16Mo5	≥177	≥480	≥40	≤187	≤90	≤200
29	0Cr18Ni10Ti	≥205	≥520	≥40	≤187	≤90	≤200
30	1Cr18Ni9Ti	≥205	≥520	≥40	≤187	≤90	≤200
31	0Cr18Ni11Nb	≥205	≥520	≥40	≤187	≤90	≤200
32	0Cr18Ni13Si4	≥205	≥520	≥40	≤207	≤95	≤218

表 5-4　几种奥氏体不锈钢的夏比 V 形缺口冲击强度

钢　号	吸收能/J			钢　号	吸收能/J		
	26.8℃	-196℃	-254℃		26.8℃	-196℃	-254℃
0Cr18Ni9	208.8	118	122.04	Cr25Ni20	192.6	120.7	116.6
00Cr18Ni10	160	90.9	90.9	1Cr18Ni11Nb	162.7	89.5	77.3

表 5-5　锻造奥氏体不锈钢在不同温度下的屈服强度　　MPa

温度/℃	钢　　号					
	0Cr18Ni9 (304)	00Cr18Ni10 (304L)	0Cr17Ni12Mo2 (316)	00Cr17Ni14Mo2 (316L)	0Cr18Ni9Ti (321)	1Cr18Ni11Nb (347)
24	254.4	233.1	262	232.4	204.8	263.4
93	211	197.9	225.5	197.2	173.8	242
204	175.8	163.4	183.4	162.7	141.3	211
316	155.1	144.8	164.8	142	124.8	189.6
427	142.7	135.1	154	127.6	116.5	179.3
538	132.4	123.4	148.6	116.5	114.5	176.5
649	119.3	104.8	141.3	97.9	108.3	171
760	99.2		125.5		96.5	142

表 5-6 几种奥氏体不锈钢在10000h产生1%伸长的平均应力 MPa

温度/℃	钢号					
	0Cr18Ni9 (304/304L)	Cr25Ni20 (310)	0Cr17Ni12Mo2 (316/316L)	00Cr17Ni14Mo3 (317)	0Cr18Ni9Ti (321)	1Cr18Ni11Nb (347)
538	137.9	227.5	172.4	158.6	124.1	220.6
593	82.7	158.6	120	115.8	117.2	158.6
649	51.7	103.4	80	77.2	62.1	110.3
704	27.6	69	51.7	47.6	34.5	69
816	10.3	20.7	16.5	13.8	10.3	13.8

5.2.4 奥氏体不锈钢的耐蚀性

（1）均匀腐蚀

普通18-8钢能耐浓度≤65%、沸点以下的硝酸，在更高浓度的硝酸中会发生过钝化腐蚀。00Cr25Ni20Nb钢能耐浓度≤85%的硝酸，高硅不锈钢0Cr20Ni24Si4Ti能耐所有浓度硝酸。

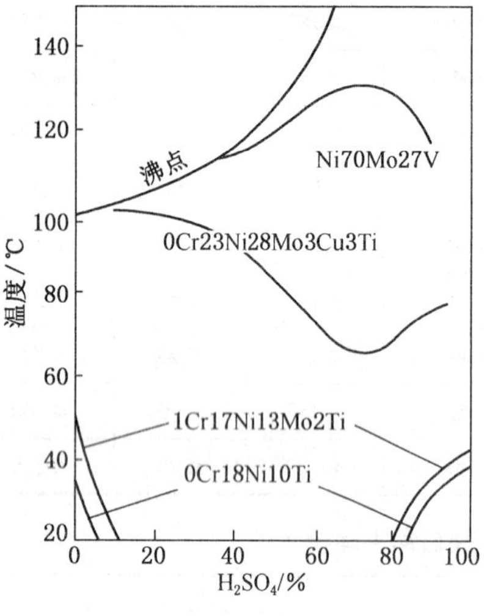

图5-4 几种奥氏体钢和镍钼合金在硫酸中0.1mm/a的等腐蚀速率线

（线以下，腐蚀速率<0.1mm/a）

普通18-8钢只耐很稀或很浓的硫酸，高Ni及含Mo、Cu的奥氏体不锈钢耐硫酸腐蚀性能提高。0Cr23Ni28Mo3Cu3Ti能耐各种浓度硫酸，但不耐沸腾磷酸，在沸腾磷酸中可以用镍基耐蚀合金。图5-4是几种奥氏体钢在硫酸中的0.1mm/a等腐蚀速率图。当硫酸中含有硝酸或其他氧化剂时，各种不锈钢耐蚀性均提高。

18Cr-8Ni钢可用于室温下各种浓度的磷酸中，腐蚀速率随磷酸浓度和温度升高而升高，在高浓度磷酸中应使用0Cr18Ni12Mo2或00Cr20Ni25M04.5Cu钢（图5-5）。磷酸中含有SO_4^{2-}、F^-、Cl^-、Si^{4+}、Al^{3+}、Mg^{2+}等杂质时，会大大加速腐蚀。

奥氏体不锈钢不耐盐酸腐蚀。有机酸的腐蚀性通常比无机酸弱，奥氏体不锈钢可耐室温下各种浓度的乙酸、甲酸、草酸、柠檬酸、乳酸等有机酸及各种有机溶剂，但在沸腾有机酸中腐蚀速率显著增大。在沸腾冰醋酸中普通18-8钢不耐蚀，可以使用抗还原性酸能力较强的0Cr18Ni12Mo2等钢种，当沸腾冰醋酸中混有甲酸或Cl^-、F^-等杂质时，可采用耐蚀性更强的00Cr20Ni25Mo4.5Cu钢。

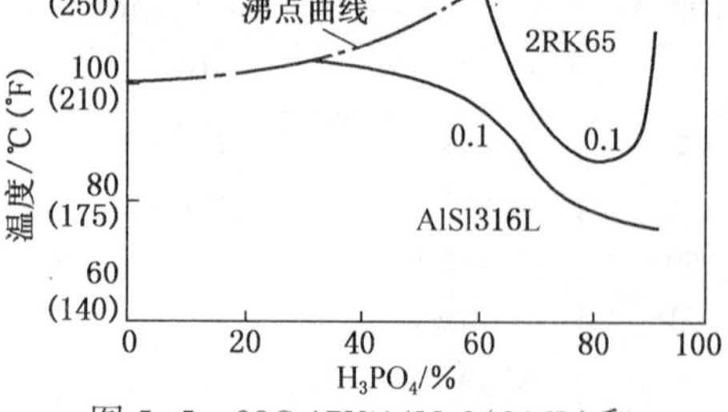

图5-5 00Cr17Ni14Mo2(316L)和00Cr20Ni25Mo4.5Cu(2RK65)在磷酸中的0.1mm/a等腐蚀速率线

奥氏体不锈钢有优良耐碱性，耐碱腐蚀性能随Ni含量提高而提高，可用于沸点以下所有浓度的碱液，但在沸腾碱液中有应力腐蚀倾向。

（2）晶间腐蚀

固溶态奥氏体不锈钢一般不发生晶间腐蚀，但若经历敏化，即具有晶间腐蚀倾向，焊接也可导致热影响区的部分区域发生敏化。碳含量对不锈钢的晶间腐蚀倾向有决定性影响，可以用图 5-6 的 TTS 曲线来说明(温度-加热时间-晶间腐蚀敏感性曲线)，图上每条 C 曲线右方是晶间腐蚀敏感区域。随碳含量降低，C 曲线右移，晶间腐蚀敏感性降低。

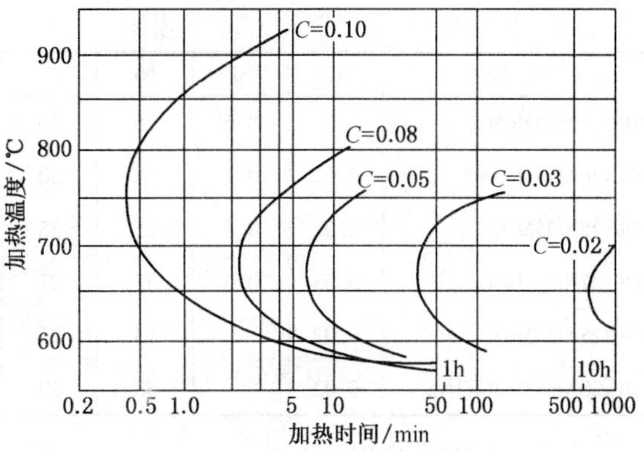

图 5-6　不同碳含量的 Cr18Ni9 钢的 TTS 曲线

防止晶间腐蚀有以下方法：

① 降低钢中碳含量。低碳不锈钢(C≤0.07%)有较强的抗晶间腐蚀能力，而超低碳(C≤0.03%)不锈钢在通常的腐蚀环境中一般不会发生晶间腐蚀。

② 钢中加入 Ti 或 Nb。钛和铌与碳的结合力比铬与碳的结合力要高，含 Ti 或 Nb 的不锈钢中大部分 C 与 Ti 或 Nb 结合形成稳定的 TiC 或 NbC，不会再析出碳化铬。典型钢种有 1Cr18Ni9Ti、1Cr18Ni11Nb 和 0Cr18Ni12Mo2Ti 等。为了促使 TiC 或 NbC 析出，含 Ti 或 Nb 的不锈钢必须经过稳定化热处理，通常条件是 850℃保温 5h。

③ 重新固溶处理。经历过敏化加热或焊接的不锈钢构件，可以重新进行固溶处理(1050~1100℃保温 30min 以上，快冷)，使已析出的碳化铬重新溶解进入奥氏体。如果在以后的使用过程中不再经历敏化，就不会发生晶间腐蚀。

④ 冷加工变形。固溶处理后进行适度的冷加工，奥氏体组织中的位错密度会大大增加，如果随后不锈钢再经历敏化，一部分碳化物会沿位错线析出，从而沿晶界析出的碳化铬减少，晶间腐蚀敏感性降低。

(3) 孔蚀和缝隙腐蚀

表面夹杂物与基体的界面处是钝化膜的薄弱处，孔蚀往往由这里起源，尤其是硫化物夹杂，还具有促进金属阳极溶解的作用，最容易导致孔蚀。表面划伤、碰撞处，σ 相及 δ-铁素体析出处、晶界露头等，也容易萌生小孔。不锈钢孔蚀主要发生在中性和弱酸性水溶液中，随 Cl^-浓度升高，孔蚀的孕育期缩短，孔蚀电位降低，蚀孔发展速度也增快。由于孔蚀，普通奥氏体不锈钢不能在海水中长期使用，也不宜用在氯化物溶液中。

合金元素铬、钼、氮、镍、硅、钒等能够改善奥氏体不锈钢的耐孔蚀性能，碳、钛和铌则促进孔蚀。国内外已发展了多种型号的耐孔蚀或耐海水腐蚀不锈钢，如表 5-7 所示。其成分特点是碳含量低，Cr 含量高，含有 Ni、Mo、Cu、N 等元素，如 0Cr20Ni24Mo6 和 00Cr20Ni33Mo2Cu3Nb 等钢种，有很强的耐孔蚀、缝隙腐蚀和海水腐蚀性能，可以用于海水淡化装置。

表 5-7　部分耐孔蚀奥氏体不锈钢的化学成分　　%

钢　号	C	Si	Ni	Cr	Mo	N	Cu	国外对应牌号
00Cr18Ni14Mo2	0.03	0.8	13	17	2.5			美国 316L
0Cr17Ni12Mo2N	0.08	1.0	12	17	2.5	0.2		美国 316N
00Cr18Ni14Mo3	0.03	0.8	14	18	3.5			美国 317L
00Cr18Ni18Mo5	0.03	0.6	18	18	5			
00Cr20Ni25Mo5	0.03	0.7	25	20	5			日本 NAR20-25

续表

钢　号	C	Si	Ni	Cr	Mo	N	Cu	国外对应牌号
00Cr20Ni25Mo5Cu	0.02	0.6	25	20	5		1.5	瑞典 2RK65
00Cr20Ni18Mo6N	0.02	0.5	18	20	6	0.2		SOM254
00Cr25Ni25Mo6N	0.02	0.5	25	25	6	0.3		
00Cr27Ni35Mo4Cu	0.03	0.6	35	27	4		1.5	Sanicro28
00Cr25Ni13MoN	0.02		13	25	1.5	0.3		日本 YUS170
00Cr20Ni33Mo2Cu3Nb	0.02		33	20	2	Nb0.8	3	美国 CARPENTER20Nb-3

(4) 应力腐蚀破裂

奥氏体不锈钢在很多介质中都可能发生应力腐蚀破裂，但最敏感的环境是氯化物水溶液，此外还有连多硫酸、高温高压水和碱溶液等。

① 氯化物水溶液。破裂主要发生在温度为 70~250℃、pH 值为 5~7 的中性氯化物水溶液中。破裂倾向随 Cl^- 浓度升高、温度升高和钢所承受的外加应力的增大而增大，在室温下虽然也有过破裂的事例，但发生的可能性较低。图 5-7 是水中 Cl^- 浓度对 0Cr18Ni10 不锈钢应力腐蚀破裂的影响，在微量 Cl^-（几十 mg/L 以下）的条件下，应力腐蚀破裂敏感性较低，但在实际生产环境中必须特别注意防止 Cl^- 局部浓缩。很多情况下，尽管介质中的表观氯离子含量很低，但在设备的某些局部由于蒸发、冷凝等因素可能产生氯离子的局部积聚，从而诱发应力腐蚀开裂。图 5-8 是外加应力与破裂时间的关系，如果外加应力低于特定临界值，就不会发生破裂。奥氏体不锈钢的氯化物应力腐蚀破裂一般是穿晶型，对于敏化的钢件也会发生晶间型破裂并且破裂敏感性显著增大，焊接会导致热影响区的敏化及产生残余内应力，因此焊接接头有较高的应力腐蚀破裂倾向。在各种奥氏体钢中由于 0Cr18Ni9（304 型）和 0Cr17Ni12Mo2（316 型）钢用量最大，发生应力腐蚀破裂事件的频率也最高。

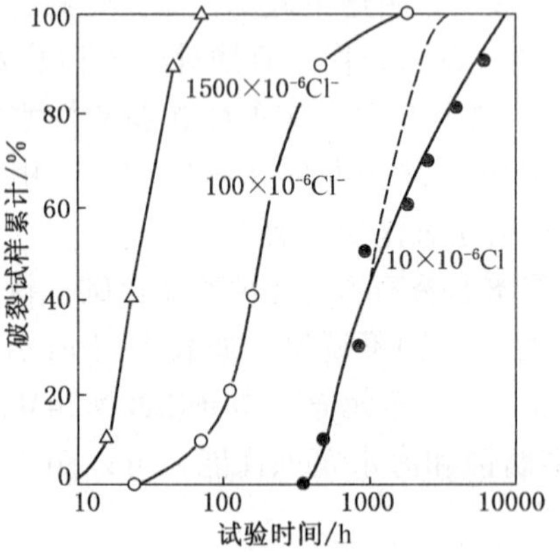

图 5-7　Cl^- 浓度对 0Cr18Ni10 不锈钢在 100℃ 水中应力腐蚀破裂的影响

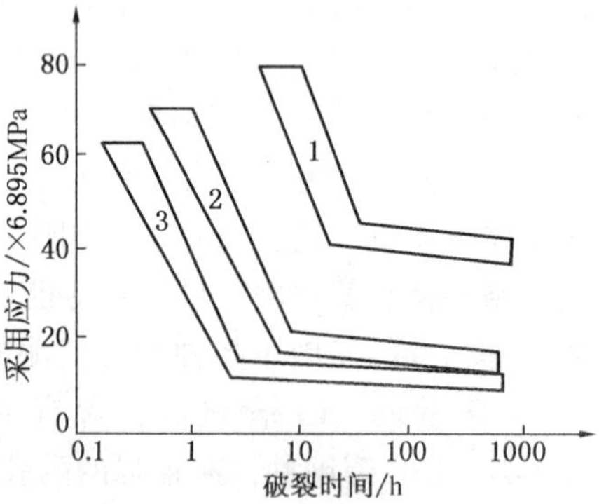

图 5-8　外加应力与奥氏体不锈钢应力腐蚀破裂时间的影响

1—Cr25Ni20(310)；2—0Cr17Ni13Mo2(316)；3—0Cr18Ni10(304)

阴极保护能够抑制奥氏体不锈钢的氯化物应力腐蚀破裂，也可以采用控制介质 Cl^- 浓度、温度和 pH 值、加缓蚀剂、表面强化处理、表面涂、镀层保护等手段防止应力腐蚀，对焊接结构件应进行去应力处理。

② 高温高压水。核电工业中的应用实践表明，奥氏体不锈钢在高温的高纯水中也可能发生应力腐蚀开裂。高温水中溶解氧和微量 Cl^- 是导致奥氏体不锈钢破裂的主要因素，图5-9示意了 Cl^- 和氧浓度的影响，如果没有氧存在，仅含有微量 Cl^- 的高温水不会引起破裂。开裂一般发生在 200～300℃，研究认为 200～250℃ 是最敏感的温区。

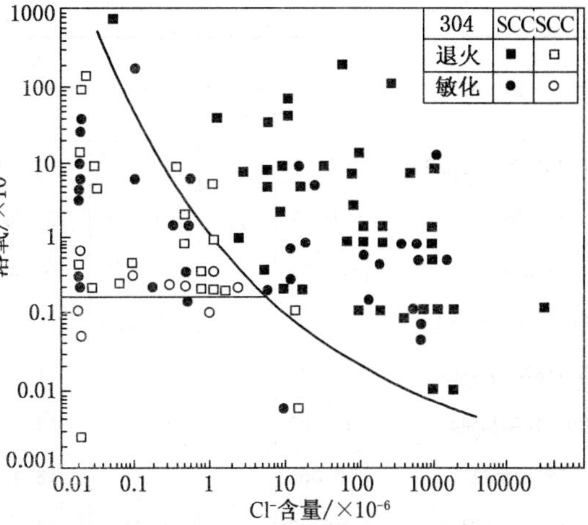

图 5-9　高纯水中溶解氧与 Cl^- 对 304 不锈钢应力腐蚀破裂的影响

③ 连多硫酸。连多硫酸应力腐蚀破裂主要发生在炼油和石油化工装置中。原油中含有的硫在高温下与钢表面反应生成 FeS，停车冷却后 FeS 与空气中的水反应，即能生成连多硫酸 $H_2S_xO_6$（$x=3$，4，5），奥氏体不锈钢在室温连多硫酸中发生晶间型应力腐蚀破裂，破裂敏感性随酸浓度升高和钢中碳含量升高而增大，敏化会大大促进破裂。图 5-10 表明，碳含量对奥氏体钢的连多硫酸应力腐蚀破裂和晶间腐蚀有类似的影响。低碳、超低碳奥氏体不锈钢和含 Ti 或 Nb 的稳定化钢，有较强的耐连多硫酸应力腐蚀破裂能力。工程设备中也可以采用停车期间充氮气保护或及时清洗以除去连多硫酸的措施。

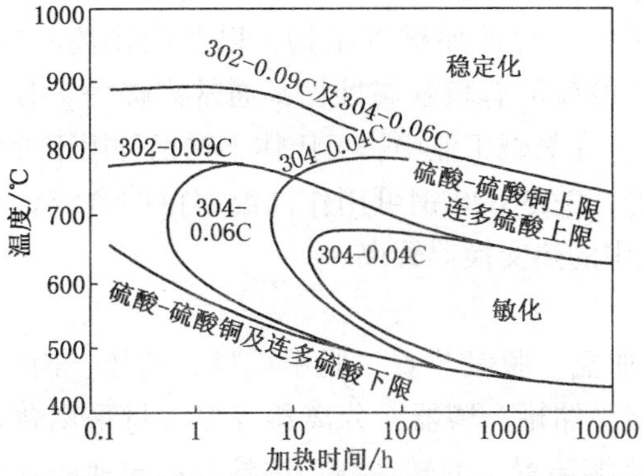

图 5-10　1Cr18Ni9Ti(302)钢和 0Cr18Ni10(302)钢在室温连多硫酸中应力腐蚀破裂和沸腾 H_2SO_4+$CuSO_4$ 溶液中晶间腐蚀的 TTS 曲线

④ 耐应力腐蚀破裂奥氏体不锈钢。钢中 Ni、Cr、Si、Mo、Cu 等元素含量提高对提高抗应力腐蚀破裂性能有利，C、P、N 等元素则有害。由于应力腐蚀破裂在工程中有极大的危害，国内外已针对性地开发了一些耐应力腐蚀破裂的不锈钢钢种，其主要特点是碳含量较低，Ni、Cr 含量较高，通过合金元素的配合提高钢抗氯离子侵蚀的能力并在一定程度上改善钢的塑性、韧性和断裂韧性，从而达到应力腐蚀抗力提高的效果。表 5-8 列出了典型的耐应力腐蚀破裂的奥氏体不锈钢的牌号和化学成分。

表 5-8　耐应力腐蚀破裂的奥氏体不锈钢

钢　号	化　学　成　分/%								对应国外牌号
	C	Mn	Si	Cr	Ni	Mo	P	其他	
0Cr22Ni12Mn5Mo5N	≤0.08	5		22	12	5		N0.16～0.25	22-13-5
Cr25Ni13	<0.02	<2	<1.0	22～24	12～15[10]	309			
Cr25Ni20	<0.25	<2	<1.5	24～26	19～22[10]	310			

续表

钢　号	化　学　成　分/%								对应国外牌号
	C	Mn	Si	Cr	Ni	Mo	P	其他	
0Cr20Ni29Mo2Cu3	<0. 07			20	29	>2		Cu>3	Carpenter20
Cr25Ni20Si2	<0. 25	<2	1. 5~3. 0	23~26	19~22[10]	314			
1Cr18Ni14Si2Ti	<0. 10		1. 5~2. 5	16~20	12~16		≤0. 010	Ti 或 Nb10×C%	SCR-2
00Cr25Ni26Si2V2	≤0. 03		1. 5~2. 5	24~26	24~28		≤0. 020	V1~3Cu1. 5	SCR-3
00Cr18Ni13Si3Cu	0. 04	1	3	18	13			Cu1. 5N0. 06	NAS-126
000Cr18Ni14Si4	≤0. 02	1	3. 7	17. 5	14. 5			Ti 或 Nb10×C%	uranus-S
0Cr18Ni18Si2	0. 06		1. 9	18. 4	18	0. 02	<0. 007		uss18-18-2
000Cr20Ni25Mo4Cu	≤0. 02		0. 45	19. 5	25	4. 5		Cu1. 5	2RK65
0Cr16Ni13Si4Cu	≤0. 08		3~5	15~18	12~15			Cu0. 5~0. 9	yus-10A

5. 2. 5　奥氏体不锈钢的应用

(1) 在无机化工和化肥工业中的应用

奥氏体不锈钢广泛用于硝酸及以硝酸为原料的各种化工装置中。在硝铵、硫铵装置中，普通 18-8 型钢大量用作中和槽、蒸发器、结晶槽、母液储槽等结构，以及制作离心机、泵、干燥机溶部件。尿素装置中由于氨基甲酸铵冷凝液有较强腐蚀性，通常汽提塔、分离器、冷凝器等部位采用 00Cr17Ni14Mo2(316L)钢。在氯碱工业中，奥氏体不锈钢可用于处理沸点以下低浓度或低温高浓度 NaOH 溶液的装置。Cr25Ni20 钢可用作高温部位的合成氨转化炉炉管。奥氏体不锈钢也广泛被用作各种装置中的热交换器管束。

(2) 在石油化工中的应用

很多乙烯裂解炉管采用 Cr25Ni20 不锈钢。加氢、脱氢装置，脱甲烷塔，乙烯、丙烯、丁二烯、苯等合成反应装置中的聚合釜、反应器、储罐、塔器、分离器等也大量采用普通 18-8 型及 316 型奥氏体不锈钢。炼油厂常减压蒸馏装置中的转油线，因接触高流速酸性原油，采用 316L 不锈钢有良好耐蚀性。高温临氢系统和低温 H_2S-CO_2系统，奥氏体不锈钢亦有良好耐蚀性。18-8 型奥氏体钢是常温乙酸、苯酚、丙酮等有机原料生产装置中塔器、反应器、储罐等部件的主要材料，在沸腾有机酸装置中，可采用 316L、00Cr20Ni25Mo4. 5Cu 等更耐蚀的奥氏体钢种。

(3) 在食品、医疗业中的应用

食品工业和医疗、医药工业要求设备腐蚀极轻微及卫生条件保持良好，奥氏体不锈钢在这些领域中有非常广泛的用途。304 和 316 型奥氏体钢现已广泛用作饮料、酿酒、乳品、调味品、食品加工等生产过程中的各种设备，以及制药工业中的反应器、干燥器、结晶器等构件，亦大量用于医疗、食品器械。在生物化工、精细化工等工业中，奥氏体不锈钢亦被广泛用于制作反应釜、阀门、管道、换热器、干燥器等设备或整条生产线。

5. 3　铁素体不锈钢和马氏体不锈钢

5. 3. 1　化学成分和力学性能

铁素体不锈钢的 Cr 含量在 13%~28%之间，碳含量较低，一般在 0. 1%左右。马氏体不锈钢的 Cr 含量在 13%~18%之间，碳含量较高，在 0. 1%~1%之间，由于铬能显著降低钢的临界淬火速度，马氏体不锈钢加热后只要空冷就可得到马氏体组织。铁素体组织与奥氏体组织相比难于发生塑性变形，因此铁素体钢的塑性、韧性低于奥氏体钢。马氏体钢的强度、硬度很高，而塑性、韧性比铁素体钢还要差。表 5-9~表 5-12 分别列出了常用铁素体不锈钢和马氏体不锈钢的化学成分和力学性能。

马氏体不锈钢焊接性能不良，高碳马氏体不锈钢不能进行焊接，碳含量较低的马氏体钢焊接时，需进行焊前预热(200~400℃)和焊后热处理(重新淬火并回火)。为减小或消除内应力和脆性，马氏体不锈钢淬火后应进行高温回火(560~650℃)或低温回火(150~370℃)，中温回火(400~550℃)可能导致马氏体钢的第一类回火脆性，不宜采用。

铬是铁素体形成元素，低碳铁素体不锈钢中 Cr 含量>13%~14%后，加热、冷却时不发生相变，保持单相组织，因此不能进行淬火强化。800℃退火 2h 对于提高组织均匀性和耐蚀性有利。

表 5-9　铁素体不锈钢的化学成分(GB 3280—1992)

序号	牌　号	化　学　成　分/%								对应美国牌号 AISI
		C	Si	Mn	P	S	Cr	Mo	N	其他	
1	0Cr13Al	≤0. 08	≤1. 00	≤1. 00	≤0. 035	≤0. 030	11. 50~14. 50			Al0. 10~0. 30	405
2	00Cr12	≤0. 030	≤1. 00	≤1. 00	≤0. 035	≤0. 030	11. 00~13. 50				
3	1Cr15	≤0. 12	≤1. 00	≤1. 00	≤0. 035	≤0. 030	14. 00~16. 00				
4	1Cr17	≤0. 12	≤0. 75	≤1. 00	≤0. 035	≤0. 030	16. 00~18. 00[12]430				
5	00Cr17	≤0. 030	≤0. 75	≤1. 00	≤0. 035	≤0. 030	16. 00~18. 00			Ti 或 Nb 0. 10~1. 00	
6	1Cr17Mo	≤0. 12	≤1. 00	≤1. 00	≤0. 035	≤0. 030	16. 00~18. 00	0. 75~1. 25			434
7	00Cr17Mo	≤0. 025	≤1. 00	≤1. 00	≤0. 035	≤0. 030	16. 00~19. 00	0. 75~1. 25	≤0. 025	Ti，Nb，Zr 或之和 8(C%+N%)~0. 80%	
8	00Cr18Mo2	≤0. 025	≤1. 00	≤1. 00	≤0. 035	≤0. 030	17. 00~20. 00	1. 75~2. 50	≤0. 025		
9	00Cr30Mo2	≤0. 010	≤0. 40	≤0. 40	≤0. 030	≤0. 020	28. 50~32. 00	1. 50~2. 50	≤0. 015		
10	00Cr27Mo	≤0. 010	≤0. 40	≤0. 40	≤0. 030	≤0. 020	25. 00~27. 50	0. 75~1. 50	≤0. 015		XM27

表 5-10　铁素体不锈钢的力学性能

序号	牌　号	拉　伸　试　验			硬　度　试　验		
		屈服强度 $\sigma_{0.2}$/MPa	抗拉强度 σ_b/MPa	伸长率 δ_5/MPa	HB	HRB	HV
1	0Cr13Al	≥175	≥410	≥20	≤183	≤88	≤200
2	00Cr12	≥190	≥365	≥22	≤183	≤88	≤200
3	1Cr15	≥205	≥450	≥22	≤183	≤88	≤200
4	1Cr17	≥205	≥450	≥22	≤183	≤88	≤200
5	00Cr17	≥175	≥365	≥22	≤183	≤88	≤200
6	1Cr17Mo	≥205	≥450	≥22	≤183	≤88	≤200
7	00Cr17Mo	≥245	≥410	≥20	≤217	≤96	≤230
8	00Cr18Mo2	≥245	≥410	≥20	≤217	≤96	≤230
9	00Cr30Mo2	≥295	≥450	≥22	≤209	≤95	≤220
10	00Cr27Mo	≥245	≥410	≥22	≤190	≤90	≤200

表 5-11　马氏体不锈钢的化学成分

序号	牌　号	化　学　成　分/%							对应美国牌号 AISI
		C	Si	Mn	P	S	Cr	其他	
1	1Cr12	≤0. 15	≤0. 50	≤1. 00	≤0. 035	≤0. 030	11. 50~13. 00		403
2	0Cr13	≤0. 08	≤1. 00	≤1. 00	≤0. 035	≤0. 030	11. 50~13. 50		410S
3	1Cr13	≤0. 15	≤1. 00	≤1. 00	≤0. 035	≤0. 030	11. 50~13. 50		410
4	2Cr13	0. 16~0. 25	≤1. 00	≤1. 00	≤0. 035	≤0. 030	12. 00~14. 00		420
5	3Cr13	0. 26~0. 35	≤1. 00	≤1. 00	≤0. 035	≤0. 030	12. 00~14. 00		420S
6	4Cr13	0. 36~0. 45	≤0. 80	≤0. 80	≤0. 035	≤0. 030	12. 00~14. 00		
7	3Cr16	0. 25~0. 40	≤1. 00	≤1. 00	≤0. 035	≤0. 030	15. 00~17. 00		
8	7Cr17	0. 60~0. 75	≤1. 00	≤1. 00	≤0. 035	≤0. 030	16. 00~18. 00		440A
9	1Cr17Ni2	0. 11~0. 17	≤0. 80	≤0. 80	≤0. 035	≤0. 030	16. 00~18. 00	Ni1. 50~2. 50	431
10	1Cr13Mo	0. 08~0. 18	≤0. 60	≤1. 00	≤0. 035	≤0. 030	11. 50~14. 00	Mo0. 30~0. 60	
11	3Cr13Mo	0. 28~0. 35	≤0. 80	≤1. 00	≤0. 035	≤0. 030	12. 00~14. 00	Mo0. 50~1. 00	
12	9Cr18	0. 90~1. 00	≤0. 80	≤0. 80	≤0. 035	≤0. 030	17. 00~19. 00		440C
13	9Cr18Mo	0. 95~1. 10	≤0. 80	≤0. 80	≤0. 035	≤0. 030	16. 00~18. 00	0. 40~0. 70	440C
14	9Cr18MoV	0. 85~0. 95	≤0. 80	≤0. 80	≤0. 035	≤0. 030	17. 00~19. 00	Mo1. 00~1. 30 V0. 07~0. 12	440B

注：上述各牌号允许含有≤0. 60%Ni。

表 5-12 马氏体不锈钢的力学性能

序号	牌号	退火态				淬回火					
		$\sigma_{0.2}$/MPa	σ_b/MPa	δ_5/%	HB	$\sigma_{0.2}$/MPa	σ_b/MPa	δ_5/%	ψ/%	A_k/J	HB
1	1Cr12	≥205	≥440	≥20	≤200	≥390	≥590	≥25	≥55	≥118	≥170
2	0Cr13	≥205	≥440	≥20	≤200	≥345	≥490	≥24	≥60		
3	1Cr13	≥205	≥440	≥20	≤183	≥345	≥540	≥25	≥55	≥78	≥159
4	2Cr13	≥225	≥520	≥18	≤223	≥440	≥635	≥20	≥50	≥63	≥192
5	3Cr13	≥225	≥540	≥18	≤235	≥540	≥735	≥12	≥40	≥24	≥217
6	4Cr13	≥225	≥590	≥15							HRC≥50
7	3Cr16	≥225	≥52	≥18	≤241						
8	7Cr17	≥245	≥590	≥15	≤255						HRC≥54
9	1Cr17Ni2		≥1080	≥10	285		≥1080	≥10		≥39	
10	1Cr13Mo				≤200	≥490	≥685	≥20	≥60	≥78	≥192
11	3Cr13Mo				≤207						HRC≥50
12	9Cr18				≤255						HRC≥55
13	9Cr18Mo				≤269						HRC≥55
14	9Cr18MoV				≤269						HRC≥55

5.3.2 铁素体不锈钢的耐蚀性和应用

(1) 均匀腐蚀

铁素体不锈钢按其 Cr 含量可分为三类：一类为低 Cr 钢，Cr 含量为 13%~14%；第二类是中 Cr 钢，Cr 含量为 14%~19%；第三类是高 Cr 钢，Cr 含量为 19%~30%。钢的耐蚀性随 Cr 含量增加而增强。低 Cr 钢主要用于大气、淡水、过热蒸汽、稀硝酸及其他腐蚀性不太强的介质，例如作为汽轮机材料、汽车排气装置部件等；中 Cr 钢在氧化性介质中能稳定钝化，广泛用于硝酸工业中制作吸收塔、换热器、管道、储槽等，在含有能促进钝化的氧化剂的中性或弱酸性溶液中耐蚀性也较好，但在非氧化性酸中耐蚀性不良；高 Cr 钢耐氧化性介质腐蚀的能力较强，与相同含铬量的奥氏体不锈钢相近，耐还原性介质腐蚀的能力则明显低于奥氏体钢，耐碱性也较差。含 Mo 和 Ti 的中 Cr 及高 Cr 铁素体不锈钢，例如 00Cr27Mo 和 00Cr30Mo2，不仅冲击韧性提高，耐 Cl^- 离子腐蚀和耐应力腐蚀破裂性能也明显提高，并可用作有机酸和碱处理设备。

(2) 晶间腐蚀

铁素体不锈钢在 900℃以上加热以后空冷或焊接以后，会产生晶间腐蚀倾向，其原因也是晶界碳化物的析出。与奥氏体不锈钢不同之处是，铁素体钢中析出的碳化物主要是$(Cr,Fe)_7C_3$，Q 型，快速冷却不能避免碳化物析出，并且含碳量即使低至 0.01%仍有晶间腐蚀倾向。含稳定化元素 Ti 或 Nb 的钢种耐晶间腐蚀性能显著提高，含 Mo 的钢种耐晶间腐蚀和孔蚀性能都提高。对已具备晶间腐蚀敏感性的铁素体不锈钢工件或焊接件，进行 700~800℃短时间回火处理能够消除晶间腐蚀敏感性。

（3）应力腐蚀

具有体心立方结构的铁素体相在发生滑移变形时，容易形成网状位错结构而不易发生位错的平面滑移，因此在氯化物介质中发生穿晶型应力腐蚀破裂的敏感性较低，这是铁素体不锈钢与奥氏体钢相比的一个显著优点。但如果存在晶间腐蚀条件，铁素体不锈钢仍然有可能发生晶间型应力腐蚀破裂。

（4）σ 相脆性和 475℃ 脆性

σ 相是一种主要由 Fe 和 Cr 构成、具有复杂结构的硬而脆的金属间化合物，析出温度在 500～800℃之间。σ 相的存在显著降低钢的塑性、韧性，并且由于 σ 相周围 Cr 含量降低，钢的耐蚀性也下降。因此铁素体不锈钢不能在 500～800℃长期使用。如果 σ 相已经析出，可以将钢加热到 900℃以上使 σ 相重新溶解，然后快速冷却，可恢复延性和韧性。

铁素体不锈钢在 340～516℃之间长期加热时，钢的塑性、韧性也会降低，硬度增大，在 475℃附近加热时变化最明显，这种现象称 475℃脆性。475℃脆性的原因是由于铁素体中析出许多微小的富铬区域，称作 σ'相，造成钢中内应力升高，脆性增大。将钢加热到 516℃以上使 σ'相溶解，再快冷到室温，可消除 475℃脆性。

随铁素体不锈钢中 Cr 含量升高，σ 相脆性和 475℃脆性倾向都增大，在应用高铬铁素体不锈钢时应特别予以注意。

5.3.3 高纯铁素体不锈钢

铁素体不锈钢一般不含 Ni，价格低于奥氏体钢，综合耐蚀性介于奥氏体不锈钢和马氏体不锈钢之间，耐氯化物应力腐蚀破裂性能则显著优于奥氏体钢。但铁素体不锈钢的明显缺点是塑性、韧性差及焊接性能差，严重限制了其应用范围。钢中的碳、氮、硫、磷等元素对钢的塑性、韧性和焊接性都有不利影响，如果在冶炼过程中严格控制 C、N 等元素总量，得到的高纯（标号 000，C+N≤0.030%）或超纯（标号 0000，C+N≤0.015%）铁素体不锈钢塑性、韧性和耐蚀性都明显提高。我国典型高纯、超纯铁素体不锈钢的化学成分见表 5-13。

表 5-13 国产高纯、超纯铁素体不锈钢的化学成分

牌 号	化 学 成 分/%											国外相近牌号
	C	N	C+N	P	S	Cr	Mo	Ni	Cu	Ni+Cu	其他	
000Cr18Mo2(Ti)	≤0.015	≤0.015	≤0.030	≤0.02	≤0.02	18～19	1.5～2.5	≤0.4	≤0.2	≤0.5	Ti 15×(C+N)%～0.45	瑞典 ELI-T18-2
0000Cr18Mo2(Ti)	≤0.005	≤0.015	≤0.015	≤0.02	≤0.02	18～19	1.5～2.5	≤0.4	≤0.2	≤0.5	Ti 10×(C+N)%～0.25	日本 YUS190
0000Cr26Mo1	≤0.005	≤0.015	≤0.015	≤0.02	≤0.02	25.5～27.5	1.0～1.5	≤0.3	≤0.20	≤0.5	Ti、Nb 适量 Mn≤0.4 Si≤0.4	美国 EH26-1
0000Cr25Mo3	≤0.005	≤0.015	≤0.015	≤0.02	≤0.02	24～26	2.5～4	≤0.5			Ti、Nb 适量 O≤0.01	
000Cr25Ni3Mo3	≤0.015	≤0.015	≤0.035	≤0.02	≤0.02	24～26	2.5～4	3～5			Ti、Nb 适量 O≤0.01	瑞典 MONIT
0000Cr30Mo2	≤0.005	≤0.01	≤0.015	≤0.02	≤0.02	29～31	1.8～2.5	≤0.5	≤0.2		Nb 适量	日本 SHOMAC

以国产0000Cr18Mo2Ti为例，其$\sigma_{0.2}$为341MPa，σ_b为510MPa，δ为31.3%，冲击值为1960~2940kJ/m^2，其冲击韧性、抗缺口敏感性均比普通铁素体不锈钢大大提高，焊接性能良好，切削加工性优于奥氏体钢，在稀H_2SO_4或稀HCl中耐蚀性及耐孔蚀和缝隙腐蚀性能均与奥氏体1Cr17Ni12Mo2钢相近，耐沸腾磷酸腐蚀性能则优于1Cr17Ni12Mo2钢，耐应力腐蚀破裂性能远远超过奥氏体钢，没有晶间腐蚀倾向，仅耐碱性低于奥氏体不锈钢。另一种超纯铁素体不锈钢0000Cr26Mo1，耐沸腾或含Cl^-的有机酸、耐强氧化性酸和耐强碱腐蚀，在硫化氢、连多硫酸及强碱溶液中，几乎不发生应力腐蚀破裂，在氯化物溶液中抗孔蚀性能亦很好。由于高纯铁素体不锈钢的优越性能，可以在很大范围内代替奥氏体不锈钢使用，近年来发展较快，但其475℃脆性问题仍须予以注意。

5.3.4 马氏体不锈钢的耐蚀性和应用

马氏体不锈钢碳含量较高，耐蚀性差于Cr含量相当的奥氏体和铁素体不锈钢，不宜用于硫酸、磷酸、盐酸、高温有机酸等强腐蚀介质。在室温有机酸、硫酸盐、碳酸盐或硝酸盐溶液、氨水、有机溶剂和油品、食品、大气与水蒸气等介质中有足够耐蚀性，在氯化物溶液中会发生孔蚀。马氏体不锈钢的使用状态通常是淬火+回火，回火温度应避开450~600℃温区，因在这一温区碳化物析出最快，会导致耐蚀性下降。退火会使大量碳化物析出，一般也不采用。由于强度、硬度和缺口敏感性较高，马氏体不锈钢抗腐蚀开裂的性能较差，在硫化氢溶液中有氢脆敏感性，在Cl^-溶液及高温纯水中会产生晶间型应力腐蚀破裂。通过高温回火降低钢的强度，可提高抗应力腐蚀能力。

马氏体钢有较高硬度和耐磨性，适用于制作工具、量具、刀具、医疗器械、泵、排汽阀、蒸汽透平机构件、轴承、螺栓、流体及固体输送装置等。

5.4 铁素体-奥氏体双相不锈钢

5.4.1 化学成分和组织

在奥氏体不锈钢的基础上提高铁素体形成元素Cr、Mo、Si、Nb等元素含量，降低奥氏体形成元素Ni、C、Mn、N的含量，就得到铁素体-奥氏体双相组织，它兼有铁素体钢和奥氏体钢的性能特点。奥氏体相的存在降低了铁素体钢的脆性和晶粒长大速度，提高了韧性和可焊性；铁素体相的存在提高了奥氏体钢的屈服强度，耐应力腐蚀、晶间腐蚀和孔蚀性能也显著提高。双相不锈钢一般含18%~28%Cr，Ni含量不超过8%，往往加入Mo、Ca、Ti/Nb等元素提高耐蚀性。由于Ni含量低，价格并不比奥氏体钢更高。铁素体在钢中一般占50%~70%，奥氏体占30%~50%。我国部分双相不锈钢的化学成分和力学性能见表5-14。

表5-14 部分国产双相不锈钢的化学成分和力学性能(GB 3280—1992，GB 1220—1992)

序号	牌号	化学成分/%							力学性能				相近国外牌号
		C	Si	Mn	Cr	Ni	Mo	其他	α相含量/%	$\sigma_{0.2}$/MPa	σ_b/MPa	δ_5/%	
1	00Cr18Ni5Mo3Si2	≤0.03	1.3~2.0	1.0~2.0	18.0~19.5	4.5~5.5	2.5~3.0	N≤0.10	~50	≥390	≥590	≥20	瑞典3RE60 日本DPI

续表

序号	牌号	化学成分/%							力学性能				相近国外牌号
		C	Si	Mn	Cr	Ni	Mo	其他	α相含量/%	$\sigma_{0.2}$/MPa	σ_b/MPa	δ_5/%	
2	1Cr18Ni11Si4AlTi	0.10~0.18	3.4~4.0	≤0.80	17.5~19.5	10~12		Ti0.4~0.7 Al0.1~0.3			≥715	≥30	前苏联 15X18H12C4TIO
3	1Cr21Ni5Ti	0.09~0.14	≤0.80	≤0.80	20.0~22.0	4.8~5.8		Ti5(C%~0.02)~0.80			≥635	≥20	
4	0Cr26Ni5Mo2	≤0.08	≤1.00	≤1.50	23.0~28.0	3.0~6.0	1.0~3.0			≥390	≥590	≥18	日本 SUS329JK
5	00Cr18Ni6Mo3Si2Nb	≤0.03	1.5~2.0	1.0~2.0	18.0~19.0	5.5~6.5	2.5~3.0	Nb	~50	460	720	35	
6	0Cr21Ni6Mo2Ti	≤0.08	≤0.8	≤0.8	20.0~22.0	5.5~6.5	1.8~2.5	Ti0.2~0.4					日本DP4 前苏联 OX21H6M2T
7	00Cr25Ni5Ti	≤0.03	≤1.0	≤1.0	25.0~26.0	5.5~7.0				450~550	≥650	≥25	
8	00Cr26Ni7Mo2Ti	≤0.03	≤1.0	≤1.5	25.0~27.0	6.5~7.5	1.5~2.0			450~550	≥700	≥20	

5.4.2 物理、力学性能和耐蚀性

(1) 物理性能

双相不锈钢的物理性能介于铁素体钢和奥氏体钢之间。与奥氏体钢相比，导热系数大，热膨胀系数小，并具有铁磁性。

(2) 力学性能

双相钢的屈服强度约为18-8型奥氏体钢的2~3倍，抗拉强度与奥氏体钢相当，断裂延伸率较低。由于钢中铁素体含量较多，双相钢仍保留有铁素体钢的σ相脆性和475℃脆性问题，随钢中铁素体相比例增大，钢的韧性降低，脆性倾向增大。但由于奥氏体相的存在，双相不锈钢的脆性倾向仍然明显比铁素体钢要低。连续使用的温度范围为-50~250℃，一般不宜在300℃以上使用。

(3) 加工性能

双相钢具有优良的冷、热加工性能和焊接性能，焊接后热裂的倾向比奥氏体钢低，脆化倾向比铁素体钢低。但焊接会导致焊缝区域铁素体含量增多及晶间腐蚀敏感性增大，为保证焊缝性能，双相不锈钢焊接应采用特定钢种推荐的专用焊接材料和焊接规范，焊后焊缝组织中应含有50%左右的奥氏体相。为了避免脆性相析出，高铬钼双相不锈钢的热处理及热加

工温度不能低于 950℃，低铬钼钢不能低于 900℃。

（4）耐腐蚀性

双相不锈钢中的 α 和 γ 两相在通常的腐蚀介质中都能钝化，以 18-5 型双相钢为例，其耐硫酸、盐酸、甲酸、磷酸、草酸腐蚀性能均优于奥氏体 316L 型不锈钢，仅耐硝酸腐蚀性稍差。Cr21 和 Cr25 型双相钢在各种介质中的耐蚀性都超过 316L 钢。

双相不锈钢的突出优点是耐应力腐蚀破裂，其主要原因是：由于两相组织存在，应力腐蚀裂纹在穿过相界时频繁受阻，扩展困难；双相钢屈服强度较高，在相同外加应力下不易发生滑移变形，裂纹难于形成；铁素体相对于奥氏体是阳极，对奥氏体相可起到一定的阴极保护作用。图 5-11 是双相钢 0Cr22Ni5 与奥氏体钢 0Cr19Ni9 在沸腾 $MgCl_2$ 中耐应力腐蚀破裂性能的比较。在连多硫酸和高温水中，双相不锈钢也都有很强的耐应力腐蚀破裂能力。

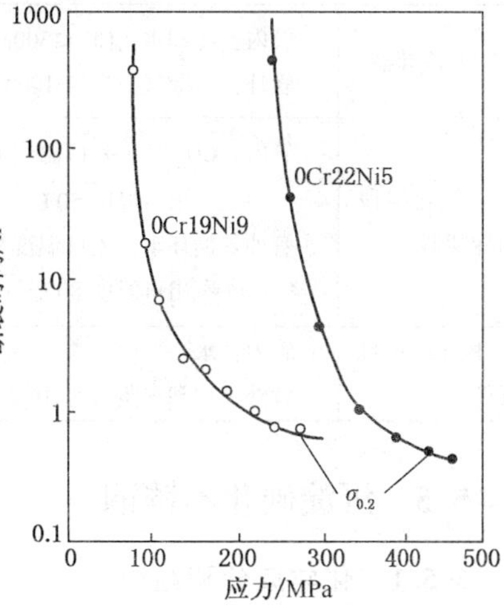

图 5-11　0Cr22Ni5 双相钢与 0Cr19Ni9 奥氏体钢在沸腾 42%$MgCl_2$ 中耐应力腐蚀破裂性能的比较

双相钢也有优良的抗晶间腐蚀性。双相钢敏化加热时，Cr 的碳化物优先在 α/γ 相界渗出，其中 Cr 主要来自 α 相，贫 Cr 使 α 相不稳定，导致晶界向 α 相一侧生长，结果碳化物最终进入 γ 相内部。此外，Cr 在 α 相中扩散快，贫 Cr 区的 Cr 很容易得到补充；双相钢晶粒细，界总面积较大，晶界碳化物浓度较低，不易形成连续的网状碳化物。双相不锈钢中较高的 Cr、Ni、Mo 等元素含量，也使得它具有较强的耐孔蚀和缝隙腐蚀性能。

5.4.3　应用示例

双相不锈钢已大量应用于化工、石油、能源、海洋等领域，替代了原有的奥氏体不锈钢，表 5-15 列举了 00Cr18Ni5Mo3Si2 双相钢在化工、造纸、核能等设备中的一些成功应用示例。

表 5-15　00Cr18Ni5Mo3Si2 双相不锈钢的应用示例

应用设备	介质条件	原用材料	采用 00Cr18Ni5Mo3Si2 后的使用情况
纸浆和造纸预热器	管内：冷却液，Cl^-≤800mg/L 管外：蒸汽 170℃	AISI 304，316 2~4 个月出现 SCC	3RE60 13 年无损坏
人造奶油储藏冷凝蛇形管	管内：冷却水，0.3%Cl^- 出口最高温度：沸腾 管外：脂肪酸≤200℃	AISI 316 2 个月出现 SCC	3RE60 10 年无损坏
乙烯氯化物初缩塔	内侧：50%CO_2，1%O_2，Cl^- 10~50mg/L，120℃ 外侧：空气	AISI 321 6 个月出现 SCC	3RE60 8 年无损坏
裂解塔内件	液化烃汽油/H_2S-H_2O 140~180℃	1Cr18Ni9Ti 2 个月出现 SCC	2 年无损坏

续表

应用设备	介 质 条 件	原用材料	采用00Cr18Ni5Mo3Si2后的使用情况
焦化分馏塔塔壁、塔盘	汽油-柴油/H_2S-H_2O 120~220℃	304L 9个月出现SCC	2~5年无损坏
硝酸冷却器	管内：冷却水，$Cl^- \leq 300mg/L$ 管外：硝酸气，进口100℃，出口40℃	AISI 316L 2.5年出现SCC	3RE60 4年无损坏
二氧化碳段间冷却器	管内：CO_2气，入口温度165℃ 出口温度50℃ 管外：循环水，入口温度27℃ 出口温度80℃	AISI 304 1~2年出现SCC	已使用2年无损坏
核反应堆管件	管内：水 管外：饱和水蒸气≤70℃	1Cr18Ni9Ti 最近半年出现SCC	已3年无损坏

5.5 沉淀硬化不锈钢

5.5.1 化学成分和组织

沉淀硬化不锈钢(又称PH不锈钢)，是在普通不锈钢基础上加入能形成沉淀相的Ti、Ni、Nb、Al、Mo、Co、Cu等元素构成的一类高强不锈钢，特点是兼有马氏体钢的强度高和奥氏体钢耐蚀性好的优点。沉淀硬化不锈钢中的沉淀相有Ni_3Ti、Ni_3Al、Ni_3Mo、Fe_2Mo、Ni_3Nb、Fe_2Ti、碳化物及χ相等。国内外已发展了多种沉淀硬化不锈钢以适应航空航天、新型化工、核能等领域的需求，主要有以下四种类型。

(1) 马氏体沉淀硬化不锈钢

组织为低碳马氏体+少量铁素体和残余碳化物，强度高，耐蚀性好，容易焊接，但韧性和切削性较差。代表钢种有0Cr17Ni4Cu4Nb(美国17-4PH)。

(2) 马氏体时效不锈钢

组织为高位错密度的板条马氏体+少量残余奥氏体，强度高，韧性也较好。

(3) 半奥氏体沉淀硬化不锈钢

固溶退火处理(供货态)后为不稳定的奥氏体组织，有良好塑韧性和加工性；经过调整处理，使奥氏体析出碳化物后成分发生变化，再经过马氏体转变处理，大部分组织转变为韧性较好的低碳回火马氏体，这种状态为钢的使用状态，有良好的中温力学性能。典型钢种有0Cr17Ni7A1(美国17-7PH)。

(4) 奥氏体沉淀硬化不锈钢

组织为稳定奥氏体+沉淀相，特点是高温强度高，在600~700℃时的屈服强度与室温相近，塑韧性好。缺点是室温强度低及焊接性差。典型钢种有美国的A-286。

我国GB 1220—1991和YB/Z 7—1975中的沉淀硬化不锈钢的化学成分见表5-16。

5.5.2 性能和应用

(1) 物理、力学性能

沉淀硬化不锈钢的热处理比较复杂，同一钢种经过不同热处理可获得不同的力学性能。表5-17是几种常见沉淀硬化不锈钢的室温力学性能。

表 5-16　沉淀硬化不锈钢的化学成分(GB 1220—1992)

类型	牌号	化学成分/%										相应国外牌号
		C	Si	Mn	P	S	Cr	Ni	Mo	Nb	其他	
半奥氏体型	0Cr17Ni7Al	≤0.09	≤1.00	≤1.00	≤0.035	≤0.030	16.0~18.0	6.5~7.5			Al 0.75~1.5	17-7PH AISI 631
	0Cr15Ni7Mo2Al	≤0.09	≤1.00	≤1.00	≤0.035	≤0.030	14.0~16.0	6.5~7.5	2.0~3.0		Al 0.75~1.5	PH15-7Mo AISI 632
	1Cr12Ni14Mn5Mo3Al	≤0.09	≤0.80	4.40~5.30	≤0.035	≤0.030	11.0~12.0	4.0~5.0	2.7~3.3		Al 0.5~1.0	
马氏体型	0Cr17Ni4Cu4Nb	≤0.07	≤1.00	≤1.00	≤0.035	≤0.030	15.5~17.5	3.0~5.0		0.15~0.45	Cu 3.0~5.0	17-4PH AISI 630
	00Cr14Ni6Mo2AlNb	≤0.03	≤0.50	≤0.50	≤0.035	≤0.030	13.5~15.0	5.7~6.8	1.5~2.2	0.4~0.7	Al 0.1~0.4	
	00Cr15Ni6Nb	≤0.03	≤0.50	≤0.50	≤0.035	≤0.030	14.0~15.5	5.5~6.5		0.5~0.8		

表 5-17　几种常见沉淀硬化不锈钢的室温力学性能(GB 1220—92)

牌号	热处理状态	拉伸试验				硬度试验	
		$\sigma_{0.2}$/MPa	σ_b/MPa	δ_5/%	ψ/%	HB	HRC
0Cr17Ni4Cu4Nb	1040℃固溶					≤363	≤38
	固溶+480℃时效	≥1180	≥1310	≥10	≥40	≥375	≥40
	固溶+550℃时效	≥1000	≥1060	≥12	≥45	≥331	≥35
	固溶+580℃时效	≥865	≥1000	≥13	≥45	≥302	≥31
	固溶+620℃时效	≥725	≥930	≥16	≥50	≥277	≥28
0Cr17Ni7Al	1050℃固溶	≤830	≤1030	≥20		≤229	
	固溶+565℃时效	≥960	≥1140	≥5	≥25	≥363	
	固溶+510℃时效	≥1030	≥1230	≥4	≥10	≥388	
0Cr15Ni7Mo2Al	1050℃固溶					≤269	
	固溶+565℃时效	≥1100	≥1210	≥7	≥25	≥375	
	固溶+510℃时效	≥1210	≥1320	≥6	≥20	≥388	

(2) 加工性能

沉淀硬化不锈钢有良好的成形加工性能。马氏体型沉淀硬化钢的焊接性能优良，半奥氏体钢焊接性也较好，但焊接时需要进行惰性气体保护以防焊条中的铝氧化，这两类钢均可采用与奥氏体不锈钢相同的焊接工艺。奥氏体型沉淀硬化钢焊接性能较差，容易发生热裂。

(3) 耐蚀性

沉淀硬化不锈钢耐均匀腐蚀性能总体上来说与奥氏体 18-8 不锈钢相当，优于铁素体和马氏体不锈钢。表 5-18 是典型的马氏体沉淀硬化不锈钢 0Cr17Ni4Cu4Nb(17-4PH)在各种酸中的腐蚀速率，表中列入了马氏体不锈钢 1Cr13 和 1Cr17Ni2 的数据作为比较。由于时效析出富铜相，17-4PH 钢在氧化性酸中时效态耐蚀性不如固溶态，而在还原性酸中优于固溶态。含 Mo、Cu 的沉淀硬化钢耐还原性酸腐蚀的能力较高。时效温度升高使钢中析出相增多，通常对耐蚀性不利。

表 5-18　0Cr17Ni4Cu4Nb(17-4PH)钢在各种酸溶液中的腐蚀速率

腐蚀介质	0Cr17Ni4Cu4Nb				1Cr13	1Cr17Ni2
	锻　材		铸　件		锻　材	锻　材
	固溶态	硬化态	固溶态	硬化态	淬火态	淬火态
5%H_2SO_4，沸腾 8h	178	429	178	428	1323	2561
10%H_2SO_4，室温 48h	4. 64	6. 29	5. 09	24. 3	22. 1	91. 7
40%HNO_3，沸腾 8h	0. 27	0. 29	0. 14	0. 19	0. 98	0. 34
10%HCl，30℃48h	0. 51	0. 50	1. 18	1. 88	17. 3	20. 2
80%HAc，沸腾 8h	0. 81	0. 13	1. 43	0. 12	41. 8	12. 1

由于存在析出相，沉淀硬化不锈钢耐孔蚀性能稍差，在强氧化性酸中可能发生晶间腐蚀。在氯化物溶液中有应力腐蚀破裂倾向，但由于其较高的断裂韧性 K_{IC}和应力腐蚀断裂韧性 K_{ISCC}，敏感性比奥氏体不锈钢要低，马氏体沉淀硬化钢抗应力腐蚀能力明显优于半奥氏体沉淀硬化钢。在酸性 H_2S 水溶液中，沉淀硬化不锈钢可能发生氢脆，氢脆敏感性与材料强度和硬度有关，当强度不超过 686MPa 或硬度低于 HRC35 时，一般问题不大。

(4) 应用

沉淀硬化不锈钢的突出特点是高强度、高韧性、较高耐蚀性和加工性，因此广泛用于要求高强度高耐蚀性的结构件，例如化工介质中的泵、阀、螺栓螺杆、轴与轴承、反应器、压力容器、透平叶片、飞机和导弹的容器、部件等等。

参　考　文　献

1　Trdmon CS，et al，J. Electrochem. Soc.，1971，118：192
2　王正樵，吴幼林等编．不锈钢．北京：化学工业出版社，1991
3　机械工程手册(第 12 篇)——钢．北京：机械工业出版社，1978
4　中国腐蚀与防护学会编．金属腐蚀手册．上海：上海科技出版杜，1987
5　陆世英，王欣增，李丕钟等．不锈钢应力腐性事故分析与耐应力腐蚀不锈钢．北京：原子能出版社，1985
6　化工机械工程手册．北京：化学工业出版社，2003
7　Hoar T P. JISl，1958，182：124
8　黄建中，左禹主编．材料的耐蚀性和腐蚀数据．北京：化学工业出版社，2004
9　Sedfiks A J. Corrosion of Stainless Steels. John Wiley and Sons，1979
10　Samons CH. Corrosion，1964，20：25t
11　于福洲编．金属材料的耐腐蚀性．北京：科学出版杜，1982
12　铃木等．日本金属学会志．1968，12：1171
13　Sfidhar N，et. al. Duplex Stainless Steels，1983. 481
14　迟迟浩一郎．金属．1984，54(3)：39
15　日本金属学会．日本铁钢协会．钢铁材料便览．丸善株式会社
16　吴玖等．双相不锈钢．北京：冶金工业出版杜，1999
17　陆世英主编．不锈钢．北京：原子能出版杜，1995

第6章 铝和铝合金

6.1 概述

铝是最重要的有色金属材料，世界上铝的年产量仅次于钢铁，而其在地壳中的蕴藏量则超过铁。铝具有低密度、高导热性、高导电性、良好工艺性能等特点，在机械、化工、电子、电气、交通运输、民用建筑、食品轻工及日常生活中均有广泛应用。特别是近年来随着铝合金的比强度、比刚度、耐热性等性能不断提高，在航空、航天、舰船、车辆、建筑等领域的应用显著扩大，在许多场合已经成为不可替代的重要材料。

6.1.1 铝和铝合金的分类

我国纯铝的牌号用汉语拼音字母 L 为字头，其后为顺序号，L01～L05 为高纯铝，其 Al 含量均在 99.9%以上；L0 和 L00 为工业高纯铝，Al 含量为 99.85～99.90%；L1～L7 为工业纯铝，Al 含量在 98%～99.7%之间。通常，铝的纯度越高，则强度越低，延伸率越大，耐蚀性越好。

铝合金有铸造铝合金和变形铝合金两大类，按性能和用途可分为防锈铝(LF)、硬铝(LY)、超硬铝(LC)和锻铝(LD)等类别。

6.1.2 铝的性能

(1) 物理性能

铝具有面心立方晶格，密度为 2.703t/m^3(纯度为 99.75%)，属轻金属。

铝的熔点低(为 658.7℃)，铝的纯度越高，导电率就越好，99.97%纯铝的导电率为铜导电率的 65%，仅次于银和铜。铝的导热性好，在 0～100℃，导热系数为2.26J/(cm·s·℃)。常用作换热器的部件。铝对电磁几乎没有影响，可以用铝制作无磁性要求的各种电气装置。

铝在撞击时不会产生火花，可用铝制造储存易燃、易爆物料的容器。

(2) 工艺性能

铝的强度中等，随合金化程度增大而强度增大，冷加工也可导致硬化。纯铝退火状态的拉伸强度约为 80MPa，超硬铝的拉伸强度可达 600MPa，可制作承受力较大的构件。铝的塑性好，可进行各种形式的压力加工，如压延、挤压、锻压、冲压等，制成管材、棒材、型材、线材、板材、带材和箔材。强度高的铝合金切削性较好，铝的纯度越高，切削性越差。铝可进行气焊、接触焊和氩弧焊。铝合金的合金化元素越少，焊接性能越好。

(3) 化学稳定性

在常用金属中铝的氧化还原平衡电位相对较负。图 6-1 是铝的电位-pH 图，当电极电位在-1.66V 以下，铝位于免蚀区；当 pH=4.5～8.5 时铝处于钝化区，表面生成一层钝化膜，这时铝有良好的耐蚀性；当 pH<4.5 时，为酸性腐蚀区；pH>8.5，为碱性腐蚀区。所以，在中性、微酸性和微碱性的水中以及大气中，铝是十分耐蚀的，但这些介质中若含有 Cl^-、NO_3^-、CO_3^{2-}、HCO_3^-、OH^- 等阴离子，铝就可能产生孔蚀等局部腐蚀。

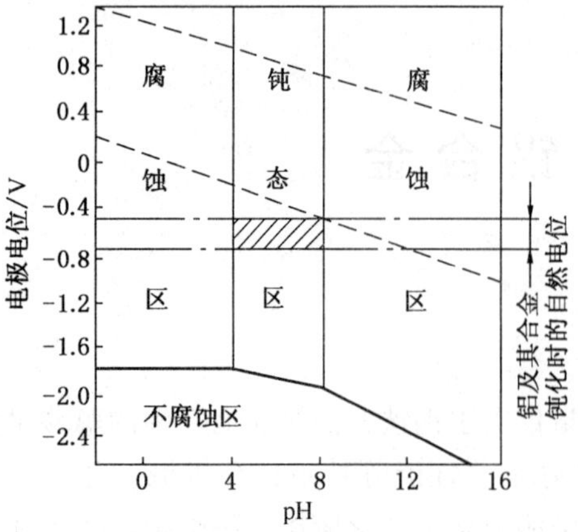

图 6-1 铝的电位-pH 图

6.1.3 铝表面的氧化膜

铝的标准电位尽管很负，但是它在大气中和 pH 值为 4.5~8.5 的水溶液中能够迅速形成一层薄且致密的氧化膜，使铝有很好的耐蚀性。在大气中，铝表面的氧化膜厚度约为 0.5~20nm，随着在大气中停放的时间延长和大气中湿度的增大，氧化膜厚度将增厚，但其保护性能反而降低。在适当的溶液中，通过化学氧化、阳极氧化等方法可以形成较厚的氧化膜，化学氧化膜厚度可达 1~3μm，阳极氧化膜甚至可以达到 100μm。铝表面氧化膜的结构与形成条件有很大的关系。在大气中或低于 80℃ 的水溶液中，所形成的氧化膜为 $Al_2O_3 \cdot 3H_2O$，是非晶态的；在 80℃ 以上水溶液中形成的膜为 $Al_2O_3 \cdot H_2O$ 或 AlOOH，为晶体结构。通过改进氧化工艺获得不同类型的氧化膜可提高铝合金的耐蚀性。

铝表面氧化膜的形成和溶解对铝及其合金的耐蚀性至关重要，但很难概括性地加以表述，因为它对不同的离子敏感性差异太大，例如铝表面氧化膜在 NaOH 溶液中完全溶解，但在氨水液中，即使 pH 值大于 13，也是稳定的。而在酸性溶液中，如硝酸等氧化性酸中，即使 pH 值很低，氧化膜不仅不会溶解，反而会进一步增厚。

6.2 铝及铝合金的耐蚀性

6.2.1 铝合金在大气中的耐蚀性

在大气环境下，铝合金处于钝化区，其表面形成一层致密的氧化膜，它阻碍了活性铝基体表面与周围大气相接触，故具有很好的耐蚀性。图 6-2 为铝、黄铜和软钢在大气中的腐蚀速率比较。

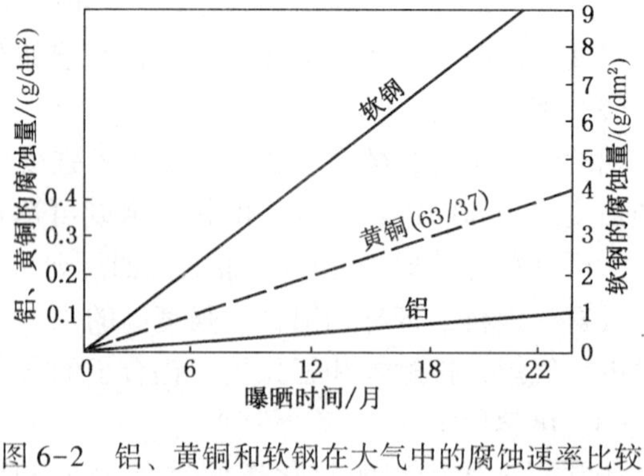

图 6-2 铝、黄铜和软钢在大气中的腐蚀速率比较

铝合金在大气中能长期保持金属光泽，然而由于污染物沉积，合金的表面可能变得黯淡、灰色甚至黑色，并且由于风化使大多数铝合金的表面形成一些蚀坑，导致合金轻微的表面粗糙，但不会均匀变薄。

铝合金大气腐蚀的另一特征是腐蚀速率随时间延长而减小，如图 6-3 所示。海洋性大气由于含有盐分，对氧化膜有破坏作用，因此比工业大气的腐蚀性要强。

铝合金在不同地区的大气环境下腐蚀会有很大差别，这取决于风向、阳光照射、降雨量和气温等气象因素的变化；城市和工业污染物的数量和类型；空气中的盐分（靠近海洋）。通常将大气环境分为乡村大气、工业大气、海洋大气等。通过大气曝晒试验可以获得铝合金的一系列腐蚀数据。表 6-1 为铝及铝合金在我国典型海域海洋大气中的腐蚀试验结果。

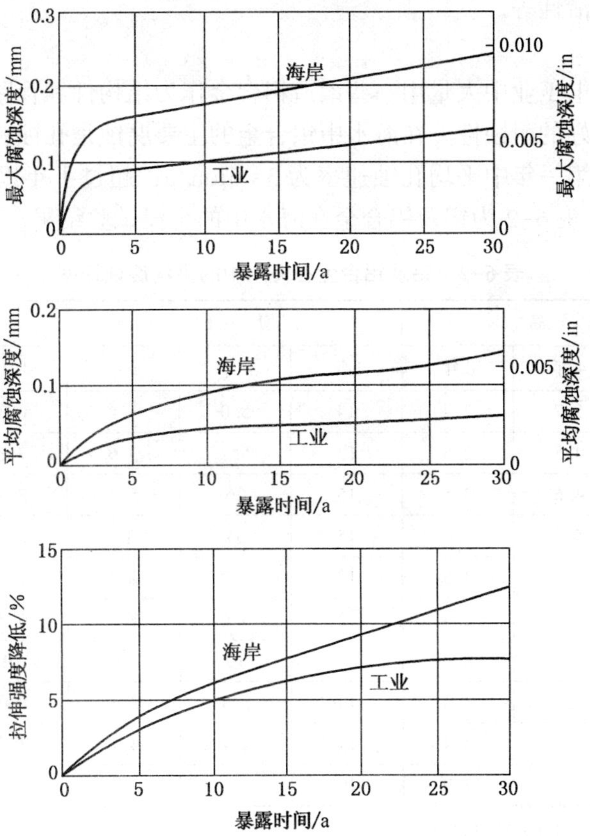

图 6-3　时间对铝合金大气腐蚀的影响

表 6-1　铝及铝合金在海洋大气中的平均腐蚀速率　　μm/a

铝合金	山东青岛			海南万宁		
	1年	3年	6年	1年	3年	6年
L6M	0.34	0.24	0.23	0.41	0.19	0.31
LF21M	0.43	0.24	0.26	0.29	0.12	0.24
LF2M	0.32	0.22	0.16	0.27	0.15	0.26
LD2CS	0.85	0.47	0.35	—①	0.13	0.27
LC4	2.5	1.3	0.74	1.7	0.78	0.41
LC4CSYO②	0.36	0.23	0.13	0.11	0.073	0.066
LY12CZ②	0.28	0.25	0.38	0.16	0.096	0.24

① 未取得数据。

② LC4CSYO、LY12CZ 有包铝层。

6.2.2　铝合金在水中的耐蚀性

(1) 淡水

纯铝和 Al-Mn 系、Al-Mg 系、Al-Mg-Si 系合金在许多的天然淡水中是耐蚀的。影响铝合金在天然淡水中耐蚀性的因素除材料本身外，还有水温、pH 值、电导率、重金属离子含量、阴极反应产物的活性等。

(2) 海水

在船舶工业和发电工业中大量用一些锻造铝合金作为结构件和管路系统，总的说来锻造铝合金在海水中有较好的耐蚀性。在海水中铝合金的主要腐蚀是孔蚀，穿孔的速率随着时间的延长而下降，如在第一年中平均孔蚀速率为 3~6μm/a，超过十年以上则平均孔蚀速率下降为 0.8~1.5μm/a。表 6-2 为铝及铝合金在海水中的全浸试验结果。

表 6-2 铝及铝合金在海水中的平均腐蚀速率 μm/a

合金代号	青岛			厦门			榆林		
	1年	4年	8年	1年	4年	8年	1年	4年	8年
L3M	18	5.7	2.7	14	5.0	3.4	8.3	3.0	1.3
LF2Y2	17	4.5	2.5	13	5.7	3.6	7.8	2.2	2.0
LF3M	16	4.6	3.5	15	26	5.7	7.8	1.4	2.5
LF11M	16	5.7	5.4	15	34	16	6.3	3.4	2.1
180YS	15	4.4	2.5	13	4.2	2.9	7.4	2.2	1.3
LF21M	14	4.3	2.4	12	4.6	2.5	6.7	1.8	1.2
LD2CS	29	15	8.0	39	16	11	19	7.1	4.6
LC4CS	19	5.9	3.6	14	5.9	3.3	8.0	3.7	5.7
LY12CZ	18	6.2	4.4	14	4.7	4.1	7.7	2.8	4.6
LY11CZ	36	12	7.9	19	12	7.6	5.0	2.3	1.9

注：LC4CS、LY12CZ、LY11CZ 有包铝层。

在各种铝合金中，纯铝系、Al-Mn 系和 Al-Mg 系耐海水腐蚀较好，Al-Mg-Si 系次之，通常 Al-Mg-Si 系合金的腐蚀速率比 Al-Mg 系大 2~3 倍，而含铜的 Al-Cu 系和Al-Zn 系合金耐海水腐蚀性能差，一般不用于海水系统中，在一些特定要求下使用也必须加上涂层后使用。

6.2.3 铝合金在土壤中的耐蚀性

土壤中的矿物质含量、结构和透气性、湿度、pH 值和松散度、有机物、微生物以及电阻率相差很大。一般情况下铝合金在土壤中使用时应进行防护。

6.2.4 铝合金在工业介质中的耐蚀性

(1) 酸

铝不耐盐酸、硫酸等非氧化性酸的腐蚀，很稀的盐酸即可引起铝的严重腐蚀。在磷酸中铝的腐蚀速率也很大，磷酸常被用作铝抛光液的主要成分，其浓度选择在 80%以上。铝对氧化性酸是耐蚀的，如浓度小于 10% 的 HNO_3 和大于 80% 的 HNO_3，腐蚀速率小于 0.02mm/a。铝在醋酸、柠檬酸、乳酸等有机酸中有好的耐蚀性，在室温稀、浓醋酸中腐蚀速率均小于 0.03mm/a，但当温度升高到 50℃左右，腐蚀速率就上升至 0.10mm/a 以上。当醋酸中含水量小于 0.2%、温度超过 50℃时，就会发生严重的局部腐蚀。蚁酸、草酸和氯化醋酸等有机酸对铝有较大的腐蚀性。

(2) 碱

铝及铝合金在碱中由于表面氧化膜很快溶解为偏铝酸盐而发生全面均匀腐蚀，其腐蚀速率随碱浓度的增加和碱液温度的提高而增加，在 NaOH、KOH 溶液中铝极不耐蚀，但是，在氨水溶液中，由于络合离子的形成，铝及其合金又是耐蚀的。在硅酸钠中也有较好的耐蚀性。

(3) 盐

铝在中性盐溶液中的腐蚀行为取决于溶液中阴、阳离子的特性。当溶液中含有 F^-、Cl^- 等卤素离子时铝极不耐蚀，并极易产生孔蚀。铝在海水中的耐蚀性也差。当溶液中含有氧化性离子，如 $Cr_2O_7^{2-}$、CrO_4^{2-} 等，由于钝化作用，使铝能耐蚀。当盐溶液中含有电位较正的金属离子，如 Fe^{2+}、Ni^{2+}、Cu^{2+} 等，由于二次析出效应的结果，会加速铝的腐蚀。

图 6-4 显示了 pH 值对铝合金在不同腐蚀介质中的腐蚀速率的影响。在 pH=4~9 范围内，铝合金对多种介质有良好耐蚀性；在酸性介质中主要对醋酸耐蚀，而在碱性介质中对偏硅酸钠和氢氧化铵有良好耐蚀性。

(4) 在其他介质中的腐蚀

铝在甲醇、乙醇、甘油、苯酚等有机物中有良好耐蚀性。

铝耐硫和硫化物腐蚀，在通有 SO_2 或 H_2S 和空气的水中，铝的腐蚀率较铁和铜小。

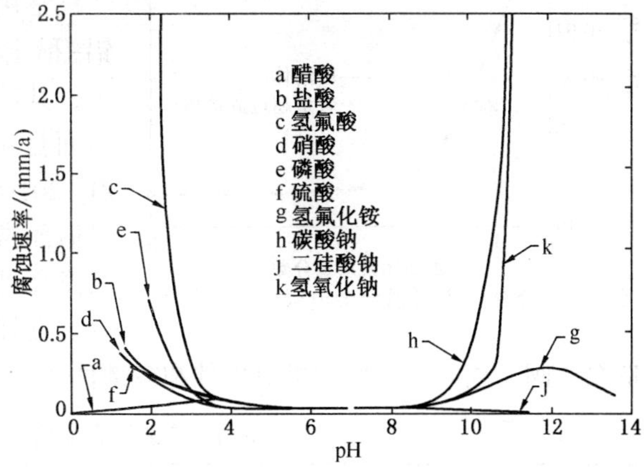

图 6-4 不同腐蚀介质中 pH 值对铝合金腐蚀速率的影响

铝有良好的抗氧化性能，但当温度>300℃时会发生严重的蠕变，一般使用喷铝或渗铝等表面处理手段来充分利用铝的抗高温氧化性能。

纯铝在浓度大于 80%的硝酸中的耐蚀性比不锈钢高，化工生产中常用高纯铝制造浓硝酸设备，如高压釜、漂白塔、浓硝酸储槽、槽车、泵、阀门等。

6.3 铝合金

铝合金中存在多种第二相粒子，各自有不同的溶解电位，并且它们的溶解电位与析出二相粒子后的固溶体基体的电位有明显差别，见表 6-3，因此它们可以和固溶体基体之间形成局部的微电池，从而影响铝合金的腐蚀类型和程度。

表 6-3 铝固溶体及其析出相的电极电位

相	电位/V	相	电位/V	相	电位/V
Mg	-1.73	Al+1Zn	-0.96	Al+2Cu	-0.75
Mg_2Al_3	-1.24	Al+7Mg	-0.89	$CuAl_2$	-0.73
Zn	-1.10	Al+3Mg	-0.87	Al+4Cu	-0.69
Al+4Mg_2Zn_2	-1.07	$MnAl_6$	-0.85	$FeAl_3$	-0.56
Al+4Zn	-1.05	99.96Al	-0.85	$NiAl_3$	-0.62
$MgZn_2$	-1.05	Al+1Mg_2Si	-0.83	Si	-0.26
$CuMgAl_2$	-1.00	Al+1Si	-0.81	Cu	-0.20

注：以 0.1mol / L 甘汞电极为基准，于 25℃在 53g/L NaCl+3g/L H_2O_2 水溶液中测定的电极电位。

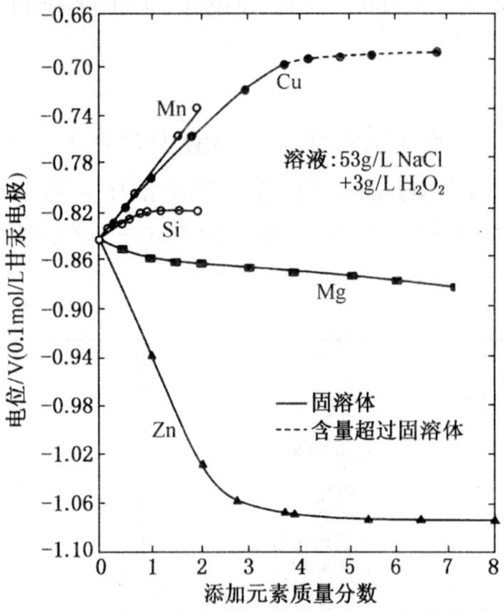

图 6-5 合金元素对铝合金电极电位的影响

图 6-5 显示了主要合金元素对铝合金电极电位的影响。Mn、Cu 和 Si 使合金电位向正向移动，Zn 和 Mg 则使电位负移。由于 Zn 和 Mg 使铝合金的电位负移，利用这一特点开发了多种作为牺牲阳极的 Al-Zn-Mg 合金，在许多阴极保护设施上得到广泛应用，成为铝合金的一项重要用途。

6.3.1 铸造铝合金

常用的铸造铝合金有铝-硅、铝-铜、铝-镁、铝-稀土和铝-锌五类。铸造铝合金牌号用 ZL 表示，其后的第一个数字代表上述不同的合金系，后面是顺序号。例如，ZL-101 是铝-硅系合金，ZL-201 是铝-铜系合金。此外，铸造铝合金在牌号后面常常附有热处理状态标志，从 T1 到 T8，其意义见表 6-4 所示。铸造铝合金有较高的比强度、良好的铸造工艺性和良好的耐蚀性，可用于铸造泵、阀、离心机、发动机等构件和零部件。

表 6-4 铸造铝合金热处理种类及用途

热处理类别	表示符号	用　　途	说　　明
未经淬火的人工时效	T1	用于改善零件的切削加工性，提高表面光洁度。能提高像 ZL-103、ZL-105 这类合金的机械性能(约 30%)	在湿砂型或金属型铸造时就已经有些淬火效果的铸件，采用此类热处理有良好的效果
退火	T2	为了显著地消除铸造或残余热应力，消除机械加工生产的加工硬化以及提高合金的塑性	保温时间和温度选择决定于零件的用途
淬火	T3	用以提高合金强度	此规范实际和 T4 一样
淬火及自然时效	T4	为了提高合金强度，用于在 100℃以下工作的抗蚀性较高的零件	
淬火及不完全(短期)人工时效	T5	可得到足够高的强度，并保持高的塑性	人工时效的温度较低或保温时间较短
淬火及完全人工时效	T6	在塑性有些降低的情况下得到最大的强度	和 T5 相比人工时效温度较高或保温时间较长
淬火及稳定化回火	T7	为得到足够高的强度和比较高的组织和尺寸稳定性，用于高温工作零件	在比 T6 更高温度下和接近零件工作温度下时效
淬火及软化回火	T8	靠降低强度得到高的塑性和尺寸稳定性	时效温度比 T7 更高
冷处理或冷热循环处理	T9	为使零件几何尺寸更加稳定	机械加工后零件冷处理(在-50℃、-70℃或-196℃保持 3~6h)或循环处理(冷至-70℃有时到-196℃，再加热到 350℃)。根据零件用途可进行多次，选用的温度决定零件工作条件及合金本性

(1) 铝-硅铸造合金

按 GB/T 1173—1995，铝-硅铸造合金的含硅量为 4.5%~13.0%，有 ZL101~105 五个牌号，有的牌号还含有一定量的铜、镁等元素。铝-硅铸造合金具有优良的铸造性能，可以焊接，有良好的耐蚀性和一定的力学性能。

(2) 铝-镁铸造合金

在铸造铝合金中，该类合金的相对强度大，密度小，耐蚀性高。常用作承受冲击载荷、外形不复杂的重要零部件。有 ZL301、303、305 三个牌号，镁含量为 4.5%~11.0%。

(3) 铝-铜铸造合金

有较强的时效硬化能力和热稳定性，适合在较高温度下工作。但铸造工艺性能和耐蚀性较差。有 ZL201~205A 五个牌号，Cu 含量为 3.0%~5.3%。

ZL201 与 ZL202 都属于添加了少量 Ti 的 Al-Cu-Mn 系合金，主要合金元素含量相同，但 ZL202 的杂质含量更低，因而有更高的性能。这两种合金室温强度较高，并有良好耐热性，属高强耐热合金。ZL201 和 ZL202 合金的基本相组织为 α+CuAl2+T(Al12CuMn2)，α 相是固溶体相，CuAl2 是主要的时效强化相，T 相则有很高的热稳定性，二者结合使合金既有很高的室温强度，又有良好的耐热性，固溶于 α 相中的 Mn 有降低基体原子扩散速度、延缓时效过程的作用，使合金的沉淀硬化效果能够维持到更高温度，因此 Al-Cu 合金中加入 Mn 可改善耐热性。合金中添加的少量 Ti 作用是细化基体组织，合金由液态冷却过程中首先结晶出 TiAl3，它可以作为 α 相的结晶核心，使晶粒细化。ZL201(T5)的室温强度 $\sigma_{0.2}$ 可达 260MPa，300℃ σ_b 为 150MPa，可以在 250℃下长期使用，在航空工业中应用较多。

表 6-5 和表 6-6 分别给出了几种典型的铝-硅系和铝-铜系铸铝合金的化学成分。

表 6-5 Al-Si 系合金的牌号和主要成分

合金牌号	主 要 成 分/%				
	Si	Mg	Mn	Cu	Al
ZL-101	6.0~8.0	0.2~0.4	—	—	余量
ZL-102	10.0~13.0	—	—	—	余量
ZL-103	4.5~5.5	0.35~0.6	0.6~0.9	1.5~3.0	余量
ZL-104	8.0~10.5	0.17~0.3	0.2~0.5	—	余量
ZL-105	4.5~5.5	0.35~0.6	—	1.0~1.5	余量

表 6-6 ZL-201 和 ZL-202 铸铝合金的化学成分 %

合 金	Cu	Mn	Ti	Al
ZL-201	4.5~5.3	0.6~1.0	0.15~0.35	余量
ZL-202	4.8~5.3	0.6~1.0	0.15~0.35	余量

6.3.2 变形铝合金

变形铝合金有防锈铝(LF 系列)、硬铝(LY 系列)、锻铝(LD 系列)和超硬铝(LC 系列)等几大类型。

(1) 防锈铝合金

主要有 Al-Mg 和 Al-Mn 两个合金系列，均属于不能热处理强化的合金，冷作硬化可提高合金强度，具有足够的塑性和比纯铝高得多的强度，耐蚀性好，抛光性好。Al-Mn 系防锈铝合金可焊性、耐蚀性与纯铝相似，随着合金含锰量增大，合金强度提高。Al-Mn 合金中形成的 $MnAl_6$ 金属间化合物，其电极电位与铝基体十分接近，因此有较高的耐蚀性。主要的牌号为 LF21，可用于制造要求耐腐蚀且受力不大的零部件，如飞机油管、油路导管、各种民用器皿、空调散热器等。

Al-Mg 系变形铝合金属中强度可焊合金，镁在铝中有较高溶解度，共晶温度(450℃)下可达 17.4%，因而有很好的固溶强化效果，强度高于 Al-Mn 合金，同时镁在铝中固溶可使合金保持优良的耐蚀性。随 Mg 含量提高，Al-Mg 合金的组织由单相 α 过渡到($\alpha+Mg_5Al_8$)两相结构。纯铝在 NaCl 溶液中的的电极电位是-0.86～-0.88V，而含 4%Mg 的固溶体电位为-0.90V，二者十分接近，因而耐蚀性良好。但 Mg_5Al_8 的电位是-1.10V，与基体相比是阳极，故高镁合金中一旦析出 Mg_5Al_8 相后会加剧晶间腐蚀和应力腐蚀。为了保证合金有良好的变形加工能力，Al-Mg 防锈铝合金中的镁含量一般不超过 9%。Al-Mg 合金有良好的抛光性和耐蚀性，特别耐海水腐蚀，广泛用于船舶工业制造轻舰艇，用于航空工业制造焊接油箱、导管等，也用作火箭的液体燃料储箱、农业排灌管及装饰件，在海水淡化装置中也有应用。表 6-7 给出了国产主要防锈铝合金的化学成分。

表 6-7　常用防锈铝合金的牌号和化学成分

牌号	主要成分/%					杂质(不大于)/%							
	Mg	Mn	Si	Ti	Al	Fe	Si	Fe+Si	Cu	Mg	Zn	其他	总和
LF2	2.0～2.8	或 Cr 0.15～0.4	—	—	余	0.4	0.4	0.60	0.10	—	—	0.1	0.8
LF3	3.2～3.8	0.3～0.6	0.5～0.8	—	余	0.5	—	—	0.05	—	0.2	0.1	0.85
LF5	4.0～5.5	0.3～0.6	—	—	余	0.5	0.5	—	0.05	—	0.2	0.1	1.35
LF11	4.8～5.5	0.3～0.6	—	0.02～0.1 或 V 0.02～0.2	余	0.5	0.5	—	0.05	—	0.2	0.1	1.35
LF21	—	1.0～1.6	—	—	余	0.7	0.6	—	0.20	0.05	0.1	0.1	1.75

（2）硬铝

硬铝属 Al-Cu-Mg-Mn 系合金，化学成分范围约为 2.5%～6%Cu、0.4%～2.8%Mg、0.4%～1%Mn 及杂质铁和硅不超过 1%。根据合金的成分、力学性能和工艺性能，硬铝可分为铆钉硬铝(LY1、LY10)、中强硬铝(LY11)、高强硬铝(LY12、LY6)和耐热硬铝(LY2)等几类。

LY12 是硬铝中应用最广、硬度最高的合金，对应的美国牌号是 2024，其成分为 4.4% Cu、1.5%Mg、0.6%Mn 及杂质铁硅含量均小于 0.5%。LY12 合金经时效处理后 σ_b 和 $\sigma_{0.2}$ 分别达到约 500MPa 和 400MPa，可制作飞机蒙皮和壁板、隔框、桁条等结构件。LY12 和其他硬铝合金都存在不同程度的晶间腐蚀倾向，其原因在于合金中含铜的固溶体和 CuAl2 相电位较正，当 CuAl2 发生不均匀沉淀时，晶间周边区域出现含铜较低的贫化区，其电位较负而成为阳极区，从而发生晶间腐蚀。表 6-8 是常用硬铝的牌号与化学成分。

（3）锻铝

锻铝属 Al-Mg-Si-Cu 系合金，具有优良的热塑性，主要用于制作锻件，例如制作直升机旋翼、发动机叶轮等。锻铝有较好的耐腐蚀性，锻铝 LD2 的耐蚀性接近防锈铝合金 LF21，但随着含铜量的增加，耐蚀性下降。表 6-9 列出了常用锻铝的化学成分。

表 6-8　常用硬铝的主要化学成分

合金牌号	主要化学成分/%					
	Cu	Mg	Mn	Cr	Ti	Al
LY1	2.2~3.0	0.2~0.5	—	—	—	余量
LY2	2.6~3.2	2.0~2.4	0.45~0.7	—	—	余量
LY6	3.8~4.3	1.7~2.3	0.5~1.0	0.001~0.005Be	0.03~0.15	余量
LY10	3.9~4.5	0.15~0.3	0.3~0.5	—	—	余量
LY11	3.8~4.8	0.4~0.8	0.4~0.8	—	—	余量
LY12	3.8~4.9	1.2~1.8	0.3~0.9	—	—	余量

Al-Cu-Mg-Fe-Ni 系锻铝合金，包括 LD7、LD8、LD9 三个牌号，由于耐热性好，又称耐热铝合金，其成分列于表 6-10。LD7 是应用最广的耐热铝合金，其主要相组成为 α(Al)、S(Al2CuMg)、Al9FeNi 及少量 AlCuNi、Mg2Si 相。Al9FeNi 在高温下能阻碍晶界滑移，提高合金耐热性。LD7 合金的室温强度与 LY12 相近，但高温强度则超过 LY12，常用作叶片、叶轮、盘等高温工作部件，长期使用温度可以达到 225℃。此外还有一类耐热铝合金，即 Al-Cu-Mn 系耐热铝合金，典型牌号是 LY16 和 LY17，其中 Cu 含量在 6%左右，Mn 含量为 0.4%~0.8%。Cu 和 Mn 都能显著改善铝合金的耐热性，这两种合金的挤压和模锻件可在 200~300℃下长期工作。

表 6-9　常用锻铝的化学成分

合金牌号	主 要 成 分/%						
	Cu	Mg	Si	Mn	Ti	Cr	Al
LD2	0.2~0.6	0.45~0.9	0.5~1.2	或 Cr 0.15~0.35	—	—	余量
LD5	1.8~2.6	0.4~0.8	0.7~1.2	0.4~0.8	—	—	余量
LD6	1.8~2.6	0.4~0.8	0.7~1.2	0.4~0.8	0.02~0.1	0.01~0.2	余量
LD10	3.9~4.8	0.4~0.8	0.6~1.2	0.4~1.0	—	—	余量

表 6-10　耐热铝合金的化学成分

合　金	主 要 成 分/%						
	Cu	Mg	Ni	Fe	Si	Ti	Al
LD7	1.9~2.5	1.4~1.8	1.0~1.5	1.0~1.5	—	0.02~0.1	余量
LD8	1.9~2.5	1.4~1.8	1.0~1.5	1.1~1.6	0.5~1.2	—	余量
LD9	3.5~4.5	0.4~0.8	1.8~2.3	0.5~1.0	0.5~1.2	—	余量

(4) 超硬铝

超硬铝属 Al-Zn-Mg-Cu 系，锌和镁在铝中都有很高固溶度，而锌与镁又会形成一系列金属间化合物起到强烈的时效强化效应，使超硬铝的强度达到 600~700MPa，可用于制作各种高强度铝合金构件。典型的国产超硬铝牌号为 LC4，对应的美国牌号为 7075 铝合金，其成分主要有 6%Zn、2.4%Mg、1.6%Cu 以及少量的 Cr、Mn、Si 和 Fe。LC4 合金是飞机上使用的主要铝合金材料之一，可用于飞机翼梁、蒙皮、起落架、螺旋桨叶等结构。超硬铝的缺点是抗疲劳性能差，对应力集中敏感，有明显的应力腐蚀倾向，此外耐热性差，使用温度不超过 120℃。

表 6-11 列出了美国常用变形铝合金牌号、成分及对应的国内牌号。

表 6-11　美国常用变形铝合金牌号、成分及对应的国内牌号　　%

牌号	国内相应牌号	Zn	Mg	Cu	Fe	Si	Mn	Cr	Ti
2014	LD10	0.25	0.20~0.8	3.9~5.0	0.7	0.50~1.2	0.40~1.2	0.10	0.15
2024	LY12	0.25	1.2~1.8	3.8~4.9	0.50	0.50	0.30~0.90	0.10	—
2124	高纯 LY12	0.25	1.2~1.8	3.8~4.9	0.30	0.20	0.30~0.90	0.10	—
2219	LY16	0.10	0.02	5.8~6.8	0.30	0.20	0.20~0.4	—	0.02~0.10
2618	LD7	—	1.3~1.8	1.9~2.7	0.9~1.3	0.25	—	—	0.04~0.10
2048		0.25	1.5	3.3	0.20	0.15	0.40	—	—
5052	LF2	0.10	2.2~2.8	0.10	0.45Fe+Si		0.10	0.15~0.35	—
5056	LF10	0.25	4.7~5.5	0.10	0.40Fe+Si		0.5~1.0	0.05~0.20	0.20
6061	LD2	0.25	0.8~1.2	0.15~0.40	0.70	0.40~0.80	0.15	0.04~0.35	0.15
7075	LC4	5.1~6.1	2.1~2.9	1.2~2.0	0.50	0.40	0.30	0.18~0.35	0.20
7079		3.8~4.8	2.9~3.7	0.40~0.8	0.40	0.30	0.10~0.30	0.10~0.25	0.10
7175		6.1~6.1	2.1~2.9	1.2~2.0	0.20	0.15	0.10	0.18~0.30	0.10
7475		5.2~6.2	1.9~2.6	1.2~1.9	0.12	0.10	0.06	0.18~0.25	0.06
7049		7.2~8.2	2.0~2.9	1.2~1.9	0.35	0.25	0.20	0.10~0.22	0.10
7050		5.7~6.7	1.9~2.6	2.0~2.8	0.15	0.12	0.10	0.04	0.06

6.4　铝合金的局部腐蚀

6.4.1　孔蚀

孔蚀是铝及铝合金常出现的局部腐蚀形态。在大气、淡水、海水和其他一些中性及近中性水溶液中都会出现，在水中比较严重，甚至导致穿孔，对管道、容器危害较大。引起孔蚀的介质一般是：存在能抑止全面腐蚀的离子，如 SO_4^{2-}、SiO_3^{2-}、PO_4^{3-} 等；含有能破坏局部钝态的离子，如 Cl^-；并含有能促进阴极反应的氧或氧化剂。铝和铝合金的孔蚀类似不锈钢的孔蚀。去除水中的 Cl^-、溶解氧和氧化性离子，使水流动，以减少局部氧浓差等措施，都能减轻孔蚀的发生。

6.4.2　晶间腐蚀

晶间腐蚀是铝合金常见的一种腐蚀形态，腐蚀由表面开始，沿晶粒边界向材料内部发展。晶间腐蚀会大大削弱晶粒之间的结合力，严重时会导致材料的脆性断裂。铝合金晶间腐蚀的主要原因是合金中的第二相沿晶界析出，使晶界部位与晶内成分发生差异。例如，Al-Mg 合金中的 Mg_5Al_8 相的电极电位比合金基体要低，当 Mg_5Al_8 相沿晶界连续析出时，就构成了高活性的腐蚀通道，在腐蚀过程中晶界作为小阳极而被优先腐蚀。Al-Cu 系合金中，$CuAl_2$ 相沿晶界连续析出，使其相邻的基体上形成沿晶界的贫 Cu 带，由于 $CuAl_2$ 相和富 Cu 的基体相的电位都比 Cu 带要更正，从而沿晶界的贫 Cu 带优先溶解亦导致晶间腐蚀。

对于铝合金板材或模锻件制品等材料，因加工变形，晶粒往往沿着变形方向伸展，并平行于制品表面，这种情况下，随着晶间腐蚀的发展，材料可能从表层开始向内发生逐层剥落，这种腐蚀形态常常称作层状腐蚀或剥蚀，其本质仍然是晶间腐蚀。

Mg 含量大于 3%的 Al-Mg 合金，以及 Al-Cu、Al-Cu-Mg、Al-Cu-Mg 合金，对于晶间腐蚀比较敏感。为了提高 Al-Mg 合金的耐蚀性，可以采用均匀沉淀处理法促使 Mg5Al8 相在晶界和晶内普遍析出，防止其集中沿晶界析出。例如，将合金铸锭在 α 相区(427~566℃)均匀化后进行热轧，随后在 316~427℃退火以消除加工硬化，空冷后得到单相过饱和固溶体，再进行 20%冷变形，最后在 204~274℃退火 2~24h。

6.4.3 应力腐蚀

一般纯铝和低强度铝合金(Al-Mn，Al-Si 等)不产生应力腐蚀破裂，但高强度铝合金，如 Al-Cu、Al-Cu-Mg、Mg 含量大于 5%的 Al-Mg 合金、含过剩硅的 Al-Si 合金、Al-Zn-Mg 和 Al-Zn-Mg-Cu 合金易产生应力腐蚀破裂。产生应力破裂的介质是大气、海洋大气和海水。介质温度和湿度越高，Cl^-离子浓度越大，pH 值越低，则越易产生应力腐蚀破裂。在不含 Cl^-离子的高温水和蒸汽中也会产生应力腐蚀破裂。适当的热处理可以防止此种应力腐蚀破裂。例如 Al-Zn-Mg-Cu 合金经固溶处理后，再进行 110℃、7h 和 175℃、7h 两段时效处理。表 6-12 列出了典型的美国变形铝合金的机械性能和应力腐蚀性能。

表 6-12 典型的美国变形铝合金的机械性能和应力腐蚀性能

合 金	半成品类型	σ_b	$\sigma_{0.2}$	δ/%	K_{1c}/(kgf/mm$^{3/2}$)		σ_{fs}①/	K_{1scc}/
		kgf/mm^2			纵向	短横向	(kgf/mm^2)	(kgf/mm$^{3/2}$)
2024-T651	锻件	45	38	6	74~83	58~67	<5.5	<25
2024-T351	板材	45	31	8	106~160	70~93	<5.5	28
2024-T851	板材	48	45	5	70~86	58~70	20	
2124-T851	板材	49	44	5	99	80	20	
2219-T87	板材	47	39	7	100~102	67~106	30	~100
2618-T6	锻件	41	31	4			30	
5456-H321	板材	31	22	12	160	106~115		
6061-T6	锻件	26	24	7			24	~112
7075-T651	板材	57	50	7	83~93	54~70	<5.5	25
7075-T7351	板材	50	43	7	99~106	64~74	>30	74
7075-T76	板材	54	47	6	93~106	61~74	17	
7175-T736	锻件	54	47	7	106~122	67~93	20	~122
7049-T73	锻件	53	47	7	100~112	61~80	30	
7475-T7351	板材	~41	~34		182	122	30	
7050-T736		55	51		106~125	67~93	>17	
7079-T6	板材	54	47	8	80~102	64~70	<5.5	14
7178~T6	板材	61	54	6	67~80	48~74	<5.5	25
7178-T76	板材	57	50		93~106	61~67	17	86

① 在 3.5%NaCl 溶液中交替浸蚀 84 天或工业环境气氛下暴露一年后测定的短横向应力腐蚀临界应力。

6.5 铝及铝合金的应用

铝及铝合金由于其丰富的来源、相对低廉的价格和优良的力学、化学性质，在各行各业中得到了广泛应用。

铝合金具有很高的比强度，因此大量应用于航空、航天工业中。除了高温部件和强度要求很高的重要受力构件以外，飞机以及航天器的许多重要结构件都采用铝合金，例如飞机的框架、桁条、蒙皮、机内结构等。近年来，汽车、坦克与装甲车的发动机和舰船用发动机机身和许多零部件都倾向于采用铝合金制造以降低车辆自重。

铝合金也大量用于建筑行业，如制作建筑门窗或制作轻型房屋的结构框架。

硝酸工业中，如高压釜、漂白塔等浓硝酸设备的内筒、泵、阀门、硝酸储槽，槽车等用高纯铝制造。纯度低的铝被用作温度低于150℃的浓硝酸、醋酸、碳酸、矿物肥料等生产中的塔器、换热器、加工运输、储存等设备。

铝还可用作储存易挥发有机物质、如甲醇、乙醇、甲醛、丁醛等的储槽和容器。尿素生产中，循环系统和吸收系统的低压和常压冷凝器及蒸发器等也用铝来制造。

第 7 章　镍和镍合金

7.1　纯镍(Ni)

纯镍具有较高的强度和塑性，良好的延展性和可锻性。熔点较高，有较好的抗高温氧化性能。

镍的标准电极电位为-0.25V(氢标)，比铜负，但比铁、铬、铝更正，属于热力学稳定性相对较高的金属材料。镍有一定钝化能力，钝化性能比铁好，但对于大多数腐蚀介质来说，镍的耐蚀性取决于其自身的热力学稳定性，因此总体来说，镍在非氧化性酸、碱溶液和盐溶液中具有良好的耐蚀性，而由于钝化性能不强，在氧化性介质中耐蚀性不佳。

镍在干燥和潮湿的大气中非常耐蚀，但不耐含 SO_2的大气腐蚀，特别是在高温情况下。镍不耐硫和硫化物的腐蚀。镍在室温、非氧化性的稀酸中，如小于 15%的盐酸、小于 70%的硫酸和许多有机酸中，相当稳定，但在存在氧化剂($FeCl_2$，$CuCl_2$，$HgCl_2$，$AgNO_3$和次亚氯酸盐)或通空气条件下，腐蚀速率显著增加。镍在氧化性酸，如硝酸和亚硝酸中不耐腐蚀，在充气的醋酸和蚁酸中也不稳定。镍在许多有机介质，如脂肪酸、醇、酚等，在室温和高温条件下都是稳定的。镍在充气的氨水溶液中能够溶解。

镍在所有浓度和温度下的苛性碱(NaOH 和 KOH)溶液中都是稳定的，是耐热浓碱和熔融碱腐蚀的最好材料。镍耐碱脆破裂性能也好。因此，烧碱工业中常用纯镍制作碱的蒸馏、储藏和精制设备，以及熔融碱的容器，如某些大型氯碱装置的碱液蒸发工段，处理27.8%~50%NaOH、0.1%~8.5%NaCl、温度为 93~162℃的碱液蒸发室、液体箱、轴流泵、闪蒸罐、一效预热器、闪蒸旋液分离器高位槽、二效旋液分离器高位槽等都用纯镍材或镍复合板制造。

镍不耐硫化物腐蚀。如果碱中含有硫化物，例如 H_2S、硫醇或 Na_2S 等，在高温下会加速镍的腐蚀，也会使镍产生应力腐蚀破裂。在高温(300~500℃)、高浓度(75%~98%)的苛性碱中，未经退火的镍易产生晶间型应力腐蚀破裂。

镍在果酸中耐蚀，又因为无毒，在食品工业中镍有一定数量应用。

表 7-1 列出了镍在一些常见腐蚀介质中的耐蚀性数据。

表 7-1　纯镍在常见腐蚀介质中的腐蚀速率

介 质 与 浓 度	试验温度/℃	腐蚀速率/(mm/a)
工业大气(含 SO、HS)	常温	0.001~0.004
海洋大气	常温	0.0001~0.00013
农村大气	常温	0.00003~0.00018
天然大气	常温	<0.003
二氧化碳和空气饱和冷凝水(30%空气、70%CO)	120	0.22
海水	常温	0.13
矿水	常温	0.0013~0.16

续表

介 质 与 浓 度	试验温度/℃	腐蚀速率/(mm/a)
碱性和中性盐类溶液	常温	0.013
酸性盐类溶液	常温	1.0
硫酸 1%	20	<0.1
10%	20	1.12
盐酸 5%	20	0.20
30%	20	2.0
磷酸 20%	20	<1.0
20%	100	<3.0
氟化氢(干燥的)	600	0.75
氟化氢(潮湿的)	600	1.8
氢氟酸 6%	76	8.94
10%	10~20	0.0025
48%	80	0.558
氢氧化钾溶液	>100	0
氢氧化钾溶液	500	<0.1
氢氧化钠溶液	500	<0.1
氢氧化钠 20%	20	<0.1
74%~97%	200~490	1.4
74%~97%	200~490	12.5
74%	152	0.0034

镍的化学稳定性比铁高，在镍中加入铜、钼等元素，可以进一步提高镍的热力学稳定性，获得耐还原性酸腐蚀性能优异的镍-铜或镍-钼合金；在镍中加入可钝化元素铬、硅、铝等，可提高镍的抗氧化性。以此为基础已经开发了一系列耐蚀镍基合金，这些合金与不锈钢类材料相比耐蚀性有着明显的优势，耐孔蚀和应力腐蚀开裂的性能都显著提高，特别是在耐高温还原性酸腐蚀方面还没有其他工程金属材料能够取代镍基耐蚀合金的地位。

7.2 镍铜(Ni-Cu)合金

镍和铜可以形成任何比例的镍铜合金固溶体。铜的加入使镍的强度增加，硬度提高，塑性稍有降低，热导率增加。铜是热力学稳定性较高的金属，铜加入后可提高镍在还原性介质中的耐蚀性，特别是在氢氟酸中的耐蚀性，但降低镍在氧化性介质中的耐蚀性和在空气中的抗氧化性。最常用的镍铜耐蚀合金含Cu28%~34%。我国有Ni68Cu28Fe和Ni68Cu28Al两种牌号，对应的国外合金为蒙乃尔合金。Ni68Cu28Fe是用量最大、用途最广、综合性能最佳的耐蚀镍铜合金，相当于国外牌号Monel 400，主要由30%Cu、65%Ni和少量Fe(1%~2%)组成，具有典型的单相奥氏体组织，合金在液氢温度(-252℃)时也不发生塑脆转变现象。为了获得强度、塑性和耐蚀性的良好配合，该合金一般需要进行固溶热处理。

Ni68Cu28Fe合金在还原性酸中有较好的耐蚀性。在室温(30℃)、不含空气、浓度≤85%的H_2SO_4溶液中都耐蚀，腐蚀速率小于0.2mm/a。H_2SO_4溶液浓度高于85%、呈氧化性时，腐蚀速率急剧升高，达到3~4mm/a。H_2SO_4溶液中有空气存在时、腐蚀速率也会升高，在H_2SO_4浓度为5%时出现最大值。提高H_2SO_4温度，会使合金耐蚀性下降，在60℃、95℃、不含空气的H_2SO_4中，合金的耐蚀极限浓度降为≤65%；在沸腾温度下的H_2SO_4溶液中，耐蚀浓度降为≤15%。图 7-1 是蒙乃尔合金在硫酸中的等腐蚀速率曲线。

Ni68Cu28Fe 合金能用于室温下、浓度≤15%且不充入空气的盐酸中，当温度较高时允许浓度降为≤5%，且介质不能含氧和氧化剂。图 7-2 是蒙乃尔合金在盐酸中的等腐蚀速率曲线。NCu28-2.5-1.5 合金耐不含氧和氧化剂、温度在 105℃以下的所有浓度的 H_3PO_4，腐蚀速率≤0.25mm/a。在醋酸、草酸等有机酸中、在不含空气的条件下合金的腐蚀率小于 0.1mm/a。

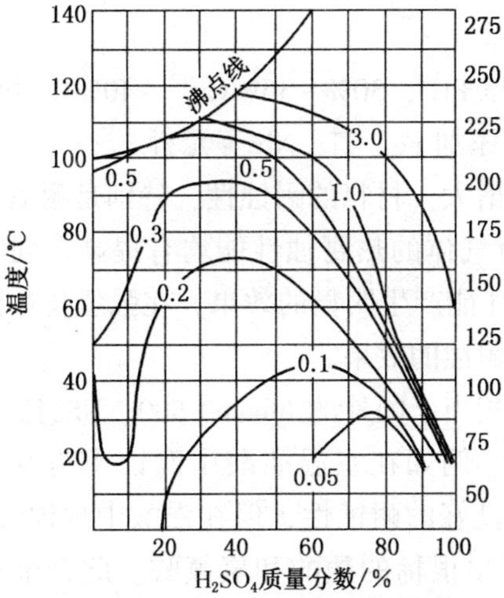

图 7-1　蒙乃尔合金在硫酸中的等腐蚀速率曲线

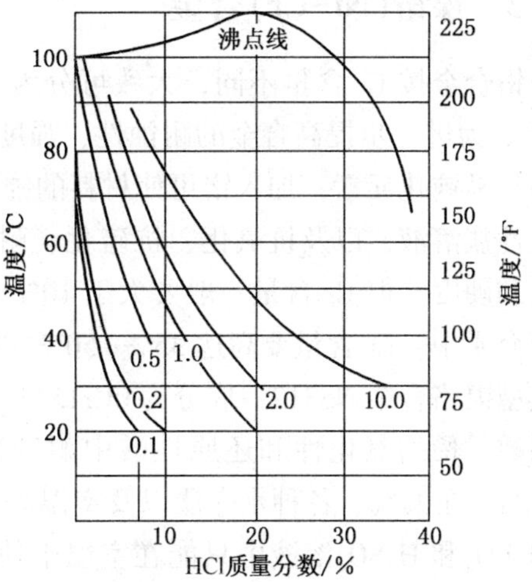

图 7-2　蒙乃尔合金在盐酸中的等腐蚀速率曲线

Ni68Cu28Fe 合金是耐氢氟酸腐蚀的重要材料之一。在不含空气的氢氟酸溶液中除 30%浓度以外，在任何温度和浓度下都是耐蚀的，腐蚀率均小于 1.0mm/a。氢氟酸中有氧时，合金的腐蚀率加大，耐腐蚀性下降。在受拉伸应力条件下，在氢氟酸中 Ni68Cu28Fe 合金有应力腐蚀破裂倾向，在实验室和实际使用中都曾观察到应力腐蚀破裂现象。因此，在实际使用时应注意消除设备、部件中存在的残余应力，同时还要防止充入氧或加入氧化剂，及尽可能不使合金与氢氟酸蒸气相接触。图 7-3 是 Ni68Cu28Fe 合金在氢氟酸中的等腐蚀速率图线。

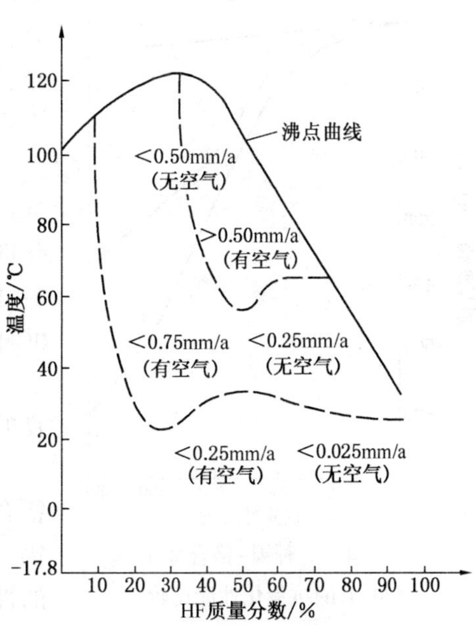

图 7-3　Ni68Cu28Fe 合金在 HF 酸中的等速率曲线

Ni68Cu28Fe 合金对浓硫酸、硝酸等氧化性酸，对 Cu^{2+}、Fe^{3+} 的硫酸盐、氧化性盐，以及 KCl、$NaNO_3$ 等的熔融盐都是不耐蚀的。

在氯化物盐、硫化物盐、硝酸盐、醋酸盐和碳酸盐中，NCu28-2.5-1.5 合金有较好的耐蚀性，甚至在热浓盐中腐蚀率一般小于 0.0025mm/a。所以真空制盐工业中的许多重要设备都用该合金制作。

Ni68Cu28Fe 合金在天然水、蒸馏水、天然海水、酸性矿井水、核反应堆高纯水中极耐蚀，很少发现有孔蚀和应力腐蚀发生。

在化学和石油工业、制盐工业和海洋开发工程中，Ni68Cu28Fe 合金较多用于制造各种换热设备、锅炉给水加热器、石油、化工用管道、容器、塔、槽、反应釜、弹性部件以及泵、阀、轴等。该合金有优良的冷、热加工性能，产品的规格品种齐全，有板、管(包括焊管)、丝、带、棒、锻件等产品。

7.3 镍铬(Ni-Cr)合金

镍铬合金按 Cr 含量不同，大致可分为 15%~25%Cr，30%~35%Cr，~40%Cr 和~50%Cr 四类。为进一步提高合金的耐蚀性、强度等，还添加 Fe、Ti、Nb 等元素。

铬是易钝化元素，加入铬可使材料的钝化性能增大，材料的耐蚀性，特别是耐氧化性酸和氧化性盐溶液，以及抗氧化、抗硫化、耐 V(钒)气体的热腐蚀性能均有提高，同时增加了强度和硬度。但 Cr 含量一般要大于 10%或 20%才能产生明显的效果，在强氧化性的热浓硝酸等介质中，Cr 含量要高达 35%~50%才能达到耐蚀的效果。

典型镍铬合金 NS312，成分为 0Cr15Ni75Fe8，相当于国外的 Inconel 600。NS312 合金在一些弱酸、稀的氧化性和还原性酸中耐蚀性较好。例如在室温醋酸中腐蚀率为 0.0025~0.1mm/a，在大气、各种水介质以及室温海水中有良好的耐蚀性，但在强酸中耐蚀性不良。如在 H_3PO_4和 H_2SO_4溶液中只能在室愠下使用，只耐很稀的盐酸和氢氟酸。此合金在高温(250~350℃)高压水和蒸汽中，在连多硫酸($H_2S_2O_6$)中有应力腐蚀破裂倾向。在静止海水和含 Cl^-离子水溶液中还有孔蚀倾向。0Cr15Nil5Fe 合金耐碱性能优良，在 80%的热浓碱中也耐蚀，腐蚀率小于 0.1mm/a。当碱中有硫化物时，耐蚀性优于纯镍。

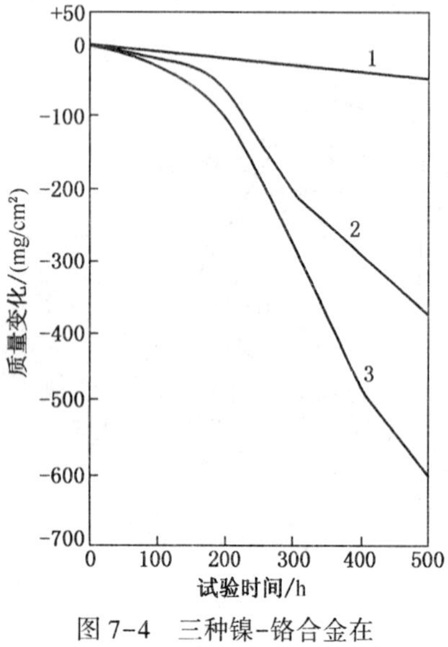

图 7-4　三种镍-铬合金在 1206℃的抗氧化性能比较

1—0Cr23Ni63Fe14Al；2—0Cr20Ni32Fe；3—0Cr15Ni75Fe

在化工、原子能等工业中，NS312 合金常用于制造加热器、换热器、蒸发器、蒸馏釜和蒸馏塔等，也是轻水堆核电厂的重要结构材料。NS312 合金成分简单，易生产，在镍铬合金中价格最便宜，是该系列合金中用量最大的一种。

铬含量进一步提高形成的高铬镍铬合金，如 0Cr23Ni63Fe14Al(NS313 合金)，具有优良的抗高温氧化性能，在 1200℃高温下仍然有较强抗氧化能力。图 7-4 表明，0Cr23Ni63Fe14Al 合金与 0Cr20Ni32Fe 和 0Cr15Ni75Fe 两种合金相比，抗高温氧化性能明显优越，这种合金在含硫或硫化氢的高温气氛中也具有优良的抗腐蚀能力。

铬和铝都是抗氧化性介质性能优越的材料，以镍铬合金为基础将铬含量提高到 35%~50%并加入少量铝，可以获得有优良耐氧化性酸腐蚀和抗高温氧化的性能，例如 0Cr35Ni65Al 合金(NS314)，在沸腾的 98% HNO_3 中仍然有较好耐蚀性，腐蚀速率约为0.35g/(m^2·h)。

7.4 镍钼(Ni-Mo)合金

加入钼可增加镍在还原性酸，特别是盐酸中的耐蚀性。随着钼含量增加，使镍钼合金在盐酸和硫酸中的自腐蚀电位逐渐正移，一般 Mo 含量≥15%时，合金耐蚀性才有明显的改善效果，Mo 含量达到30%时，效果最佳。镍钼合金在氧化性酸溶液中耐蚀性差。

早期发展的镍钼合金为 0Mo20Ni60Fe20，商品牌号为 Hastelloy A(哈氏合金 A)，能耐70℃以下盐酸腐蚀。后来相继发展了耐蚀性、耐热性更高的 0Mo28Ni65Fe5(Hastelloy B)、00Mo28Ni68(Hastelloy B2)和 00Mo28Ni65Fe5V(Corronel 220)等合金。

我国典型的镍钼合金有 NS321 合金，成分标号为 0Mo28Ni65Fe5V，相当于美国牌号哈氏合金 B。它的显著优点是在盐酸中特别耐蚀，在常压下未充入空气的任何温度、任何浓度的盐酸中都是耐蚀的。目前只有 Mo、Zr、W、Ta 等金属的耐盐酸性能超过 Ni-Mo 合金。由于 Ni-Mo 合金抗氧化性介质腐蚀的能力较差，当盐酸中有空气存在时，NS321 合金的腐蚀速率将显著增加。

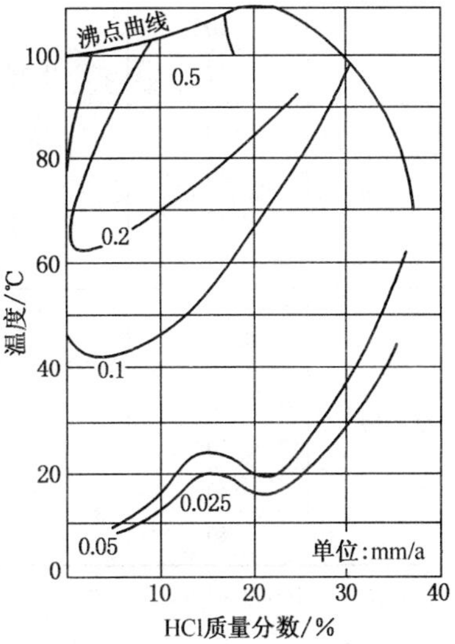

图 7-5　哈氏合金 B 在盐酸中的等腐蚀速率曲线

NS321 合金可耐低于 100℃、不含空气的氢氟酸腐蚀，腐蚀率一般小于 0.150mm/a。在纯磷酸中，不充空气时合金的耐蚀性也较好，在任何浓度和 120℃以下的腐蚀率为 0.15mm/a 以下；但在湿法磷酸中，由于酸中含有氢氟酸、残余硫酸以及铁、铝盐，使合金的腐蚀速率显著增加，腐蚀率高达 25mm/a 以上。在醋酸、冰醋酸、或含 Cl^- 的醋酸中此合金有良好耐蚀性。

NS321 合金在碱溶液中耐蚀性很好。在浓度≤70% NaOH、温度≤120℃条件下，腐蚀率仅为 0.050mm/a。在 165℃、60%和 191℃、70%NaOH 溶液中，腐蚀率≤0.50mm/a。

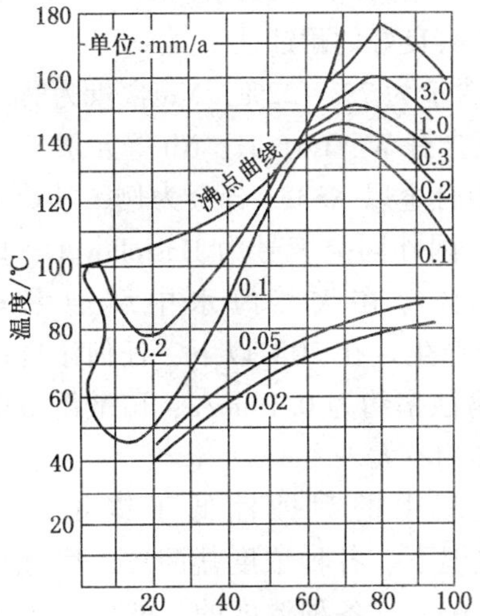

图 7-6　哈氏合金 B 在硫酸中的等腐蚀速率曲线

在高、低温的中性和碱性的非氧化性盐中，NS321 合金的耐蚀性良好，腐蚀率不超过 0.1mm/a。但在氧化性酸性盐中，例如在氯化铁、氯化铜、硫酸铁、硫酸铜等中会受到严重腐蚀，在 2%$CuCl_2$ 和 2%$FeCl_3$ 溶液中腐蚀速率分别高达 3.825mm/a 和 5.850mm/a。

在干的卤素原子中，例如氟、氯、溴等，此合金极耐蚀；但在湿的卤素元素中腐蚀严重，腐蚀率可高达数毫米。

NS321 合金在固溶态时耐蚀性好，但一旦经过焊接，在盐酸、硫酸中会出现严重的晶间腐蚀倾向，在焊缝处出现刀状腐蚀，在热影响区出现晶间腐蚀，两个敏化温度区为1200~1300℃的高温敏化区和 600~900℃的中温敏化区。此种晶间腐蚀倾向即使经快速冷却的固溶处理也无法防止。

图 7-5、图 7-6 和图 7-7 分别给出了典型 Ni-Mo

合金在盐酸、硫酸和磷酸中的等腐蚀速率曲线。表 7-2 是 00Ni68Mo28 合金在不同酸介质中的腐蚀速率数据。

表 7-2　00Ni68Mo28 合金在不同酸介质中的腐蚀速率

介　质	质量分数/%	腐蚀速率/(mm/a)	介　质	质量分数/%	腐蚀速率/(mm/a)
盐　酸	1	0.02	硫　酸	50	0.03
	2	0.08		50	0.05(TIG 焊态)
	5	0.13		50	0.03
	10	0.18		60	0.05
	15	0.28		70	0.23
	20	0.38	醋　酸	10	<0.02
	20	0.51(TIG 焊态)		30	0.01
磷　酸	10	0.05		50	0.01
	30	0.08		70	<0.01
	50	0.15		99(冰醋酸)	<0.01
	85	0.63	甲　酸	10	<0.01
硫　酸	2	<0.02		20	<0.02
	5	0.08		30	<0.02
	10	0.05		40	<0.02
	20	<0.02		60	<0.02
	30	<0.02		89	<0.02
	40	<0.03			

注：试样经 1066℃固溶处理，在工厂实际条件试验。

7.5　镍铬钼(Ni-Cr-Mo)合金

镍铜、镍钼合金在还原性介质中都具有良好的耐蚀性，但在氧化性介质中耐蚀性较差。镍铬合金恰恰相反，在氧化性介质中耐蚀性好，在还原性介质中耐蚀性差。为改善两者的不足，发展了镍铬钼合金。该合金含有大量 Cr、Mo 等元素，并具有单相奥氏体组织，在氧化性和还原性介质中都具有良好的耐蚀性。

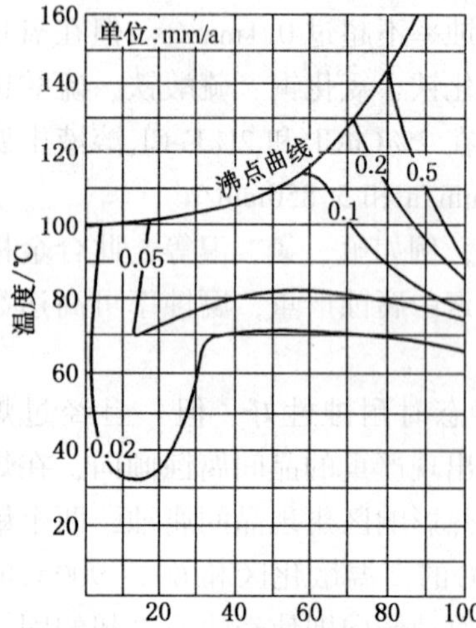

图 7-7　哈氏合金 B 在磷酸中的等腐蚀速率曲线

镍铬钼合金中 Cr 含量为 7%～22%，Mo 含量为2%～18%，有的牌号合金还含有 W、Co、Ti、Nb 等元素。

我国典型的镍铬钼合金以 NS333 合金为例，其成分为 0Cr15Ni60Mo16W4，国外同类牌号为 Hastelloy C，即哈氏合金 C。NS333 合金在天然海水中腐蚀率≤0.025mm/a，且无孔蚀产生。在 70℃以下、任何浓度的硫酸溶液中都耐蚀，腐蚀率约为 0.1mm/a，硫酸溶液中有无空气，对耐蚀性影响不大。

NS333 合金在盐酸中的耐蚀性低于镍钼合金(Hastelloy B)。但在室温下、各种浓度盐酸中，腐蚀率不高于 0.10mm/a；在 65℃、各种浓度的盐酸中也不小于 0.5mm/a。盐酸中是否充氧，对耐蚀性无显著影响。图7-8和图 7-9 分别是哈氏合金 C 在硫酸和盐酸中的等腐蚀速率曲线。

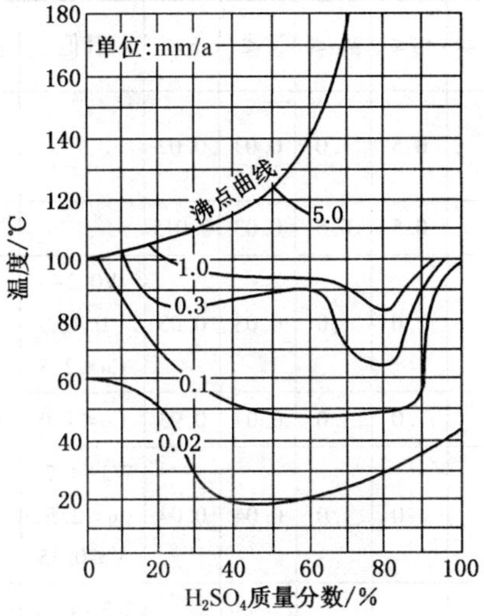

图 7-8 哈氏合金 C 在硫酸中的等腐蚀速率曲线

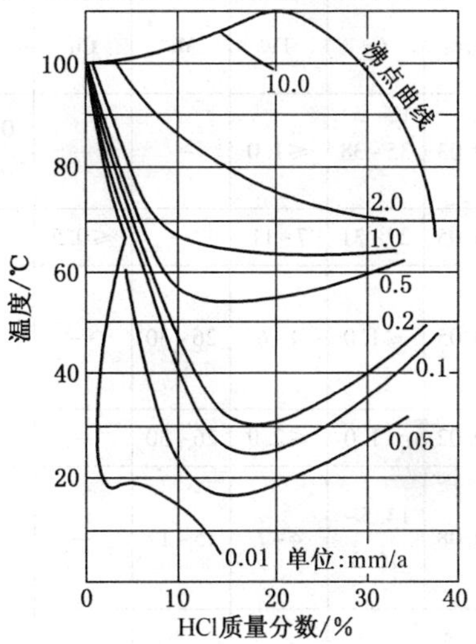

图 7-9 哈氏合金 C 在盐酸中的等腐蚀速率曲线

NS333 合金在室温的氢氟酸中腐蚀率不超过 0.25mm/a，在低于 100℃的磷酸中腐蚀率低于 0.05mm/a，在腐蚀温度、55% H_3PO_4+0.8% HF 的条件下，腐蚀率不大于0.75mm/a。因此，在湿法磷酸生产中耐蚀性极佳。

NS333 合金耐除氟气以外的干卤素气体，如氯、溴、碘的腐蚀，在 60℃的干氯气中腐蚀率仅为 0.0050mm/a，在 80℃以下的湿氯气中也是耐蚀的，例如在 38℃的湿氯气中腐蚀率为 0.0025mm/a，在 77℃的湿氯气中腐蚀率为 0.020mm/a。该合金是少量能耐干、湿氯气腐蚀的材料之一，可在干、湿氯气交替腐蚀条件下使用。

NS333 合金能耐高温 HF 气体腐蚀。在 550℃以下的 HF 气体中腐蚀率为 0.04mm/a，在 750℃时，腐蚀率为 0.16mm/a，所以可在≤750℃的 HF 气体中使用，而且在有氧存在的 HF 气体中对腐蚀率无明显影响。

00Cr15Ni60Mo16W4 合金(NS334)，成分相当于国外的 Hastelloy C-276，其中碳含量不超过 0.02%，Si 含量不超过 0.08%，碳化物和金属间相的析出量减少，耐晶间腐蚀的能力提高。在此基础上进一步降低碳含量和 Fe 含量，去除 W 而加入稳定碳化物的元素 Ti，则可以进一步提高耐晶间腐蚀的性能，由此形成 00Cr16Ni63Mo16Ti 合金，我国牌号为 NS335，相当于 Hastelloy C-4。这两种合金都是综合耐蚀性优良的高等级镍基耐蚀合金。

镍基耐蚀合金主要由 Ni、Cr、Mo、Cu 等稀缺的合金元素构成，价格昂贵，限制了其应用范围。但在高温、强腐蚀环境下，特别是高温非氧化性酸腐蚀环境中，镍基耐蚀合金仍然有着其他材料无法替代的位置。表 7-3 列出了一些典型的镍基耐蚀合金的牌号与化学成分。

表 7-3 常用镍基耐蚀合金的牌号与化学成分 %

合金牌号	C≤	Cr	Fe	Mo	Cu	Al	Ti	Si≤	Mn≤	P≤	S≤	其他	国外相应牌号
NS312	0.15	14~17	6~10	—	≤0.5	—	—	0.5	1.0	0.03	0.015		Inconel 600
NS313	0.10	21~25	10~15	—	≤1.0	1~1.7	—	0.5	1.0	0.03	0.015		

续表

合金牌号	C≤	Cr	Fe	Mo	Cu	Al	Ti	Si≤	Mn≤	P≤	S≤	其他	国外相应牌号
NS314	0.03	35~38	≤1.0	—	—	0.2~0.5	—	0.5	1.0	0.03	0.02		
NS315	0.05	27~31	7~11	—	≤0.5	—	—	0.5	0.5	0.03	0.015		Inconel 690
NS321	0.05	≤1.0	4~6	26~30	—	—	—	1.0	1.0	0.03	0.03	V0.2~0.4, Co≤2.5	Hastelloy B
NS322	0.02	≤1.0	≤2.0	26~30	—	—	—	1.0	1.0	0.04	0.03	Co≤1.0	Hastelloy B2
NS333	0.08	14.5~16.5	4~7	15~17	—	—	—	1.0	1.0	0.04	0.03	W3~4.5, Co≤2.5, V≤0.35	Hastelloy C
NS334	0.02	14.5~16.5	4~7	15~17	—	—	—	0.08	1.0	0.04	0.03	W3~4.5, Co≤2.5, V≤0.35	Hastelloy C-276
NS335	0.015	14~18	≤3.0	14~17	—	—	≤0.7	0.08	1.0	0.04	0.03	Co≤2.0	Hastelloy C-4
NS336	0.10	20~23	≤5.0	8~10	—	≤0.4	≤0.4	0.5	0.5	0.015	0.015	Nb3.15~4.15, Co≤1	Inconel 625
NS341	0.03	19~21	≤7.0	2~3	1~2	—	0.4~0.9	0.7	1.0	0.03	0.03		
Ni68Cu28Fe	0.16	—	1~2.5	—	28~34	≤0.5	—	0.5	1.25	—	0.02		Monel 400

第 8 章　其他有色金属及合金

8.1　钛和钛合金

钛是地球上蕴藏量占第 4 位的金属元素，仅次于铝、镁和铁。

高纯钛是一种强度低、塑性好的金属，用碘化法制得。其杂质总量小于 0.05%。力学性能为 σ_b < 255MPa，$\sigma_{0.2}$<170MPa，δ>50%，ψ = 70% ~ 80%。实际应用的工业纯钛，纯度在 99.5%以下杂质含量增高，塑性显著降低，常见的杂质是铁、硅、氮、氧和氢。

根据使用要求发展了多种系列的钛合金，如强度钛合金、耐蚀钛合金、功能钛合金等，生产中常用的是工业纯钛和耐蚀钛合金。

8.1.1　物理性能和力学性能

钛的密度小(约为钢的 57%)、强度高、比强度高(强度/密度)。钛的屈强比(0.7~0.9)比一般耐蚀钢(0.4~0.5)高，延伸率比不锈钢低，弹性模数也小(约为不锈钢的一半)，加工成型相对较困难，钛的导电性和导热性较差(与不锈钢大体类似)。表 8-1 列出了钛与铝和铁的主要物理性能比较。

表 8-1　钛与铝和铁的主要物理性能比较

	铝	钛	铁
熔点/℃	660	1668	1535
密度/(g/cm^3)	2.7	4.5	7.8
导热系数/(cal/cm · s · K)	0.52	0.036	0.19
线膨胀系数/(10^{-6}/℃)	22.9	9.0	11.7

工业纯钛可承受锻造、轧制、挤压等加工措施，也可加工成形和焊接。热加工温度为 200~400℃，可进行弯曲、胀管、拉拔和弯边等。常用氩弧焊焊接钛材，焊后一般不进行热处理，可在 400~450℃保温 6~8h。工业纯钛也用通用设备切削，但对切削工具表面有较大粘结性，切削速度宜小，切削深度宜大，应充分使用切削剂。

工业纯钛加热时力学性能有较大幅度变化。随着温度升高，钛材和焊缝的强度下降，断面收缩率增加，延伸率增加不明显。表 8-2 列出了工业纯钛的化学成分和主要机械性能，可以看到，随着工业纯钛中的杂质元素含量升高，其强度增大，而延伸率降低。

表 8-2　工业纯钛的化学成分和主要机械性能

元素牌号	O/%	N/%	C/%	H/%	Fe/%	Si/%	σ_b/MPa	δ/%
TA1	0.10	0.03	0.05	<0.015	<0.15	<0.10	343~579	30~40
TA2	0.15	0.05	0.05	<0.015	<0.30	<0.15	441~588	25~30
TA3	0.15	0.05	0.10	<0.015	<0.30	<0.15	539~686	20~25

8.1.2 耐腐蚀性能

钛属于热力学极不稳定的金属，化学性质很活泼。Ti^{2+}的标准电极电位很负，为-1.63V（氢标）。但钛有非常强的钝化能力，钛在许多介质中极耐腐蚀，是由于钝化生成不溶性的钝化膜所致。图 8-1 是 Ti-H_2O 体系在 25℃ 和 100℃ 下的相稳定性图，在 $TiO_2 \cdot H_2O$ 的存在区域，Ti 能够稳定地钝化；在较高的 pH 条件下，Ti 会溶解为 $HTiO_2^-$离子而发生腐蚀，但由于腐蚀动力学过程较慢，腐蚀速率并不高。当温度由 25℃ 提高到 100℃时，溶解/钝化的边界由 pH=12 负移到大约 pH=8。因此，钛的耐腐蚀性能取决于能否钝化。在不能钝化的条件下，钛的耐蚀性不高，甚至有时还会发生较强烈的化学反应。在电位较负的情况下，Ti 会形成氢化物 TiH_2，这种氢化物是脆性的，会损害 Ti 的力学性能。

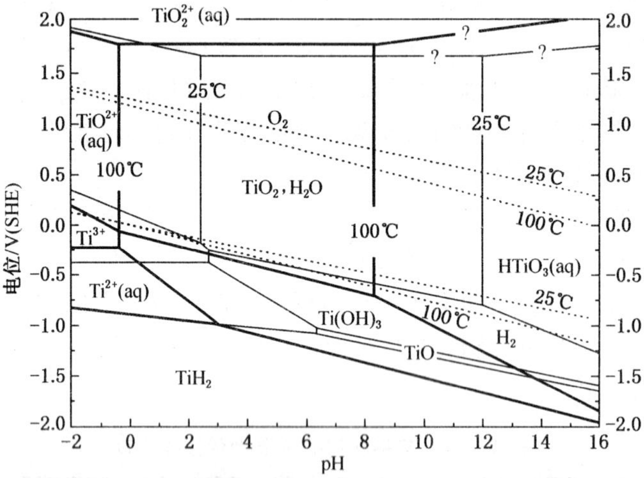

图 8-1 Ti-H_2O 体系在 25℃ 和 100℃ 下的相稳定性图

钛表面通常总覆盖着在空气中生成的 TiO_2膜，在空气中这层膜保护性极好，使钛不再被腐蚀。当把钛浸入强腐蚀性酸溶液中，这层 TiO_2膜会溶解，导致电极电位变负，钛开始溶解，产生较强烈的腐蚀。Ti 在强腐蚀性酸溶液中的阳极极化曲线是比较典型的活性-钝化曲线。而且钝化区的电位范围相当宽，甚至能达到几伏的电位区间。在强腐蚀性酸介质中使用氧化剂作缓蚀剂，或采用阴极保护，都能促使钛进入钝化，保护钛不被腐蚀。钛的钝化膜抗 Cl^-离子穿透能力强，具有优良的抗氯离子孔蚀能力，这一性能大大优于不锈钢。

使钛钝化膜处于稳定状态的介质一般均为氧化性、中性或弱还原性的，如海水、氯化物溶液、污水、氧化性酸溶液、浓度低于 3%的盐酸和浓度低于 4%的硫酸等。钛在海水中完全耐蚀，且耐孔蚀；在氯化物溶液或海水中一般不发生孔蚀；在王水、次氯酸钠（约 100℃）、氯水、湿氯气（<75℃）等介质中有很好的耐蚀性。工业纯钛在任何浓度的硝酸中，在 100℃以下，腐蚀速率均小于 0.1mm/a。钛在沸腾的铬酸中也耐蚀。钛在有机酸中的腐蚀速率视酸的还原性或氧化性大小而定。在醋酸、柠檬酸、酒石酸、乳酸和鞣酸中钛的耐蚀性好。在无空气的热甲酸、热草酸、浓三氯乙酸和氨基磺酸等为数不多的有机酸介质中耐蚀性不好。大部分非氧化性酸中通入空气可以促使钛钝化，提高钛的耐蚀性。在含有 Cl^-、Br^-、I^-等卤素离子的醋酸中钛的耐蚀性不好。钛对碱性介质非常耐蚀，在温度约 110℃，浓度约 70%NaOH 中，钛的腐蚀率低于 0.127mm/a，但在沸腾的、pH>12 的碱液中钛有吸氢脆化的危险。

使钛的钝化膜破坏的介质有还原性酸或强氧化性介质，主要有氢氟酸、氟硼酸、氟硅酸、浓度大于3%的盐酸和大于4%的硫酸，但在含有氧化性酸的还原性酸(混酸)、或含有氧化剂的还原性酸中钛能钝化而耐蚀。例如，在沸腾的10%硫酸溶液中添加1%$FeCl_3$，钛的腐蚀率可保持小于0.02mm/a；在室温的浓硝酸与浓硫酸的混酸(6∶4)中钛也耐蚀。在20℃硫酸(52%~14%)+硝酸(48%~83%)的混酸中，钛的腐蚀率为0.03 mm/a。

钛在无水的氧化性介质中将发生激烈的化学反应，如在干氯气或含NO_2的硝酸(发烟硝酸)等强氧化剂中，能产生激烈的自燃着火爆炸事故。但在湿氯气中有极好的耐蚀性，腐蚀率几乎为零(<90℃)。要使钛在氯气中保持可靠的稳定性，氯中含水量不得低于0.5%。在气态或饱和水的二氧化硫和硫化氢中钛都耐蚀。

在371℃以下钛可以抗空气或氧气的热氧化，在649℃以上没有抗氧化能力。

8.1.3 钛的特殊腐蚀形式

(1) 着火和爆炸

在发烟硝酸、干氯气、液溴、固体结晶碘以及纯氧气中，钛会发生着火和爆炸。国内外均报道过化工厂中钛设备发生的这类事故。在发烟硝酸中，如果NO_2过量(2%以上)，由于水含量不足可能导致Ti的强烈放热反应而发生爆炸，图8-2显示了发烟硝酸中H_2O和NO_2含量对Ti发生爆炸的可能性的影响。按国内规定，钢瓶装氯气的水含量应小于0.06%，故钢瓶不能使用钛材。国外提出在200℃的氯气中水含量大于1.5%时，才能确保维持钛的钝化而安全使用。在纯氧中，钛和钛合金只要暴露出新生的钛表面(断裂或擦伤)，都会在常温下发生自燃。工业纯钛自燃的临界氧压为2.0~2.5MPa，因此在吹入纯氧的化工过程中，必须考虑到钛设备自燃的可能性。

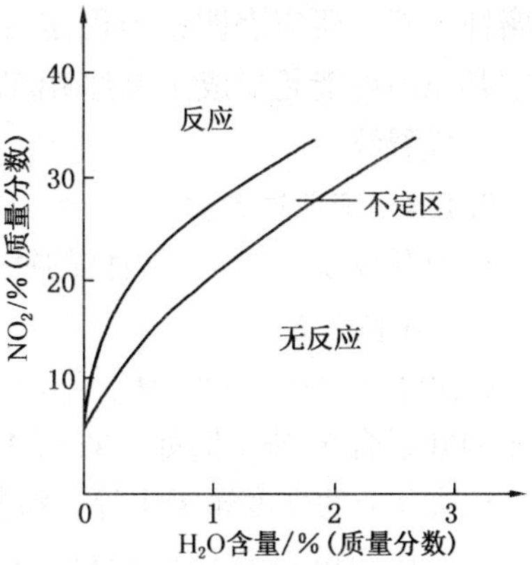

图8-2 发烟硝酸成分对钛发生爆炸的可能性的影响

(2) 缝隙腐蚀

在高温的NaCl、NH_4Cl等氯化物溶液，在氧化剂缓蚀的盐酸溶液、草酸、甲酸，甚至在湿氯气和含氯大气中，钛均会发生缝隙腐蚀。

除高温和高浓度的$ZnCl_2$、$AlCl_3$和$CaCl_2$外，钛在各种氯化物溶液中的腐蚀速率都很小。但在pH<10、温度>93℃的大部分氯化物中钛有较严重的缝隙腐蚀的倾向。例如四川某厂真空制盐一效钛管加热室，运转温度140~150℃，pH值为5.5~6.5，使用2年后发现沉积物(结垢)下隙缝处发生严重缝隙腐蚀，有些地方甚至发生穿孔。上海某厂钛制列管式湿氯气冷却器，进口端湿氯气温度为80~90℃，出口端温度约为40℃，因缝隙腐蚀而损坏。

(3) 吸氢和氢脆

在含氢气氛和高温(>300℃)氢气氛，在海水中电位小于-0.70V的阴极状态，在还原性酸腐蚀时，钛在发生缝隙腐蚀的过程中都会出现吸氢现象。随着吸氢量的增加，在组织中产生针状氢化物，并可能会产生微裂纹，造成氢致开裂。钛材因全面积吸氢而脆化，导致氢脆破坏。国内外均有此破坏的事故报道。

(4) 电偶腐蚀

在电解质溶液中，钛与其他金属接触时一般都处于阴极，不会加速钛的腐蚀，但会发生钛的阴极吸氢和氢脆，加速偶接金属的腐蚀。如常用的有色金属锌、铝、黄铜、青铜和白铜等，电位均比钛负得多，与钛偶接后，产生电偶腐蚀可能性极大。

（5）孔蚀

与不锈钢和铝合金比较，钛的孔蚀倾向极小，在中性饱和的高浓度氯化物溶液中，温度不高时不会产生孔蚀，但当温度升高时会产生孔蚀。例如，在80℃、72%~80%的$FeCl_3$溶液，150~175℃、61%~73%的$CaCl_2$溶液，沸腾的42%$MgCl_2$溶液及175℃、72%的$CaCl_2$溶液中都会发生孔蚀。在120~130℃、99%的冰醋酸和甲酸中，也曾发现钛产生孔蚀的现象。

（6）应力腐蚀破裂

在不锈钢产生应力腐蚀破裂的介质条件下，钛一般不产生应力腐蚀破裂。但在高应力下，在发烟硝酸、N_2O_4、含氯化物的醇系有机溶剂、盐酸等腐蚀介质条件下，钛会产生应力腐蚀破裂。研究表明，当稳定α相的元素Al、Sn和O的含量增大时，应力腐蚀抗力下降，其原因可能是形成了有序相Ti3Al和Ti3(Al，Sn)，阻碍了滑移，促使局部应力升高，易于形成裂纹。

8.1.4 工业钛合金

已经开发了多种不同类型的钛合金，可以依其组织分为四大类：α、近α、$\alpha+\beta$和β。

（1）α钛合金

α钛合金包括工业纯钛、不同含铅量的Ti-Al系合金、Ti-Al-Sn系合金、Ti-Cu系合金及Ti-Pd系合金等。例如：Ti-5Al(TA6)、Ti-5Al-2.5Sn(TA7)、Ti-2.5Cu、Ti-0.18Pd等。α钛合金的强度属于中等，抗拉强度一般在700MPa左右，其共同特点是焊接性好、组织稳定，作为单相组织耐蚀性较好，但加工性能较差。

（2）$\alpha+\beta$钛合金

$\alpha+\beta$系列钛合金主要有Ti-Al-Mn(TC1、TC2)、Ti-Al-V(TC3、TC4)、Ti-Al-Cr(TC5、TC6)、Ti-Al-Mo(TC8、TC9)等系列，其特点是强度高，如Ti-Al-V和Ti-Al-Mo系合金经过热处理后抗拉强度可以超过1200MPa。其中应用最多的是Ti-6Al-4V合金。

Ti-6Al-4V合金有良好的机械性能和工艺性能，可以加工成棒材、型材、板材和锻件等形式。固溶态的抗拉强度达到1200MPa，工作温度可以达到380℃。Ti-6Al-4V合金在所有钛合金中用量最大，多用做航空工业中的压气机叶片、轮盘、紧固件等及化工中的高压容器，如果将合金中的氧、氮含量控制到很低，还可以在深低温保持良好塑性，制作低温高压容器。

（3）近α钛合金

合金中的β相对抗蠕变性能不利，但对改善合金的加工性能和进行热处理强化有利，因此发展了含有少量β相的近α钛合金，包括Ti-2.25Al-11Sn-5Zr-1Mo-0.25Si(Ti-679)，Ti-6Al-5Zr-0.5Mo-0.25Sn(Ti-685)，Ti-7.7Al-11Zr-0.6Mo-1Nb(BT18)等。这类合金的抗蠕变性能和热稳定性都很好，强度在1000MPa左右，工作温度可达450℃。可用于发动机高压压气机叶片、盘等部件。

（4）β钛合金

β钛合金属于高强钛合金，如我国的Ti-3Al-8Mo-11Cr(TB1)和Ti-5Mo-5V-8Cr-3Al(TB2)合金，其固溶态的抗拉强度为1000MPa左右，而经固溶+时效处理后，强度最高可达1400~1500MPa。但高强β合金耐热性较差，一般工作温度小于300℃。

8.1.5 耐蚀钛合金——钛钯合金(Ti-Pd 合金)

钛合金具有比不锈钢更为优良的钝化性能，但是在强还原性酸中，因为钝化膜不能稳定存在，仍然不够耐蚀。如果在钛合金中加入少量钯(0.1%~0.5%)，由于钯的电位比钛更正，在 Ti-Pd 合金中 Pd 能够作为阴极性物质促进钛在还原性酸介质中的阳极钝化，提高钛材在还原性介质中的耐蚀能力。常用的钛钯合金有 TA9(Ti-0.2Pd)，工艺及力学性能与纯钛相似。

TA9(Ti-0.2Pd)合金在室温、40% H_2SO_4，室温、20%HCl，沸腾的 5% H_2SO_4 和 60℃、10%HCl 中具有较好的耐蚀性，腐蚀速率都为 0.1~0.2mm/a 以下。而工业纯钛在室温、5% H_2SO_4 和 7.5%HCl 不耐蚀，腐蚀速率达 0.8mm/a。TA9(Ti-0.2Pd)合金在高温、高浓度的氯化物溶液中还具有优异的抗缝隙腐蚀的能力。在 3%NaCl 溶液中可以用到 250℃，而工业纯钛在 170℃左右就会发生缝隙腐蚀。因此，钛钯合金可以在弱的、中等的还原性酸、氧化性和还原性交替的介质以及高温、高浓度、低 pH 值的各种氯化物环境中使用，但在强氧化性酸介质中是不耐蚀的。

此外，钛镍钼(Ti-0.3Ni-0.8Mo)合金和钛钼(Ti-Mo)系列合金都具有很强的耐还原性腐蚀介质的性能。几种典型耐蚀钛合金的化学成分如表 8-3 所示。

表 8-3 几种典型耐蚀钛合金的成分

合金	化学成分/%								
	Ti	H	O	N	Fe	Pd	Ta	Mo	Ni
Ti-Pd		≤0.010	≤0.20	≤0.05	≤0.05	0.10~0.20			
Ti-Ta		≤0.010	≤0.20	≤0.05	≤0.25		4.0~6.0		
Ti-Mo		≤0.010	≤0.20	≤0.05	≤0.25			10~32	
Ti-Mo-Ni		0.013	0.13	0.013	0.056			0.30	0.80

8.1.6 钛材的应用

由于 Ti 合金优异的比强度，在航空、航天工业中得到了广泛应用，大量用于制造飞机与航天器中的重要结构件。在化工、石油化工生产中，钛和钛合金已是重要的耐蚀金属材料，目前，化工生产中的钛材用量占我国钛材总产量的 80%以上。钛的应用领域已扩展到氯碱、纯碱、化肥、化纤、染料、农药、合成塑料、有机化工、炼油、制盐、造纸、电镀、食品、动力、海水淡化、医疗卫生、环保等几十个行业。钛制化工设备有各种形式的换热器、蒸发器、反应釜、分离器、泵、阀、管道等。在高温醋酸、甲酸介质中，钛材比各种不锈钢的耐蚀性有着明显优势，用于容器、反应器管道、塔器等设备。电解工业中有钛制阴极母板、钛列管加热器和钛阴极辊。真空制盐工业用 Ti-Ni-Mo 材料制造一效真空加热室，使用多年情况良好。钛合金由于其高比强度和在人体液中的优良耐蚀性，在医疗业中用钛作为外科植入材料、钛股骨、钛肱骨、钛下颌骨、人造椎骨体、人造关节等，以及钛心脏瓣膜、钛牙冠、牙桥和各种口腔植入体。

8.2 镁及镁合金

8.2.1 概述

镁是有色轻金属，密度为 1.74g/cm³，镁在现代工业合金使用的金属中密度最小。其突出特点是优异的强度质量比。镁的熔点为651℃，与铝的熔点相近。比热容和膨胀系数比较大，弹性模量则比较小。

纯镁的耐蚀性能很差，不能广泛地作为结构材料使用，但加入一些合金元素制成镁合金，并通过制造工艺加以控制，获得的系列镁合金可以大大改善镁合金的耐蚀性，使之在飞机、导弹、卫星等航空、航天和军工中获得广泛地应用。我国有丰富的镁资源，可以考虑进一步拓宽其应用。

8.2.2 工业镁合金

镁合金可分为铸造镁合金(ZM)和变形镁合金(MB)两大类。变形镁合金按照合金成分又可以分为不同系列，变形镁合金按应力腐蚀开裂倾向还可分为两类：一是无应力腐蚀开裂倾向，如 Mg-Mn，Mg-Mn-Ce，Mg-Mn-Zr；二是有应力腐蚀开裂倾向，如 Mg-Al-Zn。以下例举几种常用的镁合金。

(1) 高强铸造镁合金

这类合金具有较高的室温强度和良好的铸造工艺性，但耐热性较差，长期工作温度不超过150℃。典型的国产高强铸造镁合金成分如表8-4。

表8-4 高强铸造镁合金牌号与成分

合金牌号	主要合金元素含量/%				
	Al	Mn	Zn	Zr	Cd
ZM5	7.5~9.0	0.15~0.5	0.2~0.8		
ZM1			3.5~5.5	0.5~1.0	
ZM2		0.7~1.7	3.5~5.0	0.5~1.0	

其中ZM5合金是国内应用最广泛的 Mg-Al-Zn 系铸造合金，铸造性能良好，经过热处理后，抗拉强度可以达到250MPa，屈服强度为100MPa左右。

(2) 高强变形镁合金

表8-5列出了几种高强变形镁合金的化学成分，其中MB1与MB8属 Mg-Mn 系，由于锰容易与有害元素铁化合，从而清除了铁对耐蚀性的不利影响。Mg-Mn 系合金有优良的耐蚀性，特别是耐海水腐蚀能力较强，当 Mn 含量在1.5%~4.0%之间时，Mg-Mn 合金有较低的腐蚀速率。

表8-5 几种国产变形镁合金的化学成分

合金牌号	合 金 元 素/%			
	Mn	Ce	Al	Zn
MB1	1.3~2.5			
MB8	1.5~2.5	0.15~0.35		
MB2	0.2~0.6		3.0~4.0	0.4~0.6
MB3	0.2~0.6		3.8~4.5	0.8~1.4
MB15	~0.1	Zr 0.3~0.9		5.0~6.0

MB2 和 MB3 属 Mg-Mn-Zn 系合金，强度和耐腐蚀性均属于中等。

MB15 是国产 Mg-Zn-Zr 系变形镁合金，其抗拉强度和屈服强度都相当高，分别达到300MPa左右和250MPa左右，超过其他牌号的变形镁合金，多用做航空工业中的受力件如机翼长桁、翼肋等。

(3) 超轻镁合金

锂的密度只有 0.513g/cm^3，因此由镁和锂组成的 Mg-Li 合金是最轻的金属结构材料，其密度在 1.30～1.65g/cm^3 之间，称超轻合金。Mg-Li 合金强度较高，抗拉强度最高达 300MPa 左右，且加工工艺性能和焊接性能都很好，不足之处是化学活性高，耐蚀性比一般的镁合金还低，有明显的应力腐蚀倾向，综合性能有待进一步提高。

8.2.3 镁及镁合金的腐蚀行为

(1) 电化学特性

镁是一种非常活泼的金属，在 25℃ 时的标准电位为-2.34V。图 8-3 所示为镁-水系电位-pH 平衡图。

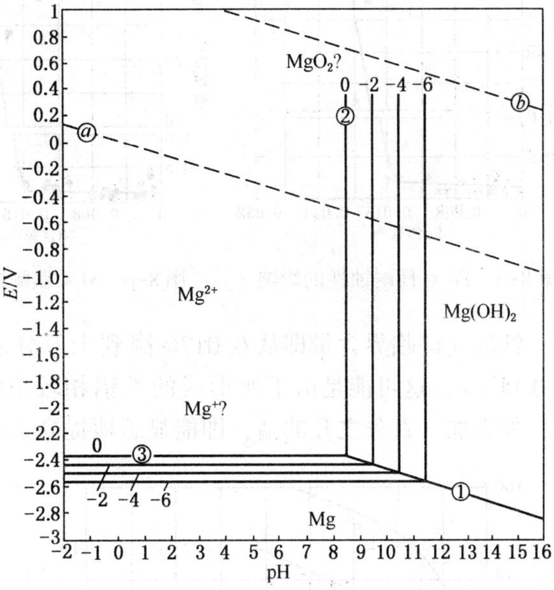

图 8-3 镁-水系 25℃时电位-pH 平衡图

图 8-3 显示，①③线以下为镁的热力学稳定区，即免蚀区，其位置大大低于水的稳定区；②③线左上侧为腐蚀区；②①线右上侧为镁的钝化区，镁表面上覆盖一层 $Mg(OH)_2$膜层。

镁在其他介质中的电化学特性随介质不同而不同，其自然腐蚀电位多在-1.5V左右。镁合金的电化学特征与镁类似，不过它还受到诸多冶金因素(如化学成分、制造工艺等)的影响。

(2) 镁及镁合金的腐蚀特征

镁合金电位很负，表面极易氧化形成一层氧化膜，与铝氧化膜不同的是，镁的氧化膜是疏松多孔的(MgO/Mg=0.8)，它不具备完好保护的功能，且化学腐蚀速率很大。但采用钝化封孔的处理方法可以使其耐蚀性大为提高。

镁合金的电化学腐蚀以析氢为主，腐蚀形态有均匀腐蚀、孔蚀和应力腐蚀开裂等。

(3) 冶金因素对镁合金腐蚀行为的影响

① 化学成分。图 8-4 所示为 17 种合金元素对镁基二元合金在 3%NaCl 溶液中耐蚀性的影响。最有害的是 Fe、Ni、Co、Cu 等，这些元素通常以杂质元素形式存在，Fe 不能溶于固溶态镁中，以金属铁形式分布于晶界处，而 Ni、Cu 等在镁中溶解度很小，常形成 Mg_2Ni、Mg_2Cu 等金属间化合物，以网状形式分布于晶界处，降低镁合金的耐蚀性能。图 8-5、图 8-6、图 8-7 分别是 Fe、Ni、Cu 元素对镁耐蚀性的影响，结果表明，Fe、Ni、Cu 的含量必须控制在一定的临界值以下，否则腐蚀速率会随这些元素含量增加而迅速升高。纯镁中 Fe 的临界含量大约为 0.017%。

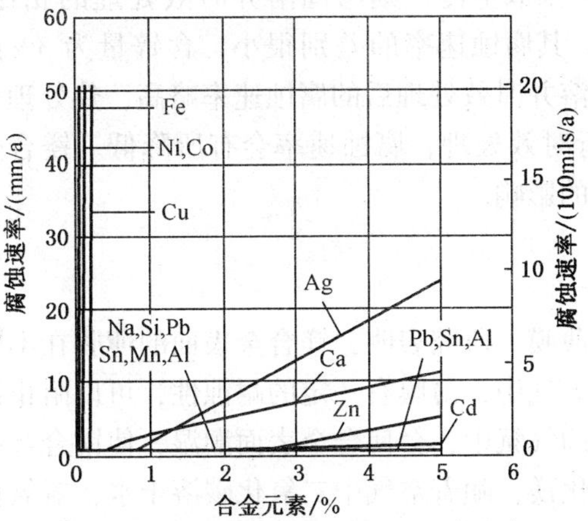

图 8-4 合金元素对 Mg-M 二元合金在 3%NaCl 溶液中耐蚀性的影响

铁在镁铝二元合金中允许的临界含量明显比在纯镁中更低，即使当铝含量只有百分之几

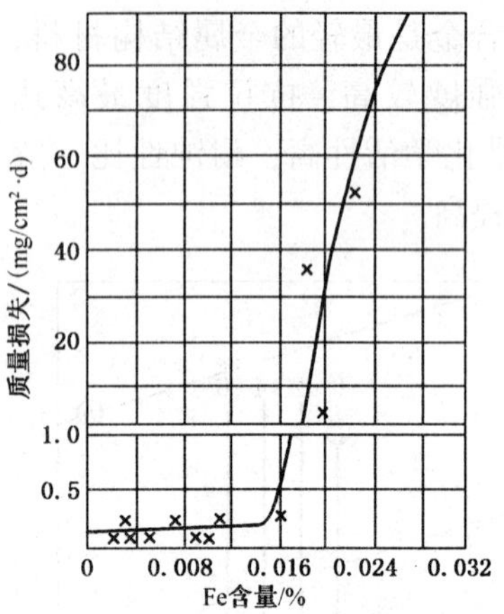

图 8-5　Fe 对镁耐蚀性的影响

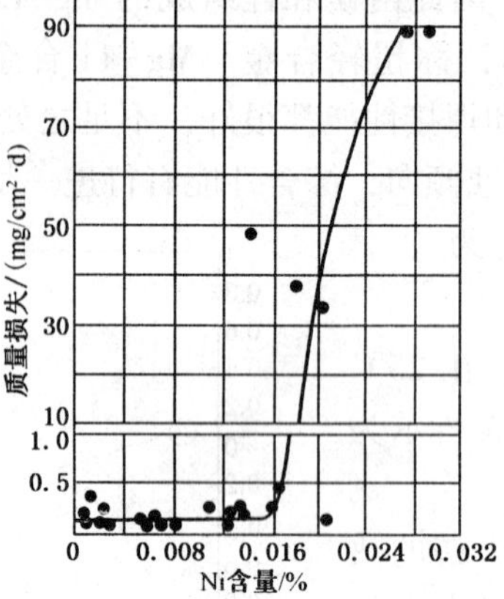

图 8-6　Ni 对镁耐蚀性的影响

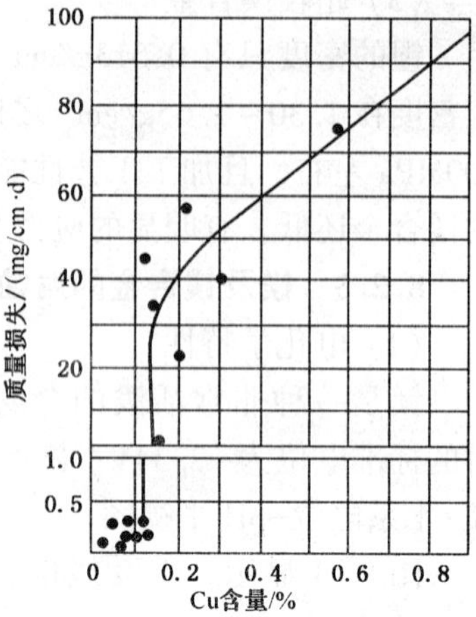

图 8-7　Cu 对镁耐蚀性的影响

时，铁的允许临界含量即从 0.017%降到十万分之几；如铝的含量为 7%，则铁的临界含量为 0.005%，这可能是由于所形成的铁铝相较单独存在的铁颗粒的活性更大。在铝镁合金中，如果加入百分之几的锰，即能显著地提高杂质的临界含量。

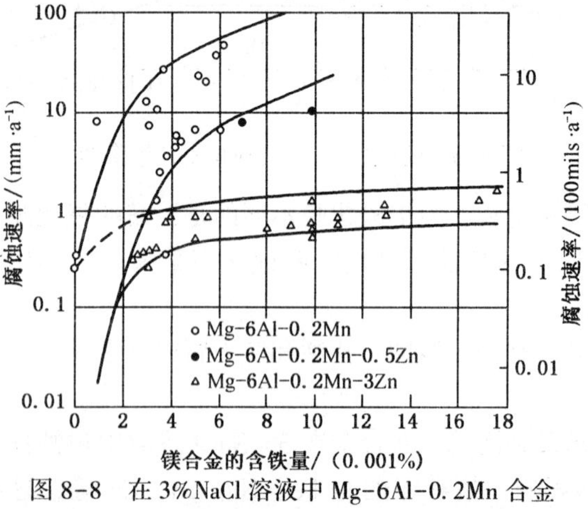

图 8-8　在 3%NaCl 溶液中 Mg-6Al-0.2Mn 合金的含锌量对腐蚀速率和含铁量关系的影响

图 8-8 表示 Mg-6Al-0.2Mn 合金的 Zn 含量对合金在 3%NaCl 溶液中的耐蚀性和临界 Fe 含量的影响。0.5%的锌并不改变铁的临界含量(0.002%)，但它在含铁较高时却使腐蚀速率下降；加入 3%锌，使铁的临界含量提高到 0.003%，并使铁含量高于 0.003%的合金的腐蚀速率下降。锌的加入，对提高镍和钢的临界含量也有类似的作用。

② 制造工艺。对于含锌量为 1%以下的镁铝锰合金，如果热处理在固溶处理时采取空冷，则与固溶并时效处理的相比，其腐蚀速率的差别很小。含锌量为 3%的合金，如果采用相似的冷却，则仅固溶处理比固溶并时效处理后的腐蚀速率略高，热处理会使腐蚀速率提高 2~5 倍，如果固溶处理后再进行时效处理，腐蚀速率会有所降低。镁合金的冷加工，如拉伸和弯曲，对腐蚀速率没有明显的影响。

8.2.4　镁及镁合金的耐蚀性

(1) 镁合金在大气中的耐蚀性

暴露在大气中的镁合金表面会迅速形成一层薄膜。研究表明，镁合金表面的薄膜在不同的大气环境下表现相差很大，在不含盐分的农村大气中，薄膜有一定的耐蚀性，可以阻止镁合金进一步腐蚀；但在含氧化物、硫酸盐等杂质的气氛中，会使合金表面潮湿，使镁合金进一步腐蚀。镁合金在大气中的腐蚀最初形成氢氧化镁，随着空气中二氧化碳溶于水，氢氧化镁会逐步变成水合碳酸盐，如果在工业大气中含有硫化物气体，则最终产物中还将有硫酸盐。

镁合金在大气中的耐蚀尽管不如铝合金，但比低碳钢要好，表 8-6 为镁合金、铝合金、低碳钢耐大气腐蚀之比较。

表 8-6　铝合金、镁合金、低碳钢在空气中暴露 2.5 年的结果

合　金	腐蚀速率		抗拉强度的变化/%
	(μm/a)	(m/a)	
海洋气氛			
铝合金 2024-T3	2	0.06	2.5
镁合金 AZ31B-H24	18	0.70	7.4
低碳钢(0.27%Cu)	150	5.91	75.4
工业气氛			
铝合金 2024-T3	2	0.08	1.5
镁合金 AZ31B-H24	27.7	1.09	11.2
低碳钢(0.27%Cu)	25.4	1.00	11.9
农村气氛			
铝合金 2024-T3	0.1	0.005	0.4
镁合金 AZ31B-H24	13	0.53	5.9
低碳钢(0.27%Cu)	15	0.59	7.5

(2) 镁合金在水中的耐蚀性

镁合金于室温下在静止蒸馏水中，迅速形成一层保护膜，这可阻止进一步腐蚀。但盐的溶入，特别是氯化物和重金属盐类，会使保护膜局部剥落，导致点蚀。

溶于水的氧不论在淡水中还是在海水中，对镁的腐蚀都不起重要作用。然而，用搅拌或其他方式破坏或阻止保护膜的形成，则将导致腐蚀。

镁在含有 70mg/kg 的氯的饮用自来水的腐蚀速率是很低的，但随温度升高而增加。图8-9表示了 4 种合金相应的数据，MIA 合金与含铝的镁合金相比，随温度的升高，点蚀的倾向较大，氟化物能有效地抑制镁合金在热水中的腐蚀。例如，加 0.1%(质量分数)的氟化钠可使 AZ31B 镁合金在沸腾的蒸馏水中的腐蚀速率从 0.41mm/a 降到 0.02mm/a。

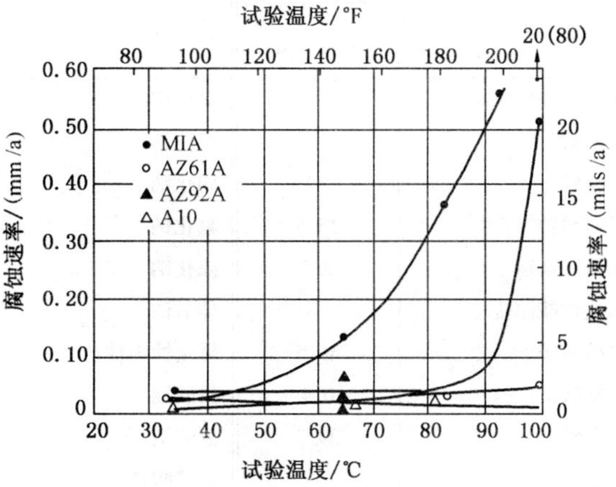

图 8-9　温度对几种镁合金在自来水中的腐蚀速率的影响

(3) 镁合金在土壤中的耐蚀性

镁合金在黏土和不含盐的砂土中具有良好的耐蚀性，然而在含有盐的砂土中其耐蚀性却很差，在此情况下使用镁合金必须进行涂装处理。

由于镁合金电位很负，在地下管线的阴极保护中，镁合金常用作阳极来对其他材料进行保护。

(4) 镁合金在工业介质中的耐蚀性

① 酸和碱。镁合金在除氢氟酸和铬酸外的所有无机酸中都是不耐蚀的，而且腐蚀速率相当大。镁合金在氢氟酸中耐蚀是由于镁表面会形成一层溶解度很小的氟化镁保护膜，耐蚀性随氢氟酸浓度的增加而增加，如图 8-10 所示，但酸浓度低时会有点蚀的可能。因此镁合金可以用于制造处理浓氢氟酸设备中的管道、罐体和漂浮控制元件。

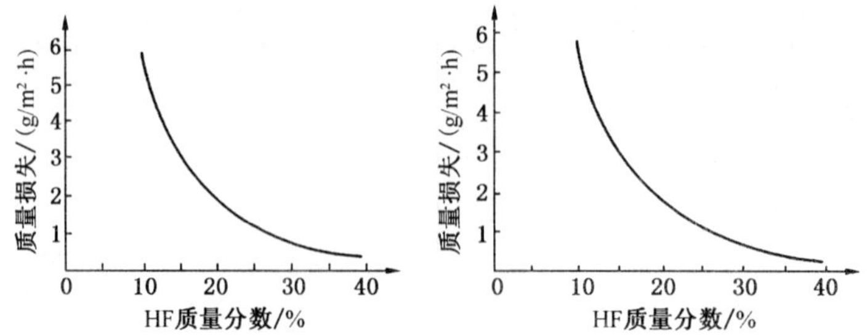

图 8-10　20℃时镁的腐蚀速率与氢氟酸浓度的关系

镁合金在铬酸中处于钝化状态，但是如果铬酸中含有氯离子杂质，将使腐蚀速率明显地增加。

镁合金在有机酸水溶液中的耐蚀性差异很大。如在脂肪中由于能形成一层镁皂薄膜阻止进一步腐蚀而表现出良好的耐蚀性。

在碱性溶液中，由于生成难溶的 $Mg(OH)_2$膜使镁合金具有很好的耐蚀性。然而随浓度和温度的提高，其腐蚀会增加。

② 盐溶液。镁合金在盐溶液中的耐蚀性与盐的性质有关。在铜、铁、镍等中性盐中，这些重金属会沉积在镁合金表面，使镁成为阳极，发生严重的腐蚀。表 8-7 所示为镁合金在一些代表性盐溶液中的腐蚀速率，不难看出阴离子类型对镁合金耐蚀性的影响。

表 8-7　镁合金 AZ61A 在盐溶液中的腐蚀速率

盐	腐蚀速率/(g/m²·d)	盐	腐蚀速率/(g/m²·d)	盐	腐蚀速率/(g/m²·d)
无氧化性酸性盐		氯化钠	1.4	无氧化性碱性盐	
硫酸盐	11.2	溴化钠	0.6	硅酸钠	0.07
氯化锌	77	碘化钠	2.9	亚硫酸钠	0.2
酒石酸钠	15.5	氟化钠	0.3	硼酸钠	0.5
磷酸二氢钠	8.5	硫化钠	0.8	磷酸钠	0.3
氧化性酸性盐		硝酸钠	0.5	氧化性碱性盐	
过硫酸铵	46.5	氧化性中性盐		次氯酸钙	15.5
重铬酸钠	0.4	铬酸钠	0.2	次氯酸钠	0.5
硫酸铁	29.7	氯酸钠	5.9	磺酸钠	4
无氧化性中性盐		焦磷酸钠	5.1		

在无应力状态下，Mg-Al-Zn 合金在不同阴离子介质中，其腐蚀速率顺序为：$Cl^- > SO_4^{2-} > NO_3^- > Ac^- > CO_3^{2-}$；在有应力状态下，其影响顺序为：$SO_4^{2-} > NO_3^- > CO_3^{2-} > Cl^- > Ac^-$。

此外，镁合金杂质的数量和分布强烈地影响其在盐溶液中的腐蚀试验结果，焊剂夹杂物微粒中的氯化物杂质，会引起镁合金零件的灾难性破坏。因为氯化镁能与水形成氢氧化镁，并释放氯又进一步形成氯化物，形成连锁反应。

③ 有机化合物。脂肪类、芳香类碳氢化合物、酮类、醚类、乙醇对镁有轻微的腐蚀。无水甲醇会引起严重的腐蚀，其腐蚀速率将由于水的存在而大大减小。

纯的卤化有机化合物在室温并不腐蚀镁。温度升高或出现水时，这类化合物能导致严重的腐蚀，特别是有些化合物的最终产物是酸性的。

干燥的氟化碳氢化合物，如氟利昂冷冻介质，在室温下对镁无腐蚀作用。如果有水存在，将会引起明显的腐蚀。在高温时，氟化碳氢化合物将与镁结合发生强烈的反应。含水的有机酸，如果汁，对镁的腐蚀是缓慢的；牛奶，特别是发酸以后的，会引起腐蚀。

8.3 铜和铜合金

铜有优异的导电、导热性能(仅次于银)，有足够的强度、弹性和耐磨性，有良好的塑性，易于加工成型，在某些介质中，有较好的耐蚀性。作为耐蚀材料，铜和铜合金有较广泛的应用。

铜和铜合金一般分为紫铜、黄铜、青铜和白铜等四类。

8.3.1 紫铜(纯铜)

紫铜为各种纯铜的统称，因纯铜在新鲜状态时为桃红色，室温轻微氧化后呈紫红色。纯铜内常含有少量脱氧剂和微量杂质元素。根据 GB 5231—1985 紫铜又分为纯铜、脱氧铜、磷脱氧铜和银铜等四类。

(1) 物理、力学性能

铜的密度为 8.94g/cm^3，熔点 1083℃，有非常好的导热性和导电性，铜作为优良的电导体在电力、电器工业中用途极广。铜也有较高的力学性能，强度极限可以达到 500MPa 左右。铜还具有优良的塑性加工性能。

(2) 耐腐蚀性能

铜的标准电极电位比较正(约+0.35V)，属于热力学稳定性较高的半贵金属。但铜的钝化能力较小，在氧化性酸或氧化性介质中易发生氧去极化腐蚀，使原先在大气中生成的碱性铜盐薄膜被破坏，生成 Cu^{2+} 而使铜腐蚀。

铜在干燥的空气中不易氧化。在潮湿的大气中裸露使用，一般易生成碱式硫酸铜 $CuSO_4 \cdot Cu(OH)_2$ 和碱式碳酸铜 $CuCO_3 \cdot Cu(OH)_2$ 的绿色薄膜，这种膜能起一定的保护作用，故铜在大气中是耐蚀的。

在淡水、海水或中性盐类水溶液中，由于铜的氧化膜的作用使铜出现钝态而能耐腐蚀，在低流速的海水中铜的腐蚀率仅为 0.05mm/a 左右。铜还有不附着海生物的特性，常用作海水设备或舰船上接触海水的器件、管路。

铜在稀的、中等浓度的非氧化性酸(如 HCl)、有机酸(醋酸、柠檬酸、脂肪酸、乳酸、草酸等)和非氧化性有机化合物介质中，均有足够的耐蚀性。但当这些介质中含有氧(空气)或氧化剂(Fe^{3+}等)时，腐蚀速率明显提高。例如在 35℃、6%~96.5%H_2SO_4+H_2的介质中铜的腐蚀率为 0.17~0.22mm/a，而在 20℃、6%H_2SO_4+O_2和 96.5% H_2SO_4+O_2的条件下铜的腐蚀率则分别为 3.73mm/a 和 1.01mm/a。铜在 20℃的 10%、20%无氧盐酸溶掖中腐蚀率分别为 0.08mm/a 和 0.24mm/a。而在充氧的 20℃的 20%盐酸中，腐蚀率已很高，不推荐使用。铜在氧化性酸，如硝酸、铬酸、浓硫酸等中是不耐蚀的。

铜在无氧的碱中耐蚀性良好，但在含氧的碱中表面氧化膜溶解，生成 CuO_2^{2-}，铜遭受腐蚀。在中性盐类的溶液中铜相当稳定。但在氨和氰溶液中会形成$[Cu(NH_3)_4]^{2+}$或$[Cu(CN_4)]^{2-}$，使铜变得不稳定。而且任何溶液(或大气)中含微量的氨或铵离子，都能使铜和铜合金产生应力腐蚀破裂。

铜不耐硫化物腐蚀，如H_2S、SO_2等。一般的化工大气中都含有H_2S、SO_2等，特别是在潮湿时，使铜产生腐蚀。

(3) 用途

铜在一些有机酸(醋酸、柠檬酸、乳酸、脂肪酸等)和醇类中有一定的耐蚀性，因此在有机化工合成工业中广泛使用铜材作冷冻及空分设备中，可以制作蒸发器、蒸馏釜、蒸馏塔、管道等，以及热交换设备、离心机的转鼓、泵等。

8.3.2 黄铜

以铜和锌为主的二元和多元合金称为黄铜，在各类工业中应用广泛。黄铜有优良的力学性能和工艺性能，价格也比纯铜便宜。黄铜色泽美丽，耐大气、淡水和海水腐蚀。二元铜锌合金称为普通黄铜，依其中锌含量的不同，构成不同组织状态的合金，Zn<36%的为α黄铜；Zn =36%~46.5%的称为$\alpha+\beta$两相黄铜，Zn=47%~50%的为β黄铜。为进一步改善和提高黄铜的性能，又添加锡、锰、铝等合金化元素，这些合金则称为特殊黄铜，其名称是在“黄铜”之前冠以所加的元素，如锡黄铜、铝黄铜等。

(1) 黄铜的耐腐蚀性能

含锌量低于20%的单相α黄铜，耐蚀性近于紫铜；但锌含量高于20%的单相或两相黄铜，在某些腐蚀介质中的腐蚀程度远比纯铜或低锌黄铜剧烈。黄铜在大气、海水中，耐蚀性比紫铜好，故常用其作海水的热交换器、泵叶轮等。例如海水淡化装置(多段闪蒸法)的热交换器管是用Cu-22Zn-2Ae-0.04As的铝黄铜制作。

干燥的氯甲烷、氯乙烷以及溴和氟的有机化合物对黄铜的腐蚀极微。因此，黄铜广泛用作这些化合物的生产设备和与氟利昂-12(CF_2Cl_2)有关的冷却设备。

黄铜在硝酸和盐酸中腐蚀严重，在硫酸中的腐蚀稍轻一些，在磷酸、亚硫酸中腐蚀严重。在一些有机酸，如草酸、甲酸、三氯乙酸、氯醋酸中也不耐蚀。在氨、铵盐中不耐蚀，还会产生应力腐蚀破裂。在氧化性盐、如二氯化铁、三氯化铁和硫酸亚铁中不耐腐蚀。

(2) 黄铜的特殊腐蚀

① 脱锌腐蚀。黄铜在海水、含氧中性盐的水溶液和氧化性酸溶液中常产生选择性脱锌腐蚀。其特点是合金表面从原来的黄色变成红色或紫铜色。脱锌一般有两类，一类是均匀型或层状型，脱锌沿表面发展；另一类称栓状(或塞状)，脱锌由局部地点向深处发展，也有两者混有的情况。其中以栓状脱锌最危险，最易造成穿孔。产生脱锌的原因是合金中锌或富锌相的电位要比铜或富铜相的电位更负，在腐蚀介质中呈阳极，铜为阴极，锌优先溶解，继之铜和锌同时溶解。其后，溶液中的Cu^{2+}重新沉积在被腐蚀了的表面，呈海绵状铜膜。黄铜中锌含量越高，溶液流速和温度越高，脱锌就越显著。黄铜中加入微量砷(<0.05%)，或加入锡、铅、锰等亦可防止或减缓脱锌。

② 应力腐蚀破裂。黄铜经冷加工后，在潮湿的大气中，特别是在含有氨的情况下，易产生应力腐蚀破裂，通常称为“季裂”。产生季裂的原因是冷加工后有残余应力存在和介质中存在氨，或能派生氨(或NH_4^+)的物质，或存在硫化物。水分或湿气、氧、SO_2、CO_2、氰等物质的存在会加速破裂。$\alpha+\beta$两相黄铜的破裂倾向比单相黄铜大。经过260~300℃、1~3h的充分消除应力退火，可以消除黄铜的应力腐蚀破裂。

(3) 合金元素的作用

在黄铜中经常加入合金化元素 Sn、Al、Mn、Fe、Ni 等以改善其性能。

① 锡黄铜(海军黄铜)。黄铜中加 1%Sn 可以提高黄铜的强度和在海水中的耐蚀性，通常称此种黄铜为海军黄铜，广泛用于海洋大气和海水结构。

② 铝黄铜。黄铜中加入<4%的 Al，能提高铜的强度、硬度和屈服强度，使塑性降低。此类黄铜在海水中的耐蚀、耐磨蚀及耐空蚀的能力大大增加。

8.3.3 白铜

以镍为主要合金元素的镍铜合金，统称白铜。在铜镍的基础上分别加入锌、锰、铝等元素的白铜，相应称之为锌白铜、锰白铜、铝白铜等。白铜具有优异的耐蚀性，中等强度，用于制造高耐腐蚀的构件，特别是船舶工业中的冷凝管、仪表中的弹簧、化工耐蚀容器等。

白铜主要用于作耐腐蚀结构件。白铜的耐蚀性类似于纯铜，在有些条件下优于纯铜及纯镍。在无机酸中，特别是在硝酸中会发生严重腐蚀，但对浓度小于 70%的氢氟酸，在无氧及沸腾温度以下是耐蚀的。在有机酸、有机化合物中腐蚀率不大，耐碱性也较好。在隔膜电解烧碱和水银电解烧碱法中，可以用 B30 白铜代替纯镍制造膜式蒸发器等设备，在氨水和酸性盐溶液中不耐蚀。白铜有较好的耐清洁海水腐蚀能力，耐高速海水空蚀性能也很好。含 20%~30%Ni 的白铜，是用于海水冷凝器管的最好材料。白铜的耐海水和耐碱的腐蚀性能随镍含量增加而提高。B30 合金在海水中全浸 14 年的腐蚀速率为 0.0008~0.03mm/a，但在污染的海水中和含有微量硫化物的海水中铜镍合金会受到严重腐蚀。

8.3.4 青铜

青铜是人类历史上最早使用的一种合金。铜合金中除紫铜、黄铜、白铜外，其余的均称为青铜。一般按铜中第一添加元素(如锡、铝、铍等)分别命名为锡青铜、铝青铜、铍青铜等。

(1) 锡青铜

锡青铜中主要合金元素为锡。变形锡青铜通常锡含量在 10%以下。常又加入 Zn、Pb、P 等以改善其铸造性能、耐磨性和切削性。

锡青铜有和纯铜相似的化学稳定性。在大气和海水中耐蚀性较好，在普通大气中腐蚀速率为 0.001mm/a，在滨海和工业大气中腐蚀速率分别为 0.002mm/a 和 0.002~0.006mm/a，在常温静海水中腐蚀率为 0.004~0.012mm/a。锡青铜耐冲刷腐蚀，常用于制造耐磨蚀的各种零件，如泵、阀门等。在海水中锡青铜的耐蚀性比紫铜和黄铜优良。

(2) 铝青铜

含 7%~12%A1 的 Cu-Al 合金称铝青铜，实际应用时还加 Ni、Fe、Mn 等合金元素。

铝青铜强度高、耐磨性好，有比锡青铜高的耐蚀性，具有良好的抗高温氧化性能。单相 α 铝青铜耐海水腐蚀性随铝含量增加而升高。$(\alpha+\beta)$ 双相合金的耐蚀性较单相 α 合金差。铁对耐腐蚀性有害，但加入百分之几的镍可以缓解铁的有害作用。铝青铜在海水中耐孔蚀性比黄铜好，应力腐蚀破裂敏感性也较黄铜小，腐蚀疲劳强度较黄铜高。铝青铜常用来制造高负荷及高速下的耐磨蚀的零部件，如制造硫酸铵分离机的刮刀和扒齿、耐磨蚀泵、齿轮、涡轮、轴套等，以及高速舰船的大型螺旋桨。

铝青铜在大气、海水、碳酸溶液以及大多数有机酸(柠檬酸、醋酸、乳酸)等溶液中极为稳定，在磷酸中也有较好的耐蚀性，但在高温氧化性气氛或在氢氟酸中会发生“脱铝”腐蚀，在氨等介质中也出现应力腐蚀破裂倾向。

(3) 铍青铜

Cu-Be 合金称为铍青铜。变形铍青铜的含 Be 量为 0.2%~2.0%，铸造铍青铜的含 Be 量可达 2.5%。铍青铜具有较高导电性、导热性、硬度、弹性极限、屈服点和疲劳极限，强度和弹性居铜合金之冠，耐磨性、抗蠕变性、耐蚀性和耐腐蚀疲劳性也较好。铍青铜无磁性，受冲击不起火花，常用于制造一些特殊用途的弹簧和弹性零件，铸件则多用于塑料模具、安全工具等。

8.4 锆

锆(Zr)具有低的热中子吸收截面(0.18 靶)，在高温高压水或水蒸气中耐蚀性十分优良，又有良好的力学性能和可加工性，所以首先在原子能工业中得到应用，主要用于核反应堆的包套和结构材料。锆又有优异的耐蚀性能，近年来在化学工业中的应用逐渐扩大，展现了良好前景。

锆的密度大于钛，但低于铁和镍，约为 6.51g/cm^3。锆的热膨胀系数低，比钛、不锈钢和蒙乃尔合金低 1/3~2/3。锆的导热性比不锈钢高 18%。

锆(Zr)和铪(Hf)在自然界是共生的，由于铪的热中子截面很大，在原子能工业中使用锆时必须将铪分离。但锆中的铪并不影响其在化工介质中的耐蚀性。所以，化工用锆一般不需分离铪，可降低化工用锆材的成本。一般化工用锆材含有 1%~2%的铪。锆材分为无铪的原子能级和有铪的工业级两个级别。

8.4.1 锆的耐蚀性

锆是活性金属，标准电极电位很负，化学活性很活泼，与氧具有极强的亲合力。当锆在含氧介质中，例如空气中，表面会自发形成一层氧化膜，该层氧化膜与基体结合力好，保护性能也好，使锆钝化，赋予锆极好的耐蚀性。锆的耐蚀性与贵金属金、银等相类似，胜过高级不锈钢、镍及镍合金、钛及钛合金。锆的耐酸性稍逊于钽(Ta)，但在碱中的耐蚀性比钽好。在大多数无机酸、有机酸、碱溶液、盐溶液和某些熔盐中，锆很耐蚀。有少数介质，如氢氟酸、王水、浓硫酸、湿氯气、氯化铜等腐蚀锆。

(1) 耐酸性

锆在氧化性酸和非氧化性酸中都有优异的耐蚀性。锆极耐盐酸腐蚀，工业纯锆在沸腾的任何浓度的盐酸中腐蚀率均小于 0.025mm/a。在盐酸中锆的耐蚀性比钽好。锆中杂质碳、铁、镍、铬、锰和硅等元素对锆的耐腐蚀有害，使腐蚀率增大。盐酸中的杂质(铜、铁和硫离子)会明显地影响锆的耐蚀性，在 70%以下的沸腾硫酸中锆都是耐蚀的；在 70%~80%的硫酸中在较低温度下锆耐蚀；在>80%的浓硫酸中锆的腐蚀速率急剧上升，变得不耐蚀。在 20%~60%热的硫酸溶液中锆是最好的耐蚀材料。锆在浓度<55%的沸腾磷酸(H_3PO_4)中是耐蚀的，腐蚀率为 0~0.13mm/a；当浓度>55%时，随温度升高，锆的腐蚀率急剧增长，如果磷酸中含有 F^-离子，对锆的耐腐蚀性极其不利。

在沸点以下 98%硝酸和 260℃以下的 70%硝酸中锆也具有好的耐蚀性，但锆和钛一样，在干燥的发烟硝酸中会发生爆炸。

锆在氢溴酸(HBr)和氢碘酸(HI)中也很耐蚀。但对氢氟酸不耐蚀，甚至浓度低于 0.01%的氢氟酸也能引起锆的严重腐蚀。锆不耐王水、氟硅酸、硫酸和硝酸的混酸的腐蚀。

锆耐沸腾甲酸、醋酸、乳酸、柠檬酸等有机酸的腐蚀，但不耐二氯醋酸、三氯醋酸和草酸等的腐蚀。

(2) 耐碱性

锆的耐碱性极好，对苛性碱的耐蚀性超过了钽、铌和钛，而且在浓碱液中锆不产生应力腐蚀破裂。锆既耐酸腐蚀又耐碱腐蚀的独特性能，使其成为化工生产中要求交替接触热浓酸和热浓碱的极好材料。

(3) 在无机盐中的耐蚀性

锆在大多数无机盐溶液中是极耐蚀的，腐蚀率小到可忽略不计。但在常温的 $FeCl_3$、$CuCl_2$、AlF_3、NH_4F 及高温 KF 和 NaF 中，锆是不耐蚀的，腐蚀率大于 1.3mm/a。

(4) 在高温、高压水中的耐蚀性

锆合金作为燃料铀的包套和其他结构部件已在水冷堆中长期有效地使用。锆及锆合金在高温水和蒸汽中有良好耐蚀性，低于400℃时没有显著的腐蚀。纯锆中杂质含量会影响耐蚀性，如 N>0.005%或 C>0.04%，就会在较低使用温度下产生剥离腐蚀(Break-Away Corrosion)。所以原子反应堆用锆要把碳含量控制在 300×10^{-6} 以下，氮控制在 20×10^{-6} 以下。锆中加入 0.5%~1.5%锡可抑制氮的有害作用，再加入微量铁、铬、镍等元素，会使耐蚀性提高。因此，含 Sn1.5%、Fe 0.12%、Cr 0.10%、Ni 0.05%的 Zircalloy2(Zr-2)锆合金是水冷反应堆常用的材料。

(5) 在气体中的耐蚀性

锆在 300~400℃的大多数气体，如 CO、CO_2、SO_2、C_3N_8、N_2、水蒸气和空气中是耐蚀的。锆在 425℃的热空气中会严重起皮，在高于 540℃的氧中会反应生成白色、多孔而性脆的 ZrO_2。在>300℃的氢气中反应生成氢化物而使锆变脆。

锆在干氯气中耐蚀，但在湿氯气中严重腐蚀，在室温下的湿氯气腐蚀率可达 1.27mm/a 以上。

(6) 锆的局部腐蚀

① 焊缝腐蚀。在生产中发现锆制设备的焊缝腐蚀损坏。例如，接触 115℃、15%HCl+85%有机溶液的焊接锆管在离熔合线一定距离处出现晶间腐蚀；又如生产甲萘酚的高温、高压水解锅锆衬里(锅内介质为 225~250℃，1.47MPa，20%H_2SO_4+甲萘胺+水)，使用 3200h 后在焊缝的低温热影响区出现明显的腐蚀沟槽。

锆的焊缝腐蚀同其组织、材料纯度、杂质元素类型、数量和分布，尤其是铁含量有很大关系，焊后退火条件对锆的焊缝晶间腐蚀也有较大影响。

② 应力腐蚀破裂。锆在氧化性的氯化物(如 $FeCl_3$，$CuCl_2$ 等)溶液、浓缩的甲醇、含 HCl 的乙醇中都会产生应力腐蚀破裂。氯化物浓度增加、温度升高、应力值提高后都会促进应力腐蚀破裂的产生。

③ 锆的孔蚀。锆在 $FeCl_3$、$CuCl_2$ 和一般的氯化物(NaCl 等)中有发生孔蚀倾向，原因是在这些介质中锆的临界孔蚀电位比较低，并且随氯离子浓度升高，发生孔蚀的倾向加大。

④ 锆的腐蚀吸氢与氢脆。锆和钛一样，能够吸收腐蚀反应中产生的氢，吸氢量随介质温度升高而加大。吸氢严重时发生氢脆，引起设备损坏。锆的纯度、表面处理状态等因素影响吸氢量和吸氢速度。

8.4.2 锆的应用

锆耐化学介质腐蚀的优异性能，使其在化工生产中的应用日趋增长，展现良好的发展前景。但由于锆的高昂价格，锆的最大用户至今仍是原子能工业，原子能级锆是热中子水冷反应堆中燃料包套和压力管的理想材料。

锆在化工中最早用于 H_2O_2 生产，锆热交换器可承受 65%沸腾硫酸的侵蚀而能长期运转。在浓缩 75%硫酸的工艺过程中，锆制管式换热器替代了石墨换热器，使设备的无维修使用寿命高达 12 年。后来在丙烯酸纤维等生产中采用锆制换热器处理 150℃的 60%硫酸获得成功。丁醇生产中用于沸点以上、60%~65%硫酸中的锆制再沸器也获得成功。美国在尿素系统中，使用锆制热交换器和反应釜，使用寿命超过 25 年。在盐酸工业中使用的零部件有冷凝器、蒸发器、阀门、管道等。美国已制成高 40m、直径 6m 的锆制反应塔，直径 3m 的锆制管式换热器，美国每年化工用锆量约为 100t。由于锆价格昂贵，用户必须根据综合经济效果，合理使用。

8.5 铅与铅合金

铅很早就被用来作为耐腐蚀材料。Pb 的标准电极电位比较负，为-0.126V，低于标准氢电位，但铅在很多腐蚀介质中表面会形成致密的腐蚀产物膜，例如在硫酸中形成致密的硫酸铅，因而耐蚀性良好。特别是在稀硫酸、浓度低于 80%的磷酸、亚硫酸、铬酸和浓度低于 60%的氢氟酸中都是稳定的，但铅在硝酸及醋酸、甲酸等有机酸中形成的腐蚀产物溶解度大，因此不耐蚀。铅只能耐浓度小于 10%的室温盐酸，如果酸中有氧存在，腐蚀速率会迅速增大。在氢氧化钠中铅不耐蚀。

由于铅很软，一般不能单独用做结构，大部分情况下，使用铅作为设备的衬里。铅的毒性较大，目前工业生产中正在逐渐用其他材料取代铅的应用。表 8-8 给出了铅在常见腐蚀介质中的耐蚀性数据。

表 8-8　铅在各种化学介质中的耐蚀性

耐蚀性优			
硫酸(至 96%)	过磷酸钙	二氧化硫	苯酚
硫酸镁	铬酸	三氧化硫	乙炔
硫酸铝	稀铬酸盐	干氧气	丙酮
稀硫酸盐	草酸-硫酸	干氯气	酒精
稀硫酸氢盐	碳酸钠	干氨气	汽油
亚硫酸	碳酸钙	水杨酸	醚
亚硫酸盐废液	硼酸	酒石酸	尿素
磷酸	氯化钠	甲苯	吡啶
稀磷酸盐	二氧化碳	苯	人造丝溶液
耐　蚀			
浓硝酸	氯化钙	四氯化碳	湿氨气
盐酸(≤20%)	氯漂白液	干氯化氢	硫化钠
氢氰酸	氯化亚铁	湿氯气	脂肪酸
硝化甘油	氢氧化钠(≤30%)	萘	
磷酸铵	氢氧化钾(≤30%)	砷	
尚　耐　蚀			
碳酸	丹宁酸	冷溴气	过氧化氢
氢氟酸	氟化铵	硝酸盐	湿氧气
浓甲酸	氯化胺(≤10%)	亚硫酸钠(≤20%)	氢氧化钙
冰醋酸	稀亚氯酸钠	硫代硫酸钠	氢氧化铵
不　耐　蚀			
硫酸(>96%)	盐酸(>20%)	盐酸(酸洗用浓度)	氯化镁

参 考 文 献

1 余国琮主编．化工机械工程手册．北京：化学工业出版社，2003
2 黄建中，左禹主编．金属材料的耐蚀性及腐蚀数据．北京：化学工业出版社，北京，2003
3 GB/T 5231—1985 加工铜化学成分和产品形状
4 中国第一汽车集团公司编写组编．机械工程材料手册．第 5 版．北京：机械工业出版社，1998
5 GB/T 5232—1985 加工黄铜化学成分和产品形状
6 GB/T 5234—1985 加工白铜化学成分和产品形状
7 GB/T 5233—1985 加工青铜化学成分和产品形状
8 化工机械研究院．腐蚀与防护手册：耐蚀金属材料及防蚀技术．北京：化学工业出版社，1990
9 朱祖芳等编著．有色金属的耐蚀性及其应用．北京：化学工业出版社，1995
10 于福洲编著．金属材料的耐腐蚀性．北京：科学出版社，1982
11 GB 3620. 1—1994 钛及钛合金牌号和化学成分
12 GB 3621—1994 钛及钛合金板材
13 宝鸡有色金属加工厂．钛材应用(四)，1998
14 GB/T 15073—1994 铸造钛及钛合金牌号和化学成分
15 Fontana and Greene. Corrosion Engineering，McGraw-Hill Inc.，1967

第9章　非晶态合金

自然界的各种物质可以按其组成原子的排列状态分为两大类：有序结构和无序结构。晶体是典型的有序结构，而气体、液体和非晶态固体属于无序结构。非晶态固体材料又包括非晶态无机材料(如玻璃)、非晶态聚合物和非晶态合金(又称金属玻璃)等类型。

最早的非晶态合金是Ni-P合金，由Brener和Riddle[1]于1947年用电化学沉积法制备而得。此后几十年间非晶态合金引起了材料科学家的广泛兴趣。20世纪60年代，Duwez[2,3]等人发展了由快速冷却法从熔体制备非晶态薄带材料的方法，推动了非晶态合金的工业化生产和应用。早期发现的Fe、Co、Ni系非晶态合金临界冷却速度在10^5K/s以上，因而限制了其应用。20世纪90年代以来，Inoue等学者[4-6]相继发现了Mg、Ln、Zr、Pd、Co、Fe、Ti等多种系列的临界冷速极低的新型非晶态合金，最低的临界冷却速度已达到0.1K/s，从而使得大块非晶态合金材料的制备成为可能，近年间报道的大块非晶材料的厚度已达到80mm[7]。当前，新型低临界冷速大块非晶态合金的研究和制备以及对其结构和电学、磁学、力学和化学性能的研究仍然是材料科学研究的前沿与热点领域之一。

9.1　非晶态合金的结构

9.1.1　非晶态合金的结构特点及其表征

(1) 短程有序

非晶态合金的结构特点是原子在三维空间呈拓扑无序状排列，不存在长程周期性，但在几个原子间距的范围内，原子的排列仍然有着一定的规律，因此可以认为非晶态合金的原子结构为"长程无序，短程有序"。通常定义非晶态合金的短程有序区小于15A，即不超过4~5个原子间距，从而与纳米晶或微晶相区别。短程有序可分为两类：

① 化学短程有序。合金中的每一类合金元素原子周围的原子化学组成均与合金的平均值不同，称化学短程有序。实际获得的非晶态金属至少含有两个组元，除了不同类原子的尺度差别、稳定相结构和原子长程迁移率等因素以外，不同类原子之间的原子作用力在非晶态合金的形成过程中起着重要作用。化学短程有序的影响通常只局限于最近邻原子，因此一般用最近邻组分与平均值之差作为化学短程有序参数，对于二元A-B体系为[8]

$$\alpha_P = 1 - Z_{AB}/(ZC_B) = 1 - Z_{BA}/(ZC_A)$$

式中Z_{AB}和Z_{BA}分别代表A(或B)原子近邻的B(或A)原子配位数，Z是原子总配位数。C_A和C_B分别是A与B原子在合金中的平均浓度。当A和B两种原子直径明显不同时，A原子的总本位数Z_A与B原子的总配位数Z_B不再相同，$Z_A \neq Z_B$，这时短程有序另一种定义[9]：

$$\eta = Z_{AB}/Z_{AB}^{ST} - 1$$

其中的Z_{AB}^{ST}定义为　　$Z_{AB}^{ST} = C_B Z_A Z_B/(C_A Z_A + C_B Z_B)$

② 拓扑短程有序。指围绕某一原子的局域结构的短程有序。常用几种不同的结构参数描述非晶态与合金的结构特征，主要有原子分布函数、干涉函数、最近邻原子距离与配位数

和质量密度。

(2) 原子分布函数

设非晶态结构是各向同性的均匀结构，其平均原子密度 ρ_0 为一定体积 V 中包含的原子数 N：

$$\rho_0 = N/V$$

描述某一原子附近的密度变化可用径向分布函数 $RDF(r)$：

$$RDF(r) = 4\pi r^2 \rho(r)$$

其中 r 是距某中心原子的距离，$\rho(r)$ 是距离 r 处的密度，由上式可知，$RDF(r)\mathrm{d}r$ 代表以某个原子为中心，在半径 r 处、厚度为 $\mathrm{d}r$ 的球壳内的原子数，从而 $RDF(r)=\mathrm{d}N/\mathrm{d}r$ 表示原子数目(密度)随距离增加的变化。

定义约化径向分布函数 $G(r)$ 为：

$$G(r) = 4\pi r(\rho(r) - \rho_0)$$

几种过渡金属-类金属非晶态合金的约化径向分布函数如图 9-1 所示，函数值随着与中心原子的距离增大而呈有规律的起伏。此外，还定义双体分布函数 $g(r)$：

$$g(r) = \rho(r)/\rho_0$$

当合金中包含几种不同类原子时，引入偏径向密度函数 $\rho_{ij}(r)$、偏双体分布函数 $g_{ij}(r)$、偏约化径向分布函数 $G_{ij}(r)$ 等参数描述原子之间的结构关系。例如，$\rho_{ij}(r)$ 指与某个第 I 类原子的距离为 r 处，单位体积中第 j 类原子的数目。上述各个原子分布函数中，原子密度 $\rho(r)$ 和原子径向分布函数 $RDF(r)$ 有明确物理意义，$G(r)$ 的物理意义虽然不明确，但它同 $RDF(r)$ 一样能反映非晶态结构特征，对体系作 X 射线衍射测量得到结构因数 $S(Q)$，再作傅立叶变换即可获得 $G(r)$，因此它也常被用于表征非晶态结构。

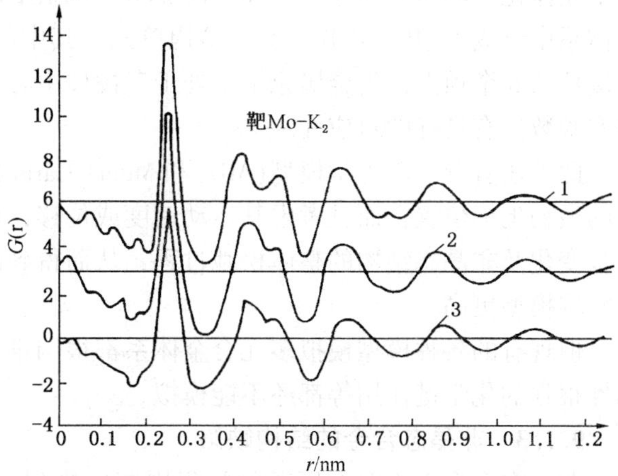

图 9-1 非晶态合金的约化径向分布函数 $G(r)$ 随距离 r 的变化

1—$Fe_{80}B_{20}$；2—$Fe_{40}Ni_{40}P_{14}B_6$；3—$Fe_{80}P_{13}C_7$

X 射线衍射技术是研究非晶态结构的基本手段。测量非晶结构的干涉散射强度 $I(Q)$ 和结构因数 $S(Q)$ 后，经过适当的傅里叶变换就可以得到约化径向分布函数 $G(r)$。对于二元合金，$S(Q)$ 是三个偏结构因数 $S_{ij}(Q)$ 的加权之和，用三种样品进行三次衍射实验，可以获得三个方程用于求解偏结构因数，从而得到全结构因数 $S(Q)$。

扩展 X 射线吸收边精细结构(EXAFS)是研究非晶态结构的一种新手段[14]，在合金中一种元素的吸收限高能侧，X 射线的吸收系数呈现振荡，这种振荡取决于其近邻原子的排布，通过选择元素的特征限，采用 EXAFS 可以测量各个元素的配位数。此外，核磁共振(NMR)和穆斯尔谱作为检测体系中局域有序的核物理技术，对揭示非晶态物质的结构特征也有重要用途。

9.1.2 非晶态结构模型

原子分布函数只能给出关于原子间距、配位数和原子密度分布等方面的知识，并不能描绘非晶态合金结构中原子的整体排列状况。目前对于非晶态合金整体结构的研究，主要采用三维原子团簇模型的方法。利用计算机构造具有几千个原子的一套坐标系来确定一个团簇，其中包含的结构信息除了原子尺寸、间距、原子密度分布以外，还包括键角、局域对称和配位多面体的信息。根据团簇模型的结果，可以推测计算非晶态合金的力学、电学、磁学等宏观物理性质，并与实验数据进行对比。

现有的团簇模型主要有四种，应用最多的是硬球随机密堆模型(DRPHS)。该模型认为非晶态结构是一些均匀连续，致密填充，混乱无规的原子硬球的集合。例如 Lamparter[10] 曾经用包含 5000 个两种不同尺寸球体的硬球密堆模型模拟 $Ni_{81}P_{19}$合金，其结果与实验测量的偏双体相关函数分布很接近，已能反映出原子间距和原子密度起伏等主要特征。Lewis 和 Harris[11] 等采用 Morse 势函数对初始团簇结构进行松弛处理，对 $Fe_{80}P_{20}$合金的模拟与实验数据有良好的吻合度。

立体化学模型(SCD)，是由几个原子组成的结构单元堆集代替单个原子堆集，其中已包含了立体化学的短程有序。例如，Gaskell[12] 提出的三棱柱堆积模型认为，在金属-类金属二元体系中形成 Fe_3P、Ni_3B 一类的结构单元，其中的类金属原子有 6 个金属原子配位，占据三棱柱的 6 个顶点，类金属原子则处于三棱柱中心。用这样的结构单元堆集构成的团簇模型与实验数据有良好的对应性。

此外还有分子动力学模型(MD)和 Monte Carlo 模拟(MC)，这两种模型都是不仅考虑原子的最初坐标位置，而且考虑其运动速度或位移，模拟在非晶态合金形成过程中原子位置的逐步变化及非晶态结构的整体松弛过程，从而得到改进的模型，与实验数据的一致性比简单的密堆模型更高。

但现有的各种模型模拟多元合金体系都很困难，此外，非晶态合金中的相分离现象、方向性很强的化学键作用等都还不能模拟。

9.1.3 非晶态合金的结构缺陷

非晶态合金中不存在原子的长程周期性排列，因而不存在空位、位错和晶界等结构缺陷。非晶态合金中的主要结构缺陷是大小不一的空隙，通常称“自由体积”，以区别于晶体中的空位与间隙。晶体中的空位与间隙都有特定的尺寸，而非晶态结构中的自由体积无特定大小，通常介于间隙和空位之间。自由体积与其相邻的原子可以发生位置交换，由于原子的迁移，自由体积可以发生分解或合并。在合金发生塑性变形时，自由体积起着重要的作用。

另一方面，根据计算机模拟的原子密堆模型，提出了另一类结构缺陷[13]。在外力作用下，非晶态合金内部的原子主要受到两种类型的力的作用：局部的静水应力 P 和平均切应力 τ。P 的波动对应着原子密度的波动，因此可定义三种缺陷：P 缺陷——正的局部密度波动，n 缺陷——负的局部密度波动，τ 缺陷——切应力高于平均 τ 值的局部区域。n 缺陷实际上类同于自由体积，而 τ 缺陷在非晶态合金中作为局部应力集中源，可以导致局部塑性流变以至宏观的塑性屈服。

9.2 非晶态合金的形成和制备方法

9.2.1 非晶态合金形成的热力学与动力学

根据自由能计算，金属与合金的固态稳定结构为晶体结构，当金属从液态冷却进入固态时，原子将按照使体系自由能最低的方式重排，发生结晶过程。如果冷却速度足够快，体系的结构弛豫来不及发生，固体就保留了液态时的非晶态结构。在体系的玻璃转变温度 T_g 以下，由于体系的结构弛豫时间 τ 已变得如此之长，以至在有限的时间内不可能达到平衡态，因此非晶态合金结构是相当稳定的亚稳态非平衡结构。

图 9-2 表明非晶态合金形成过程中冷却速度与结晶的关系，冷却速度必须高于临界值才能形成非晶态固体。凡是使结晶 C 曲线右移，T_g 升高和 T_m 降低的因素都有利于非晶态形成。有利于形成非晶态合金的因素包括：

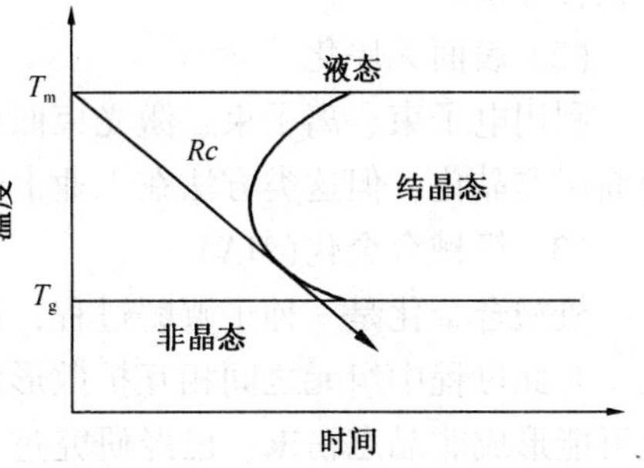

图 9-2 非晶态合金形成过程中冷却速度与结晶的关系

① 合金的稳态晶体结构较复杂，从而使结晶时的原子重排过程较困难，在图 9-2 上表现为结晶 C 曲线右移。

② 合金中不同种类原子的尺寸差别较大，通常认为应大于 12%，这可以导致高效率地填充空间，降低非晶态结构的能量，提高 T_g。

③ 在同类原子之间存在较大排斥力，而在异类原子之间存在较大吸引力，这有利于形成成分短程有序，稳定非晶态结构，提高 T_g。

④ 合金的主要组成元素之间存在负的混合熵，这也使 T_g 提高。

⑤ 合金组元间形成低共熔点，从而降低 T_m。

显然，由三种以上元素构成的多组元合金系更容易满足非晶态结构的形成要求。早期发现的 Fe、Co、Ni 基金属-类金属合金系的临界冷却速度 R_c 均在 10^5K/s 以上，Pd-Ni-P 和 Pt-Ni-P 系合金的 R_c 可降低到 10^3K/s(15)。20 世纪 90 年代以来，相继发现了 Mg、Ln、Zr 系和新的 Fe、Pd、Co 等系列的合金[6,7]，其 R_c 进一步降低，最低达到 0. 10K/s。

9. 2. 2 非晶态合金的制备方法

有多种方法可以获得非晶态合金，大体上可分为四类：表面沉积法，表面无序化，快速冷却法，机械合金化。

(1) 表面沉积法

表面沉积法是最早获得非晶态合金的方法，其工艺简单易行，缺点是只能用于制备非晶态表面层和非晶态薄膜，且效率较低，可制备的非晶态合金品种有局限性。常用的方法有：

① 真空蒸镀法。在高真空下用电阻、高频感应或电子束等方法加热基体金属，使金属原子从表面蒸发并沉积在玻璃或其他材料基板上形成薄膜。为了获得非晶态薄膜，基板需要冷却到液氦温度。这种方法的优点是可以获得纯金属的非晶态薄膜，但镀速较慢，获得的薄膜厚度很小，一般在 10nm 左右。

② 溅射法。在真空室中充入一定压力的氩气并加以电场，在电场作用下气体发生电离，带有特定能量的正离子在电场力作用下撞击到阴极靶材上，使阴极材料的原子被溅射出来附着在附近的基板上形成薄膜。溅射法的优点是效率较高，可以获得厚达数毫米的不同成分的非晶态膜层，通过控制溅射条件也可以获得微晶、纳米晶薄膜。有阴极溅射和磁控溅射等形式，其中磁控溅射应用较广，是目前工业上获得非晶薄膜的主要方法之一。

③ 化学气相沉积(CVD)。令含有析出元素的化合物蒸气在基板上热分解，同时与特定的气体在气态下发生化学反应，在基板上析出反应生成物而形成薄膜。这种方法主要用于制备碳化硅、氮化硅、硼化硅等特定的非晶态半导体薄膜。

④ 电镀与化学镀。利用电镀或化学镀法可以获得特定组分的非晶态镀膜，方法简单易行，可获得大面积的较厚镀膜，在工业上已得到广泛应用，但主要用于制备以 Ni-P 为主的少数合金系。

(2) 表面无序化

利用电子束、离子束、激光束照射、离子注入等方式对材料表面进行能量注入，可以使表面层非晶化，但这类方法在工业上还没有大规模应用。

(3) 机械合金化(MA)

机械合金化是一种干碾磨过程，用球磨机或碾磨机对不同的金属或合金粉末进行碾磨加工，在此过程中组元之间相互扩散形成新的合金粉末，根据组元的成分既可能形成晶态粉末也可能形成非晶态粉末。已经研究过 Y-Co、Gd-Co、Ni-Nb、Ni-Ti、Co-Ti、Fe-Ti、Nb-Al、Nb-Ge、Nb-Sn、Cu-Zr、Fe-Al 等多种系列合金的 MA 非晶化过程。单质元素，例如 Si，也可通过 MA 法产生非晶态。由于非晶态结构是亚稳态结构，由晶态转变为非晶态体系的自由能必然要升高，研究认为，在机械合金化的碾磨过程中，塑性变形引起的缺陷大量增多使体系能量升高，这部分能量驱使晶体转变为非晶态。变形导致的化学无序对非晶化也有贡献。对于一些特定的合金系，如 Nb-Ge、Nb-Sn 系，还发现机械碾磨可导致首先形成 Nb 与 Ge 或 Nb 与 Sn 的金属间化合物，然后金属间化合物进一步非晶化。即在碾磨过程中发生反应：An+Bm→AnBm 晶体→AnBm 非晶体。利用 MA 法制备非晶合金的历史至今不过约 20 年，目前仍是非晶态合金研究中最活跃的领域之一，有着巨大的发展潜力和工业价值。目前，MA 法制备的材料主要是非晶态合金粉末，要想获得用途更广泛的大块材料必须将粉末制品固结，如何在固结过程中保持材料的非晶态结构及其物理化学性质仍有待进一步研究。

(4) 快速冷却法

快冷法是应用最广泛的一类非晶态合金制备方法，特别是外圆式快冷法制备非晶态合金带材，是国内外工业化制备非晶态合金的主要手段。

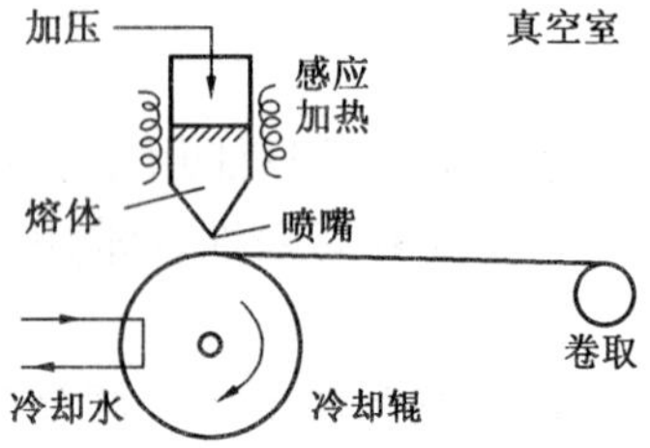

图 9-3　快冷法制备非晶态合金薄带示意图

快冷法制备非晶态合金带材见图 9-3。熔融合金在保护气氛作用下通过坩埚下方的喷嘴喷射到高速旋转的冷却辊表面，冷却辊通常为铜质并通以冷却水，依靠冷却辊的导热作用使熔融合金以大约 10^6℃/s 的冷速在辊表面高速固化形成薄带，然后连续卷取。整个过程在真空下进行以防止合金氧化。快冷法自 20 世纪 70 年代开始发展，80 年代即已相当成熟，形成大规模工业化生产，能够制备多种成分的非晶态合金带材，最大宽度可达 200～300mm。快冷法的主要局限性是制备的非晶态合金带材太薄，一般厚度为 50μm，最大不超过 70μm，这是由于早期的非晶态合金形成所需的临界冷速较高，一般都在 10^5K/s 以上，为了保证足够高的冷却速度，在传热方向上合金厚度不能过大。

近十几年来，在新型低临界冷速的非晶态合金研究方面取得了很大进展，制备出一系列多组元的低临界冷速合金，包括 Mg、Ln、Zr、Fe、Pd、Co 和 Ti 等系列，最低临界冷速达到了 0.10K/s[6]，因而具备了制备大块非晶合金的基础。用铜模铸造法已制备出直径或厚度达数毫米的非晶态棒材、板材或型材，最大厚度达到 80mm[7]。表 9-1[16] 列出了一些典型大块非晶态合金的组分及其发现时间。

表 9-1　典型大块非晶态合金系列及其发现时间

非铁基合金体系		铁基合金体系	
合　金	发现时间	合　金	发现时间
Mg-Ln-M(Ln=Ln 族金属元素，M=Ni，Cu，Zn)	1988	Fe-(Al，Ga)-(P，C，B，Si，Ge)	1995
Ln-Al-TM(TM=Ⅵ-Ⅷ族过渡金属元素)	1989	Fe-(Nb，Mo)-(Al，Ga)-(P，B，Si)	1995
Ln-Ga-TM	1989	Co-(Al，Ga)-(P，B，Si)	1996
Zr-Al-TM	1990	Fe-(Zr，Hf，Nb)-B	1996
Ti-Zr-TM	1993	Co-(Zr，Hf，Nb)-B	1996
Zr-Ti-TM-Be	1993	Ni-(Zr，Hf，Nb)-B	1996
Zr-(Ti，Nb，Pd)-Al-TM	1995	Fe-Co-Ln-B	1998
Pd-Cu-Ni-P	1996		
Pd-Ni-Fe-P	1996		
Pd-Cu-B-Si	1997		
Ti-Ni-Cu-Sn	1998		

9.3　非晶态合金的性能

由于非晶态合金与晶体合金有不同的原子结构及化学组成，使其具有许多独特的物理和化学性质，尤其具有优良的电磁性能、非常高的拉伸强度和硬度、优良的耐腐蚀性，一些非晶态合金还具有超导性、催化性能或储氢性能，这些性能使得非晶态合金在许多领域中具有巨大的应用前景。

9.3.1　非晶态合金的磁学与电学性能

对非晶态合金磁性的研究始于 20 世纪 60 年代，1967 年 Duwez 等首先制备出具有良好铁磁性的 $Fe_{80}P_{13}C_7$ 非晶态合金，引起了人们的广泛兴趣，从而发展迅速。20 世纪 70 年代后期，非晶态磁性合金已发展到工业化应用水平，并已有多种牌号。

当磁场强度循环变化时，铁磁物质的磁化强度 J 落后于磁场强度 H 的变化，这种现象称磁滞现象，使磁化强度为零需要的反向磁场强度值 H_c 称作矫顽力。矫顽力小的材料称“软磁”材料，反之则称“硬磁”材料。铁磁质在反复磁化时，其分子状态不断改变，分子振动加剧使温度升高，从而消耗磁场的能量，这种能量耗损称磁滞损失，H_c 越大的铁磁质其磁损越大。

另一方面，导体在交变磁场的作用下内部会产生涡流，同样也消耗能量，这种能耗通常称“铁损”，发生在变压器等电器件中，电阻大的材料产生的涡流小，铁损也小。

因此，对于磁性材料来说，要求其饱和磁感应强度 B_s 和磁导率 μ_m 高，而矫顽力 H_c 和铁损 P 要低，饱和磁致伸缩系数 λ_s 小。非晶态磁性合金几乎拥有上述全部特点，因而作为软磁材料得到了迅速发展。

(1) 铁基非晶态磁性合金

表 9-2[17] 列出了国内外一些典型牌号的铁基非晶态合金的磁学性能，并列出了几种晶态合金的性能作为对比。

表 9-2 铁基非晶态合金的性能

牌 号	成 分	B_s/T	B_r/T	B_1/T	H_c/(A/m)	μ_m/(mH/m)	λ_s/10^{-6}	T_c/℃	D/(g/cm³)	ρ/μΩ·cm	T_x/℃	使用温度/℃	铁损 P (W/kg)
METGLAS 2605	$Fe_{80}B_{20}$	1.61	1.23		3.18	402	30	374	7.4	145	420		$P_{1.45/60}=0.44$
METGLAS 2605SC	$Fe_{81}B_{13.5}Si_{3.5}C_1$	1.61	1.42	1.54	3.18	377	30	370	7.32	125	480	-50~125	$P_{1.4/60}=0.3$
METGLAS 2605S-2	$Fc_{78}B_{13}Si_9$	1.56	1.30	1.50	2.39	630	27	415	7.18	130	550	-50~150	$P_{1.4/60}=0.2$
METGLAS 2605S-3	$Fe_{79}B_{16}Si_5$	1.58	0.4	1.10	7.96	23	27	405	7.28	125	515	-50~150	$P_{0.2/20}=12$
METGLAS 2605Co	$Fe_{67}Co_{18}B_{11}Si_1$	1.80	1.6	1.65	3.98	315	35	415	7.56	130	430	-50~125	$P_{1.4/60}=0.5$
AMOMET	$Fe_{78}Si_{10}B_{12}$	1.56	1.40		4.78	264	30	447		155			
AMOMET	$Fe_{82}Si_8B_{10}$	1.60	1.20		2.39		30	410		130	470		$P_{1.3/60}=0.13$
1K103	$Fe_{80}(SiB)_{20}$	1.62			2.24								$P_{1.4/50}=0.285$
1K110	$Fe_{79}B_{15.5}Si_{3.5}C_2$	1.61	1.48		2.39	390		420			487	-50~140	$P_{1.0/80}=0.11$
	2Cr—FeBSi	1.54	0.87	1.30	3.2		20	342	7.25	160	498	-50~150	$P_{1.0/50}=0.12$
晶态 50Ni—Fe		1.50			7.96	75	25	510	8.2	45			$P_{1.3/50}=0.2$
晶态取向硅钢		2.04	1.50			50	4	740	7.65	50			$P_{1.3/60}=1.5$
晶态 4-Si 冷轧硅钢		1.96							7.61	58.8			$P_{1.4/50}=0.75$

注：1. METGLAS 为美国联合公司生产牌号。
2. AMOMET 为日本东北大学金属材料研究所牌号。
3. 1K103 等为我国产品。
4. T_x 为晶化温度。
5. D 为密度。

（2）铁镍基非晶态合金

铁镍基非晶态合金的各项性能介于铁基和钴基合金之间，其静态软磁性能、动态磁导率、矫顽力、损耗等都低于钴基合金而高于铁基合金，饱和磁感应强度 B_S 则低于铁基而高于钴基合金，价格也处于铁基和钴基合金之间。

（3）过渡金属-金属型非晶态合金

这类非晶态合金以 Fe、Co、Ni 为基，加入 Zr、Cr、Mn 等金属元素，而不含类金属元素，其特点同钴基非晶态合金相近，具有优良的软磁性能，饱和磁感应强度较低，但饱和磁致伸缩系数也很低，此外这类合金韧性较好，作为磁性材料有良好应用前景。但由于合金中不含类金属元素，其非晶态形成能力较差，制备难度比金属-类金属型非晶态合金要大。表 9-3[17] 列出了一些代表性的过渡金属-金属型非晶态合金的性能。

（4）新型大块铁、钴基非晶态合金

20 世纪 70 年代到 80 年代初是非晶态磁性合金迅速发展的时期，相继开发了(Fe, Co)-Si-B，(Fe, Co, Ni)-(Cr, Mo, W)-C，(Fe, Co, Ni)-(Zr, Hf)和(Fe, Co, Ni)-(Zr, Hf, Nb)-B 等系列的磁性合金，但这些合金的临界冷速均高于 10^5 K/s，因而由快冷法制备的合金带材厚度不超过 50μm，大大限制了其应用。90 年代以来，在大块铁磁性非晶态合金的研究方面取得了重大进展，Inoue 等[4,5] 报道了 Mg、Ln、Fe、Co 和 Pd 基大块非晶态合金的制备与性能，这些合金具有有大大降低的临界冷速和优良的软磁性能。Inoue 认为，满足以下三个条件的金属将具有高的非晶态形成能力(GFA)：含有三种以上元素的多组元体系；主要元素之间原子尺寸差大于 12%；主要元素间存在负的混合熵。这样的合金都具有高密度的无规密堆结构和独特的局部原子排列，从而有较高的液/固界面能，阻碍晶体形核。这类合金溶液还具有原子扩散系数低和黏度高的特点，同时由于组成的复杂性，需要发生长程的原子重排才能发生结晶。这些因素导致较高的 T_g/T_m 和 $\Delta T_x(T_x-T_g)$，(T_x——结晶温度)，从而使合金拥有较高的非晶态形成能力和较低的 R_c。表 9-3 列出了Fe-Al-Ga-(P，C，B，Si)系和 FeCoNbB 系大块非晶态合金的磁性和热稳定性数据，并加入了两种快冷法制备的非晶态合金薄带的性能作为对比。

表 9-3　部分大块非晶态磁性合金的性能

	T_g/ K	T_x/ K	ΔT/ K	I_s/ T	H_c/ Am^{-1}	λ_s/ 10^{-6}	μ_c/ (1kHz)	μ_c (1MHz)	ρ_{RT}/ $\mu\Omega\cdot cm$
$Fe_{74}Al_4Ga_2P_{12}B_4Si_4$	737	786	49	1.14	6.40	28	19000		
$Fe_{73}Al_5Ga_2P_{10}B_4C_6$	720	771	51	1.06	2.31	28	11600		
$Fe_{73}Al_5Ga_2P_{10}B_6Si_4$	717	766	49	1.09	2.40	33	23500		
$Fe_{77}Al_{2.14}Ga_{0.84}P_{8.4}C_5B_4Si_{2.6}$	748	782	34	1.47	2.40	38	12200		
$Fe_{58}Co_7Ni_7Zr_8B_{20}$	821	899	78	0.98	4.8	16	15000	3700	198
$Fe_{52}Co_{10}Nb_8B_{30}$	907	994	87	0.63	2.1	7.4	21000	4400	232
$Co_{63}Fe_7Zr_6Ta_4B_{20}$	858	895	37	0.54	3.4	1.7	23000	6800	193
$Co_{40}Fe_{22}Nb_8B_{30}$	895	976	81	0.41	2.0	2.4	29300	7500	237
Fe-Si-B METGLASS 2605S2		823		1.56	2.4	27	15000	1100	137
Co-Fe-Ni-Mo-B-Si METGLASS 2705M		793		0.7	0.4	<1	30000	2100	136

由于新型合金系列的临界冷速大大降低，用铜模铸造法即可制备大块非晶态合金构件。铜模法制得的磁环厚度 1mm，内外径分别是 6mm 和 10mm，并且铜模法制备的大块非晶材料比快冷法制备的薄膜材料的 H_C 进一步降低，其原因可能是铸造法和外圆快冷法制备合金时其内应力大小和方向明显不同，导致二者的磁畴结构产生显著差别[16]。

用铜模铸造法可以直接制备出合乎工业应用要求最终尺寸的零构件，可以预见，今后几年大块非晶态合金的制备和性能研究将得到进一步关注，并将实质性地推动非晶态合金的商业应用。

(5) 非晶态超导材料

研究发现，大部分非晶态超导合金的超导临界温度 T_c 都比相同成分的晶态合金要明显提高，其原因可能是 T_c 的高低取决于电子声子耦合参数 λ，后者与费米面的电子状态密度成正比，而非晶态与晶态结构的费米面电子状态密度有很大区别。已经研究并制备出了多种非晶态超导合金材料，其特点是临界温度 T_c，临界磁场强度 H_c2 及临界电流 J_c 均较高，同时还具有高强度和高韧性。

与晶态超导材料性能相比，非晶态超导合金的最佳超导性能仍然较差，T_c 和 H_{c2} 都比晶态超导合金的最佳值低很多。但非晶态超导材料也有其特点，即辐照稳定性极好，并且同时具有高强度、高韧性和加工性。曾有报道在 T_a 基板上制备 2μm 厚的非晶态 Nb_3Ge，V_3Si 薄膜，进行一定的热处理后，临界超导温度 T_c 达到 18K，临界电流 J_c 达到 $10^2A/m^2$，临界磁场 H_{c2} 为 3125A/m，均已与晶态超导材料的最佳值相当。

晶体合金中由于不同组元之间可形成化合物，合金成分只能在一定范围内调整，否则会显著影响合金的整体力学性能甚至根本不能成形。例如 20%～30%的类金属元素含量对于晶态合金来说是不可能的，往往百分之几的类金属含量就可导致材料脆化。而非晶态合金的最突出特点之一，是在能够形成非晶态结构的前提下可以大范围调整合金成分，获得具有特殊物理、化学性能的合金而基本上不会影响合金的强度、塑韧性和加工性能。这是由非晶态合金中的不同原子之间相互混乱无序排列的结构所决定的。因此，非晶态合金作为磁性合金和超导合金还有着巨大的发展潜力。

9.3.2 非晶态合金的力学性能

非晶态合金具有优异的力学性能。与一般晶体合金材料相比，它有很高的强度和高硬度，而与强度相当的金属或非金属材料相比，它又拥有相当高的塑性、冲击韧性和疲劳寿命。

(1) 强度与韧性

非晶态合金一般都有具有非常高的强度，这是它与晶体材料相比的一个显著特点。表9-4列出了一些非晶态合金的强度和硬度。

由表9-4的数据可见，非晶态合金的强度远远高于一般结构钢，通常也明显高于高强钢。非晶态合金也具有高硬度，钴基合金硬度可高达HV1400。合金成分对硬度有很大影响，金属—类金属型合金中，B含量增加明显提高合金硬度，类金属元素对二元合金硬度的影响，按B、C、Si、P、Ge的次序依次降低，即原子序数越大的类金属元素降低铁基合金硬度的趋势越明显。

表9-4 一些非晶态合金的强度性能

组成		硬度 HV	抗拉强度 σ/(9.8MPa)	弹性模量 E/(9.8MPa)	σ/E	HV/σ
铁基合金	$Fe_{80}B_{20}$	1080	350	17000	0.020	3.1
	$Fe_{90}Zr_{10}$	640	220	—	—	2.9
	$Fe_{80}P_{13}C_7$	760	310	12400	0.025	2.5
	$Fe_{78}B_{10}Si_{12}$	910	340	12000	0.028	2.7
	$Fe_{62}Mo_{20}C_{18}$	970	390	—	—	2.9
	$Fe_{62}Cr_{12}Mo_8C_{18}$	900	330	—	—	2.7
	$Fe_{46}Cr_{16}Mo_{20}C_{18}$	1130	400	—	—	2.8
钴基合金	$Co_{90}Zr_{10}$	600	190	—	—	3.2
	$Co_{73}Si_{15}B_{12}$	910	310	9000	0.034	3.0
	$Co_{56}Cr_{26}C_{18}$	890	330	—	—	2.7
	$Co_{44}Mo_{36}C_{20}$	1190	390	—	—	3.1
	$Co_{34}Cr_{28}Mo_{20}C_{18}$	1400	410	—	—	3.4
镍基合金	$Ni_{90}Zr_{10}$	550	180	—	—	3.1
	$Ni_{78}Si_{10}B_{12}$	860	250	8000	0.034	3.4
	$Ni_{31}Cr_{24}Mo_{24}C_{18}$	1060	350	—	—	3.0
其他	$Pd_{80}Si_{20}$	325	136	6800	0.020	2.4
	$Cu_{50}Zr_{50}$	410	190	—	—	2.7
	$Nb_{50}C_{50}$	893	—	13200	—	—
	$Ti_{50}Cu_{50}$	610	—	1000	—	—

拉应力作用下，带中心裂纹的板试件的断裂韧性 K_c 可简化表达为：

$$K_C = \sigma_f \sqrt{\pi a}$$

其中 σ_f 为断裂应力，a 是裂纹半长度。曾经对 43μm 厚的 $Ni_{39}Fe_{38}P_{14}B_6Al_3$ 合金用不同 a 值下实测的 σ_f 对 $\sqrt{\pi a}$ 作图，其斜率即平均 K_c 为 $62kg/mm^{3/2}$。试样厚度影响裂尖的应力状态，从而影响 K_c 值。Davis[18] 的研究表明，当试样厚度在 50μm 以上时，测得的断裂韧性值不再随厚度而变，为平面应变断裂韧性 K_{IC}。表 9-5 列出了几种材料 K_{IC} 测量值。可见，非晶态合金的断裂韧性比无机玻璃要高两个数量级。与结构钢相比，非晶态合金的韧性偏低。材料的断裂韧性一般随强度提高而降低，图 9-4[19] 表明，非晶态合金与晶体合金有相同的强度-韧性变化趋势，因此非晶态合金相对较低的韧性是其高强度的结果，并不意味着非晶态合金的韧性低于晶体合金。

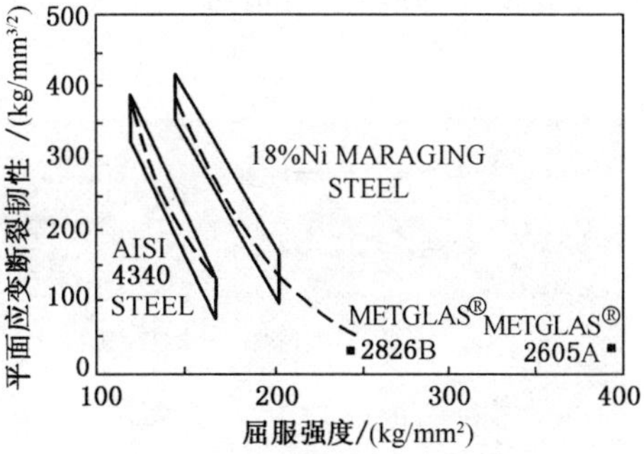

图 9-4　铁基材料平面应变断裂韧性与屈服强度的关系（1kgf 相当于 9.8N）

表 9-5　几种材料断裂韧性的比较

材　　料	NiFePBAl	FeB	玻璃	45#钢	球铁	7075-T6 铝合金	马氏体时效钢
断裂韧性 $K_{IC}/(kg/mm^{3/2})$	62	40	0.3	205	42	128	280

（2）变形与断裂

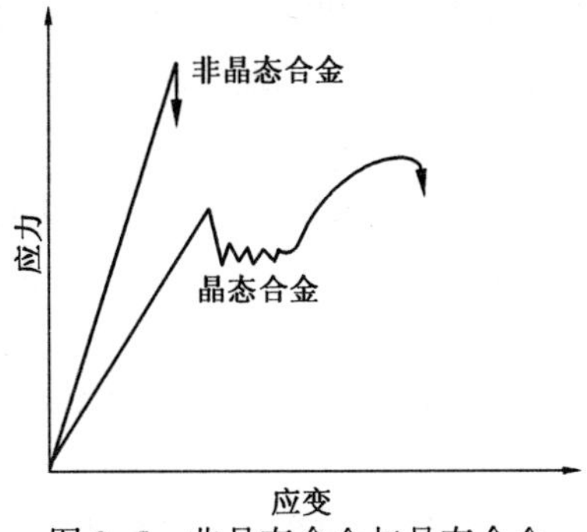

图 9-5　非晶态合金与晶态合金拉伸应力-应变曲线的比较

图 9-5 是非晶态合金与晶体合金拉伸应力-应变曲线的比较。晶体合金发生屈服后，首先在最容易开动的滑移面上发生滑移变形，随着变形量加大位错发生增殖，滑移阻力加大，从而使一些新的滑移系开动，导致材料发生大范围的塑性变形，这段时间内应力在屈服应力附近变化不大，而材料发生较大程度的塑性应变。随加工硬化程度提高，应力会逐渐升高并最终断裂，断裂应变通常达到 20%~30%。非晶态合金的塑性变形行为则与晶体合金有显著不同，其特点为：① 应力应变曲线上通常只能观察到线性段，应力随应变迅速上升，材料一旦屈服后很快断裂，屈服强度 σ_y 与抗拉强度 σ_b 非常接近，断裂时的宏观应变只有 1%~3%。② 塑性变形集中在材料的很小局部，一旦某一方向上开始屈服变形，后续的变形将集中在这一区域，导致材料很快断裂，不像晶体材料那样变形会扩展到整个拉伸段。③ 弯曲某一非晶条带样品到 180°，可以观察到如图 9-6 那样的滑移台阶；如果再将此条带往回弯，反向变形会沿原来产生的剪切变形带进行，而不产生新的滑移带，这表明滑移带中的流变应力比外部更低。

上述事实表明，非晶态合金不存在加工硬化现象，从而导致塑性变形的局部性，宏观上表现为材料塑性、延性差。但在发生变形的局部剪切带中应变则可高达 40%。

非晶态合金拉伸断裂时，断口与拉伸轴大致呈 45°角，即变形沿最大切应力方向优先发生。但断口形态与晶体材料断口完全不同。图 9-7 是典型的非晶态合金的拉伸断口形貌，其微观形态为“脉络”(vein)状。

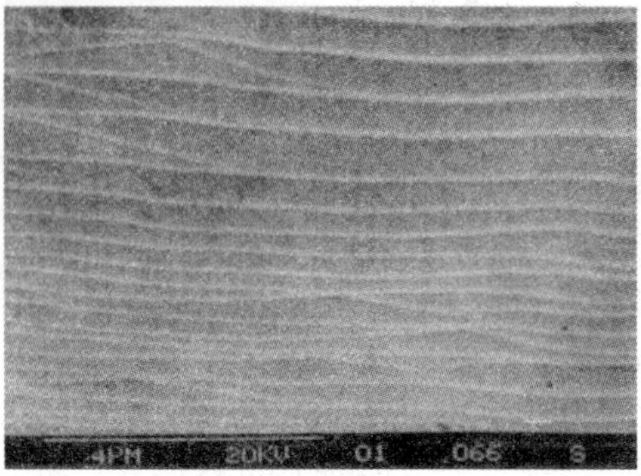

图 9-6　非晶态合金弯曲变形后形成的滑移台阶

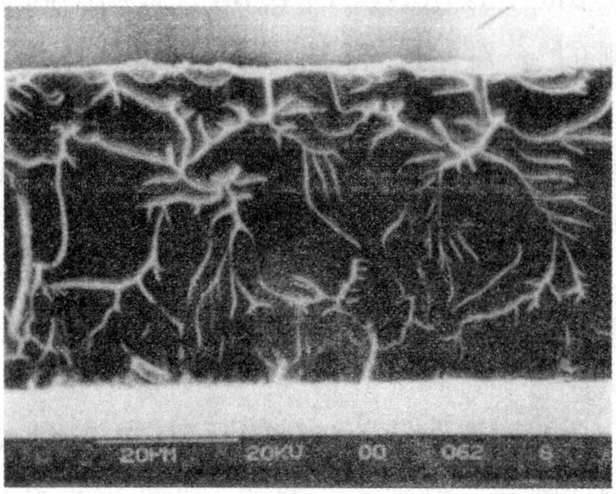

图 9-7　非晶态合金拉伸断口上的“脉络”形貌

由于非晶态合金的与晶体合金明显不同的变形行为，很多研究者对其变形机制进行了探讨，提出了以下几种主要模型：

① 绝热变形模型。如果在两块玻璃之间夹一层黏性流体，然后将两块玻璃垂直分开，黏性流体在玻璃上就呈现“脉络”形状。由此，早期研究者认为，在局部滑移带中发生塑性变形后产生热效应，可使变形区温度升高以致合金软化，形成一层液态流动层，从而导致脉络状断口。这一机理的缺陷是：不能解释断口上观察到的滑移台阶；绝热可以导致应变集中，但首先必须要发生塑性变形才会产生热量，此机理仍然不能解释最初的变形机制；简单估算表明变形引起的温升不过几十度，不足以导致黏性流体层；某些晶体钢断裂时也可呈现脉络状断口。因此，绝热变形模型可能只在 T_g 附近的温度下才会起作用。

② 自由体积模型。自由体积指与原子相邻的自由空间，原子移入这些空间后不发生能量变化(即始态能量与终态能量相等)。自由体积的密度及分布对非晶态合金中的原子扩散、迁移和塑性变形起重要作用。当合金发生变形时，会不断产生新的自由体积，使变形带中剪切阻力下降，黏性层中逐渐产生空洞并长大，最终断裂。自由体积模型能够解释剪切变形和脉络状断口，但也不能解释滑移台阶的形成。

③ 位错模型。非晶态合金的变形与断裂行为在下列方面与晶体相似：(a)滑移带的形成；(b)压缩变形时观察到锯齿状流变屈服；(c)断裂应力随温度的变化与晶体一致，即在室温附近范围切应力 τ 正比于切应变 μ，而在高温和低温下 τ 的变化快于 μ。这些现象在晶体中都可以用位错的运动学和动力学来解释，因此，一些作者也提出了非晶态合金的位错模型。认为，位错的一般概念是从弹性理论中概括出来的，并不一定需要周期性的原子结构作基础。非晶态合金中也可以存在位错，其变形和断裂由位错运动支配。所不同的是，非晶态合金中位错没有固定的柏格斯矢量，柏格斯矢量的大小和方向沿位错线不断变化；非晶态合金中位错也无固定的滑移面，而是沿最大切应力方向运动。用位错模型可以解释观察到的大部分现象，计算机模拟也表明位错在非晶态结构中可以稳定存在。但非晶态合金中是否确实存在位错，一直没有直接的证据。

④ τ 缺陷模型。该模型在非晶态合金结构中定义三类缺陷：P 缺陷——正的局部原子密度波动；n 缺陷——负的局部原子密度波动，τ 缺陷——切应力 τ 高于平均值的局部区域。模型认为，τ 缺陷是非晶态合金中的局部应力集中源，当应力集中超过合金屈服应力时，发

生局部塑性流变，同时 τ 缺陷密度增大，许多单个 τ 缺陷造成的变形区域相互连接形成连续的剪切带，就会造成宏观屈服。τ 缺陷模型也可以解释许多现象，但同样缺少令人信服的证据。

综上所述，对于非晶态合金塑性形变与断裂的机理仍然处于发展阶段，这是至今对非晶态结构本身的理解仍不够充分的必然结果。

9.3.3 非晶态合金的催化性能和储氢性能

（1）非晶态合金的催化性能

曾经研究过非晶态合金在一些化学反应体系中的催化性能，典型体系有：

① 甲醇燃料电池用燃料极材料。燃料电池是把燃料燃烧时释放的化学能直接变为电能的装置，其能量转换率高，不会污染环境，国内外都将其作为优先发展的能源装置。甲醇燃料电池是目前研究最多的体系，其反应是

$$2CH_3OH+3O_2 = 2CO_2+4H_2O$$

此反应在通常环境下转化率不高，寻找有效的催化材料作为燃料极，是实现甲醇燃料电池工业化应用的关键。已经研究了非晶态 FeP、FeB、NiP、NiB、CoB、TiN 和一系列 Pd 基合金的催化活性，发现，经过表面活化处理，具有多孔隙和大表面积的 PdNiP 合金具有较高的催化活性，其中 $PdNi_5P_{19}$ 合金对甲醇氧化反应催化活性超过 Pt。

② 食盐电解用电极材料。电解食盐过程中阴极产生氢氧化钠和氢，而阳极产生氯气和氧气，要求阳极材料对氯气产生有较高催化活性，对氧气产生有较低催化活性，并且耐 Cl 侵蚀。工业上一般采用 RuO_2 和 TiO_2 构成的混合氧化物阳极，它有较好耐蚀性，但产生的氯气中氧浓度很高。研究表明，非晶态 $Pd_{41}Ir_{40}P_{19}$、$Pd_{46}Ir_{30}Ti_5P_{19}$、$Pd_{41}Ir_{30}Ru_{10}P_{19}$ 等合金都有大大超过 RuO_2 电极的催化活性，其中 $Pd_{46}Ir_{30}Ti_5P_{19}$ 合金对发生氯气的催化活性最高，对发生氧气的催化活性最低，并且在电解液中有很高稳定性。

③ 乙烯合成催化剂。水煤气合成甲烷、乙烯、丙烯等过程通常使用 Fe、Co、Ni 等金属作催化剂。研究发现，如果反应温度能够保证非晶态合金稳定不发生晶化，非晶态 FeNiP 合金具有比晶体金属高得多的催化活性。

（2）非晶态合金的储氢性能

氢能具有来源丰富和清洁的特点，将是未来的主要能源之一。氢的安全储存和运输是氢能应用需解决的重要问题，用储氢合金将氢作为氢化物储存起来，是当前氢能安全储运的主要研究方向。

储氢合金一般是容易形成氢化物的 Ti、Zr、Hf 等元素与不易形成氢化物的过渡族金属元素构成的合金。如金属间化合物 ZrNi 能吸收相当于金属原子数 1.5 倍的氢原子形成氢化物，当加热时氢又可放出。TiCu、ZrNi、ZrCo、NbNi 等系列的非晶态合金都显示出优良的储氢性能，最大吸氢量（H/M 原子比）一般在 0.5~1.5 之间，特别是 TiCu 系列合金，其非晶态的吸氢量明显高于晶态。金属一类金属型非晶态合金贮氢量很低，这是由于直径较小的类金属元素填入合金的间隙位置，而使氢原子能占据的位置大大减少。

关于非晶态合金的催化性能和储氢性能仍然有待于进一步研究。非晶态合金的一个突出优点，是合金处在非晶状态时，多种不同的元素构成的合金仍可具有良好的力学性能和加工性能，因而可以在更广的元素组成范围内进一步探索具有优良催化、储氢及其他性能的合金体系。晶体合金则很难随意调整成分，否则合金可能脆化甚至不能成形。

9.4 非晶态合金的应用

在下列方面非晶态合金已经得到了工业规模的应用。

(1) 软磁材料

非晶态软磁合金的饱和磁通密度和矫顽力均高于晶态坡莫合金和软磁铁氧体，电阻率亦高于坡莫合金，因此作为软磁材料已得到广泛应用，非晶态 FeBSi 合金带材的成本也已与通常的硅钢片相当。作为配电变压器铁芯、航空变压器铁芯、开关电源变压器和磁放大器铁芯、直流变换器铁芯、小功率脉冲变压器铁芯、电磁传感器铁芯、电动机定子铁芯等元器件已得到不同规模的应用，其特点是磁损、铁损低，效率高，体积、质量较小。

(2) 高导磁器件

由于非晶态合金磁导率高，作为漏电自动开关的铁芯材料，可提高开关的灵敏度。非晶态 Co-Fe-Mn-Si-B、Co-Fe-Ni-Nb-Si-B、Co-Fe-Ni-Si-B 等合金制作录音、录像磁头，具有满意的效果，并且由于非晶态合金的高硬度和耐磨、耐蚀性，其寿命远优于常规磁头。用非晶态 FeNiPB、CoFeMoSiB 和 Ni-Fe 等合金条带编织成帘布制成的磁装置磁性能明显优于晶态坡莫合金。

(3) 应变传感器

铁基非晶态条带具有优良的弹性，线性的磁机械特性和高的温度稳定性，$Fe_{78}Mo_2B_{20}$ (Metglass2605A)合金已成功地用于应变传感器，具有大范围应变检测可靠性高的优点。

(4) 机械振子

钟表游丝材料一般均用晶体铁合金材料，因其具有铁磁性，不能在磁场中使用。非晶态 Pd-Si 和 Ni-Si-B 系列合金不但具有优良弹性性能，并且不具备铁磁性，用其制备钟表游丝及其他类似材料是很适宜的。

(5) 高硬度刀片

非晶态 Fe 基合金具有高强度、高硬度、高耐蚀性的特点，制备的刀片不但锋利，使用寿命亦与不锈钢刀具相当。

(6) 焊料

NiCrFeSiB 合金作为高温钎焊料，广泛用于高温合金、不锈钢和 W、Mo 等难熔材料的焊接，特别是在航空工业中大量使用。但通常 NiCrFeSiB 钎焊料不易成形，只能制成粉末料，运输和使用不方便。用快冷法制备的非晶态 NiCrFeSiB 薄带，韧性良好，使用方便，并且适用于自动焊接。用非晶态 CuSnAgP 合金中温钎焊用薄带代替汽车直流电机转子绕组与换向器的浸锡焊接，大大提高转子的焊接质量和工作可靠性。

可以预见，随着低临界冷速的大块非晶态合金的发展，非晶态合金必将在更多的领域中得到广泛的应用。

9.5 非晶态合金的耐蚀性

9.5.1 非晶态合金与晶态合金耐蚀性的差异

不论是快冷法还是表面沉积法制备的非晶态合金，其化学稳定性都比相同或相近成分的晶态合金高得多。特别是 Fe-Cr-类金属系列非晶态合金具有相当高的耐蚀性，例如，Fe-8Cr-13P-7C 合金在室温下 2mol/L HCl 中仍然能够自发钝化。非晶态合金高耐蚀性的特点引起了研究者的广泛关注并进行了大量研究。其原因可归结于以下几点：

(1) 钝化膜中富集高钝化能力的合金元素阳离子

在含 Cr 的非晶态合金中，钝化元素 Cr 在钝化膜中高度富集，从而大大提高了钝化膜的耐蚀性。如 Fe-10Cr-13P-7C 合金在 1mol/L HCl 中能够自发钝化，其钝化膜结构为[$CrO_x(OH)_{3-2x}nH_2O$]，其中的阳离子几乎全部是 Cr^{3+}。表 9-6 列出了一些非晶态合金与晶态合金钝化膜含 Cr 量的比较，可以看到，非晶态合金钝化膜中 C^{3+} 的富集程度远比晶态合金要高。含 Cr 仅 3%的 Fe-3Cr-2Mo-13P-7C 非晶态合金钝化能力已与含 Cr 达 19%的不锈钢相当。

(2) 非晶态合金表面的均匀性

非晶态合金的均匀性体现在两方面：

① 化学均匀性。在快速冷却过程中，原子来不及发生长程迁移，保持了其在液态下均匀混合的状态，无化学偏析，不同区域之间不易产生电位差效应。

② 结构均匀性。快速冷却产生均一的单相非晶态结构，无第二相析出，也无晶界存在，因此非晶态合金表面高度均匀，基本上不存在容易诱发腐蚀的夹杂物、位错露头等表面活性点。

因此，非晶态合金表面化学组成和结构的高度均匀性是其高耐蚀性的主要原因之一。这一结论也为实验所证实：当对非晶态合金进行热处理使其晶化以后，其高耐蚀性即消失。对 Fe-10Cr-13P-7C 合金来说，即使热处理只导致表面产生纳米晶，其耐蚀性也会大大降低。

(3) 非晶态合金的高活性

桥本功二等[21]学者认为，合金的钝化能力与合金组元的反应活性有关，非晶态合金在热力学上处于亚稳态，而 Fe-Cr-类金属系合金中类金属元素有较高活性，因此非晶态合金在形成钝化膜之前比晶态合金有更高的反应活性，活性组元迅速反应溶解导致钝化元素在表面高度富集，从而合金更快地进入钝态。上述理论得到了实验结果支持，对于 $FeCr_{10}P_{13}X_7$ 合金，X 代表 Si 或 C，合金元素的活性依 Si、C、P 的顺序增大，合金的初始活性溶解电流密度亦遵从此顺序，但稳定钝化电流则恰恰相反，即类金属元素活性越高，合金的稳态钝化电流越低。

9.5.2 合金组成对耐蚀性的影响

金属耐蚀性的根本原因有三点：通过形成表面钝化膜而耐蚀；通过自身的热力学稳定性而耐蚀；或通过形成表面腐蚀产物层而耐蚀。非晶态合金的耐蚀性也同样遵守这些原则，合金的化学成分仍然是决定其耐蚀性的关键因素，合金元素通过影响上述原则而对合金耐蚀性产生影响。

表 9-6 钝化膜中的 Cr^{3+} 浓度(1mol/L HCl)

非晶态合金	Cr^{3+}/总金属离子	钝化性能
Fe-10Cr-13P-7C	0.97	自 发
Fe-3Cr-2Mo-13P-7C	0.57	阳极极化
Co-10Cr-20P	0.95	自 发
Ni-10Cr-20P	0.87	自 发
不锈钢:		
Fe-30Cr-(2Mo)	0.75	阳极极化
Fe-19Cr-(2Mo)	0.58	阳极极化

由于非晶态合金的表面均匀性，其耐蚀性一般均比相同组分的晶态合金要高，但若合金中不含钝化元素或贵金属，腐蚀速率仍然会较快，FeB 合金的耐蚀性就很低。

(1) 金属-类金属非晶态合金

① 对于不含钝化元素的二元金属一类金属合金，耐蚀性主要取决于基体金属的热力学稳定性，按 Fe、Co、Ni 基的顺序提高。例如，$Fe_{80}B_{20}$、$Co_{80}B_{20}$、$Ni_{80}B_{20}$ 三种合金中，$Fe_{80}B_{20}$腐蚀速率最快。

② 钝化元素 Cr 显著提高合金的耐蚀性。图 9-8 表明，当 Cr 含量只有 8%时，$Fe_{80-x}Cr_xP_{13}C_7$合金在 0.5mol/L H_2SO_4中已自发钝化。当合金中含有第三种金属元素时，一般会促进钝化，其中效果最显著的是 Mo。

③ 类金属元素通过影响合金的钝化能力起作用。图 9-9 所示是$(Fe, Cr)_{80}(P, C, B, Si)_{20}$合金在 3%NaCl 溶液中的腐蚀速率，分析图 9-9 可以看出，P 是提高耐蚀性最有效的类金属元素，其他元素的耐蚀性依 P、C、Si、B 依次降低。研究表明，P 与 Cr 同时存在时可大大促进 Cr 的钝化作用。

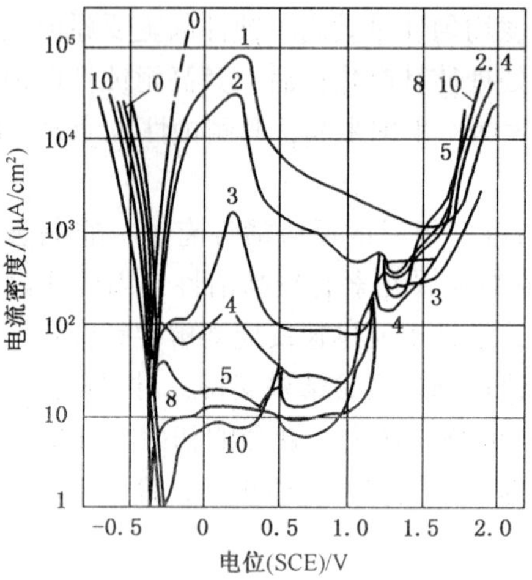

图 9-8　Cr 对 FeCrPC 非晶态合金在硫酸中的极化曲线的影响

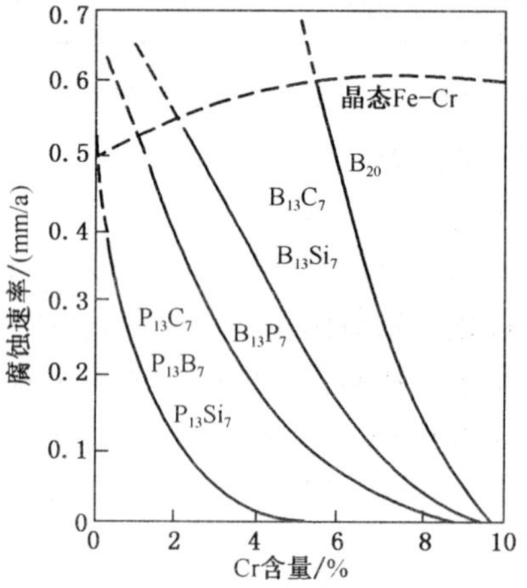

图 9-9　类金属元素对非晶态合金在 NaCl 溶液中腐蚀速率的影响

(2) 金属-金属系非晶态合金

这类合金的耐蚀性主要取决于金属组元自身的热力学稳定性，含有 Pt、Pd、Zr、Ti 等高耐蚀性金属的合金耐蚀性较高，如 $Cu_{50}Zr_{50}$、$Cu_{50}Ti_{50}$非晶合金，比相同组成的晶态合金腐蚀速率低得多。

(3) 溅射沉积法制备耐蚀非晶态表面层

近年来一些研究者用溅射沉积法在普通材料上成功地制备出高耐蚀性的非晶态合金表面层，从而使非晶态合金的高耐蚀性有可能用于普通材料的表面保护。下列组成的溅射沉积非晶态合金有着极高的耐蚀性：

① 铝-难熔金属合金。铝与难熔金属 Nb、Ta、Mo、W 等构成的合金有很高的耐蚀性，由于铝的熔点比难熔金属低得多，通常很难合金化，但用溅射沉积法能够形成 Al 与难熔金属的单相固溶体非晶态合金。图 9-10[21] 比较了几种铝-难熔金属二元合金在 1mol/L HCl 中的耐蚀性，可见其耐蚀性都远远超过不锈钢，特别是 Al-Ta 和 Al-Nb 合金的耐蚀性比镍基

合金还要低几个数量级。这类合金同时具有很强的抗孔蚀能力，其原因被归结于钝化性能的明显改善。

② 铬-难熔金属合金。铬与难熔金属形成的单相固溶体非晶态合金有较高的钝性，图9-11[22]显示了Cr-Ti、Cr-Zr、Cr-Nb和Cr-Ta合金在高浓度HCl中的腐蚀速率，可以看到，合金化以后几种合金的腐蚀速率都大大低于原单质金属的腐蚀速率，尤其是Cr-Ta合金，当Ta含量在10%~75%之间时，在12mol/L HCl中的腐蚀速率仍低于10^{-6}mm/a，这是目前已知的在强酸中耐蚀性最高的金属材料。

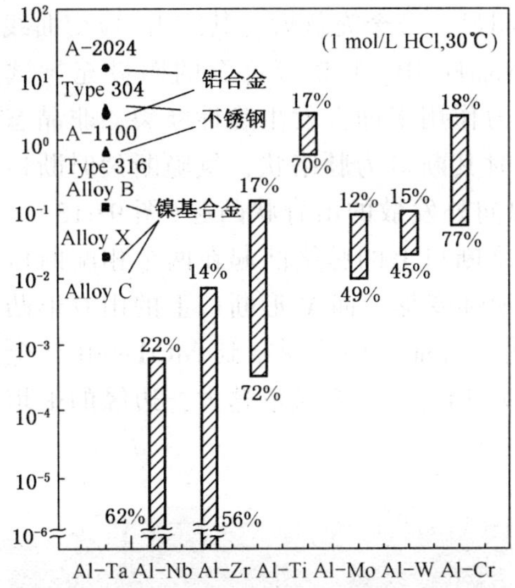

图 9-10　几种铝-难熔金属二元合金及常用耐蚀合金在30℃的1mol/L HCl中的腐蚀速率

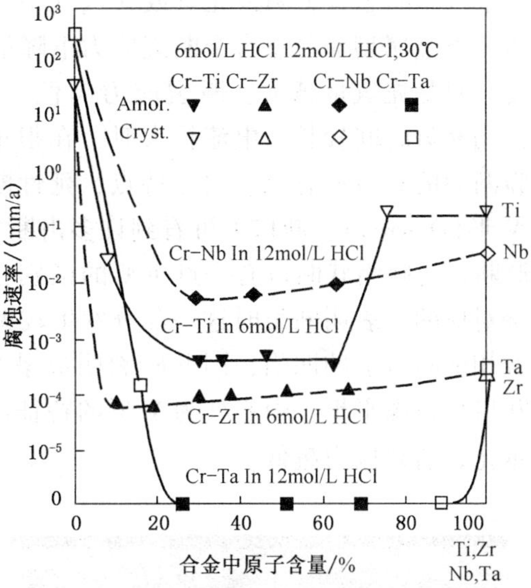

图 9-11　几种溅射沉积铬-难熔金属二元合金在HCl中的腐蚀速率

此外，Mo和W分别与Ti、Zr、Nb、Ta、Cr等金属形成的二元非晶态合金在HCl中也具有很高的耐蚀性。这些非晶态溅射沉积合金对于在强腐蚀介质中结构材料的保护具有巨大的应用价值。

9.5.3　非晶态合金的局部腐蚀

一般晶态金属材料的小孔腐蚀都首先形核与表面活性点，如非金属夹杂物、位错或晶界露头、偏析及表面划痕等位置。由于非晶态合金的化学均匀性和结构均匀性，其表面高度均匀，小孔很难形核，因此非晶态合金有较高的抗氯离子孔蚀的能力。对NiCrFeSiB非晶态合金的研究表明[23]，合金的孔蚀电位与表面状态有明显关系，抛光表面的孔蚀电位最正，随表面粗糙度增大，孔蚀形核的倾向增大，孔蚀电位显著负移。图9-12显示，小孔优先沿表面研磨产生的沟槽中形核，小孔形状为规整的半球状，反映了非晶态合金各向同性的特征。研究还表明，非晶态合金的孔蚀阻力主要来自其对小孔

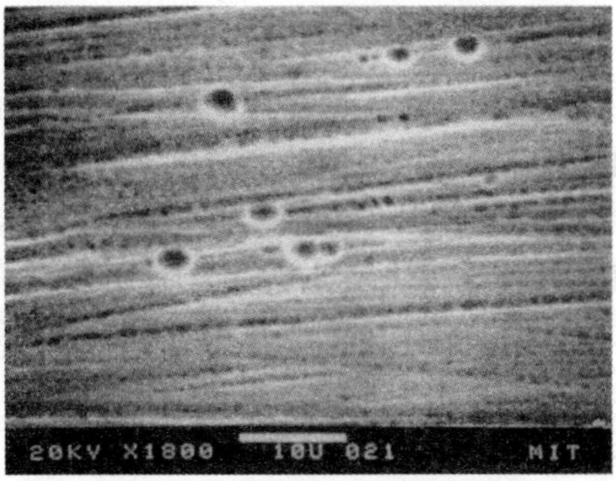

图 9-12　非晶态合金表面沿磨痕产生的腐蚀小孔

形核的阻碍，一旦孔蚀发生，小孔的扩展速度很快，并不低于相同组分的晶态合金，即在小孔内部的活性状态下，非晶态合金同晶态合金有着同样的溶解速度。

非晶态合金在具有很强的耐孔蚀能力的同时，其缝隙腐蚀敏感性则较高，这与它的孔蚀形核阻力较高、而孔蚀扩展阻力并不高的行为是一致的。缝隙相当于已经形核的小孔，一旦缝隙内部的溶液环境有利于合金发生溶解，腐蚀就会持续进行。因此，在非晶态合金的使用过程中应特别注意保持其表面的光洁平整和避免形成缝隙。

9.5.4 非晶态合金的氢致脆化

很多非晶态合金阴极充氢或在氢气中充氢后，断裂应力都有不同程度的下降，尤其金属—类金属型非晶态合金断裂应力下降最为明显。合金充氢后，其应力-应变曲线形状不变，只是充氢量越大，断裂应力越低。对 NiCrFeSiB，FeB 等合金的阴极充氢试验发现，当充氢时间较长、电流较大时，在很小的力作用下即会发生脆性断裂。非晶态合金氢脆断裂的断口形态也有明显特点，延性断裂时其断口为脉络状，氢脆断裂时断口则多呈 V 形(chevron)，断口上可看到许多由断裂源向外发散的山脊状凸起(图 9-13)。这种 V 形断口与脉络状断口有一点重要的区别：脉络断口上的脉络凸起在两个相配断口上是完全对应的，表明断裂时这一部分发生较大的塑性变形。而 V 形断口上的山脊形凸起对应着相配断口上的凹陷，因此断裂明显呈“脆性”特征。还曾观察到 NiCrFeSiB 合金的氢脆断口呈边缘平坦、中心处为 V 形的特征(图 9-14)[24]，充氢量越大，边缘的平坦部分就越宽，断裂应力越低。

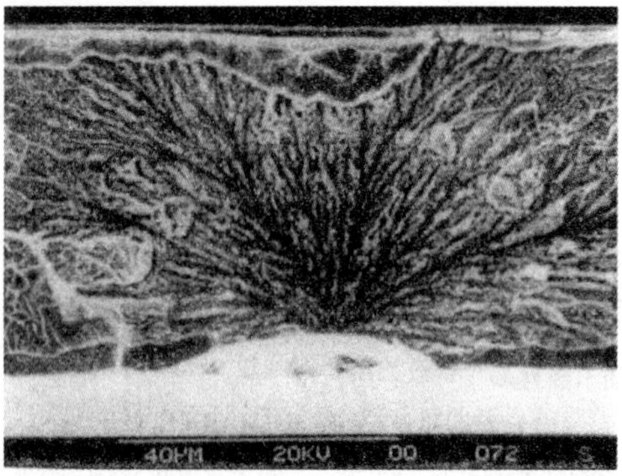

图 9-13 非晶态合金氢脆断口形态

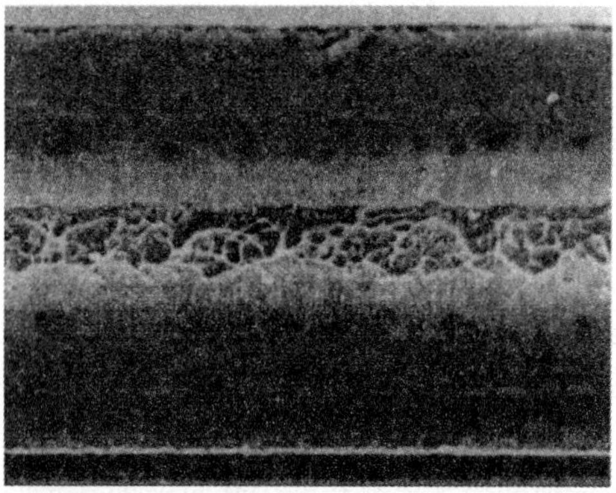

图 9-14 充氢导致的非晶态合金断口形态：边缘平坦，中心部分保留变形痕迹

同晶态合金一样，非晶态合金的氢脆也是可逆的，如果在合金断裂之前停止充氢，加热或放置一般时间使氢逸出，合金的性质可以回复。关于非晶态合金的氢致脆化机理目前还没有一致的看法，一种观点认为非晶态合金中可能存在一些显微孔洞，这些孔洞捕集 H 原子，H 原子复合成 H_2 后形成高压，使材料断裂；赞成位错模型的一派观点则认为，同晶体合金类似，氢能加强裂纹尖端的塑性变形，加速位错的运动并导致裂纹扩展。显然，关于非晶态合金氢脆的机理有待于非晶态合金变形与断裂的机理的建立和完善。

非晶态合金的高氢脆敏感性可以归结于下列原因：

① 类金属元素对氢吸收的促进作用。

阴极充氢时 H^+ 首先还原成 H 吸附在电极表面，进而可能发生两种过程：

$$H_{ad}+H_{ad}\longrightarrow H_2\uparrow$$

$$或\quad H_{ad}\longrightarrow H(进入合金)$$

类金属元素 S、P、B、Si、N 等都具有阻碍氢原子复合成氢分子反应的作用，从而使进入合金的氢原子增多。不含类金属元素的金属-金属型非晶态合金的氢脆敏感性要低得多。

② 非晶态合金一般都有很高的屈服强度，相应地断裂韧性 K_{IC} 较低，即由于非晶态合金的高强度决定了其脆性倾向亦较大。

③ 非晶态合金的塑性变形具有高度局部化的特点，由于不发生应变硬化，变形集中在少数滑移带中，一旦形成裂纹，很容易在裂尖区的特定滑移面上集中发生塑变而导致裂纹扩展，而不像晶体合金中裂尖可能发生大范围塑性变形吸收能量，使裂纹钝化。

由于上述原因，金属-类金属型非晶态合金存在明显的氢脆敏感性，这使得它作为结构材料应用受到一定程度的局限。合金中的其他元素对于氢脆敏感性影响不大。钝化膜是防止氢原子进入合金的有效屏障，氢在钝化膜中的扩散速度比在合金基体中要低几个数量级，因此提高合金的钝化性能对提高非晶态合金抗氢脆能力有明显作用。

研究发现，在阳极极化条件下对非晶态合金试样进行拉伸时，也会发生低应力断裂，一些研究者认为这是应力腐蚀断裂。但多数研究者认为，由于非晶态合金中塑性变形的高度局部性和裂纹扩展的高速度，不会发生如晶态合金中那样的滑移-溶解型应力腐蚀过程，阳极极化下的低应力断裂应归因于局部腐蚀导致应力集中引发的断裂。对这一现象还有待更深入的研究。

参 考 文 献

1 Brenner A, Riddell G. J. Res. Natl. Bur. Stds., 1947, 39: 385

2 Klement W, Willens R H, Duwez P. Nature, 1960, 187: 869

3 Duwez P, Willens R H. Trans AIME, 1963, 227: 362

4 Inoue A. Mater. Trans. JIM, 1995, 36: 866

5 Inoue A. Bulk Amorphous Alloys, Trans. Tech. Publishers, Zurich, 1998

6 Inoue A, Nishiyama N. Mater. Sci. Eng., 1997, A226-228: 401

7 Inoue A, Nishiyama N, Kimura H K. Mater. Trans. JIM, 1997, 38: 179

8 Steeb S, Hezel R Z. Fur. Physik., 1966, 191: 398

9 Cargill G S, Spaepen F. J. Non-Crystal. Sol., 1981, 43: 91

10 Lamparter P, Sperl W, Steeb S, et al. Z. Naturforsch, 1982, 37A: 1223

11 Lewis L J, Harris R. Proc. LAMV, 1984, 547

12 Gaskell P M. Glassy Metals Ⅱ, Topics in Physics, V. 153, 1983, Berlin, Springer, 5

13 Srolovitz D, Maeda K, Vitek V. Phil. Mag., 1981, A44: 847

14 Gurman S J. Extended X-ray Absorption Fine Structure, Joyner R. W, Ed., Plenum Press, New York, 1981

15 Chen H S. Rep. Prog. Phys., 1980, 43: 353

16 Inoue A, Koshiba H, Itoi T. Materials Science Forum, 2000, 341~346: 81

17 王一禾，杨 善．非晶态合金．北京：冶金工业出版社，1989，184

18 Davis L A. J. Mater. Sci., 1975, 10: 1557

19 Zackay V F, Parker E R, Morns J W, et al. Mat. Sci. Eng., 1974, 16: 201

20 Hashimoto K, et al. Corrosion, Electrochemistry and Catalysis of Metallic Glasses, The Electrochemical Society,

Prinston, NJ, 1988, 1
21 Hashimoto K, Kumagai N, Yoshioka H, et al. Corros. Sci., 1993, 35: 363
22 Hashimoto K. Uhlig's Corrosion Handbook, R. W. *Re*vie Eds., John Wiley & Sons, NY, 2000, 929
23 Zuo Y, Latanision R M. Corros. Sci., 1993, 34: 1697
24 Zuo Y, Latanision R M. Mater. Sci. Eng., 1992, A159: 87

第2篇　非金属材料的耐蚀性

第10章　非金属材料的腐蚀

非金属材料包括有机非金属材料和无机非金属材料两大类。有机非金属材料包括塑料、树脂、橡胶、涂料、复合材料等；无机非金属材料包括玻璃、石墨、搪瓷、陶瓷、水泥等。

非金属材料和介质相互作用产生的变质和破坏称为非金属的腐蚀，其腐蚀行为较金属材料更呈现多样性，且缺乏规律性。金属腐蚀一般多在金属表面上开始发生，逐渐向深处发展，而非金属材料的腐蚀破坏多从内部形成。

10.1　腐蚀类型

10.1.1　按宏观腐蚀形态分类

(1) 轻度腐蚀

包括鼓泡、溶胀、微裂纹(含裂纹)、变色、变薄等。

(2) 中度腐蚀

包括脱黏和分层、龟裂、脆化和硬化、形变等。

(3) 破坏性腐蚀

包括开裂、粉化、失强、分解、降价、氧化、剥离。

10.1.2　按腐蚀机理分类

(1) 物理腐蚀

物理腐蚀是指引起非金属材料腐蚀的主要因素是物理因素，其腐蚀过程也是物理过程的腐蚀行为。如介质渗透、应力作用形成的腐蚀。

(2) 化学腐蚀

化学腐蚀是指引起非金属材料腐蚀的主要因素是化学因素，其腐蚀过程也是化学过程的腐蚀行为。如介质与非金属材料中某些官能团产生化学反应，使材料分解形成的腐蚀。

(3) 大气老化

大气老化是指高分子材料在大气环境中，受紫外线、热辐射、空气中温度、湿度、水分、氧等因素作用，性能随时间的延续而劣化的腐蚀现象。

(4) 环境应力开裂

环境应力开裂指有机非金属材料在应力(外加的或内部残余应力)与某种活性介质的共同作用下，在低于材料的正常断裂应力下所发生的开裂。

10.2　物理腐蚀

物理腐蚀是非金属材料使用中最常见的腐蚀破坏形态，其形成的主要原因是环境介质的渗透扩散及应力(包括材料成型过程时形成的残余应力，环境温度引发的热应力，结晶型介质及渗入介质因热胀冷缩形成的膨胀应力)联合破坏作用。非金属材料的物理腐蚀主要为高分子材料的物理腐蚀和无机非金属材料的物理腐蚀两大类。

10.2.1 高分子材料的物理腐蚀

有机非金属材料的物理腐蚀主要表现形式为溶胀和溶解，以及介质对有机材料的渗透破坏作用，主要与介质向材料基体扩散、渗透有关。

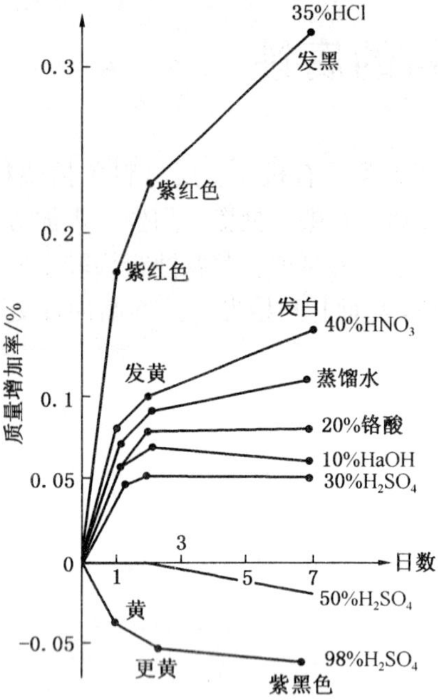

图 10-1 硬聚氯乙烯塑料在介质中的增加率(60℃)

腐蚀介质通过材料表面渗入内部，就会使质量增加，材料中的可溶成分及腐蚀产物逆向扩散进入介质中使质量减少。当材料的溶出量小于介质渗入量时腐蚀试验表现为正的质量变化率，即质量增加。相反，当材料中逆向扩散出来的质量超过介质渗入量时，就表现为负的质量变化率，即质量损失。图 10-1 所示硬聚氯乙烯塑料在介质中质量的增加就是一个很好的例子。

在有机非金属高分子材料耐腐蚀性能评定中经常测定的浸渍质量增加率，实质是介质向材料内渗透扩散与材料组成物、腐蚀产物逆向溶出的总的表现。若仅用质量增加率做标准来评定腐蚀程度的话，可能得出错误结论。因为当吸收介质增加的质量与溶出而减少的质量均很大，但差值却很小时，材料虽然已完全损坏，但总质量增加率却不大。

无论材料成分的溶出或是介质的渗入均与渗透扩散性有关，只是溶出是在腐蚀性介质渗入有机非金属材料内部并与其发生作用后造成的。渗透是指由浓度差引起的扩散过程。

(1) 介质在聚合物内的渗透和扩散

1) 稳态渗透与扩散

一般地说，介质对材料的渗透率越大，材料的耐腐蚀能力越差。因此，对渗透性能与渗透率 J 的研究与测定有着重要的意义。介质向高分子材料内扩散的情形如图 10-2 所示。

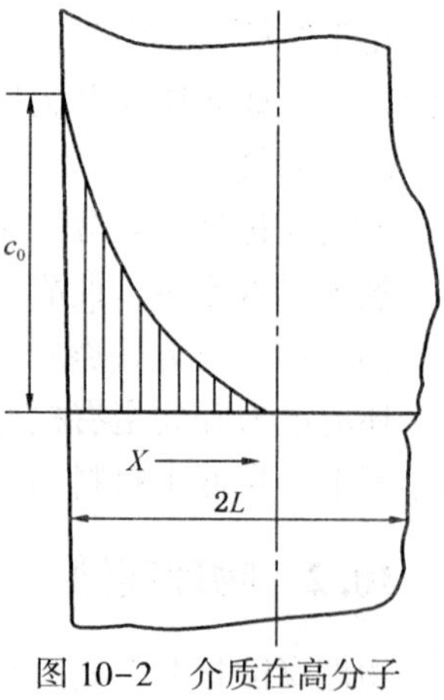

图 10-2 介质在高分子材料中扩散示意图

介质在样品中的浓度 β 随渗入距离而变化。浓度与渗入距离的关系曲线也因浸渍时间而不同。若达到稳定渗透率平衡时，浓度分布与距离的关系不再随时间而变化，则这时浓度高的一边渗入的介质量与浓度低的一边渗出的介质量应相等，即总渗入量不变。所以达到稳态平衡时不同渗透平面上浓度均保持不变，即 $\partial c/\partial t=0$。介质向高分子材料内部渗透以及扩散过程非常复杂，影响因素很多。若将由浓度差引起的扩散过程简化，则在达到稳态渗透平衡时，介质在材料内的渗透与扩散过程也可以用理想的菲克(Fick)第一定律来描述。

$$J=-D\frac{\partial c}{\partial x} \qquad (10-1)$$

扩散系数 D 是表征介质在高分子材料内渗透能力的常数，它除与温度、浓度有关外，还受介质相对分子质量大小、质量、亲和力以及塑料内部的孔隙率与孔径分布等因素的影响。上式只适用于 D 为定值的场合，否则难以求得方程的解。若扩散系数为定值，可用 $J=-D\frac{\partial c}{\partial x}$ 在 c_0 与 c 之间积分。

$$J=\int_{x=0}^{x=1}\mathrm{d}x=-D\int_{c_0}^{c}\mathrm{d}c \tag{10-2}$$

得渗透率：

$$J=D(c_0-c)/L \tag{10-3}$$

式中 L——试样厚度，cm；

c_0、c——介质浓度，g/cm^3。

所以只要测出试样厚度、面积、浓差及一定时间内渗入量 q，即可求 J 和 D。

2）非稳态渗透与扩散

在通常的腐蚀试验中，试片较厚，介质多为液相，不像气体那样在短时间内达到渗透平衡。因此在实验观察的时间内，试样中介质浓度分布仍随时间 t 而变化，扩散体系处于非稳定状态，如图 10-3 所示。

非稳态扩散体系不满足 $\partial c/\partial t=0$ 的条件，渗透率也是时间 t 的函数，不能用作腐蚀性能比较的依据。为了测定非稳态条件下介质在材料内的扩散系数，可应用菲克(Fick)第二定律：

$$\frac{\partial c}{\partial t}=D\frac{\partial^2 c}{\partial x^2} \tag{10-4}$$

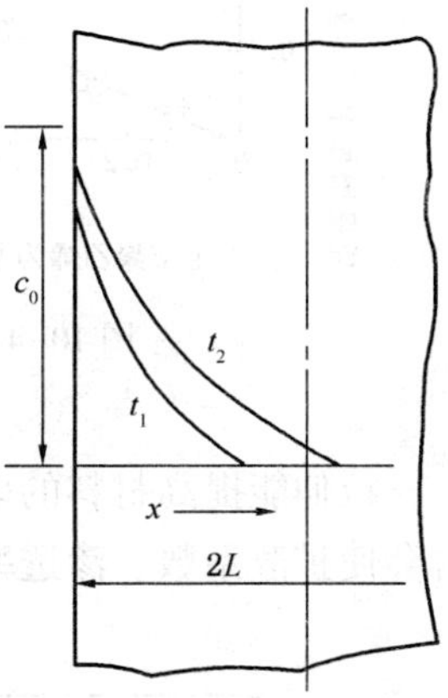

图 10-3 渗透时间对浓度分布曲线的影响($t_2>t_1$)

上式的单值解仅在某些给定的条件下才能求得；而且其解用实验方法比通过复杂的计算容易确定。对于平板型的试件，可以证明在恒温、恒压条件下渗入量 q(质量增加)与渗透时间 t 的关系，在浸渍初期由下式决定：

$$q/Q=A\left(Dt/L^2\right)^{\frac{1}{2}} \tag{10-5}$$

式中 Q——无限长时间后介质的渗入量，即平衡质量增加；

L——试片厚度的一半；

A——比例常数。

以 $\lg q$(或 $\lg q/Q$)对浸渍时间 t 的数据作图，其斜率为 1/2。由于 A 为常数，易于确定，而 t 与 L 可由实验测得，因此与该曲线的截距可求得扩散系数。

(2) 影响渗透性的因素

体系的渗透能力取决于渗透介质的浓度分布及在材料内的扩散系数。扩散系数(在气体中可以是渗透系数)是腐蚀介质与高分子材料共同决定的特性常数。所以在浓度梯度一定时影响体系扩散能力的因素主要通过扩散系数(或渗透系数)起作用。

1）高聚物聚集态结构

介质分子向新的平衡位置迁移，只有当其周围存在空位(自由体积)时才有可能。高分子材料由于相对分子质量很大，不可能排得很紧，即使是晶态高聚物也存在着无定形部分以及大大小小的缺陷。因此，凡使材料结构紧密的因素，如提高结晶度、取向度、交联密度等，均使扩散系数、渗透系数或渗透率下降。

一般地说，聚合物结晶部分在熔点以下时几乎不能被介质分子渗透，结晶性高分子材料的质量增加主要是介质在无定形部分渗透所引起。例如各种密度的聚乙烯在溴甲烷中的质量增加率，若以无定形部分为基准表示，则与蒸气压之间显示非常好的线性关系，数据集中在一条曲线上；若以全部聚乙烯量为基准表示质量增加率，则密度不同，变化趋势也不同。图10-4为三种不同密度的聚乙烯在0℃时对溴甲烷吸收量与蒸气压间关系曲线，图中 P/P_0 为溴甲烷蒸气压 P 与其饱和蒸气压 P_0 之比。

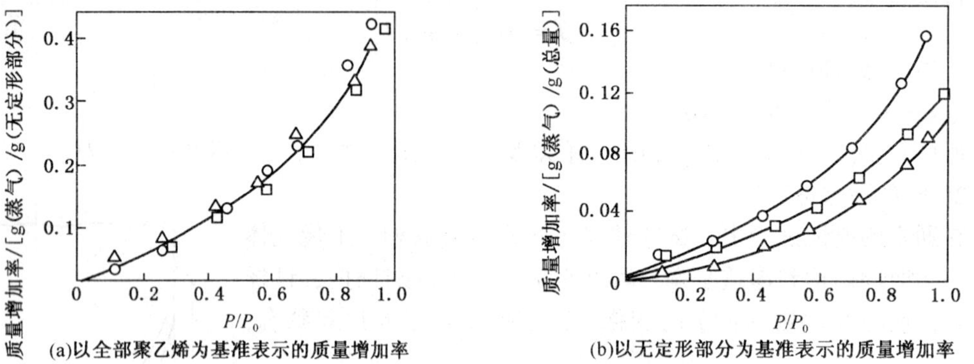

(a)以全部聚乙烯为基准表示的质量增加率　(b)以无定形部分为基准表示的质量增加率

图 10-4　三种不同密度的聚乙烯对溴甲烷的吸重曲线聚乙烯的密度

○—0.922g/cm³；□—0.938g/cm³；△—0.954g/cm³

拉伸能提高材料的取向程度，减少缺陷，使结构趋于紧密。因此，塑料薄膜经双轴拉伸后会使扩散系数、渗透率或渗透系数下降。图 10-5 为经过拉伸与未经过拉伸的数种塑料薄膜的氧气渗透系数，纵坐标是以标准状态下氧气体积表示的渗透系数。

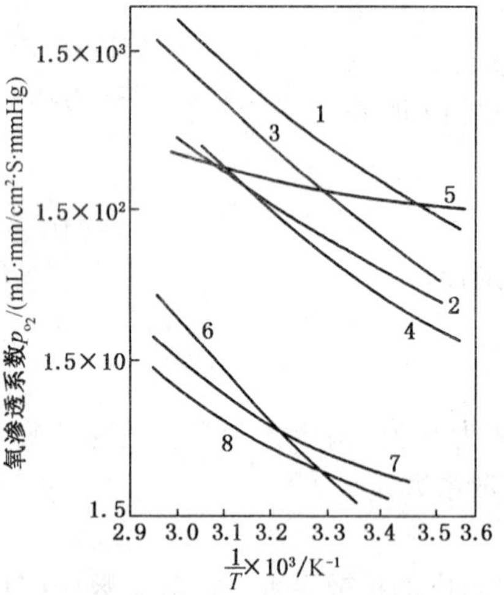

图 10-5　各种塑料膜的氧渗透系数与温度的关系

1—低密度聚乙烯(未拉伸)；2—高密度聚乙烯(未拉伸)；3—聚丙烯(未拉伸)；4—聚丙烯(双轴拉伸)；5—聚苯乙烯(双轴拉伸)；6—偏二氯乙烯-氯乙烯共聚体(双轴拉伸)；7—聚氯乙烯(双轴拉伸)；8—聚酯(双轴拉伸)

高分子材料是由大分子经次价键力相互吸引缠绕结合形成的，其聚集态受大分子结构影响较大，当大分子链节上含有体积较大的侧基、支链时，由于其位置效应，将严重影响大分子间次价键力形成，使大分子间聚态结构松散，堆砌密度降低，孔隙率增大，为介质分子渗透扩散提供了空间条件；大分子链段的热运动特性，使材料内空隙位置不断变化，为渗入介质的迁移和扩散提供了条件。另外，大分子结构中的极性基团，可增大与介质分子间的亲和力，促进介质渗透。表 10-1 示出了这种影响。又如酚醛树脂具有交联结构，对水的渗透性最小。这是因为酚醛树脂交联密度大时，链段的热运动受到了限制，使自由体积含量减小，渗透性能下降。

2）介质分子与状态

扩散系数正比于介质分子向邻近的平衡位置迁移的几率。这种迁移几率在一定温度下决定于渗透分子的体积、质量以及运动中受到的阻力。此外，介质的

表 10-1　塑料薄膜的水蒸气渗透率

塑料膜(厚 0.1mm)	水蒸气渗透率/$(g/m^2 \cdot d)$		塑料膜(厚 0.1mm)	水蒸气渗透率/$(g/m^2 \cdot d)$	
	双轴拉伸	未经拉伸		双轴拉伸	未经拉伸
聚丙烯	1.4	3.3	硬聚氯乙烯	6~10	9~10
低密度聚乙烯		5~6	软聚氯乙烯		20~40
高密度聚乙烯		2.0	氯化橡胶		6~11
聚苯乙烯	30		尼龙 6	20~30	75
聚碳酸酯		8.8			

极性及与高分子材料的亲和力也是影响渗透能力的重要因素。图 10-6 示出了两种有机高聚物的极性与渗透率间的关系。其中，聚烯烃的渗透率随介质极性的增加而下降；而聚氯乙烯具有中等极性，所以在中等极性介质中渗透率有一极大值。

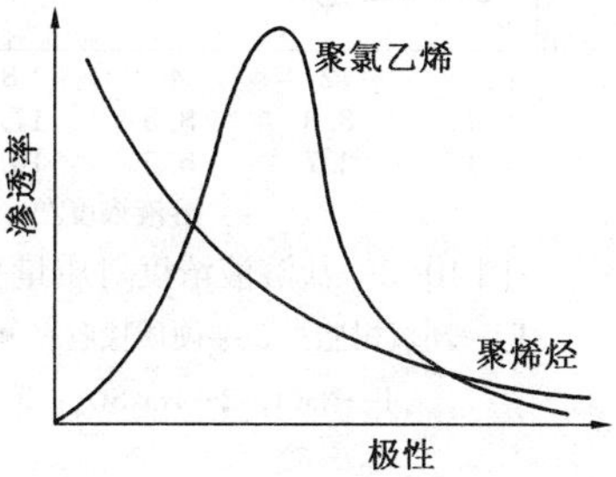

图 10-6　介质分子的极性与在高聚物中的渗透率

在各种动态条件下，高分子材料的耐腐蚀性能与在单纯的介质作用(静态浸渍)下相比，有时差距极大。通常情况下介质的流动性多数会加剧材料的腐蚀。可以设想，在与材料表面紧密接触的介质层中，因为高聚物内渗透扩散而消耗的成分会因流动而得到迅速补充，从材料中逆向扩散出来的成分会更快地被带走。即在距材料表面很近的范围内，流动状态下的实际浓度梯度会比浸渍时高得多。浓度梯度越大腐蚀相应地越严重。

在高分子材料中有溶胀，尤其是溶解的情况下，流动能使大分子迅速扩散到液相介质中，有利于介质分子向聚合物内部渗透，促进溶剂的腐蚀作用。

3）环境温度与热应力

环境温度一般从三个方面促进介质分子的渗透与扩散。一是温度高，大分子及链段的热运动能增大，体积膨胀，使空隙及自由体积增大，而链段的热运动增大，加速了空隙位置的变换频率；二是温度升高，介质分子的热运动能力增加；三是温度升高，非金属材料各组分热膨胀系数不同，形成热应力，导致材料成型时形成的各种缺陷(如银纹、微裂纹界面缺陷等)受热应力作用发展，形成更大的裂纹。

温度对介质扩散渗透性能的影响可以用温度 T 与渗透系数(或扩散系数)之间的关系式 10-6 来描述：

$$D = D_0 e^{-E/RT} \quad (10-6)$$

式中　D_0——比例系数；

E——扩散活化能；

R——气体常数。

实验证明，温度超过某一数值时曲线开始偏离上式，这一温度称为临界温度。虽然温度对气体渗透系数的影响也符合 $D = D_0 e^{-E/RT}$，但对质量增加率的影响有时与液态介质相反。如加压的氯气对硬聚氯乙烯的渗入量是温度越低，吸收量越大(如图10-7所示)。

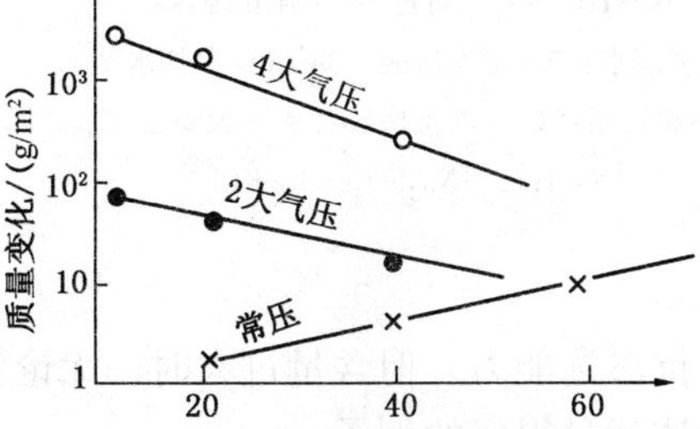

图 10-7　聚氯乙烯吸氯量与温度的关系

4）介质浓度

介质在材料中的扩散系数或渗透系数常依赖于介质的浓度，但关系比较复杂，并且还取决于是否可以与材料本身发生反应。通常情况下，不与高分子材料发生反应的酸、碱、盐的水溶液，对于材料的侵蚀规律往往是随着介质浓度 C 的增加使质量增加率下降。原因是这些溶质分子解离出来的离子的水合作用，阻碍了水分子向材料内部的渗透。例如盐溶液在环氧树脂、聚氯乙烯中的渗透情况就是如此。质量变化的影响见图 10-8。能与高分子材料反应的介质则不同，聚氯乙稀在 45℃ 的硝酸液中质量增加率的变化规律就属于这种情况(图10-9)，当浸渍时间较短(如在 15 天以内)时，在 50%以下的硝酸溶液的质量增加率均比纯水的小。浸渍时间延长，浓度大的硝酸对聚氯乙稀的破坏作用逐渐显著，质量增加率开始超过纯水。浸泡 100 天以后，在 30%以下的 HNO_3溶液的质量增加率小于纯水。温度越高，纯水中的质量相对地增加的越快。这些例子都说明在这种情况下质量变化主要是由水分子的渗透引起。溶液浓度大，水的相对含量少，渗透就变慢。在无反应能力的介质中，水是破坏材料的主要因素。如在无机物水溶液中，溶质浓度增大，水的活度相对减小，则对高分子材料的渗透作用减弱。图 10-10 表示了温度对介质在树脂中质量变化的影响。

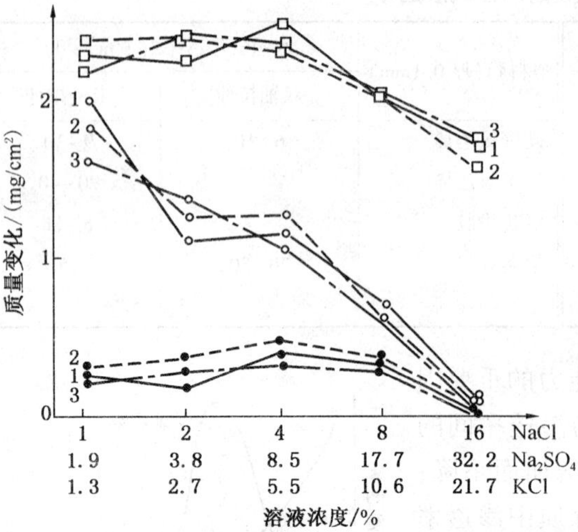

图 10-8 盐溶液浓度对质量变化的影响

□—环氧树脂；○—硬质橡胶；•—聚氯乙烯；

1—NaCl；2—Na_2SO_4；3—KCl

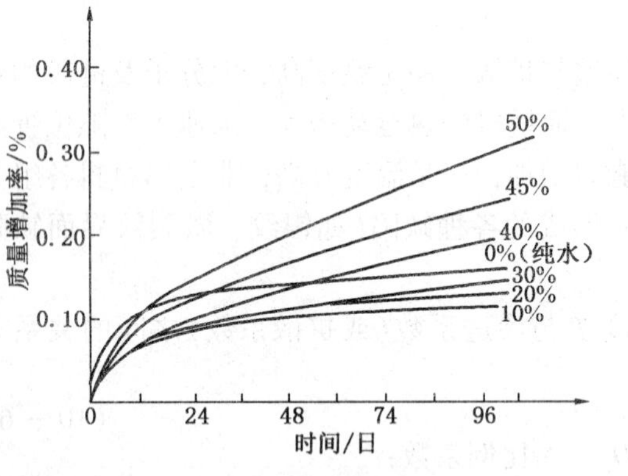

图 10-9 聚氯乙烯在硝酸溶液中的质量增加率

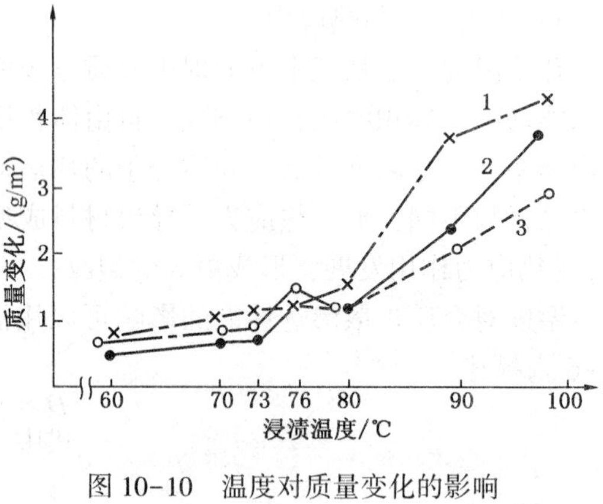

图 10-10 温度对质量变化的影响

1—蒸馏水；2—35%盐酸；3—10%食盐水

□—环氧树脂；○—硬质橡胶；•—聚氯乙烯；

1—NaCl；2—Na_2SO_4；3—KCl

5）添加剂

少量的活性添加剂或增强材料能增大高分子材料的抗渗透能力。但含量过大时，无论添加何种物质均会促进渗透。玻璃纤维增强塑料的界面渗透就是很好的例子。

结晶性高分子材料、交联密度大的体型聚合物以及处于玻璃态的硬塑料，由于大分子及链段运动困难，介质分子在其中的扩散速度一般与介质分子的体积大小呈反比；而气体分子在橡胶类弹性体中的渗透速度却主要与其相互间的亲和力或溶解度有关。若高分子材料中的某些添加剂与介质分子有较大的亲和力，则该类组分的存在有利于介质的渗透。添加剂与介质的亲和力越好，随着添加量的增大，渗透能力提高就越多。例如填充亲水性的纸浆会使酚醛树脂的吸水性大大增加；增塑剂使聚氯乙烯的吸水能力增加。

6）试片尺寸的影响

试片的尺寸对扩散系数没有影响。厚度的增加只会延长介质透过材料的时间。用不同厚度的不饱和聚酯试样测得的扩散系数基本为一定值，如图10-11所示。

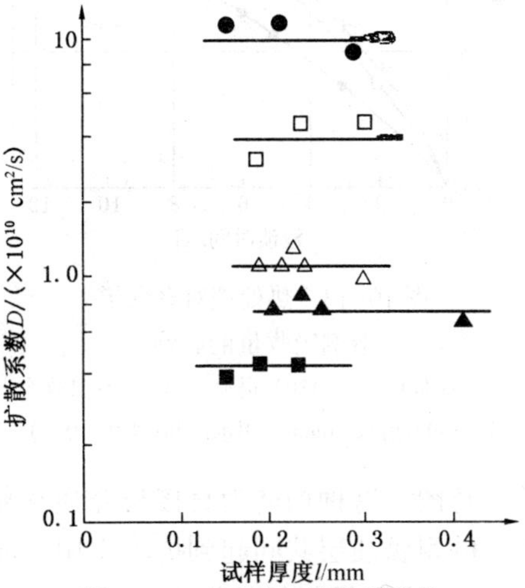

图 10-11　厚度与扩散系数的关系(不饱和聚酯)

●—30%HCl，70℃；□—50%HNO_3，50℃；△—30%HNO_3，71℃；■—50%HNO_3，22℃；▲—15%HNO_3，50℃

7）加工成型

① 成型时的残余应力。高分子材料在成型时，一般是由热熔态向冷固态转化、液态向固态转化、溶剂化态向固体成膜态转化。在此类转化过程中，会伴随材料的体积收缩，但其体积收缩总是在受束缚状态下进行，因此会在材料体内形成残余应力。此外，当成型材料是由不同相组分构成时，其膨胀系数各不相同，也会在不同相材料界面间形成残余应力。

② 成型时的孔隙率和孔径分布。成型后高分子材料的孔隙率及孔径分布与介质的扩散能力密切相关，其危害性远大于分子结构、分子聚集态及残余应力的影响，特别是室温下手工作业成型的衬里、涂料等上的孔隙将直接成为介质渗透通道，且其孔径远远大于介质分子直径。

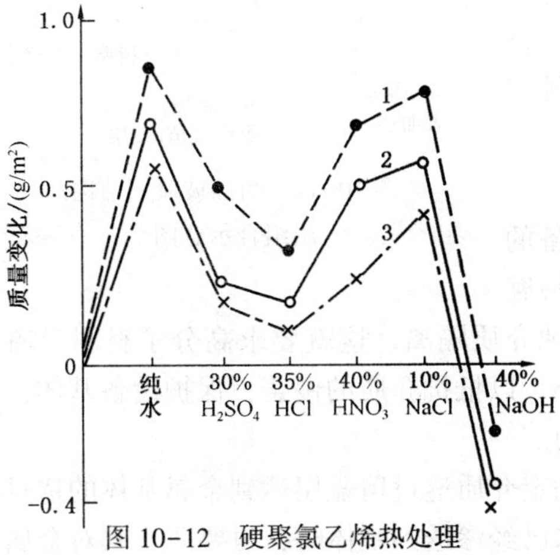

图 10-12　硬聚氯乙烯热处理对质量变化的影响

1—130℃退火 30min；2—原始板材；3—70℃退火 30min

③ 二次加工。一般地说，高分子材料在二次加工(如在加热成型或热风焊)后，渗透速度会变大。这是因为塑料(热塑性塑料)在热处理后，其取向、结晶等聚集态结构、孔隙率，或者其内应力分布等均会发生变化。图 10-12 所示为硬聚氯乙烯板的浸渍质量因退火而变化的情况。由此图可见在二次热加工的温度(大于 T_g)下热处理，会使浸渍质量增大。

晶态高聚物的结晶结构受热处理的影响很大。聚丙烯在加热之后急剧冷却，密度与抗拉强度均会减小，对溶剂的吸收量也会改变。图10-13表明聚丙烯浸渍在 CCl_4 中的质量变化因热处理而改变。

8）玻璃纤维增强塑料的渗透性能

用玻璃纤维及其制品为骨料，以热固性树脂为胶料制成的增强塑料，其渗透性能除与树脂品种有关外，界面特性、树脂含量、层状结构以及玻璃纤维制品的种类等也是重要的影响

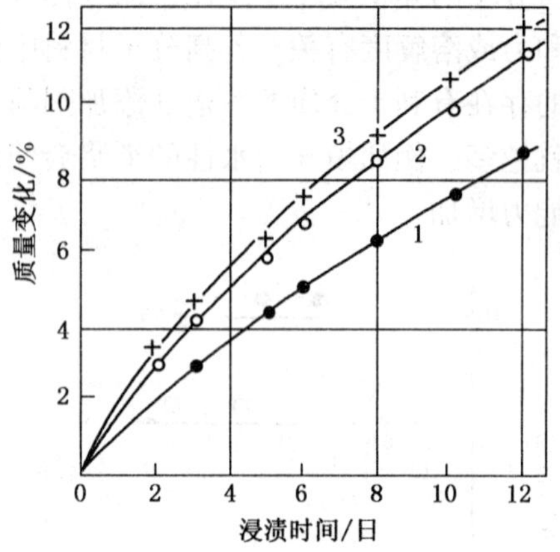

图 10-13 热处理对聚丙烯溶剂吸收量的影响

1—原始板材；2—130℃退火 20min，室温放冷；3—130℃退火 20min，用水冷却(水温 10℃)

因素。

玻璃钢中的玻璃纤维总表面积很大，每一克玻璃钢(树脂含量为 70%)中，玻璃纤维总表面积可达 $500cm^2$。树脂与玻璃纤维界面粘接良好与否，是影响玻璃钢渗透性能的重要因素。对界面的要求应是粘接牢固而无大的形变。大的形变会使分子间距增大，介质分子就易于渗入这间隙，促进界面破坏。使用表面处理剂(偶联剂)可增强树脂与玻璃纤维的粘接强度，减少界面间隙，提高抗渗能力，也能缓和玻璃纤维自身的老化。

纤维含量越多，介质越易被吸附于界面间，浸渍试验的平衡质量增加量就越大。不含玻璃纤维的注塑制品质量变化最小。因此，将耐蚀玻璃钢用在腐蚀介质中时，常制成多层复合结构。图 10-14 是被世界各国广泛采用的多层复合耐腐蚀玻璃钢结构的示意图。这种构造为直接与介质接触的表面胶层玻璃纤维含量最少，它与含 30%的短纤维毡的耐腐蚀层共同起到抗渗作用，而强度主要由含 55%的方格布的增强层所承担。

9）高分子材料的组成

有机高分子材料一般是填加各类功能性填料后制成的。科学适量的选择填料可以提高材料的抗渗耐蚀能力，但若填加量过多，会导致贪胶，使树脂不足以充分包裹所有填料表面，反而增大孔隙率，提高介质分子的渗透能力。同样，填料分散不良亦有此效果。此外，当选择的助剂与介质分子有较大的亲和力时也会提高介质分子的渗透能力。片状填料(亦称鳞片)抗介质渗透效果最好，其材质以玻璃、石墨、云母等多见，其中以玻璃鳞片最为常见。

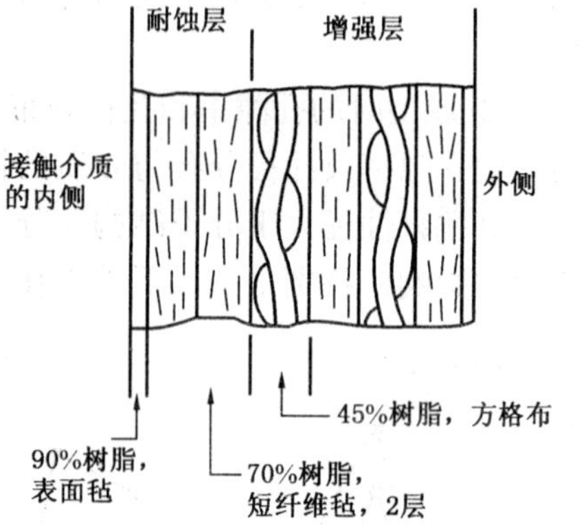

图 10-14 耐蚀玻璃钢结构层组合示意图

(3) 渗透速度与衬里

耐腐蚀高分子材料最典型的应用之一是作设备的衬里或涂层。衬里或涂层起着覆盖物的作用，将易腐蚀的基体(起结构材料作用的金属、混凝土)与腐蚀介质隔离。这就要求高分子材料具有好的耐蚀性能，在浸渍试验中质量变化、渗透率要小，以抵抗介质的侵袭，保护设备基体，即要求衬里材料对环境介质的渗透有很强的抵抗能力。

因此，在研究高分子衬里材料时，关键就要确定介质透过覆盖层达到金属基体的透过时间，以及如何来延长这一时间。此外，当介质或水已经渗透到基体时，也要防止其对金属等基材的腐蚀。

1）衬里的寿命

已知扩散系数 D 与衬里层厚度无关，但腐蚀介质从衬里的一面透过整个衬里层到达金属基体所需的时间，显然因衬里层增厚而延长。反之，衬里厚度一定，一定条件(如温度、压力变化不大)下的使用寿命，也可以由扩散系数式(10-5)近似地求得，即：

$$t = -[\ln(1 - q/Q)]L^2 / BD \tag{10-7}$$

式中　L——试片或衬里层的厚度；

B——常数。

若能确定介质刚透过试片或衬里层时的吸液量 q，或与平衡吸液量的比值 q/Q，则根据扩散系数 D 与衬里层的厚度 L 即可求得介质透过衬里层的时间 t。如将该通过时间视为衬里层的使用寿命，那么只要其厚 L 已定，寿命即可求得。

对于单面接触介质的衬里层，实验证明，当介质从材料的一边渗透到另一边时，其吸液量 q 已接近饱和吸液量 Q，即 $q/Q \to 1$。若介质透过衬里层时 q/Q 为一定值，与衬里厚度无关，式(10-7)就可简化为一个适应性较大的方程式：

$$L = K\sqrt{t} \tag{10-8}$$

式中，K 为浓度系数，与浓度有关，正比于 $\sqrt{D}$。

聚氯乙烯浸渍在具有强渗透能力的 HF 溶液中，试验结果如图 10-15，对于 60℃的 HF 溶液与 PVC 体系来说，浓度系数 K 可由图 10-15 求得。该体系的 K 与浓度 C 之间存在着线性关系：$K = aC$。式中，a 为温度系数，其值可由图 10-16 所示的直线斜率求得为 $a = 8.4\times10^{-3}$。

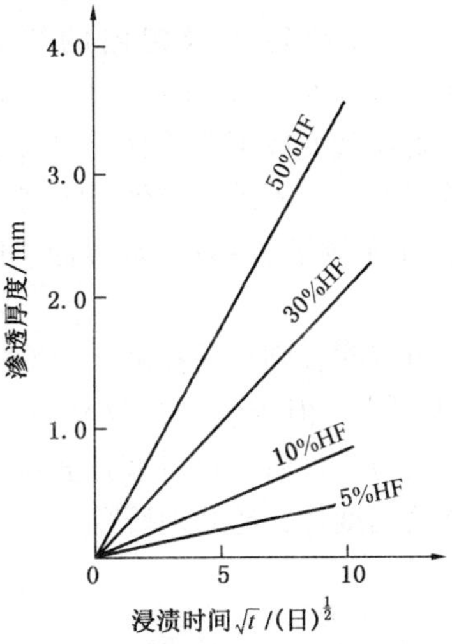

图 10-15　HF 溶液在聚氯乙烯中的渗透厚度与时间的关系(60℃)

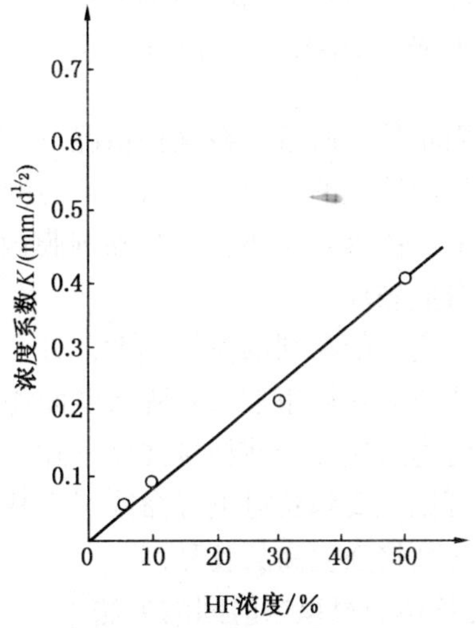

图 10-16　聚氯乙烯的 K 值对 HF 浓度的依赖性(60℃)

2）介质渗透与鼓包的形成

衬里材料浸于试剂中，先为水分子(水或水蒸气)所浸透。水分子直径只有 2.7Å(1nm = 10Å)，比树脂分子间的平均距离小，所以水蒸气会更快地向浓度小、温度低的方向渗透。其他的介质分子也如水分子一样，通过大分子间的间隙逐渐扩散、渗透，直至透过整个衬里层。

鼓包的形成主要是介质，尤其是水的渗透造成的(当然是指涂膜完好，没有针孔、开裂等缺陷时的情况)。

由于水分子的直径往往比大分子的间隙小，所以总比其他分子或酸、碱等的水合离子更快地渗透衬里层，并在金属基材的表面积聚起来。渗透到金属与衬里层之间的水分子在那里挥发，不断增加的蒸汽压力会把塑料衬里从金属上剥离。所以，宏观上就可以看到出现鼓包或衬里层脱落。

当塑料与金属粘接良好时，渗透过程与单纯地向空气层渗透不同，金属界面附近塑料层中的浓度会减小。浓度梯度减小使扩散速度变慢，随着时间的延长，衬里层中渗入介质的浓度与浸渍液中腐蚀介质的浓度慢慢达到平衡。

可是在金属与衬里层界面上往往因粘接不良而造成残留空气层(空洞)。这时介质向空洞渗透就犹如经塑料衬里层向空气中渗透一样。这时渗透速度不会下降，空洞中的水蒸气将急速聚集，一旦冷却并达到露点，则凝聚成液体积聚在空洞内。积聚体积的液体越多，鼓包越大。但只要鼓包不发生龟裂且保持一定大小，该塑料衬里仍能作为金属保护膜而起到衬里层的作用。水渗透到金属表面，腐蚀就加速，碳钢被无机酸腐蚀时将发生很大的容积变化。

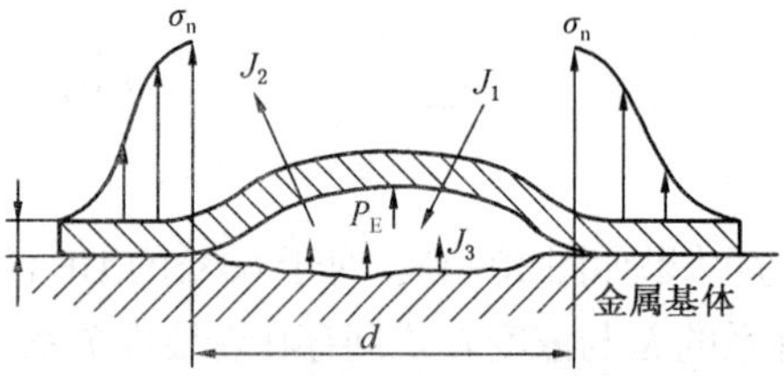

图 10-17　鼓包内物质迁移的情况

J_1—渗透到界面的介质量；J_2—向鼓包外渗透的气体量；J_3—基体物质溶解到鼓包内的量；d—鼓包的直径；σ_n—粘接力

金属基体与酸反应引起的体积变化是如此之大，必然使衬里层发生鼓包并引起剥落。鼓包内的压力基本取决于通过高分子层渗入的腐蚀介质量与反应产物的量和由鼓包内向外部渗透的物质量。渗入与渗出物之差决定了鼓包内的压力 P_B 如图 10-17。鼓包的长大是由于内部压力 P_B 超过垂直方向上的界面粘接力所致。在这种情况下，塑料衬里的寿命就变成了介质分子的渗透以及渗入介质在鼓包内造成的正向压力与粘接力的相对大小等问题了。若采用胶黏剂将高分子材料粘贴在基体上，渗透介质还会在胶黏剂膜内渗透扩散，并在衬里层-胶黏剂界面、胶黏剂-金属界面间造成破坏。

一般地说，胶黏剂的极性越大，分子链的柔顺性也好些，则越易被水分子等极性介质所渗透，因此介质在衬里层-胶黏剂界面积聚的可能性较小。但胶黏剂吸收介质之后体积膨胀，产生的溶胀应力会使粘接强度下降，出现隙缝与鼓包，最后导致衬里完全剥落。

由此可见，要延长衬里寿命除努力减小介质的渗透速度外，还必须研究、开发不受或少受水影响的粘接强度高的胶黏剂。

3）延长透过衬里层时间的方法

要延长衬里设备的寿命，无论渗入介质是否能与高分子材料发生反应，均必须设法减慢介质分子在材料内的扩散、渗透的速度，延长渗透到基体的时间。

① 降低扩散系数。在一定的浓度梯度下，介质总是从浓度高的区域向浓度低的区域扩散，直到平衡。如扩散物质和分散相均为液体或气体，扩散系数只与扩散物质在运动过程中所受的阻力有关。介质在有机高分子等材料内的扩散系数还与其材料内的孔隙率及孔径分布有关。渗透体积一定时，只有当材料内存在很多大于渗透分子的孔隙时，渗透才有可能。大的介质分子，只能透过大的孔隙。通常，材料内的孔隙总是大孔隙的比率少得多，这就限制了体积大的介质分子对高分子材料等的渗透。水分子是体积最小的液体介质，渗透能力最大，对高分子等材料的侵蚀损坏也比其他液态介质更为普遍。不与材料及其组成物发生任何反应的无机物，在水溶液中与水分子形成水合离子或分子，增大了渗透点的体积，就会使扩散能力下降。因此在这种体系中起渗透作用的主要是体积小的水分子。无机物浓度越大，渗透能力强的游离水分子就越少，渗透作用就越弱。表 10-2 列出了介质分子体积对扩散系数

的影响数据。

表 10-2 摩尔体积对介质在聚醋酸乙烯酯(PVAC)中的扩散系数的影响(70℃)

扩散介质	摩尔体积 V/(cm^3/mol)	扩散系数 D/($10^{-9}\times cm^2$/s)	扩散介质	摩尔体积 V/(cm^3/mol)	扩散系数 D/($10^{-9}\times cm^2$/s)
水	18	830	正丁醇	91	0.25
氯甲烷	63	2.8	四氯化碳	94	0.10
吡 啶	81	0.6	三氯甲烷	80	0.42
甲 醇	40	50	溴乙烷	76	1.1
乙 醇	58	4	氯乙烷	70	2.0

同时，在高分子等物质如涂料中加入一定量的惰性无机粉末填料，可降低涂料的渗透性，这是由于大分子被吸附在填料晶体表面，限制了其热运动能力。但填料量加得太多，渗透性会迅速增大，因为这时高分子物质不足以把填料颗粒间的空隙完全填满。不同类型的填料对材料渗透性影响不同。

② 改变表面极性状态。用与腐蚀介质极性不同的树脂处理高分子材料表面时，通常会增大表面的疏液性，使渗透率减小。因为介质分子需先被表面吸附，产生亲和作用，而后再向内部扩散。若材料表面极性与介质极性不同，就不易被吸附和产生亲和作用。

③ 使用微玻璃片作填料的衬里层。用极薄的微玻璃片填充在耐蚀塑料中作为设备中的腐蚀衬里，称为薄片衬里。薄片衬里因其良好的抗渗透性而被推荐作为排烟脱硫装置及其他防公害装置的衬里材料。薄片在起增强作用的同时，也提高了对介质和水的抵抗能力。

采用薄片衬里来提高渗透能力主要是使渗透路径曲折化和延长，如图 10-18 所示。渗透介质为了进行迂回曲折的移动以达到金属基体，就需更长的时间，如图 10-19 所示。在薄片衬里塑料中产生鼓包的时间比玻璃纤维增强塑料(FRP)衬里要长。这就使衬里的使用寿命延长了。可是薄片衬里吸收腐蚀介质而增加的质量，通常较大，若按浸渍试验中的质量增加率来评定耐蚀性，则薄片衬里材料反而显得不好。薄片衬里中吸液量较大是因为微玻璃片破坏了原来的扩散规律，使浓度分布不服从菲克定律所引起的，如图 10-20 所示。介质从衬里表面向内扩散时受到微玻璃薄片衬里的深入深度虽小但吸收介质的量却较大。

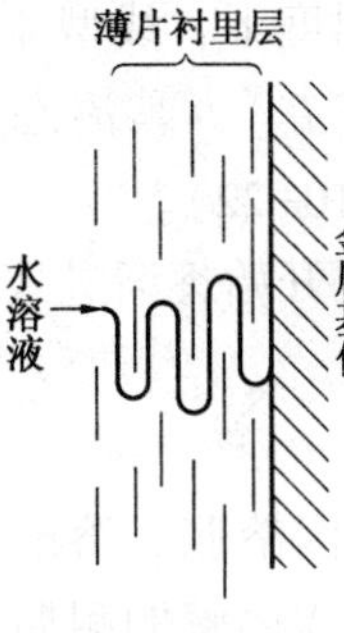

图 10-18 腐蚀介质在薄片衬里层中移动的情况

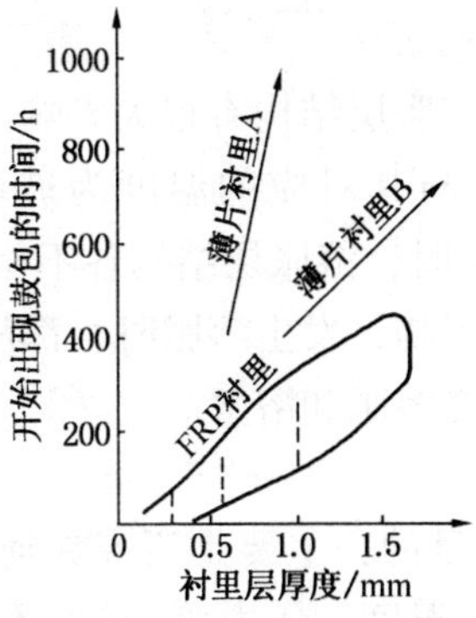

图 10-19 衬里层厚度与鼓包出现时间的关系(同一时间)

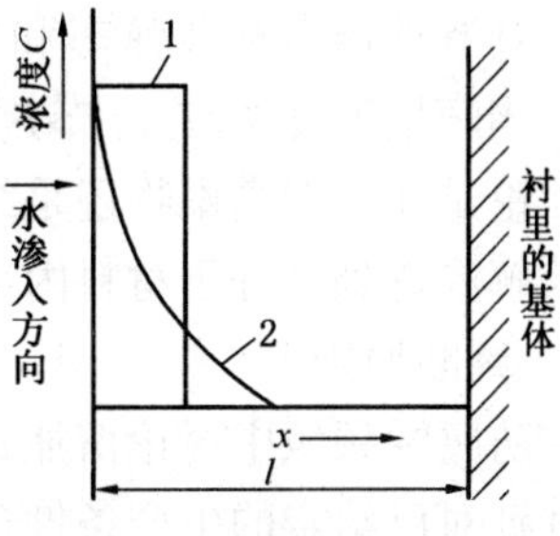

图 10-20 薄片衬里中的浓度分布(1)与菲克扩散浓度分布(2)的比较(同一时间)

(4) 溶胀和溶解

1) 溶胀和溶解的原因

① 非晶态高聚物。非晶态高聚物聚态松散，分子间间隙大，相互作用弱，溶剂分子容易渗入到高分子材料内部。当溶剂与高分子的亲和力较大时，溶剂就在高分子材料表面发生溶剂化作用，向大分子间隙渗透。渗入溶剂进一步使内层的高分子溶剂化，使链段间的作用力减弱，间距增加，但高聚物相对分子质量大，又相互缠结，虽被溶剂化，仍难以扩散到溶剂中去，只能在宏观上引起高分子材料的体积和质量增加，这种现象称为溶胀。溶胀程度可用试件增加的质量(体积)与原来的质量(体积)之比来表示。如果大分子间无交联键时，溶胀会一直进行下去，直至大分子被充分溶剂化，经缓慢扩散与溶剂形成均一溶液，完成溶解。

溶剂化是高分子材料充分溶胀或溶解的首要条件，渗入高分子内部使大分子链段溶剂化的情况如图 10-21。通常，耐蚀高分子材料与介质间的亲和力不会太大，溶剂化程度不强烈，材料大多数仅被轻度溶胀而不溶解。若遇到溶剂化能力强的溶剂，则高分子材料可能溶解。图 10-22 示出了非晶态高聚物溶胀层的结构示意图。

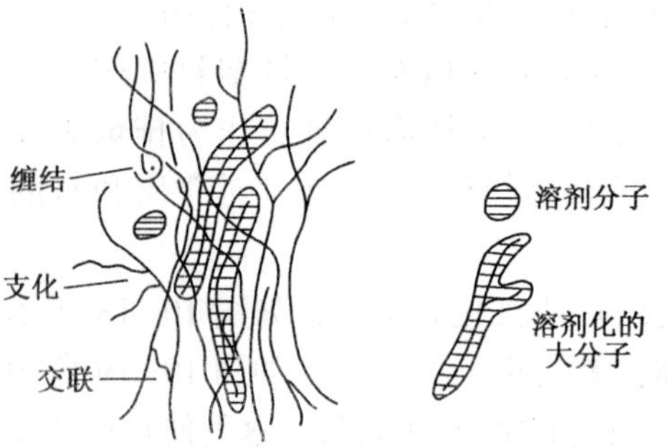

图 10-21 非晶区大分子链段溶剂化示意图

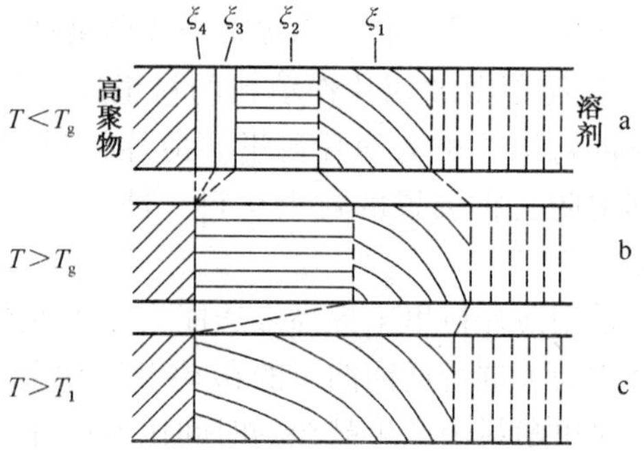

图 10-22 非晶态高聚物溶胀层的结构示意图

② 结晶高聚物。结晶态高聚物由于大分子聚集紧密，溶剂分子难以渗入，不易发生溶胀现象。即使发生溶胀现象，也是从非晶区开始，逐步进入晶区的。或者需要将温度升高到熔点附近，待晶区熔化到非晶态后，溶剂才能渗透到高分子材料内部，使之溶胀和溶解，所以速度要慢得多。

温度对高聚物的溶胀和溶解过程及溶胀层结构有很大影响。在不同温度下，线型非晶态高聚物具有玻璃态、高弹态和黏流态，与其对应的温度为玻璃态温度(T_g)、黏流态温度(T_f)。当环境温度 $T<T_g$，$T>T_g$，或 $T>T_f$时，溶胀层结构各不相同(见图 10-22)。

无论是非晶态高聚物还是结晶态高聚物，发生溶胀时，都从非晶态区开始逐渐进入晶态区，溶解渗透到高分子材料内部后，使之溶胀和溶解。

2) 判断原则

在防腐蚀领域中讨论溶胀或溶解的目的，主要是研究如何避免材料因溶胀、溶解而损坏，并针对已给定的生产条件(如介质、温度、压力等)选取不易被溶胀或溶解的耐腐蚀材料，为此必须了解高分子材料的耐溶剂性能。判断其耐溶解能力有以下几条原则。

① 极性相似原则。极性相似原则是指极性大的溶质易溶于极性大的溶剂，而极性小的溶质易溶于极性小的溶剂中。这一原则在一定程度上可用来判断高分子材料的耐溶剂性能。

例如：天然橡胶是非极性的，能很好的溶解在汽油、苯和甲苯等非极性溶剂中。当然还与交联(硫化)程度有关，未硫化的很快溶解；含硫量低的软质橡胶能数倍的溶胀；含硫量达30%的硬质橡胶，虽不耐苯、卤代烷烃等的腐蚀，但溶胀程度却小得多。无定形聚苯乙烯、硅树脂等亦易溶于上述溶剂。上述高分子材料，包括聚乙烯、聚丙烯等在内，对醇、水、酸碱盐的水溶液等极性介质较耐腐蚀，对中等极性的有机酸、酯等有一定的耐蚀能力。

聚四氟乙烯也是非极性的高聚物，但不能溶于任何冷、热溶剂。属于中等极性的高分子材料有聚氯乙烯、环氧树脂、不饱和聚酯树脂、聚氨基甲酸酯、氯丁橡胶等。这类材料对于溶剂有选择性的适应能力，但大多不耐酯、酮、卤代烃等中等极性溶剂。

高聚物中有极性不同的基团存在时，在包含有各种相应基团的溶剂或混合溶剂中易于溶解。例如二醋酸纤维素大分子能溶于强极性的乙醇和苯(有诱导偶极矩)的混合溶剂中，而难溶于它们的单一组分中。

一般地说，溶剂与大分子链节结构类似时常具有相近的极性，并且能相互溶解。

② 溶解度参数相近原则。要使两种液体的溶解(混合)过程能自发进行，混合过程的自由能变化 ΔF 必须为负值。若混合热与混合熵分别以 ΔH、ΔS 表示，则溶解过程自发进行的必要条件为：

$$\Delta F = \Delta H - T\Delta S < 0 \qquad (10-9)$$

若不考虑大分子因溶剂化而产生的熵变，ΔS 这一项仅与分子排列的几率有关。溶解过程中分子的排列趋向混乱，使熵值增加，即 $\Delta S>0$，因此在一定温度下，ΔF 的正负就取决于 ΔH 的正负和大小。

对极性大的高聚物-溶剂体系来说，若因强烈相互作用而放热，即混合热 $\Delta H<0$，则 $\Delta F<0$，溶解过程就自发进行。

对非极性而又未结晶的高聚物来说，要使溶解过程自动进行，通常就要求与溶剂的溶解度参数尽量接近。非极性体系的溶解一般是吸热或无热过程，即 $\Delta H \geqslant 0$，这时要使 $\Delta F<0$ 就必须满足 $|\Delta H|<T|\Delta S|$。将聚合物溶解在溶剂中，必然有聚合物分子间次价键及溶剂内部次价键的破坏，形成高分子与溶剂间的次价键。因键的转换引起的能量变化即混合热可表示为：

$$\Delta H = \Delta E = E - (E_1 + E_2) \qquad (10-10)$$

式中 ΔE——混合时体系的内能变化；

E_1+E_2——混合前溶剂与溶质的内能；

E——溶液的内能

若将 $n_2$mol 溶质(以高分子的链节为溶质的计算单位)溶解在 $n_1$mol 溶剂中，以 V_1、V_2分别表示溶质(即链节)与溶剂的摩尔体积，则体系的内能变化或混合热为：

$$\Delta H = \Delta E = V[(\Delta E_1/V_1)^{1/2} - (\Delta E_2/V_2)^{1/2}]^2 \qquad (10-11)$$

式中 V——溶液总体积，$V=n_1V_1+n_2V_2$；

V_1——溶剂的体积分数；

V_2——溶质的体积分数；

ΔE_1——溶剂的蒸发热；

ΔE_2——溶质的蒸发热或升华热。

由于 ΔE_1或 ΔE_2为溶剂或溶质相应的摩尔凝聚能，所以 $\Delta E_i/V_i$即为凝聚能密度，若令 $(\Delta E_i/V_i)^{1/2}=\delta_i$，并定义为溶解度参数，则：

$$\Delta H = V(\delta_1 - \delta_2)^2 \qquad (10-12)$$

从式 10-12 可知，溶解或溶胀过程的热效应，对于极性体系来说，应是正值，所以要使 $\Delta F<0$，应使 ΔH 越小越好。也就是说溶剂与溶质的溶解度参数 δ_1 与 δ_2 越近越好。一般说，溶解度参数差的绝对值 $|\delta_1-\delta_2|>(1.7\sim2.0)$ 时，高聚物就不溶解。因此，从溶剂与高聚物的溶解度参数表 10-3 和表 10-4，即可判断出非极性高分子材料的耐溶剂性能力，差值大的耐溶性好。溶剂的凝聚态密度可由蒸发热求得。高聚物的凝聚能密度或 δ_2 值可用溶胀法、表面张力法或渗透压法等间接测定。

表 10-3　常用溶剂的溶解度参数 δ_1

溶　剂	偶极矩 μ/D	摩尔体积 V_1/(L/mol)	δ_1/(cal/cm^3)$^{\frac{1}{2}}$	溶　剂	偶极矩 μ/D	摩尔体积 V_1/(L/mol)	δ_1/(cal/cm^3)$^{\frac{1}{2}}$
正戊烷	0	116	7.05	正丁醇	1.59	91	11.4
异戊烷	0	117	7.05(6.76)	异丁醇		91	10.7(11.0)
正己烷	0	132	7.3	正戊醇	1.65	108	10.9~10.55
环己烷	0	109	8.2	硝基苯	4.19	103	10.0(9.58)
正庚烷	0	147	7.45	二硫化碳	0	61.5	10.0
正辛烷	0	164	7.55	二甲砜		75	14.6
异辛烷		166	6.85	二甲亚砜		71	13.4
正壬烷		180	7.65	季戊烷	0	122	6.3
正癸烷		194	7.75	正丁烷	0	101.4	6.6
正十四烷		258	7.95	乙　醚	1.13	104.72	7.7
丁二烯	0	87.8	6.8	环戊烷	0	94.72	8.22
异戊二烯		100	7.25	甲基丙基酮	2.8	107.42	8.9
苯	0	89	9.15	乙　腈	3.98	78.6	9.75(11.9)
甲　苯	0	107	8.9	乙　醛	2.72	56.93	9.84
邻二甲苯		121	9.0	萘		123	9.9
间二里苯		123	8.8	正丙苯		140	8.65
对二甲苯		124	8.75	异丙苯		140	8.86
乙　苯	0	123	8.8	1，3，5-三甲基苯		140	8.80
氯乙烯		68	8.7	对异丙基苯甲烷		165	9.85
偏二氯乙烯		80	8.6	苯乙烯	0	115	8.66(9.2)
氯丁二烯		91	9.3	二氯甲烷	1.63	65	9.7(10.04)
氯　苯	1.70	107	9.5(9.7)	氯　仿	1.0	81	9.3
溴　苯		105	10.0	四氯化碳	0	97	8.6
碘　苯		111	11.3	氯乙烷		73	8.5
邻溴甲苯		120	9.8	1，1-二氯乙烷		85	9.1
水	1.83	18	23.4	1，2-二氯乙烷		79	9.8
苯　酚	1.50	87.5(77.9)	14.5	1，1，1-三氯乙烷		100	8.5
乙二醇		56	15.7(14.2)	四氯乙烷	1.36	101	10.4(9.5)
丙三醇		73	16.5	顺式二氯乙烯		75.5	9.7
环己醇		104	11.4	反式二氯乙烯		76.5	9.2
甲　醇	1.69	41	14.5	三氯乙烯		90	9.2
乙　醇	1.70	57.5	12.7	四氯乙烯		101	9.35
正丙醇	1.64	76	11.9	正己醇		125	10.7

续表

溶　剂	偶极矩 μ/D	摩尔体积 V_1/(L/mol)	δ_1/$(cal/cm^3)^{\frac{1}{2}}$	溶　剂	偶极矩 μ/D	摩尔体积 V_1/(L/mol)	δ_1/$(cal/cm^3)^{\frac{1}{2}}$
正庚醇		142	10.0	一氯甲烷	1.86	62.6	10.2
正辛醇		158	10.3	氨　水	1.46	28.2	12.23
醋　酸	0.65	57.5	12.5(9.24)	硝基甲烷	3.17	53.96	12.7
甲　酸	1.19	37.9	13.5	甲　酚	1.57	108	13.3
甲酸甲酯		61	10.7	三乙胺			7.3
甲酸乙酯	1.92	80	9.4(9.65)	乙酸戊酯			8.3
乙酸甲酯		80	9.5	正丁酸			11.5
乙酸乙酯		99	9.1	正戊酸			10.8
甲基丙烯酸甲酯		106	8.7	异戊酸			10.9
丙　酮	2.95	74	10.0(9.8)	乙酸丙酯			8.75
甲乙酮	0	89.5	9.3	丙酸乙酯			8.9
环己酮	2.75	109(103.7)	9.9	正丁酸乙酯			8.15
二氧六环		86	10.0	二乙酮			8.8
四氢呋喃			9.9	二异丙醚			7.0
苯　胺		1698	7.85(11.9)	糠　醇			12.5
吡　啶	2.22	81	10.8	苯二甲酸二辛酯			8.8
丙烯腈		66.5	10.45	苯二甲酸二丁酯			9.3
醋酸异丁酯			8.3	碘甲烷			9.9
戊基苯			8.5	溴甲烷			9.4
醋酸丁酯			8.5	正庚醛			9.7
三氯乙醛			9.0	苯甲醛			10.8
丁　醛			9.0	二正丁胺			
三氯乙烯			9.3	甲酰胺			17.8
甲基异丁基酮			9.5	乙酰胺			16.7
异戊醇			9.6	*N*, *N*-二甲基甲酰胺			12.1
溶纤剂			9.9	*N*, *N*-二甲基乙酰胺			11.1
硝基乙烷			11.1	丙　腈			10.7
异丙醇			11.15	甲基丙烯腈			9.1

表 10-4　高聚物的溶解度参数 δ_2

高　聚　物	δ_2/$(cal/cm^3)^{1/2}$	高　聚　物	δ_2/$(cal/cm^3)^{1/2}$
聚四氟乙烯	6.2	丁苯橡胶	8.1~8.6
聚乙烯	7.7~8.3	聚苯乙烯	8.5~9.3
天然橡胶	7.9(8.15)	聚硫橡胶	9.0~9.4
聚异丁烯	7.8~8.1	聚甲基丙烯酸甲酯	9.1(12.8)
聚丙烯	8.1~8.2	聚碳酸酯	9.5~9.8
聚丁二烯	8.1~8.6	聚氯乙烯	9.4~9.7
聚三氟氯乙烯	7.2~7.9	聚丙烯酸甲酯	9.7~10.4
聚二甲基硅氧烷	7.3~7.6	丁基橡胶	7.7
聚氧化丙烯	7.5~9.9	聚偏二氯乙烯	9.9~12.2
氯丁橡胶	8.2~9.2	聚酯酸乙烯酯	9.4(11.0)

续表

高　聚　物	$\delta_2/(\text{cal/cm}^3)^{1/2}$	高　聚　物	$\delta_2/(\text{cal/cm}^3)^{1/2}$
环氧树脂	9.7～11.0	聚乙基丙烯酸酯	9.7
丁腈橡胶	9.5(9.25)	尼龙-66	13.6
聚硅氧烷	9.4	聚丙烯腈	12.5～15.4
聚甲基丙烯腈	10.6(10.7)	聚乙烯醇	23.4(12.6)
聚对苯二甲酸乙二醇酯	10.7(9.7)	聚氨基甲酸酯	10.0
二硝基纤维素	10.5(11.5)	乙丙橡胶	7.9
聚甲醛	10.2～11.0	酚醛树脂	11.5
醋酸纤维素	10.9～11.4	氯磺化聚乙烯	8.0～10.0

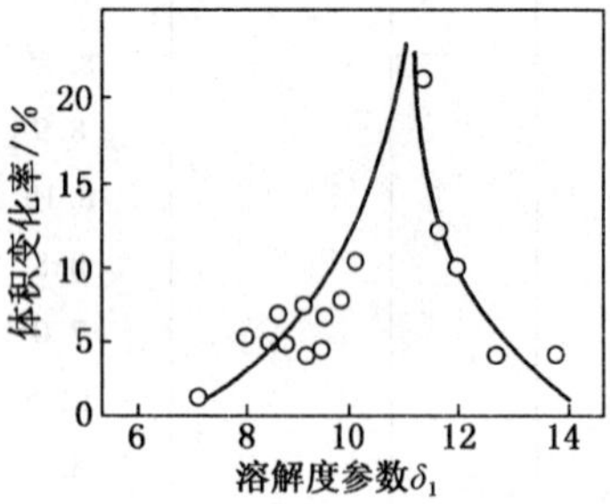

图 10-23　聚甲醛在溶胀平衡时的体积变化与溶剂的 δ_1 的关系曲线

溶胀法是将一系列 δ_1 值不同的溶剂作用于高聚物，取平衡溶胀度最大的溶剂的溶解度参数作为高聚物的 δ_2 值。聚甲醛的平衡溶胀度在溶剂的 $\delta_1 \to 11$ 时最大，故知聚甲醛的 δ_2 值为 11 左右，如图 10-23 所示。

若高聚物的溶解度参数与溶剂相等，则大分子在该溶剂中将充分伸展，黏度也最大。因此，尽可能使溶液黏度最大的溶剂与高聚物的溶解度参数值最接近。

此外，高聚物的溶解度参数也可从下式近似推算：

$$\delta_2 = \rho \varepsilon Z / M = \varepsilon Z / V \qquad (10-13)$$

式中　Z——高分子结构单元中不同基团或原子的克分子吸引常数；

ρ——高聚物密度；

M——结构单元的相对分子质量；

V——结构单元的摩尔体积。

高聚物结构单元中各基团的 Z 值可由资料查得，代入(10-13)式即可求得溶解度参数。(10-13)式也适用于溶剂、增塑剂溶解度的计算。

耐腐蚀高分子材料在使用中经常接触的是混合溶剂，而混合溶剂的溶解能力比单独其中任何一种溶剂时都大，应引以重视。

此外，混合溶剂的溶解度参数 $\delta_{混}$ 可由纯溶剂的溶解度参数 δ_A、δ_B 与其体积分数 V_A、V_B 求得：

$$\delta_{混} = \delta_A V_A + \delta_B V_B \qquad (10-14)$$

表 10-5 示出了高聚物在一些由两种非溶剂构成的混合物中的溶解情况。

表 10-5　高聚物在混合溶剂中的溶解情况

例	高聚物	内聚能密度/(cal/cm³)	$\delta/(\text{cal/cm}^3)^{1/2}$	单一溶剂的溶解能力	混合溶剂的溶解能力
1	乙　醚	57.3	7.57	}不　溶	溶　解
	氯丁橡胶	67.2	8.20		
	乙酸乙酯	83.0	9.11	}不　溶	
2	己　烷	53.7	7.33	}不　溶	溶　解
	氯丁橡胶	67.2	8.2		
	丙　酮	97.6	9.88	}不　溶	

续表

例	高聚物	内聚能密度/(cal/cm^3)	$\delta/(cal/cm^3)^{1/2}$	单一溶剂的溶解能力	混合溶剂的溶解能力
3	戊　烷 丁苯橡胶 乙酸乙酯	50.1 65.6 83.0	7.08 8.10 9.11	}不　溶 }不　溶	溶　解
4	甲　苯 丁腈橡胶 氯代乙酸乙酯	80.8 88.3 129	8.99 9.40 11.36	}不　溶 }不　溶	溶　解
5	甲　苯 丁腈橡胶 丙二酸二甲酯	80.3 88.3 106	9.0 9.4 10.3	}不　溶 }不　溶	溶　解
6	硝基甲烷 聚丙烯腈 甲　酸	161 237~165 111~182.3	12.7 15.4~12.3 10.5~13.5	}不　溶 }不　溶	溶　解
7	丙　酮 聚氯乙烯 二硫化碳	96.3 91 100	9.81 9.54 10.0	}不　溶 }不　溶	溶　解

溶解度参数相近原则除可判断材料的耐溶剂性外，在涂料、胶黏剂的溶剂选择、高分子材料共混改性(包括热固性树脂的掺和使用)及胶黏剂配方选择等方面均有一定的指导意义。

10.2.2 无机非金属材料的物理腐蚀

无机非金属材料主要是指无机硅酸盐材料，其物理腐蚀主要表现在硅酸盐水泥类材料中。硅酸盐水泥硬化以后，在通常使用条件下，一般可以有较好的耐久性。影响耐久性的因素很多，但抗渗性、抗冻性以及对环境介质的抗蚀性，是衡量硅酸盐水泥耐久性的三个主要方面。硅酸盐水泥材料的腐蚀有两种分类方法：一是按腐蚀形态分类，可分为溶出型腐蚀、膨胀型腐蚀(或称结晶型腐蚀)，具体见表 10-6。

表 10-6　水泥类材料按形态分类的腐蚀类型

腐蚀类型	腐蚀作用来源	腐　蚀　过　程
溶出型腐蚀	软水的作用	硬化水泥石中 $Ca(OH)_2$ 受软水作用，产生物理性溶解并从硬化水泥石中溶出
分解型腐蚀	①pH<7 的溶液(酸性溶液和碳酸) ②镁盐溶液	硬化水泥石中的 $Ca(OH)_2$ 与酸性溶液作用或与镁离子的交替作用，生成可溶性化合物，或生成无胶结性能的产物，导致 $Ca(OH)_2$ 丧失，使硬化水泥石分解
膨胀型腐蚀(结晶型腐蚀)	①硫酸盐溶液 ②结晶型盐类溶液	硫酸盐溶液与 $Ca(OH)_2$ 作用，产生硫酸钙型、硫铝酸钙型的腐蚀，体积膨胀。结晶型盐类溶液在水泥孔隙中脱水、结晶，体积膨胀

二是按介质分类，可分为硫酸盐腐蚀、海水腐蚀、土壤腐蚀等。在实际工程中，有时是单一类型腐蚀，但大多数情况下是多种类型的复合腐蚀。

(1) 溶出型腐蚀

溶出型腐蚀主要是由于硬化水泥石中的 $Ca(OH)_2$ 被溶解和洗出造成的。硅酸盐水泥属于典型的水硬性胶凝材料，本身就具备一定的抗水能力。硬水含有 $Ca(HCO_3)_2$ 或 $Mg(HCO_3)_2$，能把硬化水泥石中的 $Ca(OH)_2$ 变为 $CaCO_3$ 沉淀下来，形成的碳酸盐薄膜使硬化水泥石密实，所以普通的江水、河水、湖水或地下水等硬水对水泥不构成严重问题。而软水不但能溶解 $Ca(OH)_2$，而且还能溶解硬化水泥石表面已形成的碳酸盐薄膜，因此能对硬化水泥石产生溶出型腐蚀的水主要是软水，冷凝水、雨水、冰川水或者某些矿泉水等软水会对水泥构成严重腐蚀。当混凝土中 CaO 损失达 33%时，混凝土就会被破坏。溶出型腐蚀的速度主要受水的冲洗条件、硬化水泥表面水体的更换条件、水体的压力、水体中含影响 $Ca(OH)_2$溶解度的物质数量等因素的影响。

在硬化水泥石液相中，当石灰含量超过极限浓度的一定数量时，硬化水泥石的主要组分[水化硅酸钙、水化铝酸钙和 $Ca(OH)_2$]才能稳定存在于固相中，并与液态形成平衡状态。在流动水中，特别是受水压作用且混凝土的渗透性又较大的情况下，水流就不断将硬化水泥石中可溶性的 $Ca(OH)_2$及水化铝酸钙溶出并带走，使硬化水泥石中的 $Ca(OH)_2$浓度降低，pH 值也同时下降，导致孔隙率增加，使水渗透。结果 $Ca(OH)_2$、水化硅酸盐、水化铝酸盐溶出流失更严重，析出 CaO，生成非结合性硅酸、氢氧化铝、氢氧化铁等产物，导致硬化水泥石强度降低和腐蚀破坏。

(2) 膨胀型腐蚀

膨胀型腐蚀有两种类型，一种反应性产物膨胀，是渗入到硬化水泥石孔隙内部后的某些盐类溶液如果再经干燥后，盐溶液发生过饱和，并且在孔隙中结晶长大，产生一定的膨胀应力，导致材料的破坏；另一种情形是盐类结晶膨胀，即渗入到硬化水泥石孔隙内部的外界介质在孔隙内发生化学反应生成膨胀性产物，使硬化水泥石孔隙内产生内应力，开始时仅只产生内应力，并无明显破坏迹象，但随着反应的继续进行，膨胀产物增多，体积膨胀，内应力增强，逐渐会使硬化水泥石开裂、剥落，直至严重破坏。

1) 反应性产物膨胀

硫酸盐通常是一种常见典型的膨胀破坏介质，当溶液中的 SO_4^{2-}较多时，在硬化水泥石的孔隙中析出晶态的 $CaSO_4 \cdot 2H_2O$，体积膨胀 2 倍，造成基体的破坏。

NaOH 和 Na_2CO_3溶液也是典型的膨胀型腐蚀介质。当 NaOH 作用于硬化水泥石时，受空气中 CO_2作用，而生成 Na_2CO_3。当 Na_2CO_3水化成 $Na_2CO_3 \cdot 10H_2O$ 时，其体积膨胀 1.5 倍，造成破坏。

2) 盐类结晶膨胀

有些盐类虽然与硬化水泥石的组分不产生反应，但可以在硬化水泥石孔隙中结晶。由于盐类从少量水化到大量水化的转变，引起体积增加，造成硬化水泥石的开裂、破坏。仅仅是盐的干燥和结晶作用，对膨胀型腐蚀的影响是不大的，但当高于相间的转变温度时，能产生较大的体积膨胀。例如：当挡土墙或混凝土板的一侧所含水分有可能蒸发时，孔隙中盐类的结晶就成为一个纯属物理性的破坏因素。

10.3 化学腐蚀

10.3.1 有机高分子材料的化学腐蚀

(1) 氧化反应

高分子材料(如天然橡胶和聚烯烃高聚物等)，在辐射或紫外光等外界因素作用下，能发生高分子氧化反应；一些氧化剂如浓 HNO_3和 H_2SO_4等，也会使高聚物分子发生氧化。一般认为，氧化过程分两步进行，第一步是氢过氧化物的形成(初级反应)，第二步是氢过氧化物的分解产生多种分解产物(次级反应)。其原因是在高聚物大分子链上存在有键能较低的与叔碳原子相连的或与双键 α 位碳原子相连的 C—H 键。如在 RCH_2—H、R_2CH—H、R_3C—H烃类中，与碳原子相连的 C—H 键的键能分别为 410kJ/mol、396kJ/mol、381kJ/mol。R_3C—H 键能最低。在 $CH_2=CH—CH_2$—H，与双键 α 位碳原子相连的 C—H 键的键能只有 356kJ/mol。如聚丙烯中含有氢的叔碳原子，天然橡胶中含有双键位的 α 位碳原子。氧化时，先在这些位置产生氧化基团。在紫外线作用下，上述过氧化基团中 C—O 键为弱键，会分解生成自由基。如果有氧存在下，这些自由基与氧作用生成烷基过氧化物自由基，最后烷基过氧化自由基再与高分子材料中其他大分子链发生反应，生成氢过氧化物。氢过氧化物容易分解，其分解会导致大分子降解、交联和链的增长，氢自由基可导致降解，形成酮基与醛基，也可使不饱和化合物交联。例如硝酸腐蚀聚氯乙稀，实质上就是将聚氯乙烯氧化，生成羰基，降低相对分子质量。具有杂链的高聚物比只有碳链的高聚物抗氧化性好，如含有苯环的酚醛树脂就具有较好的抗氧化性。

(2) 水解和降解作用

杂链高聚物因其含有氧、氮、硅等杂原子，在碳原子与杂原子之间构成极性键，如醚、酯、酰胺、硅氧键等。水与这类键作用而导致高聚物发生降解的过程被称为高聚物水解。如聚酯的碳氧键和聚酰胺的碳氮键水解后，生成相应的缩聚单体，而遭受水解腐蚀破坏。如果有酸或碱的存在，则能催化这类水解反应的进行，而且碱能使酯发生皂化反应形成盐，因此，不饱和聚酯不太耐酸、更不耐碱；聚酰胺在酸的作用下因生成铵盐而被迅速破坏而不耐酸，但是它宜用作耐油或烃类溶剂的防腐材料。

除水外，其他介质也可能使高聚物裂解。一般地说，缩聚物的原料单体，或具有原料单体官能团的介质，均是裂解剂，对相应的高分子材料有腐蚀作用。如有机酸、有机胺能使聚酰胺裂解；不溶或不熔的酚醛树脂在与过量苯酚作用时会发生酚醛反应而受腐蚀溶解并破坏；又如不饱和聚酯在使用过程中也要会发生有机酸、醇、酯等类型的裂解反应。对于聚酯的腐蚀来说，其裂解反应速度是：酸解>醇解>酯解(见图 10-24)。

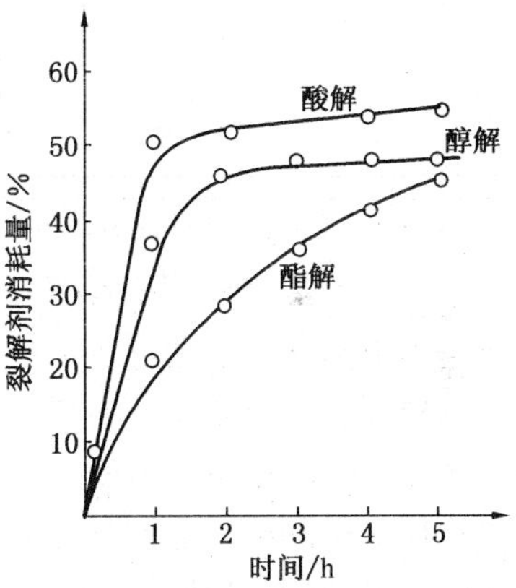

图 10-24 酸解、醇解、酯解的相对速度

温度—168℃；催化剂—H_2SO_4；酸—CH_3COOH；醇—C_2H_5OH；酯—$CH_3COOC_2H_5$

大分子活性基团的浓度对高分子材料的水解能也有影响。如邻苯及间苯二甲酸型聚酯的酯键浓度为(8~9)×10^{-3}mol/cm^3，双酚 A 型聚酯为(2.6~3.4)×10^{-3}mol/cm^3，丙烯酸环氧树脂为(1.2~2.5)×10^{-3}mol/cm^3。并且高分子材料的水解能随酯键浓度的减少而提高，因而其耐水、酸、碱、氧化性介质腐蚀能力亦提高。

高聚物的结构和聚集态向不同，对水解活性亦有影响。如双酚 A 聚酯中的两个苯环结构及固化时苯乙烯的空间屏蔽效应均会阻碍酯键的水解(或降解)。结晶态高聚物比非晶态高聚物耐水解能力强。聚烯烃及衍生物等碳键高聚物，其分子链上大多不含易水解基团，故不易发生水解反应，耐酸、耐碱性好。官能团与高分子材料的耐蚀性能关系见表 10-7。

(3) 取代基的反应

饱和的碳链化合物化学稳定性较高，但在加热及光照下，除被氧化外，尚能被氯化。氯化是放热反应，随着含氯量的增加，生成物的大分子间作用力增强，结晶性改善，在溶剂中的溶解能力会大大提高。

表 10–7　官能团与高分子材料耐蚀性能的关系

耐蚀性	有利的基团	不利的基团
耐酸性	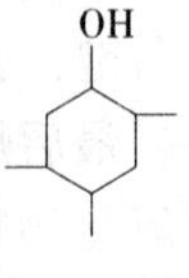，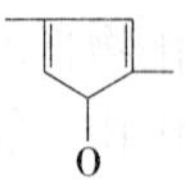，—Cl，$—CH_3$，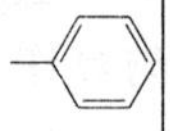	$—NH_2$，—O—C(=O)—，—NH—C(=O)—，—Si—C—
耐碱性	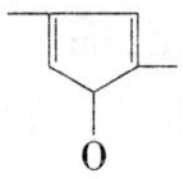，—Cl，$—CH_3$，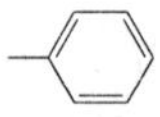	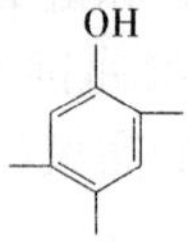，—O—C(=O)—，—NH—C(=O)—，—C(=O)OH—
耐水性	$—CH_3$，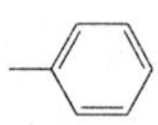，—C(=O)OR	—OH，$—NH_2$，—C(=O)OH（及其盐）
耐油性	OH—，—Cl，NH_2，—CN—O—，—C(=O)—	$—CH_3$，$—O—CH_3$，—C(=O)OR，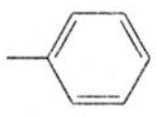
耐氧化性	—C—C—，—Cl，—F，—O—	—C=C—，—C(H)—
耐磨性	—OH，—NHC(=O)—	$—CH_2—$，—C(=O)OR

很多高分子材料在受活性介质作用时，当侧基引起反应时，也会使材料性质发生变化，有时也会导致材料的彻底腐蚀。如常与酚醛等树脂混用以改善玻璃钢界面性能的聚乙烯醇缩丁醛，会因侧基水解而成水溶性的聚乙烯醇。

强碱性介质对卤代烃类聚合物的作用是夺去其氯原子形成不饱和键。如氯乙烯的氯原子有可能在 NaOH 作用下水解。又如聚四氟乙烯中氟原子的体积较大，又相互排斥，整个大分子链不能呈平面锯齿形而呈螺旋形，而且比较僵硬。由于氟原子像一个紧密保护层，将长长的碳链包裹在内，使碳链不受一般活泼分子的侵袭，所以聚四氟乙烯具有突出的化学稳定性，虽然 C—F 键极性较大，但整个聚四氟乙烯大分子结构对称，为非极性分子，表面惰性极大，即使很强的腐蚀剂像“王水”也不能与其发生任何作用。

含有苯基的一些高聚物材料，原则上具有芳香族化合物所有的反应特性。在硝酸、硫酸作用下能发生硝化、磺化等取代反应。游离的氯、溴、硝酸、浓硫酸等对聚苯硫醚都有显著的腐蚀作用。原因是这些试剂能很快地使苯环发生取代反应，或使硫原子受到氧化，使S—C键破坏。

具有双键的高聚物容易因加成反应而变质。如天然橡胶，其氯化的最终产物是氯化橡胶，所得到的氯化橡胶在酸、碱、盐的作用下很稳定，但仍能溶于使天然橡胶溶解的各种溶剂中。

天然橡胶和氯化氢作用也形成加成产物，在形成该加成产物反应中，分子链可能裂解，使聚合度降低。但产物对酸、碱、盐亦有相当的稳定性。

(4) 交联反应

有些高聚物在使用过程中，受日光或环境作用，相邻间会发生交联反应而使材料硬化变脆。例如，聚乙烯薄膜在长期太阳光照下硬化；软聚氯乙烯在使用过程中变硬发脆；硬聚氯乙烯(特别是加有 ZnO 填料时)长期在阳光下暴晒性能变脆等。将聚苯硫醚在 320~360℃空气中进行热处理后，可以使具有脆性的线性结晶结构发生氧化交联，成为低结晶度网状结构而提高其力学性能及韧性。

10.3.2 无机非金属材料的化学腐蚀

(1) 化学腐蚀类型与机理

无机非金属材料的化学腐蚀主要有两种类型，即膨胀型腐蚀和分解型腐蚀两种。

1) 膨胀型腐蚀

膨胀型腐蚀主要是外界腐蚀性介质与硬化水泥石组分发生化学反应生成膨胀性产物，使硬化水泥石孔隙内产生内应力，开始时仅只产生内应力，并无明显破坏迹象，但随着反应的继续进行，膨胀产物增多，体积膨胀，内应力增强，逐渐会使硬化水泥石开裂、剥落，直至严重破坏。

绝大多数硫酸盐(除 $BaSO_4$外)对于硬化水泥石都有显著的腐蚀作用，硫酸盐中的 SO_4^{2-}与硬化水泥石中的 $Ca(OH)_2$作用生成石膏，而石膏又与硬化水泥石中的水化铝酸钙作用生成含有 31 个结晶水的硫酸钙(俗称钙钒石)，体积增大 2.5 倍，使硬化水泥石开裂。若溶液中含有 Cl^-，有利于阻碍固相中硫铝酸钙的生成，提高硫铝酸钙的溶解度，使硫铝酸钙的膨胀作用减少。

2) 分解型腐蚀

分解型腐蚀主要是通过腐蚀性介质中的离子与硬化水泥石中的离子进行交换作用，破坏了硬化水泥石中的液相碱度平衡，使固相石灰溶解，并使水化硅酸盐和水化铝酸盐水解，硬化水泥石分解型腐蚀的最终产物是可溶性的硅酸凝胶、钙盐和铝盐，随介质而被带走，硬化水泥石的结构将很快被破坏。

分解型腐蚀通常发生在硅酸盐硬化水泥石中，通过离子交换反应，硬化水泥石可受到如下三种形式的分解型腐蚀。

① 形成可溶性钙盐。在工业生产中，经常会有一些 $pH<7$ 的酸性溶液能与硬化水泥石中的钙离子形成可溶性钙盐，造成腐蚀。其腐蚀过程为：溶液中的 H^+与硬化水泥石中的 OH^-相结合成为水，使硬化水泥石中的 $Ca(OH)_2$分解，而其中的 Ca^{2+}与溶液中的酸根相结合生成新的可溶性钙盐；然后，酸性溶液又与铝酸钙的水化物和硅酸盐的水化物起反应。反应物的可溶性越高，腐蚀溶液的更新速度越快，则硬化水泥石的破坏速度也越快。

工业上常见的酸性腐蚀介质有：含有盐酸、硫酸或硝酸的化工废水；许多食品厂含醋酸或乳酸的废水；软饮料中含有的碳酸等。而在天然水中也会含有浓度甚高的 CO_2，经过阳离子交换反应，这些酸性溶液与硬化水泥石生成可溶性钙盐，如 $CaCl_2$、$Ca(HCO_3)_2$等，被水带走。硬化水泥石分解型腐蚀的速度，在很大程度上取决于反应物的结构和可溶性。

当含有碳酸的水遇到硬化水泥石，首先与 $Ca(OH)_2$反应生成不溶于水的 $Ca(HCO_3)_2$，总反应：

$$H_2CO_3+Ca(OH)_2=Ca(HCO_3)_2 \qquad (10-15)$$

反应的结果是使 $Ca(OH)_2$不断溶解消失，而且又会引起水化硅酸钙和水化铝酸钙的分解。

由式(10-15)知，当生成的$Ca(HCO_3)_2$达到一定浓度时，便会与留下来的一部分碳酸建立起化学平衡；反应进行到水中的CO_2与$Ca(HCO_3)_2$达到浓度平衡时终止。实际上，天然水本身含有少量$Ca(HCO_3)_2$，即具有一定的暂时硬度，因而必须有一定量的碳酸与之相平衡。这部分H_2CO_3不会溶解$CaCO_3$，没有侵蚀时间，称为平衡碳酸。

当水中的H_2CO_3超过平衡碳酸时，其剩余部分才会与$CaCO_3$反应，其中一部分剩余与之生成新的$Ca(HCO_3)_2$，称为侵蚀性碳酸；而另一部分剩余H_2CO_3则用来补充平衡碳酸量，与新形成的$Ca(HCO_3)_2$继续保持平衡。所以，水中的H_2CO_3可以分成“结合的”、“平衡的”和“侵蚀的”三种类型。

少量的钠、钾离子的存在，会影响碳酸平衡向着碳酸氢钙方向移动，因而能使侵蚀作用加剧。

② 形成不溶性钙盐。有些腐蚀介质中含有某些阴离子，能与硬化水泥石发生反应，形成不溶性钙盐。若生成的不溶性产物既不发生膨胀，又不被流动的介质冲刷、渗漏出或者车辆磨损而带走，是不会引起腐蚀破坏的。

③ 镁盐侵蚀。含有$MgCl_2$、$MgSO_4$或$Mg(HCO_3)_2$等镁盐的地下水、海水以及某些工业废水，所含有的Mg^{2+}与硬化水泥石中的Ca^{2+}起交换作用，生成$Mg(OH)_2$和可溶性钙盐，导致硬化水泥石的分解。如，$MgSO_4$依下式反应：

$$MgSO_4+Ca(OH)_2+H_2O \longrightarrow 2CaSO_4 \cdot H_2O+Mg(OH)_2 \tag{10-16}$$

反应所生成的$Mg(OH)_2$溶解度极小，极易从溶液中沉析出来，从而使反应不断向右进行。当镁盐浓度较低时，与$Ca(OH)_2$反应容量较小，只能在硬化水泥石表面进行。此时产生的$Mg(OH)_2$还可能保护硬化水泥石；但若长期作用，则可能产生溶出型腐蚀。当镁盐浓度较大时，水化硅酸钙不得不放出石灰，以建立所需的pH值，但$MgSO_4$又与放出的CaO作用，如此连续进行，实质上就是$MgSO_4$使水化硅酸钙分解，即：

$$3CaO \cdot 2SiO_2(aq)+3MgSO_4+nH_2O \longrightarrow 3(CaSO_4 \cdot H_2O)+3Mg(OH)_2+2SiO_2(aq) \tag{10-17}$$

在长期接触条件下，即使是未分解的水化硅酸钙凝胶中的钙离子也要逐渐被Mg^{2+}所置换，最终转化成水化硅酸镁，导致镁盐向硬化水泥石深部扩散，使腐蚀加剧；另一方面，由$MgSO_4$反应生成的二水石膏，又会引起$MgSO_4$侵蚀，所以危害更严重。

(2) 腐蚀影响因素

常见的无机非金属材料基本上是硅酸盐材料，主要由硅、氧原子组成，常以硅酸盐和硅石(SiO_2)存在。其耐蚀性能主要与下列因素有关。

1) 氧化物的类型与含量

无机非金属材料的主要成分二氧化硅为酸性氧化物，耐酸(氢氟酸、高温浓磷酸除外)，但不耐碱。在硅酸盐材料中，SiO_2含量越高，耐酸性能越强。另一种情况是当SiO_2含量低于55%时，硅酸盐材料的耐酸性能却仍然很好，这是因为硅酸盐材料的耐酸性不仅与化学组成有关，而且与矿物组成及孔隙率有关。在高温下，铸石中SiO_2与Al_2O_3、Fe_2O_3生成耐蚀性很强的普通辉石矿物。另外，硅酸盐的熔融制品如玻璃、铸石等孔隙率很低，材料内部因介质难于渗入，不会发生化学溶解腐蚀，仅发生表面腐蚀，耐蚀性也较好。

在硅酸盐材料中，碱性氧化物如CaO、MgO等，含量高时，耐酸性差，而耐碱性则会增强。碱性金属氧化物中，以K_2O对化学稳定性影响最大，其次为Na_2O和Li_2O。硅酸盐水泥与浓碱、氢氟酸、热磷酸易发生化学溶解腐蚀。与$pH<7$的酸溶液及镁溶液接触时易发生

水解型腐蚀，即水泥中的 OH^- 与酸中的 H^+ 结合为水，Ca^{2+} 与溶液中的 Mg^{2+} 相互交换，生成可溶性或无胶结性产物使水泥分解。另外，酸溶液还与水泥中的铝酸钙水化物和硅酸盐水化物起反应，导致水泥腐蚀。

2）材料孔隙和结构

硅酸盐材料除玻璃、铸石等熔融制品外，或多或少总具有一定的孔隙率，孔隙会降低材料的耐蚀性，因为孔隙的存在会使材料受腐蚀介质作用的面积增大，使腐蚀不仅发生在表面上，也发生在材料内部，侵蚀作用也就显得强烈。当化学反应生成物出现结晶时还会造成物理性的破坏，例如制碱车间的水泥地面，当间歇地受到苛性钠溶液的浸润时，由于渗透到孔隙中的苛性钠吸收二氧化碳后变成含水碳酸盐结晶，体积增大，在水泥内部膨胀，使材料产生内应力而破坏。

如果在材料表面及孔隙中腐蚀生成的化合物为不溶性的，则在某些场合它们能保护材料不再受到破坏，水玻璃耐酸胶泥的酸化处理就是一例。

当孔隙是互不相通而封闭时，受腐蚀性介质的影响要比开口的孔隙为小。因为当孔隙为开口时，腐蚀性液体容易透入材料内部。

3）材料结构

硅酸盐材料的耐蚀性还与其结构有关，晶体结构的化学稳定性较无定形结构高。例如结晶的二氧化硅虽属耐酸材料，但也有一定的耐碱性，而无定形的二氧化硅易溶解于碱溶液中。具有晶体结构的熔铸辉绿岩也是如此，它比同一组成的无定形化合物具有更高的化学稳定性。

4）腐蚀介质

硅酸盐材料的腐蚀速率与酸的性质无关(除氢氟酸和高温磷酸外)，而与酸的浓度有关，酸的电离度越大，对材料的破坏作用也越大，酸的温度升高，离解度增大，其破坏作用也就增强。此外酸的黏度会影响它们通过孔隙向材料内部扩散的速度。例如盐酸比同一浓度的硫酸黏度小，在同一时间渗入材料的深度就大，其腐蚀作用也较硫酸快，同样，同一种酸的浓度不同，其黏度也不同，因而它对材料的腐蚀速率也不相同。

10.4 应力腐蚀开裂

10.4.1 开裂机理与种类

(1) 环境应力腐蚀开裂

有机高分子材料与醇类和非离子型表面活性剂等表面活性介质相接触时，不会产生很大的溶胀，而是通过局部表面渗入产生塑性增加的作用，使其在较低的应力作用下产生较多银纹，而使得应力集中，应力集中又加剧了银纹的生长。因此，银纹的产生、生长、扩大直至汇合发生脆性断裂是典型的环境应力腐蚀开裂过程。

环境应力包括外加负载和材料在加工、使用时残留于材料中的内应力。

环境应力开裂的主要理论有：表面能(ΔS)降低理论、附着功(W)理论、自由能变化值(ΔG)理论等。其中，自由能变化值理论是最具有说服力的机理。在有机高分子材料表面层的某些部位，因局部的增塑作用及应力作用而产生裂纹，被公认为是环境应力开裂的诱因。

(2) 溶剂开裂

有机高分子材料与溶解度参数相近的溶剂介质相接触时(参数太接近，溶剂化能力太强情况下，环境应力开裂也不典型)，溶剂分子进入大分子之间就有了增塑作用，使得大分子链段易于相对滑移，材料强度下降，在较低的应力作用下可发生应力开裂。这种开裂之前产生的裂纹不多，称之为溶剂开裂。

(3) 氧化应力开裂

当有机高分子材料与强氧化性介质如浓硫酸、浓硝酸等接触时，会在材料表面发生氧化反应，使大分子链发生裂解，在应力作用下会在少数薄弱环节处产生银纹，银纹中的空隙又进一步加快了介质的渗入，最后在其银纹尖端应力集中比较大的地方，使大分子断链，形成开裂。这类开裂发生只是形成少数微裂纹，然后迅速发展而造成开裂，称为氧化应力开裂。

10.4.2 影响因素

(1) 高分子材料的性质

高分子材料的性质是最主要的影响环境应力开裂的因素。不同的高聚物具有不同的耐环境应力开裂的能力，即使是同一高聚物，也会因其相对分子质量、结晶度、内应力的差别而有很大的不同。

聚乙烯的溶剂开裂比较严重，常影响到它在化工介质中的实际应用性能，所以在无应力时的浸渍数据并不一定能反映真实的情况，用于表面活性介质时更要注意。表 10-8 示出了聚乙烯与聚丙烯耐溶剂应力开裂性能的比较结果，表 10-8 中所列的数据是把试件弯成弓形并浸入 50℃介质中后试片出现开裂的时间。实验中超过 300h 仍不开裂的称为无变化。在用此种试验方法过程中，为了加快出现开裂，应预先在试片的弯曲方向上开一裂缝。

表 10-8　聚烯烃耐环境应力开裂性能比较表

介　质	聚丙烯		聚乙烯	
	横	纵	横	纵
非离子型表面活性剂 1%	无裂缝	无裂缝	15h	48h
非离子型表面活性剂 2%	无裂缝	无裂缝	30h	250h
丙酮	无裂缝	无裂缝	115h	300h
乙醇	无裂缝	无裂缝	无裂缝	无裂缝
乙醇	无裂缝	无裂缝	127h	300h
松节油	无裂缝	无裂缝	195h	300h
机油	无裂缝	无裂缝	300h	无裂缝
煤油	无裂缝	无裂缝	76h	无裂缝
苯	无裂缝	无裂缝	无裂缝	无裂缝
汽油(低沸点)	无裂缝	无裂缝	无裂缝	无裂缝
硫酸 1%	无裂缝	无裂缝	无裂缝	无裂缝
醋酸 100%	无裂缝	无裂缝	20h	30h

聚合物的结晶度高，易产生应力集中。同时晶区与非晶区的交界处同样易受到试剂的作用，所以有着能更快出现裂缝的趋势。此外结晶的大小与分布也影响应力腐蚀开裂。

材料中的缺陷、杂质、粘接不良的界面、表面刻痕及微裂纹等应力集中体，同样也会促进环境应力开裂。

加工不良引起的内应力，或者材料由于热处理条件不同产生的内应力，对环境应力开裂均有很大的影响。

相对分子质量的影响更大。相对分子质量小而相对分子质量分布窄的材料，发生开裂所需时间不长。因为相对分子质量越大，在介质作用下的解缠就越不容易。图 10-25 和图

10-26分别为聚乙烯在表面活性剂与水中的应力开裂时间与相对分子质量之间的关系。

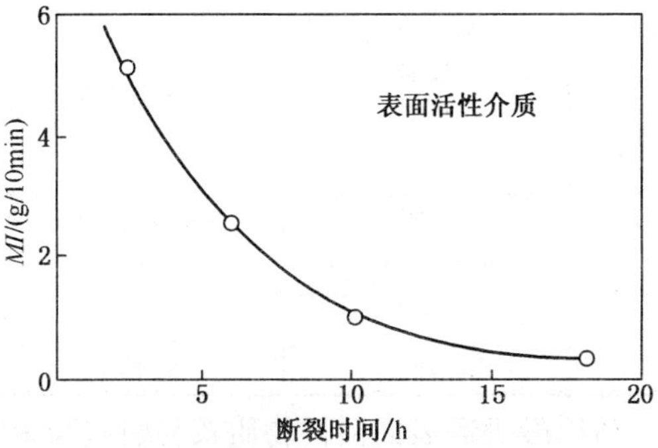

图 10-25　低密度聚乙烯耐环境应力开裂能力与熔融指数(*MI*)的关系

(外加应力与屈服应力之比为 1 4，60℃)

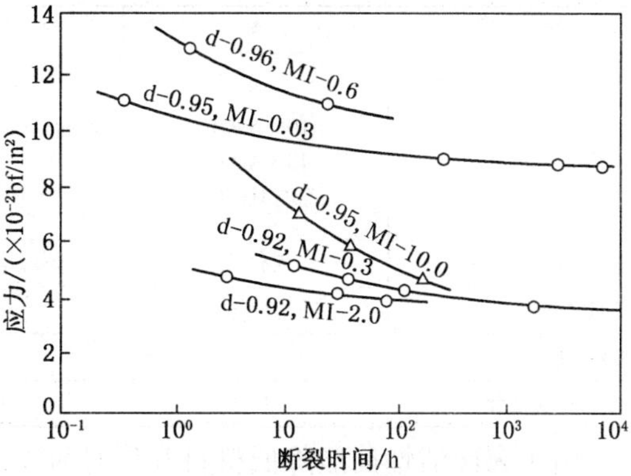

图 10-26　聚乙烯在 60℃水中的断裂曲线

d—密度；*MI*—熔融指数；○—延性破坏；△—脆性破坏

($1bf/in^2=6894.757Pa$)

(2) 环境介质性质

1) 介质的类型

介质有助于裂纹的产生，这种现象有人用表面能降低的理论来解释。由完全弹性破坏理论可知，长度为 *C* 的裂纹传播所需的临界应力为：

$$\sigma_c = \sqrt{EV/c} \qquad (10-18)$$

式中　*E*——材料的弹性模量；

V——单位面积的表面能。

介质中的表面活性物质与塑料接触时，其表面能 *V* 会下降，因此产生新的表面所需的能量或 σ_c 可以减小。当临界应力 σ_c 小于外加应力或材料内部残余的内应力时，裂纹扩展，引起开裂。

根据材料环境应力开裂与介质的关系，并结合图 10-27 所示的应力曲线，可以将介质大致分类(见表 10-9)如下：

A 类是可安全使用的介质，其蠕变断裂曲线在图 10-27 上部二条虚线之间所夹范围。聚丙烯在这类介质中的长期强度没有急剧下降，而是试片上出现了许多小的微裂纹，延长时间可能出现脆性断裂。

B 类是对环境应力开裂作用不弱的试剂，浸渍时质量变化比 A 类大，比 C 类小或接近，溶胀作用不严重。试件上有比 A 类少但更尖锐的裂纹产生。

C 类在浸渍试剂中质量增加很多，因为溶胀，分子间极易滑动，是使强度下降的试剂。

D 类为试剂强烈的化学作用导致材料急速断裂的情况。在强酸浓 H_2SO_4 中受应力作用的聚丙烯试件，有一个或两个尖锐的裂缝急速增长，在极短的时间内断裂。

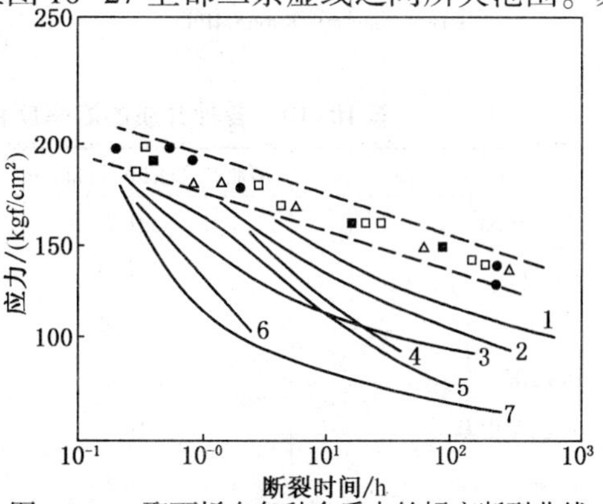

图 10-27　聚丙烯在各种介质中的蠕变断裂曲线

●—水；■—10%NaOH；

□—40%NaOH；Δ—50%H_2SO_4

1—乙醇；2—非离子型表面活性剂；3—50%异丙醇；4—机油；5—蓖麻油；6—煤油；7—浓 H_2SO_4

($1kgf/cm^2=98.0665kPa$)

表 10-9　介质对聚丙烯作用情况分类

分　类	A	B	C	D
介质	水 10%NaOH 40%NaOH 50%H_2SO_4	乙二醇 表面活性剂(Noigen) 蓖麻油	50%异丙醇 煤油 机油	浓 H_2SO_4
作用的主要方式	无作用	环境应力开裂	溶胀	化学反应(氧化)
破坏类型	延性(脆性)	脆性	脆性(延性)	脆性
裂纹数目	多⟵		⟶少	
试片外观变化	变白	银纹	裂纹处发白	稍变褐色

由于表面活性剂能降低材料开裂时所需能量，所以醇类等表面活性物质较易引起高聚物的环境应力开裂。像聚甲基丙烯酸甲酯、聚氯乙烯等在醇类介质中都易开裂。

2）介质的极性

此外，介质对环境应力开裂的影响，还可以用它与材料间的相对表面性质或溶解度参数的差值来衡量。若介质与材料的溶解度参数很接近，即浸润性能不错，则易溶胀，不是典型的环境应力开裂剂。如果介质与材料的溶解度参数之差 $\Delta\delta$ 太大，材料就不会被介质所浸润，介质的影响也就变小了。只有当介质与材料两者的溶解度参数之差值 $\Delta\delta$ 落在一个范围内，如图 10-28 所示，就易引起局部溶胀，导致环境应力开裂。例如介质的溶解度参数与聚碳酸酯环境应力开裂性能的关系也说明了上述观点(见表 10-10)。表 10-10 说明，介质与材料溶解度参数的差值太大(如水)或太小(如醋酸丁酯、邻苯二甲酸二丁酯)均不是典型的环境应力开裂剂。聚碳酸酯的溶解度参数 $\delta=9.5\sim10.0$ 之间，当介质的溶解度参数在 7~9 和 11~13 之间时，极易引起环境应力开裂。

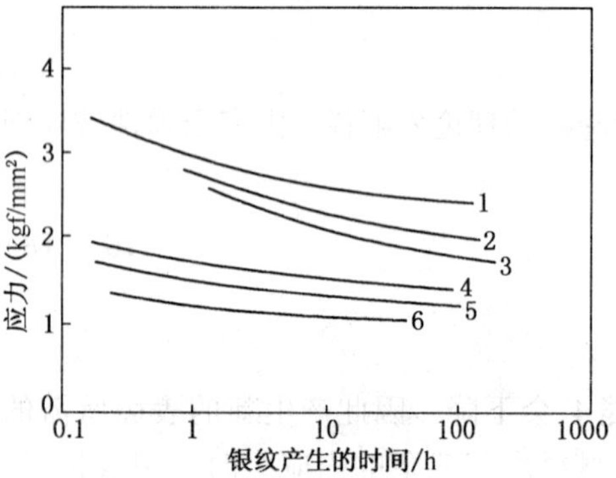

图 10-28　硬聚氯乙烯在各种环境介质中产生银纹的时间(40℃)

1—乙二醇；2—蓖麻油；3—非离子型表面活性剂；4—异丙醇；5—煤油；6—正丁醇

($1kgf/mm^2=9.80665MPa$)

表 10-10　各种介质的溶解度参数与聚碳酸酯环境应力开裂性能的关系

名　称	溶解度参数 $\delta/(cal/cm^3)^{1/2}$	$\Delta\delta/(cal/cm^3)^{1/2}$	腐蚀情况
聚碳酸酯	9.8		
乙二醇	12.9	3.1	开裂剂
丁醇	11.4	1.6	开裂剂
环己醇	11.4	1.6	开裂剂
羟乙基甲基醚	10.7	0.9	开裂剂，腐蚀材料
己烷	7.4	2.6	开裂剂
环己烷	8.2	1.6	开裂剂
醋酸丁酯	8.5	1.3	开裂剂，剧烈腐蚀
邻苯二甲酸二丁酯	9.3	9.5	开裂剂，剧烈腐蚀
水	23.4	13.6	不影响聚合物

(3) 应力的影响

1) 拉伸应力

材料必须受拉伸应力的作用是其银纹产生及发展的必要条件，其发展方向与拉伸方向相互垂直。重要条件是材料的应变应该超过其临界应变值 ε_c。临界应变值是热塑性高聚物在特定介质中长期静拉伸或动拉伸应变作用下形变的极限值。同时 ε_c 的大小反映了高聚物在一特定的应力条件下发生环境应力开裂的难易程度(见表10-11)，也表征了各种聚合物允许使用的形变极限。此外由表10-11可知，聚碳酸酯和聚砜比聚丙烯酸酯更容易产生环境应力开裂；同时，同一种材料在空气中比在介质中的 ε_c 高，这是由于化学介质对材料有侵蚀增塑作用，促进了环境应力腐蚀开裂。

表10-11 银纹在各种溶剂中引发的临界应变 ε_c

(条件：三点弯夹具、室温、1h)

介质	临界应变 ε_c/%			介质	临界应变 ε_c/%		
	聚丙烯酸酯	聚碳酸酯	聚砜		聚丙烯酸酯	聚碳酸酯	聚砜
正己烷	1.34	0.71	1.03	正丁醇	1.19	0.87	0.67
二乙基醚	0.64	0.20	0.49	异丙醇	1.34	0.87	0.71
环己烷	1.62	0.75	1.19	乙腈	0.87	0.47	0.67
四氯化碳	0.36	0.12	0.40	丙烯乙二醇	3.07	1.96	1.36
甲苯	0.20	0.12	0.16	乙醇	1.42	1.07	0.99
乙基醋酸酯	0.28	0.71	0.16	甲醇	1.94	1.58	1.34
丙酮	0.28	0.63	0.24	70%丙酮水溶液	1.07	1.11	0.63
二硫化碳	0.53	0.85	0.96	空气	5.01	3.06	2.02

大量试验表明，将没有预先浸渍过的硬聚氮乙烯，在介质浸渍状态下测定长期强度，介质的影响很大。若以在空气中的长期强度为标准，则在介质中测得的都要比它小，而且介质腐蚀性越大，强度下降越多，应注意的是介质腐蚀能力的影响，不如材料的方向性(即大分子取向)影响大。另外硬聚氮乙烯在浓硫酸与应力作用下试件出现银纹，随着时间的增加微细裂纹增多。由于硫酸侵入裂纹及分子之间使之炭化，材料逐渐呈现黑色；裂纹进一步增多与扩大，就使材料出现脆性或接近脆性的断裂。

此外，在负荷作用下或处于应变状态下的高分子材料，其大分子链及链段将顺外力作用方向移动。若为拉伸应力，分子间距增大，这时介质分子易于侵入，质量变化比无负荷的静态浸渍时大。应该注意的是，压应力与拉应力的效果相反。

2) 交变应力

橡胶、塑料具有因低频交变应力使寿命变短的倾向，而介质的存在使疲劳寿命下降得更厉害。在实际应用中，应考虑交变应力对在介质中的高分子材料耐腐蚀性能的影响，实验证明，在水与某些表面活性剂中，高的应力振幅对疲劳破坏与蠕变破坏的影响没有多大差别，但在低的应力振幅下，则疲劳破坏强度比静态蠕变强度低得多。水对玻璃钢的疲劳强度影响很大。在腐蚀性较强的介质中，材料疲劳强度下降得多。硝酸、碱与非离子型表面活性剂对聚氯乙烯的影响，明显地比水大。

10.5 大气老化

大气老化主要发生在有机高分子材料上，虽然无机材料也存在风化的大气老化问题，但是由于风化速度太慢，所以在谈及大气老化时，主要是针对高分子材料而言。高分子材料在大气环境中发生老化，通常以两种形式表现出来，一种是物理老化，另一种是化学老化，有时候特指大气老化。

10.5.1 物理老化

玻璃态高聚物多数处于平衡状态，其凝聚态结构是不稳定的。这种不稳定结构在玻璃化转变温度 T_g 以下在存放过程中会逐渐趋向稳定的平衡状态，从而引起高聚物材料的物理力学性能随存放或使用时间而变化，这种现象被称为物理老化或"存放效应"。物理老化是玻璃态高聚物通过小区域链段的微布朗运动使其凝聚态结构从非平衡态向平衡态过渡的弛豫过程，因此与存放的温度有关。

物理老化使高聚物材料自由体积减小，堆砌密度增加，反映在宏观物理力学性能上是模量和抗张强度增加，断裂伸长及冲击韧性下降，材料由延性转变为脆性，从而导致材料在低应力水平下的失效破坏。

（1）物理老化的特点

物理老化是一种弛豫过程，所以温度、时间、压力等外部因素和物理、化学、结构等内部因素对老化的影响也符合弛豫过程的一般规律。

1）物理老化的可逆性

物理老化与化学老化不同，它是一种热力学过程。利用这个特点，可以用热处理的方法消除试样的存放历史或试样达到所需要的状态，这对某些研究和测试是很重要的。

2）物理老化是缓慢的自减速过程

物理老化是通过链段运动使自由体积减少的过程，而自由体积的减少又使链段运动的活性减低。链段活动性减低则导致老化速率降低。这样就形成一负反馈的"自减速"过程，老化速率随存放时间 t 成指数函数减少，越接近平衡态速率越低。这一过程使塑料制品在使用期(5~10 年)都受其影响。

3）老化速率与温度符合 Arrhenius 方程

经研究表明，老化速率或速率常数与温度的关系符合 Arrhenius 方程。

4）不同材料有相似的老化规律

物理老化是玻璃态材料的共性，其特征和规律也很相似，不依赖于材料的化学结构，仅取决于材料所处的状态。

(2）物理老化对材料性能的影响

物理老化对高聚物材料的性能尤其是材料的力学性能有较大的影响。许多工程塑料如聚碳酸酯、聚酯、聚苯醚等制品(包括膜和片材)在存放过程中会变硬，冲击韧性和断裂伸长大幅度降低，材料由延性转变为脆性，而在此过程中材料的化学结构、成分及结晶度等都未发生变化。

1）老化对材料密度的影响

物理老化是自由体积减少的过程，直接的宏观效果是材料的密度增加。一般(比容)变化约在 10^{-4}~10^{-3}数量级。

2）老化对材料强度的影响

老化使材料强度增加，断裂伸长降低。

3）老化对材料脆性的影响

老化使材料变脆。物理老化使材料模量和屈服应力增加，材料由延性变为脆性。

4）老化对输运速率的影响

老化使输运速率降低。低分子在高聚物中的输运行为受高聚物自由体积或链端活动性支配。老化使自由体积或活动性降低，因此使低分子气体或溶剂在高聚物中的吸附、扩散和渗透速率降低。

5）老化对偶极运动的影响

偶极运动与自由体积有关，自由体积减少必将降低其偶极的活动性，因而使极性高聚物介电极化偶极取向或驻极体偶极解取向更加困难。

6）物理老化与交联程度无关

研究表明，物理老化活化能与交联度无关，说明其运动单元小于交联点间的相对分子质量。

10.5.2　化学老化

化学老化通常是高分子材料在大气环境中，受阳光的紫外线、热辐射、空气中温度、湿度、水分、氧等因素作用，性能随时间的延续而劣化的腐蚀现象。

（1）老化机理与影响因素

1）紫外线

太阳光中的紫外光对高分子材料的作用是使大分子的化学键激发，若有氧或水存在时处于激发状态的化学键将会进一步发生化学裂解。

在高聚物中光波要引发反应，首先就要被吸收。如果全部透射，就不易为光能引发而导致老化，即耐候性好。聚合物中不同的基团能吸收与它的固有频率相应的光波，如羰基 C ═O吸收紫外光的波长为 280～300nm、双键 C ═O 吸收紫外光的波长为 230～250nm、羟基—OH 吸收紫外光的波长为 230nm、单键 C—C 吸收紫外光的波长为 135nm。因此当聚合物中存在羰基或双键时，就能吸收 230nm 相应的紫外光，使自身处于激发状态或价键断裂而产生自由基：

$$RH+h\nu \longrightarrow R \text{ 或 } R^{*}H(\text{激发态分子})$$

在有氧或水分子存在下，发生氧化裂解反应。

$$R^{*}+O_2 \longrightarrow R\infty$$

$$R\infty+CH_2 \longrightarrow R\infty H+CH$$

$$CH \longrightarrow CH═CH_2+CH_2$$

有水参与反应时，则表现为：

$$R^{*}H+O_2+H_2O \longrightarrow H_2O_2+RH$$

生成的过氧化氢等也能引起大分子的氧化裂解。可见，高聚物中存在的能吸收紫外光的基团是光老化的内因，水和空气是外因。很多高分子材料在没有水和氧时对可见光是稳定的。

聚乙烯、聚丙烯的大分子中没有羰基或双键，但也能进行光化裂解，这是因为聚合物不纯，有过氧化物等杂质存在，或因受热而发生氧化，裂解产生了羰基、双键等。

2）温度

阳光照射下，高分子材料特别是深色或无光泽的材料将吸收其中的红外光而变成热能，使温度升高，从而引起热老化，同时也能促进其他化学老化。日照也使增塑剂等液态组分挥发。与此同时温度梯度对材料的腐蚀性能有着重要影响。如高分子材料层内常存在着温度梯度，若腐蚀介质渗透扩散(物质移动)的方向与热扩散方向一致时，腐蚀介质就能更快地透过衬里材料到达金属基体导致鼓泡。相反，当水蒸气的扩散方向与热传导方向相反时，渗透受到抑制，鼓泡不易产生。

3）湿气

湿气与雨水会使耐水性差的高聚物产生渗胀、变形、水解等。而且气温低时，水汽在高分子材料表面或微隙中还会凝结成冰，一旦气温上升，又汽化而蒸发。这样反复作用，从而加剧材料龟裂。

4）活性气体或其他化学物质

在光、热作用下有很多气体如 O_3、H_2S、CO_2等能与高分子材料发生化学反应。化工厂周围大气中有更多、更活泼的有害气体如 SO_2、Cl_2等，对高分子材料的影响更大。

5）辐射

当高分子材料处于高能辐射时，若所用辐射剂量很大，可以彻底破坏其结构，甚至使它完全变成粉末，在一般剂量的辐射下，高分子材料的性质也有不同程度的变化。辐射化学效应主要是大分子链的交联与裂解。

高能射线的波长很短，约在 10^{-3} ~ 100Å 之间，所以能量很大。在那么大的能量下，各种化学键均会被激发或裂解成离子、自由基。这些活性基团会使大分子链裂解成交联。

在大分子的 α-碳原上若有氢原子就可以产生氢原子的脱落与两个碳链之间的交联；若没有 α-氢原子就可能发生链的断裂。在发生交联和裂解作用的同时，还有双键的生成、氢气的发生、侧基的脱落等。这些作用哪一个占优势，与高分子物理状态有关。根据实验结果，交联作用主要在非晶区进行，随着交联键的增加，使结晶部分逐渐变成非晶相。双键的生成则在晶区与非晶区均能发生。

辐射交联使相对分子质量增大，硬度与耐热性提高，耐溶剂性大为改善。例如聚乙烯等的辐射交联作用多按自由基历程进行。

表 10-12 列出了多种塑料在原子炉内受到辐射后其老化结果。与耐光性的倾向相反，聚乙烯最稳定，耐热性优越，而化学稳定性最好的氟塑料却极不稳定。

表 10-12　各种塑料在原子炉内照射后的变化情况

稳定性次序	材　　料	剂量/rad	变 化 情 况
1	无机物填充酚醛	10^{10}	除变色外无其他变化
	无机物填充呋喃	10^{10}	除变色外无其他变化
2	聚苯乙烯	10^{10}	除变色外无其他变化
3	改性聚苯乙烯	10^{10}	冲击强度、伸长率下降到与普通聚苯乙烯一样
4	氨基树脂	10^{10}	抗拉强度减小
	聚乙烯咔唑	10^{10}	抗拉强度减小
5	聚乙烯	10^{10}	冲击强度减小，变脆，抗拉强度增加
	聚酰胺	10^{10}	冲击强度减小，变脆，抗拉强度增加
6	聚酯	5×10^{9}	抗拉强度，冲击强度下降，开始有裂缝
7	纤维素填充酚醛	3×10^{9}	抗拉强度、冲击强度下降，脆化
8	三聚氰胺树脂	2×10^{9}	抗拉强度、冲击强度减半
	脲醛树脂	2×10^{9}	抗拉强度、冲击强度减半
9	酚醛树脂	1×10^{9}	抗拉强度、冲击强度减半

续表

稳定性次序	材料	剂量/rad	变化情况
10	聚偏氯乙烯	5×10^8	软化，变黑，析出 HCl，强度下降
	氯乙烯-醋酸乙烯共聚物	5×10^8	软化，变黑，析出 HCl，强度下降
11	甲基丙烯酸树脂	1×10^8	抗拉强度、冲击强度减半
	氟塑料	1×10^8	抗拉强度、冲击强度减半，聚四氟乙烯粉化
	纤维素衍生物	1×10^8	抗拉强度、冲击强度减半

此外图 10-29 则示出了几种高分子材料受 γ 射线、中子射线照射后性能的变化情况。

6）其他

例如风、雪、微生物等会使设备寿命受到一定影响。

（2）提高材料耐化学老化的方法

1）添加紫外光吸收剂

加入能优先吸收紫外光的化合物，然后将能量转化成非破坏性波长后再发射出来，可提高聚合物的抗老化能力，这种化合物称紫外光吸收剂。

2）添加抗氧剂

添加抗氧剂可以阻缓由光引发的次级氧化反应的进行，如芳香胺类或苯酚类化合物。

3）减少日光直接照射

采用涂料、玻璃钢等保护层，可以避免日光的直接照射，减缓光老化。

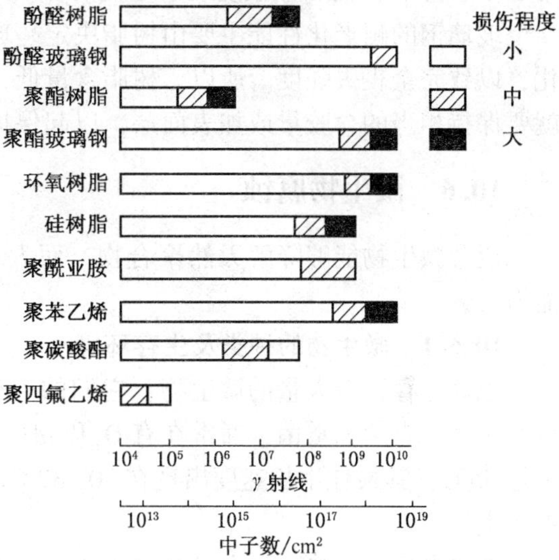

图 10-29　各种高分子材料的耐辐射性能

4）选用耐光老化的高分子材料

在室外使用时，就尽量选用耐光老化性好的材料，如环氧树脂制作的玻璃钢设备。热塑性材料以选用聚氯乙烯和聚碳酸酯为好。聚烯烃较不耐光老化，聚丙烯在室外使用半年后，表面即有大量微裂纹产生，使用一年以上表面就有粉化层。玻璃钢等复合材料的结合界面要保护好，如用树脂封闭玻璃钢的加工断面，不使水汽等侵入界缝隙，防止水在其中反复凝结、蒸发而使之开裂。

5）要考虑化工大气的影响

选材料要考虑到环境中影响严重的化工大气。

（3）材料的耐老化(候)性能

聚乙烯一般来说耐候性较差，在室外寿命只可用至三年，炭黑与抗氧剂能有效地改善其耐候性。

聚丙烯的耐候性、耐光性比聚乙烯更差，必须加入更多的稳定剂。

聚碳酸酯制品在紫外线作用下强度降低不多，是较稳定的材料，而聚甲醛、尼龙等耐候性较差。

含氟树脂的耐候性与其耐热性一样卓越。

聚丙烯酸酯类耐光性、耐候性优良，在室外光线作用时透明性变化不大，但表面硬度与冲击强度变小。

软质聚氯乙烯会因增塑剂的挥发而逐渐变脆。无论是否添加增塑剂时，硬聚氯乙烯材料的耐候性均相当好。

酚醛树脂大多加入填料或制成玻璃钢，所以应考虑填料或增强材料的影响。

环氧树脂具有优良的耐光性，耐候性也很好，但应用于潮湿或多水的场合效果不太好。脂环类环氧树脂比双酚 A 环氧树脂的耐候性更好。

聚酯树脂与酚醛相似，要特别注意酸或碱性化工大气引起的水解作用。

硅树脂的耐候性也与其耐热性一样优良。经过三年曝晒试验的玻璃布层叠板，抗拉强度增加 10%左右，而压缩强度几乎不变。

玻璃钢的耐老化性能主要由树脂决定。玻璃纤维在空气中长期暴露，会起毛、变脆、粉化，以致完全丧失强度。所以，树脂含量低，玻璃钢表面破坏就严重。要使玻璃钢耐老化，就要保持相当的含胶量或加表面层，以起保护作用。

10.6 微生物腐蚀

通常微生物能够降解天然聚合物，而大多数合成高聚物却表现出较好的耐微生物侵蚀能力。

10.6.1 微生物的种类及生存环境

地球上存在着大量的微生物，它们的生存和繁殖条件取决于 pH 值、温度、矿物养料、氧及湿度。真菌如霉菌，通常在有 O_2 和 pH=4.5~5.0 条件下不繁殖；温度范围较宽，最高可达 45℃，其最佳生长速度出现在 30~37℃之间。放线菌常生存在 O_2 和 pH=5~7、中等温度下生存。

有些微生物喜热，可在相当高的温度下繁殖，如在 40~70℃；其最佳生长速度在 50~55℃，甚至更高。微生物的最低生长速度为 0℃，低于 0℃其所含水分冻结。

细菌和某些低级真菌在水中生长，较高级的真菌可在高深度下生存。许多高分子材料都含有微生物生长的繁殖所属的养分，如碳、氮等。所有微生物均需氮，氮也可从大气中获取。

10.6.2 微生物腐蚀特点

微生物对高分子材料的降解作用是通过生物合成所产生的称作酶的蛋白质来完成的。酶是分解高聚物的生物实体，依靠酶的催化作用将长分子链分解为同化分子，从而实现对高聚物的腐蚀，降解的后果为微生物制造了营养物及能源，以维持其生命过程。微生物腐蚀有如下特点：

（1）“专一性”

对于天然高分子材料或生物高分子材料来说，酶具有高度的专一性，即酶/高聚物以及高聚物被侵蚀的位置都是固定的。但对合成高分子材料来说，细菌和真菌等微生物则有所不同。一方面对于所作用的物质即底物的降解，微生物仍具有专一性；另一方面，微生物也能适用底物，即当底物改变时，微生物在数月之后，能产生出新的酶以及分解新的底物。目前，人们已相信，合成高聚物是可被许多微生物降解的

（2）“端蚀性”

对生物高分子材料，酶多从大分子内部的随机位置开始，对合成高分子材料则与此相反，酸酶通常只选择其分子链开始腐蚀，聚乙烯醇和聚 ε-已酸内酯例外。因大多数合成大分子端部优先敏感性，大分子的分解相当缓慢，又由于分子链端常常藏于高聚物基体内，因

而大分子不能或非常缓慢地受酸攻击。“端蚀性”可解释合成高分子材料耐生物降解现象。

(3) 高分子材料中添加剂的影响

大多数添加剂如增塑剂、稳定剂和润滑剂等低分子材料，易受微生物降解，特别是组成中含有高分子天然物的增塑剂尤为敏感。许多塑料都是相当耐蚀的，聚乙烯、聚氯乙烯用甲苯萃取后其耐微生物腐蚀能力相当好。低相对分子质量添加剂是可被微生物降解的，而大相对分子质量的则不被侵蚀。早期研究表明，添加剂的种类及含量对高分子材料的生物降解影响极大。

(4) 侧基、支链及链长对腐蚀的影响

引进侧基或用其他基团取代原有侧基，通常会使材料成为惰性。这同样适于可生物降解的天然高聚物材料。纤维素的乙酸化及天然橡胶的硫化，可使材料对微生物的侵蚀相当稳定。生物降解性也强烈地受支链和链长的影响。这是由酸对大分子的形状和化学结构的专一行为引起的，对于碳氢化合物的研究表明，线性链烃的相对分子质量≤450 时，出现严重的生物降解现象，而支链和高分子相对分子质量大于 450 的烃类则不受侵蚀。

(5) 易水解基团

许多微生物由于产生水解酸，因此在分子链上含有可水解基团的高聚物，易受微生物侵蚀，这一特性对开发可降解高聚物很有帮助。

10.6.3 微生物腐蚀防护

微生物腐蚀的防护要从材料结构和抑制酶的活性两方面入手，这是由于化学基团影响高分子材料耐腐蚀的性能，并且酶对底物具有专一侵蚀性。

(1) 化学改性

通过改进聚合物的基本结构或取代基，以化学或立体化学方式而不是添加抑菌剂的方式，赋予聚合物以内在的抗微生物性能。这种内在的抵抗效能将一直保持到微生物因进化而能够合成出新型酶时为止。

(2) 抑制剂或杀菌剂

在高分子材料的制造过程中，添加杀菌剂可防止微生物腐蚀，有许多化学药剂可作为杀菌剂，如水杨酸、水杨酰苯胺、8-羟基喹啉铜亏和菲啉等。杀菌剂应根据材料、霉菌种类和杀菌期限等各种条件选择使用。

(3) 改善环境

控制工作环境对于防止微生物腐蚀是很有必要的，例如降低温度；保持材料表面的清洁，不让表面上存在某些有机残渣，都可以降低微生物对材料的腐蚀危害。

(4) 其他

除微生物外，自然环境中一些较高级的生命体如昆虫、啮齿动物和海生蛀虫等对纤维素和塑料制品也都有侵蚀作用，所造成的经济损失往往是相当惊人的。因此在设备的使用中也应采取防范措施。

10.7 复合材料的腐蚀

复合材料主要有树脂基复合材料、金属基复合材料和陶瓷基复合材料三大类。由于金属基复合材料的腐蚀与金属材料的相类似，陶瓷基复合材料主要表现为高温氧化。因此，在本节中主要讨论树脂基复合材料的腐蚀。

10.7.1 腐蚀原理及其影响因素

(1) 腐蚀原理

环境介质分子经树脂基体渗透扩散至增强体后，将激发复合材料基体内的内应力并一起对增强体和增强体/树脂基体界面形成腐蚀破坏，引起增强体强度和界面粘接强度下降。由于界面粘接不充分，渗入的介质在界面界间空隙处产生渗透压，协同残余应力一起破坏界面，而且由于毛细现象使介质分子沿毛细管迅速渗入界面的空隙区。如此循环往复，最终将导致复合材料分层、脱粘、鼓泡、开裂，环境温度及其热应力可加速此过程。图 10-30 给出了环境介质渗入复合材料后其在应力作用下的腐蚀机理示意。

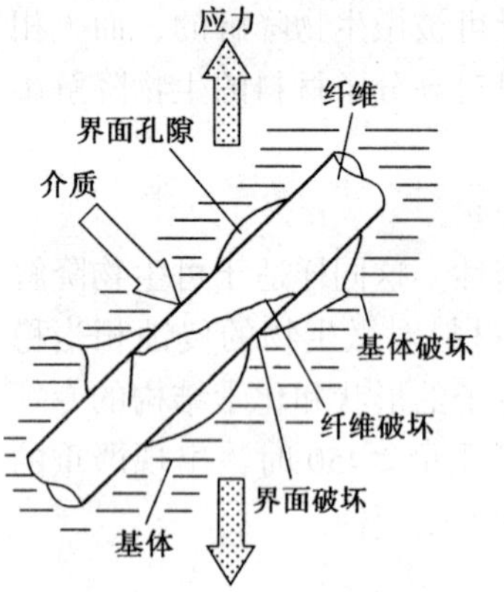

图 10-30 介质渗入引起的玻璃纤维复合材料破坏示意

(2) 影响因素

影响复合材料耐蚀性能的主要因素是树脂基体、增强材料及其二者之间界面。另外，当复合材料做为防腐衬里使用时，复合材料衬里与金属基体界面是另一因素。

1) 拉伸应力的作用

在玻璃纤维增强复合材料中，应力是由玻璃纤维来承载的，树脂是应力的传导体，而玻璃纤维表面缺陷形成的主要原因是拉伸应力，同时拉伸应力也是玻璃纤维表面缺陷及玻璃纤维中原有缺陷发展、引起裂纹并形成开裂的根本原因。由于玻璃纤维为连续丝状，对应力有传导叠加功能，很容易应力集中形成于玻璃纤维缺陷处，导致某一根单丝首先断裂，然后，该纤维丝所承受应力迅速通过树脂传导分布给其余的玻璃纤维，新的应力集中形成。正是由于这种连锁破坏，形成复合材料的力学破坏。另外玻璃纤维增强复合材料中的玻璃纤维一旦与环境介质特别是水介质接触，其玻璃纤维中的金属氧化物里的 Ca、Mg、Al 等便以离子形式被溶出。如果玻璃纤维浸泡在盐酸、水、NaOH 中，几小时后，即可观察到腐蚀从玻璃纤维表面开始并逐步的深入下去，最终导致玻璃纤维失强。

湿致裂纹增长理论较完整地叙述了水对玻璃纤维复合材料的破坏机理。由于玻璃纤维表面有吸附的水，吸附水影响了玻璃纤维微裂纹尖端结合强度，一旦水聚集到裂纹尖端时，所产生的毛细压力引起裂纹的扩大，在应力及湿致作用下玻璃纤维发生断裂等过程。

2) 相界面作用及其现象

环境介质分子经树脂基体渗入到界面间时一般会产生如下几种腐蚀情形：一是将玻璃纤维中金属氧化物中的 Ca、Mg、Al 等离子溶出，存集在界面间，增大渗透压，当渗透压力大于界面强度时界面就被腐蚀破坏，形成新的空隙；二是伴随产生毛细作用加速环境介质渗透。复合材料基体内的残余应力及环境热和热应力则起到降低材料强度作用，加速界面腐蚀破坏。

10.7.2 高分子基复合材料在水环境中的腐蚀

由于水分子的直径小，是所有无机腐蚀介质环境中最小的分子，它比高分子材料的孔隙或结构空隙要小，容易在高分子材料中渗涂，引起高分子材料的腐蚀老化。因此研究高分子基复合材料在水环境中的腐蚀尤为重要。另外在研究各种介质对高分子基复合材料的腐蚀作用中，水引起复合材料破坏的机理较为清楚。现在以潮湿环境中水分向碳纤维环氧树脂层合板扩散为例，说明环境对复合材料的腐蚀机理。

水向聚合物中扩散会引起材料性质改变。某一给定树脂，其平衡吸水量取决于环境的相对湿度和温度，另外还取决于水在树脂中的扩散速度。水分会导致树脂溶胀，而溶胀又部分受纤维制约。非平衡条件下，树脂中水的含量不均，水浓度梯度会引起材料的应力和应变呈梯度分布。即使水分含量是均匀的，层合板中相邻之间的溶胀性能差异也会导致内应力的产生。

水分能使环氧树脂柔韧性增加，即弹性模量降低。基体模量的变化对复合材料纵向拉伸强度和模量几乎没有影响。然而，由于树脂含量较大，因而基体模量的改变对纵向压缩强度和层间及层内剪切性能有重要影响。在高温下，水分会降低树脂的玻璃转变温度，因此，上述效应更为明显。

应力使扩散过程及由此引起的老化速度加快，其机理尚不清楚。可能是流体静拉应力会有利于树脂的溶胀，从而使扩散速度和总的吸水量增加。毫无疑问，应力对裂纹的产生有影响。除细小微裂纹外，水分的侵入还会导致大裂纹的生长和传播。

10.7.3 腐蚀与防护对策

对于树脂基复合材料的腐蚀防护来说，可以从以下三个方面来进行防护控制。

(1) 选用偶联剂材料

按照复合材料腐蚀的界面化学键理论，选用偶联剂材料时，偶联剂既应含有能与填充剂起化学作用的基团，又应含有能与基体起化学作用的官能团，使之在界面上形成一个共价“桥”键，使增强体与树脂界面的粘接强度增强，从而达到防止复合材料腐蚀的目的。

(2) 合理的复合材料结构设计

合理进行复合材料的结构设计，是防止树脂基复合材料腐蚀的有效途径之一。例如对玻璃纤维复合材料的长期腐蚀破坏研究发现：树脂含量多的，复合材料的耐蚀性能提高，机械性能有所下降；采用不连续短切纤维毡做增强体填料比用纤维布做填料可提高树脂含量并减少成型残余应力。

(3) 鳞片衬里

所谓鳞片衬里，就是以耐腐蚀树脂为胶料，以具有一定片径和厚度的固体片状材料为骨料，经过规定的方法涂敷于经处理后的待防护基体表面，再经室温固化所得到的防腐蚀衬里或涂层 。

鳞片衬里比传统的有机衬里技术有着突出的不同点，它是以抗介质渗透、改变介质扩散方式和减少成型残余应力为基点而设计研制的。其抗渗透性能是由于在树脂中的实体鳞片状平行叠层排列的鳞片所构成的类似于迷宫型密封结构，该衬里抗渗透性比玻璃钢衬里高出五倍以上。其残余应力小是因为不连续片状鳞片在树脂中的不规律分布，使树脂的收缩率变得无规律，形成收缩率中心多样化，相互抵消，而形不成积累所致。

第11章 合 成 树 脂

树脂的合成是通过各种单体，经过聚合反应(或缩聚反应)而最终得到高聚物的过程。目前世界上生产的树脂品种繁多，其中最重要的约有50~60余种。合成树脂可用于制作塑料、涂料、黏合剂、合成纤维等，应用广泛。

作为防腐用的合成树脂首先必须具备在化学介质中的稳定性能，另外要具有较高的耐热性和较好的物理、机械性能；并且要求施工简单、方便，有良好的工艺性能等。目前，能满足以上要求的树脂并不多，在防腐蚀工程应用的树脂品种中，主要有酚醛树脂、环氧树脂和呋喃树脂等。应用形式很多，有塑料、玻璃钢、胶泥、涂料和浸渍剂等。它们的应用形式虽然不同，但合成树脂的性质基本上决定了制品固化后的耐腐蚀性能及物理、力学性能。本章主要介绍酚醛树脂、环氧树脂、呋喃树脂及其主要的辅助材料。

11.1 酚醛树脂

11.1.1 酚醛树脂的基本概念、缩合过程及固化过程

酚醛树脂是以酚类及醛类化合物为原料，在催化剂存在的条件下缩合而得到的一类树脂的统称。使用不同的原料、催化剂种类和反应条件，可得到性能各不相同的树脂。制备酚醛树脂常用酚类单体有：苯酚、邻(或间或对位)甲酚、2，4-二甲酚、2，5-二甲酚、双酚A、对苯基酚、甲醛和糠醛。

酚和醛之间的缩合反应在催化剂存在的条件下进行。现以苯酚、甲醛为例，其反应为：

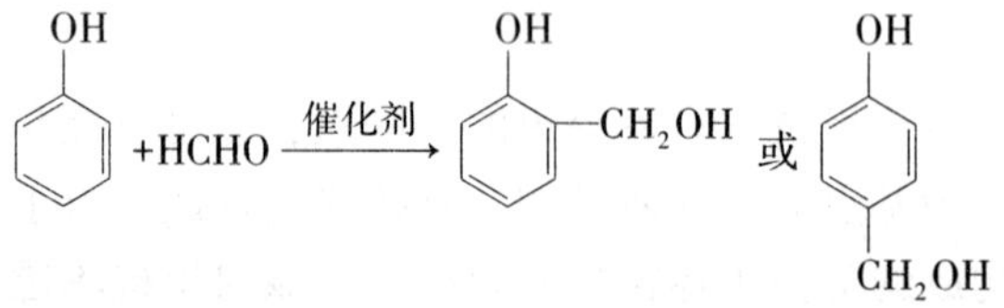

第一步：在苯酚分子中，在羟基(—OH)的邻位和对位苯环上的氢原子，能与甲醛进行加成反应，形成羟甲基苯酚，这些羟甲基苯酚在适当的条件下，可以继续反应，生成二羟基苯酚、三羟甲基苯酚。

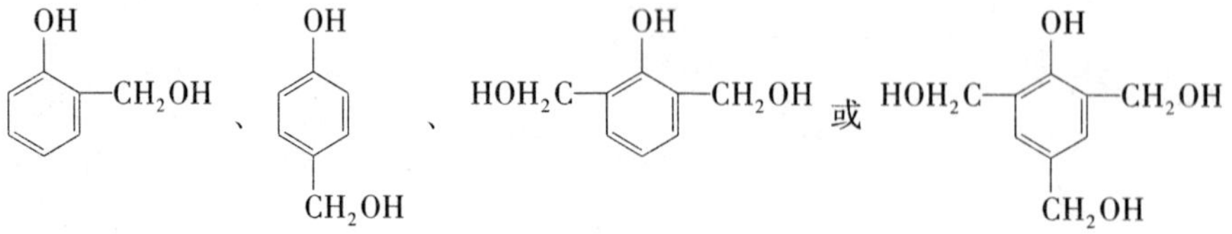

第二步：这些羟甲基苯酚仍具有反应活性，根据反应条件(介质pH值、酚和醛的物质的量之比等)，它们进一步脱水缩合反应，逐步形成链状聚合物。

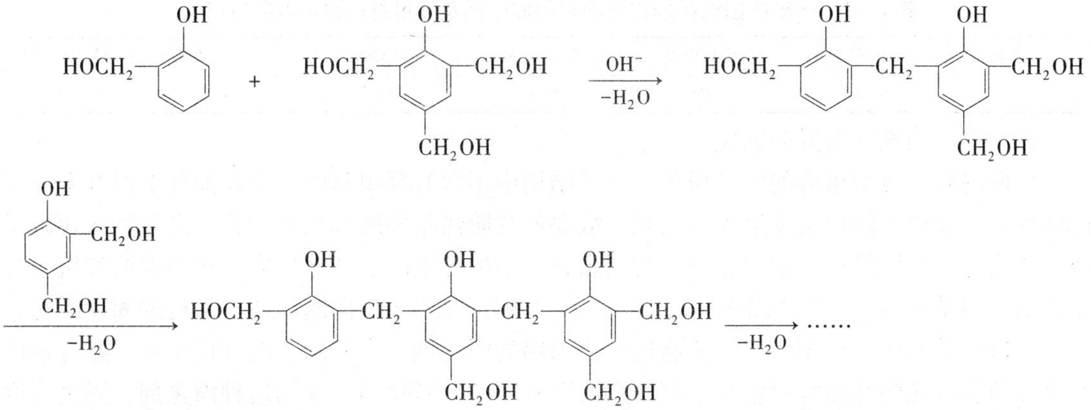

在苯酚与甲醛的缩聚反应中，由于在反应时所使用的催化剂的种类不同(酸性或碱性)，以及苯酚与甲醛的比例不同，所以，反应生成的酚醛树脂的性质也有很大的差别。酚醛树脂大体上可分为两类：

一类是在酸性催化剂作用下，苯酚过量，苯酚与甲醛之比在 1 :(0.7~1.0) 的条件下，缩合而生成的缩聚物，称为热塑性酚醛树脂；另一类是在碱性催化剂的作用下，甲醛用量增多，苯酚与甲醛之比在 1：(1~1.2) 的条件下，生成的热固性酚醛树脂。

在上面的反应式中，分子中含有活性羟甲基，如果继续加热或在酸的催化条件下，发生分子链间的缩合，可交联生成坚硬不溶、不熔体型结构，这一过程称之为固化。防腐工程中应用的酚醛树脂大多是酚醛树脂经固化后的产物。

11.1.2 酚醛树脂的固化

酚醛树脂按分子结构分为一阶热固性酚醛和二阶热塑性酚醛。一阶热固性酚醛是体型缩聚继续进行，固化成体型结构的高聚物。二阶热塑性酚醛由于在合成过程中甲醛用量不足，形成线型的热塑性树脂，但树脂内留有未反应的活性点，因此当加入能与活性点继续反应的固化剂、补充甲醛的用量时，可使体型缩聚继续进行，固化成体型结构的高聚物。

(1) 一阶热固性酚醛树脂固化

一阶热固性酚醛树脂是体型缩聚控制在一定反应程度的预聚体，在合适的条件下可加热固化，也可在酸催化下固化。

用热固性酚醛制增强塑料时，常采用加压热固化工艺(无须加固化剂)，最终固化温度一般控制在 170℃，在固化过程中所施加的压力与成型工艺过程有关，例如层压工艺的压力一般为 9.8~12MPa；模压工艺压力较高，可控制在 29.4~49MPa 的范围内。对于不同的增强材料，所要求的成型压力也不相同，酚醛本质层压板要求 6.86~9.8MPa，低质层压板为 6.3~7.8MPa。

影响一阶热固性酚醛树脂固化速度的因素有以下几种：树脂合成时的酚醛比(随甲酚醛含量增加，树脂的凝胶时间缩短)，此体系的酸、碱性(pH=4 时为“中性点”，固化反应极慢，增加碱性导致快速凝胶，增加酸性导致极快地凝胶)，温度(随固化温度升高，凝胶时间明显缩短，每增加 10℃，凝胶时间约缩短一半)。

一阶热固性酚醛用作黏合剂、涂料和浇注树脂时，常希望在较低的温度甚至室温下固化。为了达到此目的，可在树脂中加入合适的无机酸或有机酸，工业上称为“酸类固化剂”。常用的酸类固化剂有磷酸、盐酸(溶于甘油或乙二醇中)、硫酸(按 1 ∶3 溶于乙醇中)，也可用对甲苯磺酸、苯酚磺酸或其他磺酸，目前应用最广的一些固化剂及其用量列于表 11-1 中。

表 11-1　一阶热固性酚醛树脂的常用固化剂及其用量(固体树脂 100 份)

固化剂	苯磺酰氯	对甲类磺酰氯	硫酸乙酯	浓磺酸	十二烷基磺酸	NL 固化剂
用量/份	8~10	10	6~8	15~20	4~5	8

(2) 二阶热塑性酚醛的固化

二阶树脂是可溶可熔的线型树脂，分子结构中不含有羟甲基醇，只在酚环上留有未反应的活性点，加热不能使它发生体型缩聚。故要使二阶热塑性酚醛发生固化，必须加入含聚甲醛、六次甲基四胺等反应型固化剂，与树脂分子中酚环上的活性点反应。热固性酚醛树脂分子中的羟甲基可与热塑性酚醛酚环上的活泼氢作用，交联成三向网状体型结构的固化产物。

六次甲基四胺是热塑性酚醛树脂最广泛采用的固化剂，广泛用于酚醛模压料、黏合剂以及浇注树脂的热塑性酚醛树脂几乎都用六次甲基四胺作固化剂。采用这种固化剂，固化速度快，模压周期短，模压件在升高温度后有较好的刚度，制件从模具中顶出后翘曲小，固化时不放出水，制品的电性能优良。六次甲基四胺固化剂的用量为树脂的 10%左右。为了使固化完善，还应引入氧化镁、氧化锌等固化促进剂。

在酚醛树脂的固化过程中，使用的催化剂为有机酸或无机酸，如磷酸、盐酸(溶于甘油或乙二醇中)、硫酸(溶于乙醇中)、苯磺酸、苯磺酰氯等。酚醛树脂的固化反应速度决定于催化剂的用量、酸度的大小、环境温度等。

其实，各种单独的固化剂各有长短，采用复合固化剂，可以弥补它们的不足，而它们的优点却又保留了下来。常用的复合固化剂是由对甲基苯磺酰氯和硫酸乙酯按不同的比例组成的，树脂固化后的强度会随着硫酸乙酯的用量的增加而增加。所以硫酸乙酯的用量一般控制为复合固化剂总量的 30%左右为宜。

酚醛树脂的固化过程可分为三个阶段。第一阶段：生成线型、支链少的低分子混合物。该树脂平均相对分子质量较低，在 300~1000 内。可溶解在适当的溶剂中，例如乙醇、丙酮等溶剂。一般来说，常温下还具有一定的流动性，再加热，可变成第二或第三阶段产物。第二阶段：第一阶段树脂经热处理或在酸催化条件下进一步缩聚，生成第二阶段树脂，是树脂固化的中间状态。其特点是加热变软，在溶剂中溶胀或部分溶解。第三阶段：第二阶段树脂在热或酸的作用下，进一步缩合成体型网状结构的固体树脂。它是树脂加热固化的最终状态，在溶剂中不溶解，加热也不能使之熔融。这种性质在防腐工程中极为重要。

11.1.3　酚醛树脂的种类

酚醛树脂的类型和品种很多，按相对分子质量的大小可分为低相对分子质量、中相对分子质量和高相对分子质量树脂；按溶解特性又可分为水溶性、油溶性和醇溶性树脂；按结构性能分为热塑性、热固性和改性酚醛树脂。

(1) 醇溶性酚醛树脂

醇溶性酚醛树脂是极性较大的酚类和醛在酸性或碱性催化剂条件下缩合而得到的可溶于醇类溶剂的酚醛树脂，据其用途的不同，可制成黏稠液体或固体。醇溶性酚醛树脂又可分为热塑性醇溶酚醛树脂和热固性醇溶酚醛树脂两类。

热塑性醇溶性酚醛树脂是在酸催化剂作用下而缩合成的低分子固体。使用时，可以在加热条件下以碱性物质或在甲醛(加六次甲基四胺)的存在下使之固化。主要用于电木粉、砂轮黏合剂、翻砂浇模、橡胶添加剂和层压板、胶合板之黏合剂等。

热固性醇溶酚醛树脂是苯酚与甲醛在碱催化剂作用下缩合制成的一类树脂，随所选碱类催化剂的不同，又可制成多种热固性树脂。又根据其树脂的用途，控制一定反应的缩合条件制成低、中、高黏度的树脂。常用的碱性催化剂有氨水、氢氧化钠、氢氧化钡、碳酸钠等。这类以碱作催化剂的树脂，除氨水外，在反应终点都必须用酸类(盐酸)来中和，使反应介质 pH 值达到 7 为中性。常用的酚醛树脂技术指标列于表 11-2 中。

表 11-2　常用的酚醛树脂的技术指标

项　目	牌　号					
	1 号	2 号	2130	2127	2126	2124
酚、醛摩尔比	1/1.23	1/1.75	1/1.4	1/1.2	1/1.2	1/1.2
触煤	NaOH	NaOH	Na_2CO_3	$Ba(OH)_2 \cdot 8H_2O$	NH_4OH	NH_4OH
外观	红棕色	红棕色	红棕色	深棕色	深棕色	红棕色
酚/%	<8	<8	<10	<21	<8	<10
醛/%	<2	<2	<2	—	<2	<2
水分/%	<10	<10	<12	<20	<20	<8
黏度	0.15~1.2Pa·s	0.15~1.2Pa·s	涂-4 杯 1000s	涂-4 杯 120~250s	—	—
固体/%	>80	>80	>70	>65	40±1	50±1
苯甲醇/%	10	10	10	10	10	—
二氯丙醇/%	—	20	15	—	—	—
聚合时间/s	—	—	80~240	120~240	120~300	120~300
储存期/d	180	180	90	30	90	90

此类热固性醇溶酚醛树脂交联固化后，可得到坚硬的薄膜，主要用于防腐涂料，也可制层压板、胶合板用黏合剂等。

(2) 油溶性酚醛树脂

此类树脂是用三个碳原子以上的邻、对位芳基或烷基取代酚为原料合成的酚醛树脂。酚的极性随着取代烃相对分子质量的增加而降低，同时，酚的油溶性增大。通常使用的酚类为对位叔丁基酚、对位异戊酚、对位苯基酚等，呈透明的硬而脆的固体。不用任何的改性，无论是用酸催化还是碱催化，都具有良好的油溶性。未取代酚制造的树脂的保色性要比此类树脂差得多。而且，这类树脂的相对分子质量的大小与产品质量有密切的关系。相对分子质量小的油溶性好，稳定性差，但其他性能不受影响。

常用的酚醛树脂，有对叔丁基酚甲醛树脂和对苯酚。不论反应介质的 pH 值大小，均生成线状树脂。其常用于涂料，也可与橡胶配合做黏合剂使用。

(3) 改性酚醛树脂

1) 环氧改性酚醛树脂

它是由 60%的二酚基丙烷型混合物与 40%的热固性酚醛制成的增强塑料用树脂，兼有二者的优点，同时改善了它们各自的缺点。酚醛中羟甲基与环氧中羟基及环氧基反应，酚醛中的酚羟基与环氧基发生醚化反应，交联成复杂的体型结构。两种树脂热固时，固化温度一般在 175℃，但成型压力比纯酚醛低。如层压时压力为 5.88MPa，横压时压力一般为4.9~29.4MPa。环氧改性酚醛主要用于涂层、结构黏合剂、浇注及层压横压等方面。

2) 聚乙烯醇缩醛改性酚醛

它是由聚乙烯醇缩醛分子中的羟基与酚醛树脂中的羟甲基反应而形成的接枝共聚物，其技术指标列于表 11-3 中。

表 11-3 聚乙烯醇缩丁醛改性酚醛树脂的技术指标

项 目	纯酚醛树脂	聚乙烯醇缩丁醛改性酚醛树脂
游离酚/%	<15	<14
固体含量/%	>85	>65
固化速度(150℃±1℃)/s	60~90	65~95

此类树脂有良好的流动性，可以提高树脂对玻璃纤维的粘接力，改善酚醛的脆性，提高机械强度，降低固化速度，从而降低成型压力，因而广泛用于层压、模压增强塑料、黏合剂。改性后的树脂耐热性能有所下降，为改善其耐热性可以引入一定的低分子有机硅化合物，其典型配方是：聚乙烯醇缩丁醛 100 份，酚醛 135 份，正硅酸乙酯 30 份，用 40∶60 无水乙醇与甲苯混合物配成 20%~25%的溶液。

3）松香改性酚醛树脂

此种改性酚醛树脂主要用于制备涂料。改性树脂的性质主要决定于可溶性酚醛树脂的含量。含量越高，酚醛树脂的性能越明显。干燥快、光泽好、硬度高、耐水性好是这类树脂的特点，且有一定的耐化学品性。但户外易泛黄、耐久性差。其油溶性随软化点的升高而下降。可溶于脂肪烃中，若软化点过高，则需加入一定量芳烃类溶剂。

11.1.4 酚醛树脂用助溶剂

酚醛树脂用助溶剂有增塑剂、稳定剂、改进剂、填充剂、稀释剂等。

（1）增塑剂

增塑剂常用于改善酚醛树脂的脆性。目前已广泛用的有桐油钙松香(用于酚醛胶泥中)、萘(用于酚醛涂料中)。增塑剂的用量一般为树脂量的 10%左右。

（2）稳定剂

一阶段热固性酚醛树脂在一定阶段上分子结构中的羟甲基酚具有较高的活性，所以，在存放的过程中易发生受热而缩聚。为了防止此种现象的发生，常引入稳定剂将羟甲基醚化。醚化的深度以稳定剂用量来控制，一般以 10%为宜，引入稳定剂后，树脂储存期可延长数月。

（3）改进剂

改进剂的引入是为了克服树脂耐碱性能差的缺点，通常引入 2，2-二氯丙醇，封锁酚羟基，使它发生醚化反应。其用量一般为树脂量的 20%，有时还用低分子的环氧树脂或环氧氯丙烷来封锁酚羟基，以达到改性目的。

（4）稀释剂

根据施工的要求，在酚醛用于涂料、黏合剂及增强塑料的成型工艺中，常常需要引入稀释剂来调节树脂黏度。在增强塑料的预浸渍胶布工艺中，常用乙酸作为稀释剂，用量一般为树脂量的 20%~25%。

（5）填料

酚醛树脂用作胶泥时常引入树脂量的 1.5~2 倍的填料。

11.1.5 酚醛树脂的性能

（1）热塑性酚醛树脂

由于酚醛树脂是网状立体结构，分子链是由 C—C 键构成，因此对于各种化学介质的作用较为稳定。例如它在氧化性酸中很稳定；酚醛树脂耐酸腐蚀的性能较环氧树脂好，特别是对浓度为 50%以下的硫酸和任何浓度的盐酸的腐蚀，表现出更为突出的稳定性，由于发生氧化及降解反应，因此酚醛树脂不耐浓流酸及硝酸等氧化性酸的腐蚀。

酚醛树脂仍然存在着酚羟基，这是一种弱酸性的基团，能与碱发生化学反应，生成可溶性的酚钠，所以酚醛树脂不耐碱性介质。但加入树脂量的20%的α，γ-二氯丙醇，则可以改善酚醛树脂的耐碱性能，因为酚醛树脂中的酚羟基及游离酚都能与α，γ-二氯丙醇进行醚化反应，生成较稳定的醚键，从而提高酚醛树脂的耐碱性能。α，γ-二氯丙醇在存放时易分解出游离盐酸，所以应在施工前加入，立即使用，否则会有游离盐酸生成而加快酚醛树脂的固化。α，β-二氯丙醇的加入量一般为树脂量的20%，改性后的酚醛树脂在低于100℃的温度时，可耐30%以下的氢氧化钠的腐蚀。

酚醛树脂是由仅含一个碳原子的亚甲基(—CH_2—)把刚性的苯环联接而构成的，并且含有大量的极性羟基，因此链节的旋转很困难，分子的柔顺性很差，刚性大，故酚醛树脂显得硬而脆。酚醛树脂呈体型结构，所以耐热性较好，它的马丁耐热度，即在空气中的热变形温度，约在120℃左右。但是，热变形温度非它的最高使用温度，酚醛树脂的最高使用温度，根据不同的方式、不同的腐蚀介质而定。

酚醛树脂在固化过程中有挥发物和水分逸出，会影响其强度和抗渗性，增加气孔率，随着水分的增加，强度随之降低。经验表明：水分超过12%时，固化物强度降低。因此 一般要求树脂含水量不超过12%。

树脂中游离酚的含量过大，会影响树脂的耐腐蚀性能，游离酚含量一般要控制在7%以下。

游离醛的存在，在树脂固化时容易逸出，造成树脂孔隙率的增加，一般控制游离醛含量在2%以下。

（2）热固性酚醛树脂

① 受热时即能交联固化，无须加入添加固化剂。酸及碱在固化反应中起促进作用；引入六次甲基四胺，可增加固化树脂的交联密度。

② 引入催化剂的固化剂，可在室温下迅速固化，常用的固化剂有苯磺酰氯、对甲苯磺酰氯、十二烷基磺酸，硫酸乙酸等，其用量为树脂质量的4%~10%。

③ 因固化反应中有低分子物(主要是水)析出，故固化时的体收缩率较大(一般为8%~10%)。固化后树脂呈脆性，延伸率仅1.5%~2%。

④ 从化学结构上看，C—C键为主链，除了芳环上的苯酚羟基之外，不带有其他活性基团，故许多化学介质不易与它发生作用，从而显示了优良的耐酸性(除氧化性酸外)和较好的耐溶剂性，但它的分子结构中含有酚羟基，从而会同碱发生反应，生成可溶性酚钠盐而使酚醛树脂遭受破坏。为了提高它的耐碱性，可选用α，γ 二氯丙醇将酚羟基醚化，其用量为树脂量的20%左右。

⑤ 分子结构中含有较多的苯环，使其机械强度良好，尤其是具有突出的耐热性能，常用它作瞬时高温和耐腐蚀的结构材料。

⑥ 具有广泛的改性余地，使其改性后具有更多的优良性能。

⑦ 在热固化过程中，由于放出低离子化合物，故通常成型压力较高，但酚醛树脂经一定预处理可在低压成型。

11.1.6 固化后的酚醛树脂的应用

酚醛树脂的网状结构中，分子链由C—C键构成，因而，性质较为稳定，对各种化学介质均是如此。在非氧化性酸中很稳定，环氧和聚酯的耐酸性均次于它，此种结构的树脂能耐浓度 50%以下的硫酸等氧化性酸的腐蚀。但是因为分子结构中含有的酚羟基，带有弱酸性，所以酚醛树脂不耐碱性介质。

酚醛树脂刚性很大，且硬而脆，是因为其中含有大量刚性的苯环和极性羟基。这种刚性结构使其耐热性好，可以用于耐热材料，热变形温度为 120℃。

酚醛树脂具有的特性使其能广泛应用于防腐蚀工程中，其中应用形式有：酚醛增强塑料、浸渍剂、胶黏剂和涂料等。

酚醛树脂和合成纤维复合而成的增强塑料既可用于制作化工设备，又常用于其他设备的内衬材料。

酚醛增强塑料的耐蚀性体现在其突出的耐酸性，但是强的氧化酸除外。另外，它还有耐溶剂性及较高的耐热性，只是其耐碱性较差需改性。在 120℃以下，适用于任何浓度的醋酸、磷酸(至 60℃)、磺酸(80℃)、20%~50%硫酸，90%硫酸(室温)、氯水、亚硫酸、苯甲酸、硼酸等溶液；适用于汽油、苯、甲醇、乙醇、丙醇、丁醇、甲苯、二甲苯等溶剂；适用于 NaCl、$CaCl_2$、镁盐、钡盐、铝盐等的盐溶液。不耐氧化性硝酸、浓硫酸、强碱如 KOH、NaOH 的腐蚀。

酚醛树脂与一些粉料(如磺粉、瓷粉、辉绿岩粉、$BaSO_4$等)混合制备胶泥，用于耐蚀砖板衬里的黏合剂。酚醛胶泥具有粘接力高、耐热性好(可用于 150℃条件下)、机械强度高的特征。其物理力学性能及耐蚀性能分别见表 11-4 和表 11-5。

表 11-4　酚醛胶泥的物理、力学性能

项　　目	性能指标		项　　目	性能指标	
	石英粉	石墨粉		石英粉	石墨粉
密度/(g/cm^3)	1.73	1.4	粘接强度/MPa		
吸水率/%		1~2	与钢板	2.94~3.92	1.96~2.45
抗压强度/MPa	49	39.2	与石墨	2.94	8.83
抗拉强度/MPa	6.86	3.92~4.9	与瓷板	0.981~1.96	0.981
抗弯强度/MPa		36.6	收缩率/%	0.42	
热导率/[W/(m·K)]		20.9~23.3	使用温度/℃	130	130

表 11-5　酚醛胶泥的耐蚀性能

化学介质及浓度	评价	化学介质及浓度	评价	化学介质及浓度	评价	化学介质及浓度	评价
硫酸，0~70%	优良	醋酸，10%~25%	优良	氢氧化铵	严重腐蚀	醋酸丁酯	尚耐
93%	严重腐蚀	冰醋酸	优良	氢氧化钙	严重腐蚀	己烷	优良
发烟硫酸	严重腐蚀	甲酸	优良	氢氧化镁	严重腐蚀	庚烷	优良
硝酸<5%	可能腐蚀	脂肪酸(C_6 以上)	优良	氢氧化钡	严重腐蚀	苯	尚耐
盐酸	优良	油酸	优良	甲醇	25℃	甲苯	尚耐
磷酸	优良	草酸	优良	乙醇	25℃	二甲苯	尚耐
氢氟酸，10%	优良	苯甲酸	优良	丁醇	可能腐蚀	汽油	尚耐
48%	优良	苯磺酸，10%	优良	糠醇	严重腐蚀		
亚磷酸	优良	甲苯磺酸	优良	甘油	优良		
亚硝酸	优良	萘磺酸	优良	丙铜	25℃		
铬酸，5%	可能腐蚀	苦味酸	腐蚀严重	甲乙酮	25℃		
10%	可能腐蚀	氢氧化钠	严重腐蚀	乙醚	25℃		
50%	严重腐蚀	氢氧化钾	严重腐蚀	醋酸乙酯	25℃		

酚醛树脂在涂料工业中应用时，大都是半成品，通常用作干性涂料用树脂，也可以改性其他合成树脂，制备各种性能涂料。另外，酚醛树脂及其改性树脂可制备防锈涂料、重防腐涂料、耐酸涂料等。

11.2 环氧树脂

环氧树脂是含有环氧基的高分子聚合物的总称。其分子结构中含有两个或两个以上的环氧基团（ $-\underset{\diagdown\ O\ \diagup}{CH-CH}-$ ）。环氧基团是由环氧氯丙烷与含有活泼氢原子的化合物如多元酚、多元醇、多元胺、多元酸等缩合而制得的。不饱和烯烃类化合物如含双烯烃或脂环烃的化合物经过醋酸等氧化剂环氧化再聚合可以制备新型的环氧树脂。上述环氧树脂特点是：环氧树脂可以在适当的化学试剂存在下形成不溶、不熔的具有三维网状结构的化合物，通常把这一反应过程称之为固化反应。环氧树脂在固化之前，通常以低分子的预聚物液体形式存在，要使其具有符合腐蚀工程要求的使用性能，必须经过固化剂的交联固化。

11.2.1 环氧树脂的缩合反应

防腐蚀用的环氧树脂是通过双酚 A 与环氧氯丙烷在碱性介质中缩聚而成的热塑性线型环氧树脂，反应过程大致为：双酚 A 的羟基与环氧氯丙烷的环氧基作用生成醚键，生成的醚键在氢氧化钠的作用下进一步反应脱去盐酸，再生成环氧基；此环氧基再与双酚 A 的羟基继续作用又生成醚键，接着与环氧氯丙烷作用，依次循环不断的反应下去，就可以得到线型的环氧树脂。

11.2.2 环氧树脂的类型

环氧树脂的品种、型号很多，按国家统一型号和命名列于表 11-6 中。

表 11-6 常见环氧树脂的品种和型号

型　号	环氧树脂名称	型　号	环氧树脂名称
E	二酚基丙烷环氧	N	酚酞环氧
ET	有机钛改性二酚基丙烷环氧	S	四酚基环氧
EG	有机硅改性二酚基丙烷环氧	J	间苯二酚环氧
EX	溴改性二酚基丙烷环氧	A	三聚氰酸环氧
EL	氯改性二酚基丙烷环氧	R	二氧化双环戊二烯环氧
F	酚醛多环氧	Y	二氧化乙烯基环己烯环氧
B	丙三醇环氧	D	聚丁二烯环氧
L	有机磷环氧	H	3,4-环氧基-6 甲基环己甲酸
G	硅环氧	H	3,4-环氧基-6 甲基环己甲酯

环氧树脂按分子结构分为两大体系，它们是缩水甘油基型环氧树脂和烯烃型环氧树脂，据合成原料不同又分若干类型。

（1）缩水甘油基型环氧树脂

此树脂是以环氧氯丙烷与含有活泼氢原子的化合物多元酚、多元醇、多元酸和多元胺为原料在催化剂的作用条件下合成的。根据其分子结构，又分为缩水甘油醚、缩水甘油酯和缩水甘油胺等三类。

1）缩水甘油醚型环氧树脂

此环氧型树脂是多元醇和多元酚与环氧氯丙烷在催化剂存在下合成的。这种类型的环氧树脂种类很多，这里仅介绍通常用作增强塑料、黏合剂等的几种此类树脂。

① E 型环氧或双酚 A 型环氧树脂。E 型环氧或双酚 A 型环氧又称之为二酚基丙烷型，是由环氧氯丙烷在 NaOH 催化作用条件下缩合而成的树脂，这类合成树脂的平均相对分子质量为 3000~7000，而最常见的是相对分子质量分布在 300、600、700~1000 范围内树脂，这些低相对分子质量环氧用途最广泛，常用于增强塑料和涂料。

② 酚醛环氧型(F 型环氧)树脂。酚醛环氧型(F 型环氧)是由线型酚醛与环氧氯丙烷缩合而成。常由苯酚基团与环氧丙烷反应合成而成。

③ 多羟基酚类缩水甘油醚型环氧树脂。此类树脂有四酚基乙烷型环氧、甲苯二酚甲醛型环氧、四溴二酚基丙烷型环氧树脂等。四酚基乙烷型环氧树脂的固化产物有较高的热变形温度和良好的耐蚀性；间苯二酚甲醛树脂的固化产物热变形温度为 300℃，耐浓 HNO_3 性能优良；四溴二酚基丙烷型环氧树脂具有突出的耐燃烧性。

④ 脂族多元醇缩水甘油醚型环氧树脂。此类树脂有丙三醇环氧、季戊四醇环氧、多缩二元醇环氧等。丙三醇环氧有很强的黏合力，可作黏合剂，可用来调节其他环氧树脂黏合度，广泛用于增强塑料。季戊四醇环氧(胺固化)固化速度比双酚 A 型环氧快 2~8 倍，具有水溶性，在双酚 A 环氧中，可使其黏度下降近一半，并可粘接潮湿表面，显示良好的粘接力。

2）缩水甘油酯型环氧树脂

缩水甘油酯型环氧树脂是由羧酸与环氧氯丙烷在催化剂作用下合成的。其特点是黏度低、反应活性高，固化后机械强度高、粘接性好。这类环氧树脂有邻苯二甲酸二缩水甘油酯、间苯二甲酸二缩水甘油酯等。

3）缩水甘油胺型环氧树脂

缩水甘油胺型环氧树脂是由脂肪或芳香族胺与环氧氯丙烷聚合而成的。工业上常用的此类树脂有三聚氰酸环氧与苯胺环氧等，其中以三聚氰酸环氧的性能最为优异，其分子中有三个环氧基，固化后结构紧密，有优良的耐高温性；而分子本体为三氮杂苯环，具有优良的耐腐蚀、耐油性、耐紫外光、耐候性好、透明性好、不易褪色等优点。分子中含 14% 的氮，使其具有自熄性，并有优良的耐电弧性。另外，与其他树脂的相容性也十分优良，利用这种性质，与具有羧基的聚酯配合，可作为耐候性和耐腐蚀性优越的粉末涂料。

各类环氧树脂牌号及规格列于表 11-7、表 11-8 和表 11-9 中。

表 11-7　二酚基丙烷环氧和酚醛多环氧树脂的牌号及规格

类型		商品牌号	国家牌号	软化点/℃	环氧值 E/(mol/100g)	有机氯/(mol/100g)	无机氯/(mol/100g)	挥发分/%
二酚基丙烷	低相对分子质量	618	E-51		0.48~0.54	≤0.02	≤0.001	≤2
		6101	E-44	12~20	0.41~0.47	≤0.02	≤0.001	≤1
		634	E-42	21~27	0.38~0.45	≤0.02	≤0.001	≤1
		637	E-35	20~35	0.30~0.40	≤0.02	0.005	≤1
		638	E-31	40~55	0.23~0.38	≤0.02	0.005	≤1
	高相对分子质量	601	E-20	64~76	0.18~0.22	≤0.02	≤0.001	≤1
		603	E-14	78~85	0.10~0.18	≤0.02	≤0.005	≤1
		604	E-12	85~95	0.09~0.14	≤0.02	≤0.001	≤1
		607	E-06	110~135	0.04~0.07	—	—	—
		609	E-03	135~155	0.02~0.045	—	—	—

类型	商品牌号	国家牌号	软化点/℃	环氧值 E/(mol/100g)	有机氯/(mol/100g)	无机氯/(mol/100g)	挥发分%
酚醛环氧	644	F-44	≤40	≤0.44	≤0.01	≤0.005	≤2
	648	F-40	≤70	≤0.44	≤0.08	≤0.005	≤2

表 11-8　若干环氧树脂的牌号及规格

商品牌号	国家牌号	环氧值 E/(mol/100g)	密度/($10^3kg/m^3$)	外　观	其　他
6201	H-71	0.62~0.67	1.121	淡黄色液体	黏度≥2Pa·s
6207	R-122	1.22	1.331	白色结晶	熔点>184℃
6300	W-95	>0.95	1.153	白色固体	熔点 55℃
6400	W-95	>0.95	1.153	琥珀色液体	
6269	Y-J-118	1.16~1.19	1.0326	液体	黏度 $8.4×10^{-3}$Pa·s
6206	Y-132	1.29~1.35	1.0986	液体	黏度 $7.7×10^{-3}$Pa·s
6200	D-17	0.162~0.186	0.9012	琥珀色液体	碘值 180

表 11-9　杂型环氧树脂的牌号及规格

商品牌号	国家牌号	软化点/℃	环氧值 E/(mol/100g)	有机氯/(mol/100g)	无机氯/(mol/100g)	挥发分/%
619	—	—	≤0.48	≤0.02	≤0.005	≤2.5
662	B-63	—	0.55~0.71	—	—	—
695	A-95	90~95	0.90~0.95	—	—	—
676	E-F-40	20~50	0.35~0.45	≤0.02	≤0.05	—
665	E-G-20	—	0.01~0.03	—	—	—

(2) 烯烃型环氧树脂

这类环氧树脂是经过醋酸氧化法、次氯酸加成法或氯代乙烯法将树脂的不饱和双键环氧化制得的。这类环氧就其分子结构又分为环氧化的直链脂肪族烯烃环氧、脂环族烯烃环氧和混合型烯烃环氧树脂等。

1) 脂肪族烯烃环氧

聚丁二烯环氧树脂就是此类环氧化合物。它是一种液体聚丁二烯，是用丁二烯在钠催化条件下，用甲苯作调节剂聚合而成的，其相对分子质量在 800~2000。用醇洗去催化剂后，用过醋酸把分子中的双键环氧化而制成的。这种方法是目前烯烃环氧化的主要方法。

因为此类树脂中既含有环氧基、羟基，又含有双键存在于这类环氧树脂的分子结构中，所以可以使用酸酐或胺类做固化剂。也可采用过氧化合物作引发剂，以苯乙烯做交联剂，形成网状体型结构。

这类树脂具有良好的热稳定性、耐气候性、粘接性、电性能和突出的抗冲击性，其缺点是收缩性较大。

2) 脂环族烯烃类环氧

脂环族烯烃类环氧是由脂环族双环烯烃的双键经环氧化而合成。此类环氧树脂在工业上的应用主要有以下几种。

① 二氧化双环戊烯基醚(R-122)环氧，它是由双环戊二烯经过醋酸的环氧化而成。外观白色固体，或无色透明液体，易溶于一般的有机溶剂，可以选用有机溶剂和酸酐类做固化

剂，液体状的二氧化双环戊烯基醚环氧由于黏度低，可作无溶剂涂料。

② 3, 4-环氧基-6-甲基环己甲酸型(H-71 型)环氧，先由丁二烯与巴豆醛经加压加热合成6-甲基环己烯甲醛，再在异丙醇钴催化下合成双烯-201，最后经过醋酸氧化而制成。产物为无色或淡黄色液体，环氧值 0. 71mol/100g。其交联密度大，有优良的耐高温性能，热变形温度 200~250℃，相对分子质量小，结构紧密，固化后耐碱性、耐紫外光老化和耐水性均优良，且膨胀系数小、黏度小，宜作无溶剂涂料。

（3）混合型烯烃环氧

乙烯基环己烯双环氧树脂是通过次氯酸加成法而使其环氧化的。

11. 2. 3　环氧树脂的固化

环氧树脂在交联固化之前，是热塑性的线型大分子，必须经过交联固化形成网状的结构，才具有真正的使用价值，才能显示出优良的耐腐蚀性能。

环氧树脂分子结构中含有的活性反应基团是环氧树脂交联固化反应的理论基础。以下是与环氧树脂固化反应有关的化学反应。

环氧树脂的固化反应温度不同，有的在低温下进行，有的在常温下进行。由于大部分固化剂分子在反应中加到了环氧树脂中，所以固化后的产物性能在很大程度上取决于所选用的固化剂。

环氧树脂的固化剂种类很多，按化学结构可分为胺类、酸酐类、高分子合成树脂类、咪唑类等固化剂；按使用条件可分为潜伏性和潮湿性固化剂。固化剂种类及性能见表 11-10。

表 11-10　环氧树脂常用固化剂种类及性能

类别	固化剂名称	相对分子质量	100g 环氧用量/g	性质及固化条件
脂肪族胺类	乙二胺	60	6~8	液，有毒，有刺激性臭味，挥发性大，25℃，2d
	二乙烯三胺	103	8~11	液，有毒，有刺激性臭味，挥发性大，25℃，2d
	三乙烯四胺	146	9~12	液，低毒，25℃，2d
	四乙烯五胺	189	13~15	液，低毒，25℃，2d
	多乙烯多胺	<200	14~15	液，低毒，25℃，2d
	二甲胺基丙胺	102	4~7	液，毒性大，60~70℃，4h
	二乙胺基丙胺	130	5~8	液，毒性大，60~70℃，4h
	已二胺	114	12~15	白色固体，有毒，25℃，2h
脂环族胺类	盖烷二胺	170	22	黄色液，低毒，100℃ 2h，200℃ 3h，固化速度较快
	N-氨基乙基哌嗪	128	23	液，室温 3h，200℃3h
	六氢吡啶	85	5~7	液，有刺激性臭味，毒性大 60℃24h，150℃2h
胺衍生物	羟甲基二乙基三胺	133	16~18	液，低毒，28~30℃，3d
	羟甲基乙二胺	90	15	液，低毒，30℃，3d
	β-羟乙基二乙基三胺		18~20	25℃7d，80~100℃3h
	β-羟乙基乙二胺	104	16	25℃7d，80~100℃3h，低毒
	β-羟乙基已二胺		30	液，70℃，2h
	一氰乙基二乙三胺	156	20~25	液，80℃，3h

类别	固化剂名称	相对分子质量	100g 环氧用量/g	性质及固化条件
芳香族胺类	间苯二胺	108	14~16	固体，熔点 63℃，80℃4h，120℃2h
	间苯二甲胺	136	18~20	液体，低毒，常温固化，可长期使用
	N, *N*-二甲基苯胺	121	1~3	黄色液体，室温固化，有刺激性臭味
	4, 4-二胺基二苯基甲烷	198	27~30	淡黄色粉末，熔点 85℃，80℃3~4h，160℃4~6h
	二胺基二苯砜	175	27~35	淡黄色粉末，熔点 177℃，100℃2~4h，130℃2~4h，使用寿命长
叔胺类固化剂	三乙醇胺	149	10~15	液，150℃4~6h，120℃12h
	三乙胺	101	10~15	易挥发，无色液体，25℃7h
	苄基二甲胺		15	液，室温 2h，80℃2h
	2, 4, 6-三(二甲胺基甲基)苯酚	249	10~12	淡黄色液体，50℃12h，80℃2h，低毒，操作方便
芳香族酸酐	邻苯二甲酸酐	98	30~45	白色粉末，熔点 53℃，130℃5h，150℃2~4h
	偏苯三甲酸酐	192	33	白色粉末，熔点 168℃，150℃1h，180℃4h，易水解
	均苯四甲酸二酐	218	20~25	白色粉末，熔点 286℃，热固化，耐热性高
脂环族酸酐	顺丁烯二酸酐	98	30~35	白色结晶，熔点 53℃，160℃2~4h，有刺激性臭味
	十二烷基代顺烯二酸酐	268	130~160	浅黄色油状物，毒性大，100℃2h，150℃2h
	甲基内次甲基甲氢邻苯二甲酸酐	178	72~90	浅黄色液色，熔点<12℃，120℃3h，25℃10d，黏度小，浸润性好
	六氢苯二甲酸酐	154	65~80	粉末，熔点 36℃150℃2~4h，低毒，使用寿命长
	四氢苯二甲酸酐	152	52~70	白色结晶，熔点 102~103℃ 80℃2h，150℃2h
	甲基四氢苯二甲酸酐		62.5	
	内次甲基四氢苯二甲酸酐	164	80~100	白色粉末，150℃2h，180~200℃2h，低毒
	戊二酸酐	114	57~80	白色粉末，熔点 56℃，100℃1h，150℃4h
线型酸酐	聚壬二酸酐	2000~5000	20~25	白色粉末，熔点 60℃，170℃17h，150℃17h，适用期长
含氯酸酐	二氯代顺丁烯二酸酐	167	38	白色固体，120℃1h，85℃4h
	六氯内次甲基四氯邻苯二甲酸酐	371	100~180	白色粉末，熔点 239℃，104℃2h，160℃4h
潜伏型固化剂	三氟化硼-单乙胺		1~5	120℃3h，200℃1h
	三氟化硼苄胺		10	液，130℃，4h
	三氟化硼-2-4-甲基苯胺		5	液，50℃2h，100℃2h
	2(β-二甲胺基乙氧基)-1, 3, 2 恶硼杂六环	137	5	液，100℃0.5h，140℃14h
	双氰胺	84	6	白色结晶，150℃，4h

类别	固化剂名称	相对分子质量	100g 环氧用量/g	性质及固化条件
咪唑类	2-甲基咪唑		3~5	白色结晶，熔点 135~139℃，80℃ 2h，120℃ 1h，150℃ 2h，活性温度 82~87℃，低毒
	2-乙基-4 甲基咪唑		2~5	液，80℃ 2h，120℃ 1h，150℃ 2h
	2-乙基咪唑		3~5	固，熔点 275℃，80℃ 2h，120℃ 1h，150℃ 2h
	2,4-二甲基咪唑		3~5	固，熔点 92℃，80℃ 2h，120℃ 1h，150℃ 2h
	咪唑		3~5	固，熔点 89~90℃，低毒，80℃ 2h，120℃ 1h，150℃ 2h
	二甲基咪唑与环氧丙烷丁基醚		10	棕黑色液体，70℃ 6h
树脂类	线型酚醛（加苄基二甲胺 0.5%）		30~40	黏稠液体，180℃ 2h，可用乙二胺 5%~6% 促进
	苯胺甲醛树脂		28~35	液体至固体，120℃ 16h，无毒，无味，可作增韧剂、固化剂
	桐油酸酐树脂		40~50	黄色黏稠液，100℃ 2~3h，作固化剂及增韧剂
	聚酰胺树脂（非尼龙型）		25~40	红棕色黏稠液，25℃ 7d，无毒，无味，可作固化剂或增韧剂
	糠醛树脂		25~65	160~170℃，4h

（1）固化促进剂

为了使环氧树脂的固化温度降低，固化反应速度加快，放热降低，常引入促进剂，例如羧酸、叔胺、咪唑等。水、醇、酚由于结构中含有羟基，也具有显著促进作用，叔胺类由于氮原子上电子云密度大，分子链短，促进反应效果很显著。

胺类固化剂的促进剂有双酚 A、苯酚、间苯二酚、间苯二胺、三氟化硼-单乙胺、叔胺类（三乙醇胺）、硫脲、氟化硼甲乙酮络合物。

酸肝类固化剂的促进剂有吡啶、呱啶、苄基二甲胺、二甲基胺、二乙氨基丙胺、硼酸三乙醇胺、2-乙基-4-甲基-咪唑、三乙醇胺等。

（2）稀释剂

在环氧树脂中引入稀释剂的目的是为了降低环氧树脂的黏度，提高流动性，增加浸润性，稀释剂按性能分为活性和非活性两类。

1）活性稀释剂

活性稀释剂的分子结构中含有活性基团（如含有环氧基），它参加环氧的固化交联反应，直接影响环氧树脂固化后的性能。活性稀释剂又分为单功能团和双功能团。单功能团的活性稀释剂起着终止链的作用，从而使交联密度下降，当用量超过 15%时，会大大降低耐热性和耐溶剂性，单功能团的活性稀释剂有环氧丙烷丙烯醚、甲基丙烯酸水甘油酯等。双功能团的活性稀释剂能参与到体型交联结构中去，且能提高增强塑料的抗剪强度，具有增塑作用。例如甘油环氧、二环氧双戊二烯等双功能团的活性稀释剂，既能起到稀释作用，又能延长树脂的适用期。常用的活性稀释剂列于表 11-11 中。活性稀释剂由于参加固化反应而不逸出，所以固化的体积收缩率较小，固化后的制品交联密度高，相应耐热和耐蚀性优于非活性稀释剂，同时还增加树脂的韧性。

表 11-11　常用的活性稀释剂

名　　称	相对分子质量	沸点/℃	黏度/10^{-3}Pa·s
环氧丙烷丙烯醚	114	154	1~2
环氧丙烷丁基醚	130	170	2
环氧丙烷苯基醚	150	245	7
二缩水甘油醚	131	103/2933Pa	6
脂环族环氧 6269	180	242	84
乙烯基环己烯二环氧化物	140	227	8
3, 4-环氧基环己烷甲基-3, 4 环氧基环己烷甲酸酯	252	198/667Pa	
乙二醇二缩甘油醚	174	175	100
甘油环氧	300	>300	100

2）非活性稀释剂

非活性稀释剂不参与环氧树脂的固化反应，在树脂固化时会有一部分逸出，从而增加树脂的收缩率，降低粘接力，严重时会产生气泡及龟裂，因此非活性稀释剂一般不宜多用，使用时必须严格控制在 5%~15%范围内。

非活性稀释剂分为挥发性的和非挥发性的，挥发性非活性稀释剂在固化过程中大部分要逸出，会给制品留下许多孔隙，使收缩率很大，树脂强度和耐热性均受到影响；非挥发性的另有小部分逸出，大部分仍留在树脂中，如邻苯二甲酸二乙酯，它与环氧中的羟基进行酯交换而溶合成一体，对增强塑料性能影响不大，常用的非活性的释剂列于表 11-12。

表 11-12　常用的非活性稀释剂

名　　称	相对分子质量	沸点/℃	名　　称	相对分子质量	沸点/℃
丙酮	58	56.5	甲苯	92	110
甲乙酮	72	79.6	二甲苯	106	144
环己酮	98	156	正丁醇	74	117
苯	78	80	苯乙烯	104	146

（3）增韧剂

环氧树脂的韧性较差，常引入增韧剂改善韧性，根据韧性的性能分为活性和非活性两类。

1）活性增韧剂

活性增韧剂分子中含有的活性基团，直接参与环氧树脂的固化反应，能够较大幅度地改善环氧树脂的韧性，提高抗冲击强度和延伸率，常用的活性增韧剂有聚酰胺（650，651）、聚硫橡胶、聚丁二烯环氧，聚环氧氯丙烷、不饱和聚酯树脂等。

2）非活性增韧剂

非活性增韧剂由于不带有活性基团，所以不参加固化反应，其用量是树脂质量的 5%~20%。常用的非活性增韧剂有邻苯二甲酸二甲酯、邻苯二甲酸二乙酯、邻苯二甲酸二辛酯、磷酸三乙酯、磷酸三丁酯、磷酸三苯酯等。

（4）填料

在环氧树脂中加入填料，可以降低其收缩性、放热效应和热膨胀系数，提高其粘接性、耐磨性，还可改善其热性能、电性能和机械性能。通常用的填料有陶土、石英粉、石墨粉、铸石粉、云母、金钢砂、硫酸钡等。

11.2.4 环氧树脂的物理力学性能和耐化学腐蚀性

(1) 基本物理特性

环氧树脂分子结构中含有大量的极性基团及醚键使其对金属、陶瓷、玻璃、混凝土、木材等有很好的附着力。另外环氧树脂有良好的工艺性能，易和固化剂及其他树脂混合。适当地选择配方，能得到良好的流动性，易与辅助材料混合，室温操作比较方便。

很多环氧树脂体系及其改性树脂均可在常温常压下成型，且在室温条件下固化。在许多条件下，树脂的固化时间、黏度、适用期均可按要求进行调节，而又不会影响树脂固化后的性能。环氧树脂马丁耐热温度在103~130℃，一般可在100℃下使用。

环氧树脂具有优良的物理、力学性能。固化后的双酚A环氧树脂的弹性模量可达2270~3410MPa，抗弯强度为118MPa，抗拉强度为82.4~103MPa，抗压强度可达103MPa。用于制备增强塑料，可达到更高的机械强度。具体性能如下：

① 粘接性能优良，环氧树脂具有很强的黏合力。主要是由于其结构中含有脂肪族羟基、醚基和极活泼的环氧基的缘故。羟基和醚基的极性可使环氧树脂与相邻表面之间产生电磁键的吸引力，同时环氧基与含有活泼氢的金属表面反应生成化学键，所以粘接力特别强，环氧树脂与很多金属和非金属有较高的粘接力，所以有万能胶之美称。表11-13示出了环氧树脂和其他各种黏合剂的粘接性能的评价，表内所示的阿拉伯数字“1”、“2”是指粘接不良；“3”、“4”是稍好；“5”、“6”是中等；“7”、“8”是良好；“9”、“10”是优良。

表11-13 环氧树脂和其他黏合剂性能评价

黏合剂 \ 被粘材料	木材	金属	瓷器	橡胶
沥青	5	5	3	7
氧杂印树脂	5	6	3	7
聚苯乙烯	3	2	2	5
聚甲基丙烯酸乙酯	4	3	5	6
聚甲基丙烯酸甲酯	3	2	3	6
聚氯乙烯	7	6	7	6
醋酸乙烯氯乙烯共聚体	8	6	7	5
聚醋酸乙烯	7	7	7	3
聚乙烯醇	2	2	2	6
聚乙烯醇缩醛	7	8	7	7
聚偏氯乙烯	7	6	7	7
有机硅	6	7	7	8
聚氨基甲酸酯	10	10	9	10
醇酸树脂	7	5	6	7
天然橡胶	4	4	3	8
异构化橡胶	4	8	4	7
异丁烯橡胶	3	6	2	8
氯化橡胶	5	7	4	7
丁苯橡胶	7	6	5	8
丙烯腈橡胶	6	8	6	9

续表

黏合剂 \ 被粘材料	木材	金属	瓷器	橡胶
氯丁橡胶	7	7	5	8
聚硫橡胶	5	4	2	4
硝酸纤维	5	1	5	5
醋酸纤维	3	1	3	5
乙酸丁酯纤维	3	1	4	5
甲基纤维	1	1	3	3
乙基纤维	3	1	3	5
羟基代甲基纤维	1	2	3	2
不饱和聚酯	8	2	5	7
三聚氰胺树脂	10	2	2	2
尿素树脂	9	2	2	2
酚醛树脂	8	2	6	7
呋喃树脂	7	1	8	7
环氧树脂	10	8	8	8

② 固化收缩率低。与许多其他热固性树脂不同，环氧树脂在固化交联过程中不放出副产物，而且在液态时就有高度的缔合，固化通过直接加成进行。

③ 优良的韧性。环氧树脂固化后的韧性比酚醛树脂固化后的韧性大约 7 倍。其韧性高的原因是由它的各交联点之间的距离和很多脂肪链的存在所决定的。

④ 良好的耐腐蚀性能。经过固化的环氧树脂，含有稳定的苯环和醚键以及脂肪羟基，实际上不受碱的浸蚀。

⑤ 优良的工艺性能，环氧树脂的缩合性能优良是因为这可与多种树脂互溶。通常用它与酚醛、呋喃、液体丁腈、煤焦油等互溶，用来满足不同的需要。

⑥ 优良的物理机械性能。双酚 A 环氧树脂的弹性模量为 2270~3410MPa，其膨胀系数为 $60\times10^{-6}K^{-1}$，抗弯强度为 118MPa，抗拉强度为 82.4~103MPa，抗压强度为 103MPa，在增强塑料中应用很广泛。环氧增强塑料的抗拉强度可高达 490~686MPa，故有钢之美称。

⑦ 以不饱和双烯烃类化合物为单体的新型环氧树脂与双酚 A 型环氧树脂不同，环氧基大多直接依附在脂环骨架上，具有结构紧密的特点。固化后的树脂热变型温度高，同时耐腐蚀性、电性能和耐大气老化性好，特别是抗紫外线等性能也很突出。

另外，脂族环氧树脂对脂肪族胺类的反应活性低，咪唑及叔胺几乎不固化脂肪族环氧树脂，而需要芳香胺类、酸酐类固化。

（2）基本耐化学腐蚀性

环氧树脂的分子链是由 C—C 键和醚键构成的，化学性质相当稳定，能耐稀酸、碱和某些溶剂。因其分子结构中含有的脂肪族羟基与碱不起作用，故其耐碱性比酚醛树脂、聚酯树脂强。以胺固化的环氧树脂能耐中等强度的酸、碱，但在氧化性酸（如浓 H_2SO_4，HNO_3）的耐蚀能力就比较差。其基本耐化学腐蚀性如表 11-14 所示。

表 11-14　胺固化环氧树脂的耐化学腐蚀性

介　　质	7天	14天	30天	60天
丙酮	变　软	变　软	变　软	
甲乙酮	变　软	变　软	变　软	
乙醇	不　变	不　变	不　变	
仲丁醇	不　变	不　变	不　变	
甲苯	不　变	不　变	不　变	
二甲苯	不　变	不　变	不　变	
四氯化碳	不　变	不　变	不　变	
甲醛(37%)	严重破坏			
醋酸(5%)	不　变	不　变	不　变	
醋酸(50%)	不　变	不　变	不　变	
烧碱(20%)	不　变	不　变	不　变	不　变
氨水(27%)	破　坏			
磷酸(85%)	破　坏			
盐酸(10%)	不　变	不　变	不　变	不　变
盐酸(20%)	不　变	不　变	不　变	不　变
硫酸(25%)	不　变	不　变	不　变	破　坏
硫酸(80%)	破　坏			
硝酸(20%)	不　变	不　变	不　变	破　坏
食盐水(25%)	不　变	不　变	不　变	不　变
水	不　变	不　变	不　变	不　变

11.2.5　环氧树脂的应用

(1) 环氧树脂涂料

环氧树脂为环氧树脂涂料的主要成膜物质，再加入固化剂、颜填料及溶剂配制而成。环氧树脂良好的耐化学药品性和优异的附着力，可溶解在适当的溶剂中并且与多种合成树脂有良好的混溶性，这些是制备多种性能的环氧树脂涂料成为可能的条件。世界上约有40%以上的环氧树脂用于制造环氧涂料，应用在防腐、电气和土木建筑等主要领域。

(2) 环氧树脂胶黏剂

因为环氧树脂分子结构含有的醚键与极性基团，使其对各种金属和大部分非金属材料均有良好的粘接性能，常被称之为“万能胶”，在汽车、飞机、建筑电子电器等领域都有广泛的应用。环氧树脂胶黏剂具有收缩率低、胶黏强度高、尺寸稳定、电性能优良、耐化学品、对多种材料胶黏能力强等特点，此外还有以下功能：密封、防漏、防腐、紧固、装饰等，是黏合剂中的一个重要种类。除此之外，其他的一些带有特殊功能的环氧胶黏剂用于特定的领域。

(3) 环氧树脂在其他领域中的应用

环氧树脂及其改性树脂还广泛用于防腐工程，即环氧胶泥、玻璃钢及砂浆等，它们的物理、化学性能分别见表11-15和表11-16。

表 11-15　环氧胶泥、砂浆、玻璃钢的物理性能

项　　目	环氧胶泥	环氧砂浆	环氧玻璃钢	项　　目	环氧胶泥	环氧砂浆	环氧玻璃钢
密度/(g/cm^3)	1.6~1.7	2.1~2.3	1.6~1.8	与水泥沙浆	2.3	—	—
抗压强度/MPa	≥80~88	≥69		与钢材	1.0~2.0	—	—
抗拉强度/MPa	≥11~16	≥11~14	≥100	吸水率/%	0.1	0.5	0.2
粘接强度/MPa				收缩率/%	0.08	0.06	—
与耐酸砖	2.9	—	—	使用温度/℃	90	90	90
与花岗石	4.9	—	—				

表 11-16　环氧胶泥、砂浆、玻璃钢的化学性能

介　　质	浓度/%	耐蚀评定	介　　质	浓度/%	耐蚀评定
硫酸	≤70	耐	氢溴酸		耐
盐酸	≤31	耐	亚硫酸	10	耐
硝酸	≤10	尚耐	次氯酸		耐
醋酸	≤10	尚耐	氟棚酸		耐
铬酸	≤20	尚耐	酒石酸		耐
磷酸	≤80	尚耐	硬脂酸		耐
氢氧酸		不耐	氯醋酸	<25	耐
草酸		耐	重铬钠		耐
水杨酸		耐	硝酸钾		耐
柠檬酸		耐	硫酸铝		耐
苯二酸		酸	硫化氢		耐
甲酸		耐	甲醛	<40	耐
稀硫酸和盐酸	酸洗	耐	乙醛		耐
硼酸		耐	污水		耐
硅氟酸	<10	耐	氯气		耐
氯甲苯磺酸		耐	甲苯		耐
苯磺酸		耐	原油		耐
氢氧化钠		耐	氯化钠		耐
氨水		耐	硫酸钠		耐
尿素		耐	柴油		耐
氯化铵		耐	石脑油		耐
硝酸铵		耐	烷基苯		耐
硫酸铵		耐	丁醇		耐
磷酸铵		耐	乙醇		耐
碳酸氢铵		耐	海水		耐
过硫酸铵		耐	汽油		耐
草酸铵		耐	煤油		耐
柠檬酸铵		耐	亚硫酸盐液		耐
苯磺酸		耐	造纸液		耐
环烷酸		耐	氯苯		耐
次氯酸钠		耐	硝基酚		耐
亚硝酸钠		耐	电镀液		耐
铬酸钠		耐			

11.3　不饱和聚酯树脂

11.3.1　概述及定义

由二元或多元羧酸和二元或多元醇经缩聚反应而生成的树脂称为聚酯树脂。其分子结构中含有非芳香族的不饱和键。因为这样得到的不饱和聚酯树脂是一种固体或半固体状态，且不能很好的交联成为性能良好的体型结构产物，所以，在生产后期，必须经交联剂使之交联固化，使其最终交联成体型结构树脂。

不饱和聚酯树脂是一种热固性树脂。其性能与所用的酸和醇的结构有关，为改善其柔韧

性，常采用一些饱和酸来代替部分的不饱和二元酸，使得分子链中的双键间平均间距增大。而使交联的键数减少，以提高树脂的韧性。此外，采用分子结构不同的原料及配比，可以制备性能各异的多种不饱和树脂。表 11-17 是制备不饱和聚酯用原料单体的物理性质及它们对树脂的影响。

表 11-17　制备不饱和聚酯主要原料的特性及作用

原料名称	物理特性	作　用
顺丁烯二酸酐	白色晶体，可熔于水 熔点：52.8℃	为不饱和聚酯进一步交联固化，提供双键
反丁烯二酸酐	微溶于醇，T_m：287℃	制备的不饱和聚酯软化点高，易结晶性强，耐蚀
邻苯二甲酸酐	透明，白色，针状晶体 富光泽，T_m：130.8℃	部分取代顺丁烯二酸酐，调节不饱和性，调节韧性，改善与苯乙烯的相容性
间苯二甲酸酐	结晶状粉末 T_m：345~348℃	力学强度好，耐水性好
对苯二甲酸	白色粉末或晶体 T_m：384~421℃	提高热变形温度，降低固化收缩率，改进耐化学腐蚀性
己二酸	无色或黄色结晶状粉末 T_m：150~153℃	制备柔性聚酯
四氯邻苯二甲酸酐	白色粉末或片状固体 T_m：254~255℃，含 Cl：49.6%	制备阻燃树脂
四溴邻苯二甲酸酐	亮黄色晶体，含 Br：68.9% T_m：270~275℃	制备阻燃树脂
桥亚甲基四氢邻苯二甲		制备耐高温树脂
六氯桥亚甲基邻苯二甲酸酐	含 Cl：57.4%	制备阻燃聚酯，兼具耐化学性
丙二醇	黏性液体 沸点：188.2℃	制得树脂结晶性低，与乙二醇共用，提高聚酯对苯乙烯的相容性
乙二醇	黏性液体，沸点：197.6℃	
一缩二乙二醇	液体，沸点，245℃	柔性提高，结晶性低，但耐水性下降，电性能下降
一缩二丙二醇	液体，沸点：232℃	增加柔性，降低结晶，对水不敏感
新戊二醇	白色粉末	耐水解，耐腐蚀，制备胶衣树脂和耐蚀聚酯
二溴新戊二醇	白色粉末，T_m：85~105℃ 含 Br：61%	制备阻燃浅色聚酯
双酚 A 衍生物	白色碎片状固体	提高树脂耐化学性及热变形温度，制备软化点高的固体树脂
氢化双酚 A		提高耐化学性

11.3.2　不饱和聚酯的种类及特性

不饱和聚酯原料丰富、价格低，因而可按使用要求得到多规格的不饱和聚酯。不饱和聚酯的分类方法很多。其中若按使用性能分类可分为通用树脂、耐化学腐蚀树脂、阻燃树脂、人造大理石树脂、玛瑙树脂、胶衣树脂等。

（1）通用树脂

此类树脂一般为邻苯型，采用邻苯二甲酸酐、丙二醇、乙二酸等原料合成，再溶于交联单体苯乙烯中，经引发剂引发聚合固化。为了适应不同使用性能的要求，可在树脂中加入不同的添加剂。如加入紫外光吸收剂，可提高树脂的耐光老化性。

具有良好的工艺性能是通用树脂最大的优点，制备玻璃钢复合材料时，可迅速渗透玻璃纤维材料，可以在常温条件下固化，凝胶时间较长，有足够时间制作。

（2）耐化学腐蚀树脂

不饱和聚酯的耐化学性与其聚酯的相对分子质量有关，结构中易水解的基团含量越低越好。为了降低易水解基团含量，常采用相对分子质量大的二元醇或二元酸使其改性，因为相对分子质量大的二元醇或二元酸可以延长酯键距离，降低酯键含量。耐化学不饱和聚酯主要有间苯型和双酚 A 型两种。

间苯型聚酯成本低，易于制造，是一种通用的具有中等耐化学水平的树脂。它可耐弱酸和多种溶剂的侵蚀，但不耐碱。其性能依具体配方而定，见表 11-18。

表 11-18　间苯型不饱和聚酯耐化学性

（层合板，ASTM 标准）

化学介质	最高工作温度/℃			
	Crystic474/198 邻苯型	Crystic491/272 间苯型	Crystic392 间苯新戊二醇型	SILMAR-601 602，610 间苯型
饱和硫酸铝	55	50	75	77
饱和含水三氯化锑	不可	不可	25	77
纯航空燃料	45	30	30	82
盐水	55	50	75	77
17%（质量分数）次氯酸钙	不可	不可	45	不可
饱和氯水	不可	25	50	不可
纯柴油机燃料	40	35	30	82
纯乙二醇	70	55	75	77
20%（质量分数）盐酸	45	35	60	15%，66
纯煤油	50	30	30	71
44%（质量分数）含水乳酸	55	50	75	77
10%（质量分数）硝酸	不可	不可	不可	不可
85%（质量分数）磷酸	55	50	75	66
10%（质量分数）含水碳酸钾	不可	不可	30	不可
30%（质量分数）氢氧化钾	不可	不可	40	不可
10%（质量分数）氢氧化钠	不可	不可	50	不可
14%（质量分数）次氯酸钠	不可	不可	60	27
饱和含水酒石酸	55	50	75	77
纯甲苯	25	不可	不可	27
纯二甲苯	40	不可	不可	27

双酚 A 型不饱和聚酯的耐化学性能优于间苯型，尤其是在碱性环境中更是如此、双酚 A 型不饱和聚酯的耐化学性能示于表 11-19 中。

表 11-19　双酚 A 树脂在化学汽液中浸泡 1 年后性能变化

溶　　液	温度/℃	外　　观	巴氏硬度 测定值	巴氏硬度 保留率/%	弯曲强度 测定值/MPa	弯曲强度 保留率/%
浸泡前		褐黄、有光泽	44	100	116.2	100
25%H_2SO_4	66	良好，透明	45	102	140.6	107
5%HNO_3	66	良好，透明	40	91	124.4	95.2
	99	橘黄，不透明	37	84	106.9	81.7
25%醋酸	66	良好，透明	34	77.3	104.0	79.6
	99	暗褐，不透明	27	61.4	50.1	38.3
15%HCl(半年)	66	绿，不透明	41	93	109.7	83.9
	99	黑，裂纹	38	86.4	26	19.9
15%H_3PO_4	66	良好，透明	40	91	112.5	86
	99	褐，不透明	40	91	62.6	48
亚硫酸盐液	66	黄，不透明	40	91	112.5	86
	99	橘黄，不透明	31	70.5	41.7	31.9
5%NaOH(半年)	66	褐，不透明，裂纹	30	68.2	76.6	58.6
	99	斑点，不透明	25	56.8	66.1	50.5
10%Na_2CO_3	66	良好，透明	40	91	93.5	71.5
	99	褐，不透明，裂纹	38	86.4	54.3	41.6
5%H_2O_2	66	树脂溶解				
5.25%NaClO	66	树脂溶解				
蒸馏水	66	良好，不透明	39	88.6	76.6	58.6
	99	褐，不透明	40	91	53.8	41
正庚烷	66	良好	25	56.8	111.1	85
	99	半透明	28	64	104.7	80
煤油	66	良好	38	86	110.4	84.4
95%乙醇	66	褐，不透明	37	84.1	123.7	94.6
甲苯	23	全白纤维	10	23	103.3	79
全氯乙烯	23	良好	12	27	90	68.8
氯苯	23	全白纤维	4	9	86.5	66

将邻苯型、间苯型、对苯型和双酚 A 树脂浇铸成型，作耐腐蚀试验。在各种介质中浸泡后测定耐腐蚀性能，可得比较结果如表 11-20 所示。

表 11-20　不饱和聚酯树脂耐腐蚀性能的比较

化学药品		树脂的种类 邻苯型	间苯型	双酚 A 型	乙烯酯型
酸	盐酸(36%)	劣	中	良	良
	硫酸(50%)	劣	中	良	良
	硝酸(20%)	劣	中	良	良
碱	氢氧化铵(20%)	劣	劣	良	良
	氢氧化钠(25%)	劣	劣	良	良

化学药品		树脂的种类			
		邻苯型	间苯型	双酚A型	乙烯酯型
漂白剂	次氯酸钠	劣	劣	中	良
气体	氯气	劣	良	优	优
	氯化氢	劣	良	优	优
	二氧化硫	劣	良	优	优
盐	氯化钙	中	良	优	优
电镀液	镍	劣	劣	良	良
	铬	劣	劣	良	良
有机溶剂	乙醇	劣	劣	良	良
	粗汽油	良	良	良	优
	煤油	良	良	良	优
	丙酮	劣	劣	劣	劣
	苯	劣	劣	劣	劣

(3) 胶衣树脂

胶衣树脂是用于树脂制品表面连续性的覆盖薄层，其作用是给基体树脂或层材料提供一个保护层，以提高制品的耐候、耐蚀、耐磨性并且外观光亮。根据使用要求，胶衣树脂又可分为：①新戊二酸-间苯型，这种树脂具有优异的耐蚀性，光泽高；②新戊二醇-邻苯型，该树脂的耐水、耐候性好，用于卫生洁具；③普通胶衣型，它可以提高制品的耐老化性，无色透明；④阻燃胶衣树脂。

(4) 柔性树脂

柔性树脂主要以较长碳链的二元脂肪酸代替部分或全部饱和酸而成，伸长率可达90%以上，但柔性树脂耐化学性差，吸水率差。

常用的几种不饱和聚酯树脂的技术指标列于表11-21中。

表11-21 常用的几种不饱和聚酯树脂的技术指标

类型及牌号 / 项目	通用型 702	韧性型 721	耐热型 711	光稳定型 782	自熄型 732	耐蚀型 771
外观	透明淡黄色	透明淡黄色	透明淡黄色	透明淡黄色	透明淡黄色	微黄色
密度(g/cm^3)	1.14~1.16	1.11~1.13	1.10~1.12	1.10~1.12	1.32~1.34	1.02~1.04
黏度/(Pa·s)	0.25~0.45	0.65~1.15	0.45~0.85	0.75~1.35	0.75~1.35	0.55~1.05
酸值/(mgKOH/g)	20~28	17~25	20~28	27~35	20~38	9~17
固体含量/%	59~65	64~70	61~67	59~65	70~76	47~53
20℃下胶凝时间/min	6.5~11.5	5.5~10.5	8.5~15.5	30~54	11~21	10.5~19.5
色度	<6	2~5	<6	<5		
常温下不胶凝时间/d	180	180	180	180	180	180

11.3.3 不饱和聚酯的固化及助剂

(1) 固化

由于在不饱和聚酯的分子结构中还存在不饱和双键，它可以在引发剂存在条件下与其他的不饱和化合物反应，交联固化成体型结构。同时也可以通过自身双键交联固化，一般情况下多采用交联剂固化。

(2) 固化用助剂

不饱和聚酯的固化反应除了需要交联剂外，还需要引发剂、防氧化剂、触变剂、促进剂等其他的一些辅助材料。

1) 交联剂

又称架桥剂，是一类烯烃类不饱和化合物，与聚酯树脂双键发生共聚产生交联结构。其作用为增加聚酯分子间的交联，改善树脂固化后的性能，另外交联剂还起着活性稀释剂的作用，以降低树脂黏度。

2) 引发剂

不饱和聚酯本身的交联固化或交联剂的固化反应，均须加入引发剂才能有效进行，这是因为不饱和聚酯的固化属于游离基型聚合反应。引发剂通常采用有机过氧化物或过氧化物的衍生物，目前使用最多的引发剂有：过氧化苯甲酰，常用于热固化体系；过氧化环己酮和过氧化甲乙酮，较常用于冷固化体系。引发剂的用量对聚酯树脂的固化速度及固化后性能有很大影响，用量过大，固化速度加快，致使树脂形成相对分子质量较小的结构，因而机械性能差，使之在固化过程中收缩率大，甚至使制品出现裂纹；而用量过少，固化反应不能充分进行，也会影响固化后制品的性能。

3) 触变剂

它的作用是使高黏度树脂在外力的作用下变成流动性的液体。而当外力(如搅拌)消失时，树脂立即恢复高黏性不流动状态。主要用于大型设备成型时，防止垂直面或斜面树脂流胶。生活中常用的触变剂有可溶性的聚氯乙烯粉和活性二氧化硅粉，用量为1%~3%。

4) 促进剂

聚酯树脂和交联剂的共聚在引发剂作用下仍比较缓慢，为了提高其速度，就必须加入促进剂。不同引发剂对应不同的促进剂。

5) 防氧化剂

空气对聚酯有阻聚作用，使聚酯固化不良，表面发黏，为克服此缺点，就须在树脂中引入防氧化剂。

11.3.4 不饱和聚酯的特性

(1) 不饱和聚酯树脂的优点

① 不饱和聚酯树脂最大的优点是工艺性能优良。通过交联剂(苯乙烯)稀释后，室温下具有适宜的黏度；加入引发剂和促进剂后可在此条件下固化，且在此固化过程中没有挥发物逸出；可在常压下成型；颜色浅，可制成浅色或各种色彩的制品；另外，在施工过程中还有多种措施调节它的工艺性能。

② 固化后的树脂综合性能良好。其力学性能介于环氧和酚醛之间，比酚醛、呋喃好；其电学性能、耐老化性能等均有可贵之处。

③ 树脂的品种很多，可适应不同用途需要而灵活选用。

④ 耐蚀性优良，耐酸性优于环氧的物质如双酚、氢化、氯化聚酯等，在各类漂白剂中也有良好的耐蚀性；丙烯环氧酯型聚酯具有优良的耐蚀性，同时也具有优良的粘接性能；新型乙烯基酯聚酯，耐氧化性酸方面优于其他树脂。国外目前正在研制一种与传统聚酯不同的超聚酯，对50%氢氧化钠、93%硫酸及各种浓度的硝酸和铬酸等都有特别好的耐蚀性，可与双酚或氢化双酚相比拟。

⑤ 不饱和聚酯树脂所采用的原料其来源很广，价格低廉，成本低。

（2）不饱和聚酚树脂的缺点有以下几方面

① 固化时体积收缩率大，约为5%~12%。目前正在研制收缩率聚酯树脂，并且已取得一定的进展，其主要方法是加入聚乙烯、聚氯乙烯、聚苯乙烯、聚甲基丙烯酸甲酯、DAP聚酯等热塑性聚合物。

② 耐热性差。

③ 成型时的气味和毒性较大。

④ 聚酯树酯结构中的酯键易被酸、碱水解从而被破坏，且聚酯本身也产生降解。在一定情况下，双键易被氧化，使聚酯质量劣化。

（3）不饱和聚酯树脂的生产工艺与性能

生产合成分一步法和两步法两种工艺，凡是原料在反应初期一次性投入进行缩聚的叫一步法工艺；原料单体分两批投入的叫两步法工艺。

用一步法工艺合成的191和195型不饱和聚酯树脂的技术指标见表11-22和表11-23。

用两部法合成的196型不饱和聚酯树脂的技术指标列于表11-24中。

表11-22 一步法合成的191型不饱和聚酯树脂的技术指标

项 目	指 标	项 目	指 标
酸值/(mgKOH/g)	28~36	胶凝时间/min	8~25
固体含量/%	60~66	储存期/d	180
黏度/(mPa·s)	2~5		

表11-23 一步法合成的195型不饱和聚酯树脂的技术指标

项 目	指 标	项 目	指 标
密度(25℃)/(g/cm^3)	1.10~1.12	胶凝时间(25℃)/min	30~54
酸值/(mgKOH/g)	27~35	黏度/(mPa·s)	1.2~2.2
固体含量/%	59~65	折光率(n_0^{20})	1.5130~1.5170

表11-24 两部法合成的196型不饱和聚酯树脂的技术指标

项 目	指 标	项 目	指 标
密度(25℃)/(g/cm^3)	1.11~1.13	胶凝时间(82℃)/min	5~9
固体含量/%	65~71	黏度/(涂-4杯，25℃)/s	≤170
酸值/(mgKOH/g)	17~25		

11.3.5 不饱和聚酯的应用

不饱和聚酯树脂有许多优良性能，其应用主要有与增强材料如玻璃纤维复合制备增强塑料和不用玻璃纤维或其他增强成型的不饱和聚酯树脂两大领域。

（1）复合增强塑料——玻璃钢

玻璃钢是以不饱和聚酯树脂和玻璃纤维等增强材料复合成的复合材料。具有质量轻、强度高、成型性好、适用性强等特点。

（2）聚酯涂料

不饱和聚酯涂料经固化后漆膜具有硬度高、光泽好、不易沾污、耐候、耐水、耐油、电绝缘性好等优点，常用于木器与金属表面的涂装。涂料用不饱和聚酯树脂的组成与增强塑料基本相似，只是在涂料的施工中，在木器的表面施工涂装常采用薄膜覆盖法、加蜡、紫外光固化法来得到硬度高、光泽好的装饰漆膜。

聚酯涂料主要用在涂装家具、电视机、钢琴、缝纫机台面板等方面。另外，不饱和聚酯用作金属储槽内壁做防腐涂料效果也很好，对食品无污染、无毒。

(3) 日常用品

树脂中如不加玻璃纤维或填料，将其注入铅模中进行热注塑，固化后将具有良好的透明度和晶亮外观，可用于各种礼品、工艺品、雕像、仿珍珠纽扣和电器零件包等。

(4) 建筑材料

如人造大理石用聚酯树脂。这种树脂抗冲击、耐磨，收缩率低且耐热，耐食物侵蚀。

(5) 其他应用

不饱和聚酯与一定比例的粉末填料混合，制成腻子或胶泥，固化后，具有很好的粘接力，抗水、耐蚀及耐老化，可用于修补汽车、船舶等；将聚酯树脂浸渍各种线圈和电容器，可用来制优良电性能制品；若浸渍木制品，则可使木制品坚韧；若将聚酯树脂作为胶结材料，与各种骨料、粉料混合，制品将具有强度好、抗渗性好、耐磨、不导电等优点，是一种高强度、多功能的建筑材料。

11.4 呋喃树脂

分子结构中含有呋喃环的一类合成树脂统称为呋喃树脂。其分子结构中由于都含有呋喃环，故在性能上具有许多共同特点，如都具有突出的耐碱、耐酸、耐溶剂和耐热等优良性能。

11.4.1 呋喃树脂的类型

分子结构中含有呋喃环的合成树脂是由糠醛或糠醇本身进行的缩聚，或与其他单体进行共缩聚而得的缩聚产物。呋喃树脂有很多品种，按使用的原料可分为以糠醛为基础单体的合成树脂、以糠醇为基础单体的合成树脂和改性呋喃树脂等几大类型。

(1) 糠醛系呋喃树脂

该系有糠醛树脂、糠醛-丙酮树脂、糠醛-丙酮-甲醛树脂、糠醛-丙酮-酚醛树脂、糠醛-漆酚树脂、糠醛-缩醛树脂、糠醛-苯酚树脂等。

此类树脂的主要原料糠醛是由农副产品如玉米芯、棉籽壳、甘蔗等为原料制得的，原料来源丰富，价格便宜，合成过程比较简单，具有广泛的应用前景。

1) 糠醛树脂

糠醛树脂是以糠醛为单体，在硫酸催化条件下均缩聚反应而合成。

2) 糠醛-丙酮树脂

糠醛-丙酮树脂是糠醛与丙酮以1∶1或1∶2(摩尔比)混合，用氢氧化钠作为催化剂，在40~65℃下经缩聚反应生成。该树脂易溶于丙酮，微溶于乙醇中，一般用于增强塑料、黏合剂、涂料，以及浸渍石墨、水泥、木材等多孔性材料。此树脂的技术指标列于表11-25中。

表 11-25 糠醛-丙酮树脂的技术指标

项 目	指 标	项 目	指 标
外观	黑褐色黏稠液体	灰分/%	<3
密度/(g/cm^3)	1.16	pH 值	7
树脂含量/%	>94	黏度(涂-4杯，25℃)/s	90~120
水分/%	<2		

此树脂还可在苯磺酸、对氯苯磺酸存在下固化成不熔的树脂。固化后具有很好的耐酸、耐碱和耐热性，可广泛应用于防腐蚀。但该树脂与金属的附着力差，为改善此缺点，常将它与环氧树脂配合使用，用顺丁烯二酸酐或间苯二胺作固化剂。近年来将糠醛-丙酮树脂与环氧、液体丁腈混合使用，使树脂的综合性能得到改善。

3）糠醛-丙酮-甲醛树脂

糠醛-丙酮-甲醛树脂先由糠醛-丙酮单体在氢氧化钠催化条件下缩合反应得到一定程度的初聚物(黏度控制)，然后再与甲醛进一步作用，并且在硫酸催化条件下缩合而成。此类树脂可用于增强塑料、涂料、黏合剂、混凝土、耐酸及耐碱胶泥等。其技术指标列于11-26 中。

表 11-26　糠醛-丙酮-甲醛树脂的技术指标

项　　目	指　　标	项　　目	指　　标
外观	黑褐色黏稠液体	灰分/%	<1
树脂含量/%	>95	pH 值	7
密度/(g/cm^3)	1.1735	黏度(涂-4 杯，25℃)/s	90~120
水分/%	<3		

糠醛-丙酮-甲醛树脂具有良好的耐酸、耐碱和耐热性，但由于其粘接性差(粘接强度为0.98~1.96MPa)，性脆(其抗冲强度为$4.9\times10^2 J/m^2$)，所以常引入环氧进行改性，使其抗冲强度和粘接强度都有显著提高，引入 3%环氧可使其抗冲强度达 $39.2\sim49.0\times10^3 J/m^2$，粘接强度达 34.32MPa，耐温度重复性能良好，而且具有较突出的耐溶剂和耐酸碱性能，可在120~130℃下使用，从而广泛应用于防腐蚀工程。

4）糠醛-漆酚树脂

糠醛-漆酚树脂是指先将生漆过滤后经真空脱水而预先制得漆酚单体，然后再将漆酚、糠醛和氨水按一定比例混合，预热至 70~80℃，并在 100~110℃下缩聚而成。再经水洗，在$(93.33\sim98.66)\times10^3$Pa 下于 40~60℃ 真空脱水可得成品。此树脂能溶于甲苯、二甲苯告示溶剂，与钢铁有较好的粘接力，粘接强度达 4.4MPa，耐热性能较好，可在 250℃下使用。其玻璃纤维增强塑料具有很高的机械强度和耐热性。

5）糠醛-缩醛树脂

糠醛-缩醛树脂是通过用一部分甲醛、乙醛、苯甲醛等代替一部分糠醛，在盐酸或氢氧化钠催化条件下缩合共聚而成的树脂。可用酸固化，且制品的机械性能、耐酸碱性能及耐热性都很好。

(2) 糠醛系呋喃树脂

是指一系列以糠醇为基础单体的合成树脂。这类树脂有糠醇树脂、糠醇-糠醛树脂、糠醇-苯酚树脂、糠醇-硅酸酯树脂、糠醇-脲甲醛树脂等。目前这类树脂应用最广泛的是糠醇和糠醇-糠醛树脂。

1）糠醇树脂

糠醇树脂是以糠醇为单体，在无机酸、强酸弱碱盐、活性氧化铝、五氧化磷以及铬酸等催化条件下发生缩合反应而生成的一种合成树脂。其反应过程是糠醇支链上羟基与另一糠醇分子中的 α 活泼氢作用，发生脱水反应，逐步生成长链分子，链节间以次甲基相连。通过控制缩合度可制成高、中、低三种不同黏度的糠醇树脂，低黏度的可溶于乙醇，高黏度的可溶于酯类、酮类和芳烃之中。糠醇系树脂的技术指标列于表 11-27 中。

表 11-27　糠醇树脂的技术指标

项　目	指　标	项　目	指　标
外观	红棕色黏稠液体	灰分/%	<3
树脂含量/%	>95	水分/%	<1
密度/(g/cm^3)	1.12	pH 值	7~8

糠醇树脂的固化速度与酸的强弱有关。未固化的糠醇在强酸催化条件下室温下可迅速固化。若用弱酸，在室温下就不能使其固化，即使在 100~200℃下也需要几十小时才能固化。此树脂与许多多孔性材料如木材、石墨、炭和石棉等有良好的粘接性，而对钢铁那样的非多孔性材料的附着力差，且收缩性较大。其使用温度随用途而异：作涂料时约为 60℃；作酸纤布衬里时为 120℃；制玻璃纤维增强塑料时达 170℃；作胶泥时随腐蚀介质不同在 120~170℃范围。

2）糠醇-糠醛树脂

糠醇-糠醛树脂是以糠醇、糠醛为单体，在酸性催化剂催化条件下进行共聚反应生成的树脂。此树脂除了具有呋喃树脂的共性外，还能与硅油、植物油及其他油类混溶，所以制品耐油性良好，在其中引入 15%硅树脂可作为黏合剂。

3）糠醇-苯酚树脂

糠醇-苯酚树脂用糠醇和苯酚作为原料合成的，能溶于有机溶剂，采用六次甲基四胺作为固化剂进行加热固化，制成的产品机械强度比糠醇好。

4）糠醇-硅酸酯树脂

糠醇-硅酸酯树脂将糠醇与硅酸在过氧化苯甲酰(0.3%~0.6%)催化下缩合反应而成。此树脂耐热达 250℃，不燃，且有优良的耐化学腐蚀性(强氧化剂除外)。

5）糠醇-脲甲醛树脂

糠醇-脲甲醛树脂是将甲醛和尿素在碱催化条件下反应生成二甲醇脲，再用乙醇将其醚化，然后用糠醇进行醚交换而生成，可用苯磺酰氯、氯化铵、三氯化铁、磷酸等对此树脂进行固化。固化后收缩性好，韧性较好，粘接力强，耐热性能良好。此树脂主要应用于涂料浸渍剂。

(3) 改性呋喃树脂

通常引入改性物质，如热固性树脂、热塑料树脂和橡胶等改善呋喃树脂的脆性收缩率大以及粘接力差等缺点。

糠醇树脂可用环氧对其改性，使呋喃分子中的羟基与环氧发生作用，对糠醇改性后就会具有良好的粘接性，改善了脆性，同时也降低了收缩率。这时若再加入腈、酚醛等，就会使呋喃树脂的综合性能有较大改善，如韧性、粘接性都会有很大提高，并且在较低温度下仍然具有较好的韧性。若对糠醇树脂用酚醛、聚乙烯醇缩丁醛进行改性，改性后的树脂可用于涂料。

11.4.2　呋喃树脂的固化

呋喃树脂的固化是指将一定量的固化剂(有机酸或无机酸)引入到一定黏度的呋喃初缩聚物中，在加热或室温下固化成不溶、不熔的体型结构的坚硬固体，此树脂的固化速度取决于温度、酸的活性和用量。若用强酸，在室温下树脂就迅速固化；若用弱酸，树脂在室温下不能固化，其黏度基本也不增加，即使在较高温度(95~200℃)下，也要经过数小时树脂才能固化，即随着固化剂酸性增强，用量增多，相对应的固化温度就越低，固化速度也较快。

环境温度越高，固化速度相应地也越快，呋喃树脂(胶泥)完全固化与温度、时间的关系列于表 11-28 中。

表 11-28　呋喃树脂(胶泥)完全固化的温度与时间

温度/℃	完全固化条件/d	温度/℃	完全固化条件/d
16	12	27	6
21	8	32	4

呋喃树脂由于固化过程中反应比较剧烈，在施工中必须严格控制固化剂的用量和温度，否则会使树脂胶化变质。用苯磺酰氯作固化剂时，终期固化完全，但因苯磺酰氯的酸度低，早期固化速度慢；用硫酸乙酯作固化剂时，其早期固化速度快，而终期固化不完全，常在热处理时发软，产生洛胶问题；磷酸的酸性介于上述两者之间，作为固化剂时，树脂的早期固化速度快，而终期固化速度慢，长时间也不能达到完全固化。有人认为若选用苯磺酰氯与磷酸混合使用，可以发挥它们各自优点，克服不足。呋喃常用固化剂的用量列于表 11-29 中。

表 11-29　呋喃树脂常用固化剂的用量

固化剂名称	每百份树脂的固化剂用量/份	固化剂名称	每百份树脂的固化剂用量/份
硫酸乙酯(硫酸∶乙醇=1∶3)	12~15	对甲苯磺酸	6~8
苯磺酰氯	10~15	苯磺酸	6~8
对甲苯磺酰氯	14~16	苯磺酰氯-磷酸	4+3.5~5
磷酸	10~12		

11.4.3　呋喃树脂的辅助剂

根据呋喃树脂的不同用途分别选用不同的辅助材料，常用的辅助材料分别有增塑剂、稀释剂和填料等。

(1) 增塑剂

为降低呋喃树脂用于涂料、胶泥、黏合剂以及增强塑料时的脆性，常引入增塑剂，增塑剂的用量通常为树脂量的 10%~15%。呋喃树脂的增塑剂有苯二甲酸二乙酯、磷酸酯、聚酰胺树脂、液态丁腈、环氧树脂、松香等。

(2) 稀释剂

为了调节树脂施工黏度，呋喃树脂用于涂料和增强塑料时，常引入树脂量的 15%~25% 的稀释剂，呋喃树脂的稀释剂有丙酮、乙醇、甲苯、二甲苯等。

(3) 填料

呋喃树脂所用填料有磁粉、石墨粉、石英粉。

11.4.4　呋喃树脂的特性

固化了的呋喃树脂分子结构基本上由 C—C、C—O 键所组成，分子中没有可以与酸或碱反应的基团，因而表现出良好的耐酸、耐碱性，可在酸、碱交替的介质中使用，但分子中残留的双键使其不耐氧化性酸，而耐溶剂性较好。固化后的呋喃树脂由于交联度高，形成紧密的网状结构，其耐溶剂性能及耐温性都比较好，某些情况下可在 180~200℃ 下使用。同时，由于交联度高而缺乏柔韧性，所以，分子链在外力作用下不能蠕动，使树脂性易裂。

固化后的呋喃树脂不含有极性基团如—OH、C ═O 等，因而对金属的粘接力差，但对多孔材料如石墨、木材有很好的渗透性、湿润性，因而有良好的粘接力，常用作浸渍剂。上述呋喃树脂的缺点，可以通过加入其他树脂，如环氧树脂来进行改性。呋喃树脂的主要性能表现在：

① 耐蚀性能。呋喃树脂可以耐强酸、强碱和有机溶剂，还可适用于其中两种介质的结合或交替使用的场合。现在可采用价格便宜而又较易制成的呋喃树脂代替原来采用的稀有金属设备或金属材料内衬氟塑料，还可用呋喃树脂制成管道、洗涤器、储槽、池子和烟囱等设备，值得注意的是，呋喃树脂不能耐强氧化性介质。呋喃树脂的耐化学性如表 11-30 所示。

表 11-30　呋喃树脂的耐化学性

化学方法	耐化学性等级	化学方法	耐化学性等级
强碱	好	弱碱和盐	极好
氯化物有机溶剂	极好	非氧化性酸	极好
酯和酮	极好	芳香族溶剂	极好
脂肪族有机溶剂	极好	强氧化剂	不能承受

② 耐热性能。呋喃树脂是现有耐蚀树脂中耐热性能最好的树脂之一，其耐热可达 180~200℃。据报道，呋喃玻璃钢板在超过 180℃时，其强度的保留率仍高于 50%。

③ 稳定性能。呋喃树脂由于其自身缩聚过程缓慢，它的储存期比酚醛树脂长得多。

④ 阻燃性能。呋喃树脂具有良好的阻燃性能，燃烧时发烟少，据报道，新合成的阻燃性好的呋喃树脂不需要加入阻燃剂、填充剂或填料。

⑤ 机械性能。对呋喃树脂进行改进后的机械性能有很大的提高。用这种呋喃树脂制成的玻璃钢的力学性能指标已接近通用型不饱和聚酯树脂的性能指标。

除了上述优良性能外，呋喃树脂的缺点是固化工艺不如环氧树脂和不饱和树脂那样方便，为了使其固化完全，通常需加热后处理。另外，为了改善环氧树脂和酚醛树脂的耐蚀性和耐热性，常将呋喃树脂与这些树脂混用。

11.4.5　呋喃树脂的应用

呋喃树脂优异的耐化学腐蚀性使其在防腐领域广泛应用，有涂料、增强材料、胶泥等应用形式。

呋喃树脂涂料有酸固化和热固化两种。酸固化型不可直接涂于金属表面，只用于中间层或面漆。而纯的呋喃树脂涂料成膜性能不好，涂层脆性大，附着力差，所以单独使用机会很少，多为和其他树脂混合制备涂料。常用环氧树脂对其改性，制备成的环氧呋喃树脂涂料，具有好的耐酸、碱性，而且还提高了涂层的附着力，改善了涂膜的脆性，使用温度在 130~135℃，而不经热处理的涂层只可在常温下使用。

在呋喃树脂中加入固化剂、耐酸填料等辅料后，可配制成呋喃树脂胶泥。目前常用糠醇树脂胶泥和糠酮树脂胶泥，其物理、力学性能见表 11-31 和表 11-32。

表 11-31　糠醇胶泥的物理、力学性能

项　目	填　料		项　目	填　料	
	石墨粉	辉绿岩粉		石墨粉	辉绿岩粉
密度/(g/cm^3)	1.4	2.2~2.5	粘接力/MPa		
吸水率/%	0.2	1~3	与浸渍石墨	3.92~4.90	0.981
抗压强度/MPa	44.1~58.8	39.2~47.1	与钢铁		3.92
抗拉强度/MPa	8.83~9.81	9.81~11.77	抗渗透性/MPa	0.39~0.49	0.39~0.49
抗冲击强度/(J/cm^2)	0.216~0.775	0.177~0.255	使用温度/℃	-30~+190	-30~+190

表 11-32　糠酮胶泥的物理、力学性能

项　目	指　标	项　目	指　标
密度/(g/cm^3)	1.6~2.2	抗冲击强度/(J/cm^2)	0.147~0.245
吸水率/%	1~2	抗渗透性/MPa	0.294(不透)
抗压强度/MPa	58.8~78.5	使用温度/℃	180
抗拉强度/MPa	7.85~9.81		

11.5　复合树脂

复合树脂是两种或两种以上的单一树脂经过简单复合或改性而成的。

复合树脂的性能与原来树脂的性能不大相同，这样可达到取长补短的目的，如环氧树脂与酚醛树脂相比较来讲，环氧树脂机械强度较高，在常温下成型工艺性能较好，并有较好的耐碱能力，但其耐热性及耐酸性均次于酚醛树脂，将它们混合改性的话，所制得的复合树脂则兼有二者之优点，而两者缺点在很大程度上得到了改善。

近些年来逐步发展起来的常见复合树脂有：甲基丙烯酸环氧树脂、双酚 A 型聚酯树脂。

11.5.1　甲基丙烯酸环氧树脂

这类树脂是一种新型热固性树脂。其特点是聚合物中具有端基或侧基不饱和双键。合成过程中主要是通过不饱和酸(丙烯酸、丁烯酸等)与低相对分子质量聚合物分子链上的活性点反应，从而引进不饱和双键。此类树脂可进行室温接触成型，工艺性能与不饱和聚酯相似。根据所选用的一系列不同的低相对分子质量聚合物骨架和一系列不同类型的不饱和酸反应，可合成一系列不同类型的这类树脂。通常最常用的骨架聚合物为双酚 A 环氧树脂，不饱和酸为丙烯酸或甲基丙烯酸。

用环氧树脂作为骨架制得的乙烯基树脂综合了环氧树脂与不饱和聚酯树脂两者的优点，它的固化结构的性能与环氧的类似，而比聚酯好得多。它的工艺性能与固化性能又类似于聚酯，改进了环氧树脂低温固化时的工艺性。另外，这类树脂还有一个突出的优点，即耐化学腐蚀性优良，耐酸性优良，耐酸性优于叔胺固化环氧树脂，耐碱性优于不饱和聚酯树脂。同时，又具有良好的韧性及对玻璃纤维的浸润性。

11.5.2　双酚 A 型聚酯树脂

这类树脂是在不饱和聚酯结构中引进了双酚 A 的链节，具有优良的耐碱和耐酸性。另外双酚系聚酯的抗氧化性比普通树脂酚醛呋喃好，甚至优于环氧树脂，对一般的漂白剂、氧化剂都有良好的耐蚀性。

上述各种树脂广泛应用于防腐蚀工程中。目前合成树脂在防腐蚀工程中的应用有多种形式，可以根据不同用途和要求，按不同原料配比与不同的固化剂、填料、增塑剂、稀释剂等各种辅助材料做成涂料、胶泥、浸渍剂以及玻璃钢来使用。

第12章　常　用　塑　料

塑料是以合成或天然树脂做为主要成分，一般含有添加剂，在一定条件下(如温度、压力等)加工成型材(如板、管、棒、薄膜)或制品(如泵、阀等)。塑料的性能主要决定于主体成分聚合物的性质，聚合物相对分子质量大小、分布以及空间构型是影响塑料性能的主要因素。在聚合物中适当添加适当成分的辅助材料，可以改善材料的机械、物理和化学性能。塑料有许多优点，如：密度小、比强度大，耐腐蚀性能好和容易加工等。但也具有不耐高温、强度差、易变形、热膨胀系数大、导热性能差、易老化等缺点。塑料可作为结构材料，也可作为耐腐蚀的工程材料、绝缘材料。塑料的品种很多，根据其受热后的变化和性能的不同分为热固性塑料和热塑性塑料两大类。热固性塑料一般是由缩聚类树脂组成，而热塑性一般是由聚合类树脂组成。热塑性和热固性塑料的分类及主要特征见表12-1。

表12-1　塑料的分类及主要特点(按性能)

种　类		特　性
热塑性塑料	聚乙烯	柔韧性好，介电性能和耐化学腐蚀性能优良，成型工艺性好；但刚性差
	聚丙烯	耐腐蚀性优良，力学性能和刚性超过聚乙烯，耐疲劳和耐应力开裂性好；但收缩率较大，低温脆性大
	聚氯乙烯	耐化学腐蚀性和电绝缘性能优良，力学性能较好，具有难燃性；但耐热性差，升高温度时易发生降解
	聚苯乙烯	树脂透明，有一定的机械强度，电绝缘性能好，耐辐射，成型工艺性好；但脆性大，耐冲击性和耐热性差
	ABS	具有韧、硬、刚相均衡的优良力学特性，电绝缘性能、耐化学腐蚀性、尺寸稳定性好，表面光泽性好，易涂装和着色；但耐热性不太好，耐候性较差
	丙烯酸类树脂	具有极好的透光性，耐候性优良，成型性和尺寸稳定性好。但表面硬度低
	聚酰胺	力学性能优异，冲击韧性好，耐磨性和自润滑性能优良；但易吸水，尺寸稳定性差
	聚碳酸酯	有优良的综合性能，特别是力学性能优异，耐冲击性优于一般热塑性塑料，其他如耐热、耐低温、耐化学腐蚀性、电绝缘性能等均好，制品精度高，树脂具有透明性；但易产生应力开裂
	聚甲醛	力学性能优异，刚性好，耐冲击性能好，有突出的自润滑性、耐腐性和耐化学腐蚀性；但耐热性和耐候性差
	饱和聚酯	热变形温度高，力学性能优良，刚性大，电绝缘性能和耐应力开裂性好；但注射成型各向异性突出
	氟塑料	有突出的耐腐蚀，耐高温性能，摩擦系数低，自润滑性能优良；但力学性能不高，刚性差，成型加工性不好
	聚砜类	耐热性优良，力学性能、电绝缘性能、尺寸稳定性、耐辐射性好；但成型工艺性差
	聚醚醚酮	耐热性好(220℃以上)，力学性能、耐化学腐蚀性能、电绝缘性能、耐辐射性能良好，成型加工性好

续表

种类			特性
热塑性塑料	聚芳酯		属透明、耐温等级较高的工程塑料，有良好的电绝缘能和耐化学腐蚀性能，有自熄性，成型加工性好
	聚酚氧		具有透明性，有优良的冲击韧性和刚性，电绝缘性优异，有极高的成型精度，尺寸稳定性好，耐蠕变性和自熄性好，易成型加工，耐候性较差
	聚苯醚		有优良的力学性能，热变形温度高，使用温度范围宽，耐化学腐蚀性，抗蠕变性和电绝缘性能好，有自熄性，尺寸稳定性好
	氯化聚醚		耐化学腐蚀性能优异(仅次于聚四氟乙烯)，耐磨性好(仅次于聚甲醛)，电绝缘性和尺寸稳定性好；但低温脆性大
	聚乙烯醇缩醛		透明、韧性、惰性材料
	纤维素及其塑料		表面硬而韧、透明度好，容易着色，耐候性好，易于加工
热固性塑料	酚醛树脂		电绝缘性能和力学性能良好，耐水性、耐酸性和耐烧蚀性能优良
	环氧树脂		粘接性和力学性能优良，耐化学药品性(尤其是耐碱性)良好，电绝缘性能好，固化收缩率低，可在室温、接触压力下固化成型
	不饱和聚酯树脂		可在常温常压下加工成型，其玻璃纤维增强塑料具有优良的力学性能、良好的耐化学性和电绝缘性能；但固化收缩率较大
	有机硅树脂		耐热性和电绝缘性能优异、疏水性好；但力学性能差
	聚氨酯		耐热、耐油、耐溶剂性好，强韧性、粘接性和弹性优良
	氨基树脂	脲醛树脂	本身为无色，着色性好，电绝缘优良好；但耐水性差
		三聚氰胺树脂	本身为本色，着色性好，硬度高，耐磨耗性良好，电绝缘性和耐电弧性优良
	醇酸树脂		粘接包覆性良好，耐候性好，涂膜强韧
	二烯丙酯树脂		电绝缘性优异，尺寸稳定性好
	呋喃树脂		耐化学药品性优良，热稳定性和电绝缘性能良好

按其应用情况塑料可分为通用塑料、工程塑料和特种塑料三大类，见表 12-2。

表 12-2　塑料的分类及主要特点(按其应用情况)

类型		名称(代号)及特点
通用塑料		聚氯乙烯(PVC)、聚乙烯(PE)、聚丙烯(PP)、聚苯乙烯(PS)、酚醛塑料(PF)产量大、用途广、成型性好、价廉
工程塑料		聚甲醛(POM)、聚碳酸酯(PC)、ABS 塑料(ABS)、聚酰胺(尼龙)(PA)、环氧塑料(EP)、氯化聚醚、呋喃塑料 能承受一定外力作用，有良好的机械性能和尺寸稳定性，在高、低温下仍能保持其优良性能，可以用作工程结构材料
特种塑料	耐高温塑料	聚砜(PSU)、聚酰亚胺(PI)、聚芳烃、聚苯硫醚(PPS)、有机硅 具有特殊功能，可应用于特殊要求的场合，如耐高温≥200℃，润滑，不粘等
	氟塑料	聚四氯乙烯(PTFE)、聚三氟氯乙烯(PCTFE)、聚全氟乙丙烯(FEP)、聚偏二氟乙烯(PVDF) 其特点与耐高温塑料相同
	塑料合金	PVC/橡胶、PVC/PEC、PVC/ABS、PE/橡胶、PE/PEC、PE/PP 作为塑料使用的高分子共混聚合物，比单一塑料在性能上有更大的优越性

12.1　聚氯乙烯

聚氯乙烯树脂是由氯乙烯单体聚合而成，悬浮聚合和乳液聚合是工业上常用的两种聚合方法。聚氯乙稀塑料是以聚氯乙烯树脂为主要原料，加入增塑剂、稳定剂、填料、润滑剂、颜料等，再经过捏合、混炼及加工成型等过程制得。根据加入增塑剂的量的不同，把聚氯乙烯分为两类：一般在 100 份(质量份)树脂中加入 30~70 份增塑剂的塑料，质地柔软，称为软聚氯乙烯塑料；不加或只加 5 份以下增塑剂，材质坚硬者为硬聚氯乙烯。聚氯乙烯最大的优点是耐化学腐蚀性好，电绝缘性好，价格低，易焊接加工，硬度可调，用于负载的工程塑料强度高，硬度好。缺点是耐热性较差，易老化。

12.1.1　聚氯乙烯的物理、力学性能

（1）聚氯乙烯的物理性能

硬聚氯乙烯密度小，仅为普通碳钢的 1/5，质量轻，便于设备的安装。其导热系数只是普通钢的 1/400~1/500，不适合作传热设备，但可做保温材料使用。聚氯乙烯的耐热性较差，通常玻璃化转变温度 T_g 为 80~85℃，马丁耐热温度为 65℃。其使用温度的高低与环境介质、载荷状况有关。当受力构件使用时，应力越大，使用温度越低。聚氯乙烯的热稳定性较差，在 140~180℃ 易分解出 HCl。

（2）聚氯乙烯的力学性能

硬聚氯乙烯与聚丙烯、聚乙烯等其他工程材料相比，具有较好的力学性能。其短期拉伸强度为 50~60MPa(20℃)，而长期拉伸强度为 20MPa(20℃)。由于硬聚氯乙烯有明显的蠕变性能，即使在室温下也会发生，因此短期拉伸强度不能作为选取许可应力的依据，而应采用长期拉伸强度。长期拉伸强度的大小与温度有密切关系，随温度升高而增大，见表12-3。

表 12-3　温度对硬聚氯乙烯机械强度的影响

温度/℃		10	20	30	40	50	60	70
抗拉强度/MPa	纵向	67.5	62.6	58.7	50.4	45.5	36.6	29.6
	横向	63.8	58.3	50.4	47.4	42.0	35.5	29.7
长期强度/MPa				18.6	10.8		3.92	
温度/℃		-20	-10	-5	0	5	10	
冲击强度/(J/m²)		29.4	33.3	39.2	41.2	47.1	56.9	

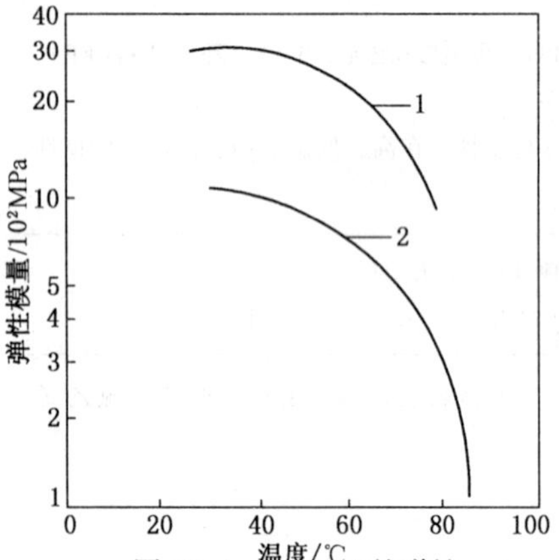

图 12-1　R-PVC 的弹性模量与温度关系
1—拉伸模量；2—弯曲模量

在 20~50℃ 的范围内，硬聚氯乙烯的弹性模量变化不多(如图 12-1)，但仍具备足够的刚性，可以用做单独结构材料使用。

聚氯乙烯在 20℃ 的冲击强度大于 $147\times10^3 m^2$，约为碳钢的 1/3，温度下降，冲击强度下降，呈现较明显的低温脆性。

聚氯乙烯塑料的物理、力学性能如表 12-4 所示。

12.1.2　聚氯乙烯的耐化学腐蚀性

从分子结构来看，聚氯乙烯不含有活性较大的基团，主链又全是由非极性共价键 C—C 联结而成，化学性能较稳定。硬聚氯乙烯在室温(或低于 50℃)下，除了强氧化剂(如浓度大于 50% 的 HNO_3、发烟硫酸)、芳

香胺、氯代碳氢化合物(如苯、甲苯、氯苯等)以及酮类外，能耐大部分无机酸、碱、盐类化合物、烃类有机溶剂等介质的腐蚀。硬聚氯乙烯的耐腐蚀性能与温度、应力有关，温度越高，应力越大，介质向硬聚氯乙烯内部的扩散速度越快，腐蚀速率越快。硬、软聚氯乙烯的具体性能见表 12-5 和表 12-6。

表 12-4　聚氯乙烯塑料的物理、力学性能

性　能	硬 PVC	软 PVC	性　能	硬 PVC	软 PVC
密度/(g/cm^3)	1.4~1.6	1.2~1.4	邵氏硬度	D75~85	A50~95
吸水性(浸 24h)/%	0.1~0.4	0.25	热导率/[W/(m·K)]	0.12~0.29	0.12~0.16
拉伸强度/MPa	35~55	10~21	线膨胀系数/[($10^{-5}K^{-1}$)]	5~18.5	7~25
断裂伸长率/%	2~40	100~450	连续耐热温度/℃	65~80	65~80
压缩强度/MPa	55~90	6.2~11.7	燃烧性	自熄	自熄
冲击强度(缺口)/(kJ/m^2)	22~108	随增塑剂量变化	介电常数(60Hz)	3.2~3.6	5.0~9.0

表 12-5　硬聚氯乙烯耐化学腐蚀性

介质及浓度/%	温度/℃	耐蚀性评价	介质及浓度/%	温度/℃	耐蚀性评价
氧	60	耐	溴水	20	耐
臭氧，10	30	耐	氟化铵	60	耐
过氧化氢，<90	60	耐	氟化钾	60	耐
氨气，100	60	耐	氟硅酸	60	耐
氨水	60	耐	硅酸	60	耐
液氨，100	60	尚耐	铬酸，<50	60	耐
氢氧化钠	60	耐	铬酸钾	60	耐
氢氧化钙	60	耐	铬酸钠	60	尚耐
氢氧化钡	60	耐	重铬酸钾	60	耐
氢氧化钾	60	耐	硝酸，<50	50	耐
氢氧化镁	60	耐	<50	60	尚耐
氢氧化锂	60	耐	40	71	耐
氯气，干	60	耐	95~98	20	不耐
湿	60	耐	50~70	20	耐
液氯，100	20	不耐	亚硝酸	22	耐
氯水，饱和	20	尚耐	硝酸钠	60	耐
氯化氢，(气)，干	60	耐	硝酸钙	60	耐
湿	40	耐	硝酸铅	60	耐
盐酸，饱和	60	耐	硝酸铝	60	耐
氯化钠	60	耐	硝酸银	60	耐
氯化亚锡	60	耐	亚硝酸钠	60	耐
氯化锌	60	耐	亚硝酸钾	60	耐
三氯化磷，100	20	不耐	硫化氢	60	耐
五氯化磷，100	20	不耐	硫	60	耐
海水	60	尚耐	硫化钠	60	耐
高氯酸，<10	40	耐	硫化铵	60	耐
高氯酸钾	60	耐	二氧化硫，干	60	耐
次氯酸	60	耐	湿	40	耐
次氯酸钠	60	耐	湿	60	尚耐
溴蒸气，<25	22	尚耐	液	20	尚耐

续表

介质及浓度/%	温度/℃	耐蚀性评价
硫酸，<90	60	耐
90~95	22	耐
亚硫酸	60	耐
硫酸钠	60	耐
硫酸钙	60	耐
硫酸铝	60	耐
硫酸铵	60	耐
硫酸锌	60	耐
硫酸铅	60	耐
硫代硫酸钠	40	耐
过硫酸钾	60	耐
氢氰酸	60	耐
二氯乙烯	20	不耐
苯	20	不耐
甲苯	20	不耐
二甲苯	20	不耐
液溴，100	20	不耐
碳酸钠	60	耐
碳酸铵	60	耐
碳酸镁	60	耐
碳酸钙	60	耐
碳酸氢钠	60	耐
磷酸，<90	60	耐
100	60	不耐
磷酸钠	60	耐
磷酸氢二钠	60	耐
各种电镀液	60	耐
硫酸，硝酸混合 $H_2SO_4/HNO_3/H_2O$ 10/20/70	50	耐
10/87/3	20	尚耐
50/50	20	尚耐
50/50	40	不耐
57/28/15	71	尚耐
$CrO_3/H_2SO_4/H_2O$ 40/1/100	55	尚耐
34/1/100	55	尚耐
甲烷	60	耐
庚烷	60	耐
二氯甲烷	20	不耐
氯仿	20	不耐
四氯化碳	20	尚耐
环氧乙烷	20	不耐
二氯乙烷	20	不耐
氢氟酸，<4	60	耐
氟化钠	60	耐
氟化铝	60	耐
萘	20	不耐

介质及浓度/%	温度/℃	耐蚀性评价
氯苯	20	不耐
甲醇	60	耐
乙醇	60	耐
乙二醇	60	耐
丙三醇	60	耐
糠醇	20	不耐
苯酚，<5	40	耐
5	71	尚耐
90	20	耐
100	40	不耐
甲酚，<90	45	尚耐
甲醛，稀	40	耐
糠醛，100	20	不耐
丙酮	20	不耐
环己酮	20	不耐
甲酸，<50	40	耐
100	60	不耐
醋酸，<60	60	耐
80	60	不耐
冰醋酸，100	20	尚耐
醋酸钠	60	耐
月桂酸	60	尚耐
硬脂酸	60	耐
皂液	60	耐
马来酸	60	耐
油酸	60	耐
酒石酸	60	耐
柠檬酸	60	耐
苯甲酸	60	尚耐
乙醚	20	不耐
醛酸乙酯	20	不耐
硝酸丁酯	20	不耐
苯二甲酸二丁酯	20	尚耐
甲胺	20	不耐
六次甲基四胺	60	耐
乙酸胺	20	耐
苯胺	20	不耐
尿素	60	耐
石油	71	耐
汽油	60	耐
矿物油	60	耐
石蜡	60	耐
松节油	60	耐

表 12-6 软聚氯乙烯的耐腐蚀性能

介 质	浓度/%	温度/℃	耐腐蚀性	介 质	浓度/%	温度/℃	耐腐蚀性
氢氟酸	60	38	耐	亚硫酸酐	任何浓度	70	尚耐
氨气(干)	100	60	尚耐	盐酸	25	60	耐
铬酸	35	60	尚耐	溴	稀	70	耐
硝酸	35	20	尚耐	碳酸铵	—	—	尚耐
硫酸	90	60	不耐	醋酸	冰醋酸	20	不耐
硝酸铵	任何浓度	70	耐	脂肪酸	任何浓度	38	尚耐

注：本表所列全系国外文献介绍。

12.1.3 聚氯乙烯的应用

由于聚氯乙烯塑料具有一定的机械强度，焊接和成型性良好，又具有较好的耐化学腐蚀性，因此是石油、化工、制药、燃料等工业中普遍使用的一种耐腐蚀材料。硬聚氯乙烯常用作结构材料，制备大型设备如塔器、储槽、排气筒、除雾器、泵、阀门、管件、壳体及管道设备等，可通过注塑工艺制得。软聚氯乙烯具有较高的弹性，常用于设备衬里材料，软聚氯乙烯由于增塑剂含量较多，质地柔软，特别适用于制造密封垫片、密封圈及软管等。软聚氯乙烯制造的薄膜常用于农用大棚膜、包装膜、雨衣膜和一些日常用品如鞋底和壁纸等，但易老化，变硬变脆。目前聚氯乙烯板常常用做衬里，也有单独用于制造设备的。

为了扩大聚氯乙烯的使用范围，可对聚氯乙烯进行改性。如：玻璃纤维增强聚氯乙烯塑料(FR-PVC 塑料)，就是在聚氯乙烯树脂加工时，加入玻璃纤维进行改性，提高其力学强度；又如通过加入石墨以提高其导热系数，用做化工耐蚀换热材料(如列管式冷却器)，在低于 80℃的情况下，还可用于浓度不高于 90%的硫酸、稀硝酸、任意浓度的盐酸、磷酸、氯乙酸及氯气等腐蚀性介质中。

12.2 聚乙烯

聚乙烯是当今世界上产量最大、应用最广泛的热塑性塑料之一，在我国也是产量最大的品种。聚乙烯是由乙烯单体聚合而成的高分子聚合物。根据其聚合工艺条件的不同，聚乙烯可分为三种：高压聚乙烯、中压聚乙烯、低压聚乙烯。高压聚乙烯是在 98.1~343MPa 大气压、温度为 80~300℃的条件下经自由基聚合而得到的。其分子结构中，支链多，结晶度小，密度低，所以通称低密度聚乙烯。低压聚乙烯是采用齐格勒催化剂于较低温度下(如 70℃)及低压条件下经过配位聚合得到的。其支链少，结晶度大，约为 85%~95%，密度(0.94~0.95g/cm^3)，因而又被称为高密度聚乙烯。中压聚乙烯又称为中密度聚乙烯，其性能及密度居于低、高聚乙烯之间。

12.2.1 聚乙烯的物理、力学性能

聚乙烯的相对分子质量和聚合物支化程度以及结晶度决定其力学性能。通常规律是密度越大，结晶度增加，聚乙烯的熔点、屈服强度、弹性模量、硬度都有所提高，但断裂伸长率则降低。表 12-7 为聚乙烯的物理、力学性能表。从 12-7 表中可以看到，聚乙烯的拉伸强度比硬聚氯乙烯低得多，即使是强度较高的高密度聚乙烯，其拉伸强度也只是硬聚氯乙烯的 2/3。

表 12-7　聚乙烯的物理、力学性能

性　能	测试方法 ASTM	低密度聚乙烯	中密度聚乙烯	高密度聚乙烯		超高相对分子质量聚乙烯（上海高桥化工厂生产）
				熔熔指数 >1g/10min	熔熔指数 0g/10min	
密度/(g/cm^3)	D792	0.910~0.925	0.926~0.940	0.941~0.965	0.945	0.94
平均相对分子质量		约 3×10^5	约 2×10^5	约 1.25×10^5	$(1.5\sim2.5)\times10^6$	—
折射率		1.51	1.52	1.54		—
透气速率(相对值)		1	$1\frac{1}{3}$	1/3		—
断裂伸长率/%	D638	90~800	50~600	15~100		450~525
邵氏硬度(D)	A785	41~50	50~60	60~70	55(洛氏 R)	50(洛氏 R)
冲击强度(缺口)/(J/m)	D256	>853.4	>853.4	80~1067	>1067	—
拉伸强度/MPa	D638	6.9~15.9	8.3~24.1	21.4~37.9	37.2	40.0
拉伸弹性模量/MPa	D638	117.2~241.3	172.3~379.2	413.7~1034	689.5	142~785
连续耐热温度/℃		82~100	104~121	121		—
热变形温度/℃	D648					
0.46MPa		38~49	49~74	60~82	73	
比热容/[J/(kg·K)]		2302.7		2302.7		
结晶熔点/℃		108~126	126~135	126~136	135	
脆化温度/℃	D746	-80~-55		<-140~-100	<-137	
熔熔指数/(g/10min)	D1238	0.2~30	0.1~4.0	0.1~4.0	0.00	
线膨胀系数/($10^{-5}K^{-1}$)		16~18	14~16	11~13	7.2	
热导率/[W/(m·K)]		0.35		0.46~0.52		
介电常数	D150					
60~100Hz		2.25~2.35	2.25~2.35	2.30~2.35	2.34	2.30

同时，聚乙烯的强度受温度和时间的影响也较大，聚乙烯管的 20℃、10^5h 的持久强度约为硬聚氯乙烯的 1/5。

聚乙烯不但强度低且弹性模量也较少，只有硬聚氯乙烯的 1/5 左右。因此不能用作单独的结构材料，而只能用于涂层和衬里。

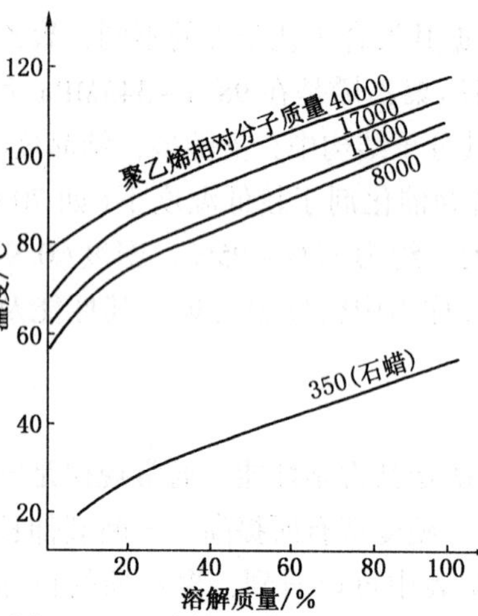

图 12-2　不同相对分子质量聚乙烯在二甲苯中的溶解度

12.2.2　聚乙烯的耐化学腐蚀性

聚乙烯分子结构由—CH_2—构成，化学稳定性较好。具有优良的耐腐蚀性能，与硬聚氯乙烯相近。常温下能耐一般的酸、碱、盐的腐蚀；在 60℃以下能耐 40%HNO_3、50%H_2SO_4、浓盐酸和各类浓度的盐类、碱类溶液的腐蚀。而在室温下，聚乙烯几乎不溶于任何有机溶剂中，但脂肪烃、芳香烃、卤代烃能使其溶胀，若温度超过 70℃时，聚乙烯可以少量溶解在苯、甲苯、醋酸戊酯、三氯乙烯和氯代烃中。密度不同的聚乙烯耐溶剂性也不一样，高密度聚乙烯结晶度高，耐溶剂性相对好些。

聚乙烯的相对分子质量对耐溶剂性也有一定的影响，不同相对分子质量的聚乙烯在二甲苯中的溶解度如图 12-2。

表 12-8 示出了聚乙烯在 20℃液体中浸渍 30 天后对液体的吸收，表 12-9 列举了聚乙烯材料的耐蚀性数据。

表 12-8　聚乙烯在 20℃液体中浸渍 30 天后对液体的吸收

溶　剂	聚合物质量增长百分率/%		溶　剂	聚合物质量增长百分率/%	
	0.92g/cm³ 聚乙烯	0.96g/cm³ 聚乙烯		0.92g/cm³ 聚乙烯	0.96g/cm³ 聚乙烯
四氯化碳	42.4	13.5	乙酸乙酯	2.9	1.6
苯	14.6	5.0	油酸	1.81	1.53
汽油(沸点 60~100℃)	12.8	5.8	丙酮	1.24	0.79
四氢呋喃	13.8	4.6	乙酸	1.01	0.85
乙醚	8.5	2.6	乙醇	0.7	0.4
润滑油	4.5	0.95	水	<0.01	<0.01
环己酮	3.9	2.4			

表 12-9　聚乙烯的耐化学腐蚀性

介　质	浓度/%	温度/℃	耐蚀性评价	介　质	浓度/%	温度/℃	耐蚀性评价
氢氟酸	<50	60	耐	铬酸钠	—	60	耐
	>70	60	尚耐	苯甲酸钠	—	60	耐
甲酸	<50	60	耐	溴酸钠	—	60	耐
	100	60	尚耐	过硫酸钾	—	60	耐
丙酸	<60	60	耐	甲胺	—	60	耐
水杨酸	—	60	耐				

12.2.3　聚乙烯的应用

聚乙烯的加工方法很多，注塑法是大部分聚乙烯制品使用的生产方法。低、高密度聚乙烯掺和可用于注塑制备玩具、化工设备、电工器材、密封件轴套等。高密度聚乙烯的注塑制品应用更为重要。其用途包括：工业容器、壳体、篓筐、桶装品的盆、容器罩、家电器皿等。许多聚乙烯制品是通过挤出成型的，根据制品的不同，即制品可以是薄膜、涂覆低板材、管材、杆材或导线外皮，挤出工艺有不同的变化。高密度聚乙烯薄膜常用于制作购物提包或用做包装材料，代替食品用纸。

聚乙烯粉末也可用作起始原料进行加工。此方法的重要应用是制备聚乙烯防腐涂层，制备方法可以有流化床涂覆和喷涂。在流化床涂覆中，把需用聚乙烯涂覆的金属物体加热至 160~250℃，再将其悬置于聚乙烯粉末的流化床中。聚乙烯粉末与热金属接触，熔化并粘在金属物件上。继续加热，颗粒完全融化，形成涂覆层。静电喷涂法是颗粒离开喷雾枪时就带电，并被要涂覆的、已接地的物体吸引。

12.3　聚丙烯

聚丙烯是丙烯的高分子聚合物，由 C、H 两元素构成。依合成时所用催化剂不同，聚丙烯分子结构也不同。根据其分子立构规整性的不同，即按取代基—CH_3位置的不同，分为等规、间规和无规三种立体结构。甲基均在主链平面一侧的称等规，甲基交错出现在大分子两侧的叫间规，甲基杂乱无章的出现的叫无规。目前应用较多的是等规立构体的聚丙烯，其分子结构立规性好，具有较高的结构性，用于塑料。无规立构体的聚丙烯不能结晶，强度低，只能用于改性载体。而间规立构体的聚丙烯结晶度低于等规立构体，而强度刚性不如等规立构体聚丙烯，但具有较好的韧性和弹性，可以做高弹性热塑体，且力学性能高于普通橡胶，是一种很有前途的聚丙烯材料。

腐蚀工程中应用较多的是等规立构体聚丙烯塑料。工业上把等规聚丙烯简称为聚丙烯。目前聚丙烯产量占世界树脂产量的第三位，价格只稍高于聚氯乙烯(PVC)。

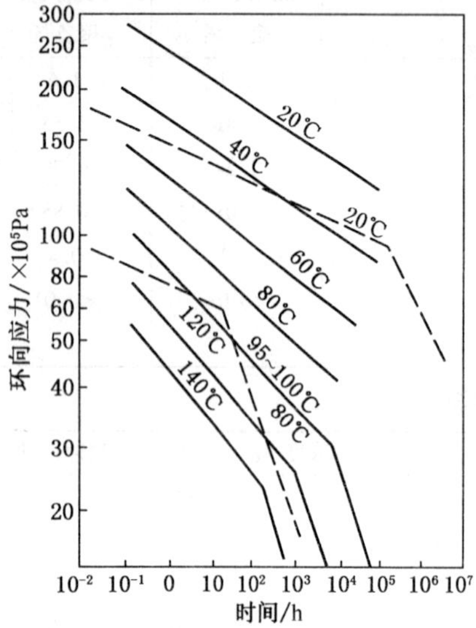

图 12-3　聚丙烯管在各温度下的应力与时间关系

PP——；HDPE-----

12.3.1　聚丙烯的物理、机械性能

聚丙烯塑料的最大特点是：软化点高，耐热性好，熔点为 170~172℃，连续使用温度可达 110~120℃，比 PVC 高 50~60℃，同时其长期拉伸强度与刚性都较高，聚丙烯在不同温度下长期拉伸曲线如图 12-3。硬度大，耐磨性好，耐应力开裂很出色(1000h)，比 HDPE 强 20~100 倍，电绝缘和化学温度性好。缺点是低温度下冲击强度较差，易脆化；耐候性差，静电性高；线膨胀系数大，是硬 PVC 的两倍，在设计制品时应注意热补偿；杨氏模量小，仅约为硬 PVC 的 1/3，有可燃性。为此聚丙烯的改性很受重视。聚丙烯的性质不仅取决于其化学结构，还明显受共结晶度和晶体形态、相对分子质量和相对分子质量分布的影响。即聚丙烯等规度越高，其结晶度越大。一般来说，相对分子质量越大，熔融黏度越大，分子运动困难，链段获一定能量后可进入晶格的速度减慢，结晶度减小。总之，结晶度越高，其物理、力学性能越好。聚丙烯物理、力学性能见表 12-10。

表 12-10　聚丙烯的物理、力学性能

性　能	指　标	性　能	指　标
密度/(g/cm^3)	0.903~0.904	压缩强度/MPa	39~56
使用温度/℃	110~120	杨氏模量/MPa	1471
分解温度/℃	240	冲击强度(缺口)/(kJ/m^2)	2.2~6.4
热导率/[W(m·K)]	0.087~0.14	断裂伸长率/%	>200
线膨胀系数/($10^{-5}K^{-1}$)	11~12	洛氏硬度 R	85~110
脆化温度/℃	±8	结晶度/%	65~95
拉伸强度/MPa	约 35	相对分子质量	2.5 万~5 万或<35 万
弯曲强度/MPa	42~55	晶体熔点/℃	105~130

12.3.2　聚丙烯的耐化学腐蚀性

聚丙烯有优良的耐腐蚀性(见表 12-11)。对无机化合物来说，除氧化性介质外，不论酸、碱或盐溶液，几乎直到 100℃，对聚丙烯都没有破坏作用。但由于其分子结构中的叔碳原子易被氧化，所以对强氧化性介质如发烟硫酸、浓 HNO_3 和氯磺酸、铬酸等，即使在室温下也不能用。

在室温下，几乎所有有机溶剂均不能溶解聚丙烯，它对大多数羧酸也具有较好的耐蚀性。此外，聚丙烯还具有较好的耐应力龟裂性。聚丙烯的耐蚀性还与其相对分子质量大小、结晶度的高低有关。通常相对分子质量大、结晶度高，耐蚀性好。

表 12-11 聚丙烯的耐化学腐蚀性能

介质名称	浓度/%	温度/℃	耐腐蚀评价	介质名称	浓度/%	温度/℃	耐腐蚀评价
水		100	耐	硫　酸	40	100	耐
汞(水银)	100	100	耐		50	20	耐
双氧水(过氧化氢)	10	80	耐		70	20	耐
	30	80	尚耐		80	80	耐
氨	100	80	耐		96~98	20	耐
氨水(氢氧化铵)	15	80	耐			80	尚耐
	25	80	耐	硫酸钾	饱和	80	耐
	30	20	耐	硫酸铁	饱和	80	耐
	饱和	80	耐	硫酸亚铁	饱和	80	耐
氢氧化钙	饱和	100	耐	硫酸铝	饱和	80	耐
氢化钙		100	耐	硫酸铜	含铜 40g/L	60	耐
氢氧化钠	1mol/L	100	耐			80	尚耐
	10~30	80	耐	硫酸铵	饱和	100	耐
	52	100	耐	硫酸锌	任何浓度	100	耐
氢氧化钾	1mol/L	100	耐	亚硫酸钠	40	100	耐
	55	100	耐	亚硫酸铝	饱和	80	耐
氢氟酸	10	90	耐	亚硫酸铵	饱和	80	耐
	50	80	耐	明矾(硫酸钾铝)	饱和	80	耐
	55	60	耐	氰酸钠	饱和	80	耐
	55	80	尚耐	盐　酸	2mol/L	100	耐
氟化氢		20	耐		10	100	耐
氟化氢钠	饱和	80	耐		30	100	耐
氟化钾	饱和	80	耐		36	80	尚耐
氟化铜	饱和	80	耐	氯化汞	饱和	80	耐
氟硅酸		60	耐	氯化钙	任何浓度	90	耐
氟硅酸钠	饱和	60	耐	氯化钠	任何浓度	100	耐
硅酸钙	饱和	30	耐	氯化钾	饱和	80	耐
硅酸钠		100	耐	氯化铁	饱和	80	耐
硝　酸	<25	80	耐	氯化铍	饱和	80	耐
	30~50	20	尚耐	氯化铝	饱和	80	耐
硝酸钙	饱和	80	耐	氯化铵	饱和	80	耐
硝酸钠	饱和	80	耐	氯化锡	饱和	80	耐
硝酸钾	饱和	80	耐	氯化镁	饱和	80	耐
硝酸亚铁	饱和	80	耐	氯化镍	40	80	耐
硝酸铜	30	100	耐	海　水		100	耐
硝酸铵	饱和	100	耐	氯酸钠	饱和	100	耐
硝酸银	20	100	耐	氯酸钡	饱和	80	耐
硝酸镍	饱和	80	耐	氯酸钾	饱和	80	耐
硫化钠	饱和	80	耐	次氯酸钠	6	100	耐
硫化钾	饱和	80	耐		20	60	尚耐
硫化铵	饱和	80	耐	硼酸	饱和	80	耐
硫　酸	1mol/L	100	耐	硼砂	饱和	80	耐
硫　酸	30	80	耐	溴化钾	饱和	80	耐

12.3.3 聚丙烯的应用

聚丙烯树脂可用于制造纤维、塑料，还可以用做涂料、合成纸、合成木材等。

聚丙烯塑料和硬 PVC 一样，可用注射、挤压、模压等方法加工成型。其注射成型制品广泛用于建筑、机械、电器、日用品等工业部门，挤压成型产品主要有薄膜、管材、板材等。聚丙烯作为耐腐蚀材料在化学工业上的应用主要是管道及板材等二次加工成的塔、容器类设备。表 12-12 和表 12-13 分别是一些国外及国内应用实例。

表 12-12 国外聚丙烯在化学工业中的应用实例

设备名称和规格	使用条件		设备结构特点
	介质	温度/℃	
浴槽，4×2.5×3.8m	25NaCl 溶液，含 pH9.5NaOH 和饱和氯	80	衬 2.5mm 厚聚丙烯
贮槽	30%~50%硫酸	70	聚丙烯(1mm 厚)与合成橡胶(1mm 厚)复合衬里
贮槽，φ4.3×10.4m	30%盐酸	常温	用玻璃纤维层压聚丙烯板制作，外用层压的聚酯玻璃钢加强
废气洗净器，长 7m，高 4.5m	从钾盐干燥过程中旋转窑中出来的热气	100~110	聚丙烯板制
硫酸洗涤装置，φ0.8×2m	80%硫酸	80~100	聚丙烯制
洗气塔，φ2.44×8m	含磷酸、硫酸、硝酸等的混合物	50~120	聚丙烯/玻璃纤维增强塑料
烟囱内筒，φ0.7×44m	硫酸蒸汽	80	聚丙烯板制
管道，φ600	氟硅酸气体	45~90	聚丙烯管
管道	四氯乙烷	室温	聚丙烯管
管道	盐酸气，含微量三氯乙烷和磺氯醋酸	40	聚丙烯管
管道	盐酸溶液，含微量硝基苯和烷基磺酰氯	—	聚丙烯管
管道	5%盐酸，5%醋酸	90	聚丙烯管
管道	盐酸、苯酰氯 SO_2 和硝基苯	—	聚丙烯管
管道	硫酸溶液	80	聚丙烯管

表 12-13 国内聚丙烯在化学工业中的应用实例

使用单位	管子公称直径/mm	介质条件
西北合成制药厂	50	输送 pH=4 盐酸母液，100~120℃
西北合成制药厂	40	输送醋酸成品液，pH=5，90~100℃
西北合成制药厂	100	输送溴、乙烷蒸气，120℃
兰化公司化肥厂	40	输送 50%硫酸，100℃
广州农药厂	80	输送氯乙酸甲酯蒸汽 105~130℃
某化工厂	150	含多种介质的下水管
北京化工厂	50	输送氯仿、HF、HCl、氟利昂 22(二氟一氯甲烷)，50~60℃
北京化工厂	25	输送氟利昂 11，氟利昂 12，60~70℃，0.1MPa 压力
北京化工五厂	25	输送氯甲醚，常温

12.4 氟塑料

氟塑料是由含氟单体自聚或和其他不含氟单体共聚的聚合物为主体的塑料的总称，常按氟塑料键节分子结构中含氟原子的个数来简称。由于分子结构中含有氟原子，使聚合物具有极为优良的耐热性、耐腐蚀性、电性能和自润滑性等。目前主要品种有聚四氟乙烯(简称F-4)、聚三氟乙烯(F-3)和聚全氟乙烯(F-46)等。

12.4.1 聚四氟乙烯塑料

聚四氟乙烯的结构为$\leftarrow CF_2—CF_2 \rightarrow$，是四氟乙烯的均聚物，缩写为PTFE，可使用的制备方法有：悬浮法、分散(乳液法)等聚合法。因为具有极高的熔体黏度，难以用普通热塑性塑料的加工方法成型，只能采用类似粉末冶金的方法，用PTFE粉末预压，再烧结成型。

聚四氟乙烯塑料耐高低温性能优异，可在-200~260℃范围内长期使用；静摩擦系数是塑料中最小的，自润滑性好，电绝缘性能优异，有突出的表面不粘性，耐候性极佳，具有不燃性。但不耐辐射，在连续载荷作用下易发生塑性变形，回弹性差，弯曲和压缩强度低。聚四氟乙烯的物理力学性能见表12-14。

表12-14 聚四氟乙烯的物理、力学性能

性　　能	指　　标	性　　能	指　　标
密度/(g/cm³)	2.1~2.3	压缩强度/MPa	11.8
比热容/[J/(kg·K)]	1.05×10^3	弯曲强度/MPa	10.8~13.7
热导率/[W/(m·K)]	0.24~0.27	冲击强度(缺口)/(kJ/m²)	16.1
线膨胀系数/($10^{-5}K^{-1}$)	(20~50℃)25~11	杨氏模量/MPa	392
熔点/℃	327	断裂伸长率/%	300~500
开始分解温度/℃	415	介电常数(10^6Hz)	2.0~2.2
拉伸强度/MPa	13.7~24.5		

聚四氟乙烯的耐化学腐蚀性在现有塑料中是最强的，有“塑料王”之称。除在特别的高温下，氟元素和熔融状态的碱金属对其有侵蚀作用，及某些卤化胺和芳烃使其有轻微膨胀外，其他任何浓度的强酸、强碱、强氧化剂、酮、醚、醇、油等即使在高温下也对它没有破坏作用。这是因为氟塑料高分子中有较强的氟碳链及屏蔽效应所致。PTFE在各种介质中耐蚀数据见表12-15。目前，PTFE应用的主要问题是成型加工工艺复杂，黏结和焊接性能不好；作为衬里材料时，表面必须经特殊的活化处理；涂层多孔，作为防腐涂层不太理想；且其价格较贵。

表12-15 PTFE的耐化学腐蚀性能

介质名称	温度/℃	浓度/%	耐蚀性	介质名称	温度/℃	浓度/%	耐蚀性
硫　酸	240	任意	耐	亚硝酸	240	任意	耐
发烟硫酸	240	任意	耐	氯　酸	240	任意	耐
硝　酸	240	任意	耐	次氯酸	240	任意	耐
发烟硝酸	240	任意	耐	高氯酸	240	任意	耐
盐　酸	240	任意	耐	铬　酸	240	任意	耐
磷　酸	240	任意	耐	氯磺酸	240	任意	耐
氢氟酸	240	任意	耐	王　水	240	任意	耐
氢溴酸	240	任意	耐	甲　酸	240	任意	耐
氢氰酸	240	任意	耐	醋酸(乙酸)	240	任意	耐
亚硫酸	240	任意	耐	醋酸酐	240	任意	耐

续表

介质名称	温度/℃	浓度/%	耐蚀性	介质名称	温度/℃	浓度/%	耐蚀性
一氯醋酸	240	任意	耐	二氯乙烷	24	—	耐
二氯醋酸	240	任意	耐	三氯乙烷	60	—	耐
三氯醋酸	240	任意	耐	五氯乙烷	60	—	耐
丙　酸	65	任意	耐	二氯丙烷	240	—	耐
丁　酸	240	任意	耐	三氯丙烷	240	—	耐
庚　烷	240	—	耐	二氯丁烷	60	—	耐
氯乙烯	240	—	耐	己　烷	240	—	耐
二氯乙烯	240	—	耐	苄　腈	沸点	—	耐
三氯乙烯	240	—	耐	过氧化氢	66	90	耐
四氯乙烯	240	—	耐	氟化铵	100	任意	耐
苯	240	—	耐	氯化亚锡	250	—	耐
甲　苯	240	—	耐	五氯化磷	93	—	耐
二甲苯	240	—	耐	氟硝基苯	沸点	—	耐
硝基苯	240	—	耐	氟　萘	沸点	—	耐
苯　胺	240	—	耐	萘　酚	沸点	—	耐
溴　苯	60	—	耐	丙　酮	240	—	耐
氯　苯	240	—	耐	环己酮	60	—	耐
乙醇(酒精)	240	—	耐	甲酸甲酯	60	—	耐
丁　醇	240	—	耐	甲酸乙酯	60	—	耐
戊　醇	240	—	耐	醋酸甲酯	60	—	耐
环己醇	240	—	耐	醋酸乙酯	240	—	耐
苯甲醇	240	—	耐	醋酸丙酯	240	—	耐
乙二醇	240	—	耐	醋酸丁酯	240	—	耐
丙三醇(甘油)	240	—	耐	醋酸戊酯	240	—	耐
糠　醇	60	—	耐	丁酸乙酯	60	—	耐
苯　酚	沸点	—	耐	苯二甲酸二丁酯	240	—	耐
甲　酚	沸点	—	耐	苯二甲酸二辛酯	240	—	耐
甲　醛	240	—	耐	二乙胺	240	—	耐
苯甲醛	240	—	耐	三乙胺	240	—	耐
糠　醛	240	—	耐	乙　醚	240	—	耐
氢氧化钠	240	任意	耐	丁　醚	240	—	耐
氢氧化钾	240	任意	耐	异丙醚	240	—	耐
氯化钙	240	任意	耐	二硫化碳	60	—	耐
四氯化钛	240	任意	耐	矿物油	240	—	耐
次氯酸钠	240	任意	耐	丙烯腈	240	—	耐
高锰酸钾	240	任意	耐	呋　喃	沸点	—	耐
氟	150	—	耐	苯乙酮	沸点	—	耐
溴	65	—	耐	酞酸二丁酯	260	—	耐
氯甲烷(甲基氯)	240	—	耐	癸二酸二丁酯	沸点	—	耐
二氯甲烷	240	—	耐	松香酸	182	—	耐
三氯甲烷(氯仿)	240	—	耐	二甲基甲酰胺	150	—	耐
四氯甲烷(四氯化碳)	240	—	耐	吡　啶	沸点	—	耐
氯乙烷(乙基氯)	240	—	耐	汽　油	93	—	耐

12.4.2 聚三氟氯乙烯塑料

聚三氟氯乙烯的结构为$\left[\begin{matrix} \text{F} & & \text{F}\\ | & & | \\ \text{C} & - & \text{C} \\ | & & | \\ \text{F} & & \text{Cl}\end{matrix}\right]_n$，是三氟氯乙烯的均聚物(PCTFE)，主要采用悬浮法、乳液法及本体法等聚合方法制备。聚三氟氯乙烯是高结晶度的高聚合物，具有良好的耐磨性、透明度、尺寸稳定、耐辐射、抗老化，能长期在-190~130℃温度下使用。其物理、力学性能见表12-16。

表12-16　聚三氟氯乙烯(F3)、聚偏二氟乙烯(F2)和聚全氟乙丙烯(F46)塑料的物理、力学性能

性　　能	品　　种		
	F3	F2	F46
密度/(g/cm³)	2.08~2.3	1.76~1.78	2.14~2.17
比热容/[J/(kg·K)]	0.904×10^3	1.38×10^3	1.17×10^3
热导率/[W/(m·K)]	约0.26	0.126	0.184~0.25
线膨胀系数/($10^{-5}K^{-1}$)	6~12	约15.3	8.3~10.5
使用温度/℃	-190~130	-40~150	-250~200
熔点/℃	208~210	170	265~278
开始分解温度/℃	310	316	400
拉伸强度/MPa	29.4~39.2	50	18~21
伸长率/%	80~250	50~100	250~330
弯曲弹性模量/MPa	1140~1420	1370	655
冲击强度(缺口)/(kJ/m²)	3.9~58.9	约19.9	不断
邵氏硬度，D	75	80	55~60
介电常数(10^6Hz)	2.5~2.7	6.43	2.0~2.2

与PTFE比较，由于有一个氯原子取代氟原子，使熔点降低至210℃，则可采用一般热塑性塑料通用的加工方法，而耐蚀性仅次于聚四氟乙烯，对强酸、强碱、较低温度下的发烟氧化酸和绝大多数有机溶剂均稳定。但在二乙酯、甲苯、氯代烃、乙酸乙酯等有机溶剂中可溶胀或溶解。PCTFE在各种介质中耐蚀性能见表12-17。PCTFE可以采用模压、注射、挤出等方法加工成型，也可采用涂覆方法(喷涂、浸涂、刷涂等)在金属工件表面经加热塑化制涂层。PCTFE可用来制造耐腐蚀的泵、阀门、管件、反应釜、换热器、储槽和密封材料等。

表12-17　PCTFE的耐化学腐蚀性能

介质名称	温度/℃	浓度/%	耐蚀性	介质名称	温度/℃	浓度/%	耐蚀性
硫　酸	175	0~98	耐	红发烟硝酸	25	—	耐
	100	100	耐	盐　酸	沸点	任意	耐
发烟硫酸	50	10~50	耐	磷　酸	175	任意	耐
	25	100	不耐	氢氟酸	25	60	耐
硝　酸	175	30	耐		50	100	耐
	沸点	60	耐	氢溴酸	120	48	耐
	50	70~98	尚耐	氢氰酸	100	任意	耐
白发烟硝酸	100	—	尚耐	王　水	110	—	耐

续表

介质名称	温度/℃	浓度/%	耐蚀性	介质名称	温度/℃	浓度/%	耐蚀性
亚硫酸	100	任意	耐	丁酸	25	—	耐
亚硝酸	25	任意	耐	草酸(乙二酸)	175	—	耐
氯酸	100	任意	耐	苯磺酸	90	—	耐
次氯酸	100	任意	耐	水杨酸(邻羟基苯甲酸)	175	—	耐
高氯酸	100	任意	耐	氢氧化钠	沸点	0~50	耐
铬酸	175	50	耐	氢氧化钾	沸点	0~50	耐
	100	80	耐	氯甲烷(甲基氯)	25	—	耐
氯磺酸	25	100	耐	二氯甲烷	25	—	耐
	140	100	不耐	三氯甲烷(氯仿)	25	—	尚耐
氢氧化铵	175	—	尚耐		90	—	不耐
氢氧化铝	100	—	耐	四氯化碳	25	—	尚耐
硫酸铵	175	饱和	耐	二氯乙烷	25	—	耐
硫酸钠	175	饱和	耐		70	—	不耐
硫酸铜	175	饱和	耐	三氯乙烷	25	—	耐
硫酸锌	175	饱和	尚耐	四氯乙烷	25	—	耐
硝酸钾	160	饱和	耐	五氯乙烷	25		耐
硝酸铵	70	饱和	耐	三氟二氯甲烷	25	—	不耐
氯化钠	175	饱和	耐	三氟二氯乙烷	25	—	不耐
氯化铁	175	饱和	耐	二氯丙烷	25	—	尚耐
氯化亚铁	175	饱和	耐	三氯丙烷	25	—	耐
氯化铜	175	饱和	耐		58	100	不耐
氯化镁	25	饱和	耐	硫化氢	175	饱和	耐
氯化银	175	饱和	不耐	己烷	60	—	耐
氯化铵	175	饱和	耐		90	—	不耐
氯化亚锡	175	饱和	耐	庚烷	60	—	尚耐
氯化铝	175	饱和	耐		90		不耐
四氯化钛	90	饱和	不耐	硝基甲烷	25	—	耐
次氯酸钠	100	饱和	耐	氮苯烷	25	—	耐
磷酸钠	175	饱和	耐	苯	60	—	耐
磷酸铵	25	饱和	耐		81		不耐
重铬酸钾	175	饱和	耐	甲苯	25	—	耐
高锰酸钾	100	饱和	耐		70		不耐
氟	100	100	耐	二甲苯	25	—	不耐
溴	25	100	耐	间二甲苯	25	—	耐
甲酸	90	87	耐	对二甲苯	25	—	耐
	101	90	不耐		140	—	不耐
醋酸(乙酸)	175	50	耐	氯苯	25	—	不耐
	70	—	耐	邻氯甲苯	25	—	耐
	80	—	不耐	对氯甲苯	25	—	耐
冰醋酸	90	—	耐	二氯甲苯	25	—	耐
醋酸酐	70	—	耐	五氯联苯	25	—	耐
	139	—	不耐	硝基苯	90	—	耐
一氯醋酸	90	—	耐	腈基苯	25	—	耐
	140	—	不耐	苯胺	60	—	耐
二氯醋酸	90	—	耐	溴苯	25	—	耐
三氯醋酸	70	—	耐		70	—	不耐

续表

介质名称	温度/℃	浓度/%	耐蚀性	介质名称	温度/℃	浓度/%	耐蚀性
氯乙烯	25	—	耐	吡啶	25	—	尚耐
二氯乙烯	25	—	耐	哌啶	25	—	耐
	70	—	不耐	丙烯腈	25	—	不耐
三氯乙烯	25	—	不耐	三氟氯乙烯	25	—	不耐
四氯乙烯	25	—	不耐	二环戊二烯	25	—	耐
氯丙烯	60	—	耐	氯化苯甲酰	25	—	耐
二氯丙烯	25	—	耐	乙酰氯	25	—	耐
二氯丁烷	25	—	耐	丙烯基氯	25	—	耐
环己醇	60	—	耐	苄基氯	25	—	尚耐
乙二醇	175	—	耐	甲醇	120	—	耐
甘油(丙三醇)	175	—	耐	乙醇(酒精)	沸点	—	耐
苯甲醇	沸点	—	耐	丁醇	70	—	耐
糠醇	25	—	耐		117	—	不耐
苯酚	60	5	耐	异戊醇	90	—	耐
	160	50	耐		135	—	不耐
甲酚	60	—	耐	甲酸甲酯	25	—	耐
	140	—	耐	甲酸乙酯	60	—	耐
邻苯三酚	175	—	耐	甲酸丙酯	25	—	耐
2，4，6-三硝基酚	25	—	耐	醋酸甲酯	25	—	不耐
甲醛	90	—	耐	醋酸乙酯	25	—	不耐
	135	—	不耐	醋酸丙酯	25	—	不耐
苯甲醛	90	—	耐	醋酸丁酯	25	—	不耐
糠醛	25	—	尚耐	醋酸戊酯	25	—	耐
丙酮	25	—	耐		70	—	不耐
	56	—	不耐	丙酸甲酯	25	—	不耐
环己酮	90	—	耐	丙酸乙酯	25	—	不耐
丁酮	25	—	耐	丙酸丙酯	25	—	尚耐
	90	—	不耐	丁酸甲酯	25	—	不耐
二异丁酮	60	—	耐	丁酸乙酯	25	—	尚耐
乙酰苯酮	25	—	耐	邻苯二甲酸二丁酯	25	—	耐
二乙胺	25	—	不耐	邻苯二甲酸二辛酯	25	—	耐
三乙胺	25	—	耐	癸二酸二丁酯	25	—	耐
全氟三乙胺	25	—	耐	醋酸异冰片酯	25	—	耐
乙醚	25	—	不耐	二硫化碳	25	—	尚耐
丙醚	25	—	尚耐	矿物油	148	—	耐
异丙醚	25	—	耐	苄腈	90	—	耐
丁醚	40	—	耐				

12.4.3 聚全氟乙丙烯塑料

聚全氟乙丙烯塑料是四氟乙烯和六氟丙烯的共聚物，其中四氟丙烯约 82%~85%，六氟丙烯约 17%~18%(质量分数)，其分子结构为$\left[(CF_2—CF_2)_x \left(CF_2—\underset{}{\overset{CF_3}{\overset{|}{CF}}} \right)_y \right]_n$，聚全氟乙丙烯是一种改性的聚四氟乙烯，其耐热性稍次于聚四氟乙烯，具有聚四氟乙烯一样优良的性能，例如良好的机械性能、高的化学稳定性等，其突出的优点是熔融温度为 274~296℃，比聚四氟乙烯低。熔体黏度低，其流动性高温下优于聚三氟氯乙烯，易加工成型。可用模压、

挤压和注射等方法成型制造各种板、管、零件等，也可采用粉料或分散液制得耐腐蚀涂层，其喷涂工艺与聚三氟氯乙烯相同，但塑化温度高，需要(360±10)℃。聚全氟乙丙烯塑料的物理力学性能见表12-16，化学性能见表12-18。

聚全氟乙丙烯在化工防腐蚀中的应用，除喷涂一些阀门、泵叶轮、管件等外，还可用作热交换器材料。

表12-18　PVDF的耐化学腐蚀性

介质名称	温度/℃	浓度/%	耐蚀性	介质名称	温度/℃	浓度/%	耐蚀性
硫酸	120	10	耐	四氯化碳	140	—	耐
	110	30	耐	二氯乙烷	140	—	耐
	100	50	耐	三氯乙烯	140	—	耐
	65	60~78	耐	硫酸铜	140	任意	耐
	50	95	耐	硫酸锌	140	任意	耐
	20	98	耐	硝酸钾	140	任意	耐
发烟硫酸			不耐	硝酸铵	140	任意	耐
硝酸	65	<50	耐	硝酸铜	140	任意	耐
	50	70	耐	氯化钠	140	任意	耐
脂肪酸	110	—	耐	氯化镁	140	任意	耐
油酸	120	—	耐	氯化铝	140	任意	耐
氢氧化铵	140	任意	耐	氯化铁	140	任意	耐
氢氧化钙	120	任意	耐	氯化亚铁	140	任意	耐
氢氧化镁	120	任意	耐	氯化铵	140	任意	耐
氢氧化钡	120	任意	耐	氯化铜	140	任意	耐
氢氧化铝	140	任意	耐	氯化亚锡	140	任意	耐
硫酸钠	140	任意	耐	氯酸钾	140	任意	耐
硫酸镁	140	任意	耐	次氯酸钠	140	任意	耐
	20	>90	尚耐	磷酸钠	140	任意	耐
盐酸	140	任意	耐	磷酸铵	140	任意	耐
磷酸	140	10	耐	重铬酸钾	140	任意	耐
	100	30	耐	过氧化氢	120	—	耐
氢氟酸	140	35	耐	硫化氢	140	—	耐
	100	70~100	耐	糠醇	50	—	尚耐
氢溴酸	140	50	耐	糠醛	65	—	尚耐
氢氰酸	140	任意	耐	丙酮	50	50	尚耐
王水	20	—	耐	醋酸乙酯	65	—	尚耐
亚硫酸	100	任意	耐	醋酸丁酯	50	—	耐
亚硝酸	65	任意	耐	醋酸戊酯	50	—	尚耐
次氯酸	110	任意	耐		100	—	尚耐
氟硅酸	140	任意	耐	苯酚	65	10	耐
甲酸	110	任意	耐		65	100	尚耐
醋酸(乙酸)	100	<50	尚耐	甲酚	65	—	耐
	65	80	耐		100		尚耐
冰醋酸	50	—	尚耐	乙二胺	20	—	耐
醋酸酐	20	—	尚耐	三乙胺	50	—	耐
丁酸	100	—	耐	四氯乙烯	140	—	耐
月桂酸(十二烷酸)	120	—	耐	甲醇	140	—	耐
己烷	140	—	耐	乙醇(酒精)	140	—	耐
庚烷	140	—	耐	丁醇	140	—	耐
硝基甲烷	120	—	耐	乙二醇	140	—	耐
甲苯	100	—	耐	丙三醇(甘油)	140	—	耐
二甲苯	100	—	耐	乙醚	25	—	耐
氯苯	100	—	尚耐		50		尚耐
硝基苯	65	—	尚耐	二硫化碳	20	—	耐
苯胺	65	—	尚耐	矿物油	140	—	耐
氯甲烷	140	—	耐	丙烯腈	20	—	耐
三氯甲烷(氯仿)	100	—	尚耐		50		尚耐

12.5 酚醛塑料

酚醛树脂是由酚类和醛类化合物在酸性或碱性催化剂的作用下，经缩聚反应而得到的合成树脂，其中以甲醛和苯酚聚合成的树脂应用最广泛。

（1）基本性能

酚醛塑料具有一定的强度，其制品在常温下具有优良的尺寸稳定性；耐热性良好，可在110~140℃下使用；具有良好的耐蚀性、耐磨性和良好的绝缘性。但是酚醛塑料性脆易碎，抗冲击强度低，在阳光下易变化，因此多做成黑色、棕色等。酚醛塑料可分为模压塑料、酚醛注射塑料和酚醛层压板等。酚醛模压塑料性能见表12-19。

表12-19 酚醛模压塑料性能

性能	填料种类		
	木粉	布屑	矿石粉
相对密度	1.35~1.45	1.35~1.45	1.6~2.0
拉伸强度/MPa	35~60	21~60	28~55
弯曲强度/MPa	30~50	60~100	50~98
冲击强度(缺口)/(kJ/m^2)	0.5~1.3	1.6~17.1	0.5~7.4
断裂伸长率/%	0.3~0.7	0.3~1.0	0.2~0.6
马丁耐热/℃	110	—	125
线膨胀系数/($10^{-5}K^{-1}$)	3.0~4.5	1.0~4.0	0.4
吸水率(24h)/%	0.3~1.2	0.4~1.8	0.1~0.5

（2）酚醛塑料的改性

用石棉填充酚醛塑料，可以得到耐热、耐酸优异的酚醛塑料，通常称为酚醛石棉塑料，系酚醛塑料的重要品种之一。

1）酚醛石棉塑料的性能

酚醛石棉塑料是耐酸耐热的优良材料，其化学稳定性高，物理机械性能好，容易加工成型，价格低廉易得，在化学工业中广泛应用。

① 物理机械性能。酚醛石棉塑料和其他耐酸塑料如乙烯塑料、聚异丁烯板、橡胶和沥青材料相比，可以在更高的温度下使用，酚醛石棉塑料可耐130℃或更高温度。

酚醛石棉塑料与耐酸陶瓷和玻璃相比，其相对密度小(仅为陶瓷的50%)，并有相当大的静态和动态强度(为陶瓷的4~6倍)，对剧烈的温度变化敏感性较小，耐氢氟酸是其他硅酸盐材料不可比拟的。此外，导热系较高，介电性能好。

② 耐化学腐蚀性。用石棉填充的酚醛塑料，具有优良的耐化学腐蚀，特别耐酸腐蚀，在常温或较高的温度(120~150℃)下，除了浓硫酸(60%以上)、氧化性酸(硝酸、铬酸外)，几乎对所有的酸都是稳定的。耐有机溶剂(如石油产品、芳香烃、卤代烃等)较好，但耐碱性较差，一般可通过封闭酚环上的游离羟基来改进。

③ 成型性。酚醛石棉塑料模制工艺好，机械加工制品的加工性好，制品易于修理和更换，其软片(生料)可在常温或稍高的温度下进行模制，工艺简单而不用高压成型，因而不用压机和贵重的压模就可制造。损坏的制品可用胶黏剂粘接进行现场修复，也可用新软片进行更换。固化了的酚醛石棉塑料可进行各种机械加工。

2）酚醛石棉塑料的应用

酚醛石棉塑料由于具有优良的耐热、耐磨蚀性能，以及良好的机械加工性能和电性能，广泛用于化学设备和管道、火车、汽车的刹车块和各种电绝缘透体，可用模压、挤压等成型加工方法。

酚醛石棉塑料以螺旋压机挤压制造管子，物料预热温度为40~60℃，机身和口型的温度为50~70℃。

(3) 工程应用

用于制作电器开关、插头、外壳等各种电气绝缘零件，还可制齿轮、凸轮、手柄等，另外，还可用作为化工耐酸泵等。

12.6 耐高温聚合物塑料

所谓耐高温聚合物塑料是指在空气中于200℃以上的温度下有一定使用寿命的高分子材料。可按耐高温聚合物分子链的类型、聚合物中的环结构类型或其用途对耐高温聚合物塑料进行分类。耐高温聚合物的最高使用温度见表12-20。

表12-20 耐高温聚合物的最高使用温度

聚合物类型	聚合物名称	最高使用温度
聚苯硫醚	聚苯硫醚	在260℃可长期使用
有机硅	有机硅层压塑料	250℃长期使用
	铝料填充环氧改性有机硅	550℃
聚芳烃	聚苯	在300℃可短期使用
	苯基聚苯	在250℃以上可短期使用
	H树脂	在空气中315℃可短期使用
	聚对二甲苯	在惰性气体中280℃短期使用
聚苯酯	聚苯酯	在371~427℃短期使用，在316℃长期使用
聚酰亚胺	均苯型聚酰亚胺	在-240~260℃长期使用，在400℃短期使用
	氟酐型聚酰亚胺	在260~316℃长期使用，在317~343℃短期使用
	酮酐型聚酰亚胺	在260~300℃长期使用，在400℃短期使用
	NA基封端聚酰亚胺	在260~300℃长期使用，在316℃短期使用
	乙炔基封端聚酰亚胺	在300~350℃长期使用
	聚苯并咪唑酰亚胺	在250~270℃长期使用

耐高温聚合物塑料的主要特性为：具有高的热稳定性，用于制造耐热塑料、复合材料、薄膜、纤维、黏合剂和涂层等。但在价格和性能方面均能满足工业需要的种类很少。最初，主要应用于军事和宇航部门，现在已用于一般工业部门，已工业化生产的有聚苯硫醚、有机硅、聚酰亚胺等。

12.6.1 聚苯硫醚

聚苯硫醚⁅ 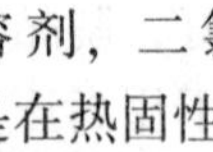 —S⁆$_n$(PPS)，又称聚对苯撑硫醚，是一种较新的工程塑料。主要以六磷胺为溶剂，二氯苯和硫化钠为原料，采用溶液聚合而制得，相对分子质量$(1\sim5)\times10^4$，是在热固性与热塑性之间的线型高分子塑料，价格要比一般工程塑料昂贵。

(1) 聚苯硫醚的基本性能

聚苯硫醚的热力学性能稳定，有优良的耐腐蚀性、电绝缘性、耐老化性和阻燃性。在400℃空气中无明显质量损失，保持稳定，可长期使用温度为180~260℃，刚性好，尺寸稳定和抗蠕变性好。但韧性差、冲击强度低，但其通过玻璃纤维增强后可明显提高冲击强度及其机械性能。其耐热性与 PTFE 相当，且是耐热工程塑料中价格最低又易加工成型的品种。聚苯硫醚的性能指标见表 12-21。

表 12-21　聚苯硫醚的性能指标

性　　能	R6 型 PPS	R4 型 PPS（40%玻璃纤维）	性　　能	R6 型 PPS	R4 型 PPS（40%玻璃纤维）
相对密度	1.34	1.64	压缩强度/MPa	110	145
线膨胀系数/($10^{-5}K^{-1}$)	5.4	4.0	弯曲强度/MPa	138	255
长期耐热温度/℃	>180	>180	杨氏模量/MPa	3330	7750
拉伸强度/MPa	74.4	147	弯曲弹性模量/MPa	4120	1520
伸长率/%	3	3	冲击强度（缺口）/(kJ/m^2)	4.7	82

聚苯硫醚的耐腐蚀性次于 PTFE，具有优良的耐溶剂性能，能耐多数有机介质、盐类及中等强度酸。但不耐硝酸、王水、次氯酸等强氧化介质和氟、氯、溴等的腐蚀。但到目前为止，在我国工业生产使用时间不长，其指标及耐蚀性评价数据资料不多，表 12-22 示出了 PPS 在强氧化介质中的腐蚀性能。

表 12-22　PPS 的耐化学腐蚀性能

介 质 名 称	温度/℃	浓度/%	耐蚀性	介 质 名 称	温度/℃	浓度/%	耐蚀性
硫酸	90	<40	耐	过氧化氢	150	30	尚耐
	沸点	<60	尚耐	氟	20	—	不耐
硝　酸	20	>35	不耐	氯	20	—	不耐
盐　酸	室温	—	耐	溴	20	—	不耐
	沸点		尚耐	硫化氢	150	—	耐
磷　酸	沸点	—	耐	二氧化硫	90	—	耐
氢氟酸	90	—	耐	三氯甲烷（氯仿）	40	—	耐
氢溴酸	40	37	耐	四氯化碳	20	—	耐
王　水	20	—	不耐	氯乙烷	90	—	耐
铬　酸	20	40~50	尚耐	二氯乙烷	20	—	耐
氯磺酸	20	—	不耐	三氯乙烷	40	—	耐
次氯酸	20	—	不耐	苯	90	—	耐
高氯酸	40	—	耐	甲　苯	90	—	耐
甲　酸	沸点	—	耐	二甲苯	90	—	耐
乙酸（醋酸）	沸点	—	耐	氯　苯	90	—	耐
醋　酐	90	—	耐	硝基苯	90	—	耐
草酸（乙二酸）	100	30	耐	甲　醇	60	—	耐
苯磺酸	102	—	耐	乙醇（酒精）	150	—	耐
氢氧化钾	沸点	<60	耐	苯　酚	90	—	耐
氢氧化钠	沸点	<60	耐	甲　醛	90	—	耐
氢氧化铵	40	浓	耐	乙　醛	90	—	耐
硫酸钠	150	30	耐	苯甲醛	90	—	耐
硝酸钠	150	30	耐	糠　醛	90	—	耐
氯化钠	150	—	耐	丙　酮	90	—	耐
氯化铵	40	25	耐	甲乙酮	90	—	耐
氯化钙	150	—	耐	环己酮	90	—	耐
氯化锌	90	—	耐	甲基异丁基甲酮	90	—	耐
三氯化铝	40	25	耐	醋酸乙酯	90	—	耐
三氯化铁	90	—	耐	醋酸丁酯	90	—	耐
碳酸钠	150	—	耐	醋酸戊酯	90	—	耐
重铬酸钾	100	30	耐	苯二甲酸二辛酯	90	—	耐

续表

介 质 名 称	温度/℃	浓度/%	耐蚀性	介 质 名 称	温度/℃	浓度/%	耐蚀性
乙醇胺	90	—	耐	乙二胺	90	—	耐
二甲胺	74	—	耐	苯 胺	20	—	不耐
二甲基甲酰胺	90	—	耐	乙 醚	90	—	耐
乙酰胺	90	—	耐				

（2）聚苯硫醚的应用

聚苯硫醚的应用以利用它的耐热性为中心，同时兼用它的耐化学药品、尺寸稳定性、阻燃性和成型性等。

注射成型的聚苯硫醚塑料具有良好的耐热性、耐化学药品性，因而可将其制成电气、电子和各种工业零件。

在高温和腐蚀环境中使用的聚苯硫醚涂层有四种涂布方法，即聚合物和添加剂的泥浆水溶液涂布、静电粉末涂布、流动床涂布和粉末喷雾涂布或植绒涂布。表 12-23 所示为 PPS 涂层的物理、力学性能。

表 12-23 PPS 涂层的物理、力学性能

项 目	测试方法	测试结果	项 目	测试方法	测试结果
外观	目测	色泽均匀、平整光滑	柔韧性/mm	心轴弯曲	1
硬度/H	铅笔法	2~4	接触角	水	82°
附着力/级	划圈法	1	热分解温度/℃	热分析仪	420
冲击强度/kg · cm	GB 1732—79	50			

玻璃纤维增强的聚苯硫醚塑料制品广泛用于电气、电子仪表等方面，用作变压器骨架、高频线圈骨架、接触器转鼓鼓片、铝电解电容器差板、电视机输出变压器、仪表齿轮、插头和圆形插座安装板。此外，聚苯硫醚还可制成板材、薄膜和纤维等供用户使用。聚苯硫醚可替代环氧树脂和有机硅作半导体和集成电路以及电容器等的塑封材料。

利用聚苯硫醚的耐热性、耐化学药品性和耐湿性，可将聚苯硫醚作机械结构零件用，如复印机用卡爪和旋轴承以及照相机光圈零件等。

12.6.2 有机硅

有机硅聚合物是主链由硅氧键（ $-\overset{|}{\underset{|}{\mathrm{Si}}}-\mathrm{O}-\overset{|}{\underset{|}{\mathrm{Si}}}-$ ）构成、侧链通过硅原子与有机基团相连的高分子材料，其化学名称为聚有机硅氧烷。硅油、硅树脂、硅橡胶、硅烷偶联剂等四类产品的总称为有机硅产品。其具有卓越的耐高、低温性，优良的绝缘性和耐老化性，突出的表面活性、增水性和生理惰性等特点。下面仅介绍硅树脂及塑料。

硅树脂种类很多，性能各不相同，按其用途可分为：浸渍用、模压用、层压板用、覆盖用和烧蚀用等。硅树脂具有突出的耐热性和耐绝缘性能，此外，还具有耐水、防潮、耐寒、耐臭氧等性能。其主要缺点是机械性能差、粘接强度低。聚酯改性可以提高有机硅的附着力和抗溶剂性。环氧改性有机硅具有较强的黏结力，并可在低温下固化，若制成加铝粉的耐防腐涂料可耐 550℃ 高温。

有机硅模压塑料是以模压硅树脂为主体，添加适量石棉、石英粉和白炭黑等填料，经辊压和粉碎而成模压塑料。石棉填充的有机硅模压塑料可在 250℃ 长期工作，瞬时可耐高温 650℃，其性能见表 12-24。

表 12-24　国产有机硅模压塑料的性能指标

性　　能	晨光化工研究院		上海树脂厂
	GS-301	GS-33	34-2
相对密度	1.8		1.8~2
收缩率/% ≤	0.5		
马丁耐热度/℃ ≥	300	300	250
线膨胀系数(10~80℃)/($10^{-5}K^{-1}$)		4~4.5	
拉伸强度/MPa		20~22	
冲击强度/(kJ/m^2) ≥	5	4~4.2	4.5
弯曲强度/MPa ≥	25	40~42	30

有机硅塑料以无碱玻璃布和硅树脂经高压成型压制和热处理制得，可在 250℃下长期使用，短时间内可达 300℃，其性能如表 12-25。

表 12-25　国产有机硅玻璃布层压板的性能指标

性　　能	3250 有机硅玻璃布层压板	3251 有机硅玻璃布层压板	469 有机硅层压板
相对密度	1.65	1.60	1.8
吸水性/%	≤1.0	≤1.0	1.3~1.5
马丁耐热度/℃ ≥	250	225	
热稳定性/℃	200	220	
弯曲强度/MPa	≥200	≥110	250~270
拉伸强度/MPa ≥	纵 170 横 120	100	200
压缩强度/MPa ≥	350		410
劈裂强度/kg ≥	200	100	10~13
冲击强度/(kJ/m^2) ≥	80	50	140

12.6.3　聚酰亚胺

聚酰亚胺是主链上含有酰亚胺基团 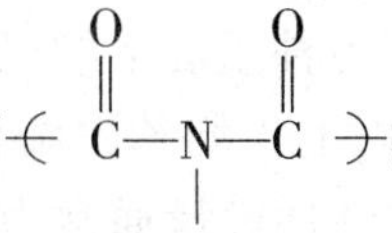 的聚合物，主要有芳香族和脂肪族两大类，脂肪族实用效果不太好。均苯型聚酰亚胺是最早出现的聚酰亚胺品种，在此基础上开发了很多改性聚酰亚胺品种，例如单、双醚酐型聚酰亚胺等。

(1) 聚酰亚胺的分解特征与机制

聚酰亚胺可通过热氧化、分解、辐射分解三种方式发生分解。

① 热氧化分解。聚酰亚胺在热氧老化下会发生分解，其密度增加，当热氧老化温度超过 800℃后，其密度达到最高值 1.65g/cm^3。

② 水解。聚酰亚胺的结构决定了其水解稳定性。水解过程为聚酰亚胺受—OH 的作用，变为聚酰胺或其盐，接着再发生水解，形成胺和二酸或其盐。

③ 辐射分解。全芳香聚酰亚胺一般都具有很高的反辐射稳定性，但是含氟的聚酰亚胺受辐照作用后，其 IR 光谱吸收变弱，UV 则发生盐移，样品质量随辐照时间递减。

(2) 聚酰亚胺的基本性能

聚酰亚胺具有很高的耐热性、热氧稳定性、力学性能，特别是在高温下力学性能具有很高的保持率。其具有优异的电性能、耐辐射性，耐燃与耐磨性能好、制品尺寸稳定性高，耐有机溶剂等优点，但具有成本高、加工成型难、对强酸、碱敏感的缺点。

① 耐热性与热氧稳定性。聚酰亚胺最突出的性能是它的耐热性与热氧稳定性很高，是目前耐热等级最高且已在航天航空上获得实际应用的超级高分子材料。

苯环上存在取代基，两个苯环之间存在不同基团以及间位上有苯环存在都会导致聚酰亚胺的热稳定性显著下降；醚醚键也会使热氧稳定性有所降低。对位上相互连接的芳香族二胺制备的聚酰亚胺热氧稳定性最高。聚酰亚胺突出的耐热性具体表现在它具有很高的玻璃化转变温度(T_g)、高的极限连续使用温度和高的热分解温度(T_d)，以及高温下低的热质量损失率和低的线膨胀系数，聚酰亚胺的耐热性可用不同温度下的质量损失率来衡量，表 12-26 列出了不同结构均苯型聚酰亚胺在 325℃空气中的质量损失率。

表 12-26　不同结构的均苯型 PI 在 325℃空气中的质量损失率　　%

二胺结构 \ 在325℃空气中停留时间/h	100	200	300	400
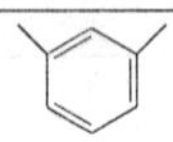	3.3	4.3	5.0	5.6
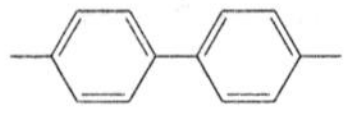	2.2	3.6	5.1	6.5
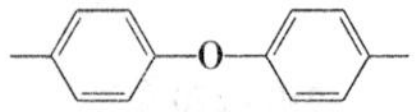	3.3	4.0	5.2	6.6
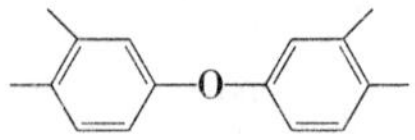	3.4	3.8	5.1	7.2
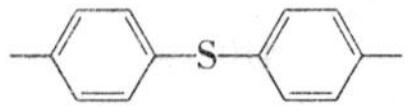	4.8	5.8	6.8	7.9
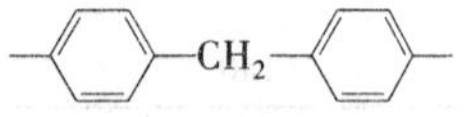	9.4	12.9	14.7	16.8
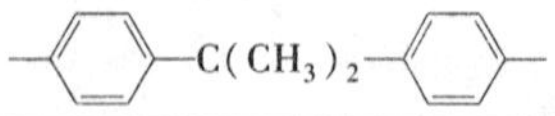	16.1	26.2	31.0	36.0

② 物理、力学性能。聚酰亚胺在各种温度下的机械强度高于现有的任何不增强的塑料。未填充塑料的抗拉强度都在 100MPa 以上，均苯聚酰亚胺为 170MPa，联苯型聚酰亚胺高达 400MPa。作为工程塑料，聚酰亚胺的弹性模量通常为 3~4GPa，聚酰亚胺纤维的弹性可达到 200GPa，理论计算，对均苯二酐和对苯二胺合成的聚酰亚胺纤维，弹性模量可达到 500GPa，仅次于碳纤维。表 12-27 示出了其性能。

表 12-27　聚酰亚胺的性能①

性　　能	指　　标	性　　能	指　　标
密度/(g/cm^3)	1.38	拉伸强度/MPa	110~135
分解温度/℃	570~590	断裂伸长率/%	11
热变形温度(1.85MPa)/℃	>220	压缩强度/MPa	120~165
热导率/[W/(m·K)]	0.35~0.95	弯曲强度/MPa	150~220
布氏硬度 HB	287	冲击强度(缺口)/(kJ/m^2)	6~10
介电常数(10^6Hz)	3.35	使用温度/℃	-200~230

① 试验材料为单醚酐型 YS 20 和双醚酐型 RY-01。

③ 电性能。在较宽的温度范围内聚酰亚胺具有很好的介电性能，还有偶极损耗小、电绝缘性优良的特点。聚酰亚胺的电性能数据列于表 12-28。

表 12-28　聚酰亚胺的电性能

项　目		数　值	项　目		数　值
表面电阻率/Ω	室温	10^{15} ~ 10^{16}	介质损耗因数	10^3 Hz	0.001
	300℃	10^{10}		10^6 Hz	0.009
体积电阻率/(Ω·m)	室温	10^{15}	介电强度/(kV/mm)		23.6
	300℃	10^9			
介电常数	10^3 Hz	4.0	耐电弧性/s		125
	10^6 Hz	3.5			

④ 辐射性。聚酰亚胺具有很强的辐射性能，这是由于其分子键中存在大量的芳环结构。用 PRK-二型汞灯照射 PPO 薄膜，200h 后其力学性能无变化，而相同条件下的 PET、YE 和 PA 等均会出现龟裂且丧失弹性。

⑤ 耐气候性。聚酰亚胺具有耐臭氧性，但不宜在室外曝晒，曝晒 6 个月后，其力学性能和电气性能都有所下降。

⑥ 耐化学腐蚀性。聚酰亚胺有突出的耐化学腐蚀性能，如在室温下能耐稀酸、油和大多数有机溶剂，但不耐强氧化性酸和强碱，也不宜长期浸于水中。若长期暴露在沸水或水蒸气中，则其拉伸和弯曲强度迅速下降。聚酰亚胺在各种介质中不同温度下的耐腐蚀性能列于表 12-29。

表 12-29　聚酰亚胺的耐化学腐蚀性

介 质 名 称	温度/℃	浓度/%	耐蚀性	介 质 名 称	温度/℃	浓度/%	耐蚀性
发烟硫酸	25	—	不耐	盐　酸	25	35	尚耐
	65	—	不耐		65	35	尚耐
	90	—	不耐		90	35	不耐
硫　酸	25	100	不耐	盐　酸	25	1~25	耐
	65	100	不耐		65	1~25	尚耐
	90	100	不耐		90	1~25	不耐
硫　酸	25	70	尚耐	磷　酸	25	—	不耐
	65	70	不耐		65	—	不耐
	90	70	不耐		90	—	不耐
硫　酸	25	1~50	尚耐	碳　酸	25	—	耐
	65	1~50	尚耐		65	—	耐
	90	1~50	不耐		90	—	耐
硫　酸	25	20	尚耐	王　水	25	—	不耐
	65	20	尚耐		65	—	不耐
	90	20	不耐		90	—	不耐
硝酸(浓)	25	—	耐	氢氟酸	25	—	尚耐
	65	—	耐		65	—	尚耐
	90	—	耐		90	—	不耐
硝　酸	25	20	不耐	氢溴酸	25	—	耐
	65	20	不耐		65	—	尚耐
	90	20	不耐		90	—	不耐
硝　酸	25	10	尚耐	脂肪酸	25	—	耐
	65	10	不耐		65	—	耐
	90	10	不耐		90	—	耐

续表

介质名称	温度/℃	浓度/%	耐蚀性	介质名称	温度/℃	浓度/%	耐蚀性
砷盐	25	—	耐	水	25	—	耐
	65	—	耐		65	—	耐
	90	—	耐		90	—	耐
钡盐	25	—	耐	溴	25	—	尚耐
	65	—	耐		65	—	尚耐
	90	—	耐		90	—	不耐
铝盐	25	—	耐	碘	25	—	尚耐
	65	—	耐		65	—	尚耐
	90	—	耐		90	—	尚耐
钙盐	25	—	耐	氯气	25	—	尚耐
	65	—	耐		65	—	尚耐
	90	—	耐		90	—	尚耐
铋盐	25	—	耐	二硫化碳	25	—	耐
	65	—	耐		65	—	耐
	90	—	耐		90	—	耐
铵盐	25	—	耐	二氧化氯	25	—	尚耐
	65	—	耐		65	—	不耐
	90	—	耐		90	—	不耐
铜盐	25	—	耐	丁烷	25	—	耐
	65	—	耐		65	—	耐
	90	—	耐		90	—	耐
铁盐	25	—	尚耐	环己烷	25	—	耐
	65	—	尚耐		65	—	尚耐
	90	—	尚耐		90	—	不耐
镍盐	25	—	耐	氯乙烷	25	—	耐
	65	—	耐		65	—	耐
	90	—	耐		90	—	耐
氯化钠	25	—	耐	辛烷	25	—	耐
	65	—	耐		65	—	耐
	90	—	耐		90	—	耐
锂盐	25	—	耐	氯苯	25	—	耐
	65	—	耐		65	—	耐
	90	—	耐		90	—	耐
镁盐	25	—	耐	乙酰苯	25	—	耐
	65	—	耐		65	—	耐
	90	—	耐		90	—	耐
汞盐	25	—	耐	硝基苯	25	—	耐
	65	—	耐		65	—	尚耐
	90	—	耐		90	—	不耐
银盐	25	—	耐	甲醇	25	—	耐
	65	—	耐		65	—	耐
	90	—	耐		90	—	耐
氯酸钠	25	—	不耐	乙醇	25	1~95	耐
	65	—	不耐		65	1~95	耐
	90	—	不耐		90	1~95	耐
次氯酸钠	25	—	耐	丁醇	25	—	耐
	65	—	尚耐		65	—	耐
	90	—	尚耐		90	—	耐
硼砂	25	—	尚耐	戊醇	25	—	耐
	65	—	不耐		65	—	耐
	90	—	不耐		90	—	耐

续表

介质名称	温度/℃	浓度/%	耐蚀性	介质名称	温度/℃	浓度/%	耐蚀性
环己醇	25	—	耐	四氯化碳	25	—	耐
	65	—	耐		65	—	耐
	90	—	耐		90	—	耐
正己醇	25	—	耐	1，2，3，4-四氢化萘	25	—	耐
	65	—	耐		65	—	耐
	90	—	耐		90	—	耐
甲醛	25	37	尚耐	溶纤剂	25	—	耐
	65	37	尚耐		65	—	耐
	90	37	不耐		90	—	耐
乙醛	25	—	耐	洗涤剂(一般)	25	—	耐
	65	—	耐		65	—	尚耐
	90	—	耐		90	—	尚耐
丙酮	25	—	耐	氟利昂	25	—	耐
	65	—	耐		65	—	耐
	90	—	耐		90	—	耐
醋酸乙酯	25	—	耐	果糖	25	—	耐
	65	—	耐		65	—	耐
	90	—	耐		90	—	耐
醋酸丁酯	25	—	耐	Gasohol	25	—	耐
	65	—	耐		65	—	耐
	90	—	耐		90	—	耐
醋酸戊酯	25	—	耐	葡萄糖	25	—	耐
	65	—	耐		65	—	耐
	90	—	耐		90	—	耐
酯(一般)	25	—	耐	牛奶	25	—	耐
	65	—	耐		65	—	耐
	90	—	耐		90	—	耐
丁胺	25	—	耐	(肥)皂	25	—	耐
	65	—	尚耐		65	—	尚耐
	90	—	尚耐		90	—	不耐
二甲基甲酰胺	25	—	耐	植物油	25	—	耐
	65	—	尚耐		65	—	耐
	90	—	尚耐		90	—	耐
氯化乙烯	25	—	耐	啤酒	25	—	耐
	65	—	耐		65	—	耐
	90	—	耐		90	—	耐
丁二烯	25	—	耐	酒	25	—	耐
	65	—	耐		65	—	耐
	90	—	耐		90	—	耐
乙醚	25	—	耐	铬酸	25	40	不耐
	65	—	耐		65	40	不耐
	90	—	耐		90	40	不耐
乙腈	25	—	耐	铬酸	25	10	不耐
	65	—	耐		65	10	不耐
	90	—	耐		90	10	不耐
乙酰氯	25	—	耐	硼酸	25	—	耐
	65	—	耐		65	—	尚耐
	90	—	耐		90	—	尚耐
丙烯腈	25	—	耐	高氯酸	25	—	不耐
	65	—	耐		65	—	不耐
	90	—	耐		90	—	不耐

续表

介 质 名 称	温度/℃	浓度/%	耐蚀性	介 质 名 称	温度/℃	浓度/%	耐蚀性
甲　酸	25	—	尚耐	氨(无水的)	25	—	尚耐
	65	—	尚耐		65	—	尚耐
	90	—	不耐		90	—	不耐
氯醋酸	25	—	耐	氨(含水的)	25	—	不耐
	65	—	尚耐		65	—	不耐
	90	—	尚耐		90	—	不耐
醋　酸	25	1~50	尚耐	锌　盐	25	—	耐
	65	1~50	尚耐		65	—	耐
	90	1~50	不耐		90	—	耐
醋　酐	25	—	耐	锑　盐	25	—	耐
	65	—	耐		65	—	耐
	90	—	耐		90	—	耐
冰醋酸	25	—	尚耐	铅　盐	25	—	耐
	65	—	不耐		65	—	耐
	90	—	不耐		90	—	耐
柠檬酸	25	—	耐	锡　盐	25	—	耐
	65	—	耐		65	—	耐
	90	—	耐		90	—	耐
苯磺酸	25	—	耐	钾　盐	25	—	耐
	65	—	耐		65	—	耐
	90	—	耐		90	—	耐
苯甲酸	25	—	耐	钠　盐	25	—	耐
	65	—	尚耐		65	—	耐
	90	—	尚耐		90	—	耐
已二酸	25	—	耐	冰氯酸钠	25	—	不耐
	65	—	耐		65	—	不耐
	90	—	耐		90	—	不耐
草　酸	25	—	尚耐	次氯酸钙	25	—	不耐
	65	—	尚耐		65	—	不耐
	90	—	不耐		90	—	不耐
邻苯二甲酸	25	—	尚耐	高锰酸钾	25	—	不耐
	65	—	不耐		65	—	不耐
	90	—	不耐		90	—	不耐
邻苯二甲酸酐	25	—	耐	明矾(水溶液)	25	—	耐
	65	—	尚耐		65	—	耐
	90	—	尚耐		90	—	耐
氢氧化钠	25	—	不耐	氟	25	—	尚耐
	65	—	不耐		65	—	不耐
	90	—	不耐		90	—	不耐
氢氧化钡	25	—	尚耐	过氧化氢	25	3~10	尚耐
	65	—	不耐		65	3~10	尚耐
	90	—	不耐		90	3~10	尚耐
氢氧化钙	26	—	不耐	硫化氢	25	—	尚耐
	65	—	不耐		65	—	尚耐
	90	—	不耐		90	—	尚耐
氢氧化镁	25	—	不耐	二氧化硫	25	—	尚耐
	65	—	不耐		65	—	尚耐
	90	—	不耐		90	—	不耐
氢氧化钾	25	—	不耐	三氧化硫	25	—	不耐
	65	—	不耐		65	—	不耐
	90	—	不耐		90	—	不耐

介质名称	温度/℃	浓度/%	耐蚀性	介质名称	温度/℃	浓度/%	耐蚀性
二　烷	25	—	耐	甲基乙基酮	25	—	耐
	65	—	耐		65	—	耐
	90	—	耐		90	—	耐
1-氯丁烷	25	—	耐	甲基异丁基酮	25	—	耐
	65	—	耐		65	—	耐
	90	—	耐		90	—	耐
1-氯戊烷	25	—	耐	硫酸甲酯	25	—	耐
	65	—	耐		65	—	耐
	90	—	耐		90	—	耐
正庚烷	25	—	耐	邻苯二甲酸二丁酯	25	—	耐
	65	—	耐		65	—	耐
	90	—	耐		90	—	耐
正己烷	25	—	耐	邻苯二甲醛二辛酯	25	—	耐
	65	—	耐		65	—	耐
	90	—	耐		90	—	耐
乙　醇	25	1~95	耐	苯　胺	25	—	不耐
	65	1~95	耐		65	—	不耐
	90	1~95	耐		90	—	不耐
苯	25	—	耐	乙二胺	25	—	耐
	65	—	耐		65	—	尚耐
	90	—	耐		90	—	尚耐
甲　苯	25	—	耐	二乙胺	25	—	尚耐
	65	—	耐		65	—	尚耐
	90	—	耐		90	—	不耐
二甲苯	25	—	耐	全氯乙烯	25	—	耐
	65	—	耐		65	—	耐
	90	—	耐		90	—	耐
苯甲醇	25	—	耐	三氯乙烯	25	—	耐
	65	—	耐		65	—	耐
	90	—	耐		90	—	耐
乙二醇	25	—	耐	烯丙基氯	25	—	耐
	65	—	耐		65	—	耐
	90	—	耐		90	—	耐
异丙醇	25	—	耐	苄基氯	25	—	耐
	65	—	耐		65	—	耐
	90	—	耐		90	—	尚耐
甘　油	25	—	耐	丁基溴	25	—	耐
	65	—	耐		65	—	耐
	90	—	耐		90	—	耐
烯丙醇	25	—	耐	氯仿	25	—	耐
	65	—	耐		65	—	尚耐
	90	—	耐		90	—	尚耐
糠　醛	25	—	耐	甲　酚	25	—	耐
	65	—	耐		65	—	尚耐
	90	—	耐		90	—	不耐
苯甲醛	25	—	耐	酚	25	—	尚耐
	65	—	耐		65	—	尚耐
	90	—	耐		90	—	不耐
环己酮	25	—	耐	吡　啶	25	—	不耐
	65	—	耐		65	—	不耐
	90	—	耐		90	—	不耐

续表

介质名称	温度/℃	浓度/%	耐蚀性	介质名称	温度/℃	浓度/%	耐蚀性
煤　油	25	—	耐	蓖麻油	25	—	耐
	65	—	耐		65	—	耐
	90	—	耐		90	—	耐
汽　油	25	—	耐	石　油	25	—	耐
	65	—	耐		65	—	耐
	90	—	耐		90	—	耐
柴　油	25	—	耐	石脑油	25	—	耐
	65	—	耐		65	—	耐
	90	—	耐		90	—	耐
亚麻子油	25	—	耐	松节油	25	—	耐
	65	—	耐		65	—	耐
	90	—	耐		90	—	耐

⑦ 其他性能。聚酰亚胺可耐极低温，如在-269℃的液氦中仍不会脆裂；是自熄性聚合物，发烟率低；在极高的真空下放气量很少；无毒，可用来制造餐具和医疗器具；一些聚酰亚胺还具有很好的生物相溶性，并能耐细菌侵蚀。

(3) 品种与应用

在工业部门应用的聚酰亚胺品种有许多，主要有聚酰亚胺薄膜、漆包线漆、灌注胶和黏合剂、聚酰亚胺膜塑料和纤维。其品种和性能见表 12-30。

表 12-30　聚酰亚胺的品种类型和性能比较

项　目	均苯型	单醚酐型	双醚酐型	聚醚酰亚胺	聚酰胺-酰亚胺	聚酯-酰亚胺	聚胺-酰亚胺
长期使用温度/℃	-240~260	-180~230	-250~230	170	220	240	200
优　点	高温下具自润滑性，低摩擦性，电绝缘，耐老化，耐火焰，耐大多数溶剂	性能与均苯型相近，但具可溶性，加工性优于均苯型，且耐油、苯、有机溶剂及盐酸	性能与均苯型相近，但具可溶性，加工性优于均苯型，且耐油、苯、有机溶剂及盐酸	保持了均苯型的各种优点，又具有一般热塑性塑料的加工性能，价格较低	物理、力学性能相当或优于均苯型，成本较低	综合了芳香族聚酯优越的力学和电性能及聚酰亚胺的耐高温特性，加工性优于均苯型	性能接近或超过均苯型，成本低，加工性好，可用普通热塑性塑性加工方法成型
缺　点	冲击强度对缺口敏感，易受强碱、强酸侵蚀，不宜长期浸入水中，成型加工困难	耐热性稍低于均苯型	耐热性稍低于均苯型	·耐热性稍低于均苯型	耐热性稍低于均苯型	耐热性稍低于均苯型	耐热性稍低于均苯型

12.7 其他工程塑料

除了上述所讲的一些常见的耐蚀塑料外，工程上也用到一些普遍的塑料材料，这些塑料除具有一定的耐蚀性能外，还在某一方面或几方面有优异的性能，主要品种有有机玻璃、ABS 塑料、聚酰胺塑料、聚苯乙烯塑料、氯化聚醚塑料、聚甲醛塑料。

12.7.1 有机玻璃

有机玻璃的全称为聚甲基丙烯酸甲酯（PMMA），是重要的光学塑料，具有优良的综合性能和良好的光学性能，它几乎不吸收可见光全波段光，透明性良好，可与光学玻璃相媲美，并具有热可塑性，可被加工成任何形状。具有很强的耐强酸、强碱和无机盐、有机盐及油脂类的能力，但易溶解于氯仿等有机溶剂中。机械强度中等，表面硬度很低，易划伤，弹性模量不高，仅为碳钢的 1/70，缺口敏感性很高，膨胀系数大，约为金属的 10 倍，易吸水吸湿膨胀，着火后可燃烧。PMMA 的一般性能见表 12-31。

表 12-31 有机玻璃的物理、力学性能

性能	指标	性能	指标
相对密度	1.17~1.19	拉伸强度/MPa	50~77
热导率/[W/(m·K)]	0.14~0.20	伸长率/%	2.5~6.0
线膨胀系数(20℃)/($10^{-5}K^{-1}$)	4.5~7.0	弯曲强度/MPa	110
马丁耐热度/℃	≥65	冲击强度/(kJ/m^2)	12~14
软化点/℃	≥105	布氏硬度/MPa	≥140
分解温度/℃	≥200	压缩强度/MPa	130

12.7.2 ABS 塑料

ABS 树脂是指由苯乙烯和丙烯腈（A）、丁二烯（B）组成的三元共聚物及其改性树脂。以 ABS 树脂为主体的塑料称 ABS 塑料。可通过混炼法、接枝法和接枝共混法等制备。ABS 塑料是丁二烯橡胶微粒分散在丙烯腈-苯乙烯树脂连续相中的"海岛"型两相结构材料，是刚性的树脂和弹性的橡胶相结合而成的具有硬、韧、刚相均衡的材料。丙烯腈赋予 ABS 较好耐蚀性、耐油性和一定的刚度、硬度；而苯乙烯使 ABS 具有良好的介电性、光泽性和加工流动性；丁二烯则提高了其耐寒性的能力，所以 ABS 中三组分的不同会引起性能的差异。

（1）基本性能

① 加工与机械性能。ABS 具有聚苯乙烯塑料的加工性能，根据三种原料配合比例的不同，或加入橡胶等其他组分可以制成低冲击型、中冲击型、高冲击型、超高冲击型、低温冲击型等多种 ABS 塑料。其拉伸强度一般为 34.3~49.0MPa，最高为 61.7MPa，杨氏模量为 1370~2746MPa，与硬聚氯乙烯差不多。其特点是具有极好的冲击韧性，且在低温下也不迅速下降，不同类型的 ABS 塑性性能列于表 12-32。

表 12-32 几种 ABS 塑料的性能比较

性能	超高冲击型	高强度中冲击型	低温冲击型	耐热型	接枝 ABS	渗混 ABS
相对密度	1.05	1.07	1.02	1.06~1.08	—	—
热变形温度(0.46MPa)/℃	96	98	98	104~116	78	77
线膨胀系数/($10^{-5}K^{-1}$)	10.0	7.0	8.6~9.8	6.8~8.2	—	—

续表

性　　能	超高冲击型	高强度中冲击型	低温冲击型	耐热型	接枝 ABS	渗混 ABS
拉伸强度/MPa	35	63	21~28	53~56	22	28
弯曲强度/MPa	62	97	25~46	84	52	52
压缩强度/MPa	—	—	18~29	70	—	—
冲击强度/(kJ/m^2)	53	60	27~49	16~32	46~50	80
洛氏硬度	100	121	62~88	108~116	62	79
介电常数(60Hz)	2.4~5.0	2.4~5.0	3.7	2.7~3.5	—	—

② 化学性能。在室温条件下可耐各种稀的无机酸，在60℃以下可耐各种浓度的碱和盐，不溶于大部分的醇类和烃类溶剂，但易溶于醛、酮、酯和氯化烃。其耐候性差，长期暴露会老化，以降低其韧性和冲击强度。ABS 是无定形聚合物，ABS 塑料的耐化学腐蚀性能见表12-33。

表 12-33　ABS 塑料的耐化学腐蚀性能

介质名称	浓度/%	温度/℃	耐蚀性评价	介质名称	浓度/%	温度/℃	耐蚀性评价
硫酸	<50	60	耐	油酸(顺式十八烯酸)	—	60	耐
	50~75	20	尚耐	苯甲酸	5	80	耐
硝酸	<20	20	耐		100	60	耐
	20~35	20	尚耐	苯磺酸	25	60	耐
盐酸	<38	60	耐		100	60	耐
磷酸	<20	60	耐	柠檬酸	<25	60	耐
	30~40	60	尚耐	水杨酸	—	60	耐
	50~70	20	尚耐	苦味酸	1	60	耐
氢氟酸	<40	20	耐		100	25	不耐
氢溴酸	—	60	耐	氢氧化钠	—	66	耐
氢氰酸	—	60	耐	氢氧化钾	—	66	耐
亚硫酸	10	60	耐	氢氧化钙	—	66	耐
亚硝酸	10	60	耐	氢氧化铵	—	25	耐
碳　酸	—	60	耐	氢氧化钡	—	66	耐
铬　酸	<10	20	耐	硫酸盐类	—	60	耐
	15	20	尚耐	硝酸盐类	—	60	耐
硅　酸	—	60	耐	盐酸盐类	—	60	耐
次氯酸	<15	60	耐	磷酸盐类	—	60	耐
高氯酸	<25	60	耐	碳酸盐类	—	60	耐
氟硅酸	<40	60	耐	四氯化钛	—	25	尚耐
氯磺酸	—	20	不耐	氰化物	—	60	耐
王　水	—	20	不耐	氟化铵	20~25	25	尚耐
甲　酸	5	60	耐		100	60	耐
甲　酸	20	60	尚耐	氟化钠	—	60	耐
乙酸(醋酸)	<20	60	尚耐	氟化钾	—	60	尚耐
	20~30	25	尚耐	氟化铝	—	60	耐
丙　酸	—	60	耐	氟化铜	—	60	耐
丁　酸	5	60	耐	硫化钠	—	60	耐
	20~25	25	耐	亚硝酸钠	25	60	耐
草酸(乙二酸)	10	80	耐		100	60	耐
	100	60	尚耐	重铬酸钾	—	60	耐
硬脂酸(十八酸)	—	60	尚耐	高锰酸钾	10	60	耐
					100	25	耐

续表

介 质 名 称	浓度/%	温度/℃	耐蚀性评价	介 质 名 称	浓度/%	温度/℃	耐蚀性评价
氯	—	60	耐	乙　醛	40	60	耐
氟	—	—	不耐	丙烯醛	—	60	耐
溴	—	—	不耐	丁烯醛	—	—	不耐
过氧化氢	5	25	耐	苯甲醛	—	—	不耐
	30	25	不耐	糠　醛	—	—	不耐
液氨	—	25	不耐	甲　醇	50	65	耐
二氧化硫(干)	—	60	耐	乙　醇	<50	65	耐
(湿)	—	25	不耐		100	25	耐
三氧化硫	—	25	不耐	丙　醇	—	25	尚耐
硫化氢	10	60	耐	丁　醇	—	25	不耐
	饱和	25	耐	戊　醇	—	25	尚耐
二硫化碳	—	25	不耐	己　醇	—	25	不耐
三氯化磷	—	25	不耐	苯	—	20	不耐
氯代烷烃	—	—	不耐	甲　苯	—	20	不耐
硫酸月桂酯	—	65	耐	二甲苯	—	20	不耐
酯　类	—	—	不耐	萘	—	20	不耐
磷酸三辛酯	10	80	耐	胺　类	—	20	不耐
醚　类	—	—	不耐	二乙醇胺	—	65	耐
异丙醚	—	20	尚耐	硫酸羟胺	—	65	耐
酮　类	—	—	不耐	硫酸苯胺	—	20	耐
丙　酮	10	20	尚耐	二苯胺	—	20	耐
甲乙酮	<15	20	尚耐	含氮有机物	—	20	不耐
甲　醛	—	60	尚耐	吡　啶	—	20	耐

(2) ABS的应用

ABS是无定形聚合物，具有聚苯乙烯那样优良的成型加工性能，其主要用途是作为汽油、原油和水的输送管道；在汽车工业上的应用发展很快，已有很多零件采用ABS制作；还用于制造安全帽、旅行箱、电话机、体育用品、家具等。ABS的价格比聚丙烯高50%~80%，属于价格不高的工程塑料，所以用途十分广泛。但目前，国内外在腐蚀工程上使用有限。

12.7.3 聚酰胺塑料

聚酰胺是主键上有重复的酰胺基团$\leftarrow \overset{\overset{O}{\|}}{C}-\overset{\overset{H}{|}}{N} \rightarrow$的聚合物，俗称尼龙，以尼龙-6和尼龙-66为主，此外还有尼龙-1010、尼龙-610、尼龙-612等，由二元酸和二元胺和盐进行熔融缩聚制备聚酰胺。因分子间能形成强有力的氢键，不同的聚酰胺树脂，其所含酰基的浓度不一样，它们的性能随酰基浓度的不同有较大的变化，以聚酰胺为主体的塑料称聚酰胺塑料，按结构可分为脂肪族尼龙、全芳族尼龙及半芳族尼龙、含杂环芳族尼龙，其中脂肪族是最主要品种。几种尼龙的综合性能见表12-34。

(1) 聚酰胺的结构和性能

聚酰胺分子的结构中有大量酰胺基，分子间能形成强有力的氢键，是一种结晶性塑料，不同的聚酰胺树脂，其所含酰胺基的浓度不同，它们的性能随酰胺浓度的不同有较大的变化。

表 12-34 聚酰胺塑料的物理、力学性能

性　能	尼龙 6	尼龙 66	尼龙 1010	玻璃纤维增强尼龙 6
密度/(g/cm^3)	1.10~1.15	1.10~1.15	1.03~1.05	1.37
分解温度/℃	368	350	328	—
脆化温度/℃	-20~-30	-25~-30	-40	—
线膨胀系数/$(10^{-5}K^{-1})$	8.4	9.8	12.4	—
热导率/[W/(m·K)]	0.17~0.24	0.24	—	—
拉伸强度/MPa	60~70	60~80	48~60	≥150
压缩强度/MPa	75~93	90~105	59~65	—
弯曲强度/MPa	90~108	110~130	70~86	≥200
冲击强度/(kJ/m^2)	50~150	40~100	440~510	40~60
冲击强度(缺口)/(kJ/m^2)	5~7	8~12	11~12	8~12
断裂伸长率/%	70~250	60~250	250~310	≥12
布氏硬度	108	131	90	140~160
介电常数(10^6Hz)	3.4	4.7	3.7	3.0

聚酰胺的熔点(T_m)随主链中酰胺基的浓度变化而变化。在含有 100 个碳原子的链结中，酰胺基数为奇数的聚酰胺，其熔点要比酰胺基数为偶数的聚酰胺高。若增加聚酰胺的碳链，其疏水性提高，柔性增加，加工性能会有所改善，低温性能好，尺寸稳定性好，电性能在潮湿条件下使用变化不大。

1）吸温性和尺寸变化

尼龙在大气中会吸湿，这是由于其中具有水性酰胺基。

尼龙的吸水性引起了它的尺寸变化，含有长脂肪链段的尼龙-11、尼龙-12、尼龙-610、尼龙-612 吸水率低，尺寸稳定性好。

2）机械性

尼龙主要特点是机械性能优异、韧性好、耐冲击、抗震动、耐磨性好、耐摩擦系数低、自润滑和电绝缘性能好。

尼龙的拉伸极限强度随碳链增加而下降，但加入玻璃纤维和矿物填料的尼龙就会有很好的物理性能。

尼龙的冲击强度比聚碳酸酯、聚甲醛低，比氯化聚醚等高。尼龙不能制造精密零件，这是由于其蠕变值大。聚酰胺的疲劳极限强度随湿含量增加而减少、聚酰胺耐磨和自润滑性好，具有低的摩擦系数和极高的抗磨能力。

由于尼龙具有亲水性基团，所以在大气压中会吸湿，一般不用作耐磨蚀材料，主要用作耐磨和受力工件。

3）热性能

尼龙是一种熔点高的工程塑料，高负荷下的热变形温度很接近它的熔点。尼龙-66 往往可以在 200℃以上使用。铜系热稳定剂的加入，可使尼龙在 80℃以上长期使用，主链中含有芳香胺系防老剂和酚类防老剂时，两者并用可延长高温下的使用寿命。

4）电性能

聚酰胺在完全干燥的情况下有一定的介电性，但不能视为绝缘材料。聚酰胺具有不同程度的水稳定性，在空气、温度的影响下或在水的直接作用下，聚酰胺的介电值随其化学组成的不同而显示出不同程度的恶化。

5）耐化学腐蚀性

结晶性的尼龙塑料对很多有机、无机物质有良好的抵抗性，耐碱性良好，对烃、酮、醚、酯、油和有机物类抗蚀能力也很好，耐稀酸和盐及弱碱，但不耐强酸、氧化性酸和水及醇类的腐蚀，易受酸、苯酚、氯化钾的侵蚀。

（2）聚酰胺塑料的应用

由于聚酰胺塑料具有的优良的耐冲击性能，韧性高，摩擦系数小，减震系数衰减率大，自润滑性好，耐磨蚀性能优良，耐油、耐溶剂性、耐化学药品性优良，并具有自熄性等特点，所以聚酰胺广泛应用于交通运输（特别汽车）工业、机械工业、化学工业、建筑领域、电子、电气、医疗器械和家用制品等部门中。

在机器制造工业中用于小型零件，以代替金属、有色金属及金属合金等，如用作齿轮、伞齿轮、螺栓、螺帽等，用聚酰胺制作的零件成本比金属降低三倍以上，而质量减轻七倍以上。在金属表面上喷涂0.5~0.7mm聚酰胺-1010，既保持了金属的刚性、硬度和良好的导热性，又保持了聚酰胺的特性。

利用聚酰胺的耐腐蚀性能，可制成工业滤布、筛网、毛刷、油管、油箱和化学品、包装材料等。

12.7.4 聚苯乙烯塑料

聚苯乙烯塑料（PS）是由苯乙烯通过本体法或悬浮法制得，平均相对分子质量达（20~30）$\times10^4$，密度1.0~1.09g/cm^3，是透明有光泽的热塑性塑料，可连续使用温度为60~80℃，有刚性，易加工，价格便宜，但脆，冲击强度低，制品会由于内应力自行开裂。其耐磨腐蚀能力还可以，但不如PVC，可耐稀酸、盐、碱的腐蚀，但抵不住烃、酮、酯的侵蚀，易溶于芳烃、氯代烃。一般不适宜于做化工机械耐蚀塑料。

12.7.5 聚甲醛塑料

聚甲醛（POM）是甲醛的共聚物和均聚物的总称，聚甲醛是一种没有侧链的高密度、高结晶性的线型聚合物。它在固态时具有高度的晶体结构。结构不同，其物理机械性能也不同。均聚甲醛的密度大，熔点高，机械强度高，而其他性能如热稳定性、对酸、碱稳定性均比共聚甲醛差。其中均聚甲醛和共聚甲醛的性能差异为：

① 短时间内使用时，均聚甲醛的强度、弹性和热变形温度比共聚甲醛好；

② 长期使用时，均聚甲醛的蠕变破坏和热老化性能比共聚甲醛差；

③ 均聚甲醛的耐热水性、耐碱性比共聚甲醛差。

④ 共聚成型热稳定性比均聚好，并且成型温度幅度宽。

我国主要生产共聚甲醛，它是继尼龙之后的又一大品种，共聚甲醛可用热塑性塑料加工方法成型。其物理、力学性能见表12-35。

表12-35 共聚甲醛物理、力学性能

性能	指标	性能	指标
密度/（g/cm^3）	约1.4	冲击强度/（kJ/m^2）	80~100
线膨胀系数/（10^{-5}K^{-1}）	4.7	拉伸弹性模量/GPa	2.8
热导率/[W/（m·K）]	0.28	弯曲弹性模量/GPa	2.6
热变形温度（1.82MPa）/℃	110	拉伸屈服强度/MPa	60.7
布氏硬度HB/MPa	110	弯曲屈服强度/MPa	89.6
拉伸强度/MPa	53~60	介电常数（10^6Hz）	3.7

(1) 聚甲醛的基本性能

① 尺寸稳定。温度、湿度对其尺寸的影响比较小，优于尼龙。它在80℃水中浸泡时，尺寸增大仅1.3%。

② 冲击性能优异。在较宽的温度范围内具有较高的冲击强度，特别是能够耐多次重复的冲击，因此用来制造齿轮等反复受力的机件特别合适。

③ 具有较高的疲劳强度。它的疲劳寿命高于聚碳酸酯、尼龙、硬聚氯乙烯塑料；它能耐扭变，恢复迅速，在载荷去除后即能复原。这种性能使它适用于制造轻载弹簧。

④ 耐磨性能好。具有较低的摩擦系数和较高的耐磨损性能，磨耗量低于一般的工程塑料，适于制造无油润滑的齿轮、轴承等耐磨零件。

⑤ 有一定的热稳定性。可在85~105℃的温度下长期使用，但遇火燃烧。在各种温度下的拉伸强度和杨氏模量高于ABS和尼龙66；在100℃时的硬度与30℃时聚丙烯的硬度相近，适于制造多种细齿的齿轮。

⑥ 化学性能好。可在有机溶剂、无机盐溶液及润滑剂中连续使用，但不耐强酸、强碱。共聚甲醛耐蚀性比均聚甲醛优越，但也不能耐稀酸及弱酸，共聚甲醛耐化学腐蚀性能如表12-36。

表12-36 共聚甲醛耐化学腐蚀性能

介质名称	浓度/%	温度/℃	耐蚀性评价	介质名称	浓度/%	温度/℃	耐蚀性评价
硫酸	3	25	耐	过氧化氢	3	25	耐
	>10	25	不耐	二氧化硫	<90	25	不耐
硝酸	—	25	不耐	硫化氢	<90	60	耐
盐酸	—	25	不耐	乙醇	—	80	尚耐
磷酸	—	25	不耐	糠醇	—	55	耐
氢氟酸	—	25	不耐	丙酮	100	25	不耐
铬酸	—	25	不耐	乙醚	—	25	尚耐
醋酸	5	25	耐	醋酸乙酯	—	25	不耐
	10	55	尚耐	苯二酸二辛酯	—	55	耐
草酸	—	25	不耐	苯	—	25	尚耐
氢氧化钠	1	55	耐	甲苯	—	25	尚耐
	10	25	耐	二甲苯	—	55	尚耐
	60	25	耐	三氯乙烯	—	25	不耐
硫酸铵	—	60	耐	氯仿	—	25	耐
硝酸钠	—	60	耐	四氯化碳	—	25	尚耐
氯化钠	—	80	耐	氯苯	—	25	不耐
氯化铵	—	60	耐	苯胺	<90	55	尚耐
磷酸铵	—	60	耐		100	25	不耐
氯酸钾	—	60	耐	苯酚	—	25	不耐
氟化铵	—	25	不耐	硝基苯	—	55	耐
高锰酸钾	<6	60	耐	吡啶	—	55	耐
次氯酸钙	10	25	不耐				

(2) 聚甲醛的应用

聚甲醛由于其良好的物理、机械性能和化学性能，可代替金属和合金，在汽车、机床、化工、电气、仪表、农机等行业有广阔的用途。一般可用作轴承、弹簧、凸轮、辊子、齿轮、阀门上的螺母、垫圈、法兰、球头碗、垫片、汽车仪表板、汽化器，各种外壳、罩盖、箱体泵叶轮、鼓风机、叶片、配电盘、线图座、运输箱、管道以及农药喷雾器等化工容器、农用药械和喷灌设备部件零部件。另外，作为食品及医药工业方面输送带以及手柄、录音带盒、卡式录音机组件等家用电器零配件，可广泛代替有色金属黄铜、铝、锌及铸铁等。

聚甲醛宜用来制造轴及滑动摩擦件的活动部件。用聚四氟乙烯和玻璃纤维对其进行增强改性后，可使其刚性高、蠕变低、尺寸稳定性好，损耗方面仅次于聚酰胺，其洛氏硬度为 M94。

含油聚甲醛摩擦系数低、耐损耗、有较高的极限 PV 值，非常适宜在无油润滑或缺少油润滑场合下作齿轮、轴套、滑块等摩擦部件。

由于聚甲醛不耐酸、碱和氧化剂，所以易腐蚀，一般不作耐蚀塑料用。

12.7.6 氯化聚醚塑料

氯化聚醚塑料是一种具有氯甲基侧键的线型聚醚，通常是指聚 3，3-二(氯甲基)环氧丙烷(PBCMO)，为结晶型热塑性塑料。

（1）氯化聚醚塑料的基本性能

1）物理力学性能

氯化聚醚塑料的力学性能与其结晶度、结晶构型和相对分子质量等密切相关，一般情况下，其拉伸强度、弯曲强度、压缩强度和硬度都随结晶度的增大而升高，伸长率和冲击机械强度则随结晶度增大而降低；此外，氯化聚醚塑料还具有很好的耐磨性和很好的抗击聚变性。但是具有低温脆性大、杨氏模量在低于 20℃后急剧增大的缺点。氯化聚醚塑料的物理、力学性能见表 12-37。

表 12-37　氯化聚醚物理、力学性能

性　　能	指　标	性　　能	指　标
密度/(g/cm^3)	1.4	拉伸强度/MPa	40(23℃)~25(100℃)
比热容/[J/(kg·K)]	1.16×10^3	伸长率/%	130(23℃)~250(100℃)
热导率/[W/(m·K)]	0.13	杨氏模量/MPa	72~78(20℃)
线膨胀系数/(10^{-5}K^{-1})	9~15	弯曲强度/MPa	2.1(20℃)
马丁耐热度/℃	72	冲击强度(缺口)/(kJ/m^2)	2.1(20℃)
分解温度/℃	>280	介电常数(10^{6}Hz)	3.1
洛氏硬度	100	压缩强度/MPa	62

2）热性能

氯化聚醚塑料分子结构中氯甲基相邻的碳原子上无氢原子存在，不易脱出氯化氢，因此可在 120℃下长期使用。在 N_2 中的分解温度(320℃)和在 O_2 中的分解温度(290℃)都高于熔点 180℃，所以适用于喷涂加工。但在-40℃至 T_g(7~32℃)温度范围内，呈脆性。其导热系数低于大多数热塑性塑料，适宜做绝热材料。在 130℃以上条件下，72~120h 后，容易发生粉化，会放出低分子物质，伴随有拉伸强度和伸长率的大幅度降低。

3）电性能

氯化聚醚塑料具有优良的绝缘性能，最适合在温度范围 120~125℃、腐蚀介质、潮湿环境中使用，其电性能与聚碳酸酯相似。

4）耐湿性和透气性

氯化聚醚塑料的吸水率较小，23℃、24h 下的吸水率低于 0.01%；100℃沸水中 1 星期，吸水率 0.09%，这就决定了它适合在潮湿环境中使用。

5）氯化聚醚耐化学腐蚀性

氯化聚醚突出的特点是具有优异的耐腐蚀性，因为它的高结晶度和结构中存在有醚键，其耐蚀性仅次于聚四氟乙烯，对大多数无机酸、碱、盐的相当宽的温度范围内都耐其腐蚀。一般的有机溶剂如烃类、醇类、醚类、羧酸等在室温下都不能使它溶解或溶胀，即使在高温的情况下也不能使它破坏，只有很少的强极性溶剂能使之溶解或溶胀。

在相当宽的温度范围内，大多数无机酸、碱、盐溶液对氯化聚醚不存在腐蚀作用，但不耐强氧化性介质(如双氧水、浓硝酸等)，即使在室温下也不耐液氯、氟、溴腐蚀。除此之外，它具有优异的耐磨蚀性，仅次于聚甲醛。氯化聚醚在各种介质中的耐化学腐蚀性能如表12-38所示。

表 12-38　氯化聚醚耐化学腐蚀性能

介质名称	浓度/%	温度/℃	耐蚀性评定	介质名称	浓度/%	温度/℃	耐蚀性评定
硫　酸	<80	120		硝酸铵	—	120	耐
	~93	100	尚耐	氯化钠	—	120	耐
硝　酸	<10	100	尚耐	氯化钾	—	120	耐
盐　酸	任何浓度	120	耐	氯化铵	—	120	耐
磷　酸	<90	120	耐	氯化钙	—	120	耐
氢氟酸	<48	120	耐	氯化锌	—	120	耐
	<60	100	耐	氯化锡	—	120	耐
氢溴酸	<50	120	耐	氯化亚锡	—	120	耐
氢氰酸	任何浓度	120	耐	氯化汞	—	120	耐
王　水	—	80	耐	三氯化铝	—	120	耐
亚硫酸	—	100	耐	三氯化铁	—	120	耐
亚硝酸	—	100	耐	氯酸钠	—	100	耐
氟硅酸	—	120	耐	次氯酸钠	5	100	耐
铬　酸	10	120	耐	磷酸铵	—	120	耐
	25	100	耐	碳酸钠	—	120	耐
氯磺酸	—	—	不耐	重铬酸钾	—	120	耐
甲　酸	—	120	耐	过氧化氢	10	100	尚耐
乙酸(醋酸)	—	120	耐		<90	66	耐
一氯醋酸	—	100	耐	氟	—	—	不耐
丁　酸	—	120	耐	氟化钠	—	120	耐
辛　酸	—	120	耐	氟化钾	—	120	耐
草酸(乙二酸)	—	100	耐	氟化铵	—	120	耐
顺丁烯二酸(马来酸)	—	120	耐	氯	—	66	尚耐
顺丁烯二酸酐	—	100	耐	溴	—	—	不耐
反丁烯二酸(富马酸)	—	120	耐	溴化铵	—	120	耐
油　酸	—	120	耐	硫化氢	—	100	耐
柠檬酸	—	120	耐	二氧化硫(液)	—	—	不耐
苯甲酸	—	120	耐	二氧化硫(干气)	—	100	耐
苯磺酸	—	100	耐	二氧化硫(湿气)	—	100	尚耐
对甲苯磺酸	—	80	耐	三氧化硫(液)	—	—	不耐
甲基丙烯酸	—	66	耐	三氧化硫(气)	—	80	耐
氢氧化钾	—	120	耐	五氧化二磷	—	120	耐
氢氧化钠	—	120	耐	二氯甲烷	—	—	不耐
氢氧化铵	—	120	耐	三氯甲烷(氯仿)	—	25	耐
硫酸铵	—	120	耐	四氯化碳(四氯甲烷)	—	100	耐
硫酸钠	—	120	耐	氟利昂12(二氟二氯甲烷)	—	100	耐
硫酸氢钠	—	120	耐	三氯乙烷	—	100	尚耐
亚硫酸氢钠	—	120	耐	二氯乙烷	—	25	尚耐
硝酸钠	—	120	耐	甲基三氯硅烷	—	25	耐

介质名称	浓度/%	温度/℃	耐蚀性评定	介质名称	浓度/%	温度/℃	耐蚀性评定
三氯乙烯	—	120	耐	甲乙酮	—	66	耐
三氯乙烯	—	66	耐	环己酮	—	25	耐
苯	—	25	耐	甲基异丁基酮	—	25	耐
甲　苯	—	25	尚耐	醋酸乙酯	—	25	耐
二甲苯	—	66	耐	醋酸丁酯	—	66	耐
氯　苯	—	25	耐	醋酸戊酯	—	100	耐
硝基苯	—	25	耐	甲基丙烯酸甲酯	—	66	耐
甲　醇	—	100	耐	苯二甲酸二辛酯	—	80	耐
乙醇(酒精)	—	100	耐	磷酸三甲苯酯	—	80	耐
戊　醇	—	100	耐	磷酸三丁酯	—	100	耐
环己醇	—	100	耐	乙醇胺	—	100	耐
二氯乙醇	—	25	耐	三乙醇胺	—	80	耐
苯酚(石碳酸)	5~90	100	耐	二甲胺	—	100	耐
三氯苯酚	—	—	不耐	二甲基甲酰胺	—	—	不耐
丁基酚	—	100	耐	乙酰胺	—	120	耐
甲　醛	<37	120	耐	乙二胺	—	25	耐
	50	100	耐	苯　胺	—	25	耐
乙　醛	—	66	耐	盐酸苯胺	—	120	耐
丁　醛	—	—	不耐	硝化甘油	—	25	耐
苯甲醛	—	25	耐	丙烯腈	—	66	耐
丁烯醛(巴豆醛)	—	—	不耐	乙　醚	—	100	耐
水杨醛	—	25	耐	二乙醚	—	100	耐
丙　酮	—	50	尚耐	石油醚	—	120	耐
		60	不耐				

(2) 氯化聚醚的加工与应用

线型高结晶性的氯化聚醚塑料具有优良的耐热、耐腐蚀性能、良好的机械性能、优良的电性能及很低的吸水率，具备热塑性塑料的一切特征。氯化聚醚的加工性能良好，在其熔点180℃以上，可注射、挤压、吹塑、焊接、喷涂、衬里和压制加工成各种制品。可替代有色金属制机械零件，产品无应力开裂问题，也可替代部分不锈钢制防腐部件、衬里和涂层等。

氯化聚醚由于其良好的机械强度、电绝缘性、绝热性、自熄性，因此在工程材料方面得到广泛应用。氯化聚醚在化工防腐蚀设备以及制造精密零件、代替铜等有色金属及不锈钢等方面，有广阔的发展前途。可制作耐腐蚀设备，如泵、阀门、轴承、密封件、耐腐蚀绳索、衬里、化工管道、测量窥镜等；精密零件如轴承、轴承保持架、齿轮等，还可用于管子、阀门、泵、罐的表面防腐涂层，或作为减磨、密封材料。

氯化聚醚中填加石墨、玻璃纤维、石棉、硅粉等制成复合材料，用在各种机电设备方面。

12.7.7　聚醚醚酮

聚醚醚酮是指分子链中含有 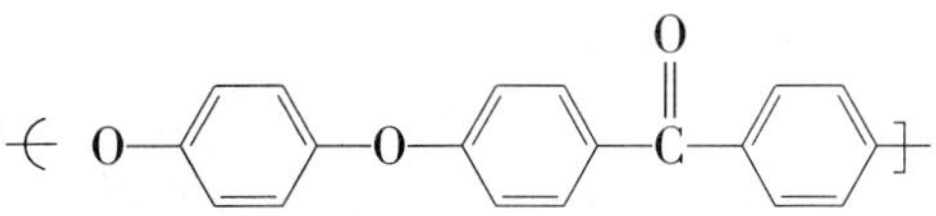 链节的线性芳香族高分子化合物。是聚芳醚酮中最主要的品种，简称PEEK。

(1) 聚醚醚酮的基本性能

聚醚醚酮同时具有热固性塑料的耐热性、化学稳定性和热塑性塑料的成型加工性能，同时还具有优异的力学性能、电绝缘性能、耐化学品腐蚀性、耐水和水蒸气性、阻燃性以及耐辐射性。

① 物理力学性能。聚醚醚酮具有较高的力学强度，用玻璃纤维或碳纤维增强的聚醚醚酮的强度更高，且耐冲击性优异，其耐疲劳性在合成树脂中属最优。表 12-39、表 12-40 分别列出了聚醚醚酮的基本物理性能和基本力学性能。

表 12-39 聚醚醚酮(PEEK)的基本物理性能

项目		数值	项目		数值
最大结晶度/%		48		24h，饱和	0.60
标准结晶度/%		35	最高结晶温度/℃	熔体	256
密度/(g/cm^3)	非晶态	1.265		固体	185
	晶态	1.320	熔体黏度(400℃)/(Pa·s)		450~550
颗粒堆积密度/(g/cm^3)		0.77	熔体热稳定性(400℃，1h 后黏度变化率)/%		<10
吸油率/%		0.22	成型收缩率		1.1
吸水率/%	24h，40%RH	0.15			

表 12-40 聚醚醚酮(PEEK)的基本力学性能

项目		未增强	20%玻璃纤维增强	30%玻璃纤维增强	30%碳纤维增强
拉伸强度/MPa	23℃	100	138	162	215
	100℃	66	—	129	185
	150℃	34	—	75	107
弯曲强度/MPa		170	192	233	318
伸长率/%		150	4.4	3.0	3.0
冲击强度/(J/m)	缺口	83.4	86.3	96.1	85.3
	无缺口	—	—	—	650
弯曲模量/GPa	23℃	3.9	7.7	8.0	15.4
	100℃	3.0	—	—	12.2
	150℃	2.0	—	—	10.0

② 耐热性。聚醚醚酮是耐热性极优的热塑性塑料，T_g 为 143℃，T_m 为 334℃，连续使用温度最高可达40℃以上，未增强聚醚醚酮的热变形温度为 135~160℃，20%玻璃纤维增强后为 286℃，36%玻璃纤维或碳纤维增强后热变形温度可达 300℃。它还具有很高的热氧稳定性，差热法热失重曲线表明，400℃时热失重为 0，500℃时为 2.5%，600℃时才增至 59%。聚醚醚酮在 270℃空气中的老化曲线，如图 12-4 所示，可见无论是未增强的还是增强的聚醚醚酮，经 1000h 热老化后，拉伸强度基本保持不变。

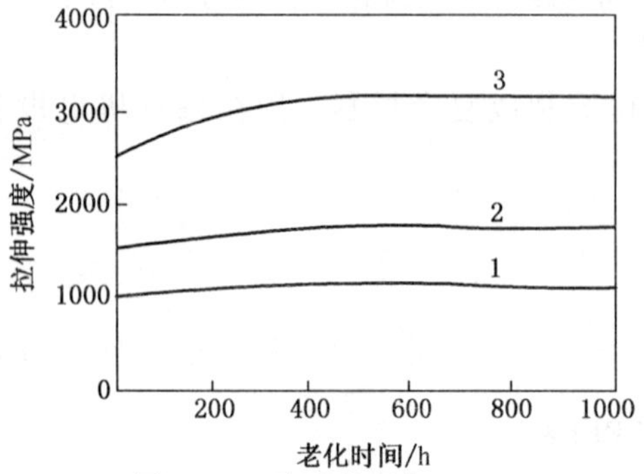

图 12-4 聚醚醚酮在 270℃空气中的老化曲线

③ 电性能。聚醚醚酮具有优良的电气绝缘性能，体积电阻率可达 10^{14} Ωm，其电性能参数随温度变化。聚醚醚酮在高频范围内仍能保持较小的介电常数和介电损耗。聚醚醚酮的电性能如表 12-41 所示。

表 12-41　聚醚醚酮的电性能

项目		数值	项目		数值
击穿电压/(kV/mm)	包覆电线，20℃，水中	16~21	介电常数	$50\sim10^{10}$Hz，0~150℃	3.2~3.3
	薄膜，50μm	19		50Hz，200℃	4.5
耐径迹性/V		150	体积电阻(包覆电线，20℃，水中)/(Ω·m)		1×10^{13}

④ 耐辐射性。聚醚醚酮具有优异的耐辐射性能，能经得起 10^9Pad 剂量的 β 和 γ 射线的辐照，是所有工程塑料中最耐辐照的材料。

⑤ 耐磨及滑动性。聚醚醚酮具有优异的耐磨性和自润滑性，摩擦系数低，用石墨、碳纤维等填料复合，其性能大大提高。

⑥ 聚醚醚酮的耐化学腐蚀性。聚醚醚酮具有优异的耐腐蚀性，能耐大多数有机及无机溶剂的侵蚀(除浓硫酸及浓硝酸外)，在常规溶剂中不溶，但在结晶不充分时，丙酮可使其开裂。在较高温度下也能保持良好的化学稳定性。聚醚醚酮在所有的工程塑料中，具有最好的耐热水性和耐水蒸气性。

(2) 聚醚醚酮工程材料的应用

① 电子电器行业。聚醚醚酮具有耐热、耐焊接、耐药品等特性，且具有优良的力学、电性能，所以适于制造各种电子电器的接插件、开关、电极等；还可应用于该行业制作过程中的器具(如硅片承载器、集成电路基板、液晶仪表盘、线圈等)和复印机分离、齿轮、轴承等办公设备部件。

② 电线电缆包覆层。聚醚醚酮具有难燃、耐热、高剪切强度、耐辐照等特点，可用于军事、原子能发电装置用的电线、电缆线的包覆层。

③ 汽车与机械行业。聚醚醚酮具有强韧、耐热、耐疲劳和耐药品及低损耗等特性，适于制造汽车的涡轮充电器、汽缸外裙、配电盘、可变电容、各种齿轮、轴承等结构部件。

④ 输送高温流体。聚醚醚酮具有耐热、耐药品和耐水解等特性可制造输送高温流体的管道、泵、垫片及包装容器等。

⑤ 结构材料。聚醚醚酮可以作为长纤维复合材料用树脂，如聚醚醚酮树脂基的碳纤维增强复合材料，用于制备直升飞机的尾翼等其他结构件。

⑥ 宇航领域。其阻燃性好，不加阻燃剂可达 0∠941V-1 级成 0∠941V-2 级，综合其良好的耐高温、耐腐蚀电绝缘性以及机械强度高、耐辐射等特性，是可应用于宇航领域的新材料。

⑦ 其他。可采用粉末喷涂制造各种耐腐蚀涂层制品，用于防腐蚀环境中。

12.7.8　聚砜塑料

聚砜(PSU)是主链中含有砜基及芳核的高分子化合物的通称，其分子结构式为

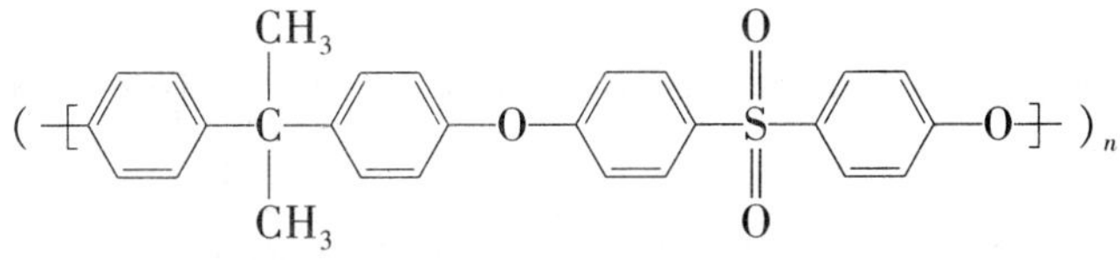

目前生产的聚砜有普通双酚 A 聚砜、非双酚 A 型的聚芳砜、聚苯醚砜、聚醚砜等几种。我国目前生产的只有双酚 A 型聚砜。

(1) 聚砜的基本性能

① 耐温性能。具有很好的耐热及耐寒性能，可在-100~150℃范围内长期使用。

② 高温机械性能。在高温下仍具有较高的强度，在 20℃时的拉伸强度与聚甲醛差不多，

100℃时却比聚甲醛高 47%，120℃时比聚碳酸酯高 60%，150℃下的拉伸强度仍然在 39.2MPa 以上，高于 100℃时的聚甲醛和聚碳酸酯。另外高温下的弹性模量更为突出，在 20℃时的杨氏模量与聚甲醛、聚碳酸酯差不多，在 100℃时为聚甲醛的 24 倍，聚碳酸酯的 1.26 倍。150℃下的杨氏模量仍在 1765MPa 以上，与 100℃时的聚碳酸酯相当。

③ 抗疲劳与抗蠕变性能。抗蠕变性能良好，在室温时，聚砜与硬聚氯乙烯差不多，在 20.6MPa 应力作用下，经 1000h 后总变形量小于 1%，优于 ABS、聚甲醛、聚碳酸酯。

④ 耐化学腐蚀性能。聚砜具有较好的耐酸性能，能耐(室温下)各种浓度酸、碱和盐类溶液的腐蚀，对氧化剂、某些醇类、油类也有较好的耐蚀性，80℃时对于稀酸也是耐蚀的，但极性有机溶剂如酮、芳烃、卤代烃会破坏它。聚砜由于在化学腐蚀方面并不是很优越，而且它的价格很高，所以一般并不用作耐蚀塑料。聚砜的耐化学腐蚀性能如表 12-42。

表 12-42　聚砜的耐化学腐蚀性能

介质名称	浓度/%	温度/℃	耐蚀性评价	介质名称	浓度/%	温度/℃	耐蚀性评价
硫酸	30~40	80	耐	丙酮	—	20	不耐
硝酸	稀	80	耐	酮类	—	20	不耐
盐酸	10~20	80	耐	乙醚	—	20	不耐
磷酸	90	80	耐	醋酸乙酯	—	20	不耐
醋酸	—	80	耐	环己烷	—	20	耐
柠檬酸	—	80	耐	庚烷	—	20	不耐
氢氧化钠	—	80	耐	苯	—	20	不耐
盐类	—	25	耐	煤油	—	20	耐
过氧化氢	—	80	耐	四氯化碳	—	20	不耐
甲醇	—	25	耐	三氯乙烯	—	20	不耐
乙醇	—	25	耐	氯代烃类	—	20	不耐
丙醇	—	25	不耐	硝基苯	—	20	不耐
丁醇	—	25	不耐				

(2) 聚砜塑料的应用

由于聚砜具有以上优点，而且具有优良的电性能，使它主要应用于电气、电子、仪表和航天等工业部门中制作耐热、耐腐蚀、高强度的零件和电气绝缘制品。还可以制成各种管材、板材、型材等，也用来制作其他机件。

12.7.9　聚苯醚

聚苯醚是一种无定形热塑性材料，T_g 为 211℃，T_m 为 268℃，其化学结构式为

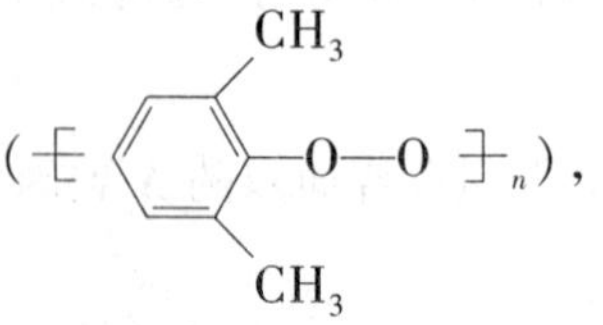

，分子结构中存在有醚官能团和间二甲基基团，后者具有阻碍氧化作用，从而使聚苯醚具有优良的热稳定性和化学稳定性，可以在 125℃以上长期使用，在 150℃仍保持其强度和阻燃性。

(1)聚苯醚的基本性能

① 机械性能。聚苯醚具有良好的机械性能，即使在高温下仍能维持良好的机械性能，

其部件在接近 205℃时不产生变形。突出的是拉伸强度和蠕变性能好，拉伸强度值为 80MPa，拉伸模数值为 2500～2700MPa，它的蠕变值很低，比聚碳酸酯、聚甲醛、聚酰胺-6、ABS 等都低。可作长期耐负荷的机械要件。

② 热性能。聚苯醚具有较高的耐热性，在高温下也能保持较高的强度；在 125℃下连续使用，热变形温度近似于酚醛等热固性塑料，优于聚碳酸酯、聚酰胺-6、ABS 等热塑性塑料。聚苯醚虽有较高的热稳定性，但由于聚苯醚高分子主链羟端基的存在，加热分解时活性酚氧自由基对聚合体作用，以致使聚合体耐热性减弱，分解活性降低。所以要提高聚苯醚的热稳定性就必须封端基，减少末端酚氧自由基的浓度。

③ 电性能。聚苯醚能在广泛的温度范围和频率范围内保持电性能稳定，这是由于聚苯醚分子结构中无显著的极性基团。虽然温度变化，但其介电常数和介电损耗角正切增加很少。

④ 耐化学腐蚀性。聚苯醚的耐化学腐蚀性良好，耐稀无机酸、盐、醇等，同时也耐碱、碱水溶液及水蒸气。在加压下，于 120℃的水蒸气中可耐 200 次反复加温。聚苯醚溶于氯化烃和芳香烃中，在某些溶剂如酯酸乙酯、丙酮、苯甲醇、石油和甲酸中引起龟裂和溶胀。

⑤ 吸水性和透气性。聚苯醚具有优良的耐水解性，吸湿性低，且制品尺寸稳定好，不受腐蚀环境的影响，其吸水率是工程塑料中最低的一个。将聚苯醚放入沸水中经 7200h 煮沸后，其拉伸强度、伸长率、冲击强度等机械性能都没有明显的下降，吸水后尺寸变化很小。但聚苯醚的透气性差。

（2）聚苯醚的改性

由于聚苯醚软化点高，热变形温度高达 180℃，熔融黏度高，加工性差，且成型产品易发生开裂。为改善其加工流动性，克服应力开裂等缺点，所以对其进行改性。改性聚苯醚除具有聚苯醚的主要性能外，刚性和尺寸稳定性好，并有低的模型收缩率和线膨胀系数，抗蠕变性好，在工程塑料中是吸水率最低的品种之一。它们不受酸和碱的水溶液影响，对水解完全稳定，对一些有机溶剂有好的抵抗力，但受芳烃的卤代脂肪烃的化学侵蚀。

改性聚苯醚机械性能尤其是冲击强度比聚苯醚有显著的提高，其他性能与聚苯醚比较有增无减，特别是克服了应力开裂的缺点，但使用温度比聚苯醚低。

（3）聚苯醚的应用

聚苯醚由于其所具有的综合的优良性能，在机电工业方面，用聚苯醚代替有色金属如青铜等，用作无声齿轮凸轮轴承、运输机械零件、煤气炉把手、螺钉和其他机械连接部件。在电气电子方面可用作线圈架、绝缘支架、高频回路零件、变压器用线、配电箱、电容器零件、电极和转子机壳等。在化工方面，由于聚苯醚具有耐蒸汽、耐化学腐蚀、耐洗涤剂等特点，可用聚苯醚作泵叶、管道、道阀、反应器涂层等，在医疗领域作外科手术零件等。

改性聚苯醚可根据用户需要进行配方，比聚苯醚用途更加广泛。改性聚苯醚主要用于水分配器、电金、电子器具、办公机械零件。利用改性聚苯醚的低温冲击强度好的特性，将改性聚苯醚用作汽车的各种外部构件如轮盖、栅格、灯罩、或作汽车的其他部件，如排气孔栅格、仪表盘、电气接插件和填料盘等。

12.7.10　聚碳酸酯

聚碳酸酯系指双酚 A 型聚碳酸酯，由碳酸二苯酯和间苯酚或氢醌进行酯交换反应分别获得熔点为 202℃和 320℃以上的芳香族生成物。

从单位晶胞看，聚碳酸酯的分子体积非常庞大，它具有柔韧的碳酸酯基和难以流动的苯基丙烷基团，X 光衍射图表明其结构由幅度宽的光圈环组成，即构成类似结晶的准秩序态，聚碳酸酯在通常的情况下系无定形透明高分子，但经高温定向拉伸处理或溶剂溶解处理后都可导致聚碳酸酯结晶，而且结晶度增加透明度减少。

低相对分子质量的聚碳酸酯(黏度<0.5dl/g)浸渍在丙酮中会导致结晶和变脆，较高相对分子质量的聚碳酸酯(黏度>0.6dl/g)浸洗后会变成不透明的和膨胀了的弹性聚碳酸酯。当膨胀的样品被拉伸和干燥后，保持定向结晶。另外，拉伸的结晶薄膜的热变形温度比原薄膜约高 20℃，气体渗透性降低，对溶剂抗蚀能力增加，塑料成核剂可帮助聚碳酸酯结晶。

(1) 聚碳酸酯的基本性能

聚碳酸酯的高分子链由柔软的碳酸基和刚性的苯基丙烷组成，特殊的高分子结构导致了优良的性能。

① 机械性能。聚碳酸酯的机械性能，在-100~120℃范围内没有大的变化。室温的拉伸强度和拉伸模量和其他热塑性塑料处于同一范围。拉伸强度屈服值为 62.1MPa，拉伸强度极限值为 65.5MPa，拉伸模量为 2380MPa。它的冲击强度和延展性优越，悬臂冲击强度为：有缺口 860J/m，无缺口为不断裂，单轴拉伸应力应变曲线表明它是典型的延展性材料，破坏伸长率为 120%，根据应力-应变曲线表明它是典型的延展性材料，其单体体积能量吸收值为 $65J/m^3$，是压铸铝的 8.5 倍，碳钢的 60%。由上述可见聚碳酸酯是耐冲击强度最高的工程塑料，目前只有超韧尼龙能和它比，聚碳酸酯也存在对应力集中敏感的缺点，在室温增加苛刻的应力集中(把缺口半径从 0.038mm 减少到 0.02mm)，则缺口冲击强度从 960J/m 减少到 130J/m。当温度超过试验范围(在-10~-20℃之间)，则缺口样品从延展性向脆性冲击性能转化，当缺口冲击试验棒的厚度从 3.18mm 增加到 6.35mm 后，缺口样品的冲击性能也从延性断裂到脆性断裂转化。这种独特的临界厚度现象，用增加共聚组分的办法来解决。

② 热性能。聚碳酸酯的热变形温度在无热塑性变形塑料中属于高的一类，特别是荷重差异大的情况下，其热变形温度差异小，例如：荷重为 0.464MPa 和 1.856MPa 下，热变形温度仍在 138℃左右。聚碳酸酯有一个庞大的分子体积结构包含在主链中限制了链的运动，而这种结构在链中的重复单元较长，使其有序的排列成为困难。这些特征决定了聚碳酸酯的性能。聚碳酸酯的玻璃化转变温度 T_g 为 149℃，比涤纶、尼龙-66 的玻璃化转变温度高很多，玻璃化转变温度高使之具有优良的尺寸稳定性，负荷下有优良的耐蠕变性，T_g 基本上决定了机械性能和电性能的上限温度。

③ 光学性能。聚碳酸酯系无色透明的树脂，其可见光透过率接近 90%，在紫外光范围内吸收完全，渗透很小，暴露于户外表面会变黄和变暗，折光率为 1.586。这是由于含高芳香族基团引起的。

④ 吸水性。聚碳酸酯分子末端除含羟基外，完全没有吸水基团，它的吸水性非常低，在 52%的相对湿度下最大吸湿量为 0.16%，常温或在沸水中吸湿量也只是 0.4%，因吸水引起尺寸的变化也在 0.1%以下。

⑤ 耐化学药品性和腐蚀性。一般对醇油、盐类等稳定，可耐弱酸和碱，溶于强碱、芳香烃、卤代脂肪烃中。对于残余形变大的成型品会因化学应力而发生开裂。聚碳酸酯的耐化学腐蚀性能见表 12-43。

⑥ 电性能。聚碳酸酯介电强度特别高，系优良的电绝缘材料，对频率和温度稳定，耐热性高，机械强度极高，所以是优良的高频绝缘材料，当频率从 1~10MHz 变化时，介电常数仍在 2.8 左右，频率在 10MHz 以上，介电常数略有降低，在 1150MHz 时，介电常数为

26，温度从-20℃到130℃变化时，介电常数没有变化。

表 12-43　聚碳酸酯的耐化学腐蚀性能

介质名称	浓度/%	温度/℃	耐蚀性评价	介质名称	浓度/%	温度/℃	耐蚀性评价
硫　酸	<50	20	耐	氟化铵	—	20	不耐
硝　酸	<25	20	耐	硫化钠	—	20	不耐
盐　酸	<50	20	耐	硫化铵	—	20	不耐
磷　酸	—	20	耐	过氧化氢	30	20	耐
氢氟酸	40	20	耐	甲　醇	—	20	不耐
铬　酸	20	20	耐	乙　醇	—	20	耐
王　水	—	20	不耐	甲　醛	40	20	耐
甲　酸	10	20	耐	乙　醛	—	20	不耐
乙　酸	10	20	耐	酮　类	—	20	不耐
	>60	20	不耐	酯　类	—	20	不耐
丁　酸	—	20	不耐	乙　醚	—	20	不耐
油　酸	—	80	耐	苯	—	20	不耐
草　酸	—	20	耐	甲　苯	—	20	不耐
苯甲酸	—	20	不耐	二甲苯	—	20	不耐
柠檬酸	—	20	耐	矿　油	—	20	耐
氢氧化钠	—	20	不耐	氯　仿	—	20	不耐
氢氧化钾	—	20	不耐	四氯化碳	—	20	不耐
硫酸铜	—	20	耐	三氯乙烯	—	20	不耐
硝酸铵	—	20	耐	胺　类	—	20	不耐
氯化钠	—	20	耐	苯　酚	—	20	不耐
高锰酸钾	—	20	耐	吡　啶	—	20	不耐
次氯酸钙	—	20	耐				

⑦ 其他性能。

注射模塑的聚碳酸酯特性黏度为0.50~0.55dL/g，挤塑成型的聚碳酸酯特性黏度稍高，特性黏度为0.50~0.55dL/g的聚碳酸酯其重均相对分子质量为$M_W=30000$，数均相对分子质量为$M_n=11.000$，则$M_W/M_n=2.7$。从分布曲线上看，熔融法生产的聚碳酸酯相对分子质量分布偏宽，而且向低分子部分靠近。

(2) 聚碳酸酯的应用

由于聚碳酸酯具有极高的冲击强度，又有好的电性能、热性能、耐化学药品性和耐蠕变性，可在-100~135℃范围内使用。广泛用于交通运输尤其是汽车、飞机，电子、电气、机械、光学领域和日用器具，以及能源利用等领域。

聚碳酸酯具有良好的光学性能，它的透光率可达90%以上，已接近有机玻璃，在这方面应用量很大。可作大型灯罩、信号灯、防爆灯、防护玻璃等。

聚碳酸酯无毒，能耐较高的温度，在高压蒸汽下消毒，可作医疗卫生的手术器械，以及环筒容器等。

另外，利用聚碳酸酯的高冲击性可制作安全帽。

12.7.11　泡沫塑料

泡沫塑料是整体充满互相连通和互不连通的微孔使表观密度下降的塑料，其性能及分类见表12-44和表12-45。

表 12-44　泡沫塑料分类

分类项目	名称
泡孔结构	闭孔泡沫塑料 开孔泡沫塑料 网状孔泡沫塑料
密度/(g/cm³)	>0.4，低发泡泡沫塑料 0.1~0.4，中发泡泡沫塑料 <0.1，高发泡泡沫塑料
柔韧性/MPa(表观弹性模量)	>700，硬质泡沫塑料 70~700，半硬质泡沫塑料 <70，软质泡沫塑料
塑料种类	热固性泡沫塑料 热塑性泡沫塑料
用途	绝热绝缘材料，衬垫材料，漂浮材料 减震包装材料，军用材料
母体材料	聚氯乙烯泡沫塑料，聚苯乙烯泡沫塑料，酚醛泡沫塑料，聚氨酯泡沫塑料，聚乙烯泡沫塑料，脲甲醛泡沫塑料

表 12-45　泡沫塑料的性能

性能	交联聚氯乙烯		聚苯乙烯(自熄型)		聚氨酯(自熄型)		交联聚乙烯		湿法酚醛	
密度/(g/cm³)	0.024	0.032	0.016	0.029	0.024	0.032	0.024	0.2	0.018	0.042
压缩强度/MPa	0.21	0.38	0.11~0.12	0.21	0.12	0.21	0.28	0.76	0.08	0.22
剪切强度/MPa	0.21	0.27	0.23	0.21~0.27	0.14	0.15	—	—	—	—
吸水性/%	2.7	1.9	2.0	0.25	2.25	3.0	2.1	1.6	—	—
最高连续使用温度/℃	100	135	79	74	93~121	93~135	80	80	130	130
热导率(23℃)/[mW/(m·K)]	26	26	37	40	36	24	38.4	52.3	35	36
水蒸气透过率/[g/(h·m²)]	0.1	0.075	1.35	0.83~1.03	1.5	0.83	<1	<1	—	—
尺寸稳定性(100℃，100h后的体积变化)/%	10	6	瘪塌	瘪塌	7	6	—	—	-5	-5
70℃，100%RH，28天后的体积变化/%	-7	-4	-5	-5	+30	+25	—	—	+8	+8
耐溶剂性	好	好	差	差	好	好	好	好	好	好

12.7.12　塑料合金

习惯上把聚合物之间的共混材料叫“聚合物合金”，而把其中当塑料使用的称为“塑料合金”。高分子共聚物(材料)是由两种或两种以上的聚合物组合而成的比其单一组合物性能更优越的多组分体系，能达到使某一成分的某一性能或几个性能得到很大提高。高分子共混材料有物理法和化学法两种共混的方法。物理法是把两种以上聚合物熔融混炼或乳液混合后共凝集；化学法包括接枝、嵌段、互贯网络等聚合法。

塑料用的共混聚合物，由于制造简单、造价较低，用量大，品种多而受到重视。塑料合金聚合物中共混聚合物有三种聚合方法：乳液共混法、溶液共混法、机械共混法。

共混聚合物的性能在很大程度上受共混组分的支配，同时分散状态又会因各组分溶解度参数不同而受到影响，若两组分溶解度参数相差0.5以下就可相溶。

聚合物共混作用是改善加工性能和其物理、机械性能，同时赋予新的功能以降低成本等。

(1) 聚氯乙烯(PVC)共混聚合物

虽然 PVC 是用量最大的塑料品种，但具有耐冲击性、热稳定性、加工流动性差的缺点存在，采用共混法对 PVC 改性，可以得到的共混物有 PVC/NBR、PVC/ABS、PVC/PEC 等，其中 PVC/橡胶共混物的性能如表 12-46。

表 12-46　PVC/与橡胶共混聚合物性能

共混物种类	橡胶含量/%	冲击强度/(kJ/m^2)	拉伸强度/MPa	伸长率/%
PVC	0	8.6	5.50	82
PVC/天然橡胶	10	9.7	3.54	44
PVC/聚丁二烯	10	6.7	3.50	58
PVC/聚异丁烯	10	3.7	3.57	97
PVC/聚氯丁二烯	10	16.5	4.37	81.5
PVC/NBR	10	34.6	5.51	100

(2) 聚丙烯(PP)共混聚合物

聚丙烯产量大，用途多，但有低温脆性、不耐磨、热变形温度低、收缩率较大等缺点。PP 共混聚合物的种类及性能改善情况见表 12-47。

表 12-47　聚丙烯(PP)和橡胶(10%)共混聚合物性能

性　　能	PP	PP/PIB 橡胶	PP/丁基橡胶	PP/乙丙橡胶	PP/SBS	PP/聚丁二烯橡胶
拉伸屈服强度/MPa	25	25	26	26	27	26
伸长率/%	200	670	600	610	735	700
脆化温度/℃	-5	-40	-40	-50	-45	-45
冲击强度(夏氏)(kJ/m^2)	2.6	7.0	7.5	19.6	8.0	8.0
热变形温度(1.86MPa)/℃	58	53	53	54	56	55
洛氏硬度 HRC	115	98	110	93	93	92

(3) 聚乙烯(PE)共混聚合物

PE 是目前重要的通用塑料，但存在软化点低、强度低、易开裂和易老化等缺点。改性后的这类共聚物有 LDPE/HDPE、PE/PEC、PE/橡胶等，其中 PE/橡胶共混聚合物的性能如表 12-48。

表 12-48　高压聚乙烯(HDPE)、低压聚乙烯(LDPE)和橡胶共混聚合物性能

性　　能	HDPE	HDPE/SBS	HDPE/丁基橡胶	LDPE	LDPE/SBS	LDPE/丁基橡胶
熔体指数/(g/10min)	4.4	2.97	3.1	2.32	2.32	2.11
拉伸强度/MPa	154	218	174	12.5	13.4	12.0
断裂伸长率/%	595	860	880	510	530	520
耐寒性/℃	-70	-72	-70	-70	-72	-70
耐开裂性/h	50	240	220	3	>500	>500
介电损耗角正切(1MHz)	5×10^{-4}	6×10^{-4}	6×10^{-4}	2×10^{-4}	3×10^{-4}	4×10^{-4}
拉伸屈服强度/MPa	258	229	161	9.1	8.8	8.5

第13章　橡　　胶

橡胶具有较好的物理机械性能和耐腐蚀性能，可以做金属设备的衬里或复合材料衬里中的防渗层。它是一种有机高分子材料，在较宽的温度范围内具有高弹性，在较小的应力作用下就产生较大的弹性变形(200%～1000%)；因具有较好的抗撕裂、耐疲劳性，在使用中经多次的弯曲、拉伸、剪切、压缩均不受损伤；具有不透水、不透气、耐酸碱和绝缘等特性，被广泛用于密封、防腐蚀、防渗漏、减震、耐磨、绝缘以及安全防护等化工机械用材料。需要注意的是，除某些品种的橡胶外，橡胶一般不耐油、不耐溶剂和强氧化性介质并易老化。

橡胶分子链的化学组成和结构在很大程度上决定橡胶的各种性能。依据橡胶分子链的化学组成，橡胶可分为均碳链橡胶、杂链橡胶和元素高分子橡胶三类。

橡胶除具有一般高分子材料的特性外，还具有以下特点：橡胶高分子主链呈柔性链，分子间次价键较弱，因而赋予橡胶以柔软、卷曲和能发生高度变形的能力，因此柔顺性好；其弹性和形变的能力除取决于主链结构外，还与主链上的取代基以及使用的环境温度有关；为防止橡胶高分子在应力作用下因相互滑移导致的变形，一般需要在高分子之间引入适度的化学交联或物理交联，但交联度不能过大，否则会使材料硬度增加，韧性和弹性下降，不利于橡胶弹性的发挥。适度交联是通过橡胶制备过程中的硫化工艺实现的。硫化是指在胶内加入硫磺(或其他的硫化剂)的处理过程。由于橡胶分子内含有双键，能与硫作用，而使大分子链交织成网状大分子：

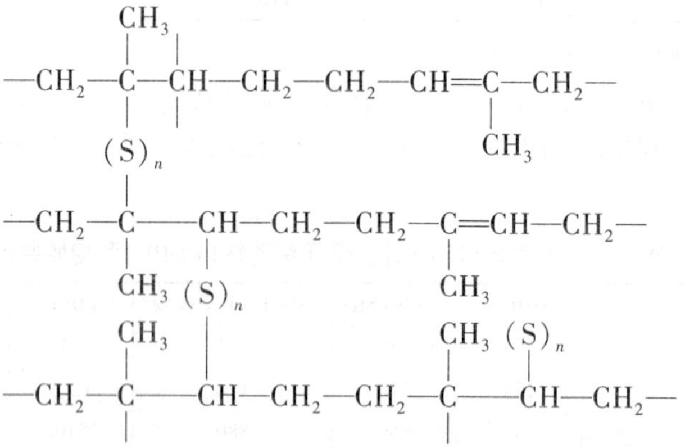

硫化的结果改善了橡胶的弹性、强度、耐溶剂性及耐氧化性方面的性质。根据硫化程度的高低，即含硫量的多少可分为软橡胶(含硫量2%～4%)、半硬橡胶(含硫量12%～20%)和硬橡胶(20%～30%)。软橡胶的弹性好，耐磨、耐冲击振动，能在温度变化大和有冲击振动的场合应用。硬橡胶的耐蚀性及抗渗性比软橡胶好些，硬橡胶之所以耐蚀性、耐热性和机械强度较好，是因为其交联程度大，但耐冲击性则较软橡胶差些。

按照原料来源，橡胶可分为天然橡胶和合成橡胶两大类；按照橡胶使用性能和环境又可分为通用橡胶和特种橡胶。通用橡胶主要用作工业制品和日用杂品，特种橡胶用于特殊环境

(高低温、酸、油类、辐射等)使用的制品。到目前为止，橡胶品种多达170多种，常见的橡胶的品种和化学结构见表13-1。

表13-1　常见橡胶品种和化学结构

通用橡胶		特种橡胶	
品种(代号)	主要成分，化学结构	品种(代号)	主要成分，化学结构
天然橡胶(NR)	顺式异戊二烯 $[CH_2-C(CH_3)=CH-CH_2]_n$	乙丙橡胶(EPM，EPDM)(二元，三元)	乙烯和丙烯的共聚物 $[CH_2-CH_2]_x[CH_2-CH(CH_3)]_y$ $[CH_2-CH_2]_n[CH_2-CH(CH_3)]_y$[二烯]$_z$
丁苯橡胶(SBR)	丁二烯和苯乙烯的共聚物 $[CH_2-CH=CH-CH_2]_x[CH_2-CH(C_6H_5)]_y$	氯磺化聚乙烯橡胶(CSM)	$[(CH_2)_2-CH(Cl)-(CH_2)_3-CH(SO_2Cl)]_n$
顺丁橡胶(BR)	顺式-1,4-聚丁二烯 $[CH_2-CH=CH-CH_2]_n$	丙烯酸酯橡胶(ACM)	主要品种为甲基丙烯酸甲酯的聚合物
丁基橡胶(IIR)	异丁烯和异戊二烯(或丁二烯)的共聚物 $[C(CH_3)_2-CH_2]_x[CH_2-C(CH_3)=CH-CH_2]_y$	聚氨酯橡胶(UR) 聚酯型 聚醚型	聚氨酯是含有氨基甲酸酯基的聚合物的统称 $[R-COOR'O-CO-NH-R''-NHCOO]_n$ $[ROR'OROCO-NH-R''-NH-COO]_n$
丁腈橡胶(NBR)	丁二烯和丙烯腈的共聚物 $[CH_2-CH=CH-CH_2]_x[CH_2-CH(CN)]_y$	氟橡胶(FPM)	氟橡胶是含有氟原子的橡胶的统称 $[(CH_2-CF_2)_x(CF_2-CF(CF_3))_y]_n$ (viton型)
氯丁橡胶(CR)	2-氯丁二烯-(1,3)的聚合物 $[CH_2-CH=C(Cl)-CH_2]_n$	硅橡胶(SR)	$[Si(R)_2-O]_n$

13.1　天然橡胶

13.1.1　相对分子质量和相对分子质量分布

天然橡胶是一种以异戊二烯为主要成分的天然高分子化合物，其分子式是$(C_5H_8)_n$，n值一般在10000左右，相对分子质量分布范围是很宽的，国外文献报道的相对分子质量绝大多数是在3万~3000万之间，相对分子质量分布指数(M_W/M_n)在2.8~10之间。

天然橡胶的相对分子质量分布，一般认为具有双峰分布规律。在低相对分子质量区域20~100万之间出现一个峰或“肩”，在高相对分子质量域区100万~250万之间出现一个峰。所有无性系橡胶树的橡胶，其相对分子质量分布都可以用三种曲线类型来分类，如图13-1。

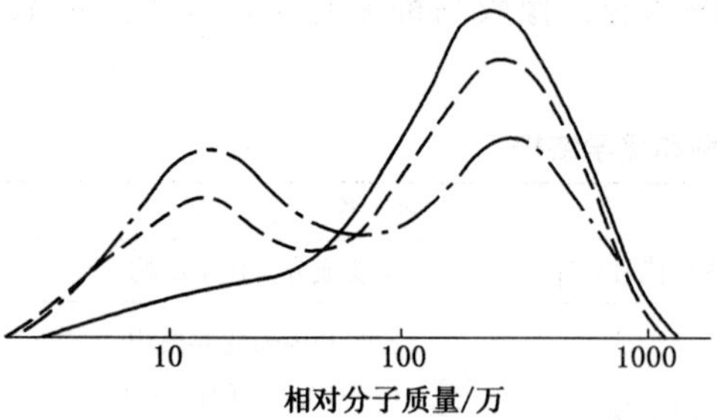

图 13-1　天然橡胶相对分子质量分布曲线类型
—·—·—1 型；----2 型；———3 型

图 13-1 中 1 型曲线是清晰的两峰高度几乎相等，2 型曲线是清晰的双峰分布，但其在低相对分子质量区域内峰较低，3 型曲线是一个斜的单峰分布，在低相对分子质量区域中形成一个“肩”或“小峰”，此种橡胶的操作特性和应有的特性可从相对分子质量分布曲线的类型直接判断出。由于低相对分子质量的橡胶具有良好的操作特性，高相对分子质量的橡胶具有较好的物理机械性能，因此，双峰分布、两峰高度几乎相等的橡胶，低相对分子质量与高相对分子质量的橡胶几乎相等，兼有良好的操作特性和应用性能。

不同品系的天然胶树所产橡胶，平均相对分子质量较高的属于 3 型曲线单峰分布；平均相对分子质量较低的属于 1 型曲线双峰分布。

13.1.2　分子排列方式

天然橡胶是在橡胶树体内生物合成的聚异戊二烯。但异戊二烯分子之间的排列方式是不同的，将异戊二烯分子式中碳原子位置顺序编号，见图 13-2。

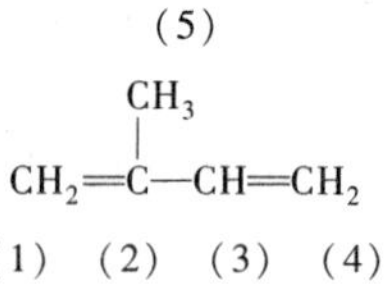

图 13-2　异戊二烯分子碳原子编号

天然橡胶的聚合基本上是一个异戊二烯的(1)位碳原子与另一个异戊二烯的(4)位碳原子连接起来的线状聚合物，所以称为1，4 加成结构。然而在连接的排列方向上有同方向连接和反方向连接两种方式，即顺式-1，4加成结构和反式-1，4 加成结构，而反式加成结构又分 α 型和 β 型两种，如图 13-3。现代橡胶工业使用的天然橡胶，几乎全部是 1，4 加成结构，仅有少量不是。

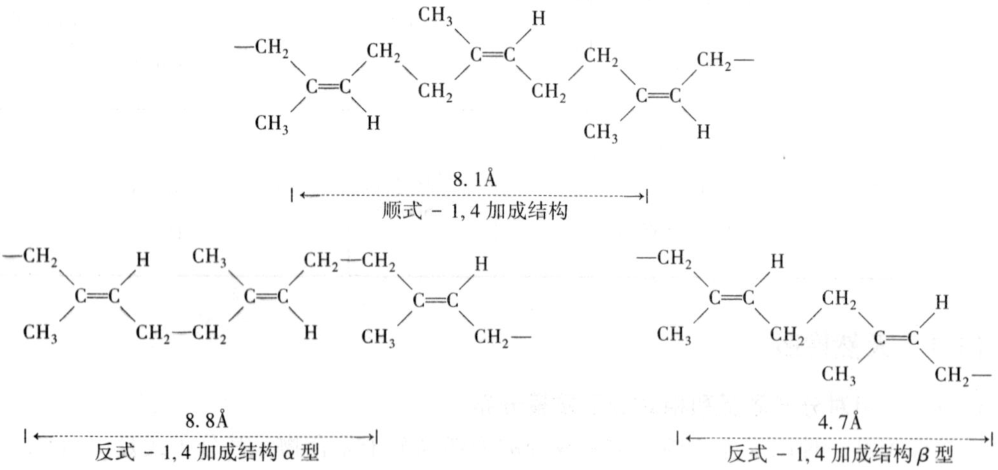

图 13-3　天然橡胶顺、反式-1，4 加成结构

13.1.3　天然橡胶的基本特性

从胶园收集的胶乳或自然凝固的杂胶，制胶厂通过加工凝固、洗涤、压片、压炼、造粒和干燥，制备成各种片状或颗粒状的固体天然橡胶。

13.1.4　固体天然橡胶的化学组分

因为制胶工艺或方法不同，天然橡胶的橡胶烃和其他化学组分略有差异，见表 13-2 和表 13-3。

表 13-2　不同等级天然橡胶的橡胶烃含量

橡　胶	橡胶烃/%	非橡胶成分/%	橡　胶	橡胶烃/%	非橡胶成分/%
薄白绉胶片	94.6	5.4	风干胶片	92.4	7.6
标准橡胶 5 号	94.0	6.0	纯烟毡绉胶片	93.6	6.4
特级烟胶片	92.8	7.2	褐绉胶片	93.6	6.4
三级烟胶片	92.6	7.4	厚毡绉胶片	93.6	6.4

表 13-3　烟胶片、风干胶片和颗粒橡胶的化学组分

组　分	烟胶片	风干胶片	颗粒橡胶	组　分	烟胶片	风干胶片	颗粒橡胶
橡胶烃/%	92.8	92.4	94.0	水溶物/%	0.2	0.2	0.2
蛋白质/%	3.0	3.3	3.1	灰分/%	0.2	0.5	0.2
丙酮抽出物/%	3.5	3.2	2.2	水分/%	0.3	0.4	0.3

13.1.5　固体天然橡胶的物理性能

（1）普通特性

天然胶没有一定的熔点，加热后慢慢软化，到 130～140℃时则会完全软化以至到熔融状态，到 200℃左右开始分解，到 270℃则急剧分解。在室温下会稍带塑性，温度降低则逐渐变硬，0℃时弹性大幅度下降，冷到-70℃时则会变成脆性物质。受冷冻的生胶加热到常温，可恢复原状。天然橡胶的普通特性见表 13-4。

表 13-4　天然橡胶（巴西橡胶）性能

性　　能	生　　胶	纯胶硫化胶	约 50 份炭黑硫化胶	硬 质 胶
密度/(g/cm^3)	0.913 (0.906～0.916)	0.970 (0.920～1.000)	1.120 (1.120～1.180)	1.170 (1.130～1.180)
体积膨胀系数 $\beta=(1/V)(\partial V/\partial T)/K^{-1}$	670×10^{-6}	660×10^{-6}	530×10^{-6} $(450～550)\times10^{-6}$	190×10^{-6}
热性能				
玻璃化转变温度/K	201 (199～204)	210 (201～212)	208	353
比热容(C_p)/[kJ/(kg·K)]	1.905	1.828	1.494	1.385
$\partial C_p/\partial T$/[kJ/(kg·K^2)]	3.54×10^{-3}	—	—	—
导热率/[W/(m·K)]	0.134	0.153	0.280	0.163
燃烧热/(MJ/kg)	-45	-44.4	—	-33.0
平衡熔融温度/K	301 (303～312)	—	—	—
结晶熔融热/(kJ/kg)	64.0	—	—	—
光性能				
折射率(n_D)	1.5191	1.5264	—	1.6

续表

性能	生胶	纯胶硫化胶	约50份炭黑硫化胶	硬质胶
$dn_D/dT/K^{-1}$	-37×10^{-5}	-37×10^{-5}	—	—
电性能				
介电常数(1kHz)	2.37~2.45	2.63 (2.5~3.0)	—	2.82 (2.8~2.9)
消散常数(1kHz)	0.001~0.003	0.002~0.04	—	0.0043~0.009
电导率(60s)/(fS/m)	2~57	2~100	—	2~3000
机械性能				
压缩性				
$B=-(1/V_0)(\delta V/\delta P)/MPa^{-1}$	515×10^{-6}	514×10^{-6}	410×10^{-6}	240×10^{-6}
$\delta B/\delta P/MPa^{-2}$	-2.1×10^{-6}	-2.4×10^{-6}	-1.8×10^{-6}	-0.41×10^{-6}
$\partial B/\partial T/(MPa\cdot K)^{-1}$	$+2.3\times10^{-6}$	$+2.3\times10^{-6}$	$+1.8\times10^{-6}$	$+1.1\times10^{-6}$
热压力系数				
$r=B/\beta/(MPa/K)$	—	1.22	—	—
$\partial r/\partial T/(MPa/K^2)$	—	-0.0052	—	—
体积弹性模量(等温)/GPa	1.94	1.95	2.44	4.17
体积弹性模量(绝热)/GPa	2.27	2.26	—	—
体积波速(v_b)(纵向波)/(km/s)	1.58	1.58	1.49	—
$\partial v_b/\partial T/[m/(s\cdot K)]$	-3	-3	—	—
条形(纵向)波速 v_1(1kHz)/(m/s)	—	45 (35~51)	141	1540
$\partial v_1/\partial T/[m/(s\cdot K)]$	—	-0.2	—	6
扯断伸长率/%	—	750~850	550~650	(3~8)
拉伸强度/MPa	—	17~25	25~35	60~80
应力-应变曲线初始斜率	—	1.3	3.8~8.0	3000
杨氏模量 $E_{(60s)}$/MPa	—	(1.0~2.0)		
剪切模量 G(60s)/MPa	—	0.43 (0.3~0.7)	1.3~2.0	600
剪切柔量 J(60s)/MPa^{-1}	—	2.3 (1.5~3.5)	0.5~0.7	0.0017
蠕变速率(1/J)(∂J/∂lg*t*), unit lg*t*/%	—	2 (1~3)	8 (7~12)	—
复合动态剪切模量 G^*(1Hz)				
贮存模量 G'/MPa	0.41 (0.34~0.56)	0.41 (0.31~0.60)	6.2 (1.9~13)	1100
损失模量 G''/MPa	0.029 (0.027~0.045)	0.0063 (0.0052~0.030)	0.68 (0.32~1.3)	45
损失角正切 G''/G'	0.09 (0.07~0.13)	0.016 (0.01~0.05)	0.11 (0.10~0.17)	0.040
回弹率/%	75~77	75~84	50 (45~55)	63~67

(2) 机械力学性能

天然橡胶具有很好的弹性，弹性模量为2~4MPa，约为钢铁的1/30000，而伸长率约为钢铁的300倍，其伸长率虽与塑料相近，但其弹性模量大30倍。

天然胶是一种自补强度大、具有非常好的机械强度的结晶性橡胶，纯胶硫化胶的拉伸强度为17~25MPa，炭黑补强的硫化胶可提高到25~35MPa，在93℃高温下的强度损失为35%左右。

生胶的拉伸强度和伸长率随温度的变化而发生变化，见表13-5。

表13-5 生胶在不同温度下的拉伸强度和伸长率

试验温度/℃	拉伸速度				试验温度/℃	拉伸速度			
	每秒3%		每秒14%			每秒3%		每秒14%	
	拉伸强度/MPa	扯断伸长率/%	拉伸强度/MPa	扯断伸长率/%		拉伸强度/MPa	扯断伸长率/%	拉伸强度/MPa	扯断伸长率/%
-185	50.3	0	57.8	0	20	1.0	1020	2.5	1280
-80	15.7	50	—	—	40	0.4	1100	1.1	1140
-20	—	—	30.4	1250	60	0.3	1900	0.7	2000
0	4.1	1070	6.9	1000	80	0.2	500	0.3	1920

① 在20℃用光面烟胶片制成的哑铃状试片。

纯胶硫化的500%定伸应力为224MPa，700%的定伸应力为7~10MPa；炭黑配合的硫化胶的300%定伸应力为6~10MPa，500%定伸应力为12MPa以上。

纯胶硫化胶耐屈挠性好，屈挠20万次以上才出现裂口，这是由于天然橡胶的滞后损失小，在多次变形时生热低的结果。

(3) 吸水性

天然橡胶的吸水性随其在制胶过程中胶乳的凝固浓度、保存剂和凝固剂的种类洗涤和干燥等条件不同而有差异，因此不同产品种类的吸水性明显不同，见表13-6。

表13-6 达到平衡时各种天然橡胶的吸水量比较

胶种	达到平衡时橡胶的吸水量/%			胶种	达到平衡时橡胶的吸水量/%		
	空气相对湿度/%				空气相对湿度/%		
	75.2	84.8	97.2		75.2	84.8	97.2
烟胶片	0.45~0.58	0.68~0.89	1.91~2.85	胶乳喷雾干燥橡胶	2.75	4.38	>13.44
绉胶片	0.39	0.56	1.33	巴拉塔胶	0.92	1.43	4.62
熟化绉胶片	0.40	0.64	1.94				

(4) 天然橡胶的硫化与老化

由于天然橡胶具有不饱和双键，所以是一种化学反应较强的物质，每一个双键形成一个活化点，分布在整个橡胶分子链中，支配着橡胶的化学变化，反应包括加成、取代、环化和裂解。

当天然橡胶与硫化体系均匀混合，在一定温度和压力下反应一定时间，就由线型结构的生胶变成网状结构的硫化胶，即称为硫化，由此可变成硫化胶及其他多种改性胶或橡胶衍生物。硫化后能增加天然橡胶的品种，并大大改善天然橡胶的性能。

但是天然橡胶在空气中容易与氧进行自动催化氧化的连锁反应，分子链断裂或过度交联，橡胶黏化使其物理机械性能下降，也就是老化，老化的结果使橡胶的各种性能下降甚至丧失。橡胶在高温下老化速率加快，一般是温度每升 10℃，则时间缩短 1 倍的规律发展。如超过 130℃，使用寿命大大缩短。天然橡胶在阳光下曝晒、受热和在一些金属化合物的影响下，其塑性保持率发生变化，见表 13-7 和表 13-8。

表 13-7　天然橡胶受太阳曝晒后塑性保持率的变化

胶　种	湿　橡　胶			干　橡　胶		
	太阳曝晒时间/h					
	0	3	6	0	3	6
烟胶片	94	100	92	94	81	63
胶杯凝块胶	88	85	84	88	61	49
特一级再炼胶	37	37	35	37	20	12
特二级再炼胶	22	20	17	22	10	7

表 13-8　天然橡胶受热后塑性保持率的变化

胶　种	烘干时		烘 干 后			
	60℃	100℃	60℃		100℃	
			1 天	3 天	1 天	3 天
烟胶片	93	79	102	89	76	—
特一级绉胶片	37	51	36	35	降解	—
特二级绉胶片	37	46	32	31	降解	—

（5）耐介质性质

天然橡胶具有较好的耐酸碱性能，但不耐强酸，其耐酸碱性能见表 13-9。因天然橡胶为非极性橡胶，因此只能耐一些极性溶剂，而在非极性溶剂中则膨胀，故其耐油和耐非极性溶剂性很差，见表 13-10。

表 13-9　天然橡胶的耐酸碱性能

酸碱种类	浓　　度/%									
	10	20	30	40	50	60	70	80	90	100
盐　酸		好		可						
硫　酸			好		可					
硝　酸	可									
氢氟酸	好									
乙　酸			可							
烧　碱					好					
纯　碱									优	
氨　水									好	
水										好

（6）特制固体天然橡胶

特制固体天然橡胶是指采用某种特殊的加工方法，把普通的天然橡胶制成具有某些特殊操作性能或理化性能的生胶。特制固体天然橡胶主要品种有轮胎橡胶、充油天然橡胶和液体天然橡胶三种类型。

表 13-10　天然橡胶的耐溶剂性能

溶　剂	最大溶胀/%	溶胀时间①/h	增加②/%	溶　剂	最大溶胀/%	溶胀时间①/h	增加②/%
三氯甲烷	651	71	24.0	石蜡油	308	460	1.0
四氯化碳	659	133	8.0	环己烷	458	150	—
二硫化碳	583	42	18.0	环己酮	158	—	—
四氢化萘	564	370	17.9	环己醇	50	—	8.7
十氢化萘	510	360	19.6	乙酸环己酯	307	—	—
松节油	483	390	69.0	苯甲醚	323	163	3.4
苯	498	92	9.0	硝基苯	145	400	3.8
甲苯	504	—	—	乙酸戊酯	237	168	13.0
二甲苯	501	101	7.6	乙醚	243	39	3.0
石油醚	234	—	—	丙酮	3	150	—
汽油	389	90	8.4				

① 达到物理饱和需要的时间。

② 100h 内实际增加质量。

13.2　合成橡胶

13.2.1　氯化橡胶

(1) 概述

氯化橡胶是将塑炼过的天然橡胶溶于与氯气不反应的溶剂中(如四氯化碳或二氯乙烷)，加热至溶剂沸点的温度下，通入氯气进行氯化，制得乳化液，然后用水加热脱去溶剂而得到半成品，经洗涤、干燥即得成品。

(2) 性能和应用

氯化橡胶系白色粉末，无毒、无味、无臭，相对密度为 1.5~1.7。其特性决定于含氯量，含氯量为 40%~45%时，柔软而具有黏性，但不稳定；含氯为 50%~54%时，是比较硬的固体状，但仍不稳定；当含量达 54%~65%时，性能较稳定。氯化橡胶耐各种试剂性能比较好，见表 13-11。

表 13-11　氯化橡胶的耐化学腐蚀性能

盐酸	硫酸		硝酸 5%	铬酸 10%	磷酸 50%	乙酸 50%	氢氧化钠 50%	无机盐	油脂	苯	醇类	酮类
	50%	98%										
良	良	差	良	差	良	差	良	良	可	差	良	差

氯化橡胶可溶于苯、混二甲苯、煤焦油、石脑油、二硫化碳、四氯化碳、三氯乙烷、乙酸丁酯、乙酸乙酯环乙醇酯、醚和四氢化萘等溶剂中，而不溶于脂肪酸、水、酒精、汽油、松节油和矿物油中。

氯化橡胶可与大量的增塑剂和树脂并用，氯化橡胶制成的胶黏剂，可用作橡胶与铸铁、钢、铝合金、镁、锌以及其他金属黏合，可与皮革服装、织物、木材、各种塑料性物质、硬纸板以及其他物质黏合，可用于制作耐老化、酸、碱和海水等制品。

13.2.2　丁苯橡胶

(1) 概述

丁苯橡胶是最早工业化的合成橡胶。英文简称 SBR。20 世纪 50 年代初，出现了性能优异的低温丁苯橡胶。目前，低温乳聚丁苯橡胶约占整个乳聚丁苯橡胶的80%。60年代中期随着阴离子聚合技术的发展，溶液聚合丁苯橡胶(简称溶聚丁苯橡胶)问世。

(2) 种类

随着合成橡胶技术的不断发展，自1951年出现充油丁苯橡胶后，又出现了丁苯橡胶炭黑母炼胶、高苯乙烯丁苯橡胶、羧基丁苯橡胶和液体丁苯橡胶等品种。丁苯橡胶的主要品种系列如下：

1) 乳聚丁苯橡胶

乳聚丁苯橡胶主要有低温丁苯橡胶和高苯乙烯丁苯橡胶两个品种，前者是采用水溶性引发剂(如过硫酸钾)，在以脂肪酸皂为乳化剂的乳液体系中进行游离基聚合而得到的。后者将苯乙烯含量高的高苯乙烯树脂与丁苯橡胶以乳液状混合，然后共凝聚，即得到高苯乙烯丁苯橡胶。

2) 溶聚丁苯橡胶

溶聚丁苯橡胶与上述乳聚丁苯橡胶不同，系采用阴离子型(丁基锂)催化剂，使丁二烯与苯乙烯进行溶液聚合的共聚物。根据所用催化剂及聚合条件的不同，可以分为无规型、嵌段型和星型。无规型溶聚丁苯橡胶类似于乳聚丁苯橡胶，嵌段型和星型溶聚丁苯橡胶具有热塑性。

3) 醇烯橡胶

醇烯橡胶可分为醇烯丁苯橡胶和醇烯丁戊橡胶。是以醇烯络合物作为其催化剂，以不同比例的丁二烯/苯乙烯进行溶液聚合的共聚物。

4) 羧基丁苯橡胶

羧基丁苯橡胶是在丁苯橡胶聚合物中加入少量(1%~3%)的丙烯酸类单体共聚而制成。

(3) 丁苯橡胶的结构

丁苯橡胶是以丁二烯与苯乙烯为单体，在乳液或溶液中经催化共聚得到的高聚物弹性体，其结构式为：

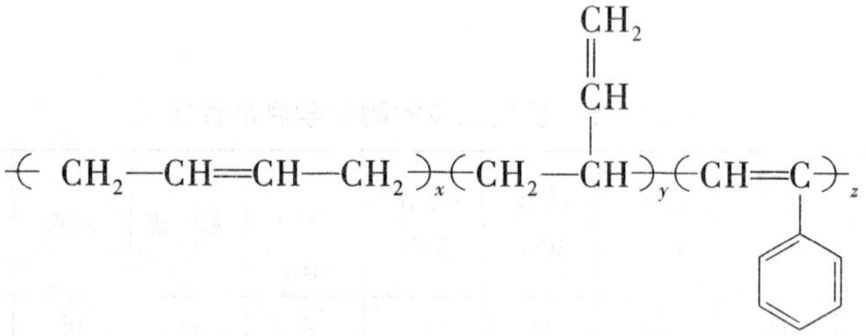

不同类型苯乙烯-丁二烯共聚物大分子的宏观、微观结构是不同的。典型的丁苯橡胶的结构特征见表13-12。

表13-12　典型丁苯橡胶的结构特征

丁苯橡胶类型	宏观结构					微观结构		
	支化	凝胶	$\overline{M}_n$/万	$\overline{M}_w/\overline{M}_n$	结合苯乙烯 M/%	顺式 M/%	反式 M/%	乙烯基 M/%
乳聚高温丁苯橡胶(1000系列)	大量	多	10	7.5	23.4	16.6	46.3	13.7
乳聚低温丁苯橡胶(1500系列)	中等	少量	10	4~6	23.5	9.5	55	12

丁苯橡胶的性能受这些结构的影响如下：

苯乙烯-丁二烯共聚物的玻璃化转变温度取决于结合苯乙烯的含量，苯乙烯和丁二烯可以按需要比例从100%的聚丁二烯(T_g=100℃)到100%的苯乙烯(T_g=90℃)。玻璃化转变温度对硫化胶的性能起重要作用。大部分乳聚丁苯橡胶含苯乙烯为23.5%，这种苯乙烯含量的丁苯橡胶具有较好的综合物理机械性能。

乳聚丁苯橡胶的相对分子质量分布比溶聚丁苯橡胶的宽，乳聚丁苯橡胶的相对分子质量分布指数(M_w/M_n)约为4~6，而溶聚丁苯的(M_w/M_n)约为1.5~2.0。

乳聚丁苯橡胶的支化度较高，有利于加工。

(4) 丁苯橡胶的性能

丁苯橡胶与其他通用橡胶一样，是一种不饱和的烃类高聚物，溶解度参数约为8.4J/cm^3，能溶于大部分溶解度参数相近的烃类溶剂中，而硫化胶仅能溶胀。丁苯橡胶能进行许多聚烯烃型反应，如氧化、臭氧破坏、卤化和氯卤化等。在光热氧和臭氧结合作用下，将发生物理化学变化，但其被氧化的作用比天然橡胶缓慢，即使在较高温度下老化反应的速度也较缓慢，光对丁苯橡胶的老化作用不明显。但丁苯橡胶对臭氧作用比天然橡胶敏感，耐臭氧性比天然橡胶差。丁苯橡胶的低温性能稍差，脆性温度约为-45℃。与其他通用橡胶相似，影响丁苯橡胶电性能的主要因素是配合剂。丁苯橡胶的物理性能见表12-13，耐腐蚀性能见表13-14。

表13-13　丁苯橡胶(结合苯乙烯23.5%)的物理性能

性　　能	未硫化胶	纯胶硫化胶	填充50份炭黑硫化胶
密度/(kg/m^3)	933 (932.5~933.5)	980 (940~1000)	1150
体积膨胀系数, $\beta = (1/V)(\delta V/\delta T)/K^{-1}$	660×10^{-6}	660×10^{-6} ($650\sim700\times10^{-6}$)	530×10^{-6}
玻璃化转变温度/K	209~214	221	221
比热容(C_p)/[kJ/(kg·K)]	1.89	1.83	1.50
$\delta C_p/\alpha T$/[kJ/(kg·K)]	3.2×10^{-3}	—	—
导热性/[W/(m·K)]	—	0.190~0.250	0.300
燃烧值/(MJ/kg)	-56.5	—	—
折射率(n_D)	1.5345 (1.534~1.535)	—	—
$dn_D/dT/K^{-1}$	-37×10^{-5}	—	—
介电常数(1kHz)	2.5	2.66	—
体积弹性模量(等温)/GPa	1.89	1.96	2.50
扯断伸长率/%	—	400~600	400~600
拉伸强度/MPa	—	1.4~3.0	17~28

(5) 丁苯橡胶的优缺点

与通用橡胶相比，丁苯橡胶具有如下优缺点：

1) 缺点

① 丁苯橡胶纯胶强度低，需加入高活性补强剂后方可使用。

② 反式结构多，侧基带有苯环，因而滞后损失大，生热高，弹性低，耐寒性也稍差。但充油后降低生热。

表 13-14 丁苯橡胶的耐腐蚀性能

介　质	浓度/%	温　度/K			介　质	浓度/%	温　度/K	
		298	338	353			298	338
硫酸	0~50	V	V	○	氯化钙		V	V
	50~60	V	○	○	次氯酸钙		○	
	>60	×			氯	干　气	V	V
发烟硫酸		×				湿　气	○	⊖
硝酸		×			氟		×	
盐酸		⊖	⊖	⊖	水		V	V
磷酸	0~5	V	V	V	苯		×	
	5~80	V	V		己烷		×	
	>80	⊖			汽油		⊖	
氢氟酸	<50	V	○		甲苯		×	
醋酸		⊖	⊖		四氯化碳		○	○
冰醋酸		⊖	×		全氟乙烯胺		×	
柠檬酸		V	V		洗涤剂		V	
铬酸		×			漂白液		○	
氢氰酸		V			（含 Cl12.5%）			
氢氧化钠	<50	V	V		醋		⊖	
氢氧化钾	<50	V	V		啤酒		V	
氢氧化铵		V	V		果汁		V	
氢氧化钙		V	V		番茄汁		⊖	
硫酸铵		V	V		酸牛奶		⊖	
硝酸钠		V	V		葡萄糖		V	
次氯酸钠		V						
硫酸钾		V	V					
次氯酸钠		V	V					

③ 收缩大，生胶强度低，粘着性差。

④ 硫化速度慢。

2）优点

① 硫化曲线平坦，胶料不易焦烧和过硫。

② 耐磨性、耐热性、耐油性和耐老化性等比天然橡胶好，高温耐磨性好。

③ 加工中相对分子质量降到一定程度后不再降低，可塑度均匀，硫化胶硬度变化小。

④ 提高相对分子质量可达到高填充。充油丁苯橡胶加工性能好。

⑤ 丁苯橡胶很容易与其他不饱和通用橡胶并用，尤其是与天然橡胶或顺丁橡胶并用，可以克服丁苯橡胶的缺点。

（6）丁苯橡胶的应用

丁苯橡胶是合成橡胶的老产品，品种齐全，应用广泛，加工技术比较成熟。大部分丁苯橡胶用于轮胎工业，其他产品有汽车零件、工业制品、电线和电缆包皮、胶管、胶带和鞋类。

由于丁苯橡胶对地面的抓着力大，抗湿滑性能好，具有一定的耐磨性，因此，车胎胎面主要使用充油丁苯橡胶。在卡车和公共汽车轮胎中，由于需要有较高的耐磨性，要求动态生热低，而丁苯橡胶的耐撕裂性差，滞后损失大，故多采用天然橡胶与丁苯橡胶的并用胶，而丁苯橡胶用量较少。

13.2.3 氯丁橡胶

(1) 概述

氯丁橡胶(chloroprene rubber 简称 CR)是由 2-氯-1, 3-丁二烯聚合而成的一种高分子弹性体。其相对分子质量随品种不同而异，一般在 $2\times10^4\sim10^6$ 之间，其分子式为

$$\left[CH_2-\underset{\textstyle C}{\overset{\textstyle Cl}{C}}-CH=CH_2 \right]_n$$

。氯丁橡胶是合成橡胶的主要品种之一，也是发展较早的一种合成橡胶。早在 1906~1925 年间就进行了研究，1931 年实现工业化。氯丁橡胶作为一种通用型特种橡胶，除具有一般橡胶的良好物性外，还具有耐候、耐燃、耐油、耐化学腐蚀等优异特性，因此使之在各种合成橡胶中占有特殊的地位。

(2) 氯丁橡胶种类

氯丁橡胶根据其性能和用途可分为通用型、专用型和氯丁胶乳型，其中通用型又可分为硫磺调节型和非硫磺调节型。专用型可分为粘接型和其他特种用途型。氯丁胶乳分为通用胶乳和特种胶乳。

另外也有将氯丁橡胶按特性分类分为 A、B、C、D、E、F 六个类别，其中 A 类是氯丁橡胶的通用型，结晶性中等；B 类的结晶性在 A 类和 C 类之间；C 类的结晶性低，耐寒性良好；D 类是含有凝胶的氯丁橡胶，压出性良好；E 类是硫调节型氯丁橡胶；F 类的结晶性最高，因黏合性良好，故被用作黏合剂。

(3) 氯丁橡胶结构

氯丁烯经聚合而制得的聚合物有四种不同的分子结构，发明者将其命名为 α、β、μ、ψ。其中 α 型指分子链成为线型的聚合物、结构比较整齐，具有可塑性，β 型为环状结构的聚合物；μ 型为支链或桥键的聚合物，无可塑性，类似于硫化橡胶，ψ 型为高度网状或体型结构的分子。在工业上比较重要的是 α 型和 μ 型聚合体。通常所生产的固体氯丁橡胶属于 α 型聚合体，它在受热、光、氧作用而老化后，其直链分子产生支化或交联，变成硫化胶形态，即转化为 μ 型聚合体为防止氯丁橡胶由 α 型聚合体向 μ 型聚合体转化，一般都在其中混入一定的防老剂。

氯丁橡胶的分子大部分是反式-1, 4 加成结构，也含有少量 1, 2 和 3, 4 加成结构；提高聚合温度，反式-1, 4 加成结构减少。

(4) 氯丁橡胶性能

1) 主要物理性质

相对密度 1.15~1.25(一般为 1.23)

玻璃化转变温度-40℃

使用温度范围-30~90℃(最高可达 160℃)

分解温度 233~258℃

门尼黏度(ML_{1+4}, 100℃)45~120

介电常数 75

折射率(25℃)1.4040

结晶温度范围(-35~+32)℃

最宜结晶温度−12℃

2）主要机械性能

氯丁橡胶的强伸性能与天然橡胶相似，其生胶具有很高的拉伸强度和断裂伸长率，属于自补橡胶。

3）主要化学性能

氯丁橡胶的耐蚀性能见表13−15。

表13−15　氯丁橡胶的耐腐蚀性能

介　质	浓度/%	温　度/K				介　质	浓度/%	温　度/K		
		298	339	353	358			298	339	363
硫酸	10	√	√	√		柠檬酸		√	√	√
	30	√	√	√		氢氧化钠		√	√	√
	50	○	×			氢氧化钾		√	√	√
	>60	×				氢氧化铵		√	○	○
发烟硫酸		×				氢氧化钙		√	○	○
硝酸		×				氢氧化镁		√	√	√
盐酸	稀	○	○	○		硫酸铵		√	√	√
	37	○	×			氟化铵	20	√	√	√
磷酸	<50	√	√	√		碳酸钠		√	√	√
	85	√	○	×		磷酸钠		√	√	√
	>85	○	×			次氯酸钠		○	×	×
氢氟酸	<50	○	○	×		重铬酸钠		○	○	
	>60	×	×			硝酸钾		√	√	√
氢溴酸		○	○			磷酸钾		√	√	√
次氯酸		×				重铬酸钾		○	×	
亚硝酸	75	×				氯	干气	×		
王水		×					湿气	×		
甲酸		√	√		√	氟	干	√	√	√
醋酸	<10	√	√		√	氟(液体)		×		
	10~30	○				乙醇		√	√	○
	>50	×				甲醛	40	○	○	×
苹果酸	1	√				甲乙酮		×		
	浓	×				丁酮		×		
脂肪酸(C_6以上)		○	○		○	醋酸乙酯		×		

① 优良的耐老化性能

氯丁橡胶分子链的双键上连接有氯原子，使得双键和氯原子都变得不活泼，因其硫化胶的稳定性良好，不易受大气中的热、氧、光的作用，表现为优秀的耐老化性能。

② 优异的耐燃性。氯丁橡胶的耐燃性是通用胶中最好的，它具有不自燃的特点，接触火焰可以燃烧，但隔断火焰即自行熄灭。这是因为氯丁橡胶燃烧时，在高温的作用下，可分解出氯化氢气体而使火熄灭。

③ 优良的耐油、耐溶剂性能。氯丁橡胶的耐油性仅次于丁腈橡胶而优于其他通用橡胶，这是因为氯丁橡胶分子含有极性氯原子，增加了分子的极性。根据相似相溶的原理，一般碳

氢化合物(即指油类)没有极性或极性很小，所以很难使氯丁橡胶溶胀或溶解，氯丁橡胶的耐化学腐蚀性也很好，除强氧化性酸外，其他酸、碱对其几乎没有影响。

④ 耐水性、透气性。氯丁橡胶的耐水性比其他合成橡胶好，如加入耐水性物质，则耐水性更好，氯丁橡胶的气密性仅次于丁基橡胶，且比天然橡胶大 5~6 倍。

⑤ 耐寒性。氯丁橡胶分子由于结构的规整性和有极性，内聚力较大，限制了分子的热运动，特别在低温下，热运动更困难，在拉伸变形后难于恢复原状，即产生结晶，使橡胶失去弹性，甚至发生脆性断裂现象，因此耐寒性不好。结晶范围为-35~32℃，脆折温度为-35~-40℃。

⑥ 结晶性。氯丁橡胶比天然、丁苯、丁基橡胶等的结晶倾向性大。这是因为氯丁橡胶的分子结构以反式-1，4 加成结构为主体造成的。反式-1，4 加成结构增多，使之结晶性增大。

⑦ 储存稳定性差。氯丁橡胶在室温下也具有从 α-聚合体向 μ-聚合体硫化胺状转化的性质，因此储存稳定性差。经长期储存后，出现塑性下降，硬度增大，焦烧时间缩短，硫化速度加快的现象。

⑧ 良好的黏合性。氯丁橡胶黏合性较好，因而被广泛用作粘接剂。氯丁橡胶胶黏剂占合成橡胶胶黏剂的 80%，其特点是黏合强度高，适用范围广，耐老化、耐油、耐化学腐蚀，具有弹性。

4）主要电性能

由于氯丁橡胶中含有极性氯原子，所以电绝缘性不好，比天然橡胶、丁苯橡胶、丁基橡胶低，其相对介电常数为 6~8，功率因数为 0.01~0.04，体积电阻系数为 $10^{10}\sim10^{12}\Omega\cdot cm$，击穿电压为 20mV/m，因此仅适于 600V 以下的低电压使用。但由于其耐候、耐臭氧老化及难燃的特点，常被用作低压电缆的保护层及低压电线的绝缘层。

（5）氯丁橡胶的应用

氯丁橡胶具有优异的耐热性、耐候性、耐磨性、耐油性、耐燃性，广泛用于制造胶管、胶带、电线包皮、电缆护套、印刷胶辊、胶板、衬垫及各种垫圈(片)胶粘等制品。

13.2.4 丁腈橡胶

（1）概述

丁腈橡胶(butadiene-acrylmitrile rubber)是由丁二烯($CH_2{=}CH{-}CH{=}CH_2$)和丙烯腈($CH_2{=}CH{-}CN$)经乳液共聚而制得的一种高分子弹性体，化学结构式为：

$$\left[\left(CH_2-CH=CH-CH_2\right)_x\left(CH_2-\underset{\displaystyle CN}{\underset{|}{CH}}\right)_y\right]_n$$

（2）种类

通常根据工艺性能和应用范围分类，丁腈橡胶可分为通用型丁腈橡胶和特殊型丁腈橡胶。通用型丁腈橡胶主要是指丁二烯与丙烯腈的二元共聚物，用途较广。此类橡胶包括不同聚合温度，即热聚合和冷聚合的丁腈橡胶，以及低转化率、低黏度的软丁腈橡胶。当前这类橡胶以冷聚丁腈橡胶为主，软丁腈橡胶也有所发展。另外还有一种对金属腐蚀性低的丁腈橡胶，它基本上不含电解质，吸水能力低。特殊型丁腈橡胶包括引进第三单体的三元共聚橡胶，如羧基丁腈橡胶，羟基丁腈橡胶和部分交联的丁腈橡胶。也包括丁腈橡胶与树脂的共聚物，以及粉末丁腈橡胶和液体丁腈橡胶等。

(3) 丁腈橡胶的基本性能

1) 物理、力学性能

相对密度 0.96;

抗拉强度 $2353 \sim 2941 \times 10^4 N/m^2$;

相对伸长 500~650%;

永久变形 20~30%;

邵氏硬度 71~75。

表 13-16　丁腈橡胶的耐腐蚀性能

介　质	浓度/%	温　度/K			介　质	浓度/%	温　度/K		
		298	339	363			298	339	363
硫酸	<10	√	⌓	×	碳酸铵		⌓	⌓	⌓
	10~30	⌓	×		次氯酸钠		○	×	×
	50~70	⌓			硝酸钠		√	√	√
	>75	×			溴化钠		√	√	√
发烟硫酸		×			重铬酸钾		○		
硝酸		×			硝酸钾		√	√	√
盐酸	<15	√	√	√	次氯酸钾		○	×	×
	>15	○	○		硫酸锌		√	√	√
磷酸	<45	○			氯	干气	×		
	>85	×				湿气	×		
氢氟酸	10	⌓			氯(液体)		×		
	>10	×			氟		×		
氢溴酸	<30	⌓			溴水		×		
	>37	×			过氧化氢	<30	○		
次氯酸		√	√	√		>30	×		
柠檬酸		⌓	⌓	⌓	氟化氢(无水)		×		
脂肪酸		○	○	○	甲醇		√	√	√
氢氧化钠	<20	√	○	×	乙醇		√	√	√
	50	√			甲醛	37~40	○		
	60	×			乙醛		×		
氢氧化钾	<30	√	○	×	丙酮		×		
氢氧化铵	<40	√	√	√	甲乙酮		×		
	>46	○			甲酸乙酯		×		
氢氧化钙		√	√	√	醋酸乙酯		×		
硫酸铵		√	√	√	甲烷		√	√	√

注:√—良好,腐蚀轻或无。

○—可用,但腐蚀较重。

×—不适用,腐蚀严重。

⌓—硬胶可用,软胶腐蚀严重;可用与不适用的边缘,使用时要慎重。

2) 物理机械性能

丁腈橡胶是非结晶性无定形聚合物,本身强度较低,必须经补强后才具有使用价值。丁腈橡胶的拉伸性能受拉伸试验条件影响较大。拉伸伸长率则先增大后减小,可存在最大伸长率温度。丁腈橡胶的弹性低于天然橡胶和丁苯橡胶,但优于丁基橡胶。其弹性随丙烯腈含量增大而降低。丁腈橡胶的耐磨性随丙烯腈含量的提高而增大。随丙烯腈含量增大,滑动速度提高，丁腈橡胶摩擦系数也随之增大。

3）耐油性能

丁腈橡胶因含有丙烯腈而具有极性，因此对非极性和弱极性油类和溶剂具有优异的抗耐性。丙烯腈含量越高，耐油性越好。

丁腈橡胶对汽油、脂肪族油、植物油、脂肪酸等有良好的抗耐性，但芳香族溶剂、卤代烃、酮及酯类等极性较大的溶剂对其有溶胀作用。

4）耐寒性能

丁腈橡胶耐寒性能比其他通用橡胶差，丙烯腈含量增加，其耐寒性随之变差。为提高丁腈橡胶的耐寒性，可使用耐寒性增塑剂或和耐寒性良好的橡胶并用。

5）耐热性能

丁腈橡胶因含有丙烯腈、其腈基吸电子性较强，使丙烯基位置上的氢比较稳定，故耐热性较天然橡胶等通用橡胶好。丙烯腈含量增加，有助于改进耐热性，中等丙烯腈含量以上的丁腈橡胶，若选用适当的配方，可在 120℃下连续使用，在热油中能耐 150℃高温，甚至在 190℃的高温热油中浸泡 70h，仍能保持良好的屈挠性。

6）耐老化性能

丁腈橡胶的耐老化性能优于天然橡胶，水蒸气能加速丁腈橡胶热氧老化作用，油的种类对丁腈橡胶的热氧老化作用影响较小。

丁腈橡胶的耐臭氧性能较差，降低丁腈橡胶中的丙烯腈含量，提高在臭氧中暴露的温度，用增塑剂润滑分子，都会加快臭氧龟裂速度。

7）耐透气性能

丁腈橡胶的透气率较低，它和丁基橡胶同属于气密良好的橡胶。这一性能对其作油封和耐油胶管十分有利，例如汽车用燃油胶管和密封件都十分强调耐汽油渗透性。丁腈橡胶的丙烯腈含量提高，透气率减小，耐汽油渗透性变好。

8）耐化学腐蚀性

丁腈橡胶对碱和弱酸具有良好的抗耐性，对强氧化性酸的抵抗能力较差。见表 13-16。

丁腈橡胶是丁二烯和丙烯腈的聚合物。对矿物油、动植物油脂、脂肪烃有优良的耐蚀性，广泛用于接触汽油及其他油类的设备。耐碱和非氧化性稀酸腐蚀，不耐氧化性酸、芳烃、酯、酮、醚、卤代烃等强溶剂腐蚀。耐磨性、耐热性、耐老化性均良好，可长期用于 373K；若温度再高，则耐蚀性会降低。

硬胶耐蚀性比软胶高，但耐磨性则较软胶低。硬胶可制成泵、管等；软胶则常用于衬里。

9）耐水性能和电绝缘性能

丁腈橡胶的耐水性比较好，随丙烯腈含量增高耐水性变差。

10）电绝缘性能

丁腈橡胶因有极性，电绝缘性能不好，属于半导体橡胶，不宜作电绝缘材料使用。

（4）应用

丁腈橡胶以优异的耐油性著称，在现有的橡胶中，其耐油性仅次于聚硫橡胶、聚丙烯酸酯橡胶和氟橡胶。它作为一种耐油橡胶，广泛用于制造胶管、胶带、胶辊、胶囊、隔膜等耐油制品。

利用丁腈橡胶良好的耐热性，也可制造运送物料（140℃以下）的输送带。采取与聚氯乙烯并用，还可制造各种耐燃制品等。

13.2.5 氯磺化聚乙烯

(1) 概述

氯磺化聚乙烯是聚乙烯的衍生物。聚乙烯经氯化和磺化处理后，其结构的规整性被破坏而变为在常温下柔软而有弹性的聚合物。

氯磺化聚乙烯是将聚乙烯溶解在四氯化碳、四氯乙烯或六氯乙烷中，以偶氮二异丁腈为催化剂或在紫外线照射下，通入氯和二氧化硫的混合气或用亚磺酰氯(SO_2Cl)进行反应而得，反应如下：

$$Cl_2 \longrightarrow 2Cl \cdot$$

$$RH+Cl \longrightarrow R \cdot +HCl$$

$$R \cdot +SO_2 \longrightarrow RSO_2 \cdot$$

$$RSO_2 \cdot +Cl_2 \longrightarrow RSO_2Cl+Cl \cdot$$

氯磺化聚乙烯的三种原料(聚乙烯、氯和二氧化硫)对氯磺化聚乙烯弹性体的性能有影响。聚乙烯是构成氯磺化聚乙烯分子的主链，其相对分子质量直接影响胶料的物理机械性能。相对分子质量过小，则拉伸强度低，相对分子质量增大，则强度提高，但相对分子质量增大到一定限度后，对氯磺化聚乙烯性能提高的作用就不明显了。

氯原子的作用是取代聚乙烯分子中的部分氢，减少基体结构规态程度，减弱其结晶性，从而使其变得柔软而富有弹性。含氯量在27%~45%之间的聚合物硬度最小，强度较低，继续提高含氯量将使聚合物的硬度和强度都上升。最适宜的氯含量约为37%。氯含量较高时，所得聚合物的耐溶剂、耐油和耐老化性能较好，在较高温度下的拉伸强度也较高，但压缩永久变形及脆性温度上升。

二氧化硫的主要作用是形成亚磺酰氯基($—SO_2Cl$)，以便进行交联。亚磺酰氯基的含量过高，则胶料易于焦烧。以该基团的硫含量计算，一般以不超过1.5%为宜。

氯磺化聚乙烯分子结构的特点在于它是一种以聚乙烯作主链的饱和型弹性体。因而与其他饱和弹性体一样，耐日光老化、耐臭氧及耐化学药品性优于含双键的不饱和型弹性体。另外，氯的引入使它具备难燃和耐油性能。同时，由于引入亚磺酰氯作交联点，更使之易于硫化，这一点是极有利于使其弹性充分发挥出来的。

(2) 基本性能

1) 溶解性能

氯磺化聚乙烯弹性体是一种强度低、有黏性的聚合物。其相对密度为1.1。易溶于芳香烃及氯代烃；在酮、酯、环醚中的溶解度较低；不溶于酸、脂肪烃、一元醇及二元醇。

2) 抗臭氧性能

用它制成的橡胶制品，不需要添加任何抗臭氧剂。

3) 耐热性能

氯磺化聚乙烯的耐热温度可达150℃，但这时应配用适当的防老剂。对于在120℃以下使用的制品，宜用防老剂BA(丁醛-苯胺缩合物)2份；用于120℃以上的制品，宜用2份防老剂BA与1份防老剂BC并用。

4) 老化性能

耐日光曝晒下的自然老化性能优越。氯磺化聚乙烯的耐候性能优良，特别是配用了适当的紫外线遮蔽剂(如二氧化钛、炭黑等)的制品，可在大气中曝晒三年以上。不同品种的氯磺化聚乙烯的耐日光老化优劣顺序如下：

氯磺化聚乙烯-40>氯磺化聚乙烯-20>氯磺化聚乙烯-30

5）低温性能

氯磺化聚乙烯的耐低温度性能接近氯丁橡胶，在-30℃能保持一定的屈挠性能，在-56℃下发脆。但如与天然橡胶、顺丁橡胶或丁苯橡胶并用，而且加入酯类增塑剂，能提高其耐塞性能，不过拉伸强度下降，伸长率也下降。

6）物理机械性能

氯磺化聚乙烯弹性体不用炭黑补强就具有 17.7MPa 的拉伸强度。氯磺化聚乙烯弹性体适于制造浅色的耐自然老化的制品。加入白色填充剂是为了改善胶料的工艺性能及某些物理机械性能。氯磺化聚乙烯的物理机械性能如表 13-17 所示。

表 13-17　氯磺化聚乙烯的物理机械性能

项目＼品种	Hypalou-20	Hypalon-30	Hypalon-40	Hypalon-45	Hypalon-48
拉伸强度/MPa	6.9	13.8	17.2	17.0	13.8
扯断伸长率/%	150~500	100~400	200~500	200~500	200~500
撕裂强度/(kN/m)	49.0~58.8	—	—	—	—
磨耗/(cm^3/km)	0.06	—	—	—	—
硬度(邵尔 A)	50	60	50	55	55

注：鉴定配方为氯磺化聚乙烯 100，氧化锌 20，松香 10。硫化条件 150℃×40min。

7）耐燃性能

氯磺化聚乙烯结构中由于含有氯原子，故能起防止延燃的作用，是一种仅次于氯丁橡胶的耐燃橡胶。

8）耐化学药品性能

氯磺化聚乙烯的耐化学药品性能良好。对氯磺化聚乙烯仅有轻微影响或无影响的化学药品如表 13-18 所示。

表 13-18　对氯磺化聚乙烯仅有轻微影响或无影响的化学药品

化学药品	浓度/%(质量)	温度/℃	化学药品	浓度/%(质量)	温度/℃
氨	液状，无水	室温	甲醇	—	室温
金属铬液	—	60	矿物油	—	室温
铬　酸	50	93	马达油(SAE_{10})	—	室温
铬　酸	浓	室温	硝　酸	20 以下	70
棉　油	—	室温	硝　酸	70	室温
癸二酸二乙酯	—	室温	硝　酸	85	93
甲　醚	—	室温	酸洗液	硝酸 20%，HF4%	70
乙二醇	—	70	氢氧化钾	浓	室温
氯化铁	15	93	重铬酸钾	20	室温
氯化铁	饱和	室温	氢氧化钠	20	93
甲　醛	37	室温	氢氧化钠	50	70
致冷剂-12	—	室温	次氯酸钠	20	93
盐　酸	37	50	氯化亚锡	15	93
盐　酸	48	70	二氧化硫	液状	室温
过氧化氢	50	100	硫　酸	50 以下	93
过氧化氢	88.5	室温	硫　酸	80 以下	70

9）耐油性

氯磺化聚乙烯的耐油性仅次于丁腈橡胶和氯丁橡胶。

10）加工性

氯磺化聚乙烯比天然橡胶、丁苯橡胶及其他橡胶有较大的热塑性，因此，可以用普通的橡胶设备进行加工，且不必进行塑炼。氯磺化聚乙烯具有与各种橡胶并用，使后者的耐老化性能提高的特点。氯磺化聚乙烯虽然有很好的性能，但也有不足之处，如压缩永久变形大，低温性能差，自黏性和互黏性差(不宜作黏合胶浆，需用氯丁橡胶作胶黏剂)，耐油性能不如氯丁橡胶和丁腈橡胶，而且成本高，因此其发展受到一定的影响。

(3) 氯磺化聚乙烯的应用

氯磺化聚乙烯几乎能用于橡胶制品的各个领域。

1）工业制品

① 胶带。氯磺化聚乙烯具有引人注目的耐候性、耐热性和耐磨性，所以适宜制作胶带的覆盖胶。用氯磺化聚乙烯作覆盖胶时，带芯以采用氯丁橡胶为宜，覆盖胶与带芯层的压出可以用环乙酮作溶剂。

② 胶管。由于氯磺化聚乙烯具有许多宝贵性能，加之具有高温下软化、室温下又较坚韧的特性，所以有利用胶管补强层的施工用来制造各种胶管。目前，国外的耐酸胶管日益趋于采用氯磺化聚乙烯，其中耐浓硫酸胶管大都已使用氯磺化聚乙烯。还可用氯磺化聚乙烯制作卡车的排气胶管及液压胶管，制造蒸汽胶管和园艺、球场及类似用途的胶管。

③ 胶辊。用氯磺化聚乙烯制作的胶辊，平滑而无气泡并能与各种材料分离，耐热性及对各种化学药品、对油的抗耐性及耐磨性能良好。氯磺化聚乙烯胶辊可采用氯丁橡胶作底胶，用氯磺化聚乙烯制造碾米胶辊可提高碾米质量3%以上，且胶辊的使用寿命大大延长。这是因为氯磺化聚乙烯的硬度适宜，耐磨性优异的缘故。

④ 白胎侧。氯磺化聚乙烯由于具有极好的耐自然老化及耐臭氧性，还具色泽稳定性，所以，可用它来制造轮胎的白胎侧。其中，以氯磺化聚乙烯与天然橡胶(50∶50)和氯磺化聚乙烯、氯丁橡胶与天然橡胶(15∶45∶40)两种并用胶的性能最优。在白胎侧胶料中使用氯磺化聚乙烯后，不但可改善耐臭氧性能，而且在轮胎的制造和使用过程中不易被污染。

⑤ 其他制品

用氯磺化聚乙烯还可以制作许多工业制品，如汽车部件、自动扶梯的扶手及原子能反应堆中同时要求承受热、水分或射线的橡胶件。另外，氯磺化聚乙烯还可用来制作鞋底、汽车火花塞护套、阀隔膜、O形圈、泵叶轮、垫圈、垫片和化工用管、阀、泵的衬里以及冷藏箱、洗衣机、汽车门窗的密封嵌条。氯磺化聚乙烯的硬度胶适于制造工具手柄、电气罩、方向盘等。电子氯磺化聚乙烯微孔胶料具有低定伸应力、高拉伸、耐压缩、耐候、稳定等优点，使其在室内装置和汽车制造中具有广泛用途。

2）电工和电气零件

氯磺化聚乙烯由于具有许多优良的物理机械性能，常用它来制作电线、电缆等绝缘材料。氯磺化聚乙烯具有卓越的耐臭氧性能，可用来制作高压电缆的保护套管。这种套管在户外直射阳光和风雨下暴露时不会发生绉纹。室外用的低压电缆如果包有一层氯磺化聚乙烯，就可以省略保护套；此外，利用氯磺化聚乙烯还可以制造在高达150℃高温下使用并具抗化学药品侵蚀的低压电缆，氯磺化聚乙烯还被用来制造石油钻井的电缆外覆层和绝缘层。

3）防护布制品

由于氯磺化聚乙烯的一系列宝贵性能，使之广泛用作各种防护性胶布制品，如各种车辆、船只的蒙布和防护用布，船坞中潜水艇的防水布，对房屋熏蒸灭虫的覆盖布，土壤蒸汽熏蒸蒙布，蒸汽固化混凝土罐的帘幕及雨衣，接触化学品的工作服以及透气的防护服等。

4）建筑材料

氯磺化聚乙烯的屋顶铺设涂覆盖大多数用于工厂建筑，也用于住宅、商店、运动会建筑群、车站、机场、医院等建筑。带有氯磺化聚乙烯涂覆层的屋顶铺设材料具有防火、抗化学药品性和工业大气的特点，且具有抗撕、抗磨、质量轻、色彩长期不变、白或浅色可反射热的优点，尽管价格稍高，但由于不需要经常维护，总的实际成本反而降低。

除屋顶铺设材料外，氯磺化聚乙烯还可用作蓄水池、浴室、走廊、甲板、门、柱、实验室的覆盖层。此外，还能作为池塘、坑以及工业废水池的衬里材料，为控制污水对土壤的污染提供了一个实际方法。

13.2.6　乙丙橡胶

（1）概述

乙丙橡胶是以乙烯丙烯为主要单体原料共聚的无定型橡胶，主要生产方法为溶液法。根据是否加入非共轭二烯单体作为第三单体，乙丙橡胶可分为二元乙丙和三元乙丙橡胶两大类。其中生产三元乙丙橡胶使用的第三单体主要有三种：降冰片烯（ENB），双环戊二烯（DCPD）、1，4-乙二烯（HD）。三元乙丙橡胶分子中第三单体的含量很少，只有2%～5%。生产和使用最多的是三元乙丙橡胶。

（2）乙丙橡胶的结构

乙丙橡胶分子结构中乙烯和丙烯的比例及其单体单元分布对乙丙橡胶生胶和混炼胶性能、加工行为和硫化胶的物理力学性能均有直接影响。一般表现为随乙烯含量增加，其生胶、混炼胶和硫化胶的拉伸强度提高，常温下的耐磨性能改善；增塑剂、补强剂及其他填料的用量增加，胶料可塑性高、压出速度快、压出物表面光滑；半成品挺性和形状保持性好，当乙烯含量在20%～40%范围时，乙丙橡胶的玻璃化转变温度（T_g）约为-60℃，其低温性能如压缩变形、弹性较好，但耐热性能较差。通常避免形成丙烯嵌段以保证其在乙丙橡胶分子中的无规分布，要求乙烯含量必须大于50%；但乙烯含量超过70%时，乙烯链段出现结晶，玻璃化转变温度升高，耐寒性下降，加工性能变差，一般认为乙烯含量在60%左右的乙丙橡胶的加工性能和硫化胶力学性能均较好，所以大多数乙丙橡胶的乙烯含量均控制在这个范围内。

乙丙橡胶分子主链上乙烯与丙烯单体单元无规则排列，是一种无定型的非结晶橡胶。大分子主链上无双键，呈饱和状态，三元乙丙胶虽引入了不饱和基团，但双键位于侧链上，故三元乙丙橡胶既保持了二元乙丙橡胶的各种优良特性，又实现了用硫磺磺化的目的。乙丙橡胶的内聚能低，无庞大侧基阻碍分子链运动，因而能在较宽的温度范围内保持分子链的柔性和弹性。

三元乙丙橡胶所用第三单体为非共轭二烯烃类，其种类和用量对硫化速度和硫化胶的物理力学性能均有直接的影响，当采用硫磺硫化体系时，ENB-EPDM硫化速度最快，HD-EPDM次之，DCPD-EPDM硫化速度最慢。当用过氧化物硫化时，则是DCPD-EPDM最快，ENB-EPDM次之，HD-EPDM最慢。从耐热性能看，ENB-EPDM最好，HD-EPDM次之，CPD-EPDM最差。而耐臭氧老化性能则是DCPD-EPDM最好，ENB-EPDM次之，HD-

EPDM 最差。

通常用碘值表示第三单体含量的高低。含量高则碘值高，硫化速度快，硫化胶力学性能如定伸应力、生热、压缩永久形变等性能有所改善，但焦烧时间缩短，而热性能稍有下降。乙丙橡胶的碘值范围为 6~30g 碘/100g 胶左右，大多数则是在 15g 碘/100g 胶左右碘值 6~10g 碘/100g 胶左右的为慢速硫化型乙丙橡胶，可与丁基胶并用，但不能与高不饱和橡胶并用；碘值为 15g 碘/100g 胶左右的为快速硫化型乙丙橡胶，碘值为 20g 碘/100g 胶左右的为高速硫化型，碘值为 25~30g 碘/100g 胶为超高速硫化型，它可以任何比例与高不饱和二烯烃类橡胶并用，使用时应根据制品的性能要求加以选择，与其他橡胶并用时，应特别注意选用具有合适碘值的乙丙橡胶，以实现同步硫化。

(3) 基本性能

饱和的分子主链赋予非极性的乙丙橡胶一系列的独特性能：

① 乙丙橡胶具有优异的耐老化性能，是现有通用橡胶中最好的。主要表现在耐热性能好，可在 120℃ 的环境中长期使用，其最高使用温度为 150℃，耐天候老化性能好，能长期在阳光、潮湿、寒冷的自然环境中使用，如含炭黑的乙丙硫化胶在日光下曝晒 3 年不发生龟裂，突出的耐臭性能大大优于丁苯橡胶及天然橡胶。

② 耐化学腐蚀性能好。乙丙橡胶对各种极性的化学药品和酸、碱有较强的抗耐性，长时间接触后性能变化不大。

③ 具有较好的弹性和低温性能。在通用橡胶中其弹性仅次于天然橡胶和顺丁橡胶，在低温下仍能保持较好的弹性，其最低极限使用温度可达-50℃或更低。

④ 电绝缘性能优良，尤其是耐电性能极好。另外，乙丙橡胶的吸水性较小，故浸水后的电绝缘性能变化不大。

⑤ 乙丙橡胶具有较好的耐热水和水蒸气性能。

⑥ 乙丙橡胶的密度低，是所有橡胶中最低的，还具有高填充性，可大量填充油和填充剂。

⑦ 耐燃性、耐油性和气密性差。

⑧ 加工性能不好，乙丙橡胶的自黏性与互黏性较差，往往给加工工艺带来很大困难。

(4) 基本应用

乙丙橡胶主要用于制造除轮胎外的汽车部件，其中用途最大的是挡风条等车身密封及散热器软管等水系统软管。乙丙橡胶在轮胎方面的应用主要是三元乙丙橡胶与其他二烯类橡胶并用，用于胎侧覆盖胶条、内胎和白胎侧等部位，但因乙丙橡胶料的自黏性和互黏性太差，尚不能用于轮胎的胎体和胎面。近年来，用于防水卷材的乙丙橡胶消耗量正在增加，还广泛用于电气制品如电线、电缆的护套、以及耐化学腐蚀的工业制品。

13.2.7 聚丁二烯橡胶

(1) 概述

聚丁二烯橡胶的聚合方法有乳液聚合和溶液聚合两种，但以溶液聚合方法为主。溶聚丁二烯橡胶是丁二烯单体在有机溶剂(如庚烷，加氢汽油、苯、甲苯、抽余油等)中，在催化剂作用下的聚合产物。聚合过程中单体丁二烯的加成方法既可以是 1，2 加成，也可以是 1，4加成，1，4 加成中存在着顺式结构和反式结构。

聚丁二烯橡胶的微观结构主要是通过选择不同的催化体系来加以控制。采用钴、镍、稀土体系等所构成的 Ziegler-Natta 催化体系制备的聚丁二烯橡胶，顺式 1，4 结构含量达

95%以上，称高顺式顺丁橡胶，简称顺丁橡胶。钴系顺丁橡胶率先在日本橡胶公司实现工业化，我国目前生产顺丁橡胶均采用镍系催化剂，同时我国于1983年研制成功用稀土催化的顺丁橡胶，顺式1，4-聚丁二烯的质量分数达97%以上。以有机锂催化剂体系制备的顺式1，4含量为35%～40%，1，2-聚丁二烯含量为10%以下，而反式1，4含量为50%～55%的聚丁二烯橡胶，称低顺式顺丁橡胶。对制备顺式-1，4聚丁二烯橡胶有效的催化体系稍加改变即可制得反式1，4聚丁二烯橡胶，其反式1，4聚丁二烯质量分数可达95%～99%。

(2) 结构与性能

1) 聚丁二烯橡胶

聚丁二烯橡胶的微观结构直接影响其玻璃化转变温度，尤其是分子链中乙烯基的含量为10%时，$T_g=-95$℃，乙烯基含量为95%时，T_g 则为-15℃，两者几乎呈线性关系。随着乙烯基含量的增加，耐磨性、弹性、耐寒性能变差，抗湿滑性能变好。乙烯基质量分数为35%～55%的聚丁二烯橡胶具有较好的综合平衡性能。

聚丁二烯橡胶的结晶性能因分子结构中顺式、反式、乙烯基结构含量的不同而存在差异。高顺式含量的顺丁胶的结晶温度约为-40℃，室温下伸长率超过200%时也能结晶。反式含量为70%～80%的聚丁二烯橡胶，在很宽的范围内都能结晶。

2) 顺丁二烯橡胶

高顺式顺丁橡胶、中顺式1，4聚丁二烯质量分数高达96%～98%，分子结构比较规整，主链上无取代基，分子间作用小，分子中有大量可发生内旋转的C-C键，分子链非常柔顺，其分子结构决定了顺丁橡胶具有如下特性：

① 具有优异的弹性。高顺式聚丁二烯橡胶是当前所有橡胶中弹性最高的一种橡胶，甚至在很低的温度下，分子链段都能自由运动，所以能在很宽的温度范围内显示高弹性。这种低温下所具有的较高弹性及抗硬化性能，使其与天然橡胶或丁苯橡胶并用时，能改善它们的低温性能。

② 滞后损失和生热小。由于高顺式顺丁二烯橡胶分子链段的运动所需要克服周围分子链的阻力和作用力小，内摩擦小，当作用于分子的外力去掉后，分子能较快的回复至原状，因此滞后损失小，生热小。这一性能对于使用时反复变形，且传热性差的轮胎的使用寿命具有一定好处。

③ 低温性能好。主要表现在玻璃化转变温度低，为-105℃左右，而天然橡胶的为-73℃，丁苯橡胶的为-60℃左右。

④ 耐磨性能优异。对于需要耐磨的橡胶制品，如轮胎、鞋底、鞋后跟等，这一胶种特别适用。

⑤ 耐屈挠性优异。高顺式聚丁二烯橡胶制品耐动态裂口生成性能良好。

⑥ 填充性好。与丁苯橡胶和天然橡胶相比，高顺式聚丁二烯橡胶可填充更多的操作油和补强填料，有较强的炭黑润滑能力，可使炭黑较好地分散，因而可保持较好的胶料性能。这一性能有利于降低胶料成本。

⑦ 混炼时抗破碎能力强。在混炼过程中高顺式聚丁二烯橡胶门尼黏度下降的幅度比天然橡胶小的多，比丁苯橡胶也小，因此需要延长混炼时间时，对胶料的口型膨胀及压出速度几乎无影响。

⑧ 模内流动性好。用高顺式聚丁二烯橡胶制造的制品缺胶情况少。

⑨ 吸水性低。顺丁橡胶的吸水性低于天然橡胶及丁苯橡胶。

⑩ 拉伸强度与撕裂强度低。顺丁橡胶的这两项性能指标均低于天然橡胶和丁苯橡胶，因而在轮胎胎面中掺用量较高时，不耐刺扎和切割。

⑪ 抗湿滑性能差。在车速高、路面平滑或湿路面上使用时，易造成轮胎打滑，降低远驶安全性。

⑫ 生胶的冷流性大。这使得生胶或未硫化的胶料在存放时较易流动，因此在生胶的包装、储存及半成品存放过程中，需注意这一问题。

⑬ 高顺式顺丁橡胶的工艺加工性能较差。

(3) 顺丁橡胶的改性与应用

顺丁橡胶可通过与其他橡胶并用，来弥补、克服或改善顺丁橡胶在拉伸强度、抗湿滑性、崩花掉块及加工性能方面所存在的不足。由于顺丁橡胶加工性能差，通常与天然橡胶、丁苯橡胶并用作轮胎胶料，其中顺丁胶用量为25%~35%，用量超过50%时，混炼和加工会发生困难，顺丁胶的硫化速度接近于丁苯胶，比天然橡胶慢，与天然橡胶并用时，硫磺的用量相应降低，促进剂的用量相应提高。

顺丁橡胶与PE并用时，可以提高顺丁橡胶的挺性、耐磨性和硬度，而伸长率降低，永久变形增大；顺丁橡胶与无规聚丙烯并用可改善BR的冷流性和包辊性，特别是抗湿滑性能。

另外充油顺丁橡胶和乙烯基聚丁二烯橡胶也可改善抗湿滑性能，特别是与乙烯基聚丁二烯橡胶并用可实现滚动阻力、抗湿滑性和耐磨性的综合平衡，兼具有BR和SBR的优点，可作为一种通用胶种而单独用于汽车轮胎和各种橡胶制品中。

顺丁橡胶与氯丁橡胶、丁腈橡胶并用可改善它们的耐磨性、耐寒性及弹性，并降低氯丁橡胶的压缩生热及永久变形，改善氯丁橡胶在混炼时的粘辊现象，但顺丁橡胶用量增加会降低氯丁橡胶及丁腈橡胶的耐油性。

高顺式顺丁橡胶还常用于其他要求弹性、耐寒性、耐磨性较高的橡胶制品。

反式-1，4-聚丁二烯橡胶室温下呈树脂状，其特点是：定伸应力大，硬度高、耐磨性能极好，其拉伸强度、伸长率、弹性与丁苯橡胶很相似，具有耐酸、碱及各种溶剂的特点，加工性能较好，还具有良好的并用性质。反式-1，4聚丁二烯橡胶可用于制造鞋底、地板垫圈、电气制品等。

超高顺式聚丁二烯橡胶，应力拉伸时，结晶速度快、结晶度高，聚合时不易生成凝胶，而且相对分子质量分布宽，使胶料的粘着性、强度和压延性的得到改善。带支链的聚丁二烯橡胶含有官能团支化的大分子，相对分子质量分布较宽，通过控制聚合条件，可使支链部分的数量控制在7%~45%。其加工性能比一般丁二烯橡胶有较大的改善，硫化胶的定伸应力、生热、弹性等性能也有所改善。

稀土顺丁橡胶是当代不同催化体系顺丁系列中最具有特点、性能全面的品种，其线型结构度高，相对分子质量高且分布宽，除挤出流变性稍逊于镍系顺丁橡胶外，其加工性能和硫化胶力学性能均占明显优势。

稀土顺丁橡胶的一个突出优点是其高门尼黏度的产品的合成工艺易行，借以能制得抗湿滑性、耐疲劳性和加工性能均得到改善的充油稀土顺丁橡胶。

卤化顺丁橡胶是将橡胶溶解在苯等有机溶剂中进行卤化而得的改性顺丁橡胶，常见的有氯化顺丁橡胶和溴化顺丁橡胶，前苏联对氯化顺丁橡胶进行了系统研究并工业化，研究结果表明，随氯质量分数的增大，氯化顺丁橡胶的 T_g 提高，拉伸强度、300%定伸应力、扯断伸长率和撕裂强度增大，但回弹性和压缩永久变形降低，当氯质量分数达到 36%，其 T_g 为 -40℃，与氯丁橡胶相同。在室温和 100℃温度下，其拉伸强度、扯断伸长率、撕裂强度高于 CR、NBR 和 BR，但其回弹性却最低。

13.2.8 丙烯酸酯橡胶

(1) 概述

丙烯酸酯橡胶是由丙烯酸酯($CH_2=CHCOOR$)，通常是烷基酯为主要单体，与少量带有可提供交联反应的活性基团的单体共聚成的一类弹性体。在合成橡胶中丙烯酸酯橡胶的产销量较小，但由于它比硅橡胶、氟橡胶价廉，比丁腈橡胶耐热油及抗热氧化性能优越，因此它有一定工业应用价值，随着汽车工业的发展，其应用范围正不断扩大。

(2) 丙烯酸酯橡胶的合成与制备

丙烯酸酯橡胶经单体精制、聚合、脱气、析胺、洗涤、干燥各工序而制得，再经压片、包装成为最终产品。

丙烯酸酯橡胶的聚合可用乳液聚合、悬浮聚合、本体聚合、溶液聚合等方法进行，工业上多采用乳液聚合法。丙烯酸酯乳液聚合反应速度快，放热激烈，在机械搅拌和热作用下会导致胶乳不稳定，生成聚合物凝块，大量凝块会导致聚合的失败，且聚合温度过高会引起橡胶聚合度明显降低，对其特性和硫化胶化物理机械性能都有影响。因此需冷却降温，沸点低的单体，可用回流冷却的方法达到降温的目的；沸点高的单体则应采用外部强制冷却，有时进一步采用分批加引发剂方法控制引发速度，减缓放热过程。

丙烯酸酯橡胶主链不含双键，结构稳定，聚合过程中不会产生支化、交联等问题，聚合反应可一直进行到底，不需使用终止剂、调节剂、结构控制剂等，操作简单。丙烯酸酯乳液聚合时的引发剂可采用有机过氧化物、过硫酸铵、过硫酸钾等或采用将上述化合物与亚硫酸氢钠并用构成的氧化-还原引发体系；乳化剂可用阴离子乳化剂，如十二烷基硫酸钠、十二烷基苯磺酸钠等，若与具有分散剂效果的非离子表面活性剂组合起来，效果更好。

聚合在装有搅拌器、冷却套管、回流冷却器的搪瓷容器或不锈钢容器中进行。聚合时单体浓度为 35%～40%，聚合温度依丙烯酸酯单体种类不同而有差别，一般在 70～90℃ 范围内，聚合时间为 2～3h。

(3) 丙烯酸酯橡胶的基本特性

丙烯酸酯橡胶结构的饱和性以及带有极性酯基侧链决定了它的主要应用性质，即耐热氧老化性能和耐油性能优异，而耐寒、耐水、耐溶剂性能差。

1) 耐热氧老化性能

丙烯酸酯橡胶主链由饱和烃组成，且有羧基，比主链上带有双键的二烯烃橡胶稳定，特别是耐热氧老化性能好，比丁腈橡胶使用温度可高出 30～60℃，最高使用温度为 180℃，继续或短时间使用可达 200℃左右，在 150℃热空气中老化数年无明显变化。

丙烯酸酯橡胶的热老化行为不同于热降解型，也不同于热硬化型，而介于两者之间，即在热空气中老化，橡胶的拉伸强度和扯断伸长率先是降低，然后拉伸强度升高，逐渐变硬变脆而老化。由于大分子链稳定，相比之下侧链热稳定性较差，导致橡胶在高温下承受伸长或压缩变形时，应力松弛和变形现象显著，尽管一些新型丙烯酸酯橡胶对这一性能作了较大地改进，但对于那些要求在高温下承受较强拉伸或在压缩状态下使用的制品，丙烯酸酯橡胶不十分适合。

2）耐油性能

丙烯酸酯橡胶的极性酯基侧链，使其溶解度参数与各种油，特别是矿物油相差甚远，因而表现出良好的耐油性，这是丙烯酸酯橡胶的重要特性。室温下其耐油性能大体上与中高丙烯腈含量的丁腈橡胶相近，优于氯丁橡胶、氯磺化聚乙烯、硅橡胶。但在热油中，其性能远优于丁腈橡胶。丙烯酸酯橡胶长期浸渍于热油中，因臭氧被遮蔽，因而性能比在热空气中更为稳定。

丙烯酸酯橡胶对含极压剂的各种油十分稳定，使用温度可达150℃，回断使用温度可更高些，这是丙烯酸酯橡胶最重要的特征。应指出的是，丙烯酸脂橡胶耐芳烃油性较差，也不适于在与磷酸酯型液压油、非石油基制动物油接触的场合使用。几种合成橡胶耐热、耐油性能比较见表13-19

表13-19　BA型丙烯酸酯橡胶的耐热、耐油性能

175℃×72h 老化后	拉伸强度保持率/% 扯断伸长率保持率/% 老化系数 硬度(邵尔A)变化	91 60 0.55 +6
200℃×24h 老化后	拉伸强度保持率/% 扯断伸长率保持率/% 老化系数 硬度(邵尔A)变化	80 50 0.40 +10
50号机油 175℃×24h	质量增加/% 体积膨胀/%	8.81 12.11
透平油 175℃×24h	质量增加/% 体积膨胀/%	8.4 10.6
20号润滑油 175℃×24h	质量增加/% 体积膨胀/%	2.24 8.65
含硫车用 润滑油	拉伸强度保持率/% 质量增加/%	59 6.9
150℃×14d	体积膨胀/% 硬度(邵尔A)变化	13.2 -6
含硫车用 润滑油 150℃×28d	拉伸强度保持率/% 质量增加/% 体积膨胀/% 硬度(邵尔A)变化	48 6.6 12.7 -6

3）耐寒性能

丙烯酸酯的酯基侧链损害了低温性能。虽然新开发的丙烯酸酯橡胶的耐寒性能有了较大改进，但仍只有-40℃左右，劣于一般合成橡胶，成为应用上的主要问题。

4）耐水性能

由于丙烯酸酯易于水解，使丙烯酸酯橡胶在水中的膨胀大，BA型橡胶在100℃沸水经72h后质量增加15%~25%，体积膨胀17%~27%，耐蒸汽性能更差。

5）耐化学药品性能

它在芳香族溶剂、醇酮、酯以及有机氯等极性较强的溶剂和无机类水溶液中膨胀显著，在酸碱中不稳定，其耐化学药品性能如表13-20所示。

6）物理机械性能

丙烯酸酯橡胶具有非结晶性，自身强度低，经补强后拉伸强度最高可达12.8~17.3MPa，低于一般通用橡胶，但高于硅橡胶等。

温度对丙烯酸酯橡胶的影响与一般合成橡胶相同，在高温下强度下降是不可避免的，但弹性显著上升，对于作密封及在其他动态条件下使用的配件非常有利。在150℃下丙烯酸酯橡胶的许多物理机械性能，如拉伸强度、扯断伸长率、弹性等均显示了与硅橡胶大体相同的水平，见表13-21。

表 13-20 丙烯酸酯橡胶的耐化学药品性能

化学药品	试验条件		抵抗性	拉伸强度变化率/%	扯断伸长率变化率/%	硬度变化率/%	体积变化率/%
	时间/h	温度/℃					
乙酸丁酯	168	70	很差	-79~-90	-60~-80	—	+250~350
丙　酮	168	室温	很差	-75~-95	-55~-75	-30~-75	+250~350
10%硫酸	70	100	优	-30~-50	增加	-15~-50	+15~50
乙　醇	168	70	很差	试样分解			
苯	168	70	很差	-60~-80	-50~-70	-30~-40	+350~450
二硫化碳	168	室温	好	-50~-75	-30~-50	+5~20	+25~55
四氯化碳	168	70	很差	-50~-70	-55~+55	-30~-40	+250~350
氯　仿	168	70	很差	溶胀无法测定			
甲　酚	70	100	很差	试样分解			
动物脂	70	100	好	0	-10~-30	+5~20	0
呋　喃	70	100	很差	溶胀无法测定			
乙二醇	70	100	很差	试样分解			
己　烷	168	室温	好	-15~-30	0	0~-5	+5~8
10%氢氧化钠	70	100	很差	试样部分分解			
硝基苯	70	100	很差	-60~-80	-50~-70	-30~-40	+350~450
苯　酚	50	100	很差	试　样　分　解			
苯二甲酸二丁酯	70	100	很差	-50~-75	-30~-50	-30~-40	+200~250
硅　油	70	100	好	-5~-15	-25~-50	0~-5	0~-5
甲　苯	168	70	很差	-60~-80	-60~-80	-50~-70	+250~275
松节油	168	70	好	-30~-50	-10~-50	-10~-25	+25~140
水	168	室温	好-差	-10~70	+15~-15	-5~-50	+5~100
水	70	100	差	-20~-80	+20~-70	-5~-60	+20~120
二甲苯	168	70	很差	-50~-70	-50~-70	-20~-40	+200~300

表 13-21　硅橡胶、丙烯酸酯橡胶在 20℃和 150℃下物理机械性能

	20℃		150℃	
	丙烯酸酯橡胶	硅橡胶	丙烯酸酯橡胶	硅橡胶
硬度(邵尔 A)	70	71	68	70
拉伸强度/MPa	10.5	5.9	3.7	3.9
(kgf/cm^3)	(107)	(60)	(38)	(40)
扯断伸长率/%	137	97	74	82
弹性/%	8	62	68	70

7）其他性能

丙烯酸酯橡胶的稳定性还表现在对臭氧有很好的抵抗力，抗紫外线性能也很好，可着色范围宽广，适于作浅色涂覆材料，此外还有优良的耐候老化、耐曲挠和割口增长、耐透气性，但电性能较差。

（4）应用

丙烯酸酯橡胶广泛用于耐高温、耐热油的制品中，由于硅橡胶耐油性差，丁腈橡胶耐热性低，在耐热和耐油的综合性能方面，丙烯酸酯橡胶仅次于氟橡胶，在生胶品种中占第二位，是制造 160℃高温下使用的橡胶油封、O 形圈、垫片和胶管的适用材料。在使用条件不十分苛刻而用氟橡胶又不经济的情况下，丙烯酸酯橡胶可被选用。

丙烯酸酯橡胶在汽车上用量最大的是变速箱密封、活塞杆密封，其次是火花塞帽、散热器或加热器软管、阀门杆挡油器以及软木垫的胶黏剂、海绵胶势等。

除汽车工业外，丙烯酸酯橡胶所具有的优良特性如耐臭氧、气密性、耐屈挠与耐日光老化等，使它具有很大的应用潜力，如用于海绵、耐油密封垫、隔膜特种胶管及胶带、容器衬里、深井勘探用橡胶制品等。丙烯酸酯橡胶还适于制备耐油的石棉橡胶制品。

在电器工业中部分取代价昂的橡胶，用于高温条件下与油接触的电线、电缆的护套、电器用垫圈、套管等。由于丙烯酸酯橡胶的透明性及与织物的粘着性良好等，因而在贴胶及涂覆材料方面的应用也逐渐增加。丙烯酸酯橡胶在航空工业、火箭、导弹等尖端科学部门也有应用，如用作制各固体燃料的胶黏剂等。此外，还用作输送特种液体的钢管衬里、减震器缓冲垫等。

第 14 章　耐腐蚀无机非金属材料

14.1　陶瓷材料

14.1.1　基本概念

人们常将固体无机材料统称为陶瓷(ceramics)，此词来源于希腊语 keramos，是指陶瓷器。第二次世界大战后，在国外，特别是在美国，陶瓷工业制成的一切产品，即采用窑炉高温加热天然矿物原料，烧结或熔融后制成的一切产品，皆用“陶瓷器”这一名字。无机材料中，也有不必经过这样高温处理的材料。例如在水热条件下，于400℃或200℃温度时制备振荡器用的人造水晶和建筑材料用的硅酸钙。无机材料在较低温度下的制备技术因其节能的优势，今后将进一步受到人们重视，并进行广泛深入的研究，这种无机材料现在也属于陶瓷范畴。

传统陶瓷是指所有黏土和其他无机非金属矿物为主要原料，经过粉碎、成型、焙烧等工艺过程所制得的各种制品，是陶瓷、炻器、瓷器等黏土制品的统称。由于传统陶瓷的主要原料是硅酸盐产物，所以，传统陶瓷又叫硅酸盐材料。随着先进陶瓷的发展，陶瓷已超出了硅酸盐材料的范围。广义的陶瓷概念是指用陶瓷的工艺方法生产的无机非金属材料。如用氧化物、氟化物、硼化物、碳化物或其他无机非金属材料制成的成品，都属于广义陶瓷的范畴。因此现代陶瓷的含义泛指包括玻璃、水泥、耐火材料等全部的硅酸盐材料，以及经过成型、烧结等工序制得的金属氧化物、非氧化物等无机非金属材料的总称。

陶瓷的内部结构组织(包括晶体成分、结构特点、晶粒尺寸和分布等)决定了陶瓷的力学性能、热性能以及耐腐蚀性能等基本性能。而其组织结构又主要取决于陶瓷的原料及加工工艺。

14.1.2　组织结构

陶瓷是一种通常由晶相、玻璃相和气相组成的多晶体材料。

(1) 晶相

是陶瓷的主要组成相，陶瓷的物理、力学和化学性能主要取决于晶相。陶瓷有各种不同的晶相结构，最主要有硅酸盐$[SiO_4]^{4-}$、氧化物和非氧化物三种。其中硅酸盐主要以离子键与共价键的混合相结合，氧化物主要以离子键，非氧化物主要以共价键结合，陶瓷的共价键和离子键的结合比金属键、分子键要强。

(2) 玻璃相

玻璃相是陶瓷组织中的一种非晶态的低熔点固体相，是某些杂质和陶瓷中某组分在烧结过程中形成。特种陶瓷的原料纯度高、玻璃相少。玻璃相在陶瓷中主要有粘接分散的晶相、抑止晶相的晶粒长大、填充气孔、提高材料的致密度及降低陶瓷烧结温度等作用。

(3) 气相

气相是陶瓷在烧结过程中在组织内部残留下来的孔洞。气相的存在对陶瓷有显著的影响，能降低陶瓷强度，抗介质腐蚀性减弱、介电损耗大、电击穿强度与绝缘性下降，但它能使陶瓷致密度减小，提高抗温度波动能力并吸收振动。一般来讲，希望陶瓷制品的气孔率尽量降低，除非是某些特殊用途陶瓷(如过滤、保温用)需增加气孔，甚至有时气孔率高达60%。

14.1.3 陶瓷的力学与物理性能

陶瓷不易发生变形，其弹性模量比金属大，因为陶瓷材料具有牢固的离子键与共价键。

陶瓷材料在剪应力作用下由错位引起的密排原子面有明显的方向性和饱和性，离子键中，同性离子相近时斥力增大，故滑移很困难，绝大多数陶瓷在常温拉伸(或静弯曲)载荷下不出现塑性变形阶段，即弹性变形阶段后立即发生脆性断裂。这是陶瓷材料最重要的力学特征，也是其最大的弱点，陶瓷中熔点低的玻璃相是引起蠕变的主要因素，因而在把陶瓷材料作为高温材料使用时，应注意选择某些措施以提高材料的抗蠕变性能。

陶瓷的结合键很强，使其有很高的抗压强度和硬度，但其拉伸强度和剪切强度很低。因陶瓷中存在大量的气孔，所以易产生裂纹，并且裂纹及其扩展是导致材料断裂的主要原因。根据 Griffith 裂缝强度理论之断裂力学观点，对于具有裂缝长度为 a 的构件，当施加应力为 σ 时，裂纹体的断裂取决于裂纹间断的应力强度因子 k_2，有：

$$k_2 = Y\sigma\sqrt{a} \tag{14-1}$$

式中 Y 为形状系数。

如果陶瓷材料发生断裂，则有：

$$k_2 < K_{IC} \tag{14-2}$$

式中

K_{IC}为陶瓷材料的断裂韧性值。

陶瓷材料 K_{IC}值只有金属材料的1/60。要提高陶瓷材料的强度，改善其脆性，必须设法控制其内部的裂纹及各种缺陷。近些年来，也开发了一些对陶瓷力学性能改进的产品，如微晶、高密度、高纯度陶瓷以及高强度的陶瓷纤维、晶须的出现。

14.1.4 热性能

陶瓷材料的热性能主要包括熔点、热容、导热性、热膨胀和耐热冲击性等。

陶瓷材料的熔点一般在2000℃以上，因为其由离子键和共价键相结合。

对大多数陶瓷来说，其低温时热容小，高温时大，达到一定的温度后热容与温度不再有关系。同时，陶瓷材料的热容与其气孔率有关，气孔率越大，热容越小。

陶瓷材料承受温度急剧变化的能力不好，即耐热冲击性和抗热振动性差，受急热急冷易破坏，耐热冲击系数以 B 表示，B 的大小表示其耐热冲击性能好坏。

$$B = \sigma_b(1-\mu)/[(EQ)\cdot\lambda C] \tag{14-3}$$

式中 σ_b——抗拉强度；

E——弹性模量；

μ——泊松比；

λ——热导率；

Q——热膨胀系数；

C——形状系数。

陶瓷材料的热膨胀系数与材料的成分、晶体结构及结合强度密切相关，结合强度低的材料热膨胀系数高，无序结构玻璃体比紧结构的热膨胀系数小。

陶瓷材料的热导性与其成分、晶体结构、气孔率及温度有关，一般化工陶瓷仅为碳钢的

1/25。

14.1.5 化学稳定性

陶瓷材料有良好的耐腐蚀性能，其耐腐蚀能力的大小与材料的化学成分、矿物组成、孔隙、结构类型(结晶还是非结晶)及腐蚀介质有关。

对于主要成分为 SiO_2 的普通陶瓷来说，对大多数的无机酸都很稳定，但不耐氢氟酸、300℃以上的磷酸、苛性碱，这些介质易溶解二氧化硅，而结晶的二氧化硅抗碱能力很强。

另一种陶瓷是含有 Al_2O_3 组分的普通陶瓷，Al_2O_3 经高温焙烧后形成结晶型 Al_2O_3，能够抵抗较高温度下的酸和碱的腐蚀。

陶瓷中 CaO、MgO 等碱性氧化物若含量多，其耐碱性能也可得到提高。

特种陶瓷(如 Si_3N_4)对 HCl、HNO_3、H_2SO_4、H_3PO_4 具有好的耐蚀性，但不耐 HF、NaOH 的腐蚀，因为在 SiC 及 Si_3N_4 烧结体中含有少量的 SiO_2。陶瓷材料内部的孔隙同样也会降低材料的耐蚀性。陶瓷材料在酸(除 HF 及高温 H_3PO_4 外)中的腐蚀速度与酸的种类无关，而主要由酸的电离度及黏度决定。

特种陶瓷(如 Si_3N_4、SiC)在 1000℃以上的氧化性气氛中会生成高黏度玻璃相的 SiO_2，即：

$$SiC+3/2O_2 \longrightarrow SiO_2+CO\uparrow$$

$$Si_3N_4+3O_2 \longrightarrow 3SiO_2+2N_2\uparrow$$

SiC、Si_3N_4 具有良好的抗高温氧化能力，因为有 SiO_2 附着在陶瓷表面形成保护膜。

另外，陶瓷中没有自由电子，因此大多数具有良好的绝缘性，但是离子导体的陶瓷，又有一定的中子导电性，如 Fe_3O_4、ZnO、NiO 等是重要的半导体材料。

某些陶瓷材料在动物体内没有排异性，可用做人体器官，如人造牙齿、关节、骨骼等。某些陶瓷具有特殊的光学性能，可用作固体激光材料、光储存和光导纤维材料。某些陶瓷还广泛应用于高频技术中，因为其具有磁性。

14.1.6 陶瓷腐蚀的基本原理

陶瓷的腐蚀以单一或联合的机理进行。总的来说，环境侵蚀陶瓷形成反应产物。反应产物保留下来，附着在陶瓷上；当反应产物由气体组成时，则完全挥发或者反应产物一部分保留下来而一部分挥发掉。反应产物可以是固体、液体、气体，或者是这些形态的任意组合。当反应产物作为固体保留下来时，形成阻止腐蚀进一步反应的保护层。一种陶瓷材料在不同的环境有不同的反应，因此对于特定材料在所有环境里的腐蚀，不存在唯一的解释。陶瓷材料的制造过程也会影响性能，表现在易腐蚀的晶界相或极大增加暴露于腐蚀的表面面积的孔洞尺寸分布。无论是玻璃还是晶体，材料越致密，所受的腐蚀就越少。

一般情况下，具有酸性特征的陶瓷容易被具有碱性特征的环境所腐蚀，同理，具有碱性特征的陶瓷容易被具有酸性特征的环境所腐蚀；共价键材料的蒸气压通常要比离子键材料的蒸气压大，所以共价键材料往往更快地蒸发或升华；离子键材料易于溶入极性溶剂中，而共价键材料易于溶入非极性溶剂中；固体在液体中的溶解度通常随温度的升高而增加。

14.1.7 陶瓷的分类

关于陶瓷的分类，迄今在国际上没有统一的分法，通常是按烧结程度或用途分类。

(1) 按烧结程度

按烧结程度陶瓷分为粗陶、普陶、精陶、炻器、普瓷和细瓷等，详见表 14-1。

表 14-1　陶瓷产品的品种(按烧结程度)

种　类	断面特征	吸水率/%	用途举例
粗　陶	坯体未烧结，粗松多孔	11~20	普通建筑砖瓦、装饰品、日用器皿等
普　陶	坯体未烧结，粗松多孔，较粗陶致密	6~14	日用器皿、工艺品、紫砂陶、琉璃等
精　陶	坯体部分烧结，较普陶致密	4~10	日用器皿、釉面砖等
炻　器	坯体基本烧结，较致密	1~3	日用化工器皿、耐热制品等
普　瓷	坯体烧结，致密，细腻	0.5~1	日用器皿等
细　瓷	坯体完全烧结，致密，有玻璃光泽	0~0.5	日用器皿、电瓷、卫生洁具、玻璃化砖等

(2) 按用途

如果按用途分，则可将陶瓷材料分类如下：

① 日用陶瓷，如餐具、茶具、缸、坛、盆、罐等，这类陶瓷最为常见，离人们生活较近，价格也较为便宜。

② 艺术陶瓷，如花瓶、雕塑品、陈设品等。

③ 建筑卫生陶瓷，如墙地砖、砖瓦、排水管、卫生洁具等。

④ 化工陶瓷，用于化学工业的耐酸容器、管道、塔、泵、阀等。

⑤ 化学陶瓷，用于化学实验室的瓷坩埚、蒸发皿、燃烧舟、研钵等。

⑥ 电瓷，用于电力工业高低压输电线路上的绝缘子、电机用套管、支柱绝缘子、低压电器和照明用绝缘子、以及电讯用绝缘子、无线电用绝缘子等。

⑦ 特种陶瓷，这类陶瓷因其组成和结构独特而具有一些特殊的功能，使之在化工、机械、电子、通讯、生物工程、新能源及航空航天等领域有重要的用途。特种陶瓷又可分为结构陶瓷和功能陶瓷。结构陶瓷具有高强度、高硬度、高韧性、耐高温、耐腐蚀等性能，主要包括氧化铝陶瓷、滑石瓷、镁橄榄石陶瓷、氧化铍陶瓷、氮化物和碳化物陶瓷等，通常作为工程结构材料使用，如电容器陶瓷、压电陶瓷、磁性陶瓷和半导体陶瓷等。

14.2　化工陶瓷(耐酸陶瓷)

14.2.1　概述

应用于腐蚀工程中的硅酸盐硬质陶瓷称为化工陶瓷，又称耐酸陶瓷。主要成分为 $SiO_2$60%~70%、$Al_2O_3$20%~30%，含有少量的 CaO、MgO、Fe_2O_3、K_2O 等。

化工陶瓷的上釉方法与一般陶瓷不同，为了获得抗渗性好、致密的耐蚀釉层，一般是在烧成过程中加入食盐获得盐釉。上釉方法与原理是在高温(1180~1290℃)把食盐投入燃烧室，在水蒸气作用下，食盐被分解成 Na_2O 与 HCl，以气态分布在室内，Na_2O 与坯体表面的黏土作用，形成透明的釉层。

$$2NaCl+H_2O \longrightarrow Na_2O+2HCl$$

$$Na_2O+Al_2O_3 \cdot 2SiO_2+SiO_2 \longrightarrow Na_2O \cdot Al_2O_3 \cdot 3SiO_2$$

食盐釉不但坚固结实，与坯体表面结合良好，耐酸，不脱落，不开裂，而且上釉工艺简单，成本低。

14.2.2　化工陶瓷的主要性能

化工陶瓷除了氢氟酸、硅氟酸以外几乎耐所有浓度的无机酸和盐类以及有机介质的腐蚀，但不耐磷酸。

化工陶瓷不但要求耐腐蚀性好，而且要求其不渗透、机械强度高、热稳定性和耐温度性能优良。由于化工陶瓷中 SiO_2 含量高达 70%，在碱作用下易生成硅盐，所以不耐碱，特别是不耐浓碱腐蚀。为了满足上述化工陶瓷性能的要求，生产了耐酸陶瓷、耐酸耐温陶瓷和工业陶瓷等三种化工陶瓷。他们的物理、力学性能见表 14-2，耐蚀性能见表 14-3。

表 14-2 化工陶瓷物理力学性能

性 能	指 标		
	耐酸耐温陶瓷	耐酸陶瓷	工业陶瓷
密度/(10^3kg/m^3)	2.1~2.2	2.2~2.3	2.3~2.4
气孔率/%	12	5	3
吸水率/%	6	3	1.5
热导率/[W/(K·m)]		0.93~1.05	1.05~1.28
热膨胀系数/K^{-1}		$4.5\times10^{-6}\sim6\times10^{-6}$	$3\times10^{-6}\sim6\times10^{-6}$
耐温急变性/℃	450	200	200
抗拉强度/MPa	6.86~7.85	7.85~11.8	25.5~35.3
抗弯强度/MPa	29.4~49.0	39.2~58.8	63.7~83.4
抗压强度/MPa	118~137	78.5~118	451~647
弹性模量/MPa	108~137	441~588	637~785
抗冲击强度/(10^3J/m^3)		0.981~1.47	1.47~2.94
使用温度/℃	150	90	120
急冷急热系数	4	2	2

表 14-3 化工陶瓷耐蚀性能

介 质	浓度/%	温度/℃	耐蚀性能	介 质	浓度/%	温度/℃	耐蚀性能
硝 酸	任何浓度	低于沸腾	耐	五倍子酸	任何浓度	沸 腾	耐
发烟硝酸	18~20	30~70	耐	柠檬酸	任何浓度	沸 腾	耐
醋 酸	—	低于沸腾	耐	羟基乙酸	任何浓度	沸 腾	耐
磷 酸	浓溶液	高 温	不耐		任何浓度	沸 腾	耐
磷 酸	稀溶液	20	尚 耐	甘醇酸	任何浓度	沸 腾	耐
草 酸	任何浓度	低于沸点	耐	脂肪酸	任何浓度	沸 腾	耐
硝基苯	任何浓度	沸 腾	耐	苯甲酸	任何浓度	—	耐
苯 胺	100	—	耐	硼 酸	任何浓度	沸 腾	耐
乙 炔	—	—	耐	酒石酸	任何浓度	沸 腾	耐
溴	任何浓度	沸 腾	耐	乳 酸	任何浓度	沸 腾	耐
尿 素	任何浓度	沸腾	耐	氢溴酸	任何浓度	沸 腾	耐
臭 氧	—	—	耐	氟硅酸	—	—	不耐
硫 酸	任何浓度	沸 腾	耐	氢氟酸	—	—	不耐
亚硫酸	4~4.5	70	耐	氨	任何浓度	沸 腾	耐
盐 酸	浓溶液	100	耐	苯	任何浓度	沸 腾	耐
油 酸	任何浓度	沸 腾	耐	苯甲醛	任何浓度	沸 腾	耐
蚁 酸	任何浓度	沸 腾	耐	氯代甲苯	100	沸 腾	耐
丙 酸	任何浓度	沸 腾	耐	丙 酮	100 以下	沸 腾	耐
砷 酸	任何浓度	沸 腾	耐	乙 醇	—	—	耐
丁 酸	—	沸 腾	耐	醋 酐	任何浓度	低于沸腾	耐

续表

介质	浓度/%	温度/℃	耐蚀性能	介质	浓度/%	温度/℃	耐蚀性能
铁氰化钾	任何浓度	沸腾	耐	氯化钙	任何浓度	沸腾	耐
碘化钾	任何浓度	沸腾	耐	次氯酸钙	任何浓度	沸腾	耐
过硫酸钾	—	—	耐	硝酸铁	任何浓度	沸腾	耐
亚硫酸钾	任何浓度	沸腾	耐	硫酸亚铁	任何浓度	沸腾	耐
硫化钾	任何浓度	沸腾	耐	碘化亚铁	任何浓度	沸腾	耐
高锰酸钾	—	—	耐	硫酸铁	任何浓度	沸腾	耐
硫酸钾	任何浓度	沸腾	耐	氯化铁	任何浓度	低于沸腾	耐
硫酸氢钾	任何浓度	沸腾	耐	氯化亚铁	任何浓度	109	耐
碳酸铵	任何浓度	—	耐	硝酸镁	任何浓度	沸腾	耐
磷酸铵	任何浓度	沸腾	耐	硫酸镁	任何浓度	沸腾	耐
氯化铵	任何浓度	沸腾	耐	氯化镁	任何浓度	沸腾	耐
硝酸钾	任何浓度	沸腾	耐	硫酸铜	任何浓度	沸腾	耐
溴化钾	任何浓度	—	耐	醋酸铜	任何浓度	沸腾	耐
碳酸氢钾	任何浓度	沸腾	耐	硫	熔体	沸腾	耐
重铬酸钾	任何浓度	沸腾	耐	氯化硫	任何浓度	沸腾	耐
氯化亚铜	任何浓度	沸腾	耐	氯	任何浓度	低于沸点	耐
氯化铜	任何浓度	沸腾	耐	氟	—	—	不耐
硫酸镍	—	—	耐	苯酚	任何浓度	沸腾	耐
醋酸	任何浓度	沸腾	耐	甲醛	任何浓度	沸腾	耐
碳酸钠	熔体	—	耐	亚硫酸酐	任何浓度	—	耐
	稀溶液	沸腾	尚耐	二氧化碳	水溶液	沸腾	耐
磷酸钠	任何浓度	沸腾	耐	四氯化碳	任何浓度	沸腾	耐 0
氯化钠	任何浓度	沸腾	耐	三氯乙烯	100	沸腾	耐
硝酸钠	任何浓度	沸腾	耐	硬脂酸	任何浓度	沸腾	耐
苯甲酸钠	任何浓度	沸腾	耐	硝酸铝	任何浓度	沸腾	耐
溴化钠	任何浓度	沸腾	耐	硫酸铝	任何浓度	沸腾	耐
酒石酸钠	任何浓度	沸腾	耐	醋酸铝	任何浓度	低于沸腾	耐
碳酸氢钠	任何浓度	沸腾	耐	氯化铝	任何浓度	沸腾	耐
碳酸钾	浓溶液	沸腾	尚耐	硝酸铵	任何浓度	低于沸腾	耐
碳酸钾	熔体	—	不耐	溴化铵	任何浓度	沸腾	耐
磷酸钾	任何浓度	沸腾	耐	碳酸氢铵	任何浓度	—	耐
氯化钾	任何浓度	沸腾	耐	过硫酸铵	任何浓度	—	耐
次氯酸钾	任何浓度	沸腾	耐	硫氰化铵	任何浓度	—	耐
氯酸钾	任何浓度	沸腾	耐	硫酸铵	任何浓度	沸腾	耐
铬酸钾	任何浓度	沸腾	耐	硫化铵	任何浓度	—	耐
草酸钾	任何浓度	沸腾	耐	重铬酸钠	任何浓度	沸腾	耐
氢氧化钾	浓溶液	沸腾	不耐	亚硫酸氢钠	任何浓度	沸腾	耐
	50 以下	20	尚耐	硫酸氢钠	稀溶液	20	尚耐
硝酸钙	任何浓度	沸腾	耐	乳酸钠	任何浓度	沸腾	耐
亚硫酸钙	任何浓度	沸腾	耐	亚硫酸钠	任何浓度	沸腾	耐
硫酸氢钙	浓溶液	沸腾	耐	硫化钠	任何浓度	沸腾	耐
硫酸钙	任何浓度	沸腾	耐	硫代硫酸钠	任何浓度	沸腾	耐

续表

介　质	浓度/%	温度/℃	耐蚀性能	介　质	浓度/%	温度/℃	耐蚀性能
硫酸钠	任何浓度	沸　腾	耐	氢氧化钠	浓	沸　腾	不耐
次氯酸钠	任何浓度	沸　腾	耐	硫酸锰	任何浓度	沸　腾	耐
氯酸钠	任何浓度	沸　腾	耐	氯化锰	任何浓度	—	耐
氯磺酸钠	任何浓度	沸　腾	耐	钾铬矾	任何浓度	沸　腾	耐
铬酸钠	任何浓度	沸　腾	耐	皂　液	任何浓度	沸　腾	耐
氰化钠	任何浓度	沸　腾	耐	甲　醇	—	沸　腾	耐
草酸钠	任何浓度	沸　腾	耐				
	20	60~70	尚耐				

14.2.3　品种和用途

耐酸陶瓷制品有板、砖、管、各种化工设备及流体传送机械。

耐酸砖、板是化工石油生产设备最基本的防腐蚀衬里材料，通过胶接剂将单独的板、砖连成一体衬在反应塔器、容器或混凝土设备内壁、耐酸地面。耐酸陶瓷管及配件主要用于化工或其他部门输送酸性废水及腐蚀介质。另外，耐酸陶瓷还用于制造塔及附件、储槽、容器、真空过滤器、泵及风机等。普通耐酸陶瓷的种类和用途见表 14-4。

表 14-4　普通耐酸陶瓷的种类和用途

种　　类	主要制品	用途举例
	耐酸砖、板	砌筑耐酸池、电解电镀槽、造纸蒸煮锅、防酸地面和墙壁、台面等
	管　道	输送腐蚀性流体和含有固体颗粒的腐蚀性物料
耐酸陶 耐酸耐温陶	塔、塔填料	对腐蚀性气体进行干燥、净化、吸收、冷却、反应和回收废气
	容　器	酸洗槽、电解电镀槽、计量槽
	过滤器	两相分离或两相结合、渗透、渗析、离子交换
硬质瓷(工业瓷)	阀、旋塞	输送腐蚀性流体的管道
	泵、风机	输送腐蚀性流体

14.3　工程陶瓷

14.3.1　概述

特种陶瓷是指一些具有特殊物理、化学和力学性能的陶瓷，其原料都是经过人工制备的高纯度化合物(如氧化物、氮化物、碳化物等)，不像普通陶瓷直接用天然原料，因此，其成分可以得到控制，制品质量较稳定。

目前，高比强度、高温、高强结构材料和具有各种特殊功能的材料是特种陶瓷研究与开发的重点，其中工程上被用作结构材料的常称为工程陶瓷。

14.3.2　工程陶瓷的种类和分类

工程陶瓷的分类方法多种多样，有按主要化学成分、按制造方法和按性能或用途等三种主要的分类方法。

(1) 按主要化学成分分类

工程陶瓷的化学成分主要为氮化物、碳化物、氧氮化物和氧化物，其种类如表 14-5 所示。

表 14-5　主要的工程陶瓷品种(按化学成分分类)

陶瓷系	烧结坯体等
氮化物	β-Si_3N_4，NiN，BN，TiN
碳化物	α-SiC，β-SiC，B_4C，WC，TiC
氧氮化物	赛隆，$\beta'\alpha'$(Si-M-O-N)
氧化物	Al_2O_3，ZrO_2-Y2O_3，Al_2O3-ZrO_2 等

注：表中 M 为 Be，Li，Mg，Al 等；字下有横线者为目前大量研究的物质。

(2) 按制造方法分类

按制造方法分类(见表 14-6)是一种常用的分类方法，无论是从经济性还是从制品的性能来看，陶瓷的制备方法都极为重要，可以说是制造方法在某种程度上决定其性能等级。

表 14-6　工程陶瓷的品种及缩写符号(按制造方法分类)

制法(缩写符号)	制品(缩写符号)实例
反应烧结(RB 或 RS)	RBSN：反应烧结氮化硅
热压烧结(HP)	HPSN：热压烧结氮化硅
热等静压烧结(HIP)(高温等静压)	HIPSN：热等静压烧结氮化硅
常压(或无压)烧结(S)	SSC：常压烧结碳化硅
化学沉积或化学气相沉积(CVD)	Py-Sc：化学沉积碳化硅

(3) 按性能或用途分类

工程陶瓷的强度等力学性能异常优良，性能涉及许多方面，随着制造方法的进步，性能也会逐步提高。但此分类目前还没有完全统一。

14.3.3　工程陶瓷的主要性能

工程陶瓷的主要性能包括机械性能、热性能和化学性能。

(1) 机械性能

工程陶瓷与其他陶瓷相比，其机械性能是尤为重要的特征之一，它包括抗弯强度、抗拉强度(由于陶瓷是脆性材料，所以在陶瓷的抗拉强度试验中试件容易在定位部分发生断裂)、圆环压缩强度、弹性常数、硬度(硬度是工程陶瓷突出的优点之一)、断裂韧性(陶瓷的缺陷是由材料表面或内部存在的微小缺陷上的应力集中引起裂纹，并由裂纹成长导致断裂的)、循环疲劳实验。

(2) 热性能

在工程陶瓷中，热容量、导热系数、热膨胀系数等测定值不仅作为材料工艺学数据是重要的，而且还可用其作为分析材料结构的依据。尤其对于作为高温或隔热用的陶瓷，这些数据必须准确。同时，在急热、急冷下对热应力的抵抗性及抗热震性的分析也极为重要。

1) 热容量

测量工程陶瓷热容的方法主要有脉冲法、隔热法(能斯脱法)、投下法(热函法)等，其中隔热法可以在低温下测得高的准确度；投下法是在 500K 以上能够测定的较为简单的方法。

2）导热系数

工程陶瓷的导热系数 k 可用下式来测试和计算：

$$q_x = \mathrm{d}Q/\mathrm{d}t = -kA\partial T/\partial x \tag{14-4}$$

式中，q_x 是通过断面 A 而流向 x 方向的热流速度，$\partial T/\partial x$ 是 x 方向的温度梯度。

3）热膨胀系数

工程陶瓷在应力作用下使用时，热膨胀系数是决定其耐久性的最重要的性能之一。除玻璃和立方晶结晶外，热膨胀系数因晶轴方向而不同。一般情况下，在陶瓷中，尽管构成结晶的热膨胀是各向异性的，但由于是多晶体，所以作为整体呈现均匀的各向同性膨胀。这种情况下，多晶体的平均线膨胀系数可以用构成晶体的体积膨胀系数的 1/3 表示。因而，构成结晶特定轴向的热膨胀系数为负值时，多晶体的平均线膨胀系数多半极小，例如堇青石、锂铝硅酸盐(锂霞石、β-锂辉石)等硅酸盐系陶瓷便是这类工程陶瓷。

4）抗热震性

在温度急冷急热的严酷环境中使用的陶瓷，要求具有能够抵抗与脆性断裂有关的抗热震性，这是因为急热急冷容易使陶瓷产生内应力。即使作为一般日用材料和工业材料而使用的陶瓷，也多半要求具备优良的抗热震性。

（3）化学性能

工程陶瓷与其使用环境中的化学成分相互作用而容易劣化，在该相互作用中，与气相有关的现象有氧化、还原、蒸发、析出、分解等；与液相有关的现象是溶解、析出、水化等；与固相有关的现象有扩散、生成低熔点化合物等，在发生这些现象的过程中，陶瓷被侵蚀。

① 抗氧化性

工程陶瓷的氧化物系材料不存在氧化问题，但碳化物、氮化物、硼化物等非氧化物系材料，在高温下的氧化是一个很大问题。在含 Si 的化合物中，如氮化硅、氧氮化硅、赛隆、碳化硅、硅化钼中，氧化生成物主要是 SiO_2，而生成的这种 SiO_2 会变为一层防氧化膜，经短暂时间后，氧化速度减少，所以它们有可能在某种高温下使用。

气孔率和化学组成是影响陶瓷氧化的主要内因，一般气孔大者，抗氧化性低，而陶瓷的气孔率随其成形、烧结等制造条件而变化。因此在这种意义上说，反应烧结氮化硅比热压烧结氮化硅等致密材料更容易氧化，但气孔也随开口和闭口之不同而有相当差异。关于陶瓷的化学组成，应考虑烧结助剂的种类和用量以及杂质、混合组成等的影响。

氧化条件则是影响陶瓷氧化的外在因素，陶瓷在氧化时，一般有随氧化温度、氧化时间、连续氧化或冷热循环氧化的不同，氧化状态也有差异。此外，随反应气体成分、静态氧化或像燃烧那样的动态氧化的不同，氧化状况也发生相当变化。

一般根据氧化质量增加、氧化膜厚度、氧化前后的强度变化等来评价陶瓷的抗氧化性，此外，氧化膜表面性质、气泡性质等也很重要。

② 抗腐蚀性

对于工程陶瓷的要求不仅要具有优良的机械性能和热性能，而且根据不同用途，还要具有对酸、碱、熔融炉渣、熔融金属等的抗腐蚀性。

14.3.4 品种、用途和性能

作为防腐蚀用的工程陶瓷主要有氧化铝陶瓷、氮化硅陶瓷、碳化硅陶瓷。

(1) 氧化铝陶瓷

氧化铝陶瓷又称为高铝陶瓷，以 Al_2O_3 和 SiO_2 为主要成分，是使用最广泛的新型陶瓷之一。氧化铝陶瓷的基本性能见表 14-7。

表 14-7　氧化铝陶瓷的基本性能

颜色类别	白色 Al_2O_3 陶瓷					黑色 Al_2O_3 陶瓷	
Al_2O_3 含量/%	80	92	94	96	99.5	90	91
体积密度/(g/cm^3)	3.3	3.6	3.65	6.8	6.89	3.6	3.9
抗弯强度/MPa	220	320	310	280	490	280	210
线膨胀系数(25~800℃)/(10^{-6}℃)	7.6	7.5	7.2	7.6	7.6	7.3	7.7
导热系数/[W/(m·K)]	17	17	17	21	37	17	17
绝缘强度/(kV/mm)	10	10	10	10	10	10	10
体积电阻率(20℃)/(Ω·cm)	$>10^{14}$	$>10^{14}$	$>10^{14}$	$>10^{14}$	$>10^{14}$	$>10^{14}$	$>10^{12}$
体积电阻率(300℃)/(Ω·cm)	10^{13}	10^{13}	10^{12}	10^{14}	10^{10}	10^{9}	10^{8}
T_c 值/℃	940	—	930	—	850	—	—
介电常数 ε(1MHz)	8.0	8.5	8.6	9.4	10.6	—	7.9
$tg\delta \times 10^{-4}$(1MHz)	13	3	3	2	1	—	—
$\varepsilon \cdot tg\delta \times 10^{-4}$	104	26	26	19	10	—	—

氧化铝陶瓷在化工生产中主要用于制作零件(轴套、轴承、机械密封环、叶轮)、活塞、阀、热电偶的套管等。

(2) 氮化硅陶瓷

氮化硅陶瓷为共价键化合物，有针状结构 α-Si_3N_4 和颗粒状结晶体 β-Si_3N_4，其晶型均属于六方晶系。

由于氮化硅结构中氮原子间的键力很强，所以具有在高温下很稳定的特性，在分解前仍能保持较高的强度和硬度、良好的耐磨性和耐化学腐蚀性能。

氮化硅陶瓷在空气中开始氧化的温度是 1300~1400℃，热膨胀系数小，热导率也不低，所以，抗热冲击性能比硅酸盐材料和氧化铝都好。

氮化硅陶瓷硬度高，仅次于金刚石、氮化硼等几种超硬材料，摩擦系数小，具有一定的自润滑性，是一种理想的耐磨材料。

由于氮化硅的耐磨性、耐蚀性和耐温性等特殊性能，常用其做机械密封材料。除了制作机械密封外，在化工方面还可作球阀、过滤器和热交换器等部件。同时还可用于炼钢生产的钢水流量计、农药喷雾器上某些部件、高温热电偶套管等。

利用氮化硅的耐高温耐磨性能，在陶瓷发动机中，已被用于燃气轮的转子、定子和漕形管。利用它的热震性好、耐蚀、摩擦系数小、热膨胀系数小的特点，在冶金及热加工工业上被广泛用于测温热电偶套管、铸模、坩埚、烧舟、高温鼓风机和阀门等。利用它的耐磨性能好、强度高、摩擦系数小的特点，已广泛用于机械工业上作轴承滚珠、滚柱、柱塞泵、高温螺旋柱等。此外，在电子、军事和核工业上，广泛用于制造开关电路基片、薄膜电容器、高温绝缘体、雷达天线罩等。氮化硅陶瓷物理、力学性能见表 14-8，耐蚀性能见表 14-9。

表 14-8　各种氮化硅的物理、力学性能

性　能	反应烧结 Si_3N_4	热压 Si_3N_4	重烧结 Si_3N_4	无压烧结 Si_3N_4
密度/(g/cm³)	2.4~2.73	3.17~3.40	3.20~3.26	3.14~3.40
显气孔率/%	10~20	<0.1	<0.2	<0.5
弯曲强度/MPa	250~340	800~1000	600~750	600~800
拉伸强度/MPa	120		225	
压缩强度/MPa	1200	3600	2400	
冲击强度/MPa	0.15~0.2	0.4~0.52	0.61~0.65	
硬度，HRA	80~85	91~93	90~92	90~92
弹性模量/GPa	160	300	271~286	
刚性模量/GPa	65	120	100	
热膨胀系数/$10^{-6}K^{-1}$	2.5~2.7	2.95~3.50	3.55	
Weibull 模数	12~16	13	28	
断裂功/J/m^2	12.7	51~64	50.6	
断裂韧性/$MPa \cdot m^{\frac{1}{2}}$	2.85	5.5~6.0	6.5~8.2	
导温系数/(cm^2/s)	0.0913 (20~400℃)	0.0577 (20~840℃)	0.0314 (20~1250℃)	
摩擦系数(与 45 钢)	0.1	0.1		
烧结线收缩/%	<±0.1	无	<6.5	15~20
泊松比	0.23	0.218	0.32	

表 14-9　氮化硅陶瓷的耐腐蚀性能

介　质	温度/℃	保持时间/h	耐腐蚀性能	介　质	温度/℃	保持时间/h	耐腐蚀性能
20%HCl	煮沸		○	$3\%HF+10\%HNO_3$	70	116	×
$65\%HNO_3$	煮沸		○	NaCl+KCl	900 (熔融盐)	144	×
发烟 HNO_3	煮沸		○	$NaB(SiO_3)_2+V_2O_5$	1100	4	×
$10\%H_2SO_4$	70		○	$NaF+ZrF_4$	800	100	×
$85\%H_2SO_4$			○	Al	800	950	○
$H_2P_2O_7$			○	Al	1000	100	○
25%NaOH			○	Pb	900	144	○
Cl_2 气(湿)	30		○	Sn	300	144	○
Cl_2 气	900		○	Zn	550	500	○
H_2S 气	1000		○	Mg	750	20	△
浓 $H_2SO_4+CuSO_4+KHSO_4$			○	Cu	1150	7	×
				钢	1600	20(min)	×
NaCl+KCl	790 (熔融盐)		○	氧化铁	1600	10(min)	×
50%NaOH	煮沸	115	×	高炉熔渣	1500	2	△
NaOH	450 (熔融盐)	5	×	玄武岩	1400	2	△
48%HF	70	3	×	镍熔渣	1250	5	○

注：符号○表示无侵蚀；△表示侵蚀少；×表示有侵蚀。

(3)碳化硅

碳化硅是用途很广的特种陶瓷，其主要原料是碳化硅粉，是以石英、炭和木屑为原料，在电弧中于1900~2000℃高温下反应而成：$SiO_2+3C \rightarrow SiC+2CO$。最终得到的是$\alpha$-SiC和$\beta$-SiC的混合物。$\alpha$-SiC是高温稳定型，$\beta$-SiC是低温稳定型，$\beta$-SiC到$\alpha$-SiC转变开始于2100℃或略低的温度，转变率很小。

碳化硅陶瓷最大特点是高温高强度，在1400℃时抗弯强度仍保持在500~600MPa，而其他陶瓷材料在1200~1400℃时强度急剧降低。

碳化硅陶瓷热导性好，热导率在陶瓷材料中仅次于氧化铍，接近或超过不锈钢，碳化硅与其他材料相比，具有优良的耐冲击性。其物理、力学性能见表14-10。

表14-10　几种碳化硅陶瓷的物理、力学性能

国别	种类	牌号	体积密度/(g/cm³)	硬度 HRA	硬度 HS	硬度 HV	折断强度/MPa	热膨胀系数/($10^{-6}K^{-1}$)	热导率/[W/(m·K)]	弹性模量/GPa
中国	无压烧结SiC	JS-1	3.00~3.12	92~93		2500	>350	(室温~600℃) 4~4.5	92.11	300
	热压SiC	JS-2	3.15~3.17	92~94		3000	>450	(室温~800℃) 4.3~4.8	69.92	400
	反应烧结SiC②		2.95~3.15		100~125		300~600	(40~400℃) 3~5	150	—
	无压烧结SiC③		3.00~3.10	90~92			>300	4.96	—	358
国外①	反应烧结SiC	ES-2	3.05		110		400	(室温~400℃) 3.1	150.72	350
	无压烧结SiC	ES-4	3.10		120		500	(室温~400℃) 3.5	129.79	360
	CVR SiC	P_1	1.84			3500	60	5	87.92	12
	无压烧结SiC	P_2	3.2			3600	300	4.0	83.74	270
	无压烧结SiC	Sealde	3.14			2570	420	4.3	50.24	420
	无压烧结SiC	Hexoioy	3.10			2800	460	4.02	77.46	418
	热压SiC	NC-203	3.30			>2000	700	4.8	0.32	310

① 国外产品的性能指标选自制造厂的产品样本。

② 此反应烧结SiC系从日本EAGLE公司引进技术，性能指标由宁波市标准计量局制定的“机械密封反应烧结SiC密封环技术条件”中摘录．其含量分别为SiC≥83%、游离硅<15%、游离碳<2%。

③ 此无压烧结SiC系中国科学院上海硅酸盐所推广，性能指标由技术鉴定书中摘录。

碳化硅是典型共价键化合物，结合力强，是热力学上稳定的化合物。高纯度的碳化硅耐蚀能力极强，能耐HCl、HNO_3、H_2SO_4、HF酸、NaOH等碱液的侵蚀。但会与熔融Na_2O、$Na_2CO_3+KNO_3$、高温Cl_2(气)、S(气)等反应而分解。两种碳化硅陶瓷在酸、碱、熔融金属中的耐蚀性见表14-11。

表14-11　碳化硅陶瓷的耐腐蚀性能

介质	H_2SO_4	HF	H_3PO_4	HNO_3	HCl	HF10%+	NaOH	KOH	空气中，720h				
条件	98%	53%	85%	70%	25%	$HNO_3$57%	50%	45%	锡	铅	锌	铝	钢
温度/℃	100	25	100	100	70	25	100	100	300	450	550	800	1200
SCC	1.8	<0.2	<0.2	<0.2	<0.2	<0.2	<2.5	<0.2	○	○	○	○	△
RSSC(Si12%)	55.0	7.9	8.8	0.5	0.9	>1000	>1000	>1000	○	○	○	○	×

注：1. 表中的数值表示SiC陶瓷在介质中浸渍125~300h的质量腐蚀速率[mg/(cm²·a)]，即质量损失。各种介质的含量均为质量分数。

2. 铜与空气中的氧反应生成的氧化铜与SiC反应发生腐蚀；表中“○”表示无变化(强度降低0%)，“△”表示稍变化(30%以下)，“×”表示相当变化(>50%)。

碳化硅陶瓷过去主要用作耐火材料、磨料和发热元件，现已广泛用于化工、石油、微电子、汽车、航天航空、造纸、激光、矿业、原子能等工业部门，尤其是作为高温构件和零件的开发应用越来越受重视。碳化硅陶瓷主要用途见表 14-12。

表 14-12　碳化硅陶瓷的用途

部　门	使用环境	用　途	主要优点
石油工业	高温、高压（液）研磨性物质	喷嘴、轴承、密封、阀片	耐磨耐热
微电子工业	大功率散热	封装材料、基片	高导热、高绝缘
化学工业	强酸（HNO_3、H_2SO_4、HCl、HF），强碱（NaOH），高温氧化	密封、轴承、泵套筒、泵部件、热交换器、气化管道、热电偶保护套管	耐磨损、耐腐蚀、高温耐腐蚀
汽车、拖拉机	燃烧（发动机）	燃烧器部件、涡轮增压器	低摩擦、高强度
飞机、宇宙火箭		涡轮叶片、燃汽轮机静、动叶片、火箭喷嘴	低惯性负荷、耐热冲击
激　光	大功率、高温	反射屏	高刚度、稳定性
喷砂器	高速研削	喷嘴	耐磨损
造纸工业	纸浆废液（50%NaOH）纸浆	密封、套管、轴承衬垫	耐腐蚀、耐磨损、低摩擦
矿　业	研削	内衬、泵部件	耐磨损
原子能	含硼高温水	密封、轴套	耐放射性
其　他	加工工程中	拉丝、成型模具	耐磨、耐腐蚀

14.4　玻璃

14.4.1　概述

凡熔融体通过一定方式冷却，因黏度逐渐增大而具有非晶结构特征和固体机械性质的物质，不论其化学组成及硬度范围如何，都可称之为玻璃。玻璃是长程无序、短程有序结构特征的非晶态、亚稳定态或介稳定态物质，广义上讲玻璃包括单质玻璃、有机玻璃和无机玻璃。狭义上讲仅指有机玻璃，此外还有以 P_2O_5、PbO、Al_2O_3、GeO_2、TeO_2、TiO_2 和 V_2O_5 为主要成分的氧化物玻璃，以及硫属化合物（如 As_2S_3）或卤化物（如 BeF_2）为主的非氧化物玻璃，或某些合金形成的金属玻璃等。玻璃工业一般用多种无机矿物为原料，通过高温熔融使其成为液体，然后按照需要制造成各种各样的制品。玻璃随所用原料的不同，其制品用途也多种多样，化工用玻璃常以其化学稳定性为首要条件，主要有石英玻璃、硼硅酸盐玻璃、高硅氧玻璃、低碱无硼玻璃等。化工用玻璃常用来制作分馏塔、吸收塔、蒸发器、换热器、反应器以及管道、阀门和玻璃泵等。

14.4.2　玻璃的基本特征

玻璃的物理化学性质不仅决定于其化学组成，而且与其结构有着密切的关系。玻璃是一种非晶态（玻璃态）固体物质。所谓非晶态，就是从熔体冷却，在室温下还保持熔体结构的固体物质状态，又被称为“过冷的液体”。玻璃像固体一样能保持一定的外形，而不像液体一样在自重作用下流动。玻璃中的原子的排列短程有序而长程无序。玻璃的主要特征包括：各向同性、介稳性、无固定熔点、性质变化的连续性和可逆性。

（1）各向同性

由于玻璃态物质的质点排列是无规则的，是统计均匀的，所以，当玻璃中无内应力存在时，它的物理化学性质在各个方向上都是相同的。

(2) 介稳性

玻璃是由熔体急剧冷却而得，由于在冷却过程中黏度急剧增大，质点来不及作形成晶体的有规则排列，系统的内能不是处于最低值，从而处于介稳状态，因此在一定的外界条件下，它具有自发放热转化为内能较低的晶体的倾向。

(3)无固定熔点

玻璃态物质与结晶态物质不同，结晶态物质在固态向液态转变时，有固定的熔点；而玻璃态物质由固体转变为液体是在一定温度区间进行的，没有固定的熔点。

(4) 性质变化的连续性和可逆性

玻璃态物质从熔融态到固体状态的性质变化过程是连续的和可逆的，其中有一段温度区域呈塑性，称为“转变”或“反常”区域。

14.4.3 玻璃的组成

化工用玻璃属于硅酸盐玻璃，主要化学成分是二氧化硅(SiO_2)，还有 Na_2O、K_2O、MgO、CaO、BaO、PbO 等各种金属氧化物。玻璃中各种氧化物的作用如表 14-13。

表 14-13 玻璃中各种氧化物的作用

氧 化 物	降低以下性能指标	增加以下性能指标
氧化硅(SiO_2)	密度	熔融温度、退火温度、化学稳定性、热稳定性、机械强度
氧化硼(B_2O_3)	熔融温度、韧性、析晶性	化学稳定性、耐热稳定性、折射率、光泽
氧化铅(Pb_2O_3)	熔融温度、化学稳定性	密度、光泽、折射率
氧化铝(Al_2O_3)	析晶性	熔融温度、韧性、化学稳定性、机械强度
氧化镁(MgO)	析晶性、韧性	耐热性、化学稳定性、退火温度、机械强度
氧化钡(BaO)	熔融温度、化学稳定性	密度、光泽、折射率、折晶性能
氧化锌(ZnO)	热膨胀系数	热稳定性、化学稳定性、熔融温度
氧化钠(Na_2O)	化学稳定性、热稳定性、熔融温度、析晶倾向、退火温度、韧性	表面导电度、热膨胀系数、介电常数
氧化钾(K_2O)	与 Na_2O 同	增加光泽、其他与 Na_2O 同
氧化钙(CaO)	热稳定性	硬度、化学稳定性、机械强度、析晶性能、退火温度

此外，在玻璃熔制过程中还加少量澄清剂、助熔剂、着色剂、乳液剂等辅助原料，可以赋予玻璃某种特性或加速熔制过程。

14.4.4 玻璃的性能

(1) 化学稳定性

玻璃的化学稳定性就是玻璃抵抗水、酸、碱及其他化学溶液或气体侵蚀的能力。主要由玻璃中 SiO_2 的含量来确定的，SiO_2 含量增高，其耐酸性显著提高，但 SiO_2 含量高的玻璃在碱或碱性盐溶液中会生成可溶性盐而不耐腐蚀。玻璃中其他的成分如 K_2O、Na_2O 等碱金属氧化物的存在，会降低玻璃的化学稳定性，特别是 K_2O 的影响最大。普通玻璃为钙钠玻璃，化学稳定性差，不能抵抗化学介质、水和气体的侵蚀，因为其内含 15%~20%碱性氧化物（Na_2O 和 K_2O），即具有较多的易溶于水的钾、钠的硅酸盐，并且热稳定性差，故不适用化学工业。适用化工用的有石英玻璃、高硅氧玻璃、硼硅酸盐玻璃和低碱无硼玻璃。

（2）力学性能

由于玻璃是一种典型的脆性材料，在冲击和动负载荷作用下，很容易破碎，化学成分的不均匀和不良的退火处理还会增加玻璃脆性，并且玻璃抗拉强度很低，一般约 59~79MPa。在玻璃中适当增加 CaO、B_2O_3 含量，可提高抗拉强度。甚至热处理方式对玻璃的强度也影响很大，退火玻璃比淬火玻璃低 5~6 倍。

另外，一般随 SiO_2 含量增高，玻璃抗压强度提高，因为在玻璃熔制过程中 SiO_2 形成了硅氧四面体结构骨架。一般玻璃的抗压强度比抗拉强度高十几倍。

玻璃硬度很高，仅次于金刚石、刚玉、碳化硅等磨料。

（3）热性能

玻璃的热膨胀系数随其化学组成的不同有很大的变化，一般 SiO_2 含量高的玻璃热膨胀系数低，石英玻璃热膨胀系数仅为 $5.8\times10^{-7}K^{-1}$。而 Na_2O、K_2O 含量高，热膨胀系数则高。

玻璃的导热性差，为钢的 1/400。一般其密度越大，导热能力越差。即导热性主要取决于玻璃密度，如两密度相同的玻璃，尽量化学成分不同，热导率也相差极小。

玻璃的热稳定性很差，在急冷急热情况下炸裂。另外，玻璃制品内如果厚度不均匀、内存气孔杂质以及玻璃中 Na_2O、K_2O 含量较高，都会降低玻璃的热稳定性。而玻璃淬火产生的规则的均匀应力，可提高玻璃的热稳定性。

（4）其他性能

玻璃有良好的透光及折光性能，是建筑工程和其他工业部门广泛应用的一个主要原因。另外，在常温下，玻璃是电的优良导体，是电子工业用的重要材料。

14.4.5 化工玻璃

化工常用的玻璃有硼硅酸盐玻璃、低碱无硼玻璃、石英玻璃、高硅氧玻璃、微晶玻璃，上述几种玻璃的化学组成见表 14-14。

表 14-14 几种化工常用玻璃的化学组成 %

名称	SiO_2	Al_2O_3	Na_2O	K_2O	B_2O_3	CaO	MgO	F_2
硼硅酸盐玻璃	73~82	1~3	3~10	0.4~1.0	5~20	0~1		
低碱无硼玻璃	63.5	15.5	4			13	2	2
透明石英玻璃	>99.7							
不透明石英玻璃	>99.3							
高硅氧玻璃	95.1	0.95	0.32		3.35			
微晶玻璃	40~70	10~35	TiO_2 7~15				10~30	

（1）硼硅酸盐玻璃

硼硅酸盐玻璃，通常又叫耐热玻璃或硬质玻璃，它是用 B_2O_3 成分来把普通玻璃中一半

以上 R_2O(Na_2O 或 K_2O)和 RO(CaO、MgO 等)成分置换而形成的。氧化硼使玻璃具有许多优良的性质，如加速玻璃的熔制、降低熔体黏度、提高玻璃的化学稳定性和热稳定性。因为在 B_2O_3 玻璃中加入碱金属或碱土金属后，将产生硼氧四面体[BO_4]，而形成硼酸盐玻璃。在一定的范围内，碱金属氧化物提供的氧，使硼氧三角体[BO_4]转变成为完全由桥氧组成的硼氧四面体，导致 B_2O_3 玻璃从原来的两度空间的层状结构部分转变为三度空间的架状结构，从而加强了网络，使玻璃的各种物理性质与相同条件下的硅酸盐玻璃相比，相应地向着相反的方向变化，这就是所谓的“硼氧反常性”。但值得注意的是一般认为氧化硼的含量不应高于 13%，否则会降低玻璃的化学稳定性。

硼硅酸盐玻璃的化学组成和玻璃的物理化学性能见表 14-15。由表 14-15 知，硼硅酸盐有良好的化学稳定性，能耐除氢氟酸、高温磷酸及热浓碱液外几乎所有的无机酸、有机酸及有机溶剂等介质的腐蚀。其热稳定性也较高，并且具有良好的焊接性能，因此在化学工业上得到广泛应用。在化学工业上主要用以制造蒸馏塔、吸收器、换热器、泵以及管道和阀门，它是目前我国主要使用的化工玻璃。

表 14-15　硼硅酸盐玻璃的物理化学性能

项　目	测试法	某厂 201 料	某厂 95 料
密度/(g/cm^3)		2.28	2.26
线膨胀系数/(1/℃)		3.9×10^{-5}	$(4.1\sim4.2)\times10^{-6}$
耐温差急变化学稳定性/℃	玻棒法	230	≥220
抗水/(mg/cm^2)	蒸馏水煮沸 5h 后表面质量损失	0.0020	
抗酸/(mg/cm^2)	0.5mol/L 硫酸煮沸 3h 后表面质量损失	0.0020	<0.007
抗碱/(mg/cm^2)	2mol/L NaOH 煮沸 3h 后表面质量损失	1.00	<0.90

(2) 石英玻璃

石英玻璃(二氧化硅玻璃)是一种简单的氧化物玻璃，化学组成简单，性能优异，在技术上具有重要意义。石英玻璃结构长程无序、短程有序。由于采用原料和制造工艺不同，石英玻璃被分为透明和不透明两大类。不透明石英玻璃的内部存在大量小气泡，使射入的光线在玻璃内发生散射而不透明。

不透明石英玻璃各项强度比透明玻璃低 1/2~2/3。主要是因为内部气泡和其他杂质的存在使熔融过程不均匀而留有残余应力。

所以，提高石英玻璃的机械强度必须提高熔融温度，提高原料纯度。石英玻璃的物理、力学性能见表 14-16。

表 14-16　石英玻璃的主要物理、力学性能

项　目	透明石英玻璃	不透明石英玻璃	项　目	透明石英玻璃	不透明石英玻璃
密度/(g/cm^3)	2.2~2.21	2.18~2.20	抗拉强度/MPa	48.1	34.4
长期使用温度/℃	1000~1100	900~1000	(20℃)		
(短时间)	(1300~1400)	(1100~1200)	(1100℃)	128	113
耐热急变温度/℃	800~1100	800	抗压强度/MPa	785~1150	392~491
平均热膨胀系数 (0~1000℃)/K^{-1}	5.4×10^{-7}	5.5×10^{-7}	抗冲击强度/×(981J/m^2)	1060 10^{-17}	834 10^{-14}
热导率/[W/(m·K)]	0.0033×418.68	0.0026×418.68	电导率/(S/m)	$\sim10^{-18}$	$\sim3.2\times10^{-13}$
弹性模量/MPa	76700	71200			

石英玻璃的热膨胀系数很小，仅为普通玻璃的1/10～1/20，其低膨胀与结构对称有关。而其热稳定性好，耐热性也极高，经常使用温度达1100～1200℃，短时间内使用温度可达1400℃。

石英玻璃具有良好的耐化学腐蚀性，除氢氟酸外，无论在高、低温下，对任何浓度的无机酸和有机酸几乎都耐蚀，所以是最优良的耐酸材料，而透明的比不透明的要高1～3倍，但其耐碱性差。其耐腐蚀性能见表14-17。

表14-17　石英玻璃的耐腐蚀性能

介　质	质量分数/%	处理时间/h	处理温度/℃	质量损失/(g/m^2)	
				透明石英玻璃	不透明石英玻璃
硫　酸	100	24	205	0.06	0.13
	100	240	20	0.016	0.046
硝　酸	68	24	115	0.11	0.15
	68	240	20	0.06	0.092
盐　酸	40	24	66	0.14	0.33
	40	240	20	0.18	0.33
氢氧化钠	1	2	101	1.66	15.20
氢氧化钾	1	2	98	0.68	4.63
氢氧化铵	25	2	65	0.09	0.33
氯化钠	10	2	102	0.14	0.34
氯化钙	20	2	103	0.06	0.40
碳酸钠	10	2	102	1.20	4.99
硫酸铜	10	24	102	0.29	0.70

几种石英玻璃管的特性及用途见表14-18。

表14-18　几种石英玻璃管的特点和用途

称　类	牌　号	特　点	用　途
电熔透明石英玻璃管	DTS_1	由天然水晶料块在电阻炉中熔制而成，二氧化硅含量在99.95%以上	适用于电子、冶金、化工等工业高温下输送酸性和中性物质，或加工成仪器器皿，制作电器部件等
	DTS_3		适用于中、高压锅炉水位表
不透明石英玻璃管	DBS_1	用纯石英砂熔制而成，由于内部存在大量小气泡在玻璃体内发生散射而不透明	适用于化工、冶金、电力、建材等工业耐电压、耐高温、耐强酸及对热稳定性有一定要求，但对透明度可以不考虑的场合
高纯气炼透明石英玻璃管	QTS_1	利用气体燃烧火焰的热量，逐层熔化水晶粉而制成。产品有纯度高、气泡少、光学均匀性好等特点。SiO_2含量>99.97%	适用于电子、冶金、化工等工业在高温下转送酸性、中性物质，或加工成仪器器皿和成套设备，以及制造电器部件等
气炼透明石英玻璃管	QTS_2		

注：牌号中，Q代表气炼方法，T表明透明，S表示石英玻璃管，数定代表某个级别。

(3) 高硅氧玻璃

高硅氧玻璃是一种SiO_2含量高达95%以上的玻璃，是利用硼质玻璃通过热处理分成含硅氧及含氧化硼两相，再浸入酸中使 B_2O_3 溶出，然后通过热烧结使玻璃孔隙熔出而制得的透明玻璃。它具有石英玻璃的许多特性，如线膨胀系数低，软化温度高，耐化学侵蚀、透紫外线等。成本比石英玻璃低，是石英玻璃很好的替代品，但其制造工艺比普通玻璃复杂。

高硅氧玻璃的物理、化学性能见表 14-19。

表 14-19 高硅氧玻璃的物理、化学性能

项　目	指　标
体积密度/(g/cm^3)	2.18
热膨胀系数/K^{-1}	7.5×10^{-7}
热稳定性/℃	<800
化学稳定性	
5%HCl(浸 24h)析出物/(g/cm^3)	0.00005
5%Na_2CO_3(浸 6h)析出物/(g/cm^3)	0.007
5%NaOH(浸 6h)析出物/(g/cm^3)	0.009

（4）微晶玻璃

微晶玻璃是玻璃在催化剂或晶核形成剂作用下结晶而成的多晶的、不透明的(或透明)新型硅酸盐材料。外观与陶瓷类似，因此又称为玻璃陶瓷。多数情况下，微晶玻璃内主要是晶相，也存在少部分残余玻璃相。

因加入的形核剂的不同，可获得不同的微晶玻璃。主要有 $MgO-Al_2O_3-SiO_2$ 系、$Li_2O-Al_2O_3-SiO_2$ 系、$Li_2O-ZnO-SiO_2$ 及 $Li_2O-Al_2O_3-SiO_2$ 等品种。

微晶玻璃有优良的机械性能，比高碳钢硬，比铝轻，弯曲强度可达 2800~4200kgf/cm^2；机械强度比普通玻璃大六倍多，耐磨性也很好；有极高的热稳定性，其耐酸性与硼硅酸盐玻璃相同，但其耐碱性比硼硅玻璃高。微晶玻璃物理、力学性能见表 14-20，其耐腐蚀性能见表 14-21。

表 14-20 微晶玻璃的物理、力学性能

项　目	密度/(g/cm^3)	硬度 HRC	弯曲强度/MPa	压缩强度/MPa
指　标	2.518	3.0~48	34.7~88.3	215.6
项　目	冲击强度/MPa	耐温/℃	热导率/[W/(m·K)]	摩擦系数
指　标	0.02	<800℃	0.23	0.16~0.18

表 14-21 微晶玻璃的耐腐蚀性能

介　质	浓度/(mol/L)	时间/h	温度/℃	腐蚀率/(mg/100cm^3)
HCl	0.02mol/L	3	60	53.1
	12mol/L	1	90	83
HNO_3	1mol/L	3	60	92.6
H_2SO_4	32%	1	90	18
NaOH	2mol/L	3	60	114.5

微晶玻璃在工业上用途十分广泛，可用于无线电、电子、化学、食品、建筑学等工业部门以及航空、导弹和原子能技术等方面。但其在化学工业上主要用作化工设备衬里，因为有

些微晶玻璃可控制其热膨胀系数与金属接近。

14.5 化工搪瓷

14.5.1 概述

搪瓷就是将瓷釉搪在金属底材上，经高温烧制而成，它是瓷釉和金属的复合材料。

化工搪瓷是将含硅量高的耐酸瓷釉涂敷在钢(铸铁)制设备上，经高温煅烧使之与金属形成的致密的、耐蚀的玻璃质薄层。所以它兼有金属的力学性能和瓷釉的耐腐蚀性的双重优点，能耐各种浓度的有机酸、无机酸、盐类、有机溶剂和弱碱的侵蚀，除氢氟酸及有氟离子的介质、高温磷酸以及强碱外。在化学工业部门有广泛的应用，特别对有机和制药工业来说，是一种不可缺少的设备。

14.5.2 瓷釉层及其在钢表面上的搪烧

搪瓷釉是一种化学组分复杂的碱-硼-硅酸盐玻璃，但与一般玻璃有显著的差别。一般玻璃是一种独立的结构材料，可制成不同的玻璃制品，而且保持原有成分的性质。搪瓷釉则不同，它是来涂盖各种金属制品的，经烧制后在制品表面形成与原有成分及结构和原来瓷釉不同的搪瓷层。瓷釉是石英砂、长石等天然岩石加上助溶剂(如纯碱、硼砂、氟化物等)以及少量能使瓷釉起牢固密着和给瓷釉以其他性能的物质。这些原料粉碎后在1130~1150℃的高温下熔融而成玻璃态物质。然后将上述熔融物加水、黏土、石英、乳浊剂等在研磨机内充分细磨，即成瓷釉浆。将此均匀地涂覆在钢铁表面上一薄层，经烘干，并在800~900℃烧结，即成为致密的玻璃质层，即为搪瓷涂层。

14.5.3 化工搪瓷设备的性能

化工搪瓷设备的物理性能主要取决于钢铁基材、搪瓷涂层以及搪瓷层与基体间的结构。化工搪瓷设备有优良的耐腐蚀性能，它能耐大多数酸和有机溶剂等介质的腐蚀，当碱的pH在12以下的情况下可正常使用于60℃以下。不耐氢氟酸(包括氟溶液)、高温磷酸(180℃以上)和强碱的腐蚀。化工搪瓷在几种常见介质中的化学稳定性见表14-22。

表14-22 化工搪瓷在几种介质的化学稳定性

介质名称	浓 度	温 度	耐蚀性	备 注
盐 酸	30%	沸 点	优	5%~30%盐酸可用至150℃
硝 酸	30%	沸 点	优	
硫 酸	10%	120℃	优	10%~30%硫酸可用至220℃
硫 酸	98%	200℃	优	
醋 酸	冰醋酸	110℃	优	
苯 胺		沸 点	优	
苯		沸 点	优	
甲 酸	25%	沸 点	优	
磷 酸	25%	150	优	磷酸<60%可用至170℃

14.5.4 化工搪瓷设备的维护与修补

应尽可能的维护好化工搪瓷设备，以延长其使用寿命，但是一旦出现局部的破坏，可用下面几种修补方法。

(1) 瓷釉加热修补

如损坏面积较大时，可将损坏处处理干净，用瓷釉加热修补，在有搪烧炉子设备时，用把整个设备改进炉内加热的方法进行，但要注意不要损坏未破坏的瓷釉层。无搪烧炉子时，采用火焰在损坏处的背面加热，以使瓷釉搪烧上去。要注意损坏部位周围要保持一较大的、并有温度梯度的范围，以使周围好的瓷釉层不因温差过大而爆裂。

(2) 耐蚀金属修补

用能在使用介质中耐得住腐蚀的金属片覆盖于搪瓷损坏的面上，然后用同种材料做成的螺钉紧固。

此法简单、易行，且若金属选择合适的话，能有较长的使用寿命。目前能用此法的有18-8型不锈钢片、硅铁片、铝片、铅片等。

(3) 用非金属材料修补

通常用胶泥(水玻璃胶泥、环氧胶泥和酚醛胶泥等)、玻璃钢、喷涂塑料等来修补损坏面积不大的地方，具体方法要看使用介质及操作条件而定。例如，可用氯化聚醚修复能耐酸、碱及乙醇的环境，且耐热在100℃以下。

(4) 耐蚀金属涂料混和修补法

耐蚀金属胶泥混合修补法应用于较大损坏部位。在破坏处，涂上有机或无机涂料，以伞形耐蚀金属片覆盖，然后用同种金属做成螺钉紧固，此法有良好的使用效果。

14.5.5 化工搪瓷产品

化工搪瓷制品主要有搪瓷反应罐、搪瓷储罐、搪瓷热交换器、搪瓷聚合釜、各种塔类、管子及管件、泵及阀门等。

14.6 铸石

14.6.1 概述

铸石是以天然岩石或某些工业废渣为主要原料，并添加角闪石、白云石、石灰石、萤石等为辅助材料，以及铬铁矿、钛铁矿等结晶剂，经配料、熔化、浇注成型、结晶、退火等工艺过程制得的一种基本是单一矿相的工业材料。

14.6.2 化学成分和用途

铸石品种主要有辉绿岩铸石和玄武岩铸石，其中以辉绿岩铸石使用最多。

铸石的化学成分见表14-23，不同铸石，氧化物含量有一定的波动范围。铸石中的氧化物是以矿物相态存在，还有少量玻璃相。

表14-23 几种铸石的化学组成与成分 %

化学成分	辉绿岩铸石	玄武岩铸石	铸石粉
SiO_2	47~49	49.44	与所用铸石成分相同。游离铁含量≯1%，湿度≯1%，无碳酸盐，细度有120目和140目两种(JC 245—81)
$Al_2O_3+TiO_2$	15~21	—	
Fe_2O_3+FeO	14~17	—	
CaO	8~11	9.03	
MgO	6~8	4.84	
K_2O+Na_2O	3~4	4.51	
Al_2O_3	—	14.76	
Fe_2O_3	—	10.94	
MnO	—	1.17	
Cr_2O_3	≈1	—	

铸石可以制成砖、板、管、粉及各类制品，广泛用于制作化工、冶金、矿山等工业部门要求耐磨、耐蚀和耐磨蚀的管道、设备衬里、地坪等，可部分代替黑色金属、有色金属以及橡胶材料。

铸石的主要用途见表 14-24。

表 14-24 铸石制品的主要用途

制品品种	主 要 用 途
板 材 管 材 耐酸砖	按其耐磨性，用于如储存和输送矿石、煤粉、焦炭、黏土、沙子的设备、管道和衬里(如球磨机衬板、磨球、喷砂嘴、拉丝板)
	按其耐腐蚀或耐磨蚀性，用于如储存和输送酸、碱液体设备、管道及衬里(如反应塔、高压釜、电解槽、储酸池等)；耐蚀地坪、墙裙；明暗沟的耐腐蚀面层；耐蚀、耐磨要求高的构件或面层
	按其绝缘性，用于如在有腐蚀气氛中作电气绝缘材料
铸石粉	配制耐腐蚀胶泥、混凝土，打制各种输液槽、储酸池、酸碱洗槽以及铸石制品的粘接材料，涂抹各种防腐蚀的化工工具和设备，堵塞各种酸碱容器的漏洞等

14.6.3 性能

铸石的物理、力学性能、化学性能与其化学成分、矿物组成、结晶程度以及晶体结构等有关。

(1) 化学稳定性

玄武岩、辉绿岩铸石都具有优良的耐腐蚀性能。除氢氟酸、热磷酸、熔融碱外，能耐大多数化工介质，在硫酸、硝酸甚至王水等介质中极稳定，在 90~100℃下的稀碱液中也非常稳定。铸石的结晶度越大，晶粒越细、分布越均匀，则耐蚀性越强。辉绿岩、玄武岩铸石的具体耐蚀性能见表 14-25。

表 14-25 辉绿岩、玄武岩铸石的耐蚀性

介质名称	耐酸度			耐碱度		
	浓酸	20%酸	5%酸	35%碱	20%碱	15%碱
硫 酸	99.0~99.9	97.5~98.9	98.0~99.5			
盐 酸	97.5~98.9	97.5~98.8	99.0~99.5			
硝 酸	99.2~99.6	98.0~99.2	—			
醋 酸	>99.8	>99.5	—			
磷 酸	99.84~99.94					
氢氧化钠				99.8~98.9	98.5~98.9	98.5~99.5
碳酸钠				—	99.0~99.9	—

(2) 物理力学性能

1) 耐磨性

铸石的耐磨强度极高，其耐磨性比合金钢、普通碳钢或铸铁都高，有的甚至达 30~40 倍。铸石的耐磨性主要与普通辉石矿物相有关，一般颗粒越细、越均匀、越致密、残余玻璃相越少，耐磨性能越优异。

铸石的受载荷作用会很大程度影响其耐磨性，如果铸石有一定的冲击载荷，而不是单纯摩擦，其耐磨性会降低。

2) 力学性能

铸石为脆性材料，因此，受冲击载荷的能力很差，抗压强度较高，但不如工程陶瓷，弯曲、拉伸强度低，机械强度低。

3) 热稳定性

铸石热稳定性差，不耐温度的急剧变化，这主要是铸石中各种矿物的热膨胀系数不同，在温度急变时产生内应力所致。

铸石的物理力学性能见表 14-26。

表 14-26　铸石的物理、力学性能

性能项目	辉绿岩铸石	玄武岩铸石	性能项目		辉绿岩铸石	玄武岩铸石
外　观	灰黑色	—	弹性模数/MPa		8.73×10^4	
体积密度/(g/cm^3)	3	2.9~3.3	磨损度/(g/cm^2)		≯0.09	0.06
硬度/莫氏硬度	7~8	8	线膨胀系数/K^{-1}		1×10^{-5}	—
压缩强度/MPa	784.8	245.25	软化温度/℃		1100	1000
弯曲强度/MPa	73.58	≮60	耐急冷急热性能	水浴法 20~70℃ 反复一次	(50/14)①	(50/14)①
拉伸强度/MPa	39.24	58.86				
冲击强度/(J/cm^2)	8.08	≮0.16		气浴法 25~200℃ 反复一次	(50/14)①	(50/14)①

① 表示抽取 50 块样品，经检验后，若不合格品不超过 14 块，则该指标合格。

14.7　水泥

14.7.1　概述

水泥是一种具有良好可塑性和粘接性的粉状无机非金属胶凝材料，又称为胶结材料。当水加入其中后，它能与水起化学反应，形成可塑性浆体，且随着时间的延长，浆状物体塑性逐渐消失，最后凝结成坚硬的石状固体；此浆体与其他的物料(如砂、石)粘接并使之与水泥浆体联结硬化成一个整体的能力。水泥是一种典型的水硬性胶凝材料。

水泥不但大量应用于工业与民用建筑，还广泛应用于交通、城市建设、农林、水利以及海港等工程，制成各种形式的混凝土、钢筋混凝土的构件和建筑物。同时，由于钢筋混凝土、预应力钢筋混凝土和钢结构材料的混合使用，使高层、超高层、大跨度以及各种特殊功能的建筑物、构筑物的出现有了可能。此外，如宇航工业、核工业以及其他新型工业的建设，也需要各种无机非金属材料，其中最为基本的则是以水泥基为主的新型复合材料。

14.7.2　水泥的分类

水泥的种类很多，通常水泥按其主要的水硬性矿物可分为硅酸盐水泥、铝酸盐水泥、硫铝酸盐水泥、铁铝酸盐水泥和氟铝酸盐水泥。水泥也可按其性能和用途分为一般水泥和特种用途水泥。一般用途水泥如硅酸盐水泥、普通水泥、矿渣水泥、粉煤灰水泥、火山灰水泥和复合水泥等。特种用途的水泥，如用于快速和抢修工程的快硬水泥和快凝快硬水泥；用于大体积混凝土的中热、低热水泥；用于防渗堵漏的膨胀水泥；用于炉衬材料的耐火水泥以及其他特种水泥，目前水泥品种已达 100 余种。

为了便于命名和分类，从水泥本身的特点和使用角度出发，我国标准水泥的用途和性能可分为四类：即通用水泥、特性水泥、专业水泥和绿色水泥。

(1) 通用水泥

用于一般土木建筑工程，该类水泥实际上是硅酸盐水泥及其派生的品种掺和各种混合材料的水泥。它用量大，使用面广，主要品种有硅酸盐水泥、普通水泥、矿渣水泥、粉煤灰水泥、火山灰水泥和复合水泥。其中我国水泥市场上的主导产品是普通水泥和矿渣水泥。

(2) 特性水泥

某种性能比较突出的水泥被称为特性水泥。该类水泥主要为满足不同的工程要求，使用面比通用水泥窄。主要品种有用于补偿收缩混凝土工程的膨胀水泥，用于大坝混凝土工程和要求水化热低的结构工程的中热硅酸盐水泥和低热矿渣(粉煤灰)硅酸盐水泥，用于要求早期强度较高的快硬硅酸盐水泥和硫铝酸盐水泥，用于高温条件的高铝水泥，用于装饰工程的白色硅酸盐水泥以及用于水泥混凝土路面工程的道路硅酸盐水泥。

(3) 专用水泥

专用水泥是指专门用途的水泥。该类水泥用途单一，使用量有限，如用于油气井工程中的油井水泥，专用于铸造行业的型砂水泥。此外，还有一类以火山灰质混合材料和具有潜在水硬性的材料为主要组分材料配以各种激发剂做成的水泥。该类水泥地方性强，常就地取材，且性能比通用水泥差，一般用于要求较低的工程。该类水泥主要有石膏矿渣水泥、石灰火山灰水泥。

(4) 绿色水泥

20 世纪 90 年代后出现了“废物资源化水泥”、“生态水泥”等新概念。这是随着可持续发展意识的深入，水泥工艺在提高新型干法生产技术的同时，研究和开发的新技术生产的新型水泥，这些新型水泥就其性能而言，仍然可归类于普通硅酸盐水泥、快硬水泥等，但其区别于普通水泥的总的生产特点是利用水泥生产的回转窑焚烧废弃物，如城市垃圾、下水道污泥、废轮胎、铸型废砂、废机油、废塑料等，使这些废弃物含有的热量和水泥有效组分得以充分利用，减少废气排放，维护了生态平衡，因此，称为“生态水泥”。由于生态水泥可以有效降低环境负荷，是“绿色水泥”。

14.7.3 水泥的基本特征

水泥材料的优良特征主要表现在以下几个方面：

(1) 水硬性

水泥粉灰与水拌和后，表面的熟料矿物与水发生水化反应，放出热量，形成一定的水化产物。由于各种水化产物的溶解度很小，就在水泥颗粒周围析出。随着水化作用的进行，析出的水化产物不断增多，相互结合。这个过程的进展，使水泥浆体稠化而凝结，随后变硬，并能将拌在一起的砂、石等散粒胶接成整体，逐渐产生强度。水泥混凝土的强度是随龄期的延长而逐渐增长的。早期增长很快，以后逐渐变慢。但是，只要能维持适当的温度和湿度，其强度在几个月、几年后，还会有所增长，也可能在几年甚至几十年后尚有未水化的部分残留，仍具有继续进行水化作用的潜在能力。

(2) 可塑性

水泥与砂石拌和后仍能使混合物具有必要的和易性，可浇铸成各种形状和尺寸的构件，来满足设计上的不同需求。

(3) 适应性

可用于海上、地下、深水或者严寒、干热的地区，以及耐侵蚀、防辐射、核电站等特殊要求的工程。

(4) 耐久性

与钢铁制品相比，水泥制品不会生锈，也没有木材类制品易于腐朽的缺点，也没有塑料制品年久老化的问题，耐久性好，维修工作量小。另外，水泥硬化后可获得较高强度。改变水泥的组成，可适当调节其性能，满足某些工程的不同需要。水泥也可与纤维或者聚合物等多种无机、有机材料匹配，制成各种水泥基复合材料。

14.7.4 耐蚀水泥及其品种

作为一种耐蚀水泥的耐酸水泥，是水泥中的一类，它们对绝大多数酸性介质具有较好的化学稳定性。主要品种有水玻璃型耐酸水泥、硫磺耐酸水泥等。

14.7.4.1 水玻璃耐酸胶凝材料

（1）概述

水玻璃耐酸胶凝材料是以水玻璃为粘接剂，氟硅酸钠为硬化剂，以耐酸粉料或加上耐酸砂和碎石为填料(总称耐酸填料)，按一定比例调制而成，最后在空气中凝结硬化成石状材料，水玻璃耐酸水泥是耐酸粉料与固体硬化剂氟硅酸钠粉料的均匀混合料，简称耐酸水泥或耐酸灰。常以耐酸粉料命名，如辉绿岩粉耐酸水泥、石英粉耐酸水泥等。

将配制好的耐酸水泥与适当的水玻璃溶液混合后，所得胶泥状的物料称为耐酸胶泥；将耐酸水泥配以适量的耐酸砂，或再加入一定粒度级别的耐酸碎石，与水玻璃均匀混合，即得水玻璃耐酸砂浆或耐酸混凝土。

（2）组成和作用

常用硅质胶泥配方及用途见表14-27，水玻璃耐酸砂浆配方比见表14-28，水玻璃耐酸混凝土参考配方比见表14-29。

表14-27 常用硅质胶泥配方及用途

胶黏剂名称	材料配比/%(质量)														用途
	基料			固化剂			填料								
	水玻璃（模数2.6~2.8）		糖醇树脂	氟硅酸钠	一氧化铅	氟硅酸钙	各种填料	石英粉	69号耐酸灰	磁粉	辉绿岩粉	石墨粉（100~120目）	KP1粉料	陶土	
	用量	密度/（g/cm³）													
灰浆	100	1.38~1.5		15			100								薄涂
	90	1.38~1.5		9			90								
胶泥	50~60	1.38~1.5		7~8			100								找平
胶泥	34~36	1.42~1.5		5.5~6				100							衬砌
	38~44	1.38~1.4		5.7~6.6					100						
	50~55	1.38~1.42		7~8						100					
	38	1.4~1.5		6					50	50					
	38~40（冬） 37~38（夏）	1.4~1.5		5							95				
	36~38	1.4~1.5		5~6							100				
	38~40	1.4~1.5		4.5~5							100				
胶泥	70~80			7	5						100			5	打底、薄涂
胶泥	38 38~40			5 5	2 3~4	2					100 100			5~6	衬砌

表 14-28　水玻璃耐酸砂浆配方比

粉料名称	配比/%(质量)			
	水玻璃	氟硅酸钠	耐酸粉料	耐酸沙子
辉绿岩粉	1	0.15	2.0~2.2	2.6~2.7
69 号耐酸灰	1	0.15	2.0	2.5~2.6
石英粉	1	0.15	2.0	2.5~2.6

表 14-29　水玻璃耐酸混凝土参考配方比　　%(质量)

序号	水玻璃	氟硅酸钠	辉绿岩粉	石英粉	耐酸沙子	耐酸石子
1	1	0.15	2~2.2	—	2.3	3.2
2	1	0.15	—	1.6	2.2	3.3

耐酸填料包括耐酸粉、耐酸细骨料(石英砂)和耐酸粗骨料三类。后两者是胶凝材料的骨架，在材料凝固过程中不参加化学反应。胶黏剂用的水玻璃亦称泡花碱，是一种可溶性硅盐。硬化剂是氟硅酸钠等，应据具体情况控制合适的用量。

水玻璃(硅酸钠、氟硅酸钠二者)在水溶液中都会发生水解作用，生成硅酸凝胶$Si(OH)_4$：

$$Na_2O \cdot nSiO_2+(2n+1)H_2O \longrightarrow 2NaOH+nSi(OH)_4$$

$$Na_2SiF_6+4H_2O \longrightarrow 2NaF+4HF+Si(OH)_4$$

然后硅酸凝胶脱水生成 SiO_2：

$$Si(OH)_4 \longrightarrow SiO_2+2H_2O$$

氟硅酸钠水解生成的 HF 与硅酸钠水解生成的 NaOH 发生中和反应，即：

$$NaOH+HF \longrightarrow NaF+H_2O$$

从而使混合料中的碱度下降，促使硅酸凝胶不断生成。最后，脱水缩聚形成的 SiO_2 的空间网状结构进一步把填料裹成一个紧密坚硬的整体。

(3) 基本性能

水玻璃耐酸胶凝材料的性能是由原料的质量、配比以及施工质量决定的。

水玻璃胶凝材料具有优良的耐酸性能，能抵抗大部分有机酸及硫酸、硝酸、盐酸、磷酸等大部分无机酸的腐蚀，对 Cl_2、SO_2、SO_3、NO_2 等酸性气体及一部分水解后呈酸性的盐有较强的抗蚀能力，也能耐强氧化性酸及高浓度酸的腐蚀(见表 14-30)。

表 14-30　水玻璃胶凝材料的耐蚀性能

介质	质量分数/%	温度/℃	耐蚀性能	介质	质量分数/%	温度/℃	耐蚀性能
硫　酸	98	80	耐	醋　酸	50	60	耐
硝　酸	97	80	耐	苯磺酸	10	100	耐
混　酸	硫酸 92.5%	常温	耐	脂肪酸	100	140	耐
(硝酸+硫酸)	硝酸 97%			湿氯化氢	浓	160	耐
	硝酸 硫酸=93 7			二氧化硫	浓	60	耐
铬　酸	80	150	耐	二氧化硫	7	300	耐
盐　酸	83	沸　点	耐	湿氯气	90	80	耐
氯磺酸	98	60	耐	氯　水	饱和	100	耐
氢溴酸	50	60	耐	溴　气	25	60	耐
磷　酸	50	120	耐	三氯乙醛	90	100	耐

续表

介质	质量分数/%	温度/℃	耐蚀性能	介质	质量分数/%	温度/℃	耐蚀性能
二氯甲烷	100	沸	耐	氢氧化钾	任　意	任　意	不　耐
二氯甲烷	(气)	420	耐	氢氧化钡	任　意	任　意	不　耐
苯	纯	沸	耐	氢氟酸	任意	任　意	不　耐
氯　苯	工　业	沸	耐	氟硅酸	>20	>40	不　耐
乙　醇	工　业	沸	耐	磷　酸	浓	>300	不　耐
硫酸铵	饱和液	60	耐	碱性盐(pH>8)	任　意	任　意	不　耐
硝酸铵	中性液	60	耐	湿氟化氢	任　意	任　意	不　耐
碳酸铵	50	60	耐	高级脂肪酸			耐
重铬酸铵	40	60	耐	油　酸			耐
氢氧化钠	任　意	任　意	不　耐	水		任　意	不　耐

水玻璃耐酸胶凝材料的物理、力学性能与配料的品种、比例、纯度，及施工的环境条件、施工工艺有关，其主要性能见表14-31。

表14-31　水玻璃胶凝材料的物理、力学性能

项　目	指　标		
	填料为辉绿岩粉	填料为石英粉	填料为石墨粉
密度/(g/cm^3)	1.87~2.08	1.80~1.97	
压缩强度/MPa	40.8~51.02		41.63~59.7
拉伸强度/MPa	3.06~4.59	2.55	6.12~7.14
粘接强度/MPa	与钢：2.04~2.55 与陶瓷：2.04~2.55 与铅：1.83~2.24	与钢：2.04~2.55 与陶瓷：2.04~2.55	与石墨：0.51~1.83
收缩率/%		3.8~3.9	
气孔率/%	<18	<18	
胶凝时间 初凝/min 终凝/h	 <30 <8	 <30 <8	 20~30℃假硬化7~8
热导率/[W/(m·K)]	0.814~1.163	0.814~1.163	
线膨胀系数/K^{-1}	$(10 \sim 11.3)\times10^{-6}$	$(10 \sim 11.3)\times10^{-6}$	

(4) 应用

由于水玻璃耐酸胶凝材料具有优良的耐蚀性及具有足够的机械强度，可制成大块混凝土和耐酸构件。因此水玻璃耐酸水泥是防腐蚀工程中常用的主要的耐蚀材料之一。水玻璃耐酸水泥广泛应用于各种防腐设备衬里及设备基础，应用于各种地面和池槽的耐酸砖板的砌筑材料，以及建筑物和构筑物的耐酸防腐层及胶结料；在化工、石油、冶金、造纸、制糖和纺织等工业部门的防腐工程中得到广泛应用。

14.7.4.2　硅酸盐水泥

(1) 概述

制造硅酸盐水泥的主要原料是主要提供氧化钙的石灰质原料，常用的天然石灰石原料有石灰岩、泥灰岩、白垩、贝壳等。除天然石灰质原料外，电石渣、糖滤泥、碱渣、白泥都可以作为石灰质原料使用。另外，还有主要提供氧化硅和氧化铝、也提供部分氧化铁的黏土质原料，天然黏土质原料如黄土、黏土、页岩、泥岩、粉砂岩及河泥等。此外，赤泥、煤矸石、粉煤灰等工业渣也可作黏土质原料生产硅酸盐水泥。硅酸盐水泥的组成一般为：

$$3CaO \cdot SiO_2(C_3S)\ 37\% \sim 60\%$$

$$3CaO \cdot Al_2O_3(C_3A)\ 7\% \sim 15\%$$

$$2CaO \cdot SiO_2(C_2S)\ 15\% \sim 37\%$$

$$4CaO \cdot Al_2O_3 \cdot Fe_2O_3(C_4AF)\ 10\% \sim 18\%$$

硅酸盐水泥是将生料窑内煅烧以硅酸钙为主要成分的熟料后，加入石膏磨细制成的水硬性胶凝材料，其主要氧化物含量为：

$$CaO\ 62\% \sim 67\%$$

$$SiO_2\ 20\% \sim 24\%$$

$$Al_2O_3\ 4\% \sim 7\%$$

$$Fe_2O_3\ 2.5\% \sim 6.0\%$$

（2）特点和性能

硅酸盐水泥的显著特点是标号高、快硬、早强、水化热高。由于硅酸盐水泥含有较多的硅酸钙，水解时生成大量 $Ca(OH)_2$，因而水泥中的碱度较高。硅酸盐水泥在液态介质中容易产生溶出型腐蚀和硫酸盐膨胀型腐蚀，但耐碱性较好。在气态介质中，硅酸盐水泥的中性化速度较其他品种的水泥慢，因而对钢筋有较好的保护作用。

14.7.4.3 硫磺胶结材料

（1）概述

硫磺胶结材料是以硫磺、耐酸填料和增韧剂按一定比例熔融混合，浇注成型的热塑性抗腐蚀胶凝材料。耐酸硫磺水泥的原料分胶结料、耐酸填料及复合增韧剂三种。增韧剂用聚硫橡胶或聚氯乙烯树脂。

（2）特点和性能

硫磺胶结材料是一种优良的耐酸材料，当选用碳质填料如石墨粉时，能耐氢氟酸和氟硅酸的腐蚀。

由于硫磺胶结材料致密，其抗渗透性、耐水、耐稀酸的性能均优于水玻璃耐酸胶凝材料。同时，由于增韧剂的引入，使其对硝酸、某些有机溶剂如丙酮、氯仿、苯、四氯化碳不耐蚀。

在常温下对各种介质的耐腐蚀性能见表 14-32。

表 14-32 硫磺胶结材料的耐腐蚀性能（常温）

介质名称	质量分数/%	耐蚀性	备注
硫 酸	任意	耐	
盐 酸	任意	耐	
硝 酸	≤40	耐	
醋 酸	≤50	耐	用碳质填料时
铬 酸	≤25	耐	
氢氟酸	≤40	耐	
氢氧化钠	≤1	耐	
氢氧化钠	3	不耐	

续表

介质名称	质量分数/%	耐蚀性	备注
碳酸钠	≤10	耐	
氨　水	—	尚耐	
尿　素	饱和	耐	
氯化铵	饱和	耐	
硝酸铵	饱和	耐	
硫酸钠	饱和	耐	用碳质填料时
硫酸铵	饱和	耐	
丙　酮	—	尚耐	
乙　醇	—	耐	
汽　油	—	耐	
苯	—	不耐	
二硫化碳	—	不耐	
四氯化碳	—	不耐	

硫磺胶结材料为脆性材料，其抗拉强度低于其抗压强度。其抗拉强度均高于水玻璃耐酸胶凝材料。硫磺胶结材料有硬化更快、不需要养护和酸化处理的特点，其具体物理、力学性能见表 14-33。

表 14-33　硫磺胶结材料物理、力学性能

项目名称	硫磺胶泥	硫磺砂浆	硫磺混凝土
密度/(g/cm^3)	2.2~2.3	2.2~2.4	2.4~2.7
压缩强度/MPa	≥30	≥30	≥40
拉伸强度/MPa	≥4	≥3.4	—
弯曲强度/MPa	≥9.2	—	≥4.2
与瓷砖或花岗石粘接强度/MPa	0.5	0.5	—
抗渗性/MPa	—	—	1.0
吸水率/%	≯0.5	≯0.5	≯0.5
使用温度/%	80	80	80

硫磺胶结材料主要用于耐酸防腐工程，用途见表 14-34。我国生产硫磺水泥的典型配方为：硫磺 58%，石英粉 40%，聚硫橡胶 2%，外加 0.5%的环氧树脂。

表 14-34　硫磺胶结材料的特性及用途

材料名称	特　性	使用部位举例	备　注
硫磺水泥 硫磺砂浆	具有热塑性、电绝缘性好、耐稀酸、耐水和抗渗性良好，但不耐强氧化性酸、碱类及油类等有机物侵蚀，施工后不久即具有很高强度	粘接块材 管道接口等工程	不宜用于室外大面积粘接块材、急冷急热工况、有明火部位、受碰部位、>92℃环境条件
硫磺混凝土		灌筑设备基础面层 池、槽衬里抢修工程	

第 15 章　炭、石墨材料

15.1　基本特性和分类

天然炭主要以三种形态存在：煤炭、石墨和金刚石。各种煤炭不具有晶体结构，称为无定形炭；而石墨、金刚石是结晶形炭，具有晶体的特征，且在一定的温度、压力条件下，无定形炭可转化为结晶形炭石墨。在煤炭与天然石墨的化学组成中，除含有碳元素外，还有大量的矿物杂质。

化工机械用的炭及石墨一般为人造炭、石墨材料，是用煤焦油、沥青为粘接剂，以石焦油、沥青焦为原料经压制成型的。首先在 1300℃左右得到无定形炭末材料，再经 2000～2500℃以上的高温石墨化处理，即可得到人造石墨化材料。石墨化程度及焙烧时间与炭原料有关，一般来说，人造石墨材料并不达到完全石墨化程度。在工业制品中，很少有单纯的无定形炭或单纯石墨，有时笼统地称炭石墨材料。

15.1.1　晶体结构

无定形炭是无序乱堆的结构，只有少量的碳原子层面是互相平行的，而其他方向都是杂乱的(如图 15-1)。标准石墨的晶体结构如图 15-2 所示。事实上，一般炭、石墨制品实际上都是介于二者之间的结构，只有高度石墨化的炭才成为有序的晶体状石墨结构。炭、石墨的物理、机械性能与它们的内部结构形态密切相关，因此各种炭、石墨制品随着石墨化程度的不同，其性能也有很大的差异。

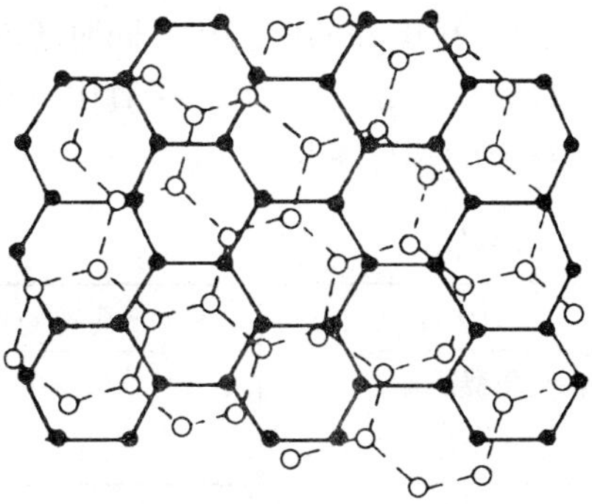

图 15-1　无定形炭的乱层结构

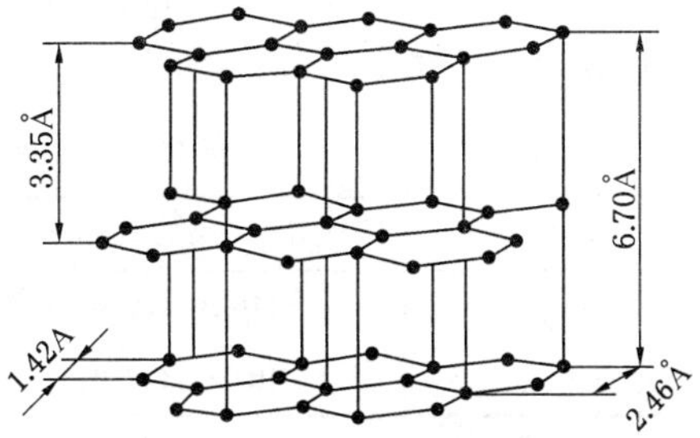

图 15-2　标准石墨的晶体结构(六方晶系)

15.1.2　物理性能

炭和石墨材料，由于种类、制造工艺及所用原材料的不同，其密度、气孔率均有很大差异，其密度在很大程度上决定于热处理温度。炭、石墨在制造过程中，有机物的分解，使其形成气孔，气孔的多少和气孔的特征对炭、石墨的微观结构、机械强度、热性能、渗透性和化学性能都有极大的影响。另外，炭和石墨材料的渗透性主要是贯通形成。石墨、炭的气孔率的高低与密度的大小都受热处理温度的影响很大。

石墨的比热容随温度变化而有所变化。在 0～3200K 温度范围内石墨的比热容见表15-1。在低温(20～60K)下，石墨的比热容约与温度的平方(T^2)成正比，在高温(>2273K)下，比热容达 2.095J/(g·K)以上，当温度达 3500K 时，比热容上升到 2.58J/(g·K)。

表 15-1　0~3200K 温度范围内石墨的比热容

温度/K	比热容/[J/(g·K)]	温度/K	比热容/[J/(g·K)]
0	0.0	850	1.08
50	0.042	900	1.71
100	0.14	950	1.74
150	0.27	1000	1.76
200	4.17	1100	1.81
250	0.568	1200	1.85
300	0.72	1300	1.89
350	0.875	1400	1.93
400	1.03	1500	1.96
450	1.16	1600	1.99
500	1.27	1800	2.03
550	1.35	2000	2.07
600	1.42	2200	2.11
650	1.49	2400	2.14
700	1.55	2600	2.16
750	1.60	3000	2.21
800	1.65	3200	2.24

石墨材料的热膨胀系数比许多金属材料小，且是各相异性的。石墨是热和电流的良导体。其热导性能在很大程度上取决于原材料的基本成分、粒度和晶体结构，同时还取决于工艺参数和石墨化程度等许多因素。高度石墨化制品具有很高的热导率，其值比不锈钢大 4 倍；而炭末制品的热导率只有石墨的 1%，各种石墨材料的热导率见表 15-2。

表 15-2　各种石墨材料的热导率

材　料	热导率/[W/(m·K)]	材　料	热导率/[W/(m·K)]
人造石墨	116.3~127.9	压型石墨	34.9~40.7
浸渍石墨	104.7~127.9	浇注石墨	9.3

石墨的热导率呈明显的各相异性，纯石墨沿晶体层面方向的导热率比垂直于层面方向的导热率大至数十倍。

石墨具有优良的导电性能，其电阻率很低，约$(5.5\sim11)\times10^{-4}\Omega\cdot cm$。一般人造石墨的电阻率与热导率有如下关系：

$$\rho K = 0.1298 \tag{15-1}$$

式中　ρ——石墨材料的电阻率，$\Omega\cdot cm$；

　　K——石墨材料的热导率，W/(m·K)。

炭、石墨材料的强度常用抗压、抗弯和抗拉强度值来评定，其大小与炭、石墨材料的种类、粒度以及石墨化程度有关。其粒度越细，强度越高；石墨化程度越高，则强度越低。且其强度也具有各相异性的特点。在平行于成型轴线方向的各种强度之间，大致存在着如下的比例关系：

$$拉伸极限强度/弯曲极限强度=0.53(0.47\sim0.68) \quad (15-2)$$

$$弯曲极限强度/压缩极限强度=0.48(0.62\sim0.35) \quad (15-3)$$

炭和石墨材料的硬度与原料的性质和热处理温度有关，不同原料制成的炭和石墨的硬度值范围见表 15-3。

表 15-3　不同原料制成的炭和石墨的硬度值

原　料	肖氏硬度 HS	原　料	肖氏硬度 HS
石油焦	70~90	石墨化焦	25~45
炭　黑	70~110	天然石墨	15~20

热处理温度对炭和石墨材料显微硬度的影响很大，即在热处理初期随温度升高而增大，在 1100℃时达到最大值，温度继续升高其显微硬度又逐渐降低。

炭和石墨的弹性模量比金属小，在室温下发生脆化断裂。另外，炭和石墨材料在受力作用下，在高温作用时，会引起不可逆的塑性变形，即蠕变。一般在 2000℃以上可能出现蠕变现象，因此，仅凭短时间强度试验结果来推测其在高温下长时间使用时的机械强度是不可靠的。

15.1.3　化学性能

炭是化学惰性元素，与其他物质反应时需要较高的外加能量。所以其具有很高的化学稳定性，除了像硝酸、铬酸、发烟硫酸、溴、氟和过氧化氢等强氧化介质外，对其他的各种酸、碱、盐和有机物都有很高的抵抗能力。化工设备和耐磨密封元件用的炭、石墨材料大多采用热压树脂或浸渍树脂以及浸渍金属等的炭、石墨，其化学稳定性和耐热性则主要受控于添加物。

15.1.4　分类

炭、石墨制品按制造工艺和用途分类见表 15-4。化工装置中应用最多的是不透性石墨和抗磨炭、石墨。

表 15-4　炭、石墨制品分类

制品名称		特　点	主要用途
焙烧炭素材料	炭素电极和炭阳极	炭素电极以无烟煤和冶金焦为主要原料，含碳量约 90%；炭阳极以石油焦及沥青焦为主要原料，含碳量不小于 99%	炭素电极用于中小型电炉及铁合金冶炼炉；炭阳极用作铝电解槽阳极导电材料
	电极糊和阳极糊	利用电炉或电解槽工作时形成的高温连续自焙的电极	电极糊主要用于电石炉、铁合金炉等；阳极糊供铝电解槽作阳极导电材料
	炉衬炭块	根据使用场合不同，主要原料可用沥青焦或无烟煤、冶金焦	电石炉、铁合金炉、石墨化炉、炼铁高炉等高温工业炉的炉衬；镁合金电解槽内衬

制品名称		特　点	主要用途
烧结石墨	不透性石墨	用有机高分子树脂或水玻璃等无机材料浸渍的石墨材料，具有耐蚀、导热、渗透率低等特点	广泛用于制作耐蚀化工设备，如换热器、塔器、反应器、泵等。浸渍水玻璃的石墨设备可耐350~400℃
	抗磨炭、石墨	以机械用炭、石墨为基体，浸渍各种高分子树脂或低熔点金属以及玻璃等无机材料的抗磨炭、石墨，具有强度高、耐磨、耐蚀等特点	广泛用作各种密封元件和轴承、活塞环、刮片等要求耐磨的机械零件。浸金属及无机材料的石墨较浸树脂的石墨可用于更高的温度
	高纯石墨与高强石墨	以石油焦为主要原料，灰分严格控制在0.05%以下，具有较高强度与密度；经特殊处理的石墨，杂质含量可控制在几十个ppm以下	单晶硅冶炼用坩埚，真空冶炼炉的石墨隔热板、底座，高温电阻炉炉管，格栅等元件，以及汞弧整流器等。极高纯度的石墨主要用于原子反应堆
	多孔炭、石墨	以石油焦或沥青焦为主要原料，严格控制其粒度和粘接剂，并掺入造孔添加剂。焙烧后的制品具有许多均匀分布的细孔	做精密过滤和扩散用材料；制成燃料电池用的多孔质电极
	石墨电极和石墨阳极	石墨电极以石油焦及沥青焦为原料，灰分低、导电性好；石墨阳极焙烧后的半成品经煤沥青浸渍处理后再石墨化，强度与密度更高	石墨电极主要用作电弧冶金炉的导电材料，以及生产石英玻璃的石墨坩埚等；石墨阳极用作食盐电解槽等导电材料
树脂成型石墨	压型(不透性)石墨	用石墨经粉碎后与合成树脂混合，在一定压力下成型、固化而制得	主要用于制作化工设备的各种管材，以及轻载的耐磨零件
	浇注类不透性石墨	用石墨粉与树脂混合后，在常温(或适当加温)和常压下注入模具中成型，其树脂含量一般>50%，导热性较差	用于制造形状比较复杂的零件，如管接头，泵壳等
特殊工艺的炭、石墨	金属石墨	以粉末冶金的方法烧结的铜-石墨、银-石墨或铅石墨的制品	主要用作滑环、低压整流电机等的电刷；银石墨电刷用于需要保持接触电阻稳定和承载强电流的场合
	热解炭	利用碳氢化合物的高温裂解，气相沉积的制品，沉积温度小于1750℃的产品为无定形炭结构	火箭发动机喷管喉衬，反应堆燃料涂层，电子发射管栅极、人工心脏瓣膜、人造关节等
	玻璃炭	以天然纤维或高分子化合物为原料，经成型、炭化，高温热处理制得的高强度、低透气率的玻璃状制品	电子工业中用于生产集成电路的加热板，晶体管微细夹具等；化学分析用电极，高温腐蚀气氛中的温度计套管，搅拌棒、坩埚等
	碳纤维	用各种有机纤维经高温炭化处理面制得的纤维状炭、石墨，其含碳量一般不低于90%；纤维长，可制成各种形状的纺织物，具有高强度和高弹性模量	主要用于塑料、陶瓷等制成纤维强化复合材料，做航空、航天器材等重要零件；碳纤维与聚四氟乙烯混合编织填料用于高压、低温、强腐蚀性条件下的动密封

15.2　不透性石墨

15.2.1　概述

不透性石墨是一种由人造石墨及合成树脂(或其无机物和其他有机物)通过浸渍、压型、浇注等方法制得的新型结构材料，它除了具有高度的化学稳定性外，还具有极高的导热性能，区别于其他一切非金属耐腐蚀材料。

不透性石墨是一种耐蚀性能优良的非金属材料，被广泛应用在化工防腐中。目前，不透性石墨材料已成功地应用于制造各类膜式吸收器、热交换器、管道、管件、阀门、塔及附件、泵类以及衬里用的砖板等。

15.2.2 不透性石墨的种类

不透性石墨是用人造石墨经过抽真空、加压、干燥等工艺处理，使一些浸渍剂(液或气体)充满石墨块内部的空隙，使其不渗透，这种处理后的材料就称为不透性石墨。按浸渍剂分有酚醛树脂浸渍石墨、呋喃树脂浸渍石墨、环氧树脂浸渍石墨、聚四氟乙烯乳液浸渍石墨、水玻璃浸渍石墨等几类。

(1) 酚醛树脂浸渍石墨

在热固性树脂浸渍石墨中，以酚醛树脂作浸渍剂是主要的方法之一。浸渍工艺所需主要设备是浸渍高压反应釜。浸渍前清理加工好的石墨件表面的污物。为使树脂与表面充分接触，应将石墨件悬挂于反应釜内，并用铁条将石墨件隔开，并开始抽真空。真空度越高，效果越好。然后压入空气，压力达 0.5MPa，保持一定时间，使树脂充分充满石墨孔隙，浸渍好的石墨件传入聚合釜中，在承压过程中逐步升温，使树脂固化得最终产品。其流程框图如图 15-3 所示。

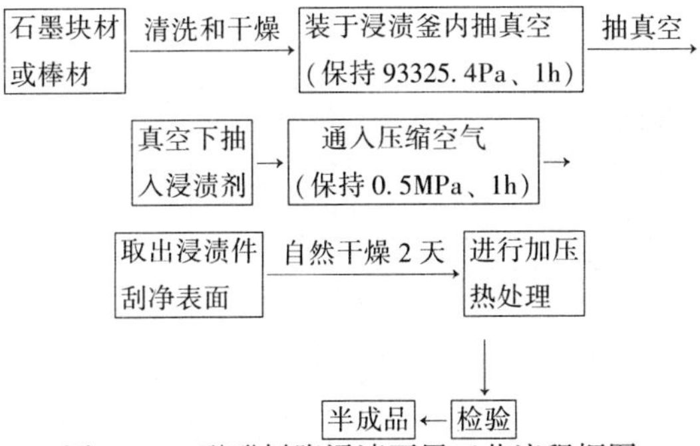

图 15-3 酚醛树脂浸渍石墨工艺流程框图

热处理能使浸渍石墨孔的树脂得到固化，处理后会使其耐蚀性能提高，但是机械强度下降。

酚醛树脂浸渍石墨的耐蚀性能和物理、力学性能分别列于表 15-5 和表 15-6 中。

表 15-5 酚醛树脂浸渍石墨的耐蚀性能

类 别	介 质	浓 度/%	温 度/℃	耐腐蚀性
酸 类	醋 酸	任 何	<沸点	耐
	甲 酸	任 何	<沸点	耐
	草 酸	任 何	<沸点	耐
	柠檬酸	任 何	<沸点	耐
	乳 酸	任 何	<沸点	耐
	酒石酸	任 何	<沸点	耐
	油 酸	任 何	<沸点	耐
	磷 酸	<85	<沸点	耐

续表

类 别	介 质	浓 度/%	温 度/℃	耐腐蚀性
酸 类	硫 酸	45	<沸点	耐
	氢氟酸	<48	<沸点	耐
	氢氟酸	48~60	<85	耐
	醋 酸	36	常温	耐
	铬 酸	10	常温	尚耐
	醋 酐	100	<沸点	耐
	铬 酐	10	<沸点	耐
	铬 酐	40	常温	耐
	硝 酸			尚耐
	溴化氢	10		耐
盐 类	硫酸镍	任何	<沸点	耐
	硫酸锌	27	<沸点	耐
	硫酸铜	任何	<110	耐
	硫酸铁	任何	<沸点	耐
	硫酸钠	任何	<沸点	耐
	硫氰化铵	任何	<沸点	耐
	氯化铜	任何	<沸点	耐
	氯化亚铜	任何	<沸点	耐
	氯化铁	任何	<沸点	耐
	氯化钠	任何	<沸点	耐
	氯化锡	任何	<沸点	耐
	氯化铵	任何	<沸点	耐
	三氯化砷	100	<110	耐
碱 类	氧氧化钾	10	常温	尚耐
	氨 水	任何	<沸点	耐
	一乙醇胺	任何	<沸点	耐
卤 类	溴 水	饱和	常温	耐
	干氯气	<110	常温	耐
其 他	尿 素	70	常温	耐
	硫酸乙酯	50	<沸点	耐
有机物类	丙 酮	100	<沸点	耐
	丁 酮	100	<沸点	耐
	甲 醇	100	<沸点	耐
	乙 醇	95	<沸点	耐
	戊 醇	100	<沸点	耐
	苯	100	<沸点	耐
	苯 胺	100	<沸点	耐
	甘 油	95	<沸点	耐
	氯 仿	100	<沸点	耐
	一氯化苯	100	<沸点	耐
	二氯甲烷	100	<沸点	耐
	四氯化碳	100	<沸点	耐
	闪氯乙烷	100	<沸点	耐
	异丙醚汽油	100	<沸点	耐
	二氧杂环已烷	100	<沸点	耐

表 15-6　酚醛树脂浸渍石墨的物理、力学性能

项　目	浸渍前	浸渍后	项　目	浸渍前	浸渍后
密度/(kg/m^3)	1400~1600	1800~1900	弯曲强度/MPa	8.5~10	24~28
硬度(HB)	10~12	25~35	冲击韧性/($\times 10^3 J/m^2$)	1.37~1.57	2.74~3.14
吸水率/%	12~14	—	温差急变性(150℃急冷至20℃次数)	20	20
孔隙率/%	28~32	—	浸渍深度/mm	—	12~15
质量增加率/%	—	14~15	渗透性	渗透	2倍工作压力不渗透
热导率/[W/(m·K)]	116.3~127.9	116.3~127.9	氧化温度/℃	400	—
线膨胀系数/K^{-1}	2.5×10^{-6}	5.5×10^{-6}	使用温度/℃	—	+170
压缩强度/MPa	20~24	60~70			
拉伸强度/MPa	2.5~3.5	8~10			

(2) 呋喃树脂浸渍石墨

这类石墨能耐酸、耐碱的同时，又具有一定的耐温性，浸渍剂为分子结构中含有呋喃环的呋喃树脂，这类浸渍剂主要有糠醛树脂、糠酮树脂、糠醛-丙酮-甲醛树脂三种。糠醛树脂须有固化剂存在的条件下才能发生固化。根据糠醇单体在固化剂作用下能生成树脂的特点，可采用糠醇单体和低黏度糠醇树脂的混合物加氯化锌乙醇溶液固化剂，它们经混合后作浸渍剂，对石墨件进行浸渍处理。浸渍工艺与酚醛浸渍工艺相同。

呋喃树脂浸渍石墨的耐蚀性能和物理、力学性能分别见表 15-7 和表 15-8。

表 15-7　呋喃树脂浸渍石墨的耐蚀性能

	介　质	浓度/%	温度/℃		介　质	浓度/%	温度/℃
酸类	盐　酸	任意	沸点	盐类	过硫酸铵	饱和	60
	硫　酸	50	沸点		硫酸铵	饱和	60
	硫　酸	70	80		硝酸铵	饱和中性	60
	硫　酸	90	50		氢氧化铵	30	60
	硝　酸	5	20		氯化铵	饱和	60
	铬　酸	10	20		碳酸铵	50	60
	氢氟酸	48	120		磷酸铵	50	60
	硅氟酸	40	室温		硫酸铝	饱和	60
	氢氰酸	25	60		氯化钠	饱和	40
	醋　酸	98	135		次氯酸钙	20	60
	醋　酐	100	150		高锰酸钾	20	60
	冰醋酸	100	120		重铬酸钾	40	60
	磷　酸	85	120		二硫化碳	100	60
	一氯醋酸	10	120		氯化钡		80
	次氯酸	10	120	有机化合物	苯	100	沸点
	脂肪酸	100	140		甲　苯	100	90
	苯磺酸	10	100		丙　酮	100	60
	甲　酸	88	60		甲　醇	95	60
	草　酸	20	60		乙　醇	95	60
	苯甲酸	饱和	60		二氯乙烷	100	沸点
	柠檬酸	30	60		四氯化碳	100	100
	硼　酸	饱和	60		氯　仿	100	沸点
	苯　酚	98	80		三氯乙烯	100	沸点
	硫化氢	饱和	130		醋酸乙酯	100	60
碱类	氢氧化钠	<50	沸点		甲　醛	37	60
	氢氧化钾	20	40		二硫化碳	100	60
	碳酸钠	10	60		二氯甲烷	100	沸点

表 15-8　糠酮树脂和糠醇树脂浸渍石墨的物理、力学性能

项　目	糠酮树脂浸渍石墨		糠醇树脂浸渍石墨
	加酸法	浸酸法	
密度/(kg/m^3)	1800	1800	1800
质量增加率/%	17~18	12~13	16~18
拉伸强度/MPa	14	8~10	14.3~20
压缩强度/MPa	65.3	50	42.4~59.4
弯曲强度/MPa	24	—	—
使用温度/℃	≤180~200	≤180~200	≤180~200
渗透性/MPa (10mm 厚)	$p_{水}$>0.5 不透	$p_{水}$>0.5 不透	$p_{水}$>0.5 不透

（3）环氧树脂浸渍石墨

用环氧树脂浸渍石墨，只用浸渍一次，孔率即可降低约 98%，而机械强度可提高 1.5 倍，耐磨性及抗渗性也得到很大程度的提高。其浸渍工艺流程图如图 15-4 所示。

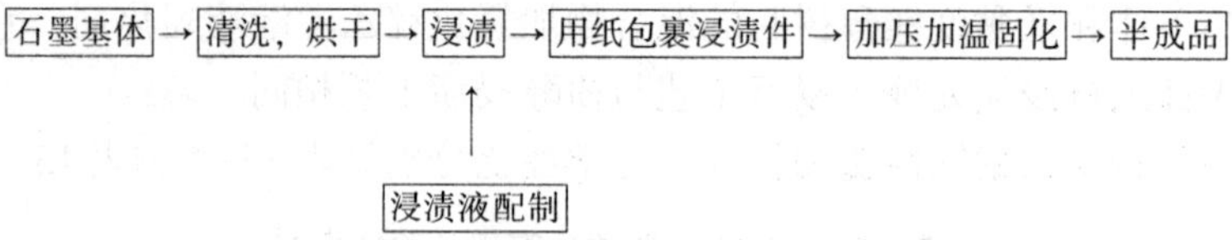

图 15-4　环氧树脂浸渍石墨生产流程框图

环氧树脂浸渍石墨的物理力学性能见表 15-9。

表 15-9　环氧树脂浸渍石墨的物理、力学性能

项　目	数　据	项　目	数　据
密度/(kg/m^3)	1900	弯曲强度/MPa	73.9
肖氏硬度	72	开口气孔率/%	<0.31
压缩强度/MPa	140.8	耐水压/MPa	1.5

环氧树脂浸渍石墨的耐蚀力学性能见表 15-10。

表 15-10　环氧树脂浸渍石墨的耐蚀性

介　质	质量分数/%	温度/℃	耐蚀性	介　质	质量分数/%	温度/℃	耐蚀性
硫　酸	10	室温	耐	丁　酮	100	室温	尚耐
硫　酸	40	室温	尚耐	苯　胺	100	室温	不耐
硫　酸	70	室温	不耐	氯化钠	30	室温	耐
磷　酸	10	室温	耐	过氧化氢	10	室温	不耐
硝　酸	5	室温	不耐	甲　醛	100	室温	尚耐
铬　酸	10	室温	不耐	二氯苯	100	室温	尚耐
醋　酸	10	室温	尚耐	硫酸铝	40	室温	耐
氨　水	10	室温	耐	氯化铝	40	室温	耐
苛性钠	10	室温	耐	硫化铵	40	室温	耐
碳酸钠	30	室温	耐	氯化铵	40	室温	耐
甲　醇	100	室温	耐	氯化苯铵	30	室温	耐
乙　醇	100	室温	耐	硫酸苯	30	室温	耐
丙　酮	100	室温	尚耐	氯化铜	30	室温	耐
苯	100	室温	尚耐	硫酸铜	30	室温	尚耐
甲　苯	100	室温	耐				

(4) 聚四氟乙烯乳液浸渍石墨

用聚四氟乙烯乳液浸渍石墨，可以得到聚四氟乙烯浸渍石墨。聚四氟乙烯乳液浸渍石墨的工艺流程框图如图 15-5 所示。

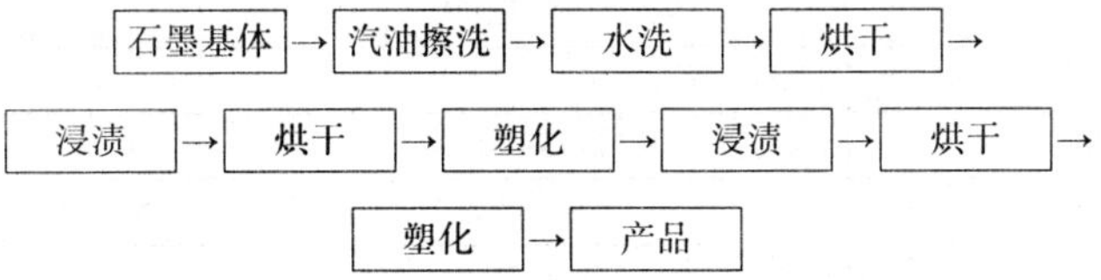

图 15-5　聚四氟乙烯乳液浸渍石墨制作工艺流程框图

经浸渍和塑化的石墨件往往还需用偏氟乙烯与三氟氯乙烯的共聚物进行二次浸渍处理，以消除在其过程中出现的微细裂纹，增加树脂的韧性，提高制品抗渗透性能。

聚四氟乙烯浸渍石墨的物理、力学性能见表 15-11；而其化学稳定性能见 15-12。

表 15-11　聚四氟乙烯浸渍石墨的物理、力学性能

项　目	指　标	项　目	指　标
吸水率/%	0	四次浸渍	19.5
气孔率/%	—	热导率/[W/(m·K)]	82.57~90.71
浸渍深度/mm	30	线膨胀系数/1/℃	4.05×10^{-6}
质量增加率/%	14.6~19.5	压缩强度/MPa	49
一次浸渍	14.6	拉伸强度/MPa	16.1
二次浸渍	18.1	抗冲击强度/[(N·cm)/cm^2]	27
三次浸渍	19.4	最高使用温度/℃	<200

表 15-12　聚四氟乙烯浸渍石墨的化学稳定性

介　质	压缩强度/MPa		拉伸强度/MPa		质量增加率/%	
	未浸渍石墨	浸渍石墨	未浸渍石墨	浸渍石墨	未浸渍石墨	浸渍石墨
浸泡介质前	21.2	49	11.4	16.1	—	—
5%HF，15%HNO_3	32.6	47	6	9.5	2.70	0.08
5%HF，50%HNO_3	26.5	43.4	5	9.9	0.36	0.22

注：在介质中浸泡时间，室温下 100h，95℃下 350h。

(5) 水玻璃浸渍石墨

水玻璃耐高温和高强氧化性介质的腐蚀，用水玻璃浸渍的石墨制品可用于高温强氧化介质。

水玻璃加氟硅酸钠固化剂和常温煮沸法是两种常见的浸渍工艺。其具体浸渍工艺流程框图如图 15-6 所示。

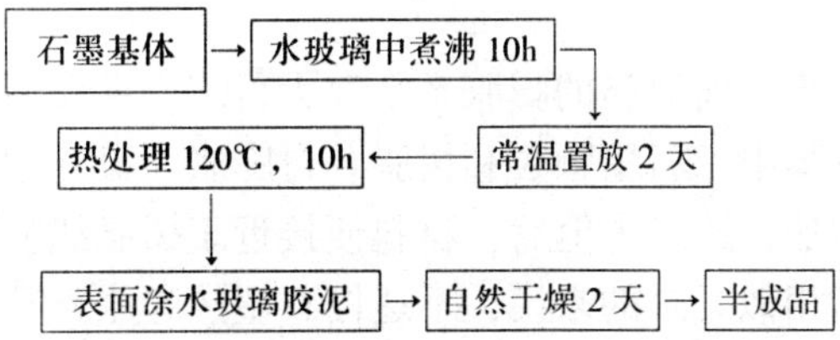

图 15-6　水玻璃浸渍石墨制作工艺流程框图

水玻璃浸渍石墨的物理、力学性能见表15-13；其化学稳定性见表15-14。

表15-13　水玻璃浸渍石墨的物理、力学性能

项　目	指　标	
	浸渍前	浸渍后
质量增加率/%	—	13.0~18.4
压缩强度/MPa	21.5~22.0	41.5
拉伸强度/MPa	3	5.1
使用温度/℃	<400	350~400

表15-14　水玻璃浸渍石墨的化学稳定性(在以下条件稳定)

介　质	质量分数/%	温度/℃	介　质	质量分数/%	温度/℃
硝　酸	50	室温	二氯甲烷		400
醋　酸	98	室温			
氯化氢	任意	室温	苯	>90	100

15.2.3　不透性石墨的性能

石墨经浸渍、压型、浇注之后，性质将引起改变，这是因为不透性石墨所表现出来的已经是石墨和树脂的综合性能。

(1) 机械强度

在未经不透性处理前，石墨板比较疏松，机械强度低，进行加工时易损坏，而且不易保证其加工精度，经过不透性处理，由于树脂的固结作用，不透性石墨强度提高。不透性石墨可进行各种机械加工，如车、锯、刨等。这些性能对加工制造各种设备提供了良好的条件。

(2) 化学稳定性

不透性石墨的化学稳定性决定于树脂的化学稳定性，但一般树脂化学稳定性总比石墨差一些，所以不透性石墨的化学稳定性有所下降。同时，由于石墨在生产过程中所选用的材质、含铁量的多少、石墨化程度如何以及选用的浸渍剂的不同等，不同的不透性石墨所表现出的耐腐蚀性能也有所不同。总之，不透性石墨除了强氧化性酸及强碱外，对大部分化学介质都是耐腐蚀的。

(3) 导热性

衡量导热性的物理量是导热系数，石墨的导热系数与树脂相差几百倍。石墨在浸渍过后，仅由浸渍剂取代了原来孔隙中的空气，浸渍剂的导热性并不低于空气，所以浸渍前后导热系数基本变化不大，而压型石墨中由于各石墨颗粒被导热系数小的粘接剂所包围，相互之间不能紧密接触，使其导热性降低，加入的粘接剂越多，导热性能越差。浇注石墨当其粘接剂达50%以上时，则不能作为热的良导体使用。除浇注石墨外，不透性石墨均具有良好的导热性。既传热、又耐蚀的性能在非金属材料中不透性石墨最为突出，比金属导热性能优越。

(4) 热稳定性

石墨本身热膨胀系数小，而树脂的膨胀系数要大得多，在浸渍过程中，浸渍石墨总的膨胀系数增加不多。压型石墨中，石墨颗粒和树脂各自膨胀而又互相牵制。随温度升高，表现为材料线膨胀系数很快增加，达最大值后，材料便接近于树脂线膨胀系数自由地伸长。浇注石墨的线膨胀系数与树脂相似。总的来说，不透性石墨热膨胀系数小，热稳定性高。

(5) 耐热性

耐热性是表示材料机械性能升高或降低的指标，同样要受到树脂的影响，如酚醛树脂在130℃软化，到180℃时老化加剧，酚醛浸渍石墨在接近180℃下使用时，由于其树脂的老化强度下降，同时产生较大的综合损失，易造成渗漏，故只能在170℃下使用。酚醛压型石墨，在130℃时，由于酚醛树脂的老化，材料的抗弯强度下降。

综上所述，石墨加入树脂后，提高了机械强度和抗渗性，但化学稳定性、导热性、耐温性和线膨胀系数等方面产生了程度不同的变化，压型石墨比浸渍石墨改变更大。

第 16 章　复合材料

16.1　概述

复合材料是由两种或两种以上物理和化学性质不同的物质组合的多相固体材料。复合材料通常由连续相和分散相构成，连续相称为基体，分散相为增强体。基体能连接增强体成为整体材料，同时又起传递力的作用。树脂、金属和陶瓷等为主要的基体，增强体主要有纤维、颗粒、晶须和织物等。

复合材料的突出特点是，可以根据需要对其组分设计，使其各组分起到发挥取长补短的作用，既有原材料的性能特点，又发挥组合后的新的特征，成为综合性能优异的材料。

16.2　复合材料的分类

复合材料常用的分类方法及种类见表 16-1 所示。

表 16-1　复合材料的分类方法及种类

分类方法	名　称	说　明
按基体材料分类	树脂基复合材料	基体相材料为树脂构成的复合材料。依据树脂材料的不同种类有环氧树脂基复合材料、酚醛树脂基复合材料、呋喃树脂基复合材料、不饱和树脂基复合材料等
	金属基复合材料	基体相材料为金属构成的复合材料。依据金属材料的不同种类有铝基复合材料、钛基复合材料等
	陶瓷基复合材料	基体相材料为陶瓷构成的复合材料。依据陶瓷材料的不同种类有玻璃陶瓷复合材料、氮化硅复合材料、氧化铝复合材料和碳化硅复合材料等
按增强体形状分类	纤维增强复合材料	分散相为直径近于晶体大小的纤维构成的复合材料
	颗粒增强复合材料	分散相为微小颗粒构成的复合材料
	晶须增强复合材料	分散相为晶须构成的复合材料
	织物增强复合材料	分散相为织物构成的复合材料
按纤维的长短分类	短纤维增强复合材料	短纤维复合材料可分为单向短纤维增强复合材料和杂乱短纤维增强复合材料
	连续纤维增强复合材料	连续纤维增强复合材料在纤维方向上具有很高的强度和模量。它可以分为单向、叠层和编织复合材料等
按用途分类	功能复合材料	具有某种物理、化学和生物学功能的复合材料。依据功能的不同类别有导电复合材料、阻尼复合材料、磁性复合材料，摩擦复合材料和换能复合材料等
	结构复合材料	作为承力结构使用的复合材料。增强体包括各种颗粒、晶须、纤维、织物等；基体有聚合物、金属和陶瓷等

16.3 基体与增强体

16.3.1 基体材料

(1)金属基体材料

金属基复合材料特点是保持了金属基体的高强度、良好塑韧性、耐高热性、良好的导热、导电等优良性能。铝及铝合金、镍合金、铜及铜合金、锌合金等常用作金属基体材料，目前应用最多的是金属基复合材料，在航天、航空、汽车等工业领域做结构材料，要求具有质量轻、比强度高、高温性能好的优点。其基体金属大致可分为轻金属与耐热合金两大类，用于450℃以下的轻金属基体主要为铝合金与镁合金，铝、镁基复合材料是迄今研究最多的、应用最广泛的金属基复合材料。常用作复合材料基体的铝、镁合金牌号见表16-2。用于450~700℃的金属基体钛合金具有耐蚀性、密度小、强度高等特点，作为航空发动机构件。常用的钛合金牌号见表16-3。用于1000℃以上的高温复合材料基体镍基高温合金，用钨丝作为增强材料。

表16-2 各种牌号铝、镁合金的成分和性能

合金牌号	主要成分/%						密度/(g/cm³)	热膨胀系数/($10^{-6}K^{-1}$)	导热率/[W/(m·℃)]	抗拉强度/MPa	模量/MPa
	Al	Mg	Si	Zn	Cu	Mn					
工业纯铝A13	99.5		0.8		0.016		2.6	22~25.6	218~226	60~108	70
LF6	余量	5.8~6.8				0.5~0.8	9.64	22.8	117	330~360	66.7

表16-3 钛合金的成分和性能

合金牌号	主要成分/%						密度/(g/cm³)	热膨胀系数/($10^{-6}K^{-1}$)	导热率/[W/(m·℃)]	抗拉强度/MPa	模量/MPa
	Mo	Al	V	Cr	Zr	Ti					
工业纯钛TA1						余量	4.51	8.0	16.3	345~685	100
TC1		1.0~2.5				余量	4.55	8.0	10.2	411~753	118
TC3		4.5~6.0	3.5~4.5			余量	4.45	8.4	8.4	991	118
TC11	2.8~3.8	5.8~7.0			0.3~2.0	余量	4.48	9.3	6.3	1030~1225	123
TB2	4.8~5.8	2.5~3.5	4.8~4.8	7.5~8.5		余量	4.83	8.5	8.9	912~961	110
ZTC4		5.5~6.8	3.5~4.5			余量	4.40	8.9	8.6	940	114

功能性金属基复合材料用作电子器件的材料要求导电、导热性能好，热膨胀系数低，抗电弧烧蚀，汽车发动机又要求耐磨、耐热性好、热膨胀系数低，单一金属很难满足上述要求，在金属基体中加入适当的增强物，可获得优良的物理性能。

(2) 聚合物基体材料

热固性与热塑性两大类树脂都可用于复合材料基体。在聚合物复合材料中，聚合物基体作用是将纤维牢固地胶结在一起，合理分配纤维的载荷，保护纤维不受外界的影响，同时又主要决定材料的热稳定性和化学性能，常用聚合物基体材料如下：

① 不饱和聚酯：它在玻璃纤维增强材料最大。优点是工艺性能良好，可常温固化，综合性能好，价格低。但是具有耐热性与强度都很差的缺点。

② 环氧树脂：粘接力强，强度高，尺寸稳定，综合性能好，但价格稍高，固化较困难。

③ 酚醛树脂：价格低，绝缘性好，耐热性能好，并可作烧蚀材料，但具有性能较脆、强度低于环氧树脂、尺寸稳定性差的缺点。

④ 呋喃树脂：耐热及耐酸、碱性能均好，但力学性能差，固化较困难。

⑤ 有机硅树脂：其突出特点是耐热性好，可在 200~250℃ 长期使用。除了上述的热固性树脂外，聚乙烯、聚丙烯、聚氯乙烯、聚苯乙烯、聚碳酸树脂、聚苯硫等热塑性树脂也已用于复合材料的基体。

16.3.2 增强体材料

(1)纤维增强体

纤维增强体的品种主要有：玻璃纤维、聚晶体纤维、复合纤维、有机纤维和金属丝纤维五大类。部分增强纤维性能见表 16-4 所示。

表 16-4 纤维增强体的性能

品 种	纤维种类	熔点（软化点）/℃	密度/（g/cm^3）	直径/μm	拉伸强度/10^3MPa	比强度/10^4m	弹性模量/10^5MPa	比模量/10^5m
玻璃纤维	无碱玻璃纤维	700	2.55	10	3.6	14	0.74	2.9
	高强玻璃纤维	840	2.50	10	4.6	18	0.89	3.5
	4H-J 玻璃纤维	900	2.66	—	5.1	19	1.0	2.8
	高硅氧纤维	—	1.74	0.13~10	—	—	—	—
	中碱玻璃纤维	749	2.49	—	3.4	—	—	—
	石英玻璃纤维	1660	2.10	385	6.0	20	0.74	3.3
金属丝	W 丝	3400	19.4	13	4.0	2.0	4.2	2.1
	Be 丝	1280	1.83	130	1.3	7.1	2.5	14
	不锈钢丝	1400	7.74	17	4.2	5.3	2.0	2.6
	Mo 丝	2622	10.2	25	2.16		3.29	
	Ti 丝	1800	4.51	—	1.67		1.32	
	Al 丝	660	2.8	—	0.600		0.69	
	Mg 丝	650	1.8	—	0.372		0.41	
	Cu 丝	1083	7.74	13	0.420		1.96	

（2）颗粒增强体

常用无机增强颗粒的化学成分及形态见表 16-5 所示。

表 16-5　无机增强粒子化学成分和形态

粒子名称	相对密度	颗粒形状	颗粒度/μm	颜色	化学成分
轻质碳酸钙	2.75	针状结晶	(3~10)占 88%	白	$CaCO_3$>98.5%
重质碳酸钙	2.65	不规则块状	(3~10)占 55%	浅黄	$CaCO_3$>95%
硫酸钙	2.96	圆柱状结晶	(3~10)占 25%	浅黄	$CaSO_4$>57%
亚硫酸钙	2.59	柱状结晶	(3~10)占 77%	白	$CaSO_3$>97%
滑石粉	2.74	不规则块状	(3~10)占 33%	淡黄	$3MgO \cdot 4SiO_2 \cdot H_2O$
二氧化硅	1.95~2.66	块状		白	$SiO_2$99.5%
炭黑	1.8~2.1	块状	0.02	黑	C70%~80%
粉煤灰	2.0~2.4	球状	100	灰	$SiO_2$61.17% $Al_2O_3$21.45% CaO3.77%
云　母	2.7~3.1	片状	20~6000		$KMg_3(AlSi_3O_{10})(OH)_2$
高岭土	2.58~2.63	不规则块状	6.9~3.0	白	$SiO_2$40%~50% $Al_2O_3$30%~40%
玻璃微球	0.4~2.48	球状	100	乳白色 半透明	$SiO_2$61.17% $Na_2O(K_2O)$14% CaO8% MgO4%
硫酸钡	4.5	粒状	0.5~1.0	白	$BaSO_4$98.8%
氢氧化铝	2.42	块状	3~20	白	$Al_2O_3$38% H_2O22%~28%

16.3.3　晶须增强体

晶须是高强度的单晶体，有实用价值的晶须直径大约 1~10μm，长度与直径之比 5~1000。晶须有有机化合物晶须、金属晶须和陶瓷晶须三类，其中陶瓷晶须强度与耐热性均是最强的，且有工业价值。部分有价值的晶须的性能见表 16-6 所示。

表 16-6　部分晶须的性能

晶须种类	晶须结构	晶须长度/μm	晶须直径/μm	密度/g/cm^3	弹性模量/GPa	拉伸强度/GPa	热膨胀系数/$10^{-6}K^{-1}$	熔点/℃
SiC	六方	10~100	0.1~1	3.2	400	14	4.0	1600
Si_3N_4	六方	5~200	0.0~1.6	3.2	380	1.4	3.0	1700(升华)
石墨	六方	5~20	0.05~0.3	2.0	—	—	1.5~2.5	3650
TiB_2	六方	数十微米	数百纳米	4.5	430	—	8.66	2980(熔融)
AIN	六方	≤15	<120	3.3	340	—	4.0	—

16.3.4　织物增强体

增强织物主要有玻璃织物、碳质织物、聚酰胺纤维或凯拉夫纤维织物(kevlar)、高硅氧和石英织物。部分织物增强体的规格见表 16-7 所示。

表 16-7 织物增强体(无捻粗格布)的规格

牌号	原纱支数/股数		单丝直径/μm	厚度/mm	宽度/mm	质量/g/cm²	断裂强度[①] >		密度/根/cm		织法
	经纱	纬纱					经纱	纬纱	经纱	纬纱	
无碱-200	40/7	40/5	8	0. 20±0. 02	90. 0±1. 5	180±20	80	70	6. 0±0. 5	6. 0±0. 5	平纹
无碱-210	40/7	40/3×2	8	0. 21±0. 02	90. 0±1. 5	190±20	80	80	6. 0±0. 5	5. 5±0. 5	平纹
无碱-300A	40/10	40/10	8	0. 30±0. 03	90. 0±1. 5	300±30	110	100	6. 0±0. 5	6. 0±0. 5	平纹
无碱-300B	30/9	30/6×2	8	0. 30±0. 03	90. 0±1. 5	340±40	100	100	6. 0±0. 5	4. 5±0. 5	平纹
无碱-400	40/20	40/10×2	8	0. 40±0. 04	90. 0±1. 5	380±40	150	140	4. 0±0. 5	3. 5±0. 5	平纹
无碱-500	40/27	40/27	8	0. 50±0. 05	90. 0±1. 5	480±50	200	200	4. 0±0. 5	4. 0±0. 5	平纹
无碱-500B	40/27	40/15×2	8	0. 50±0. 05	90. 0±1. 5	500±50	200	200	3. 5±0. 5	3. 5±0. 5	平纹
中碱-300B	45/20	40/10×2	8	0. 40±0. 04	90. 0±1. 5	340±40	120	120	4. 0±0. 5	4. 0±0. 5	平纹

① 断裂强度的单位为 kg/布条 25×100mm。

16.4 树脂基复合材料

16.4.1 概述

树脂基复合材料(又称增强塑料)是以高分子树脂为基材，以颗粒、片状、纤维状增强体组分为骨架的复合材料。

对于树脂基复合材料来说，增强组分主要有纤维、无机颗粒、晶须、无捻粗格布和无碱玻璃带等，其中应用最普遍的、用量最大的是玻璃纤维；而基体品种主要有环氧树脂、酚醛树脂、呋喃树脂等。

16.4.2 树脂基复合材料的基本特性

树脂基复合材料的性能与所用树脂的种类、增强材料有关，同时还与其成型工艺有关。

(1) 物理力学性能

树脂基复合材料的密度小(1.2~2.0g/cm³)，机械强度可与普通钢相提并论，由于常用的玻璃纤维弹性模量较低，所以其制品的弹性模量也较低，对大型制件来说，其刚性不足，变形较大，由于高分子树脂导热率低、线膨胀系数大，加入增强纤维后会有某些改变，表16-8 列出了几种树脂基复合材料的物理力学性能。

表 16-8 几种树脂基玻璃纤维复合材料的物理、力学性能

项 目	环氧玻璃纤维	酚醛玻璃纤维	聚酯玻璃纤维	呋喃玻璃纤维	碳钢
拉伸强度/MPa	490~686	196~284	265~284	196~206	392
密度/(g/cm³)	1.7	1.75	1.80	1.70	7.80
比强度/MPa	283~396	117~162	147~158	115~121	50
弹性模量/10⁴MPa	4.9	0.6			19.6
热导率/[W/(m·K)]	0.442	约.0.9			
线膨胀系数/($10^{-5}K^{-1}$)	2	1.4	1.7		
长期使用温度/℃	100~110	120~130	70	120~150	

(2) 耐腐蚀性

① 耐老化性

树脂基复合材料在大气中可使用 5~6 年或更长的时间，老化对其抗压、抗弯、抗拉等

机械强度影响不明显。

② 耐化学腐蚀性

树脂基复合材料在部分工业介质中能耐腐蚀，但不耐强氧化介质的腐蚀，如不耐硫酸、铬酸、浓硝酸、氢氟酸、湿氯气、苯胺、次氯酸等的腐蚀。在化工介质中树脂基复合材料的腐蚀机理有溶胀与溶解物理作用，也有化学作用。腐蚀形式有发脆、裂纹、分层、开裂、粉化、起泡、溶胀和强度下降等，表 16-9 列出了常用玻璃纤维增强塑料在各介质中的耐蚀性。

表 16-9　常用玻璃纤维增强塑料在介质中的耐蚀性

腐蚀环境	通用聚酯		耐蚀聚酯		酚醛		环氧		呋喃	
	25℃	65℃	25℃	65℃	25℃	93℃	25℃	93℃	25℃	120℃
10%醋酸	优	优	优	优	优	优	优	优	优	优
冰醋酸	劣	劣	优	可	优	良	劣	劣	优	优
10%苯磺酸	优	优	优	优	优	优	优	优	优	优
苯甲酸	优	优	优	优	优	优	优	优	优	优
硼　酸	优	优	优	优	优	优	优	优	优	优
100%丁酸	良	劣	可	优	优	优	良	可	优	优
10%氯醋酸	优	可	优	优	优	优	优	优	优	优
5%铬酸	良	劣	良	劣	良	劣	可	劣	可	劣
50%铬酸	可	劣	可	劣	可	劣	劣	劣	劣	劣
柠檬酸	优	优	优	优	优	优	优	优	优	优
C_5 以上脂肪酸	良	可	优	优	优	优	良	可	优	优
氟硅酸	良	可	优	优	优	优	良	可	优	优
90%甲酸	良	劣	优	可	优	优	良	可	优	优
氢溴酸	良	可	优	良	优	优	优	优	优	优
盐　酸	良	可	优	良	优	优	优	优	优	优
氢氰酸	优	优	优	优	优	优	优	优	优	优
氢氟酸	劣	劣	劣	劣	劣	劣	劣	劣	劣	劣
次氯酸	良	可	良	可	可	劣	劣	劣	劣	劣
乳　酸	优	优	优	优	优	优	优	优	优	优
25%顺丁烯二酸	优	优	优	优	优	优	优	优	优	优
油　酸	良	可	优	优	优	优	优	优	优	优
草　酸	优	优	优	优	优	优	优	优	优	优
高氯酸	良	可	优	良	优	优	优	优	优	优
苦味酸	优	优	优	优	优	优	优	优	优	优
硬脂酸	良	可	优	优	优	优	优	优	优	优
磷　酸	良	可	优	良	优	优	优	优	优	优
25%硫酸	良	可	优	优	优	优	优	优	优	优
50%硫酸	良	可	优	优	优	优	优	优	优	优
70%硫酸	可	劣	良	劣	优	劣	可	劣	优	劣
93%硫酸	劣	劣	可	劣	良	劣	劣	劣	劣	劣
发烟硫酸	劣	劣	劣	劣	劣	劣	劣	劣	劣	劣
5%硝酸	良	劣	优	可	良	劣	可	劣	可	劣
20%硝酸	劣	劣	可	劣	劣	劣	劣	劣	劣	劣

续表

腐蚀环境	通用聚酯		耐蚀聚酯		酚醛		环氧		呋喃	
	25℃	65℃	25℃	65℃	25℃	93℃	25℃	93℃	25℃	120℃
40%硝酸	劣	劣	劣	劣	劣	劣	劣	劣	劣	劣
57%硫酸与28%硝酸混酸	劣	劣	劣	劣	劣	劣	劣	劣	劣	劣
氢氧化铵	可	劣	良	可	劣	劣	可	劣	良	良
氢氧化钙	劣	劣	劣	劣	劣	劣	劣	劣	良	良
10%氢氧化钾	劣	劣	劣	劣	劣	劣	良	良	优	优
10%氢氧化钠	劣	劣	劣	劣	劣	劣	良	良	优	优
20%氢氧化钠	劣	劣	劣	劣	劣	劣	良	良	优	优
30%氢氧化钠	劣	劣	劣	劣	劣	劣	可	可	优	优
明　矾	优	优	优	优	优	优	优	优	优	优
氯化铵	优	优	优	优	优	优	优	优	优	优
硝酸铵	优	优	优	优	优	优	优	优	优	优
硫酸铵	优	优	优	优	优	优	优	优	优	优
氯化铜	优	良	优	优	优	优	优	优	优	优
硫酸铜	优	良	优	优	优	优	优	优	优	优
硝酸铜	优	良	优	优	优	优	优	优	优	优
氯化铁	优	良	优	优	优	优	优	优	优	优
硝酸铁	优	良	优	优	优	优	优	优	优	优
硫酸铁	优	良	优	优	优	优	优	优	优	优
氯化镍	优	良	优	优	优	优	优	优	优	优
硝酸镍	优	良	优	优	优	优	优	优	优	优
硫酸镍	优	良	优	优	优	优	优	优	优	优
氯化锌	优	良	优	优	优	优	优	优	优	优
硝酸锌	优	良	优	优	优	优	优	优	优	优
硫酸锌	优	良	优	优	优	优	优	优	优	优
氯化钙	优	优	优	优	优	优	优	优	优	优
硝酸钙	优	优	优	优	优	优	优	优	优	优
硫酸钙	优	优	优	优	优	优	优	优	优	优
氯化镁	优	优	优	优	优	优	优	优	优	优
硝酸镁	优	优	优	优	优	优	优	优	优	优
硫酸镁	优	优	优	优	优	优	优	优	优	优
氯化钾	优	优	优	优	优	优	优	优	优	优
硝酸钾	优	优	优	优	优	优	优	优	优	优
硫酸钾	优	优	优	优	优	优	优	优	优	优
氯化钠	优	优	优	优	优	优	优	优	优	优
硝酸钠	优	优	优	优	优	优	优	优	优	优
硫酸钠	优	优	优	优	优	优	优	优	优	优
干氯气	良	可	良	可	可	劣	良	可	可	劣
湿氯气	劣	劣	可	劣	劣	劣	可	劣	劣	劣
干二氧化硫	优	良	优	优	优	优	优	优	优	优
湿二氧化硫	优	良	优	优	优	优	优	优	优	优
丙　酮	劣	劣	劣	劣	优	优	优	劣	优	优

续表

腐蚀环境	通用聚酯		耐蚀聚酯		酚醛		环氧		呋喃	
	25℃	65℃	25℃	65℃	25℃	93℃	25℃	93℃	25℃	120℃
甲　醇	优	可	优	良	优	优	优	优	优	优
乙　醇	优	可	优	良	优	优	优	优	优	优
苯　胺	劣	劣	劣	劣	可	劣	优	劣	劣	劣
苯	可	劣	良	劣	优	优	优	优	优	优
四氯化碳	优	劣	优	可	优	优	优	可	优	优
氯　仿	良	劣	优	可	优	优	优	可	优	优
醋酸乙酯	劣	劣	良	劣	优	优	优	良	优	优
氯乙烯	可	劣	良	可	优	优	优	可	优	优
37%甲醛	优	优	优	优	优	优	优	优	优	优
5%苯酚	良	劣	良	可	优	优	优	可	优	优
三氯乙烯	劣	劣	可	劣	优	优	优	可	优	优
各种显影液	优	优	优	优	优	优	优	优	优	优
硝酸银	优	优	优	优	优	优	优	优	优	优
硫酸浸渍液	良	可	优	优	优	优	优	优	优	优
盐酸浸渍液	良	可	优	优	优	优	优	优	优	优
硫酸硝酸浸渍液	劣	劣	可	劣	可	劣	劣	劣	劣	劣
电镀液	优	良	优	优	优	优	优	优	优	优
鞣　革	优	优	优	优	优	优	优	优	优	优
石　油	优	优	优	优	优	优	优	优	优	优
油和皂	良	可	优	优	优	可	优	优	优	优
啤　酒	优	优	优	优	优	优	优	优	优	优
奶　酪	优	优	优	优	优	优	优	优	优	优
自来水	优	优	优	优	优	优	优	优	优	优

16.5　金属基复合材料

金属基复合材料的总特点是强度和刚度高，有良好的冲击性能和韧性，同时耐热性和导电性能优良。

16.5.1　金属基复合材料的种类

通常有两种分类方法：

① 按基体材料分类。有铝基复合材料、镍基复合材料、铜基复合材料、镁基复合材料。

② 按增强材料分类。有纤维增强复合材料、颗粒增强复合材料、层状复合材料等。

此外，也可以按用途将金属基复合材料分为结构和功能两大类，或按使用温度分为低温、中高和高温三类材料。

16.5.2　金属基复合材料的制备方法和特点

(1) 制备方法

金属基复合材料的制备方法见表 16-10 所示。

表 16-10　金属基复合材料的制备方法和特点

制备方法	工艺特点	应用范围
(1)薄膜沉积法		
PVD 法(物理气相沉积)	真空镀、蒸发镀、溅射镀、离子镀、气相镀、处理温度低，镀层均匀，改善纤维界面性质	纤维增强复合材料
CVD 法(化学气相沉积)	处理温度高，镀层均匀，能改善纤维性质	纤维增强复合材料
复合电镀法、复合化学镀法	改善纤维和金属的浸润性，或将粒子与金属共沉积化学镀没有电流的边缘效应，镀层更为均匀	纤维或颗粒增强复合材料
复合电泳法	用强电场在纤维表面标出并附着金属或陶瓷粒子	纤维增强复合材料
等离子喷涂法	用等离子气体把金属粉末喷涂在排列的纤维上	纤维增强金属
(2)高温热融法		
液相烧结法	复合材料在高温烧结中生成部分液相，形成致密二相复合体	短纤维或颗粒增强金属
扩散接合法　热压法	将短纤维和金属粉末混合物在真空中加热加压	短纤维增强金属
扩散接合法　HIP 法(热等静压法)	用惰性气体作为压力媒体，可对工件全表面立体加压	金属/纤维，金属箔/纤维，复杂形状复合材料
扩散接合法　热轧法	将排列纤维与金属箔或板热轧成型	长纤维增强金属卷材
熔融浸透法	用熔融金属浸透纤维或颗粒	纤维或颗粒增强金属
(3)铸造法		
高压凝固铸造法	先预热纤维成形体，浇入熔融金属，用型模加压	纤维增强金属
高心铸造法	用离心力使颗粒在熔融金属外侧富集	颗粒增强金属
真空铸造法	利用真空排除颗粒带入到熔融金属中的气泡	进一步提高强度
定向凝固法	利用温度梯度使合金中析出耐热相或耐磨相	合金组织强化
(4)机械法		
机械合金化法	金属与另一金属粉末或氧化物粉末在机械高速搅拌下生成分散强化合金	分散强化合金粉
爆炸复合法	用炸药爆炸的热量和冲击波，使材料间复合	金属板/金属板，金属板/纤维
粉末冶金法	把金属粉及化合物粉混合加压成型后烧结	颗粒增强金属

(2) 特点与性能

碳纤维增强金属基复合材料、碳化硅纤维和碳化硅晶须增强铝合金复合材料的性能见表 16-11 所示。

表 16-11　碳化硅增强铝基复合材料性能

项　目	SiC 纤维		$SiC_{(PC)}/Al$				$SiC_{(CVD)}/Al$
	$SiC_{(CP)}$	$SiC_{(CVD)}$	单向增强	双向增强	缎纹织	断续的	
密度/(g/cm^3)	2.55	3.16	2.6	—	—	—	2.93
纤维体积率/%	—	—	35	35	30	20	50
拉伸强度/GPa	2.5~3.0	3.08	0.8~0.9	0.5	0.4	0.3	1.5
拉伸弹性模量/GPa	180~200	421	100~110	—	—	—	230
弯曲强度/GPa	—	—	1~1.11	0.6	0.6	0.4	—
热膨胀系数/($10^{-6}K^{-1}$)	3.1	—	3.2	—	—	—	—
弯曲疲劳强度/GPa (10^7 循环)	—	—	0.4	0.25	—	—	—

16.5.3 金属基复合材料的应用

(1) B/Al 复合材料

广泛用作管状结构，如飞机机身框架、起落架转向拉杆、风扇叶片、机翼蒙皮等，也可用作高尔夫球杆、自行车车身等。另外，硼/铝复合材料还有优良的屏蔽作用。

(2) SiC/Al 复合材料

可制作导弹壳体、尾翼、发动机壳体等结构材料。氧化铝纤维/铝、不锈钢丝/铝复合材料已用于汽车发动机活塞和连杆。

(3) SiC(颗粒)/Al 铝复合材料

用途广泛，可用作卫星结构支架、天线管材、发动机缸体、活塞和连杆等。

16.6 陶瓷基复合材料

16.6.1 制备方法和特点

表 16-12 示出了陶瓷基复合材料的制备方法和特点。

表 16-12 陶瓷基复合材料的制备方法分类和特点

制备方法	工艺特点	应用范围
(1)化学反应法		
CVD 法 (化学气相沉积法)	沉积组分高度均匀，保护纤维，改善界面性质	纤维增强复合材料
CVI(Chemical Vapor Infiltration)法 (化学气相渗透法)	利用 CVD 法将纤维骨架或多孔体进行填充，获得所需的增强体材料	纤维增强复合材料
SHS 法 (自蔓延高温合成法)	以体系自身的大量化学反应热和化学反应产物制备所需的复合材料	颗粒、纤维增强的复合材料
直接氧化法	以熔融金属的直接氧化为基础，金属在原位置转化为氧化物	晶须、纤维增强的复合材料
(2)烧结法		
反应烧结法	坯体在烧结过程中尺寸基本不变，适用于大批量生产，但力学性能不佳	目前限于 Si_3N_4、Si_2ON_2 和 SiC 基等几种复合材料
热致密化法	以热压、热等静压、热锻造等手段获得致密的复合材料制品	颗粒、晶须、纤维增强复合材料
微波烧结法	热量在坯体内部产生，粒度增大均匀，避免造成热应力	尤其适合于大型陶瓷部件的烧结
(3)浸渗法		
泥浆浸渗法	让纤维束连续通过含有基体或其先驱体的泥浆溶液浴池，之后缠于滚筒上，再成型、烧结	一维或二维的纤维增强的玻璃或玻璃陶瓷基复合材料
熔融浸渗法	预成型件与最终产品的尺寸变化极小，能一次制成致密的基体，可获得任何复杂现状的零件	常用于制造纤维增强的金属基复合材料
溶胶-凝胶(Sol-gel)法	大大降低了烧结温度，组成高度均匀，但收缩率高，生产率低	颗粒、晶须、纤维增强的复合材料

16.6.2 陶瓷基复合材料的种类和基本性能

陶瓷具有硬度高、强度高、耐磨性好、耐蚀性和耐热性优良等特点，但不足之处是塑性与韧性差、脆性大，不能承受剧烈的机械冲击和热冲击。所以，提高陶瓷材料的韧性和改善其综合力学性能是当前陶瓷研究中主要解决的问题。

陶瓷基复合材料是一类范围很大的无机化合材料，晶体结构复杂，有硫酸盐、氧化物、碳化物、氮化物等多种类型。表 16-13 示出了陶瓷基复合材料中主要陶瓷基体材料及其性能。

表 16-13 复合材料中主要陶瓷基体材料及其性能

基体材料	弹性模量/GPa	拉伸强度/MPa	热膨胀系数/(10^{-6}℃$^{-1}$)	密度/(g/cm^3)
硼硅酸盐玻璃	60	100	3.5	2.3
苏打-石灰玻璃	60	100	8.9	2.5
铝硅酸锂玻璃-陶瓷	100	100~150	1.5	2.0
铝硅酸镁玻璃-陶瓷	120	110~170	2.5~5.5	2.6~2.8
莫来石	143	83	5.3	
MgO	210~300	92~130	13.8	3.6
Si_3N_4	310	410	2.25~2.87	3.2
Al_2O_3	360~400	250~300	3.5	3.9~4.0
SiC	400~440	310	4.8	3.2

在选择增强材料时，要注意与基体的相容性，特别是注意二者热膨胀系数要基本匹配，以防止在界面处产生残余应力以致产生裂纹，表 16-14 列出了一些用作陶瓷基复合材料的增强纤维的基本性能。

表 16-14 陶瓷基复合材料中主要纤维增强体的性能

纤 维	弹性模量/GPa	拉伸强度/MPa	热膨胀系数/(10^{-6}℃$^{-1}$)	密度/(g/cm^3)	直径/μm
高模量碳纤维	360	2400	径向 8 轴向-1	1.8	8
由聚碳硅烷得碳化硅纤维	220	2060	4.8	2.7	10
由 CVD 得碳化硅纤维	415	3450	4.8	3.2	140
α-Al_2O_3 纤维	385	>1400	8.5	3.9	20
氧化铝-硼硅酸盐纤维	152	1550		2.5	11
硼纤维	420	3000	8.2	3.4	100
钨 丝	340~410	2900~3800	4.8	9.3	
铌 丝	83~124	500~1030	8.1	8.6	
不锈钢丝	150~210	2050~2550		7.7~8.0	
碳化硅晶须	>500	2700			3~10
Si_3N_4 晶须	390	≤1500			0.2~0.5

16.6.3 陶瓷基复合材料的应用

陶瓷基复合材料的突出特点是高强度、高硬度、耐高温和耐腐蚀，工作温度可达1300~1900℃，适用于制作刀具、摩擦磨损件等。长纤维碳化硅增强复合材料因具有良好的耐磨损性能，而用于制作高速列车的制动件，在航天航空领域可制作耐高温的导弹尖锥、燃气轮机组件、火箭喷管等。表16-15、表16-16和表16-17分别给出了颗粒增强相、纤维增强相和弥散相增强的陶瓷基复合材料的性能，供选用时参考。

表16-15 ZrO_2 颗粒相变增韧陶瓷基复合材料的种类和性能

基体材料	断裂韧性 K_{IC}/($MPa \cdot m^{\frac{1}{2}}$)	弯曲强度/MPa	基体材料	断裂韧性 K_{IC}/($MPa \cdot m^{\frac{1}{2}}$)	弯曲强度/MPa
ZrO_2-Y_2O_3	6~9	—	部分稳定 ZrO_2	6~8	600~800
ZrO_2-CaO	9.6	—	四方氧化锆多晶体	7~12	1000~25000
ZrO_2-MgO	5.7	—	Al_2O_3	5~8	500~1300
Al_2O_3-ZrO_2	9.8	—	β″-Al_2O_3	3.4	330~400
Si_3N_4	4.8~5.8	—	莫来石	4~5	400~500
SiC	3.4	—	尖晶石	4~5	350~500
SiC(Al_2O_3)	3.6	—	堇青石	3	300
B_4C	6.0	—	烧结氮化硅	6~7	700~900
立方 ZrO_2	2~3	200~300			

表16-16 金属颗粒弥散增韧陶瓷基复合材料种类和性能

基 体	基体弹性模量/GPa	增强体	增强体粒径/μm	增强体体积/基体体积	断裂韧性 K_{IC}/($MPa \cdot m^{\frac{1}{2}}$)
玻璃	70	Al	55	0.2	6.5
Al_2O_3	420	Al	2	0.2	8.4
WC	710	Co	0.75	0.2	16
TiAl	200	Nb(片状)	12.5	0.2	20
TiAl	200	Nb(柱状)	12.5	0.2	25
Al_2O_3	420	Ni	—	0.13	5.1

表16-17 C纤维和SiC纤维增强玻璃或玻璃陶瓷复合材料的性能

复合材料系列	纤维含量/(体积)%	制取工艺/(℃/MPa)	密度/(g/cm^3)	弯曲强度/MPa	弹性模量/GPa	断裂韧性 K_{IC}/($MPa \cdot m^{\frac{1}{2}}$)或断裂功/($J/m^2$)
C/SiO_2	30	—	2	600	—	$7.9\times10^3 J/m^2$
C/LAS	36	—	—	600	168	$3.0\times10^3 J/m^2$
SiC(F)/LAS	—	—	—	800	—	—
C/LAS Ⅰ	37.5	1400/7	2.11	—	150±7.0	—
SiC(F)/LAS Ⅰ	46	—	—	755	138	—
C/LAS Ⅱ	41.0	1425/	2.15	—	151.2±6.3	—
SiC(F)/LAS Ⅱ	46	—	—	1380	134	—

续表

复合材料系列	纤维含量/（体积）%	制取工艺/（℃/MPa）	密度/（g/cm^3）	弯曲强度/MPa	弹性模量/GPa	断裂韧性 K_{IC}/（$MPa \cdot m^{\frac{1}{2}}$）或断裂功/（$J/m^2$）
C/LAS Ⅲ	32.3	1375/	2.18	—	149.1±4.2	$5\times10^4 J/m^2$（切口） $15.9\times10^4 J/m^2$（不切品）
SiC(F)/LASⅢ	44	—	—	—	128	—
C/7740	50~70	1200/（3.5~14）	—	964 ±118（四点）	119±43	$20MPa \cdot m^{\frac{1}{2}}$
C/7740	40	—	—	680	—	$3.4\times10^3 J/m^2$
C/7740	51	—	—	700	200	$1\times10^3 J/m^2$
C/7740	50	—	—	800.75	118	—

参考文献

1 潘祖仁，孙经武主编．高分子化学．北京：化学工业出版社，1980

2 天津大学化工系高分子教研室．高分子物理．北京：化学工业出版社，1979

3 张开主编．高分子物理学．北京：化学工业出版社，1981

4 中国科技大学高分子物理教研室．聚合的结构与性能．北京：科学出版社，1981

5 赵华山等．高分子物理学．北京：纺织出版社，1982

6 沃德 I M. 化学所译．固体高聚物的力学性能．北京：科学出版社，1980

7 尼尔生 L E 著．丁佳鼎译．高分子和复合材料的力学性能．北京：轻工业出版社，1981

8 化工机械研究所组织编写．石油化工实用防腐蚀技术，第 7 册，第 9 册，第 11 册，第 12 册．北京：燃料化学工业出版社，1973，1972，1974

9 上海化工学院玻璃钢教研室．合成树脂．北京：中国建筑工业出版社，1979

10 晨光化工厂．工程塑料．北京：燃料化学工业出版社，1973

11 冶金部建筑研究总院．玻璃钢及其在冶金防腐蚀中的应用．北京：冶金工业出版社，1981

12 化工机械研究所组织编写．合成树脂及玻璃钢，第 7 册．北京：燃料化学工业出版社，1973；化工机械研究所组织编写．石油化工实用防腐蚀技术，第 11 册，不透性石墨．北京：燃料化学工业出版社，1974

13 何琼瑜，任德和著．硫磺水泥施工经验．北京：科学出版社，1964

14 中国科学院硅酸盐化学与工学研究所编译．硅酸盐材料现状与动向．上海：上海科学技术出版社，1980

15 浙江大学、武汉建筑材料工业学院、上海化工学院等编写．硅酸盐物理化学．中国建筑出版社，1980

16 华南工学院、南京化工学院、清华大学合编．陶瓷材料物理性能．北京：中国建筑出版社，1981

17 大连辉绿岩铸石厂编．铸石制品生产工艺．北京：中国建筑出版社，1974

18 中国科学院地质研究所．铸石．北京：科学出版社，1972

19 化工机械研究所组织编写．石油化工实用防腐蚀技术，第 12 册，耐腐蚀砖板衬里．燃料化学工业出版社，1974

20 华南工学院、南京化工学院、清华大学合编．陶瓷材料物理性能．北京：中国建筑工业出版社，1980

21 华南工学院、南京化工学院、武汉建筑材料工业学院合编．陶瓷工艺学．北京：中国建筑工业出版社，1981

22 南京化工学院等编．硅酸盐工学，第三分册，陶瓷工学．北京：中国工业出版社，1961

23 化工机械研究所组织编写．石油化工实用防腐蚀技术，第 13 册，化工陶瓷、玻璃、搪瓷和木材．北京：燃料化学工业出版社，1974

24 华东化工学院、北京建筑工业学院合编．硅酸盐工学第二册，玻璃工学．北京：中国工业出版社，1962

25 张长瑞，郝元凯．陶瓷基复合材料——原理、工艺、性能与设计．长沙：国防科技大学出版社，2001

26 徐政，倪宏伟．现代功能陶瓷．北京：国防工业出版社，1998

27 殷声．现代陶瓷及其应用．北京：北京科学技术出版社，1990

28 王零森．特种陶瓷．长沙：中南工业大学出版社，1994

29 邱关明．新型陶瓷．北京：兵器工业出版社，1993

30 任为．红外陶瓷．武汉：武汉工业大学出版社，1999

31 MoulsonJ A J，Herbert J M. 电子陶瓷．武汉：武汉工业大学出版社，1993

32 化工机械研究所．腐蚀与防护手册．北京：化学工业出版社，1997

33 陈正均，杜玲仪．耐蚀非金属材料及应用．北京：化学工业出版社，1997

34 周志刚．铁氧体磁性材料．北京：科学出版社，1981

35 温树林．现代功能陶瓷导论．北京：科学出版社，1983
36 李标荣．电子陶瓷工艺原理．武汉：华中理工大学出版社，1986
37 谢希文，过梅丽．材料科学与工程导论．北京：北京航空航天大学出版社，1991
38 黄泽铣．功能材料及其应用手册．北京：机械工业出版社，1991
39 张其瑞．高温超导电性．杭州：浙江大学出版社，1992
40 干福熹．现代玻璃科学技术．上海：上海科技出版社(上册)，1993
41 王曾辉，高晋生．炭素材料．上海：华东化工学院出版社，1991
42 炭和石墨编写组．炭和石墨制品生产．北京：冶金工业出版社，1976
43 南野石墨矿．石墨．北京：中国建筑工业出版社，1975
44 化工机械研究所组织编写．不透性石墨．北京：燃料化学工业出版社，1974
45 Ishikawa T，Nagaokl T. Recent Carbon Technology. JEC Press Inc，1983
46 斯温 M V 主编．郭景坤等译．材料科学与技术丛书(第 11 卷)，陶瓷材料结构与性能．北京：科学出版社，1998
47 钦征骑，钱杏南，贺盘发．新型陶瓷材料手册．南京：江苏科学出版社，1996
48 孙秋霞．材料腐蚀与防护．北京：冶金工业出版社，2001
49 中国工程建设标准化协会防腐蚀委员会，化学工业部建筑设计技术中心站编．建筑防腐蚀材料设计与施工手册．北京：化学工业出版社，1996
50 贺福，王茂章．碳纤维及其复合材料．北京：科学出版社，1995
51 肖纪美编著．腐蚀总论——材料的腐蚀及其控制方法．北京：化学工业出版社，1994
52 胡曙光．特种水泥．武汉：武汉工业大学出版社，1999
53 方坦纳 M G，格林 N D. 腐蚀工程．北京：化学工程出版社，1982
54 刘宝俊．材料的腐蚀及其控制．北京：北京航空航天出版社，1989
55 化工机械研究院．腐蚀与防护手册．腐蚀理论试验及监测．北京：化学工业出版社，1989
56 秦国治，吉静，金志强，马仁川．工业建筑腐蚀与防护工程．北京：中国石化出版社，2000
57 李世普．特种陶瓷工艺学．武汉：武汉工业大学出版社，1990
58 周亚栋．无机材料物理化学．武汉：武汉工业大学出版社，1994
59 王荣国等主编．复合材料概论．哈尔滨：哈尔滨工业大学出版社，1999
60 周祖福等．复合材料学．武汉：武汉工业大学出版社，1995
61 化工机械研究院主编．耐蚀非金属材料及防腐施工．北京：化学工业出版社，1993
62 左景伊等编．腐蚀数据与选材手册．北京：化学工业出版社，1995
63 Trowsdale A J，Noble B，Harris S J，et al. Corrosion Science. 1996，38(2)：177
64 张信鹏，王德森编著．耐腐蚀混泥土．北京：化学工业出版社，1988
65 李金桂，赵闺彦主编．腐蚀和腐蚀控制手册．北京：国防工业出版社，1988
66 曲敬信，汪泓宏主编．表面工程手册．北京：化学工业出版社，1998
67 黄建中，左禹主编．材料的耐蚀性和腐蚀数据．北京：化学工业出版社，2003
68 邹润德，萧绪珮，李生柱编著．耐腐蚀塑料．北京：化学工业出版社，1987
69 中国腐蚀与防护学会《金属防腐蚀手册》编写组编．金属防腐蚀手册．上海：上海科学技术出版社，1989
70 谢隧志，刘登祥，周鸣峦主编．橡胶工业手册(第一分册，生胶与骨架材料)(修订版)．北京：化学工业出版社，1989
71 左景伊编．腐蚀数据手册．北京：化学工业出版社，1982
72 余国琮主编．化工机械工程手册(下卷)．北京：化学工业出版社，2002